新世纪土木工程专业系列教材

画法几何及土木工程制图

（土木、建筑工程类专业用）

（第 4 版）

唐人卫　　　　主　编

李铭章　杨为邦　副主编

南　京

东南大学出版社

内 容 提 要

本书内容分为三部分：画法几何，包括正投影、轴测投影、透视投影、标高投影；制图基础和投影制图，包括手工绘图方法、最新制图标准规定、组合体视图、图样画法、计算机绘图 AutoCAD 软件的使用；土木工程专业制图，包括建筑、结构、给排水、暖通、电气、道路桥涵施工图。编写力求做到既有系统的理论和宽广的专业范围，又重点突出简明扼要。

本书可作为工科院校土木建筑工程类各专业制图课程的通用教材，既可用作本科和专科教学，也可用作电大、职大、函大、自学考试以及各类培训班的教学用书。

本书与东南大学出版社出版的《画法几何及土木工程制图习题集》第 4 版配套使用。

图书在版编目(CIP)数据

画法几何及土木工程制图／唐人卫主编. —4 版.
—南京：东南大学出版社，2018.8(2022.8 重印)
ISBN 978-7-5641-7948-9

Ⅰ.①画… Ⅱ.①唐… Ⅲ.①画法几何—高等学校—教材 ②土木工程—建筑制图—高等学校—教材 Ⅳ.①TU204

中国版本图书馆 CIP 数据核字（2018）第 194891 号

东南大学出版社出版发行
（南京四牌楼 2 号 邮编 210096）
出版人：江建中
江苏省新华书店经销 大丰市科星印刷有限责任公司印刷
开本 787mm×1092mm 1/16 印张：21 字数：508 千
1999 年 1 月第 1 版 2018 年 8 月第 4 版
2022 年 8 月第 25 次印刷 印数：118001—122000 册
ISBN 978-7-5641-7948-9
定价：42.00 元

新世纪土木工程专业系列教材编委会

序

东南大学是教育部直属重点高等学校，在20世纪90年代后期，作为主持单位开展了国家级“20世纪土建类专业人才培养方案及教学内容体系改革的研究与实践”课题的研究，提出了由土木工程专业指导委员会采纳的“土木工程专业人才培养的知识结构和能力结构”的建议。在此基础上，根据土木工程专业指导委员会提出的“土木工程专业本科(四年制)培养方案”，修订了土木工程专业教学计划，确立了新的课程体系，明确了教学内容，开展了教学实践，组织了教材编写。这一改革成果，获得了2000年教学成果国家级二等奖。

这套新世纪土木工程专业系列教材的编写和出版是教学改革的继续和深化，编写的宗旨是：根据土木工程专业知识结构中关于学科和专业基础知识、专业知识以及相邻学科知识的要求，实现课程体系的整体优化；拓宽专业口径，实现学科和专业基础课程的通用化；将专业课程作为一种载体，使学生获得工程训练和能力的培养。

新世纪土木工程专业系列教材具有下列特色：

1. 符合新世纪对土木工程专业的要求

土木工程专业毕业生应能在房屋建筑、隧道与地下建筑、公路与城市道路、铁道工程、交通工程、桥梁、矿山建筑等的设计、施工、管理、研究、教育、投资和开发部门从事技术或管理工作，这是新世纪对土木工程专业的要求。面对如此宽广的领域，只能从终身教育观念出发，把对学生未来发展起重要作用的基础知识作为优先选择的内容。因此，本系列的专业基础课教材，既打通了工程类各学科基础，又打通了力学、土木工程、交通运输工程、水利工程等大类学科基础，以基本原理为主，实现了通用化、综合化。例如工程结构设计原理教材，既整合了建筑结构和桥梁结构等内容，又将混凝土、钢、砌体等不同材料结构有机地综合在一起。

2. 专业课程教材分为建筑工程类、交通土建类、地下工程类三个系列

由于各校原有基础和条件的不同，按土木工程要求开设专业课程的困难较大。本系列专业课教材从实际出发，与设课群组相结合，将专业课程教材分为建筑工程类、交通土建类、地下工程类三个系列。每一系列包括有工程项目的规划、选型或选线设计、结构设计、施工、检测或试验等专业课系列，使自然科学、工程技术、管理、人文学科乃至艺术交叉综合，并强调了工程综合训练。不同课群组可以交叉选课。专业系列课程十分强调贯彻理论联系实际的教学原则，融知识和能力为一体，避免成为职业的界定，而主要成为能力培养的载体。

3. 教材内容具有现代性，用整合方法大力精简

对本系列教材的内容，本编委会特别要求不仅具有原理性、基础性，还要求具有现代性，纳入最新知识及发展趋向。例如，现代施工技术教材包括了当代最先进的施工技术。

在土木工程专业教学计划中，专业基础课(平台课)及专业课的学时较少。对此，除了少而精的方法外，本系列教材通过整合的方法有效地进行了精简。整合的面较宽，包括了土木工程各领域共性内容的整合，不同材料在结构、施工等教材中的整合，还包括课堂教学内容与实践环节的整合，可以认为其整合力度在国内是最大的。这样做，不只是为了精简学时，更主要的是可淡化细节了解，强化学习概念和综合思维，有助于知识与能力的协调发展。

4. 发挥东南大学的办学优势

东南大学原有的建筑工程、交通土建专业具有80年的历史，有一批国内外著名的专家、教授。他们一贯严谨治学，代代相传。按土木工程专业办学，有土木工程和交通运输工程两个一级学科博士点、土木工程学科博士后流动站及教育部重点实验室的支撑。近十年已编写出版教材及参考书40余本，其中9本教材获国家和部、省级奖，4门课程列为江苏省一类优秀课程，5本教材被列为全国推荐教材。在本系列教材编写过程中，实行了老中青相结合，老教师主要担任主审，有丰富教学经验的中青年教授、教学骨干担任主编，从而保证了原有优势的发挥，继承和发扬了东南大学原有的办学传统。

新世纪土木工程专业系列教材肩负着“教育要面向现代化，面向世界，面向未来”的重任。因此，为了出精品，一方面对整合力度大的教材坚持经过试用修改后出版，另一方面希望大家在积极选用本系列教材中，提出宝贵的意见和建议。

愿广大读者与我们一起把握时代的脉搏，使本系列教材不断充实、更新并适应形势的发展，为培养新世纪土木工程高级专门人才作出贡献。

最后，在这里特别指出，这套系列教材，在编写出版过程中，得到了其他高校教师的大力支持，还受到作为本系列教材顾问的专家、院士的指点。在此，我们向他们一并致以深深的谢意。同时，对东南大学出版社所作出的努力表示感谢。

中国工程院院士 吕志涛

第4版前言

本书最初编写于1999年,2003年第一次修订后纳入东南大学新世纪土木工程专业系列教材之中,2008年修订编写成第2版,2013年修订编写成第3版,十多年来,本书已先后印刷近10万多册,在工科院校中应用甚广,基本满足了土木建筑类各专业的教学需要。

随着教学改革的深化和发展,按照土木工程技术人才创新型复合型和通用化的培养目标,根据教育部课程指导委员会发布的《普通高等学校工程图学课程教学基本要求》,以及最新实施的一系列的国家制图标准:《房屋建筑制图统一标准》GB/T50001—2010、《总图制图标准》GB/T50103—2010、《建筑制图标准》GB/T50104—2010、《建筑结构制图标准》GB/T50105—2010、《建筑给水排水制图标准》GB/T50106—2010、《暖通空调制图标准》GB/T50114—2010、《建筑电气制图标准》GB/T50786—2012和有关的专业技术制图标准等,修订出版第4版。

第4版划分为三大部分:画法几何、制图基础和投影制图、土木工程专业制图。第一部分画法几何(第1、2、3、4、5、6、7、8、9章)属于理论基础,对正投影理论作了比较系统的阐述,并简要介绍了轴测投影、透视投影和标高投影,以满足土建工程制图的需要。第二部分制图基础和投影制图(第10、11、12、13章)是实际绘图应掌握的基本要求和知识,介绍了现行制图标准中的有关规定,阐述了手工绘图的基本方法。投影制图部分起着承上启下的关键作用,所以对组合体投影给予更多的侧重,分析得更详细,且注意理论与实际相结合。随着计算机绘图越来越普及,适当增加了这方面的分量,比较详细介绍了AutoCAD2012绘图软件的功能和用法,以提高计算机绘图的能力。第三部分土木工程专业制图(第14、15、16、17、18、19章)是专业制图,根据新的相应专业的制图标准,以房屋施工图为主,对建筑、结构、给排水、暖通空调、电气、道路桥梁等各专业施工图的阅读与绘制,作了全面介绍,以适应大土木工程拓宽专业面的需要。书中的三部分内容既有先后顺序,又有互相联系,也相对独立,可以满足土建类各专业,根据不同学时,不同要求来选择使用。

本书力求紧跟形势发展与时俱进,及时采用最新的国家制图标准,及时推广新科技新成果,例如:2012年10月新颁布实施的《建筑电气制图标准》弥补了我国几十年来在这方面标准的缺失;在结构施工图中介绍的平面整体表示方法是建设部的科技成果重点推广项目；计算机绘图方面则采用最新的AutoCAD2012版本。本教材虽然经历多次修订，内容有所增删改动，但仍然保持原有特色：理论系统、内容全面、专业宽广、重点突出、文字简练、图样清晰。

与本书配套使用的《画法几何及土木工程制图习题集》第4版也将另册同时出版。

本书由东南大学唐人卫主编，参加编写和修订工作的有：南京工业大学杨为邦（第10、14、15章），东南大学李铭章（第7、8、9、11、12章），唐人卫（第1、2、3、4、5、6、13、16、17、18、19章）。

本书经东南大学王宏祖教授和陶诗诏教授审阅，并提出宝贵的修改意见。本次修订过程中还有一些学校的老师参加了讨论，给予了大力支持，在此一并表示感谢。

由于编者水平所限，又时间紧迫，书中内容有疏漏与不妥之处，敬请批评指正，以期进一步修改完善。

编　者

2018年6月于南京

目　　录

第一部分　画法几何

第二部分　制图基础和投影制图

第三部分　土木工程专业制图

本教材中画法几何部分所用符号或代号的说明

	标注示例	含义说明
点	$A,B,C\cdots$　Ⅰ,Ⅱ,Ⅲ…	标注空间的点用大写拉丁字母或罗马数字
	$a,b,c\cdots$　$1,2,3\cdots$ $a',b',c'\cdots$　$1',2',3'\cdots$ $a'',b'',c''\cdots$　$1'',2'',3''\cdots$	点的投影用小写字母或阿拉伯数字表示，水平投影不加上标，正面投影加上标“′”，侧面投影加上标“″”
	$A[a,a',a'']$	表示 A 点的投影为 a,a',a'' 或由 a,a',a'' 确定 A 点
直线	$AB[ab,a'b',a''b'']$	表示直线 AB 的投影为 $ab,a'b',a''b''$ 或由投影 $ab,a'b',a''b''$ 确定 AB 直线
	$L[l,l',l'']$	有时直线也可用单字母表示
平面	$P[A,B,C]$	表示平面 P 由 A,B,C 三点确定
	$P[AB,C]$	表示平面 P 由直线 AB 和点 C 确定
	$P[AB/\!/CD]$	表示平面 P 由两平行直线 AB 和 CD 确定
	$P[AB\times CD]$	表示平面 P 由两相交直线 AB 和 CD 确定
	$\triangle ABC,\square ABCD$	表示平面为三角形 ABC 或四边形 $ABCD$
	$P[p,p',p'']$	有时平面也用单字母表示， P 平面的投影为 p,p',p'' 或由 p,p',p'' 确定平面 P
互相位置	$/\!/$　如 $AB/\!/\triangle CDE$	表示互相平行，如直线 AB 平行于平面 CDE
	$\nparallel$　如 $AB\nparallel\triangle CDE$	表示不平行，如直线 AB 不平行于平面 CDE
	$\perp$　如 $AB\perp\triangle CDE$	表示互相垂直，如直线 AB 垂直于平面 CDE
	$\not\perp$　如 $AB\not\perp\triangle CDE$	表示不垂直，如直线 AB 不垂直于平面 CDE
	⊥　如 AB *⊥* $\triangle CDE$	表示倾斜，既不平行也不垂直，如直线 AB 与平面 CDE 倾斜
	$\times$　如 $AB\times CD$	表示相交，如直线 AB 与直线 CD 相交
	$\div$　如 $AB\div CD$	表示互相交叉（或交错、异面），如直线 AB 与直线 CD 交叉
其他	α,β,γ	分别表示直线或平面对 H 面，V 面，W 面的倾角
	$\cong,\backsim,*$	分别表示两平面图形是全等的、相似的、类似的
	TL,TS	分别表示线段的实长，平面图形的实形
	$=,\Leftrightarrow$	分别表示等于，等价

第一部分　画法几何

1　投影的基本知识

投影是工程制图的理论基础。本章首先简要介绍投影的基本知识，主要是掌握空间形体三面投影图的投影规律和画法。

1.1　投影概念

1.1.1　投影的形成

当光线（阳光或灯光）照射物体时，就会在承影面（墙面或地面）上产生影子，这种影子内部灰黑一片，可以反映物体的外形轮廓，不能反映物体的真实情况，如图 1－1a 所示。人们对影子的产生过程进行科学的抽象，即把光线抽象为投射线，把物体抽象为形体，把承影面抽象为投影面，于是创造出投影的方法：当投射线穿过形体，就在投影面上得到投影图，如图 1－1b 所示。这种投影图能清楚地显示出物体的形状。

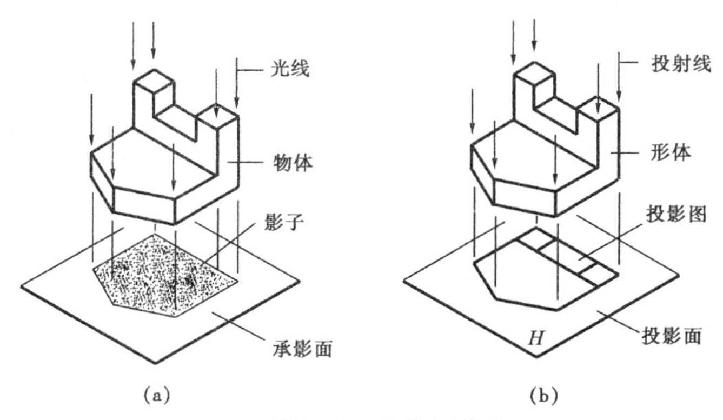

图 1－1　投影的形成

一般情况下，投射线为直线，投影面为平面，形体是只考虑物体形状和大小的几何体。

由上述投影的概念可知，投射线、形体、投影面是产生投影的三要素。

应用投影的方法能把形体上的点、线、面都显示出来，所以在图纸平面上可以绘制投影图来表示空间形体的几何形状和大小。

1.1.2　投影的分类

按投射线之间的互相关系，可将投影分为中心投影和平行投影两大类：

（1）中心投影。当投射线都是从一点 S 射出（或汇交于 S 点）时，称这类投影为中心投影，S 为投影中心，如图 1－2 所示；

（2）平行投影。当投影中心 S 移到无穷远时，投射线都互相平行，称这类投影为平行投影，如图 1－3 所示。

在平行投影中，又根据投射线与投影面之间的相对位置分为斜投影和正投影两种：投射线与投影面倾斜时称为斜投影，如图 1－3a 所示；投射线与投影面垂直时称为正投影，如图 1－3b 所示。

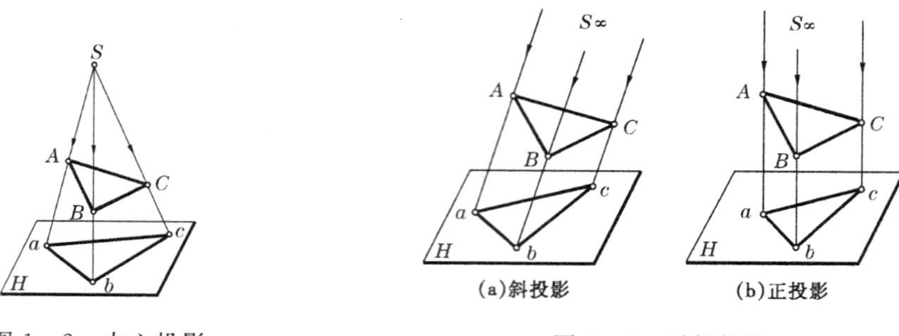

图 1－2　中心投影　　　图 1－3　平行投影

1.1.3　平行投影的基本性质

1）真实性

当直线或平面平行于投影面时，其投影反映实长或实形。如图 1－4a 所示，直线 AB 平行于投影面 H，其投影 ab 反映 AB 的真实长度，即 $ab=AB$。平面$\triangle CDE$ 平行于 H 面，其投影反映实形，即$\triangle cde\cong\triangle CDE$。

2）积聚性

当直线或平面平行于投射线（在正投影中为垂直于投影面）时，其投影积聚为一点或一直线。如图 1－4b 所示，直线 AB 平行于投射线，其投影积聚为一点 $a(b)$。平面$\triangle CDE$ 平行于投射线，其投影积聚为一直线 cde。

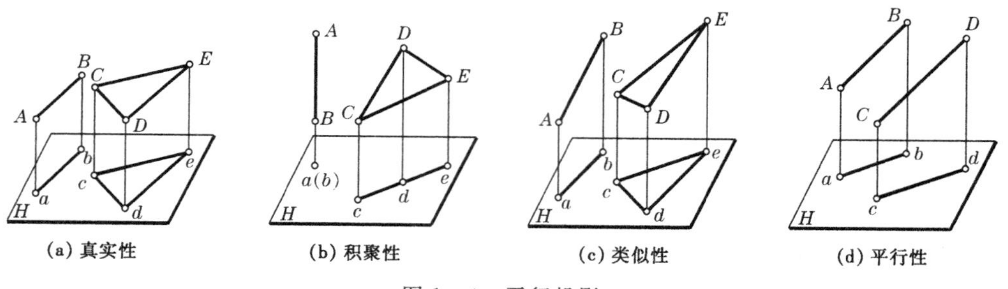

图 1－4　平行投影

3）类似性（或称同素性）

一般情况下，直线或平面不平行于投射线，其投影仍为直线或平面。当直线或平面不平行于投影面时，其投影不反映实长或实形。如图 1－4c 所示，直线 AB 不平行于投射线，也不平行于 H 面，故其投影 $ab\neq AB$。平面$\triangle CDE$ 不平行于投射线，亦不平行于 H 面，其投影$\triangle cde$ 不反映$\triangle CDE$ 的实形，是其类似图形（当多边形的边数相等时可称为类似图形，例如$\triangle cde \ast \triangle CDE$）。

4）平行性和定比性

当空间两直线互相平行时，它们的投影仍互相平行，而且它们的投影长度之比等于空间直线的长度之比。如图1—4d所示，空间两直线$AB /\!/ CD$，它们的投影$ab /\!/ cd$，且$ab : cd = AB : CD$。

由于正投影属于平行投影，因此以上性质对于正投影同样适用。

本书主要研究正投影，为叙述简捷，以后若无特别说明，所谓“投影”均指“正投影”。

1.2 三面投影图

1.2.1 三面投影体系

一般来说，只用一个投影不能完全确定空间形体的形状和大小，为此，需设立三个互相垂直的平面作为投影面，如图1—5所示。水平投影面用H标记，简称水平面或H面；正立投影面用V标记，简称正面或V面；侧立投影面用W标记，简称侧面或W面。两投影面的交线称为投影轴，H面与V面的交线为OX轴，H面与W面的交线为OY轴，V面与W面的交线为OZ轴，三投影轴的交点为原点O。

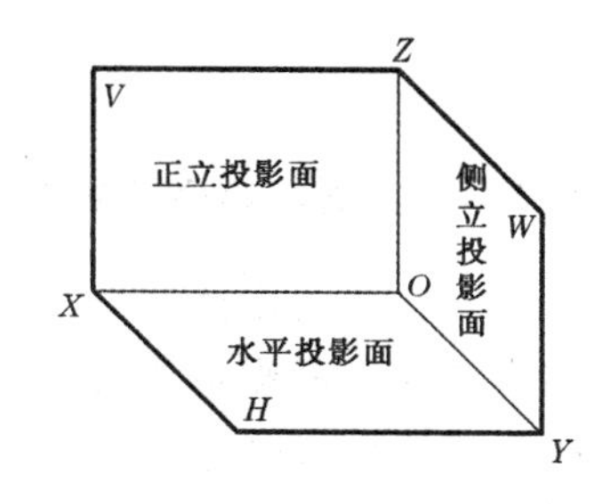

图1—5　三面投影体系

1.2.2 三面投影图的形成

将形体放置于三面投影体系中，然后用三组分别垂直于三个投影面的投射线，对该形体进行投影，如图1—6所示。从上向下投影，在H面上得到水平投影图，简称水平投影或H投影；从前向后投影，在V面上得到正面投影图，简称正面投影或V投影；从左向右投影，在W面上得到侧面投影图，简称侧面投影或W投影。

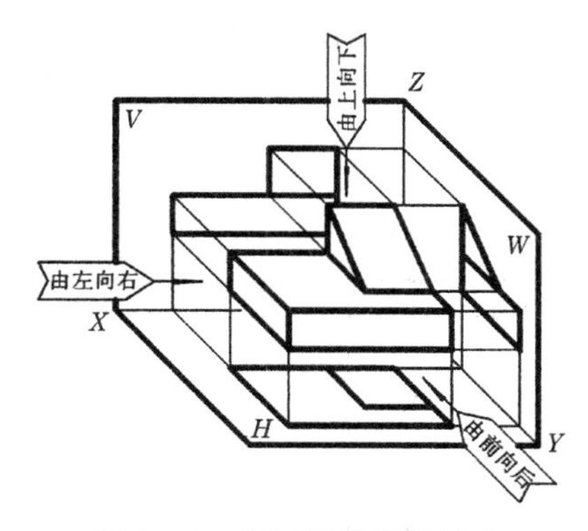

图1—6　三面投影图的形成

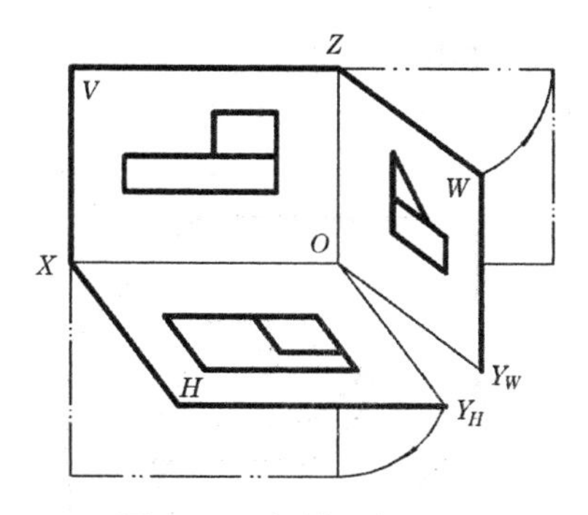

图1—7　投影面的展开

绘图时，需要将空间的三个投影面展开并使它们位于同一图纸平面上，展开的方法如图1—7所示。设V面不动，将H面绕OX轴向下旋转90°，将W面绕OZ轴向右旋转90°，这样三个投影面就位于同一绘图平面上了，如图1—8a所示。这时Y轴分为两条，位

于 H 面上的记为 Y_H，位于 W 面上的记为 Y_W，或不加区分均记为 Y。通常绘制形体的三面投影图时，不需要画出投影面的边框线，也不必画出投影轴，如图 1－8b 所示，这就是形体的三面投影图（简称三面图或三视图）。

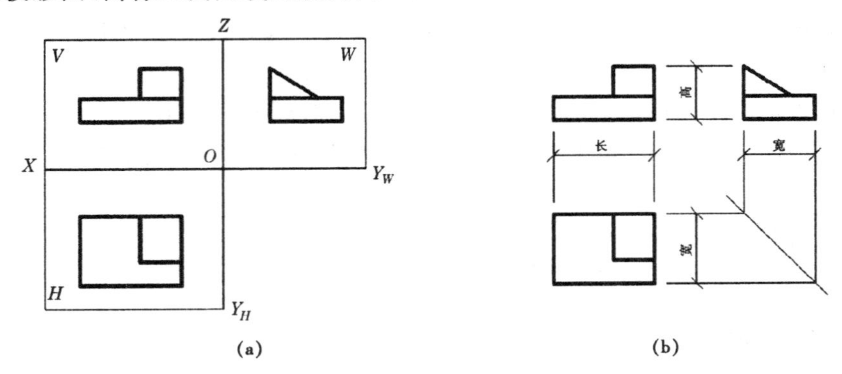

图 1－8　三面投影图的投影规律

1.2.3　三面投影图的投影规律

在三面投影体系中，形体的 X 轴向尺寸称为长度，Y 轴向尺寸称为宽度，Z 轴向尺寸称为高度。根据形体的三面投影图可以看出：H 投影位于 V 投影的下方，且都反映形体的长度，应保持“长对正”的关系；W 投影位于 V 投影的右方，且都反映形体的高度，应保持“高平齐”的关系；H 投影和 W 投影虽然位置不直接对应，但都反映形体的宽度，必须符合“宽相等”的关系。

“长对正、高平齐、宽相等”是形体的三面投影图之间最基本的投影规律，也是画图和读图的基础。无论是形体的总体轮廓还是各个局部都必须符合这样的投影规律。

1.2.4　三面投影图的方位关系

形体在三面投影体系中的位置确定后，对观察者而言，它在空间就有上、下、左、右、前、后六个方位，如图 1－9a 所示。这六个方位关系也反映在形体的三面投影图中，每个投影只反映其中四个方位。V 投影反映上下和左右，H 投影反映左右和前后，W 投影反映上下和前后，如图 1－9b 所示。

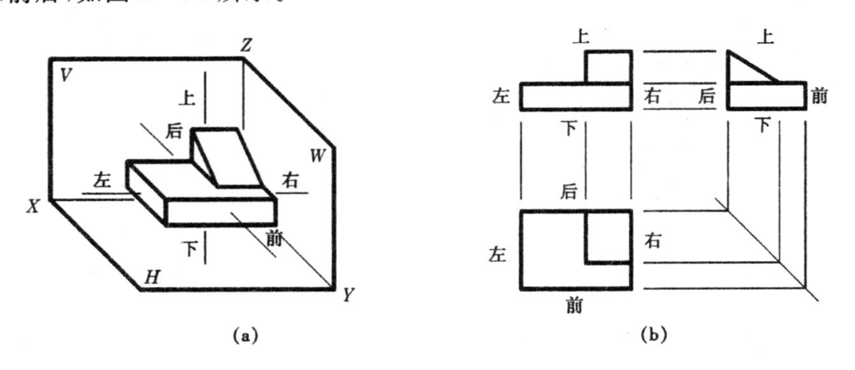

图 1－9　三面投影图的方位关系

1.2.5 形体投影图的基本画法

绘制形体的投影图时，应将形体上的棱线和轮廓线都画出来，并且按投影方向可见的线用实线表示，不可见的线用虚线表示，当虚线和实线重合时只画出实线。

由于各投影图的投影方向不同，所以形体上可见部分与不可见部分亦不同。对于水平投影图是从上向下投影的，因此形体上面可见而下面不可见；对于正面投影图是从前向后投影的，因此形体前面可见而后面不可见；对侧面投影图是从左向右投影的，因此形体左面可见而右面不可见。

如图 1－10 所示形体，可以看成是由一长方块和一三角块组合而成的形体，组合后就成了一个整体。当三角块的左侧面与长方块的左侧面平齐（即共面）时，实际上中间是没有线隔开的，在 W 投影中在此处不应画线。但形体右边还有棱线，从左向右投影时被遮住了，故看不见，所以图中应画为虚线。

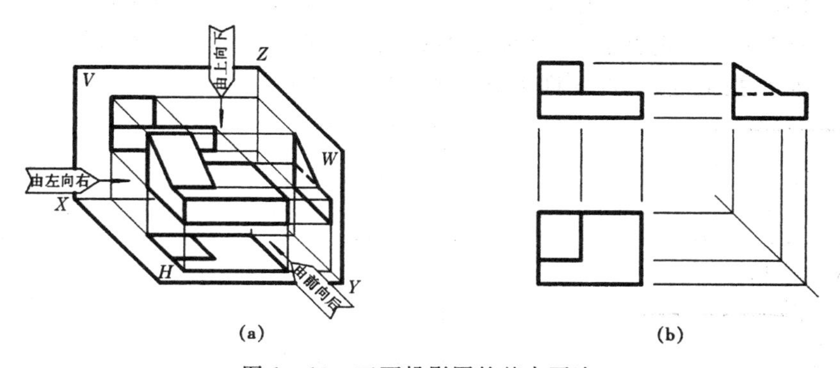

图 1－10 三面投影图的基本画法

三面投影图必须遵守“长对正，高平齐，宽相等”的投影规律，也必须符合上下、左右、前后的方位关系，同时各投影图中的虚线和实线是表示不同的可见性，这样利用三面投影图就能准确地表示出空间物体的真实形状。三面投影图一般用粗线绘制，作图的细线是不必画的，前面例图中画出来，仅仅是为了使初学者看清楚三面投影图之间互相对应关系。

2 点、直线和平面的投影

任何几何形体都是由点、线、面组成的，它们是构成形体基本的三种几何元素。研究点、直线、平面的投影，目的是为了更深刻地认识形体的投影本质，掌握形体的投影规律。

2.1 点的投影

2.1.1 点的两面投影

点在空间的位置，至少需要两个投影才能确定。如图 2－1a 所示，在 V，H 两面投影体系中，由空间点 A 作垂直于 H 面的投射线，交点 a 即为其水平投影（H 投影）。由 A 点作垂直于 V 面的投射线，交点 a' 即为其正面投影（V 投影）。

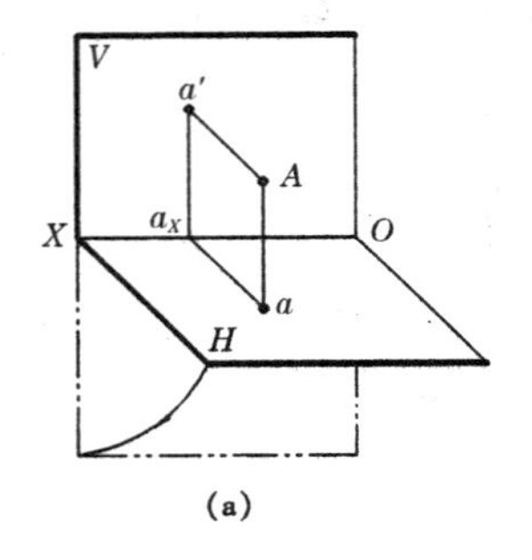

(a)

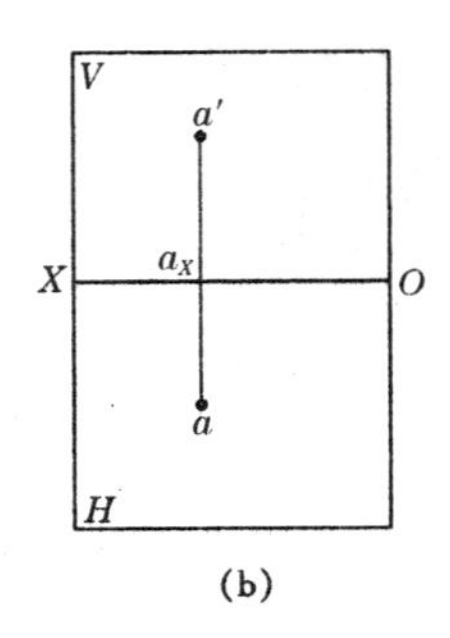

(b)

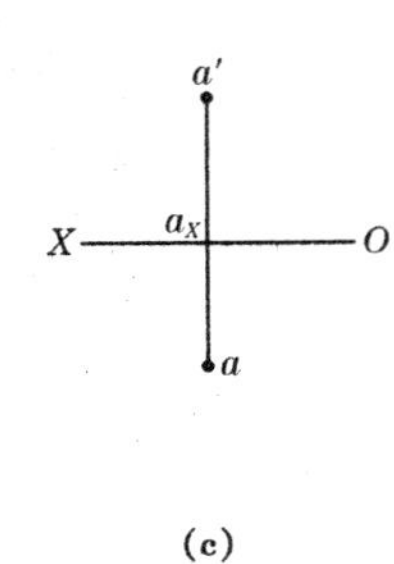

(c)

图 2－1　点的两面投影

按前述规定将两投影面展开，就得到 A 点的两面投影图如图 2－1b。在点的投影图中一般只画出投影轴，不画投影面的边框，如图 2－1c。

分析点的两面投影过程可知，由投射线 Aa 和 Aa' 所构成的矩形平面 Aaa_Xa' 与 H 面和 V 面均垂直，这三个相互垂直的平面的三条交线也必互相垂直，且交于同一点 a_X（见图 2－1a），当 H 面旋转至与 V 面重合时，a'，a_X，a 三点共线（见图 2－1b），于是可总结出点的两面投影规律如下：

(1) 点的两个投影的连线垂直于投影轴。如图 2－1c 中 $a'a \perp OX$。

(2) 点的一个投影到投影轴的距离，等于该点到相应投影面的距离。如图 2－1c 中 $a'a_X = Aa$，$aa_X = Aa'$。

很显然，只要两个投影面是互相垂直的，则点的以上投影规律总是成立的。

根据点的两面投影规律，可以由点的空间位置，作出其两面投影。反之若已知点的两面投影，也可以确定该点的空间位置。

2.1.2 点的三面投影

在两面投影的基础上，再设立 W 面与 H 面和 V 面均垂直，就得到三面投影体系，如

图 2－2a 所示。由 A 点作垂直于 W 面的投射线，交点 a'' 即为其侧面投影（W 投影）。将三个投影面展开后得到的三面投影图如图2－2b,c。

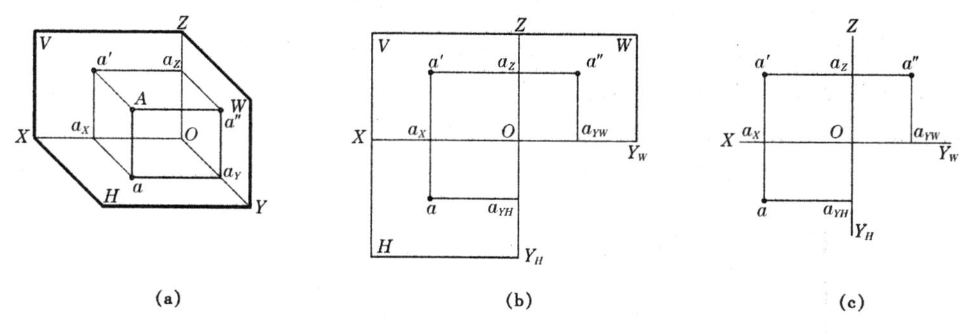

图 2－2　点的三面投影

由于三个投影面是两两互相垂直的，所以可根据点的两面投影规律来分析其三面投影：

（1）$a'a \perp OX$，A 点的 V 和 H 投影连线垂直于 X 轴；

$a'a'' \perp OZ$，A 点的 V 和 W 投影连线垂直于 Z 轴；

$aa_{YH} \perp OY_H$，$a''a_{YW} \perp OY_W$，这是由于 H 面和 W 面展开后不相连的缘故。

（2）$a'a_Z = aa_{YH} = Aa''$，反映 A 点到 W 面的距离；

$aa_X = a''a_Z = Aa'$，反映 A 点到 V 面的距离；

$a'a_X = a''a_{YW} = Aa$，反映 A 点到 H 面的距离。

以上所述点的三面投影特性，也正是形体投影图中“长对正、高平齐、宽相等”的理论依据。

因为点的两个投影已能确定该点在空间的位置，故只要已知点的任意两个投影，就可以运用投影规律来作图，求出该点的第三投影。

例 2－1　如图2－3a 所示，已知 B 点的 V 投影 b' 和 W 投影 b''，求其 H 投影 b。

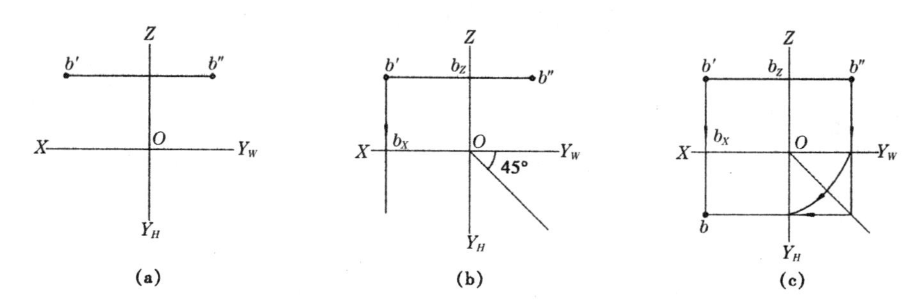

图 2－3　已知点的两面投影作第三投影

解　作图步骤如下：

（1）由第一条规律，过 b' 作投影连线垂直于 OX，b 必在此线上，见图2－3b；

（2）由第二条规律，截取 $bb_X = b''b_Z$，得 b，或借助于过 O 点的 45°作图线，也可以利用圆规作圆弧来确定 b，如图2－3c中箭头所示。

2.1.3 点的投影与坐标

如图 2—4 所示，将三面投影体系中的三个投影面看做是直角坐标系中的坐标面，三个投影轴看做是坐标轴，于是点与投影面的相对位置就可以用坐标表示：

A 点到 W 面的距离为 x 坐标，即 $Aa''=a'a_Z=aa_Y=a_XO=x$；

A 点到 V 面的距离为 y 坐标，即 $Aa'=aa_X=a''a_Z=a_YO=y$；

A 点到 H 面的距离为 z 坐标，即 $Aa=a'a_X=a''a_Y=a_ZO=z$。

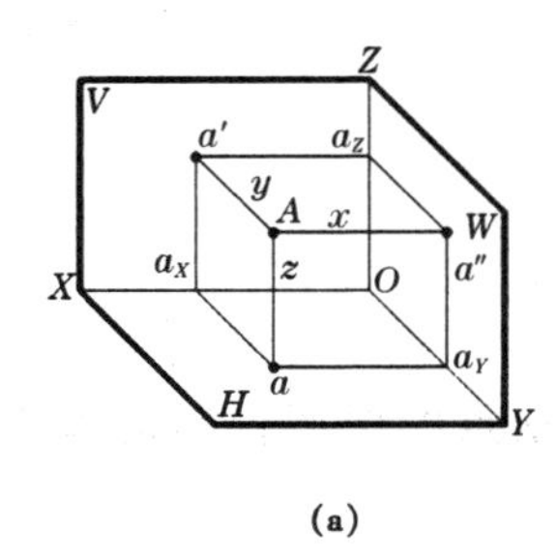

(a)

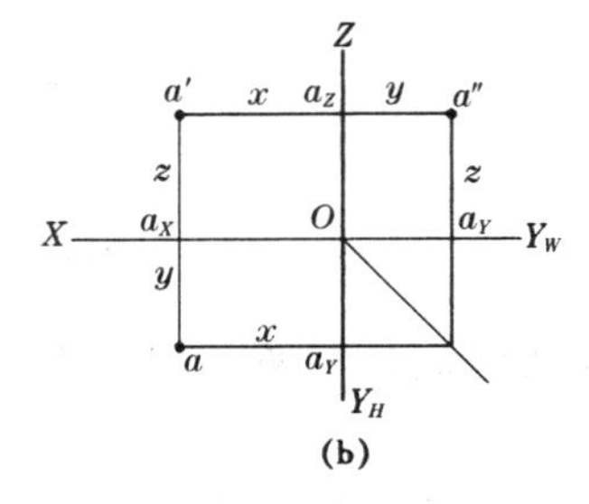

(b)

图 2—4 点的投影与坐标

点的一个投影能反映两个坐标，反之点的两个坐标可确定一个投影，即：$a \Leftrightarrow (x,y)$；$a' \Leftrightarrow (x,z)$；$a'' \Leftrightarrow (y,z)$。

例 2—2 已知 $D(20,10,15)$，作 D 点的三面投影。（本书中凡未注明的尺寸单位均为毫米。）

解 作图步骤如下：

(1) 先画出投影轴，然后自 O 点起，分别在 X,Y,Z 轴上量取 20 mm，10 mm，15 mm，得到 d_X,d_Y,d_Z，见图 2—5a；

(2) 过 d_X,d_Y,d_Z 分别作 X,Y,Z 轴的垂线，它们相交得 d 和 d'，见图 2—5b；

(3) 由 d 和 d' 再作出 d''，见图 2—5c。（本书中的附图在排版印刷时均经过了缩放处理，此后凡标注的度量数值，不一定符合原尺寸，仅作为参考示例。）

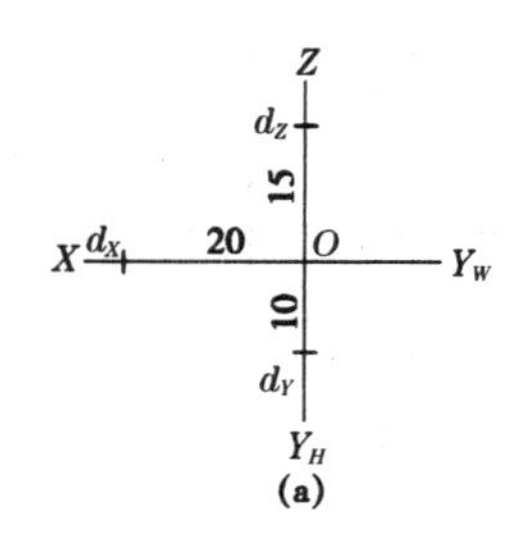

(a)

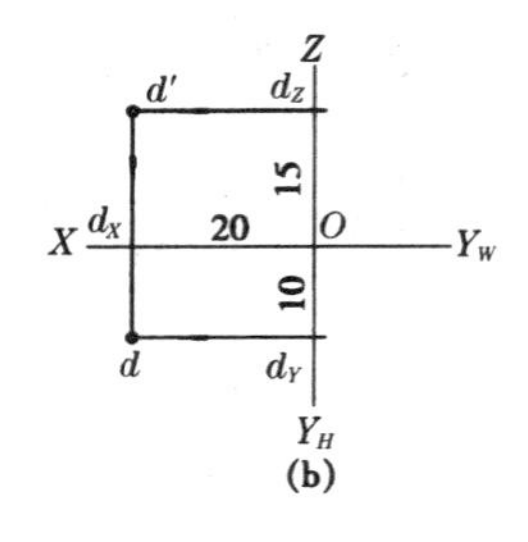

(b)

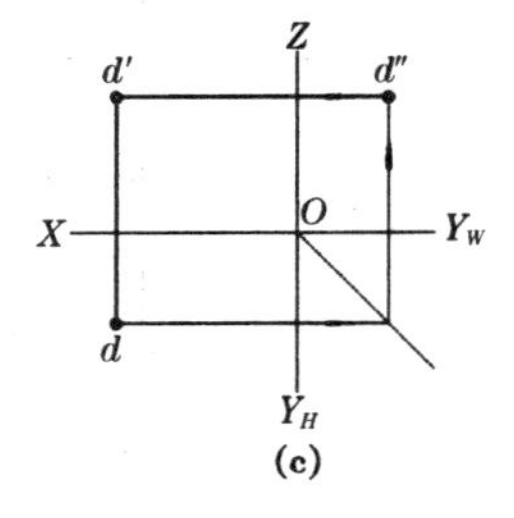

(c)

图 2—5 已知点的坐标作投影

2.1.4 特殊位置点的三面投影

若点的三个坐标中有一个坐标为零，则该点在某一投影面内。如图 2—6 所示，A 点在 H 面内，B 点在 V 面内，C 点在 W 面内。投影面内的点，其一个投影与自身重合，另两个投影在相应的投影轴上。

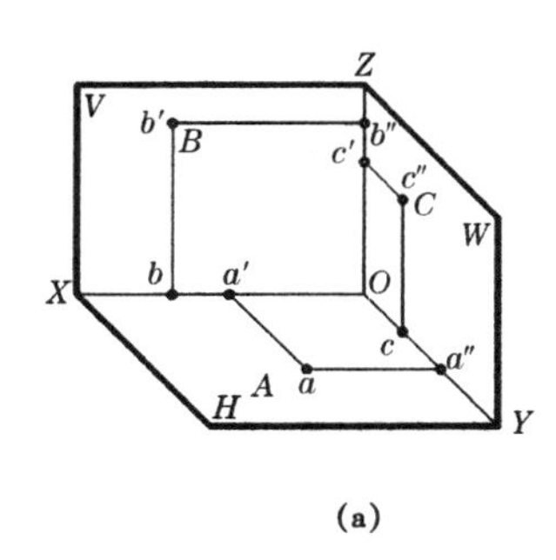

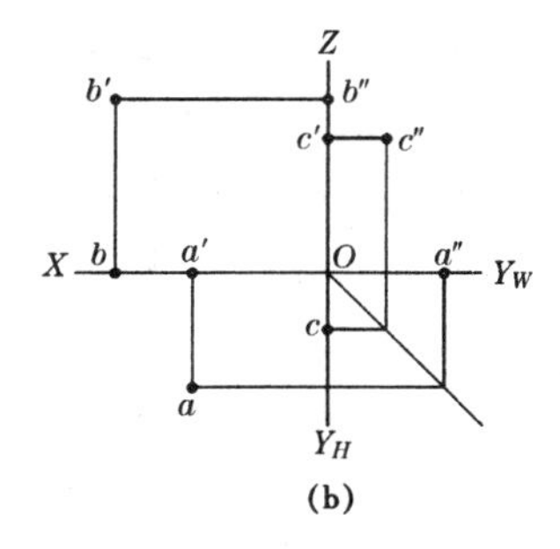

图 2－6　坐标面上的点

若点的三个坐标中有两个坐标为零，则该点在某一投影轴上。如图 2－7 所示，D 点在 X 轴上，E 点在 Y 轴上，F 点在 Z 轴上。

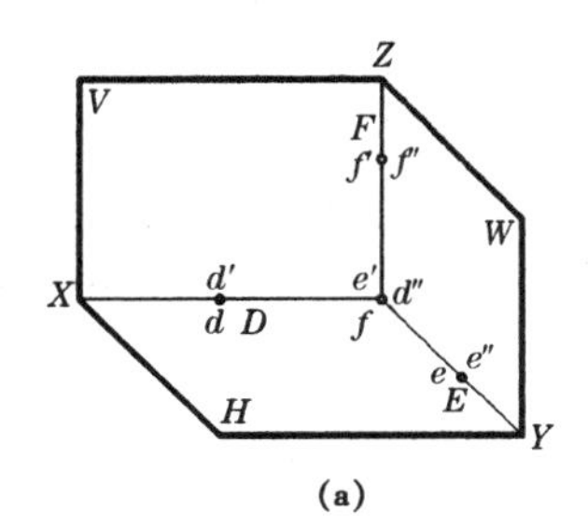

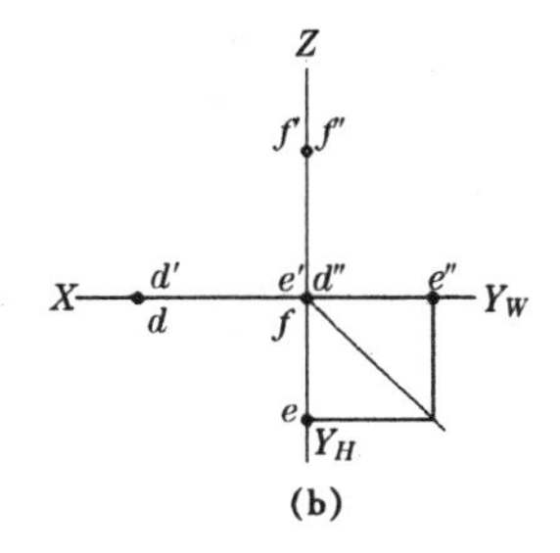

图 2－7　坐标轴上的点

2.1.5　两点的相对位置

两个点在空间的相对位置关系，是以其中一个点为基准，来判定另一点在该点的左或右、前或后、上或下。这另一个点的具体位置可以根据两点对于投影面的距离差，即坐标差来确定。

如图 2－8 所示，若以 B 点为基准，由于 $x_a<x_b$，$y_a<y_b$，$z_a>z_b$，故 A 点在 B 点的右、后、上方，并可从投影图中量出坐标差为：$\Delta x=7$，$\Delta y=4$，$\Delta z=7.5$。

反之如果已知两点的相对位置，以及其中一点的投影，也可以依照上述原理作出另一点的投影。

当空间两个点位于某一投影面的同一条投射线上时，则此两点在该投影面上的投影重合，重合的投影称为重影点。

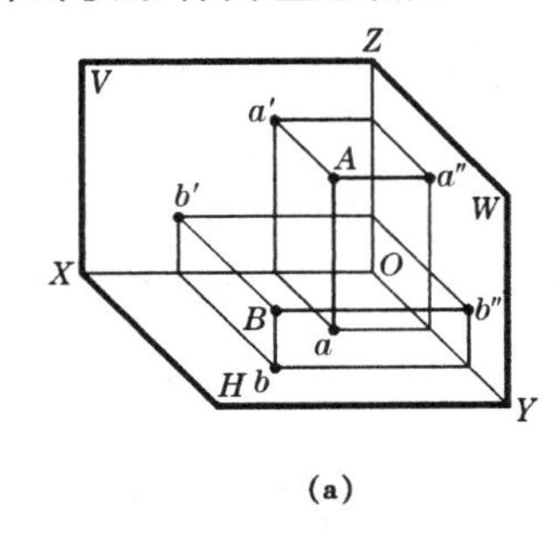

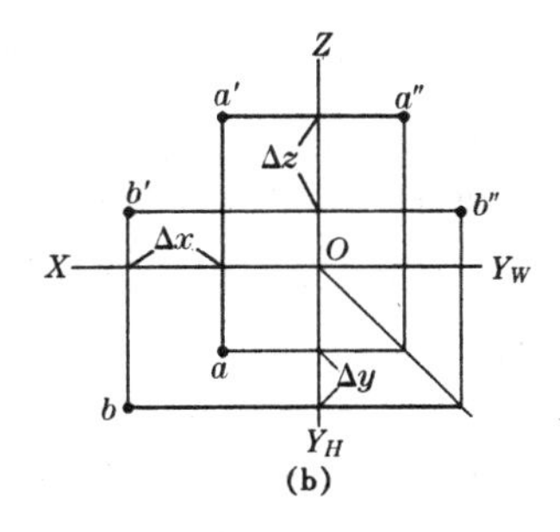

图 2－8　两点的相对位置

如图 2－9a 所示，A 点和 B 点在同一条垂直于 H 面的投射线上，它们的 H 投影 a 和 b 重合。由于 A 点在 B 点的正上方，投射线(可看作为观察者的视线)自上而下先穿过 A 点再遇 B 点，所以 A 点的 H 投影 a 可见，而 B 点的 H 投影 b 不可见。

为了区别重影点的可见性，通常是将不可见的点的投影字母加上括号来表示，如重影点 $a(b)$。

同理，图 2－9b 中 C 点在 D 点的正前方，它们在 V 面上的重影点为 $c'(d')$。图 2－9c 中 E 点在 F 点的正左方，它们在 W 面上的重影点为 $e''(f'')$。

根据上述三种情况的分析，可以总结出 H，V，W 面上重影点的可见性判别规则为：上遮下，前遮后，左遮右。

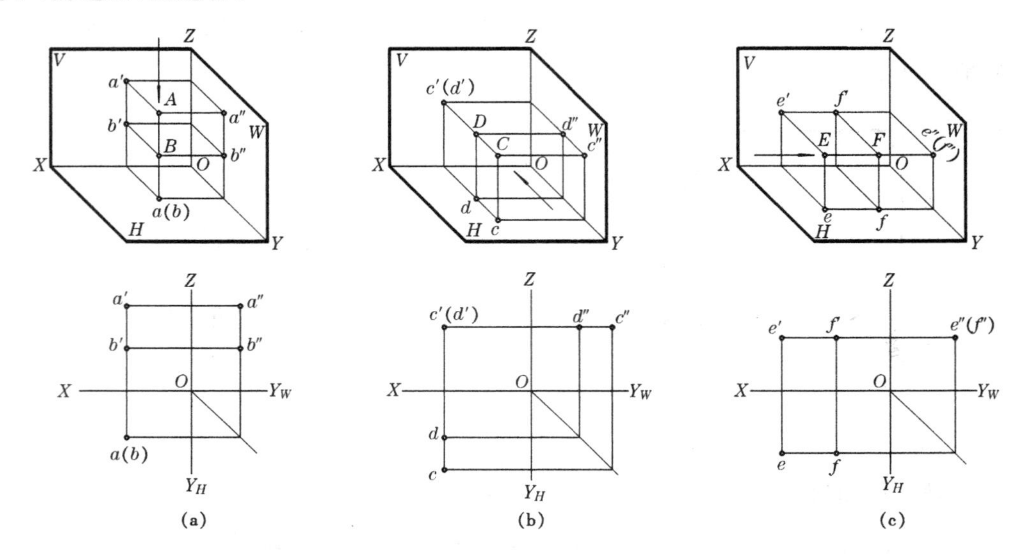

图 2－9　重影点的位置及其可见性

2.2　直线的投影

由直线的基本性质，两点可决定一条直线，一般是作出直线两端点的三面投影，然后将同面投影相连，即得直线的三面投影图。

2.2.1　各种位置直线

为了详细研究直线的投影性质，可按直线与三个投影面的相对位置，将其分为三类：一般位置直线、投影面平行线、投影面垂直线。后两类统称为特殊位置直线。

1) 一般位置直线

对三个投影面都倾斜(既不平行又不垂直)的直线称为一般位置直线，简称一般线。

直线对投影面的夹角称为直线的倾角。直线对 H 面、V 面、W 面的倾角分别用希腊字母 α，β，γ 标记。

图 2－10 中 AB 是一般位置直线，其倾角分别为：$0°<\alpha<90°$，$0°<\beta<90°$，$0°<\gamma<90°$，其投影长度分别为：$ab=AB\cos\alpha$，$a'b'=AB\cos\beta$，$a''b''=AB\cos\gamma$，因 $0<\cos\alpha<1$，$0<\cos\beta<1$，$0<\cos\gamma<1$，故 $ab<AB$，$a'b'<AB$，$a''b''<AB$。所以一般位置直线有如下投

影特性：三个投影的长度都小于实长，且都倾斜于各投影轴，都不能反映真实的倾角。

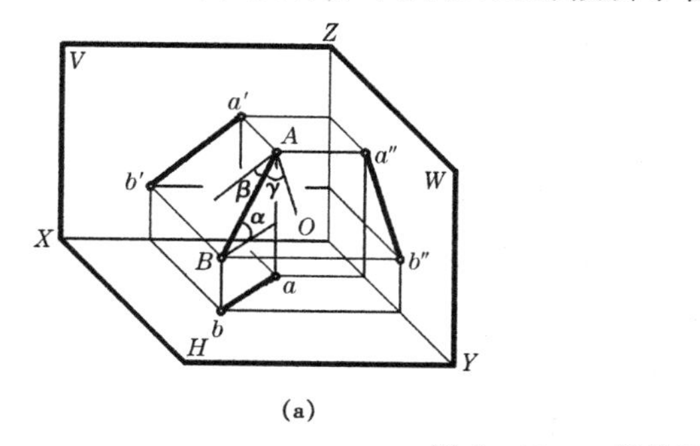

(a)

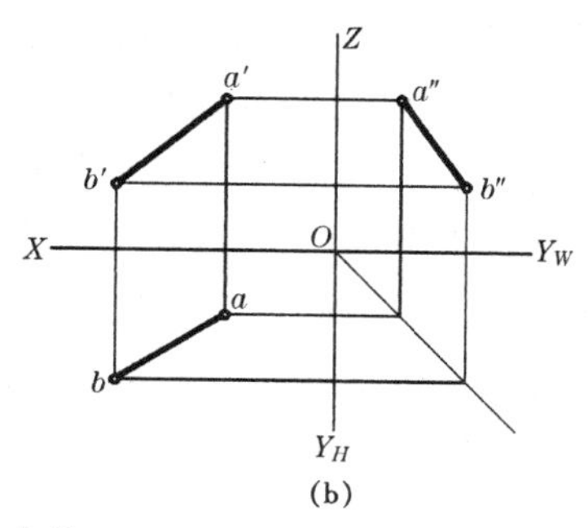

(b)

图 2—10　一般位置直线

2）投影面平行线

只平行于一个投影面，且倾斜于另外两个投影面的直线，称为投影面平行线。它分为三种：

(1) 平行于 H 面的直线称为水平线，如表 2—1 中 AB 线；

(2) 平行于 V 面的直线称为正平线，如表 2—1 中 CD 线；

(3) 平行于 W 面的直线称为侧平线，如表 2—1 中 EF 线。

根据表2—1中所列三种投影面平行线，它们的共同投影特性可概括如下(表中图上标记 TL 是 True Length 的缩写)：

(1) 直线在所平行的投影面上的投影反映实长，该投影与相应投影轴的夹角，反映直线与另两个投影面的倾角；

(2) 直线的另外两个投影分别平行于相应的投影轴，但小于实长。

表 2—1　投影面平行线

名称	空　间　位　置	投　影　图	投　影　特　性
水平线	$\alpha=0°$　$0°<\beta、\gamma<90°$		1. $a'b' \parallel OX$，$a''b'' \parallel OY_W$ 2. $ab=AB$ 3. ab 与投影轴的夹角反映 β，γ
正平线	$\beta=0°$　$0°<\alpha、\gamma<90°$		1. $cd \parallel OX$，$c''d'' \parallel OZ$ 2. $c'd'=CD$ 3. $c'd'$ 与投影轴的夹角反映 α，γ
侧平线	$\gamma=0°$　$0°<\alpha、\beta<90°$		1. $ef \parallel OY_H$，$e'f' \parallel OZ$ 2. $e''f''=EF$ 3. $e''f''$ 与投影轴的夹角反映 α，β

3）投影面垂直线

与某一个投影面垂直的直线称为投影面垂直线。它也分为三种：

(1) 垂直于 H 面的直线称为铅垂线，如表 2—2 中 AB 线；

(2) 垂直于 V 面的直线称为正垂线，如表 2—2 中 CD 线；

(3) 垂直于 W 面的直线称为侧垂线，如表 2—2 中 EF 线。

根据表 2—2 中所列三种投影面垂直线，它们的共同投影特性可概括如下：

(1) 直线在所垂直的投影面上的投影积聚为一点；

(2) 直线的另外两个投影平行于相应的投影轴，且反映实长。

表 2—2 投影面垂直线

名称	空间位置	投影图	投影特性
铅垂线	$\alpha=90°,\beta=\gamma=0°$		1. ab 积聚为一点 2. $a'b'$ // $a''b''$ // OZ 3. $a'b'=a''b''=AB$
正垂线	$\beta=90°,\alpha=\gamma=0°$		1. $c'd'$ 积聚为一点 2. cd // OY_H，$c''d''$ // OY_W 3. $cd=c''d''=CD$
侧垂线	$\gamma=90°,\alpha=\beta=0°$		1. $e''f''$ 积聚为一点 2. ef // $e'f'$ // OX 3. $ef=e'f'=EF$

例 2—3 如图2—11a 所示，已知 A 点的两面投影，正平线 $AB=20$，且 $\alpha=30°$，作出直线 AB 的三面投影。

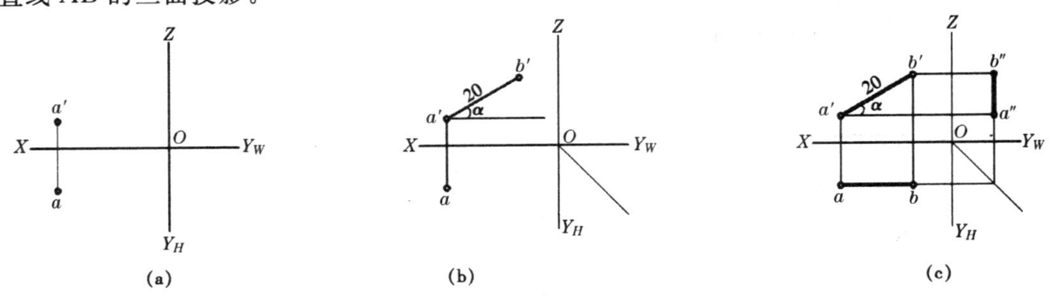

图 2—11 作正平线 AB 的投影

解 根据正平线的投影特性来作图，如图 2－11b，c 所示。

(1) 过 a' 作 $a'b'$ 与 OX 成 30°角，且量取 $a'b'=20$；

(2) 过 a 作 $ab // OX$，由 b' 作投影连线，确定 b；

(3) 由 ab 和 $a'b'$ 作出 $a''b''$。

讨论：按该题所给条件，B 点可以在 A 点的上、下、左、右四种位置，故本题有四解，图中只作出了其中一解。

2.2.2 一般位置直线的实长和倾角

一般线对三个投影面都是倾斜的，因而三个投影均不能直接反映直线的实长和倾角，但可根据直线的投影用作图的方法求出其实长和倾角。

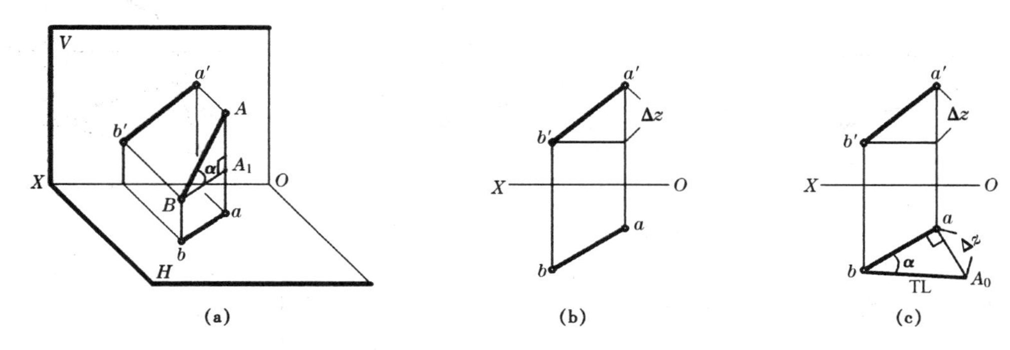

图 2－12 求一般位置直线的实长和 α 角

如图 2－12a 所示，AB 为一般线，在投射平面 $ABba$ 内，由 B 点作 $BA_1 // ab$，与 Aa 交于 A_1，因 $Aa \perp ab$，故 $AA_1 \perp BA_1$，$\triangle AA_1B$ 是直角三角形。该直角三角形的斜边为实长 AB，$\angle ABA_1=\alpha$，底边 $BA_1=ab$，另一直角边 AA_1 为 A 和 B 点的高度差，即 Z 坐标差 Δz。如果能作出该直角三角形$\triangle ABA_1$，便可以求得直线 AB 的实长和 α 角。

在图 2－12b 中，直线 AB 的 H 投影 ab 为已知，Δz 可从 V 投影 $a'b'$ 上量取，于是该直角三角形是可以作出的。为了作图方便，常将该直角三角形画在原投影图中，如图 2－12c 所示。以 ab 为一直角边，过 a 作其垂线，并在垂线上截取 $aA_0=\Delta z$，于是斜边 A_0b 为 AB 的实长，$\angle A_0ba$ 为 AB 的 α 角。

如图 2－13 所示，若求作直线 AB 的 β 角，则应以 $a'b'$ 为一直角边，以 Δy 为另一直角边，所作出的直角三角形可确定 AB 的实长和 β 角。

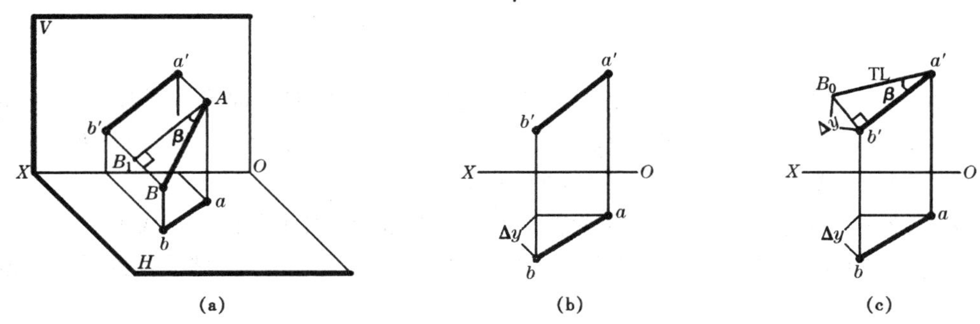

图 2－13 求一般位置直线的实长和 β 角

同理，若求 AB 的 γ 角，是以 $a''b''$ 为一直角边，以 Δx 为另一直角边，作出的直角三角形反映实长和 γ 角（此作图省略）。

利用直角三角形求一般线的实长和倾角的方法，称为直角三角形法。切记上面所述的三个直角三角形是完全不同的，虽然它们的斜边均为直线的实长，但反映出的倾角却不一样。

若已知直角三角形的四个要素（两直角边、斜边、夹角）中的任意两个，就可以利用直角三角形法来解题。

例 2—4 如图2—14a 所示，已知直线 AB 的投影 ab 和 a'，且 $\alpha=30°$，求作 $a'b'$。

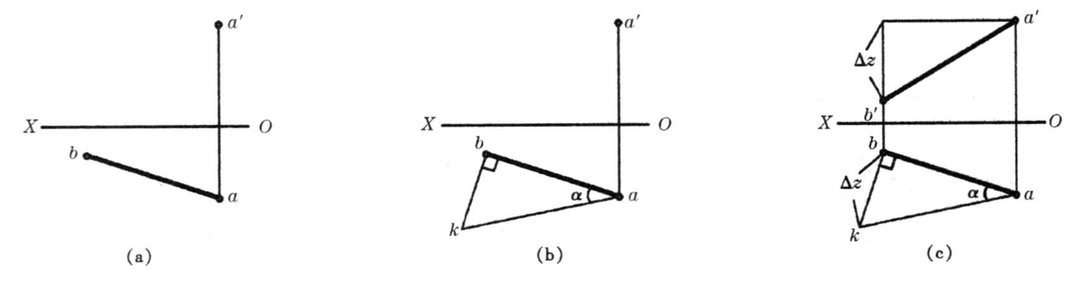

图 2—14 作直线 AB 的 V 投影

解 利用直角三角形法反求 AB 的 V 投影 $a'b'$，如图 2—14b，c 所示。

（1）以 ab 为直角边，$\alpha=30°$，作出直角三角形 abk，则 $\Delta z=bk$；

（2）在过 b 的投影连线上，以 a' 的高度为基准量取 Δz，则确定 b' 的位置；

（3）连 $a'b'$ 即为所求。

讨论：在本题中按已知条件，B 点可在 A 点的上或下两个位置，故本题有二解，这里仅作出了其中一解。

2.2.3 直线上的点

直线上的点和直线本身有如下两种投影关系：

1）从属性关系

若点在直线上，则点的投影必在该直线的同面投影上。如图 2—15 中直线 AB 上有一点 K，通过 K 点作垂直于 H 面的投射线 Kk，它必在通过 AB 的投射平面 $ABba$ 内，故 K 点的 H 面投影 k 必在 AB 的投影 ab 上。同理可知 k' 在 $a'b'$ 上，k'' 在 $a''b''$ 上。

反之，若点的三面投影均在直线的同面投影上，则此点在该直线上。

2）定比性关系

直线上的点将直线分为几段，各线段长度之比等于它们的同面投影长度之比。如图 2—15 所示，AB 和 ab 被一组投射线 Aa、Kk、Bb 所截，因 $Aa /\!/ Kk /\!/ Bb$，故 $AK:KB=ak:kb$。同理有：$AK:KB=a'k':k'b'$，$AK:KB=a''k'':k''b''$。

反之，若点的各投影分线段的同面投影长度之比相等，则此点在该直线上。

利用直线上点的投影的从属性和定比性关系，可以作直线上点的投影，也可以根据它们的投影判断点是否在直线上。

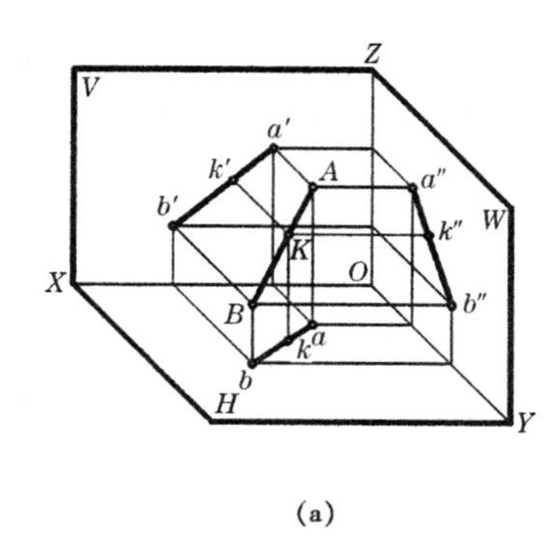

(a)

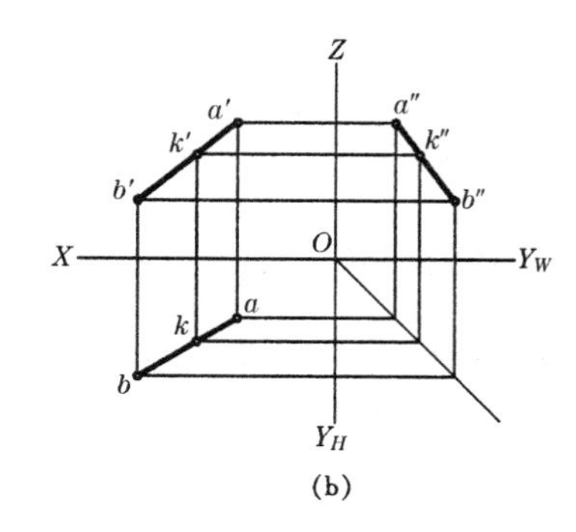

(b)

图 2—15　直线上的点的投影

例 2—5　如图2—16a 所示，已知 ab 和 $a'b'$，求直线 AB 上 K 点的投影，使 $AK:KB=2:3$。

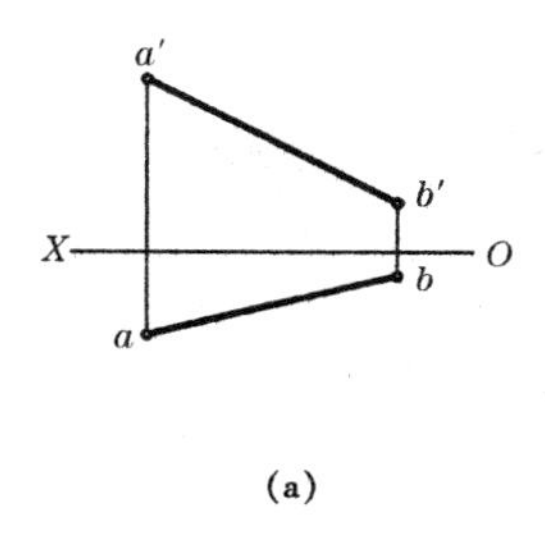

(a)

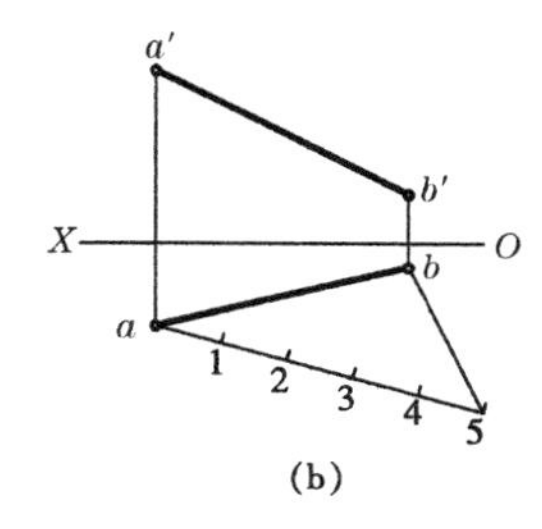

(b)

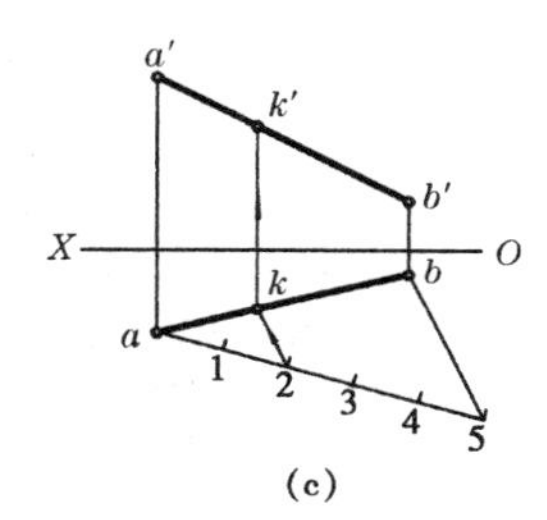

(c)

图 2—16　求直线上定比点

解　作图步骤如图2—16b 所示。

(1) 过 a 任作一直线，并从 a 点开始连续取五个相等长度，得点 1,2,3,4,5；

(2) 连接 b 和 5 点，再过 2 点作 $5b$ 的平行线，交 ab 于 k，于是 $ak:kb=2:3$；

(3) 过 k 作投影连线交 $a'b'$ 于 k'。

例 2—6　如图2—17a 所示，已知侧平线 AB 和 M，N 两点的 H 和 V 投影，判断 M 点和 N 点是否在 AB 上。

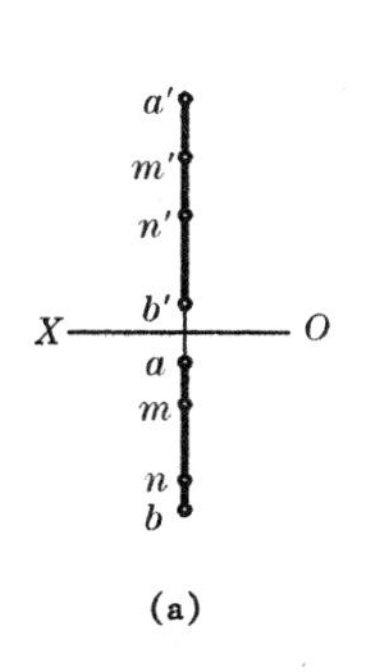

(a)

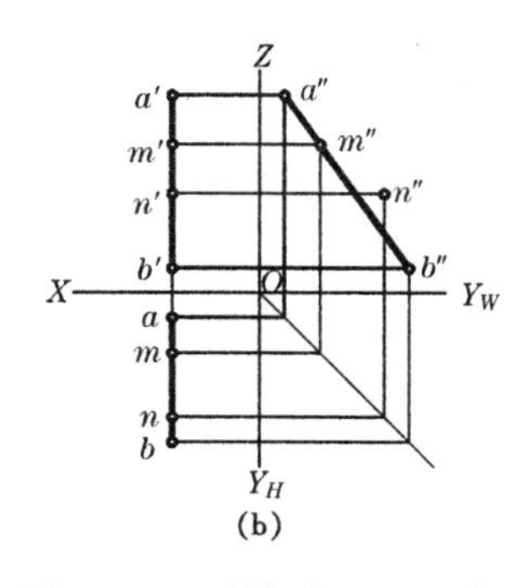

(b)

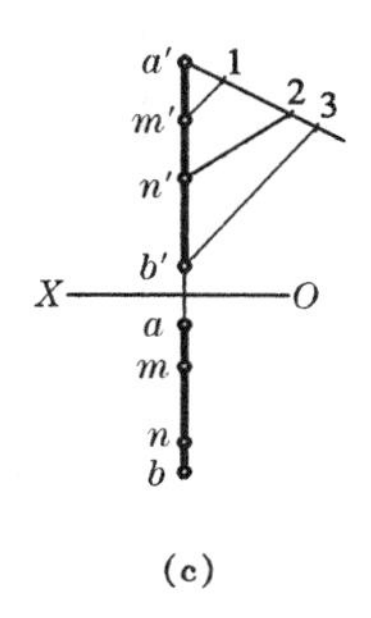

(c)

图 2—17　判断点是否在直线上

解　可用如下两种方法判断：

(1) 根据从属性关系判断，如图 2—17b 所示。作出直线和点的 W 投影，即可知 M 在 AB 上，N 不在 AB 上。

(2) 根据定比性关系判断，如图 2－17c 所示。边 a' 任作一直线，在其上量取：$a'1=am$，$a'2=an$，$a'3=ab$。连 $b'3$，$m'1$，$n'2$，因 $m'1 /\!/ b'3$，故 M 点在 AB 上，又因 $n'2 \nparallel b'3$（$\nparallel$是不平行符号），故 N 点不在 AB 上。

2.2.4 两直线的相对位置

两直线之间的基本相对位置有三种：平行、相交、交叉（交叉又称交错、异面）。垂直是相交和交叉位置中的特殊情况。

1) 两直线平行

(1) 若两直线互相平行，则它们的同面投影必互相平行（平行性）。

如图 2－18 所示，直线 $AB /\!/ CD$，通过 AB 和 CD 所作垂直于 H 面的两个投射平面互相平行，因此它们与 H 面的交线必互相平行，即 $ab /\!/ cd$。同理，$a'b' /\!/ c'd'$，$a''b'' /\!/ c''d''$。

反之，若两直线的三组同面投影均互相平行，则在空间两直线必平行。

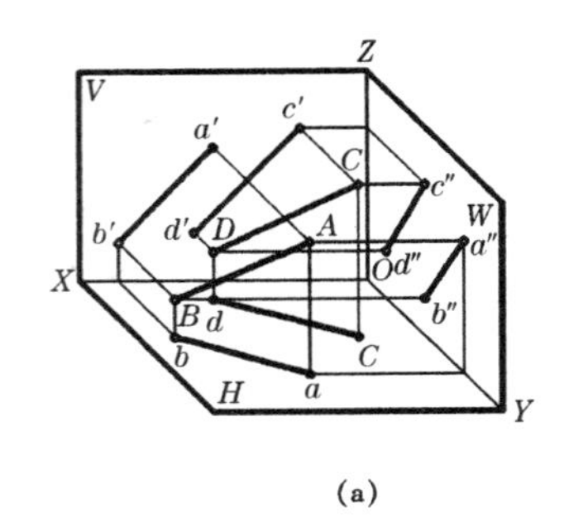

(a)

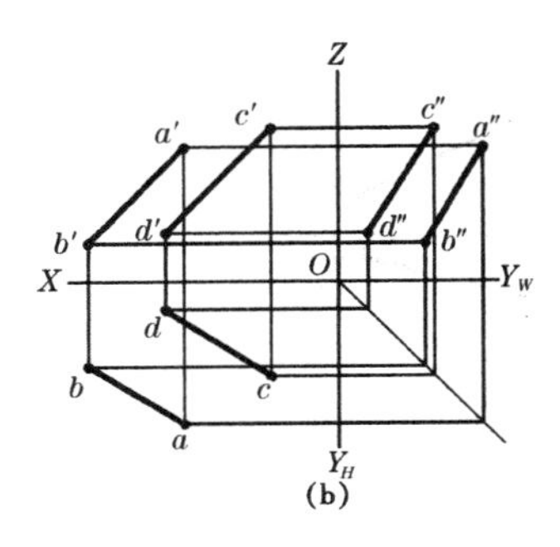

(b)

图 2－18　两直线平行

(2) 若两直线互相平行，则它们的长度之比等于它们的同面投影长度之比（定比性）。

如图 2－18 所示，由于 $AB /\!/ CD$，它们对 H 面的倾角 α 相等，而 $ab = AB\cos\alpha$，$cd = CD\cos\alpha$，于是 $ab : cd = AB : CD$。同理，$a'b' : c'd' = AB : CD$，$a''b'' : c''d'' = AB : CD$。

例 2－7　如图 2－19 所示，判断两侧平线 AB 和 CD 是否平行。

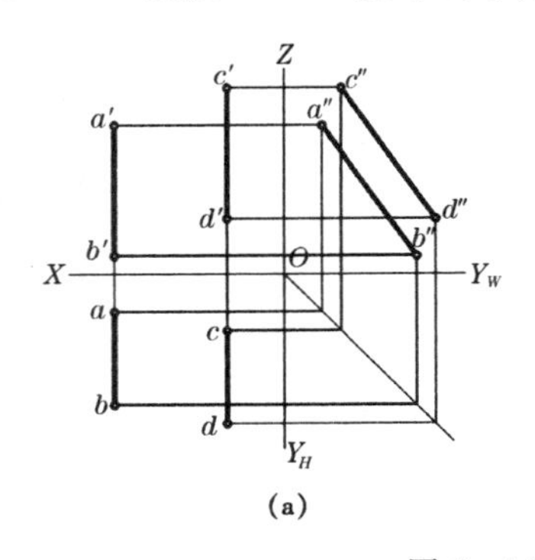

(a)

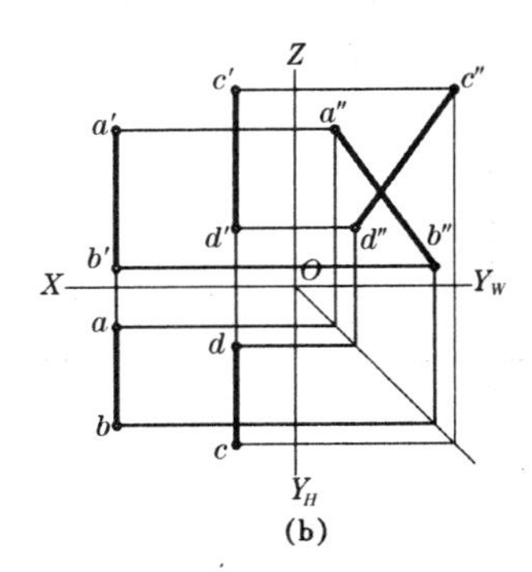

(b)

图 2－19　判别两侧平线是否平行

解　一般情况下可根据直线的 H 和 V 投影直接判断，但如果是侧平线，虽然 $ab /\!/ cd$，$a'b' /\!/ c'd'$，还不能断定在空间 AB 和 CD 是否平行，这时可作出它们的 W 投影，若 $a''b'' /\!/ c''d''$，则 $AB /\!/ CD$，如图 2－19a 所示；若 $a''b'' \nparallel c''d''$，则 $AB \nparallel CD$，如图 2－19b 所示。

此题还可用其他方法判断，读者自行思考。

2）两直线相交

若两直线相交，则它们的同面投影必相交，且相邻两投影交点的连线垂直于相应的投影轴。

如图 2－20 所示，两直线 AB 和 CD 相交于 K 点，K 点是两直线的共有点，它的 H 投影 k 既在 ab 上又在 cd 上，则一定是 ab 与 cd 的交点，同理，$a'b'$ 与 $c'd'$ 相交于 k'，$a''b''$ 与 $c''d''$ 相交于 k''，因 k，k'，k'' 是 K 点的三个投影，所以 $kk' \perp OX$，$k'k'' \perp OZ$。

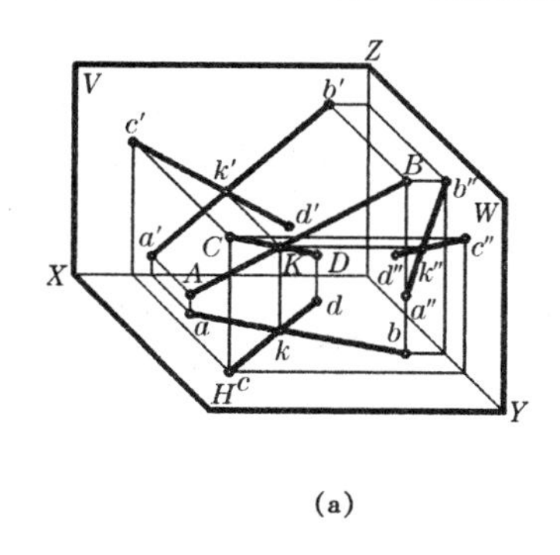

(a)

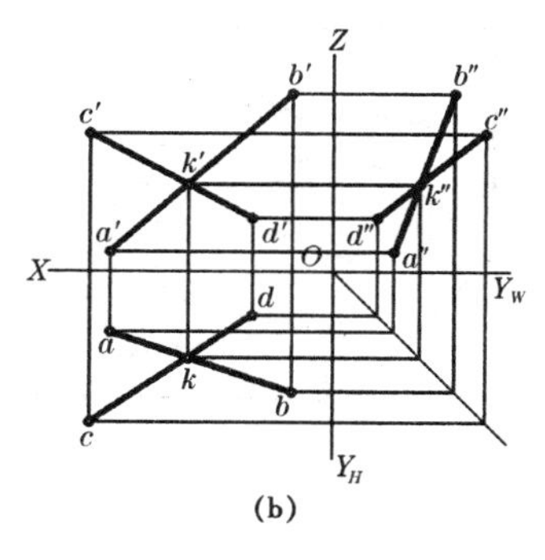

(b)

图 2－20　两直线相交

反之，若两直线的三组同面投影均相交，且交点符合点的投影规律，则空间两直线必相交。

例 2－8　如图 2－21 所示，判断 AB 和 CD 是否相交。

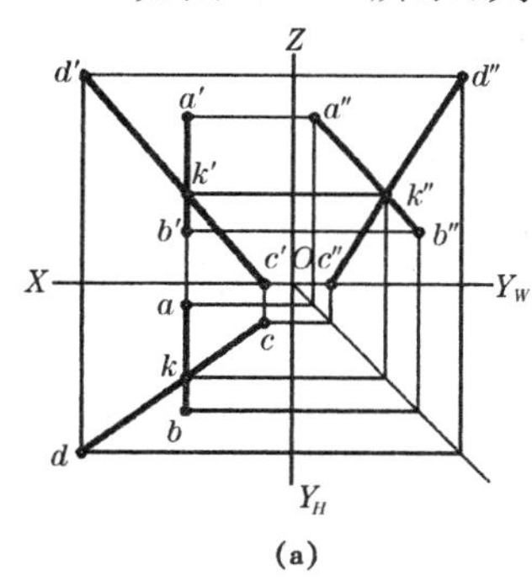

(a)

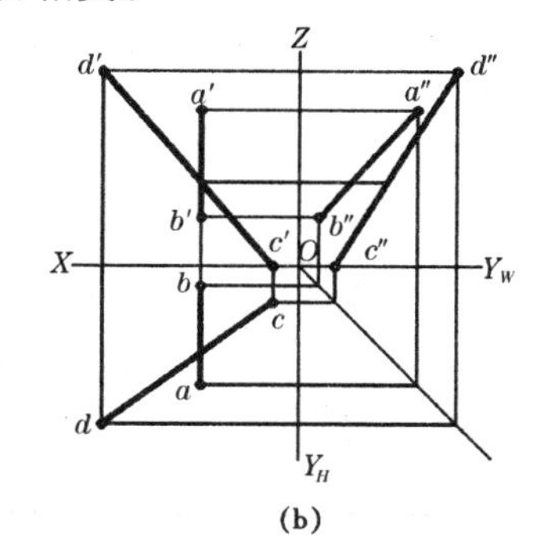

(b)

图 2－21　判别两直线是否相交

解　一般情况下，根据 V 和 H 两投影就可判定是否相交，但若两直线中有一条是侧平线，则需要作出 W 投影。如图 2－21a 所示，若 $a''b''$ 与 $c''d''$ 相交于 k''，且 $k'k'' \perp OZ$，则 AB 与 CD 相交；如图 2－21b 所示，若 $a''b''$ 与 $c''d''$ 不相交，或交点不在过 k' 且垂直于 OZ 的投影连线上，则 AB 与 CD 不相交。

此题还可用其他方法判断，读者自行思考。

3）两直线交叉

在空间，两直线既不平行，也不相交，称为两直线交叉（或交错、异面）。

若两直线交叉，它们的投影既不符合两直线平行的投影特性，亦不符合两直线相交的投影特性。也就是说，交叉两直线可能有一对或两对投影平行，但绝不可能有三对投影都平行。它们也可能表现为一对、两对或三对投影相交，但这只是假象，在空间它们并没有真正的交点，故两直线同面投影的交点的连线与投影轴不会都表现为垂直。

如图 2—22 所示，AB 和 CD 是交叉两直线，虽然 ab 与 cd 相交，$a'b'$ 与 $c'd'$ 也相交，但交点的投影连线不垂直于 X 轴，不符合点的投影规律。ab 与 cd 的交点实际上是 AB 上 M 点，和 CD 上 N 点在 H 面的重影点。根据重影点可见性的判别规则，M 点在上，N 点在下，故用 $m(n)$ 表示。同理，$a'b'$ 与 $c'd'$ 的交点是 CD 上的 E 点和 AB 上的 F 点在 V 面的重影点，E 点在前，F 点在后，故用 $e'(f')$ 表示。

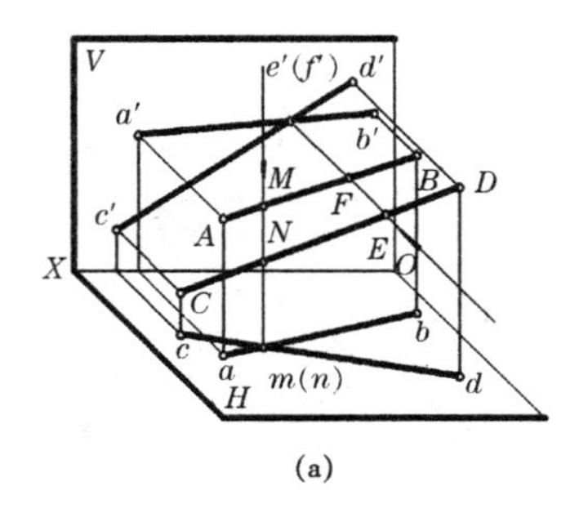

(a)

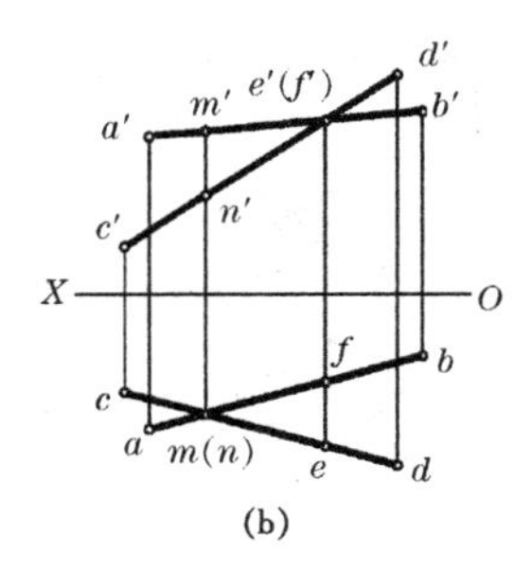

(b)

图 2—22 两直线交叉

4）两直线垂直

两直线互相垂直时有两种情况：垂直相交和垂直交叉。

交叉两直线的夹角是这样确定的：过其中一直线上任一点作另一直线的平行线，于是相交两直线的夹角就反映了原交叉两直线的夹角。所以在这里仅讨论两直线垂直相交时的投影特性，所得结论对于两直线垂直交叉时仍同样适用。

两直线垂直相交时，它们的夹角为直角。直角的投影有如下几种情况：

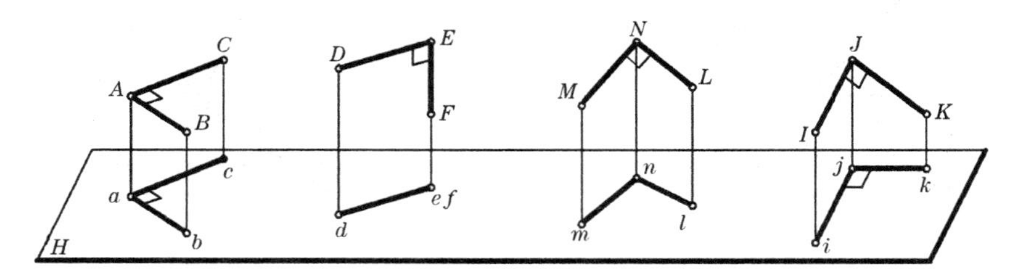

图 2—23 直角的投影

（1）当直角的两边均平行于投影面时，则在该投影面上的投影反映直角。如图 2—23 中，$AB\perp BC$，且 $AB/\!/H$，$BC/\!/H$，于是 $ab\perp bc$。

（2）当直角的一边垂直于投影面时，则在该投影面上的投影为一直线。如图 2—23 中，$DE\perp EF$，且 $DE/\!/H$，$EF\perp H$，则 def 为直线。

（3）当直角的两边均倾斜于投影面时，则在该投影面上的投影不反映直角。如图 2—23 中，$MN\perp NL$，且 $MN\not\perp H$，$NL\not\perp H$（$\not\perp$ 是倾斜符号），则 $\angle mnl$ 为钝角，mn 与 nl 不垂直。

（4）当直角的一边平行于投影面，且另一边倾斜于投影面时，则在该投影面上的投影反映直角。如图 2—23 中，$IJ\perp JK$，且 $IJ/\!/H$，$JK\not\perp H$，则 $ij\perp jk$。

在上述四种投影情况中，第四种投影特性应用最多，通常称为直角投影定理或垂直投影定理。现作简要证明如下：

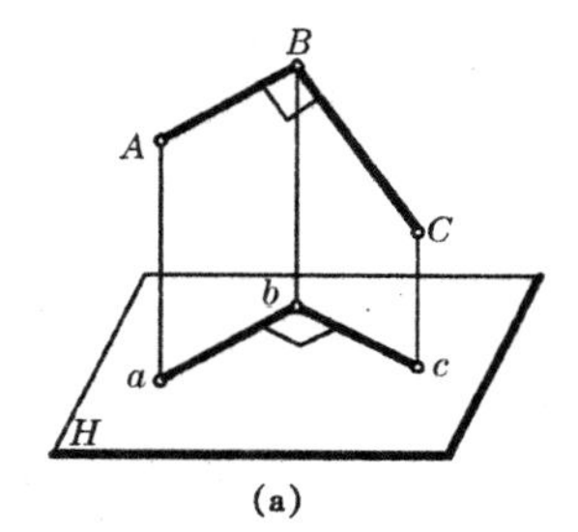

(a)

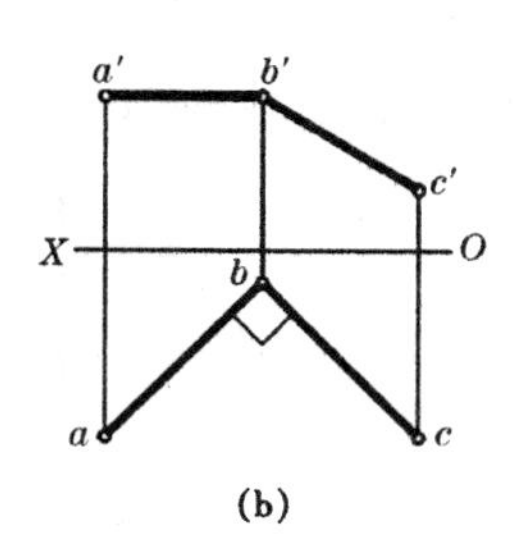

(b)

图 2－24　直角投影定理

如图 2－24a 所示，已知 $AB \perp BC$，$AB // H$，$BC \perp H$.

∵ $AB // H$，$Bb \perp H$　　∴ $AB \perp Bb$

∵ $AB \perp BC$，$AB \perp Bb$　　∴ $AB \perp BCcb$（平面）

∵ $AB // H$　　∴ $ab // AB$

∵ $ab // AB$，$AB \perp BCcb$　　∴ $ab \perp BCcb$

∵ $ab \perp BCcb$　　∴ $ab \perp bc$（证毕）

根据以上证明可知，直角投影定理的逆定理也是成立的。若相交两直线在同一投影面上的投影反映直角，且有一条直线平行于该投影面时，则空间两直线一定垂直。如图 2－24b所示，若 $ab \perp bc$，且 $a'b' // OX$（$AB // H$），则 $AB \perp BC$。

例 2－9　如图 2－25a所示，已知直线 $AB[ab, a'b']$和 $C[c, c']$，求 C 点到直线 AB 的距离。

解　分析：

过 C 点作 $CD \perp AB$，D 为垂足，则 CD 的实长即为所求距离。由于 AB 为正平线，根据直角投影定理可知 AB 和 CD 的 V 投影反映垂直关系。

作图步骤如图 2－25b，c 所示：

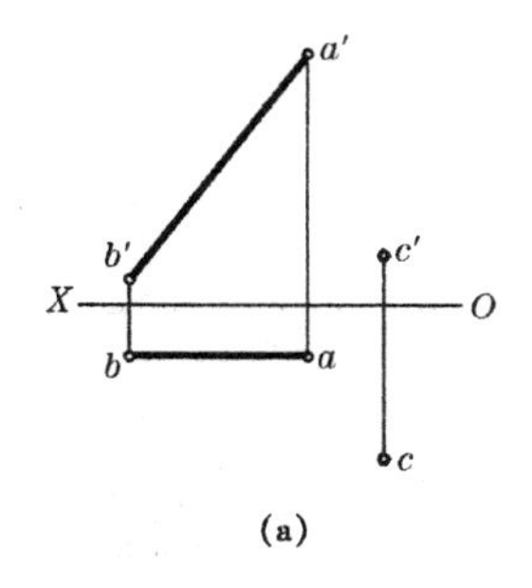

(a)

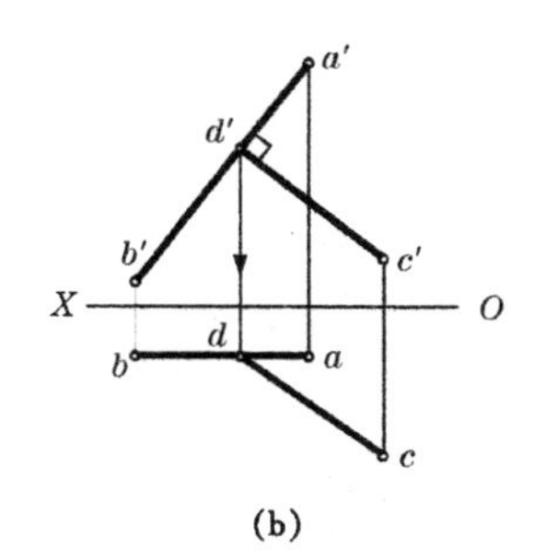

(b)

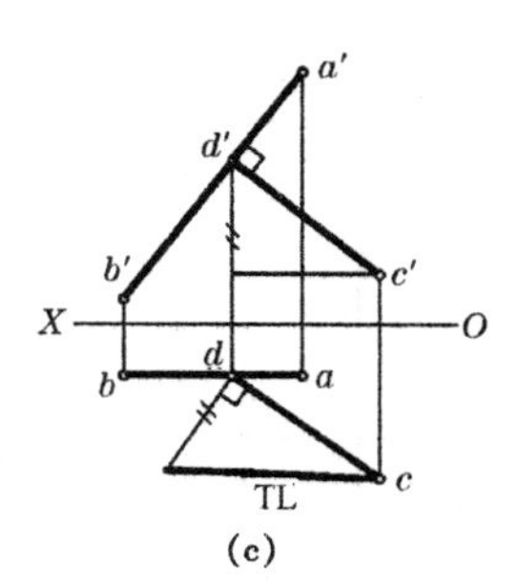

(c)

图 2－25　求点到直线的距离

（1）过 c'作 $a'b'$的垂线，交 $a'b'$于 d'；再过 d'作投影连线交 ab 于 d，于是得 AB 的垂线 $CD[cd, c'd']$；

（2）用直角三角形法求出 CD 的实长，即为所求距离。

例 2－10　如图 2－26a所示，已知交叉两直线 $AB[ab, a'b']$和 $CD[cd, c'd']$，求它们的公垂线 MN 和距离。

解 分析：

由于 AB 是铅垂线，$MN \perp AB$，故 MN 是水平线，根据直角投影定理，MN 与 CD 的 H 投影能反映直角，且公垂线 MN 的实长即为它们的实际距离。

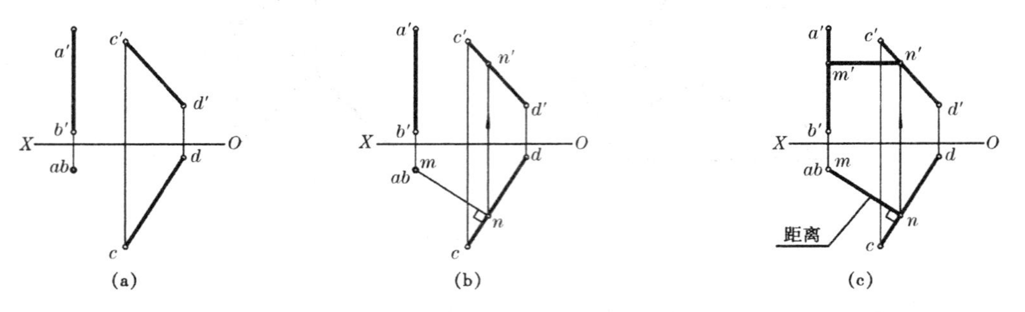

图 2—26 求交叉直线的公垂线

作图步骤如图 2—26b，c 所示：

(1) 直线 AB 的 H 投影积聚为一点 ab，m 也应与 ab 重合，于是过 ab 作 cd 的垂线，交 cd 于 n；

(2) 过 n 作投影连线，交 $c'd'$ 于 n'，由于 MN 是水平线，于是过 n' 作 OX 的平行线，交 $a'b'$ 于 m'；

(3) $MN[mn, m'n']$ 即为所求的公垂线。公垂线的 H 投影 mn 能反映 AB 和 CD 的实际距离。

2.3 平面的投影

2.3.1 平面的表示

1) 几何元素表示平面

由几何公理可知，在空间不属于同一直线上的三点确定一平面。因此，在投影图中可用下列任何一组几何元素来表示平面，如图 2—27 所示：

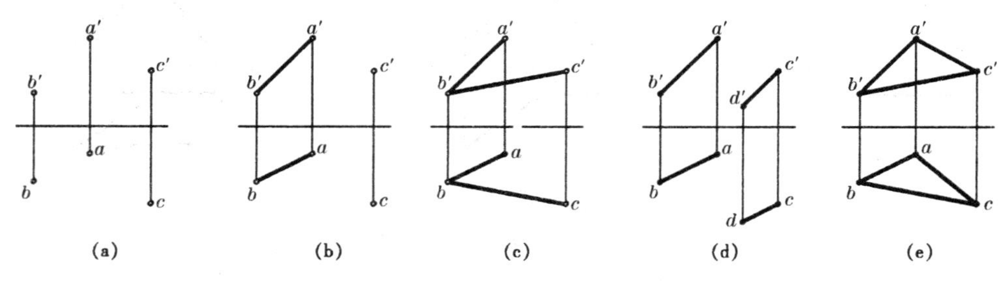

图 2—27 几何元素表示平面

(1) 不属于同一直线的三点[A, B, C](图 2—27a)；

(2) 一直线和不属于该直线的一点[AB, C](图 2—27b)；

(3) 相交两直线[$AB \times BC$](图 2—27c)；

(4) 平行两直线[$AB /\!/ CD$](图 2－27d)；

(5) 平面图形[$\triangle ABC$](图 2－27e)；

以上五种表示平面的方法，仅是形式不同而已，实质上是相同的，它们可以互相转化。前四种只确定平面的位置，第五种不但能确定平面的位置，而且能表示平面的形状和大小，所以一般常用平面图形来表示平面更直观。

2) 迹线表示平面

平面与投影面的交线称为迹线。如图 2－28 所示，P 平面与 H 面、V 面、W 面的交线分别称为水平迹线 P_H、正面迹线 P_V、侧面迹线 P_W。迹线是投影面内的直线，它的一个投影就是其本身，另两个投影与投影轴重合，用迹线表示平面时，是用迹线本身的投影来表示的。任意两条迹线都可以确定平面的空间位置，实质上就是两相交直线表示平面的特例。

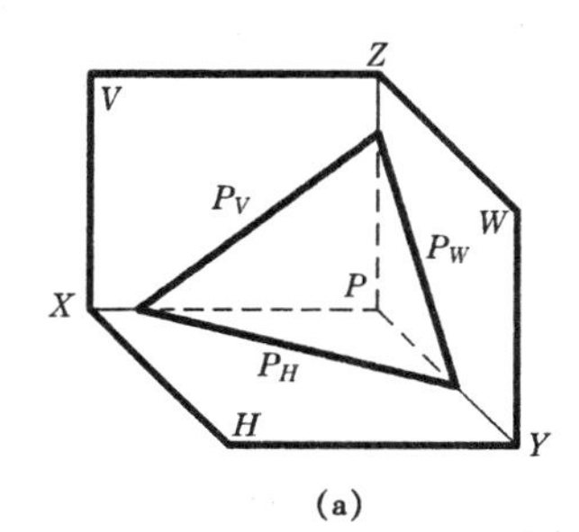

(a)

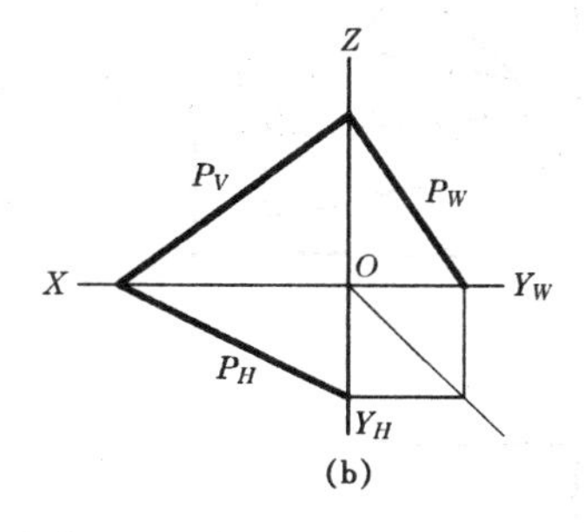

(b)

图 2－28　迹线表示平面

2.3.2　各种位置平面

按平面与三个投影面的相对位置，平面可分为三类：一般位置平面、投影面垂直面、投影面平行面。后两类统称为特殊位置平面。

1) 一般位置平面

对三个投影面都倾斜(既不平行又不垂直)的平面称为一般位置平面，简称一般面。

平面与投影面的夹角称为平面的倾角。平面对 H 面、V 面、W 面的倾角仍分别用 α，β，γ 标记。

由于一般面对三个投影面都是倾斜的，所以平面图形的三个投影均无积聚性，也不反映实形，是原图形的类似图形。如图 2－29 所示，$\triangle ABC$ 是一般面，它的三个投影仍是三角形，但均小于实形。

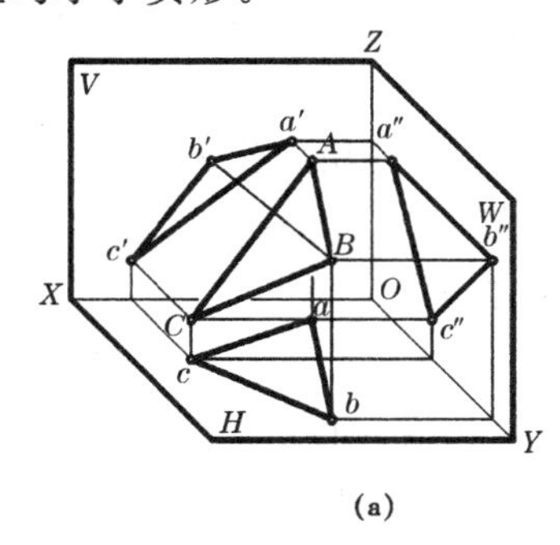

(a)

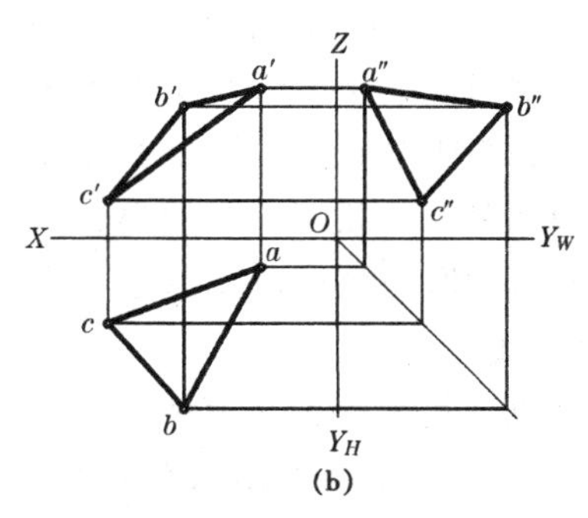

(b)

图 2－29　一般位置平面

2）投影面垂直面

垂直于一个投影面，且倾斜于另外两个投影面的平面，称为投影面垂直面。它分为三种情况：

（1）垂直于 H 面的平面称为铅垂面，如表 2—3 中的平面 P；

（2）垂直于 V 面的平面称为正垂面，如表 2—3 中的平面 Q；

（3）垂直于 W 面的平面称为侧垂面，如表 2—3 中的平面 R。

表 2—3　投影面垂直面

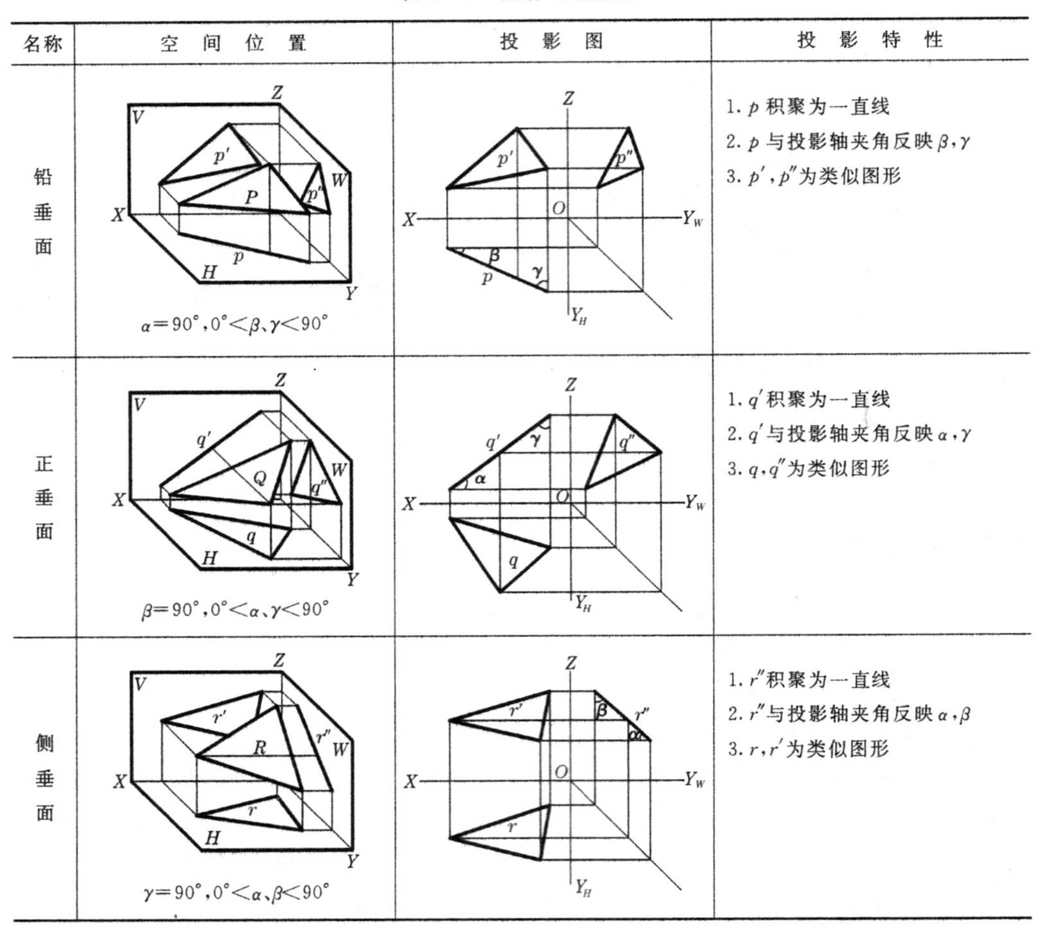

名称	空间位置	投影图	投影特性
铅垂面	$\alpha=90°, 0°<\beta、\gamma<90°$		1. p 积聚为一直线 2. p 与投影轴夹角反映 β, γ 3. p', p'' 为类似图形
正垂面	$\beta=90°, 0°<\alpha、\gamma<90°$		1. q' 积聚为一直线 2. q' 与投影轴夹角反映 α, γ 3. q, q'' 为类似图形
侧垂面	$\gamma=90°, 0°<\alpha、\beta<90°$		1. r'' 积聚为一直线 2. r'' 与投影轴夹角反映 α, β 3. r, r' 为类似图形

根据表 2—3 中所列三种投影面垂直面，它们共同的投影特性概括如下（表上图中实形用 TS 标记，TS 是 True Shape 的缩写）：

（1）平面在所垂直的投影面上的投影积聚成一直线，它与相应投影轴的夹角分别反映该平面对另外两个投影面的倾角；

（2）平面图形的另外两投影是其类似图形，且小于实形。

3）投影面平行面

平行于某一投影面的平面称为投影面的平行面。它也有三种：

（1）平行于 H 面的平面称为水平面，如表 2—4 中的平面 P；

（2）平行于 V 面的平面称为正平面，如表 2—4 中的平面 Q；

（3）平行于 W 面的平面称为侧平面，如表 2—4 中的平面 R。

表 2—4　投影面平行面

名称	空间位置	投影图	投影特性
水平面	Z V p' p'' P W X O p H Y $\alpha=0°,\beta=\gamma=90°$	Z p' p'' X O Y_W p TS Y_H	1. p 反映实形 2. p',p'' 有积聚性 3. $p'/\!/OX, p''/\!/OY_W$
正平面	Z V q' W X Q q'' H q Y $\beta=0°,\alpha=\gamma=90°$	Z q' TS q'' X O Y_W q Y_H	1. q' 反映实形 2. q,q'' 有积聚性 3. $q/\!/OX, q''/\!/OZ$
侧平面	Z V r' R r'' W X r H Y $\gamma=0°,\alpha=\beta=90°$	Z r' r'' TS X O Y_W r Y_H	1. r'' 反映实形 2. r,r' 有积聚性 3. $r/\!/OY_H, R'/\!/OZ$

根据表 2—4 中所列三种投影面平行面，它们共同的投影特性概括如下：

（1）平面图形在所平行的投影面上的投影反映其实形；

（2）平面的另外两投影均积聚成直线，且平行于相应的投影轴。

特殊位置平面，如果不需表示其形状大小，只需确定其位置，可用迹线来表示，而且常常只用该平面有积聚性的投影（迹线）来表示。如图 2—30 所示为铅垂面 P，只需画出 P_H 就能确定其位置。如图 2—30c 所示。

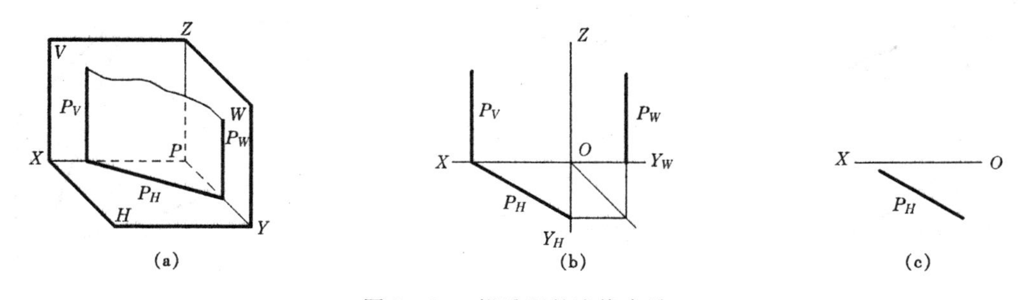

图 2—30　铅垂面的迹线表示

2.3.3 平面内的点和直线

根据平面的投影就可以确定该平面在空间位置。通常所说在平面内(或平面上)作点和直线,均是指所作的点和直线应属于该平面的空间位置。

1) 点和直线在平面内的几何条件

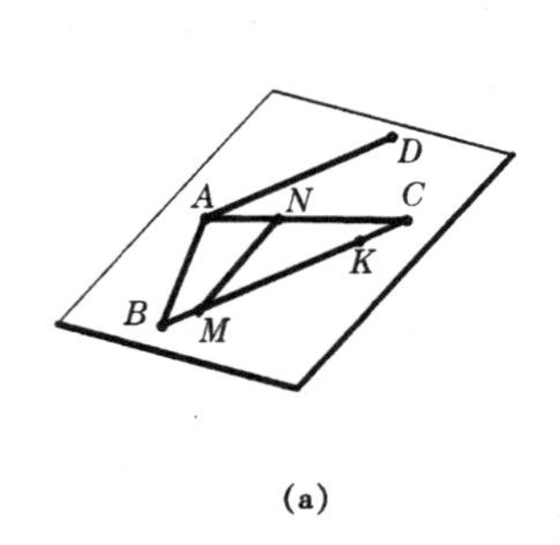

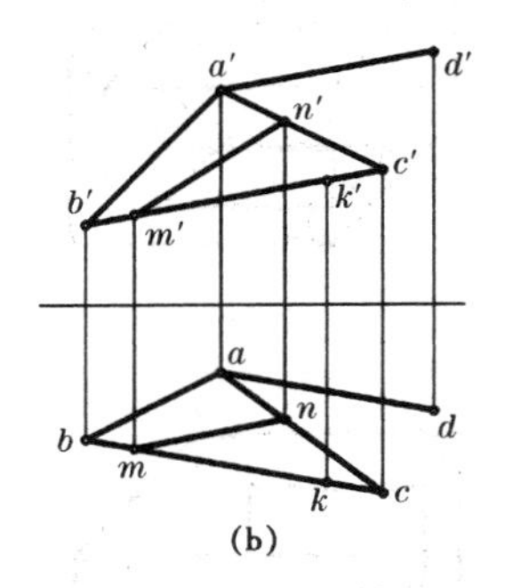

图 2—31 平面内的点和直线

(1) 若点在平面内的一条已知直线上,则该点在平面内。

(2) 若直线通过平面内的两个已知点;或通过平面内的一个已知点,且平行于平面内的另一条已知直线,则该直线在平面内。

例如图 2—31 所示:*K* 点在已知直线 *BC* 上,故 *K* 点在平面 *ABC* 内;*M*,*N* 是平面 *ABC* 内的两个已知点,因此直线 *MN* 在平面内;由于 *A* 点是平面内的已知点,且 *AD*//*BC*,所以直线 *AD* 在平面 *ABC* 内。

根据以上几何条件,不仅可以在平面内取点和直线,而且可以根据它们的投影判断点和直线是否在平面内。

例 2—11 如图 2—32a 所示,已知平面△*ABC*[△*abc*,△*a′b′c′*]和点 *D*[*d*,*d′*],判断 *D* 点是否在平面 *ABC* 内。

解 如果 *D* 点在平面 *ABC* 内的一条直线上,则 *D* 点在平面内,否则就不在。作图步骤如图 2—32b 所示:

(1) 在 *H* 投影中,过 *d* 任作一辅助直线 *ad*,*ad* 交 *bc* 于 *e*;

(2) 作出平面 *ABC* 内的辅助直线 *AE* 的 *V* 投影 *a′e′*;

(3) 由于 *d′* 不在该辅助直线 *a′e′* 上,故 *D* 点不在平面 *ABC* 内。

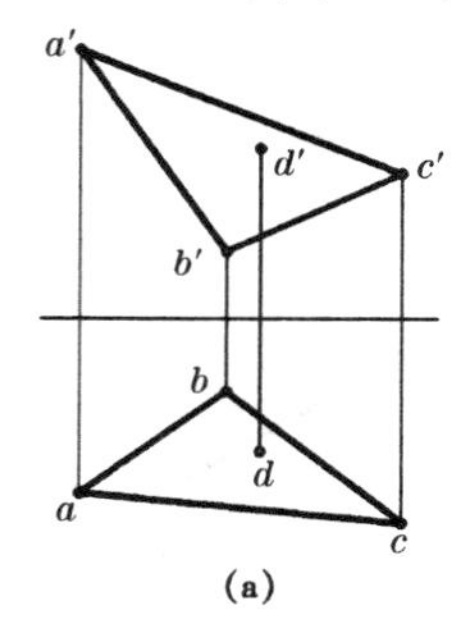

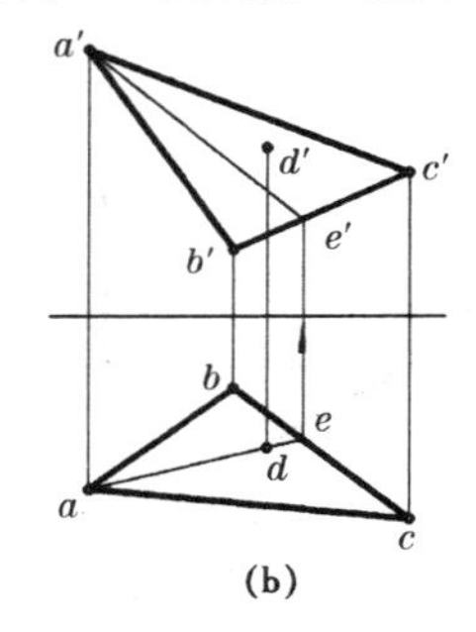

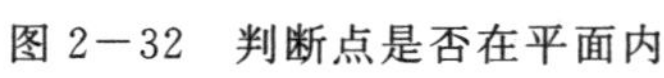

图 2—32 判断点是否在平面内

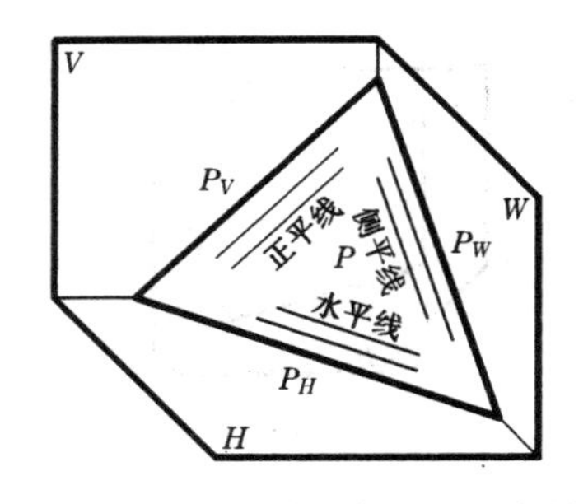

图 2—33 平面内的投影面平行线

2）平面内的投影面平行线

平面内的投影面平行线有三种，即平面内的水平线、正平线、侧平线。如图 2—33 所示，在平面 P 内画出了这三种直线，每种直线均互相平行，且与相应的迹线平行，如水平线与 P_H 平行，正平线与 P_V 平行，侧平线与 P_W 平行。

平面内的投影面平行线既应符合平面内直线的几何条件，又要符合投影面平行线的投影特性。

如图 2—34 所示，在△ABC 平面内分别作出了水平线 AD、正平线 CE、侧平面 BF。

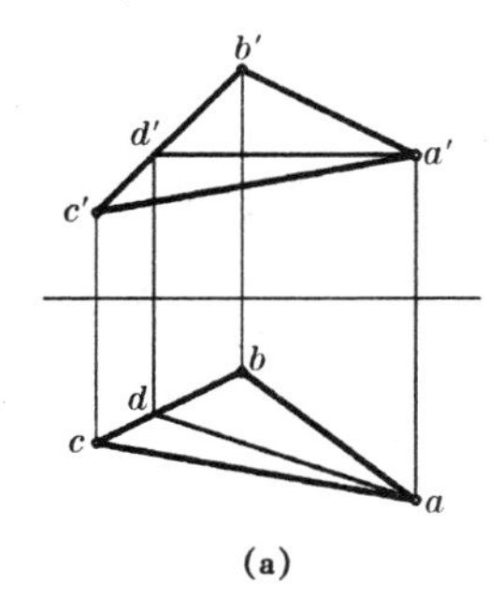

(a)

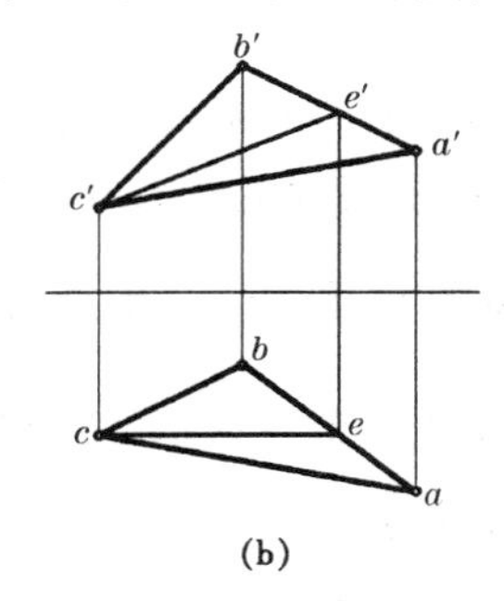

(b)

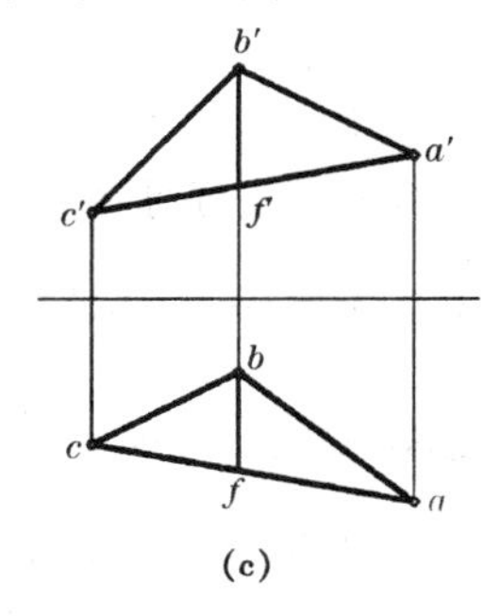

(c)

图 2—34　作平面内的水平线、正平线、侧平线

例 2—12　在△ABC 平面内求作 M 点，使 M 点距 H 面为 10，距 V 面为 15（图 2—35）。

解　在△ABC 平面内作出距 H 面为 10 mm 的水平线 DE，再作出距 V 面为 15 mm 的正平线 FG，两条线的交点 M 必满足要求。作图步骤如下：

(1) 先作 $d'e' /\!/ OX$，且距 OX 为 10，再作出 de，如图 2—35a 所示；

(2) 作 $fg /\!/ OX$，且距 OX 为 15，fg 与 de 相交于 m，如图 2—35b 所示；

(3) 由 m 作出 $d'e'$ 上的 m'，点 $M[m,m']$ 即为所求，如图 2—35c 所示。

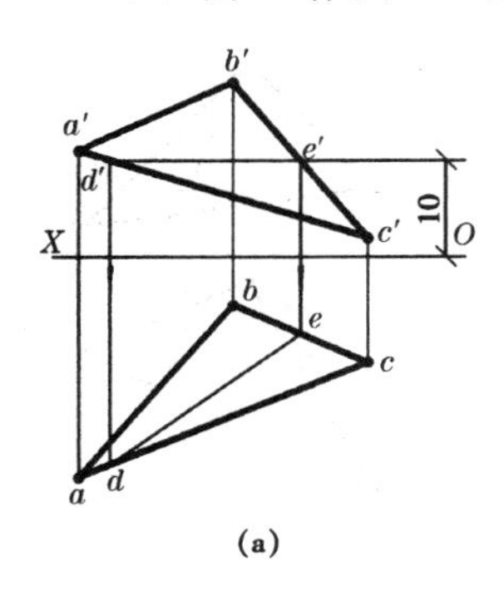

(a)

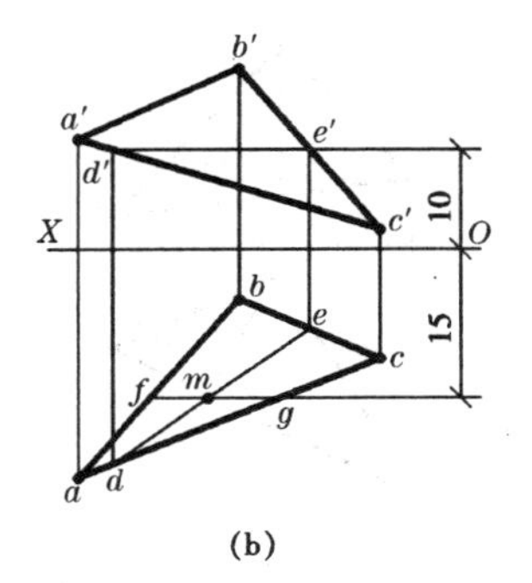

(b)

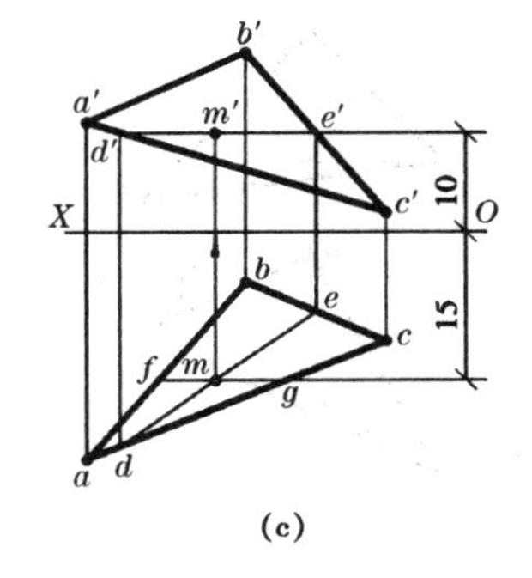

(c)

图 2—35　求平面内的 M 点

3）平面的最大坡度线

平面内对投影面倾角为最大的直线，称为平面的最大坡度线（或称最大斜度线），它垂直于平面内相应的投影面平行线。平面内垂直于水平线的直线，称为对 H 面的最大坡度线；平面内垂直于正平线的直线，称为对 V 面的最大坡度线；平面内垂直于侧平线的直线，称为对 W 面的最大坡度线。在图 2—36 中，画出了 P 平面内的三种最大坡度线。

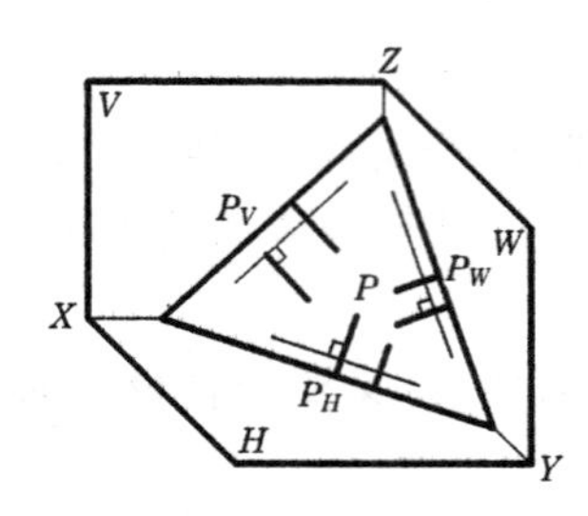

图 2－36　平面内的三种最大坡度线

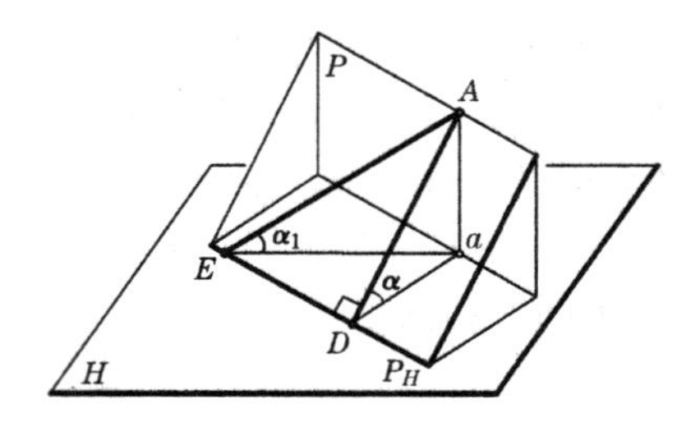

图 2－37　对 H 面的最大坡度线

图 2－37 中 AD 是 P 平面的对 H 面的最大坡度线，它垂直于迹线 P_H，P_H 可看作 P 平面内的一条水平线。现证明在 P 平面内的所有直线中，AD 的 α 角最大：在 P 平面内过 A 点任作一直线 AE，它对 H 面的倾角为 α_1，在直角 $\triangle ADa$ 中有 $\sin\alpha=\frac{Aa}{AD}$，在直角 $\triangle AEa$ 中有 $\sin\alpha_1=\frac{Aa}{AE}$，又 $\triangle AED$ 为直角三角形，故 $AD<AE$，所以 $\alpha>\alpha_1$。

由图 2－37 还可以看出，平面 P 对 H 面的最大坡度线 AD 的 α 角，就反映了该平面的 α 角。同理可知，对 V 面的最大坡度线的 β 角，反映该平面的 β 角；对 W 面的最大坡度线的 γ 角，反映该平面的 γ 角。因此欲求一般位置平面的倾角，可利用该平面的最大坡度线来作图求解。

例 2－13　求 $\triangle ABC$ 的倾角 α（图 2－38）。

解　作图步骤：

（1）作平面内的水平线 $AD[ad, a'd']$，如图 2－38a 所示；

（2）作平面内的直线 $BE\perp AD$，$BE[be, b'e']$ 即为对 H 面的最大坡度线，如图 2－38b 所示；

（3）用直角三角形法求出 BE 的 α 角，即为平面 $\triangle ABC$ 的 α 角，如图 2－38c 所示。

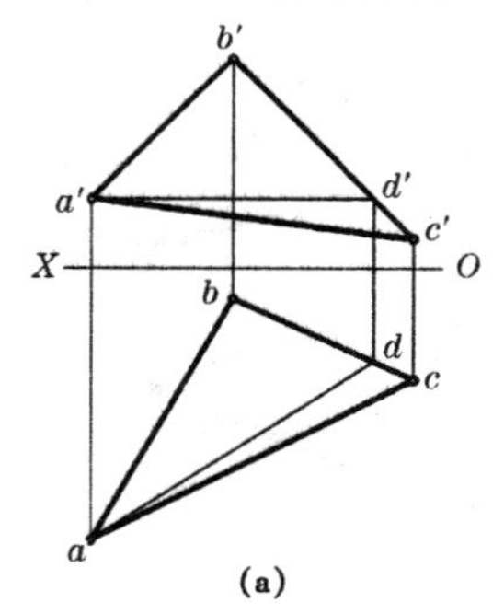

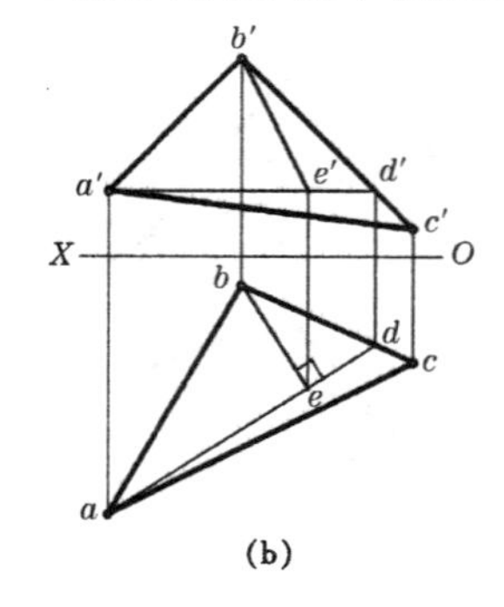

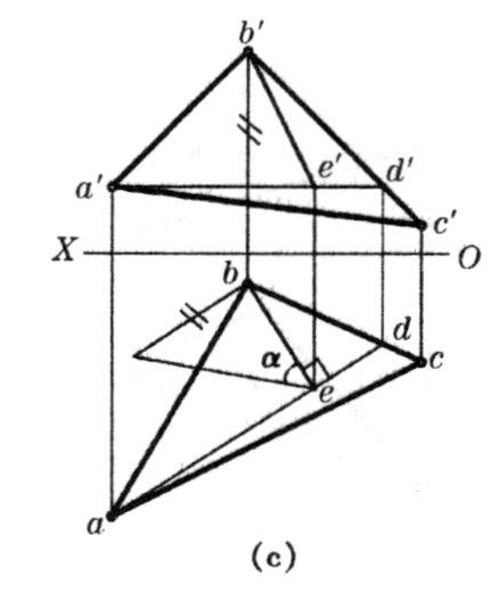

图 2－38　求一般面的 α 角

3　直线与平面、平面与平面的相对位置

直线与平面、平面与平面之间的相对位置分两种：平行和相交。垂直是相交位置中的特殊情况。本章研究直线与平面、平面与平面之间的位置关系和作图方法。

3.1　平行位置

3.1.1　直线与平面平行

直线与平面平行的几何条件：若直线平行于平面内任一直线，则该直线与平面互相平行。如图 3—1 所示，直线 MN 与 P 平面内的直线 AB 平行，则 $MN /\!/ P$。

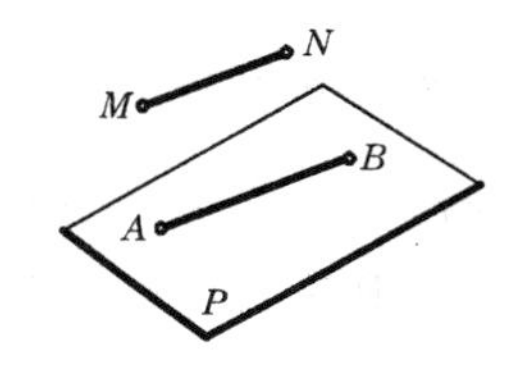

图 3—1　线面平行的几何条件

根据直线与平面平行的几何条件，可以作已知平面的平行直线，或作已知直线的平行平面，也可以判断直线与平面是否平行。

例 3—1　如图 3—2a 所示，已知$\triangle ABC$和 M 点，过 M 点作水平线$MN /\!/ \triangle ABC$。

解　分析：

通过已知点 M 平行于已知平面的直线有无数条，但符合条件的水平线只有一条。所求水平线 MN 必须平行于$\triangle ABC$ 内的水平线。

作图如图 3—2b：

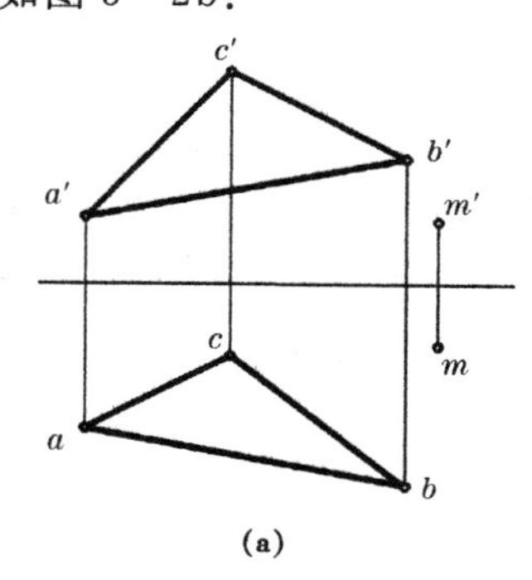

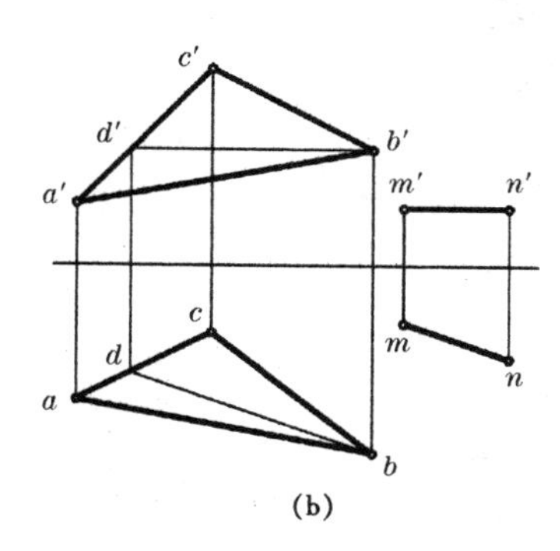

图 3—2　过点作水平线平行于已知平面

首先在$\triangle ABC$ 内作出水平线 $BD[bd, b'd']$，然后作 $MN /\!/ BD$，即 $m'n' /\!/ b'd'$ 和 $mn /\!/ bd$，于是 $MN /\!/ \triangle ABC$。

例 3—2　如图 3—3a 所示，判断直线 MN 与平面▱$ABCD$ 是否平行。

解　问题归结于能否在▱$ABCD$ 内作出平行于 MN 的直线。如图 3—3b 所示，可先在▱$ABCD$ 内任作一直线 EF，使 $e'f' /\!/ m'n'$，再求出 ef。由于 $ef \not\parallel mn$，则 $MN \not\parallel$ ▱$ABCD$。

当平面处于特殊位置时，该平面的某个投影有积聚性，则平行关系可以从积聚性投影中反映出来。如图 3－4 所示，P 平面是正垂面，因 $a'b' /\!/ p'$，故 $AB /\!/ P$。

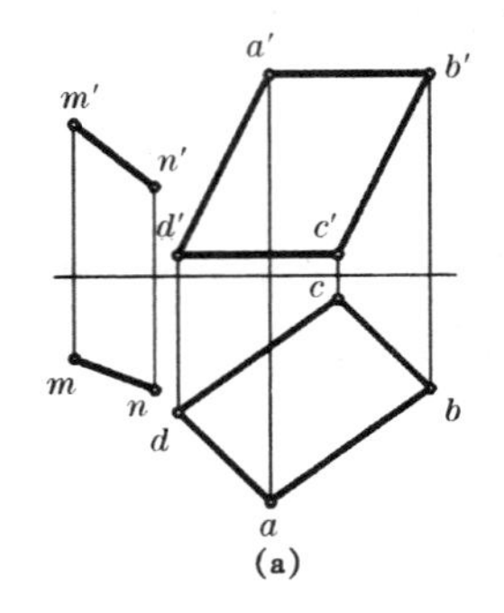

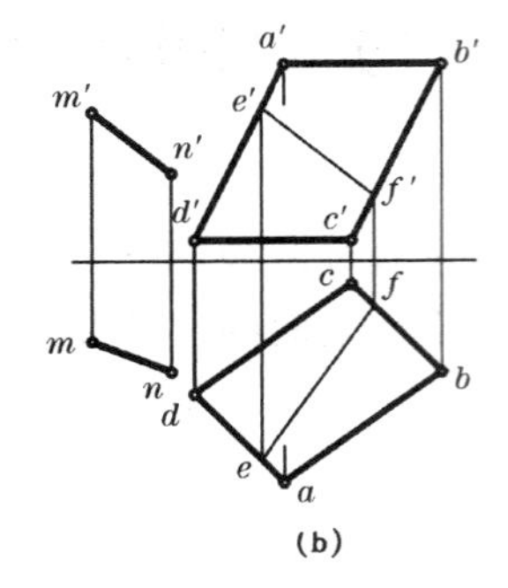

图 3－3　判断线与面是否平行

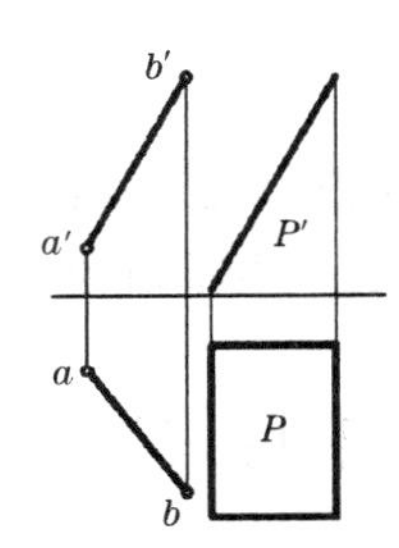

图 3－4　直线与正垂面平行

3.1.2　平面与平面平行

平面与平面平行的几何条件：若一平面内的两相交直线分别平行于另一平面内的两相交直线，则两平面互相平行。如图 3－5 所示，平面 $P[AB \times BC]$ 与平面 $Q[DE \times EF]$ 内的 $AB /\!/ DE$，$BC /\!/ EF$，则 $P /\!/ Q$。

根据两平面平行的几何条件，可以作已知平面的平行面，也可以判断该两平面是否平行。

例 3－3　如图 3－6a 所示，已知△ABC 和 E 点，过 E 点作平面平行于△ABC。

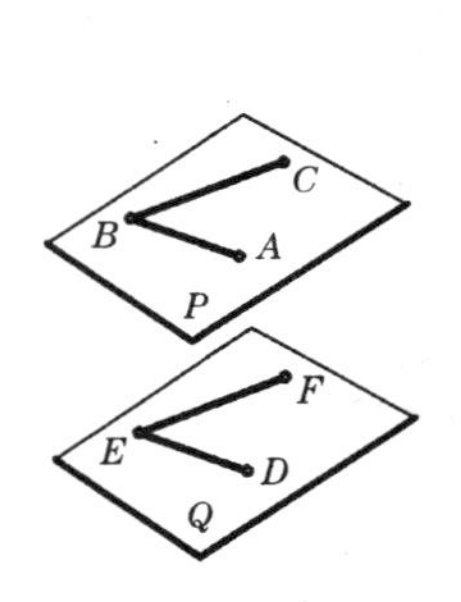

图 3－5　两平面平行的几何条件

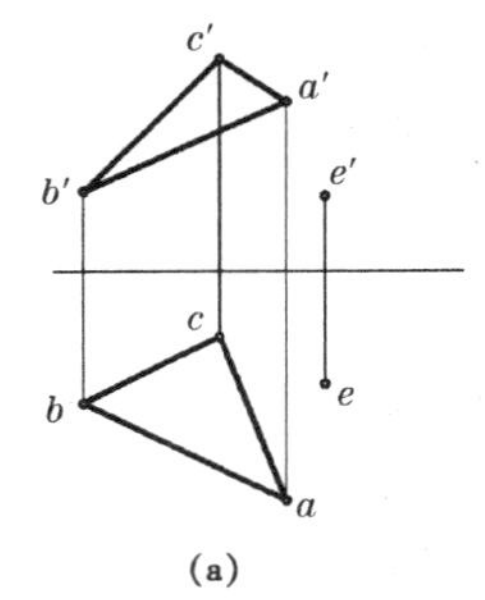

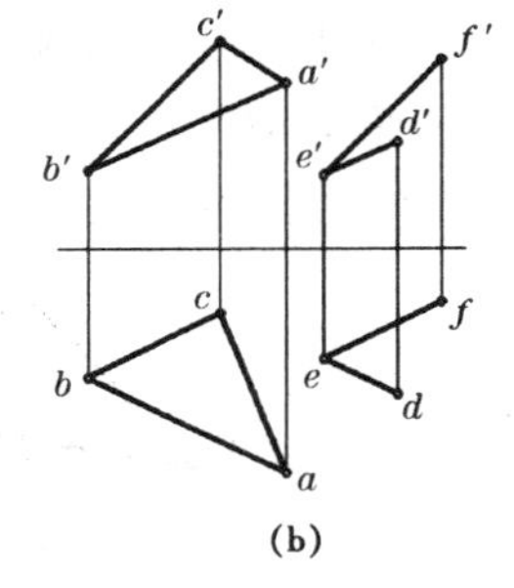

图 3－6　作平面平行于已知平面

解　作图如图 3－6b：

(1) 作 $DE /\!/ AB$，即 $de /\!/ ab$，$d'e' /\!/ a'b'$；

(2) 作 $EF /\!/ BC$，即 $ef /\!/ bc$，$e'f' /\!/ b'c'$；

故所作平面$[DE \times EF]$与△ABC 平行。

例 3－4　判断两平面△ABC 和▱$DEFG$ 是否平行(图 3－7)。

解　问题归结为能否在一平面内作出平行于另一平面的两条相交直线。在▱$DEFG$ 内任作两相交线 EM 和 EN，并使 $e'm' /\!/ a'c'$，$e'n' /\!/ a'b'$，再作出 em 和 en，因 $em /\!/ ac$，$en /\!/ ab$，故△$ABC /\!/$▱$DEFG$。

当两平面均垂直于某投影面时，它们有积聚性的投影可直接反映平行关系。如图 3－8 所示，两铅垂面 P 和 Q 的 H 面投影 $p /\!/ q$，故 $P /\!/ Q$。

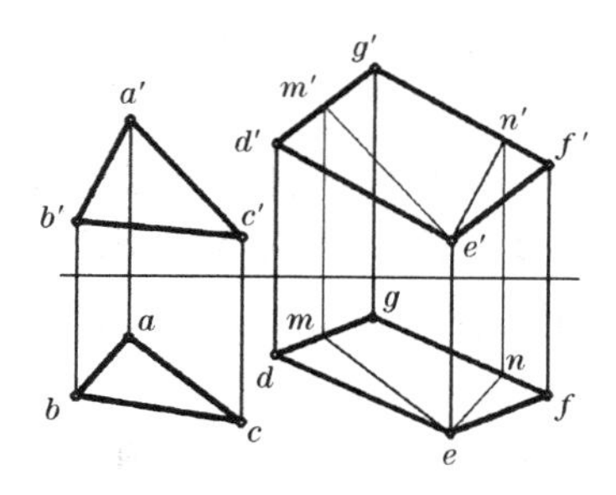

图 3－7　判断两平面是否平行

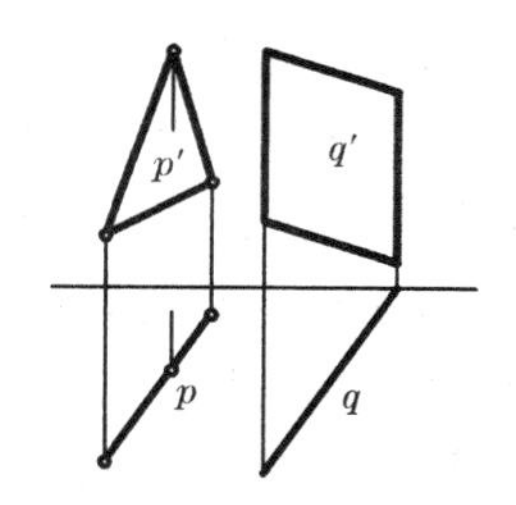

图 3－8　两铅垂面平行

3.2　相交位置

这里主要讨论直线与平面相交求交点和两平面相交求交线的问题。直线与平面相交的交点是线面的共有点，它既在直线上又在平面内，如图 3－9a 所示。两平面的交线为直线，是两平面的共有线，它同时属于两个平面，如图 3－9b 所示。以上性质是求交点、求交线的作图依据。

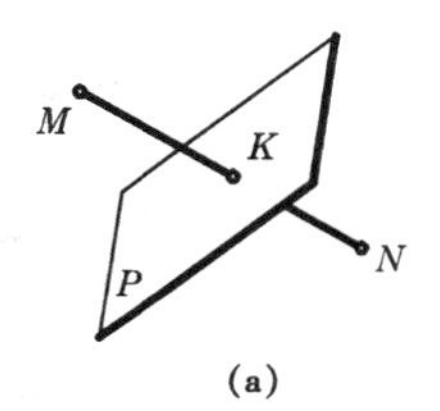

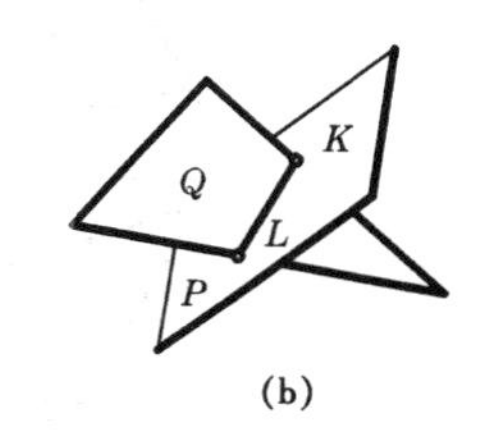

图 3－9　相交位置

在投影图中，为了清晰地表达出相交的情况，不仅要作出线面的交点或两面的交线，还需要在投影重叠的部分画出虚实线。这时假设平面是不透明的，根据"上遮下、前遮后、左遮右"的规则来判断它们投影的可见性，可见部分用实线表示，不可见部分用虚线表示。

下面分特殊位置相交和一般位置相交两类情况来讨论。

3.2.1　特殊位置相交

1）一般位置直线和特殊位置平面相交

由于平面处于特殊位置时，某一投影有积聚性，因此可利用其积聚投影作出交点，并判别可见性。如图 3－10a 所示，一般线 MN 与铅垂面 P 相交。交点 K 既在 MN 上又在 P 面内，现 P 面的 H 投影积聚为直线 p，故 mn 与 p 的交点即为 k，然后由 k 作投影连线，与 $m'n'$ 相交于 k'，$K[k,k']$ 即为 MN 与 P 的交点，如图 3－10b 所示。

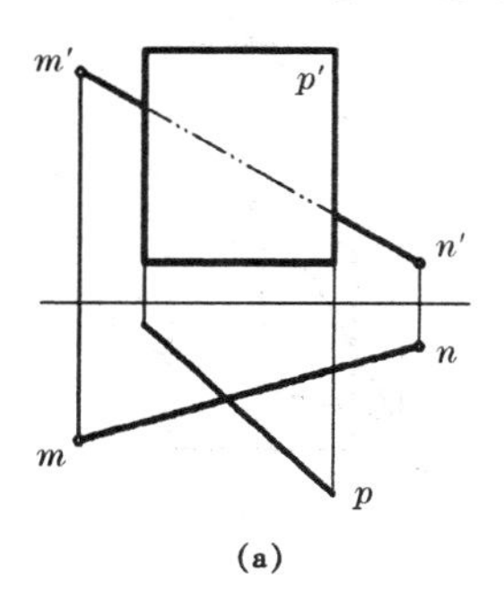

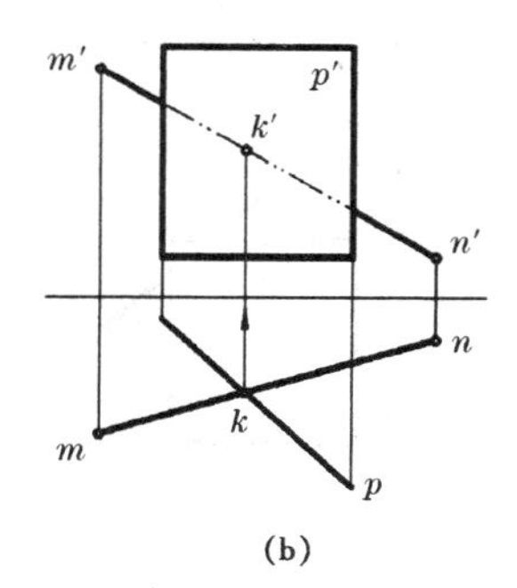

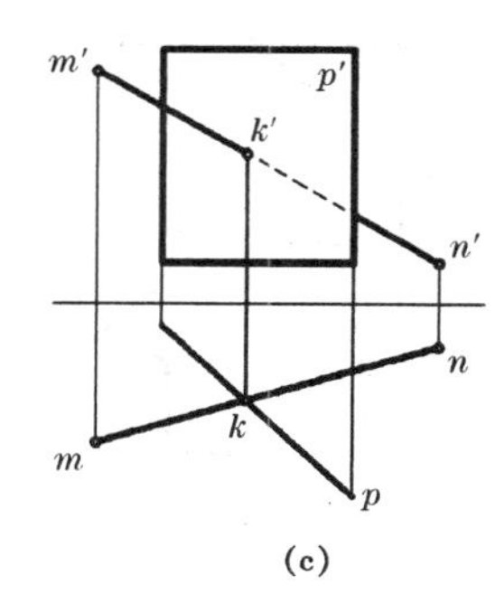

图 3－10　一般线与铅垂面相交

在 V 投影中，$m'n'$ 与 p' 重影，根据 H 投影判断，KM 段在 P 面之前是可见的，于是将 $k'm'$ 画为实线，KN 段在 P 面之后的一部分被遮住是不可见的，将 $k'n'$ 画为虚线，如图 3－10c 所示。注意超出 P 面（矩形）范围之外的部分没有被遮住，仍应画为实线。

在 H 投影中，由于 P 面有积聚性，从上向下投射，km 和 kn 两段均可见，故全画成实线。一般说来，平面的某投影积聚时，在该投影面的投影全为可见，不需另作判别。

2）投影面垂直线与一般位置平面相交

由于直线有积聚性，可利用积聚投影作出交点，再利用重影点判别可见性。

如图 3－11a 所示，正垂线 MN 与一般面△ABC 相交。交点 K 是直线 MN 上的点，k' 一定重合于其积聚投影 $m'n'$，K 点又在△ABC 内，现已知 k'，可根据平面上取点的方法作辅助线 AE，然后求出 k，如图 3－11b 所示。

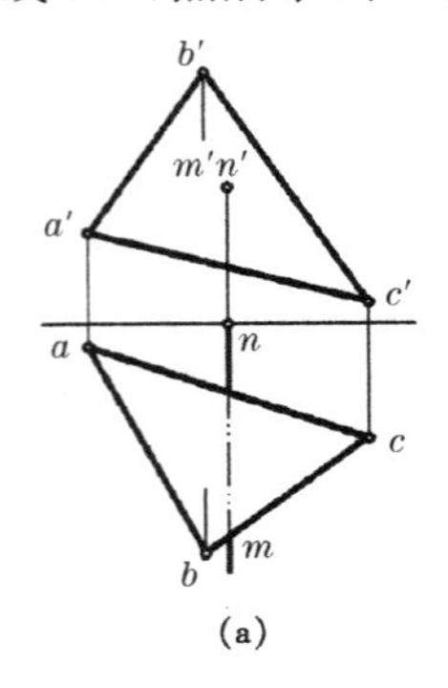

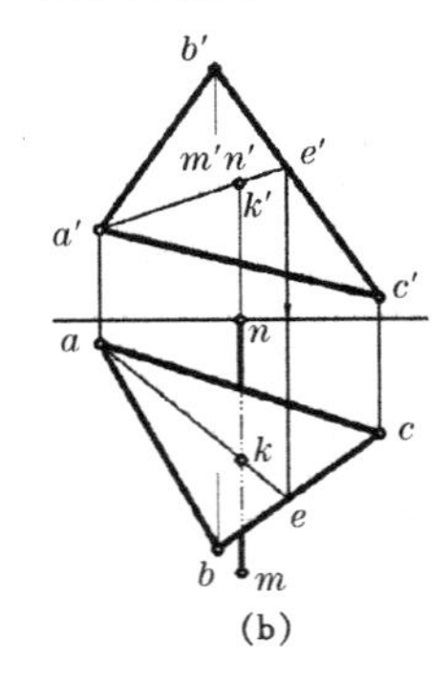

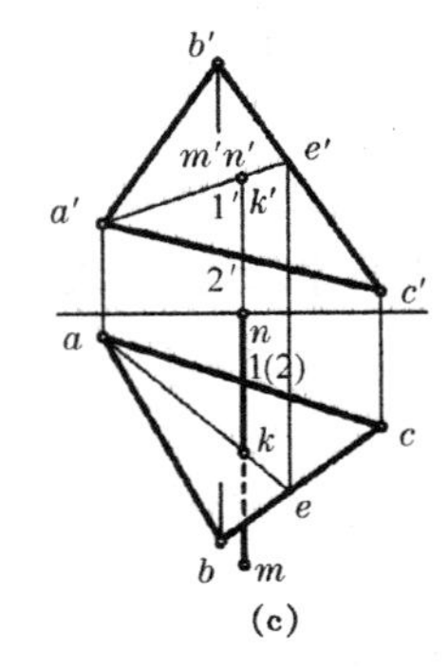

图 3－11　正垂线与一般面相交

在 H 投影中，利用两交叉直线的重影点来判别可见性。例如 mn 和 ac 的交点 1(2)，是 MN 上 Ⅰ 点和 AC 上 Ⅱ 点的重影点，由 V 投影看出，Ⅰ 点在上，Ⅱ 点在下，故 kn 段是可见的，应画为实线，km 段是不可见的，应将重叠部分画为虚线，如图 3－11c 所示。直线总是以交点为界，一段可见，另一段不可见，或者说交点是虚线和实线的分界点。

3）两特殊位置平面相交

两平面均垂直于某投影面时，它们的交线也垂直于该投影面。可利用两平面的积聚投影求交线，并判别可见性。

如图 3－12a 所示，水平面 P 与正垂面 Q 相交。由于 P 和 Q 均垂直于 V 面，故交线 KL 必为正垂线。V 投影 p' 和 q' 的交点即为 $k'l'$，然后作出交线的 H 投影，kl 的长度应根

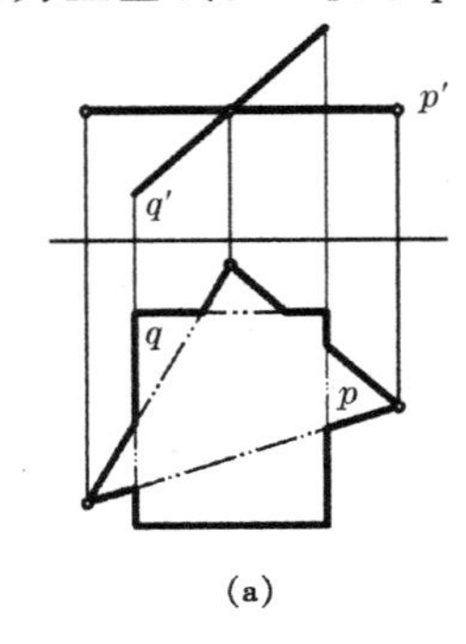

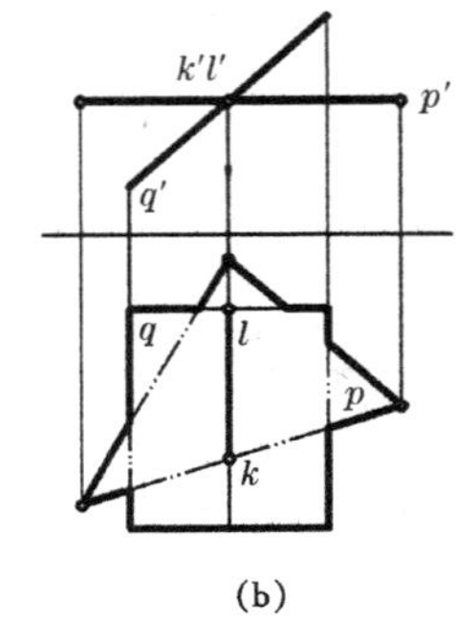

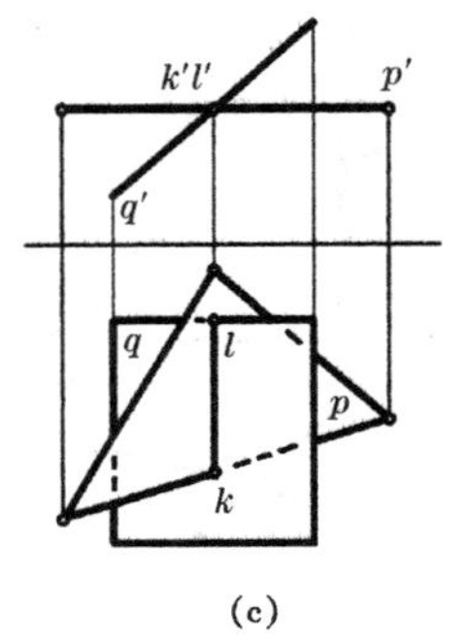

图 3－12　水平面与正垂面相交

据 p 和 q 的重叠部分来确定，如图 3－12b 所示。

根据平面的积聚性投影可知，以交线为界，左侧是 P 面在上为可见，Q 面在下为不可见，而右侧正相反。于是在 H 投影中，在交线 kl 的左侧将 P 面（三角形）的轮廓线画成实线，将 Q 面（矩形）的重叠部分的轮廓线画为虚线。在交线 kl 的右侧，两平面的虚线和实线与左侧正相反，最后结果如图 3－12c 所示。

4）一般位置平面与特殊位置平面相交

利用特殊位置平面的积聚投影求交线并判别可见性。

如图 3－13a 所示，一般面△ABC 与铅垂面 P 相交。由于 P 面的 H 投影积聚为 p，交线 KL 的 H 投影 kl 重合在 p 上；KL 又是△ABC 内的直线，可由 kl 作出 $k'l'$。作图时，可分别作出 AB，AC 与 P 面的交点 $K[k,k']$ 和 $L[l,l']$，连之即得交线 KL，见图3－13b。

根据 H 投影可判断出△ABC 的 AKL 部分在 P 面之前；故在 V 投影中 $a'k'l'$ 是可见的，另一部分不可见，虚线和实线如图 3－13c 所示。

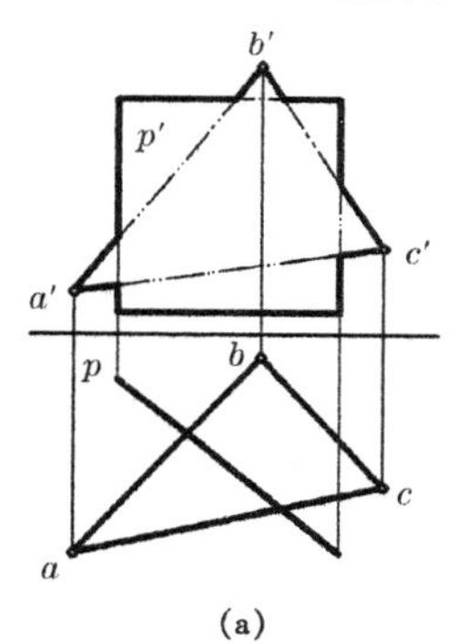

(a)

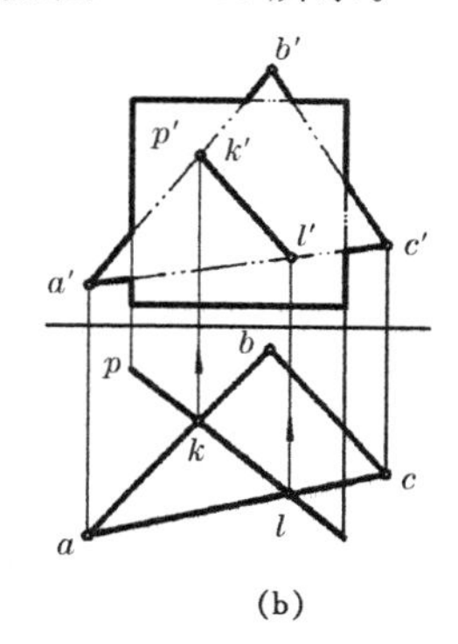

(b)

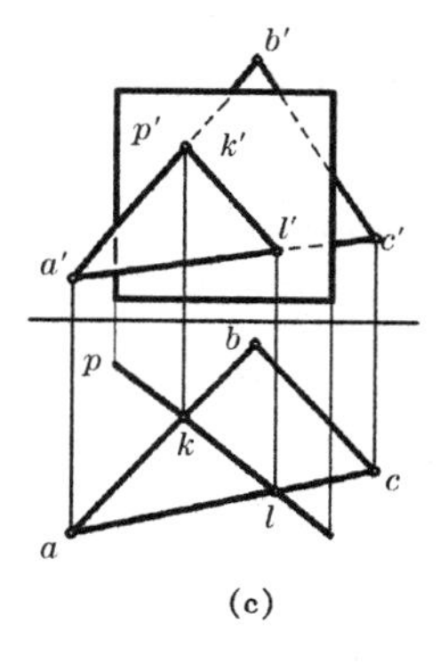

(c)

图 3－13　铅垂面与一般面相交

3.2.2　一般位置相交

1）一般位置直线与一般位置平面相交

若直线和平面均处于一般位置时，它们的投影均无积聚性，因而不能直接作出交点，要作交点常采用辅助平面法。如图 3－15a 所示，一般线 MN 与一般面△ABC 相交，用辅助平面法求其交点（图 3－14 为立体示意图）。作图步骤如下：

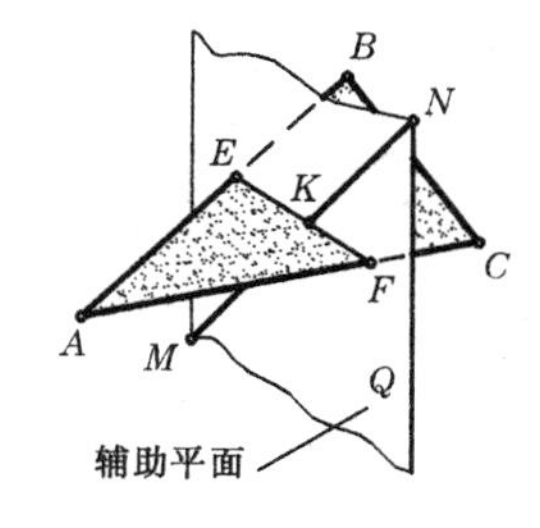

图 3－14　辅助平面法

（1）包含直线 MN 作一辅助平面 Q，Q 常取投影面的垂直面；

（2）作出辅助平面 Q 与△ABC 的交线 EF；

（3）求出交线 EF 与直线 MN 的交点 K，K 即为所求 MN 与△ABC 的交点。

根据上述步骤，在投影图中的具体作法如图 3－15b 所示。包含 MN 作辅助平面 Q，现选择 Q 为铅垂面，其积聚投影 Q_H 与 mn 重合，交线的 H 投影 ef 亦与 mn 重合，再作出 $e'f'$，$e'f'$ 与 $m'n'$ 的交点为 k'，再作出 k，则 $K[k,k']$ 即为所求交点。

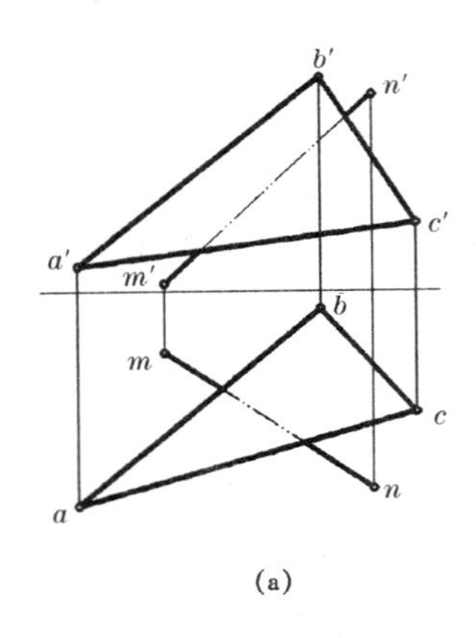

(a)

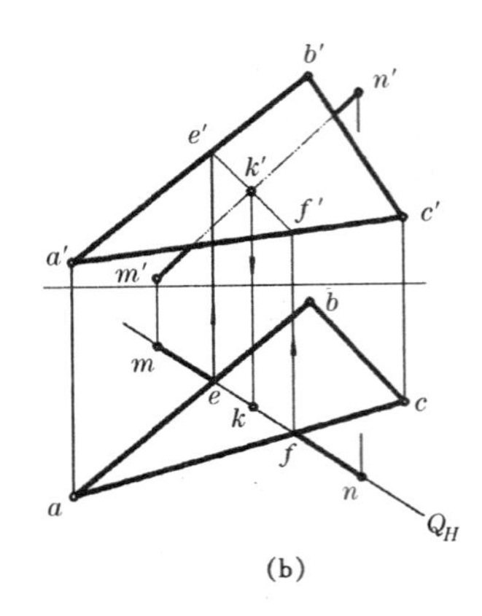

(b)

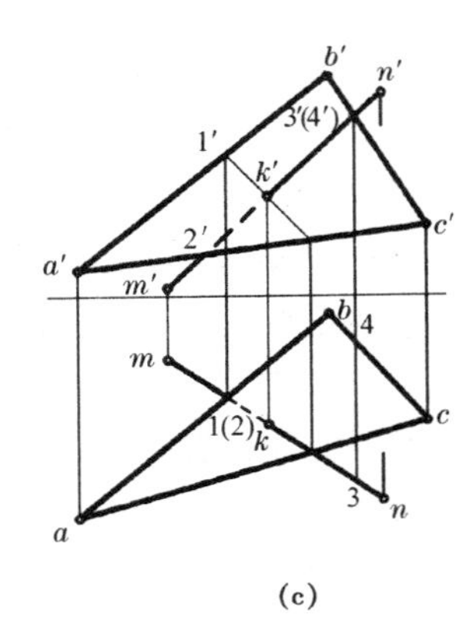

(c)

图 3－15　一般线与一般面相交

利用各投影面上的重影点，分别判断各投影的可见性，如图 3－15c 所示。在 H 投影中，可取 ab 与 mn 的交点为重影点 1(2)，作出 $a'b'$ 上的 $1'$ 和 $m'n'$ 上的 $2'$，可知Ⅰ点在上，Ⅱ点在下，故 $k2$ 段不可见，应画为虚线，另一段 kn 则画为实线。在 V 投影中，可取 $m'n'$ 与 $b'c'$ 的交点为重影点 $3'(4')$，作出 mn 上的 3 和 bc 上的 4，可知Ⅲ点在前，Ⅳ点在后，故 $k'n'$ 段可见应画为实线，另一段画为虚线。

2）两一般位置平面相交

求两个一般面的交线，可用前述直线与平面求交点的方法。从一平面内任选两条直线，分别作出与另一平面的交点，此交点一定是两平面交线上的点，所以两交点的连线即为两平面的交线。

如图 3－16a 所示为两一般面△ABC 与△DEF 相交。在△DEF 内取两直线 DE 和 DF，分别作出它们与△ABC 的交点 K 和 L，然后连接 KL，即得两平面的交线。交点 K 和 L 的求法与上述辅助平面法相同，这里不再赘述，具体作法如图 3－16b 所示。

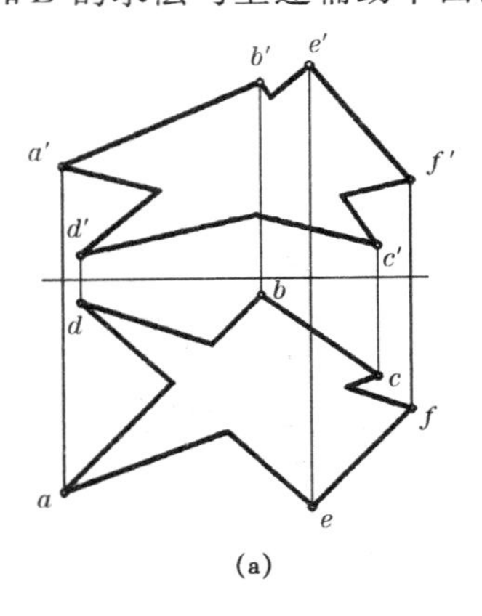

(a)

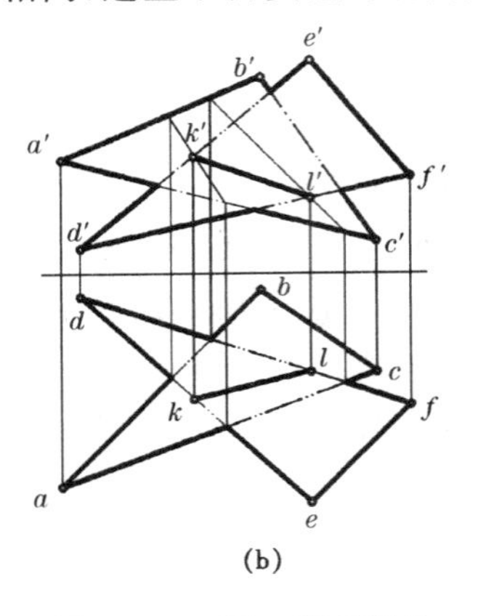

(b)

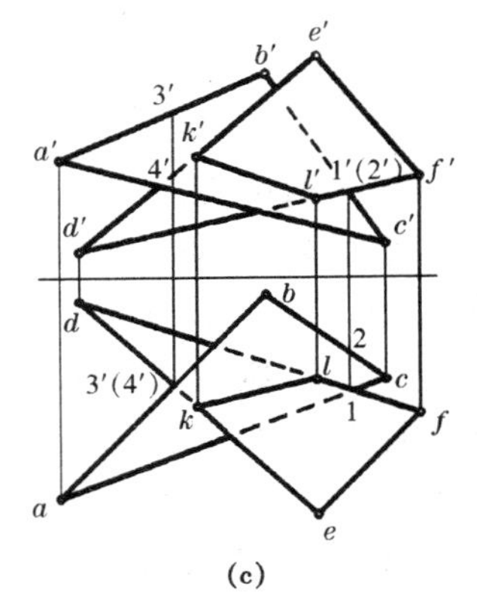

(c)

图 3－16　两一般面相交

利用重影点分别判断两平面 H 和 V 投影的可见性。对于每个投影只需选择一个重影点来判断。V 投影中选择重影点 $1'(2')$ 来判别，由 $1'$ 可见，推知 $f'l'$ 可见，于是交线 $k'l'$ 的右侧 $f'l'k'e'$ 都可见，而交线的左侧不可见。H 投影中选择重影点 3(4) 来判别，同理可知交线 kl 的右侧 $eklf$ 可见，而另一侧不可见。画出的虚实线结果如图 3－16c 所示。

需要说明：两平面相交时，在一平面内任取的直线只要不与另一平面平行，则必相交，但有时作出的交点可能超出原平面图形之外，但两交点的连线总能确定交线的位置，这可以看成是平面扩大后的交线，最后结果只应画出两平面图形互相重叠部分的交线。

3.3 垂直位置

3.3.1 直线与平面垂直

直线与平面垂直的几何条件：若直线垂直于平面内的两相交直线，则该直线与平面垂直。反之，若直线与平面垂直，则该直线垂直于平面内的所有直线。如图 3－17 所示，由于 $MN \perp AB$，$MN \perp CD$，且 $AB \times CD$，因此 $MN \perp P[AB \times CD]$。若已知 $MN \perp P$，则 MN 与 P 平面内的所有直线均垂直，如图中 $MN \perp EF$，$MN \perp KL$（两直线的垂直可以是相交垂直，也可以是交叉垂直）。

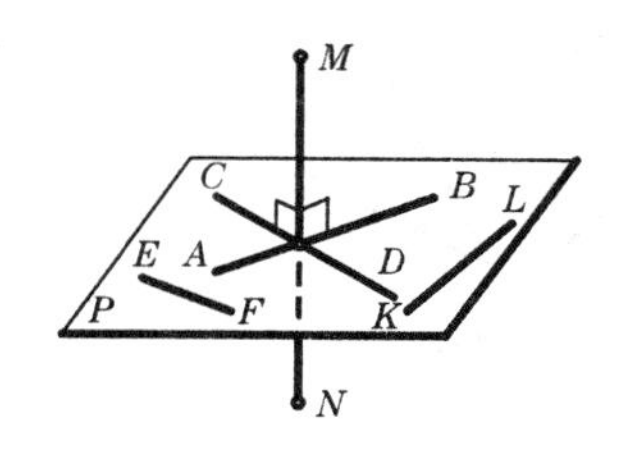

图 3－17　直线与平面垂直的几何条件

根据上面的分析，直线与平面的垂直问题就转化成两直线的垂直问题。直线垂直于平面，必垂直于平面内的投影面平行线。如图 3－18a 所示，直线 MN 垂直于 P 平面，必垂直于 P 平面内的水平线 AB 和正平线 AC。由直角投影定理可知，在投影图中 $mn \perp ab$，$m'n' \perp a'c'$，如图 3－18b 所示。于是可得到直线与平面垂直的投影特性如下：

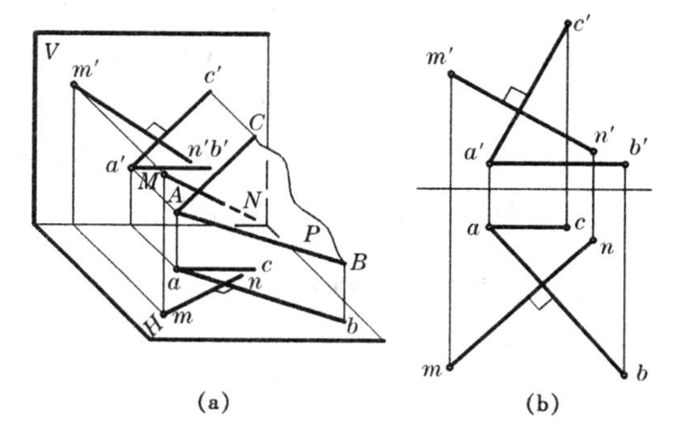

图 3－18　直线与平面垂直的投影特性

若直线垂直于平面，则该直线的 H 投影垂直于平面内水平线的 H 投影，该直线的 V 投影垂直于平面内正平线的 V 投影，该直线的 W 投影垂直于平面内侧平线的 W 投影。

根据直线与平面垂直的投影特性，可以作已知平面的垂线，或作已知直线的垂面，也可以判断直线与平面是否垂直。

例 3－5　如图3－19a 所示，已知△ABC 和 M 点，过 M 点作△ABC 的垂线 MN。

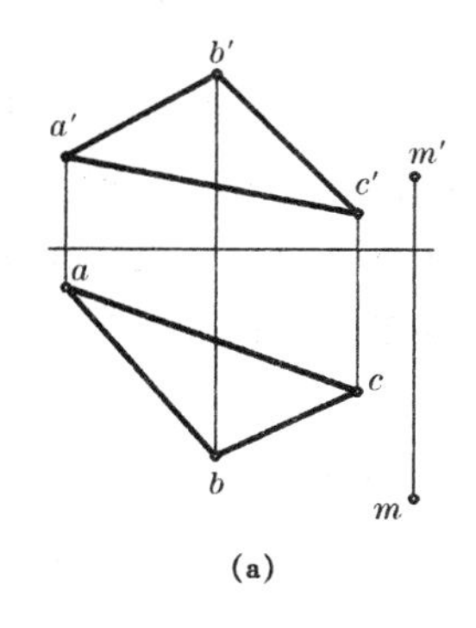

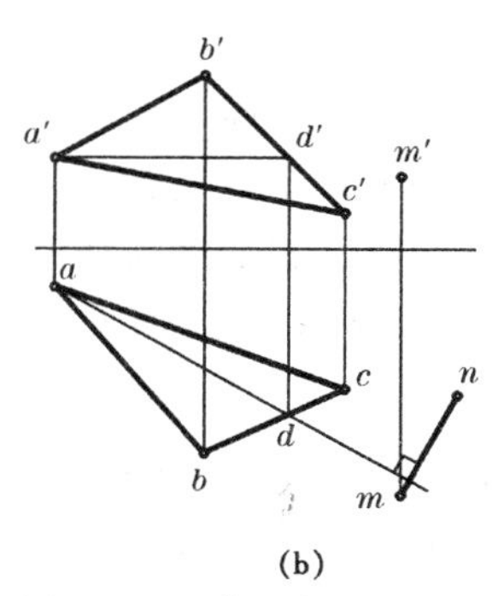

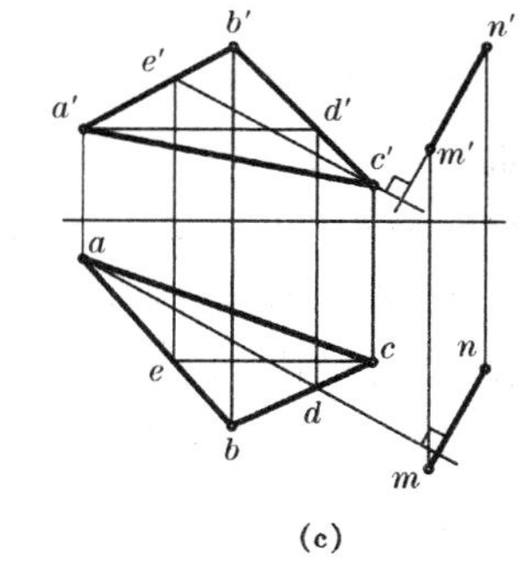

图 3－19　作已知平面的垂线

解 作图步骤如图 3－19b,c 所示：

(1) 作$\triangle ABC$内的水平线 $AD[ad,a'd']$,再作 $mn \perp ad$；

(2) 作$\triangle ABC$内的正平线 $CE[ce,c'e']$,再作 $m'n' \perp c'e'$；

(3) 于是所作 $MN \perp \triangle ABC$。

例 3－6 如图 3－20a 所示,判断直线 MN 是否垂直于$\triangle ABC$。

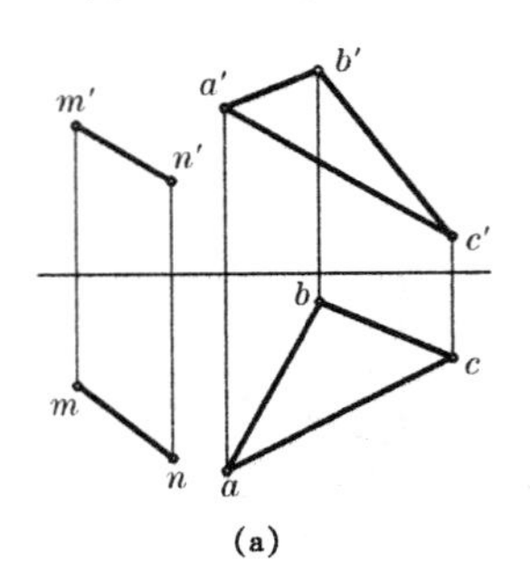

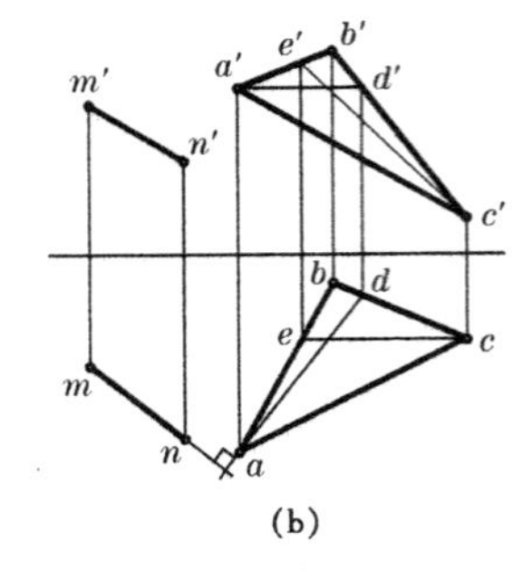

图 3－20 判断直线与平面是否垂直

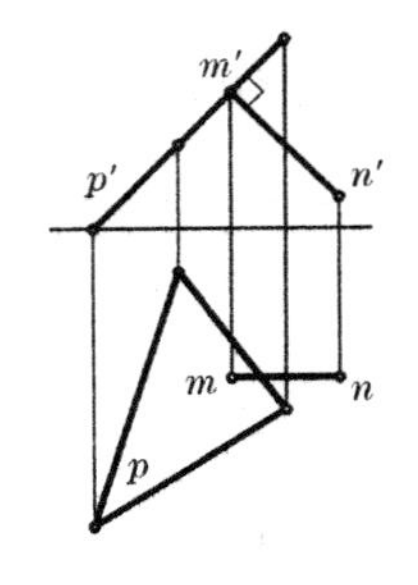

图 3－21 正平线与正垂面垂直

解 看平面$\triangle ABC$内的水平线和正平线是否与 MN 垂直,判断过程如图 3－20b：

(1) 作$\triangle ABC$内的水平线 $AD[ad,a'd']$,因 $ad \perp mn$,故 $AD \perp MN$；

(2) 作$\triangle ABC$内的正平线 $CE[ce,c'e']$,因 $c'e' \not\perp m'n'$,故 $CE \not\perp MN$($\not\perp$为不垂直)；

(3) 虽然 $MN \perp AD$,但 $MN \not\perp CE$,所以 $MN \not\perp \triangle ABC$。

在特殊情况下,当平面垂直于某投影面,而直线又平行于该投影面时,则在该投影面上的投影反映它们夹角的真实大小。如图 3－21 所示,正平线 MN 与正垂面 P 垂直。

3.3.2 平面与平面垂直

两平面垂直的几何条件：若直线垂直于平面,则包含此直线的所有平面都与该平面垂直。如图 3－22 所示,直线 MN 垂直于平面 P,则过 MN 的平面 Q 和 R 都与 P 垂直。

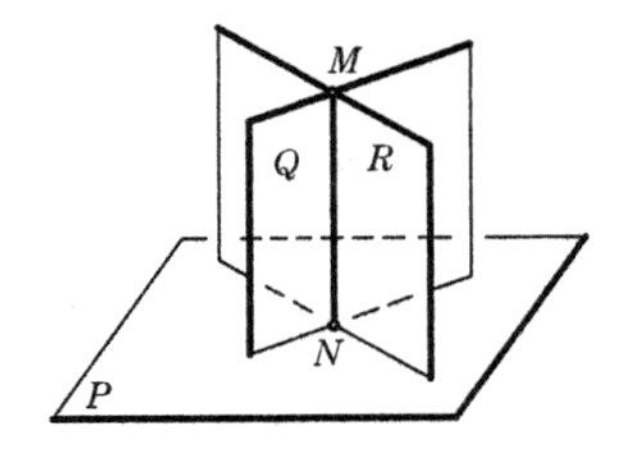

图 3－22 两平面垂直的几何条件

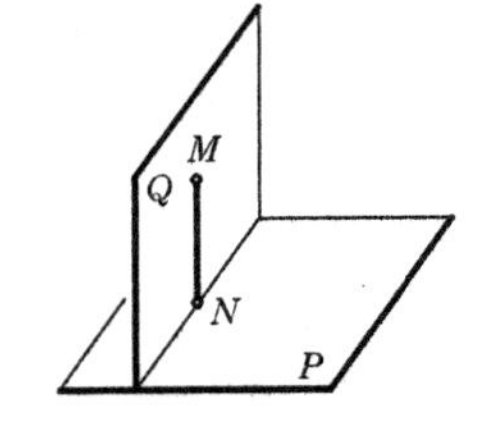

图 3－23 判断两平面垂直

反之,若甲、乙两平面互相垂直,则由甲平面内任一点向乙平面所作垂线必在甲平面内。如图 3－23 所示,若平面 $P \perp Q$,由 Q 面内 M 点作 $MN \perp P$,则 MN 在 Q 平面内。

根据两平面垂直的几何条件,可以作已知平面的垂面,也可以判断两平面是否垂直。

例 3－7 图3－24a,已知平面$\triangle ABC$和直线 MN,过 MN 作平面与$\triangle ABC$垂直。

解 作图如图 3－24b 所示：

已知$\triangle ABC$内的水平线 AC,正平线 BC,过 MN 上任一点 M,作 $ml \perp ac, m'l' \perp b'c'$,于是直线 $ML \perp \triangle ABC$,所以平面$[ML \times MN] \perp \triangle ABC$。

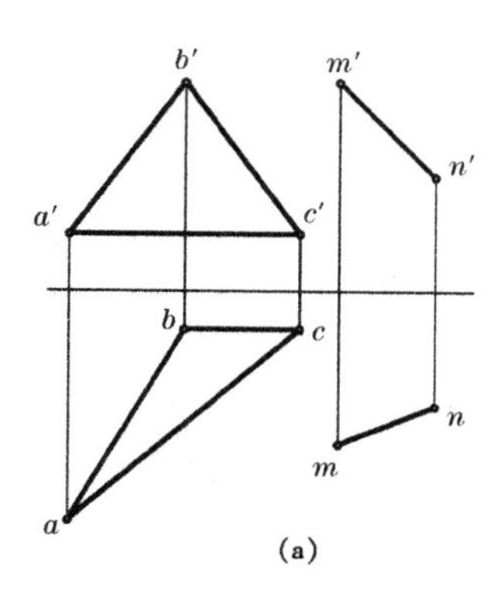

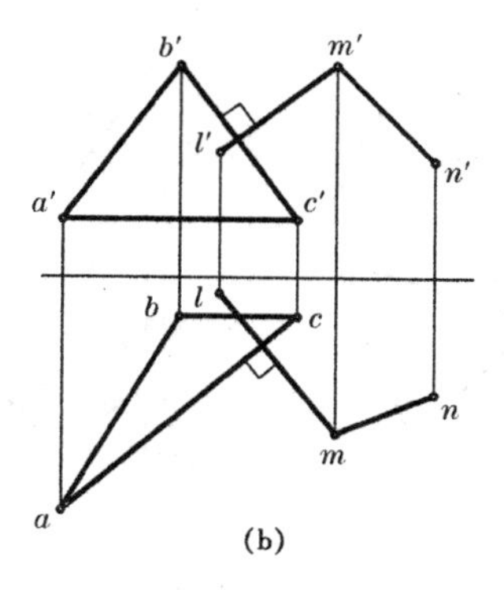

图 3－24　作已知平面的垂面

例 3－8　如图 3－25a 所示，判断两平面△ABC 与△DEF 是否垂直。

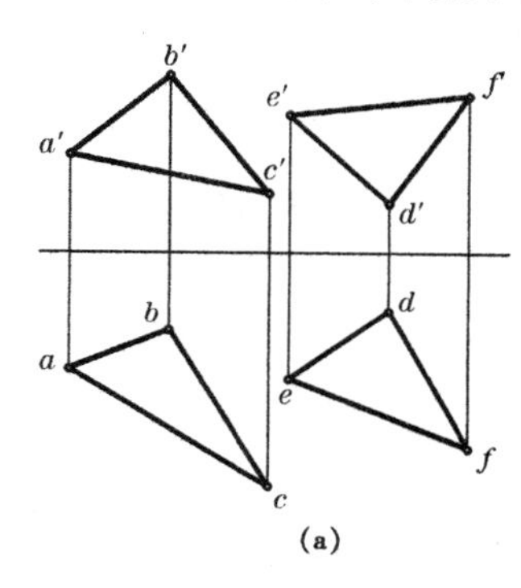

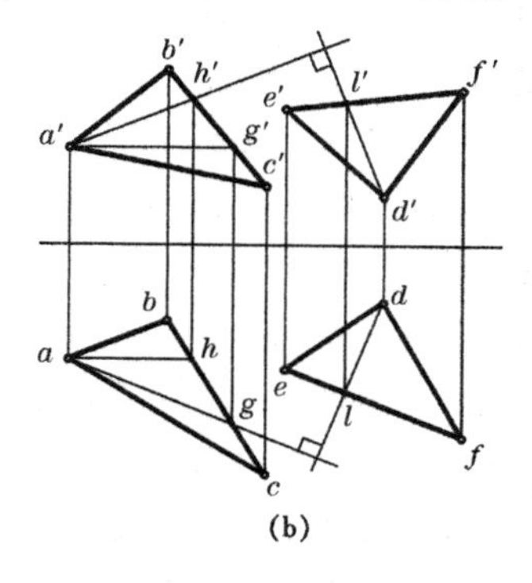

图 3－25　判断两一般面是否垂直

解　判断过程如图 3－25b 所示：

（1）作△ABC 内的水平线 $AG[ag, a'g']$ 和正平线 $AH[ah, a'h']$；

（2）过△DEF 内的任意点 D 作 $DL \perp$ △ABC，即 $dl \perp ag, d'l' \perp a'h'$；

（3）由作图结果知 DL 在△DEF 内，故△$ABC \perp$ △DEF。

特殊情况下，当两平面同时垂直于某一投影面时，则在该投影面上的投影反映两平面夹角的真实大小。如图 3－26 所示，P 和 Q 均为正垂面，由于 V 投影 $p' \perp q'$，所以 $P \perp Q$。

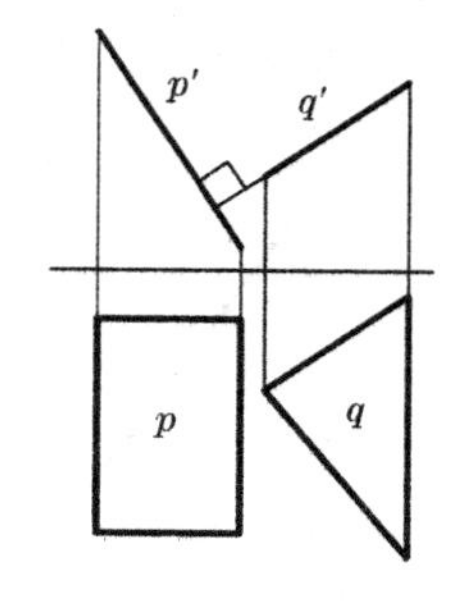

图 3－26　两正垂面垂直

3.4　综合题的分析与作图

前面讨论了点、直线、平面的投影规律及它们的相对位置，并介绍了若干基本的作图方法，这样就可以来图解空间的几何问题了。这类问题往往是综合性的，要灵活运用几何原理和投影规律进行空间分析，根据已知条件和所求问题，想象出各几何元素的空间关系，寻找解题的途径，确定解题的步骤，然后利用已掌握的作图方法，逐步完成解答。

例 3－9　如图 3－27a，试过 M 点作直线 MN，使其与△ABC 平行，且与直线 DE 相交。

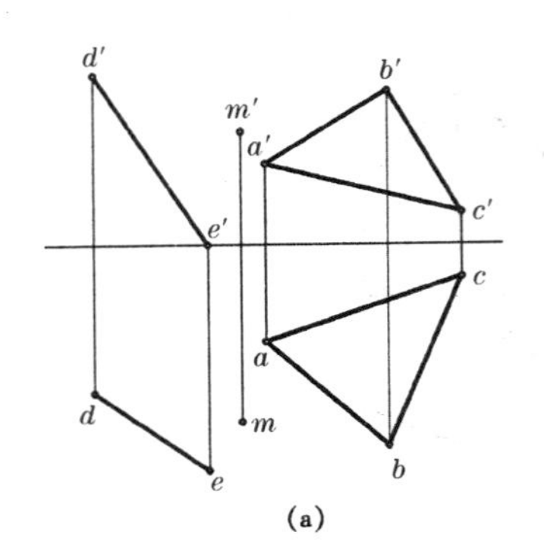

(a)

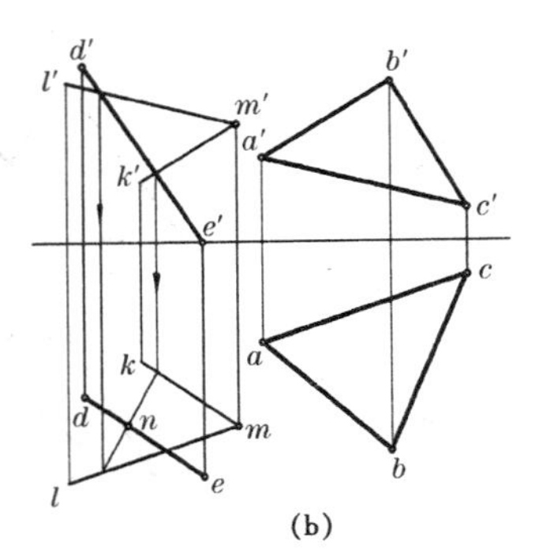

(b)

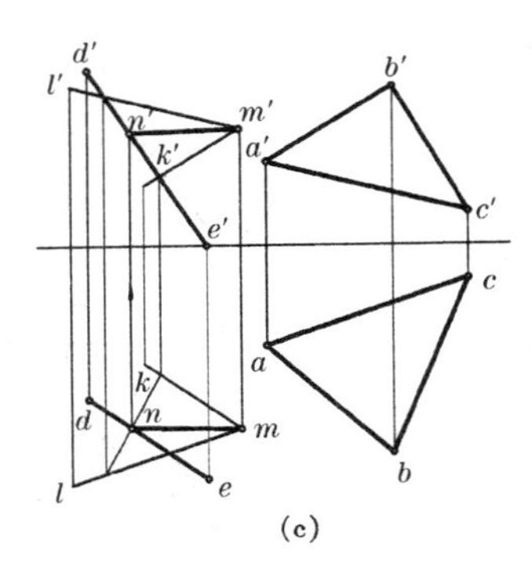

(c)

图 3－27　求作符合条件的直线

解　空间分析：过 M 点与△ABC 平行的直线有无数条，其轨迹是与△ABC 平行的平面，由此可先作出这个与△ABC 平行的轨迹平面 P，然后作出平面 P 与直线 DE 的交点 N，M 和 N 的连线即为所求。

作图步骤如图 3－27b，c 所示：

(1) 作 $MK /\!/ AB$，即 $mk /\!/ ab$，$m'k' /\!/ a'b'$，再作 $ML /\!/ AC$，即 $ml /\!/ ac$，$m'l' /\!/ a'c'$，于是平面 $P[MK \times ML] /\!/ \triangle ABC$；

(2) 求出 DE 与平面 P 的交点 $N[n, n']$；

(3) 连接 M 和 N，则 MN 与 DE 相交，且 $MN /\!/ \triangle ABC$。

例 3－10　如图 3－28a 所示，求 A 点到直线 MN 的距离。

解　空间分析：要求点到直线的距离，首先过该点作已知直线的垂线，该点与垂足之间线段的实长即为所求。由于空间两条互相垂直的一般线，其投影都不反映垂直，所以要求得 A 点到 MN 的距离，应先包含 A 点作一平面 Q 垂直于 MN，然后作出它们的交点 K，AK 即为垂线，最后求出 AK 的实长，就得到 A 点到直线 MN 的距离。

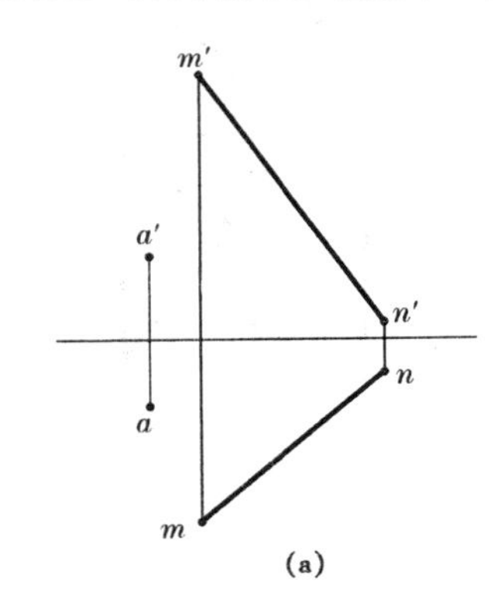

(a)

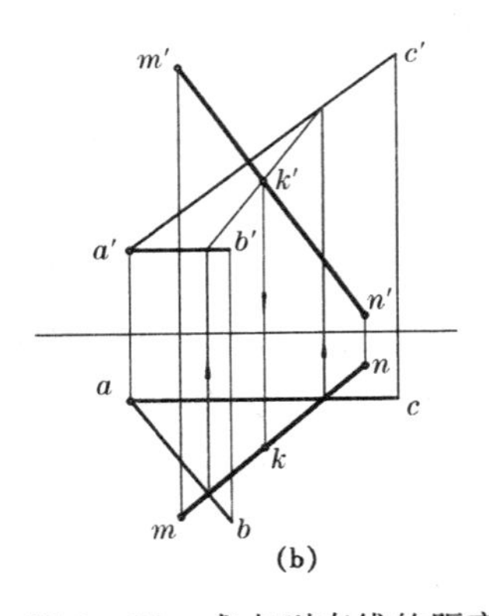

(b)

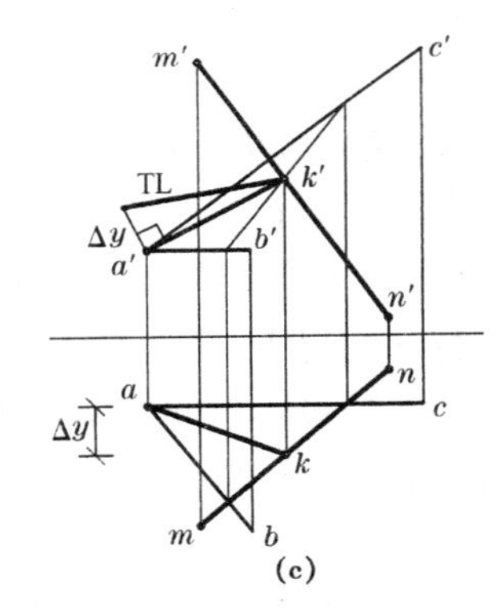

(c)

图 3－28　求点到直线的距离

作图步骤如图 3－28b，c 所示：

(1) 过 A 点作水平线 $AB \perp MN$，即 $a'b' /\!/ OX$，$ab \perp mn$；过 A 作正平线 $AC \perp MN$，即 $ac /\!/ OX$，$a'c' \perp m'n'$，于是所作平面 $Q[AB \times AC] \perp MN$；

(2) 求出 Q 与 MN 的交点 $K[k, k']$，连线 $AK \perp MN$；

(3) 用直角三角形法作出 AK 的实长，即为所求距离。

4 投影变换

投影变换的目的，是将点、线、面等几何元素由一般位置变换到特殊位置，以利于解题。本章讨论常用的两种投影变换方法：换面法和旋转法。

4.1 换面法

换面法是空间几何元素保持不动，用新的投影面代换原两面投影体系中的某一个投影面，于是构成新的两面投影体系，使几何元素对新的投影面处于有利于解题的特殊位置。

新设投影面的位置选择应符合下列两个基本条件：

(1) 新投影面应垂直于原有的一个投影面；

(2) 新投影面应和空间几何元素处于有利于解题的特殊位置。

4.1.1 点的变换

如图 4－1a 所示，在原有 V，H 两面投影体系中，空间 A 点的投影为 a' 和 a。现新设立投影面 H_1，使其垂直于 V 面，于是用 H_1 面代换 H 面，与 V 面组成新的两面投影体系。

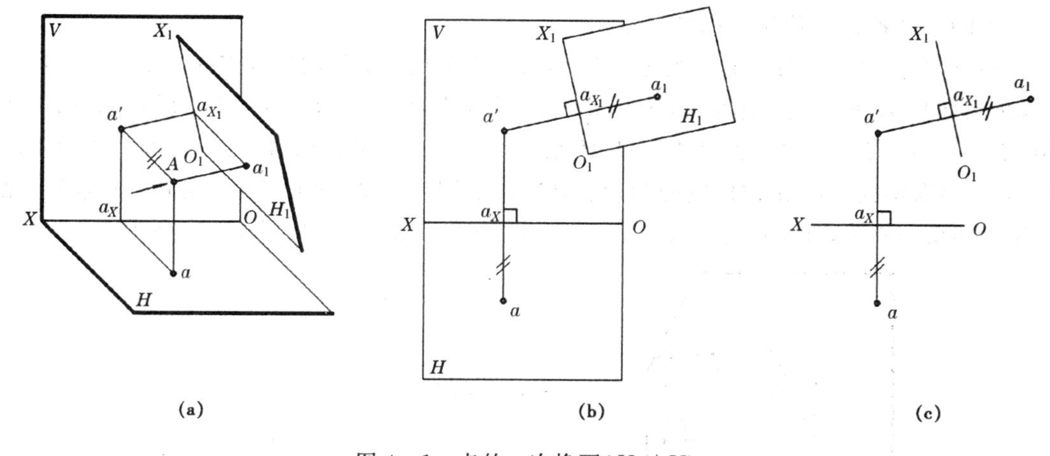

图 4－1 点的一次换面($H_1 \perp V$)

由 A 点作垂直于 H_1 面的投射线，得新投影 a_1。H_1 面与 V 面的交线为新投影轴 O_1X_1，将 H_1 面绕 O_1X_1 旋转到与 V 面重合的位置，得到的投影图如图 4－1b，c。

由于 H_1 面与 V 面是互相垂直的，A 点的投影必符合点的两面投影规律，于是有 $a'a_1 \perp O_1X_1$，$a_1a_{X1} = Aa' = aa_X$。

在投影图中，若已知 A 点的两投影 a'，a，及旧投影轴 OX 和新投影轴 O_1X_1，就可以作出 A 点的新投影 a_1。具体作图步骤如下：

(1) 过 a' 作投影连线垂直于 O_1X_1；

（2）在此投影连线上量取 $a_1a_{X1}=aa_X$，即得新投影 a_1。

若用 V_1 面代换 V 面，令 $V_1\perp H$，组成新的两面投影体系，如图 4－2a 所示。同理有 $a'_1a\perp O_1X_1$，$a'_1a_{x1}=a'a_X$，可作出 A 点在 V_1 面上的新投影 a'_1，见图 4－2b，c。

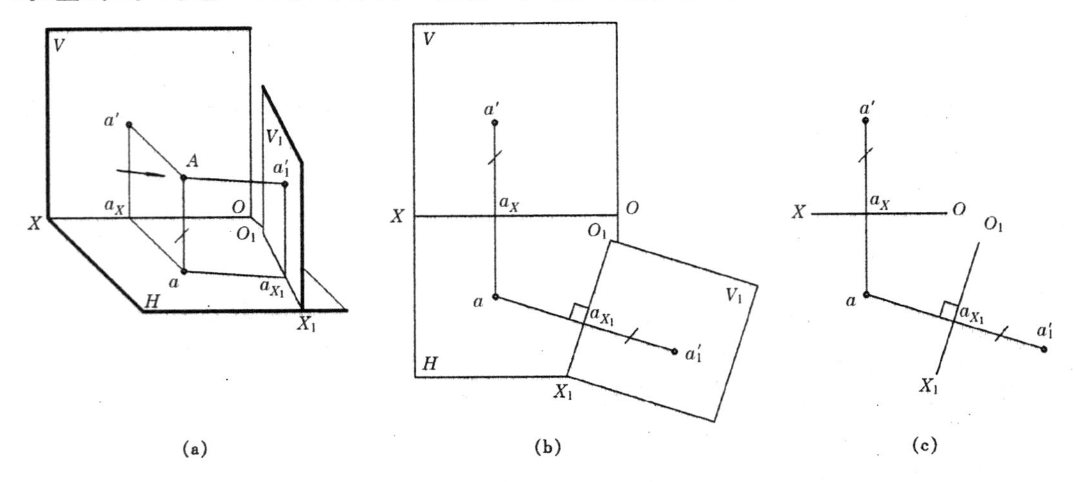

图 4－2　点的一次换面（$V_1\perp H$）

由此可总结出点的换面规律如下：

（1）点的新投影与保留投影的连线，垂直于新的投影轴；

（2）点的新投影到新投影轴的距离，等于被代换的旧投影到旧投影轴的距离。

点的上述换面规律是作图的基础。

在解题过程中，有时换面一次还达不到目的，需要连续变换两次或多次。如图 4－3a 所示，在原有 V，H 两面投影体系中，第一次用 V_1 代换 V，使 $V_1\perp H$，组成 V_1，H 体系；第二次用 H_2 代换 H，使 $H_2\perp V_1$，组成 V_1，H_2 体系。对于第二次换面而言，第一次换面所得到的投影 a'_1 是保留投影，a 是被代换的旧投影，O_1X_1 是旧投影轴，而 O_2X_2 才是新投影轴，于是根据点的换面规律，有 $a_2a'_1\perp O_2X_2$，$a_2a_{X2}=aa_{X1}$，作出新投影 a_2，如图 4－3b 所示。

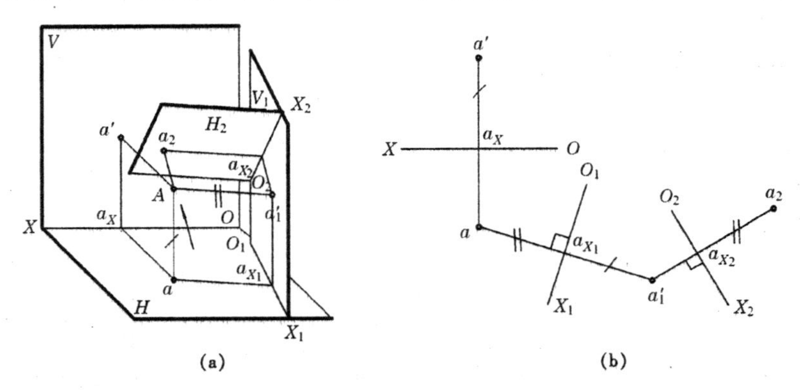

图 4－3　点的二次换面

由上述情况可知，连续多次换面时，V 面和 H 面应交替变换，可按 V_1，H_2，V_3，…的次序换面，也可按 H_1，V_2，H_3，…的次序换面。实质上每次新的变换，都是在前一次换面的基础之上进行作图的，也是点的换面规律的重复应用。

为了区别多次变换的投影关系，规定要在相应的字母旁加注下标数字，以表示是第几次变换，如 a_1' 是第一次变换后的投影，a_2 是第二次变换后的投影，等等。

4.1.2 直线的变换

直线的投影变换，只需求出其上两端点的新投影，然后相连即得到直线的新投影。

换面作图方法已经解决，这里关键是如何设立新投影面的位置，以使直线变换为特殊位置。而新投影面的设立归结为新投影轴的选择，因为在投影图中，新投影轴的位置就是新投影面的积聚投影。

直线的变换有三种基本情况，现分述如下：

1）将一般位置直线变换成新投影面平行线

为此，新投影面必须平行于该直线，于是该直线的新投影反映其实长和倾角。

如图 4－4 所示，AB 是一般线，现用 V_1 代换 V 面，令 $V_1 /\!/ AB$，且 $V_1 \perp H$，于是 $O_1X_1 /\!/ ab$。按点的换面规律作出 A 和 B 的新投影，连之即得 AB 的新投影 $a_1'b_1'$，则有 $a_1'b_1' = AB$，$a_1'b_1'$ 与 O_1X_1 的夹角反映 AB 与 H 面的倾角 α。

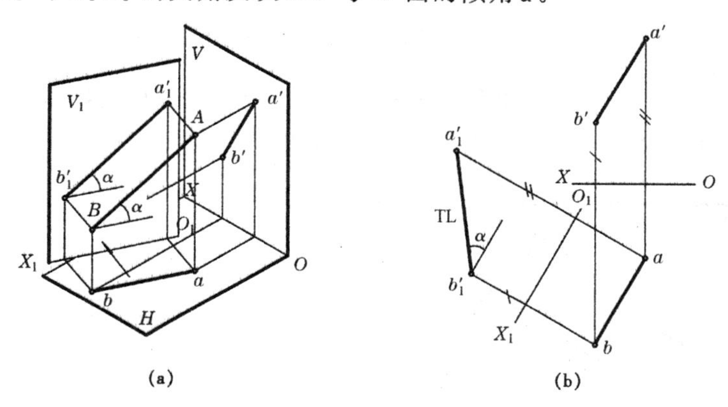

图 4－4　一般线变换为 V_1 面平行线

同理，若求一般线 AB 的实长和 β 角，应该用 H_1 代换 H 面，令 $H_1 /\!/ AB$，且 $H_1 \perp V$，于是 $O_1X_1 /\!/ a'b'$，具体作图如图 4－5 所示。

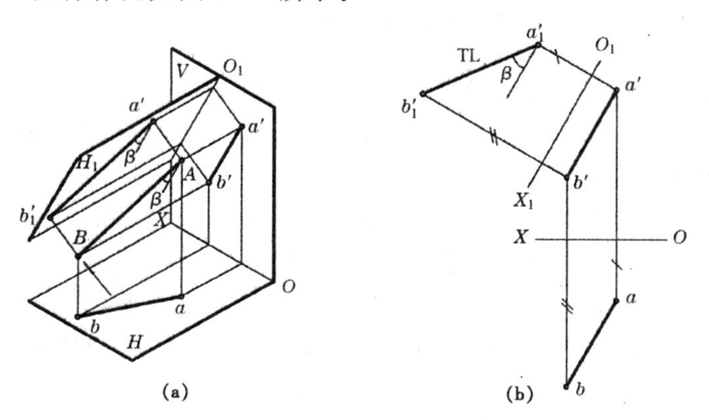

图 4－5　一般线变换为 H_1 面平行线

2）将投影面平行线变换为新投影面垂直线

这时新投影面必须垂直于该直线，于是该直线的新投影有积聚性。

如图4－6所示，AB是水平线，现用V_1代换V面，令$V_1 \perp AB$，且$V_1 \perp H$，于是$O_1X_1 \perp ab$，作出AB的V_1面投影，则$a'_1b'_1$积聚为一点。

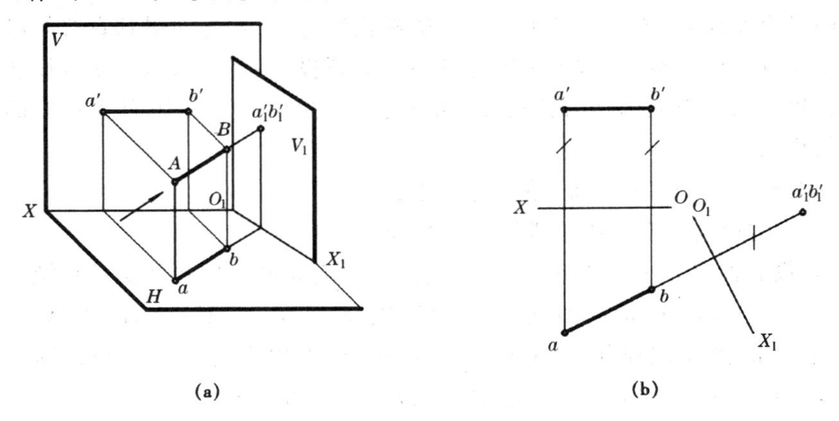

图4－6　水平线变换为V_1垂直线

如图4－7所示，CD是正平线，用H_1代换H面，令$H_1 \perp CD$，且$H_1 \perp V$，于是$O_1X_1 \perp c'd'$，作出CD的H_1面投影，则c_1d_1积聚为一点。

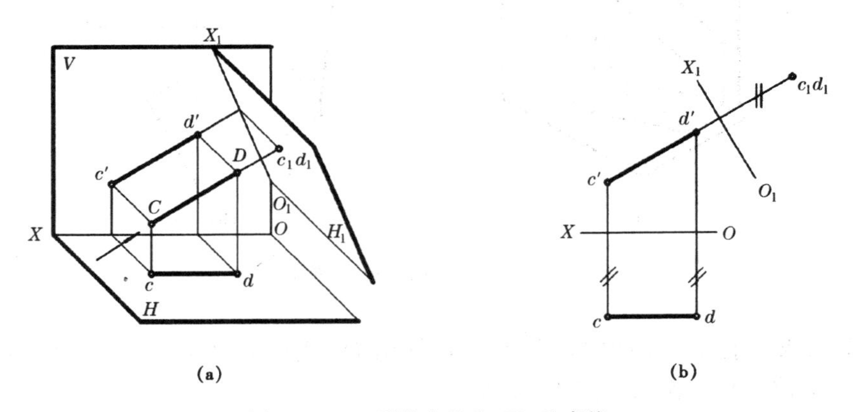

图4－7　正平线变换为H_1垂直线

3）将一般位置直线变换成新投影面垂直线

综合上述两种变换的情况，可连续作两次换面，第一次将一般线变换为新投影面的平行线，第二次将其变换为新投影面的垂直线。

如图4－8所示，AB是一般线，第一次用V_1代换V面，令$V_1 /\!/ AB$，且$V_1 \perp H$，于是$O_1X_1 /\!/ ab$，作出$a'_1b'_1$，第二次用H_2代换H，使$H_2 \perp AB$，且$H_2 \perp V_1$，于是$O_2X_2 \perp a'_1b'_1$，作出的a_2b_2积聚为一点。

同理，若第一次用H_1代换H面，第二次用V_2代换V面，则也能使AB在V_2面上的投影积聚为一点。读者可按此变换次序自行作图。

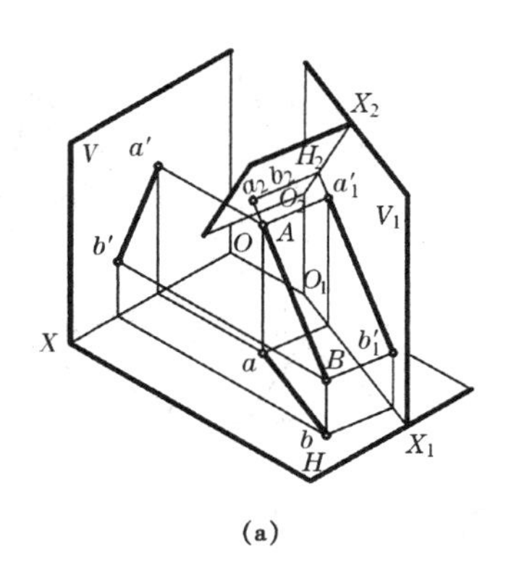

(a)

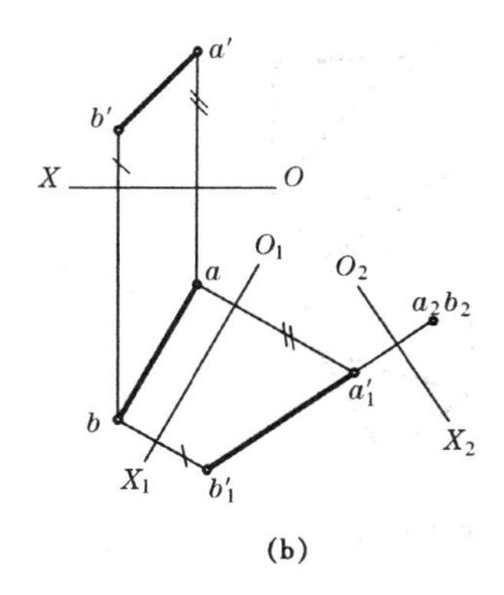

(b)

图 4－8　一般线变换为投影面垂直线

4.1.3　平面的变换

要使平面变换为特殊位置，新投影面位置的选择是作图的关键。

平面的变换有三种基本情况，现分述如下：

1）将一般位置平面变换成新投影面垂直面

为此，新投影面必须垂直于该平面，于是该平面的新投影积聚为直线，并反映其倾角。

如图 4－9 所示，$\triangle ABC$ 是一般面，现用 V_1 代换 V 面，为确定 V_1 面的位置，需作出 $\triangle ABC$ 内的任一水平线 $AD[ad,a'd']$，令 $V_1 \perp H$，且 $V_1 \perp AD$ 亦即 $V_1 \perp \triangle ABC$，于是 $O_1X_1 \perp ad$。作出 $\triangle ABC$ 在 V_1 面上的新投影，则 $a'_1b'_1c'_1$ 必积聚为直线，它与 O_1X_1 的夹角反映 $\triangle ABC$ 的 α 角。

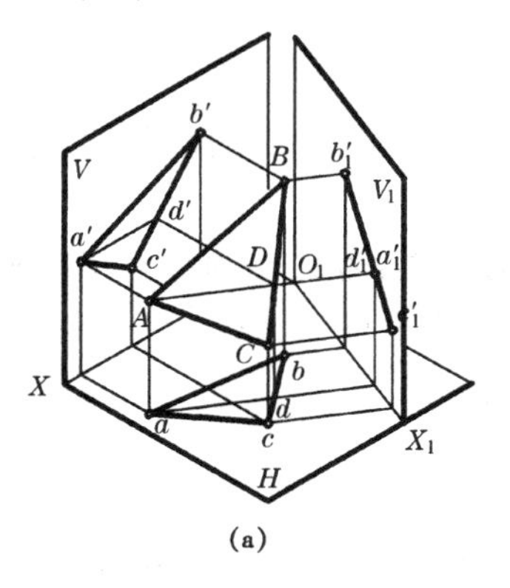

(a)

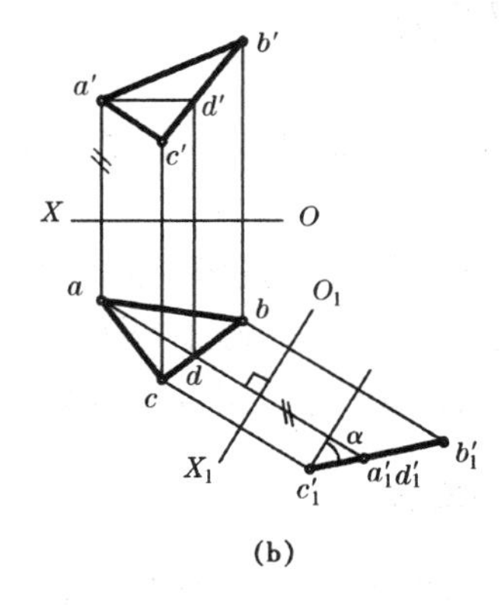

(b)

图 4－9　一般面变换为 V_1 垂直面

若用 H_1 代换 H 面，应作出 $\triangle ABC$ 内的正平线，令 H_1 与此正平线相垂直，同样可使 $\triangle ABC$ 的 H_1 面投影有积聚性，且反映其 β 角。

2）将投影面垂直面变换成新投影面平行面

这时新投影面必须平行于该平面，于是该平面的新投影反映其实形。图中实形用 TS 标记（TS 是 True Shape 的缩写）。

如图 4－10 所示，$\triangle ABC$ 是正垂面，用 H_1 代换 H 面，令 $H_1 \perp V$，且 $H_1 /\!/ \triangle ABC$，于是 $O_1X_1 /\!/ a'b'c'$，作 $\triangle ABC$ 的 H_1 面投影，则 $\triangle a_1b_1c_1 \cong \triangle ABC$。

若已知平面是铅垂面，应该用 V_1 代换 V 面，同样可作出其实形。

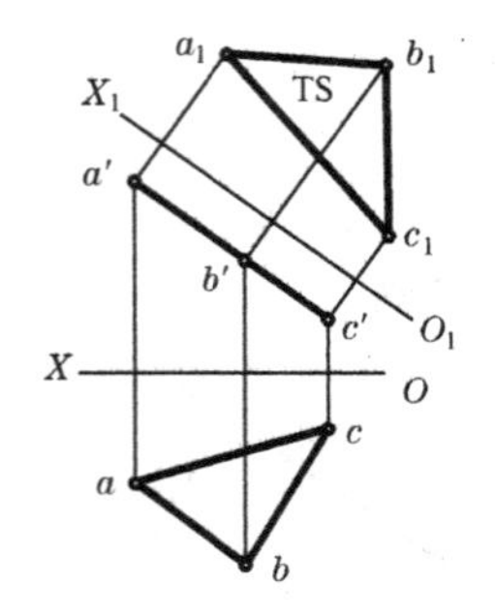

图 4－10　正垂面变换为 H_1 平行面

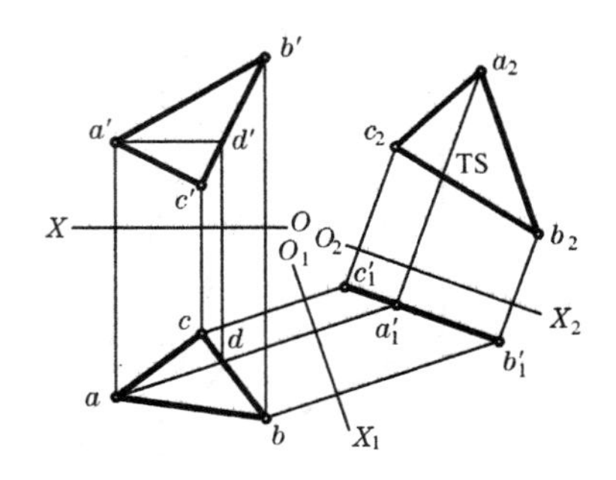

图 4－11　一般面变换为投影面平行面

3）将一般位置平面变换成新投影面平行面

综合上述两种变换的情况，可连续作两次换面，第一次将一般面变换成新投影面垂直面，第二次将其变换为新投影面平行面。

如图 4－11 所示，$\triangle ABC$ 是一般面。第一次换面用 V_1 代换 V 面，令 $V_1 \perp H$，且 $V_1 \perp \triangle ABC$，为此先作出$\triangle ABC$ 内的水平线 AD，于是 $O_1X_1 \perp ad$，作出$\triangle ABC$ 的 V_1 面投影，则 $a'_1b'_1c'_1$ 积聚为直线。第二次换面用 H_2 代换 H，令 $H_2 \perp V_1$，且 $H_2 /\!/ \triangle ABC$，于是 $O_2X_2 /\!/ a'_1b'_1c'_1$，作出$\triangle ABC$ 的 H_2 面投影，则$\triangle a_2b_2c_2 \cong \triangle ABC$。

若第一次用 H_1 代换 H 面，第二次用 V_2 代换 V 面，则也可求出$\triangle ABC$ 的实形。

本书由于篇幅所限，每种情况只能举一例作图，其他位置作图读者可自行练习。

4.2　旋转法

旋转法是投影面保持不变，把空间几何元素绕定轴旋转到与投影面处于有利于解题的特殊位置。

旋转法按旋转轴与投影面的位置不同，可分为两类：若旋转轴垂直于某投影面时，称为绕垂直轴旋转；若旋转轴平行于某投影面时，称为绕平行轴旋转。一般情况下常用的都是绕垂直轴旋转的方法，所以本节只讨论这种情况。

4.2.1　点的旋转

如图 4－12a 所示，为空间点 A 绕铅垂轴 O 旋转时的状况。A 点的运动轨迹是一个水平圆，圆半径等于 A 点到旋转轴的距离。由于水平圆平行于 H 面，故其 H 投影反映实形，其 V 投影为平行于 OX 的直线段，长度等于圆直径。如图4－12b 所示，当 A 点旋转时，a 在 H 投影的圆周上转动，a'在 V 投影的直线上移动。无论 A 点转动到任何位置，投影连线 $a'a$ 仍垂直于 OX。

若 A 点反时针旋转 φ 角到 A_1 位置，求作新投影 a_1 和 a'_1的步骤如下：

(1) 以 o 为圆心，oa 为半径，反时针作圆弧 aa_1，使$\angle aoa_1=\varphi$，得 a_1；

(2) 过 a_1 作投影连线垂直于 OX，过 a'作直线平行于 OX，两线的交点即为 a'_1。

如图 4－13 所示，当空间 B 点绕正垂轴旋转时，其运动轨迹在 V 面上的投影为圆，在 H 面上的投影是平行于 OX 的直线段。当 B 点旋转 θ 角到 B_1 位置，同样可作出其新投

影 b_1 和 b_1'。

由此可总结出点的旋转规律如下：当点绕垂直于某投影面的轴线旋转时，此点在该投影面上的投影沿一圆周转动；此点的另一投影在平行于投影轴的直线上移动。

点的旋转规律是作图的基础。

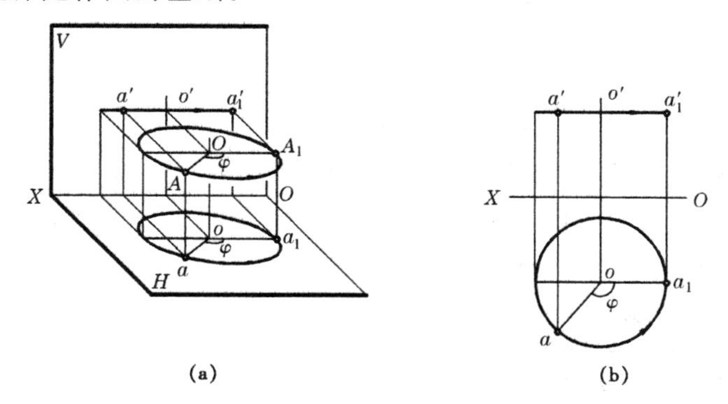

图 4－12　点绕铅垂轴旋转

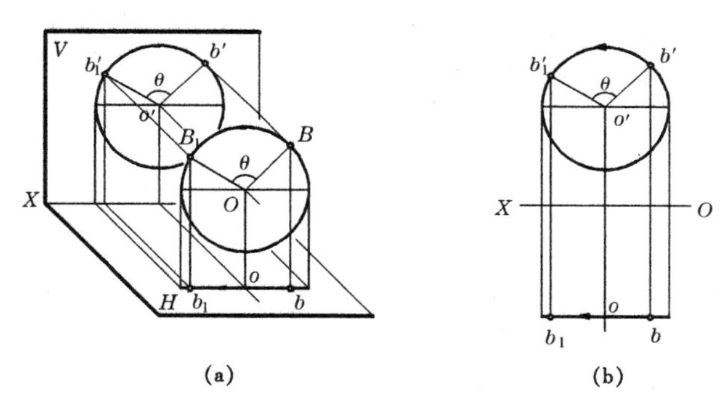

图 4－13　点绕正垂轴旋转

4.2.2　直线的旋转

直线的旋转，只要将直线上两端点绕同轴作同向同角度旋转，作出它们的新投影后，将同面投影相连即得直线旋转后的新投影。

如图 4－14 所示，直线 AB 绕铅垂轴 O 反时针旋转 φ 角，到达 A_1B_1 位置。根据点的旋转规律作出 A_1 和 B_1 的投影，然后同面投影相连，即得 a_1b_1 和 $a_1'b_1'$。由作图过程可以看出，因 $oa=oa_1$，$ob=ob_1$，$\angle aoa_1=\angle bob_1=\varphi$，即有 $\angle aob=\angle a_1ob_1$，故 $\triangle aob\cong\triangle a_1ob_1$，所以 $a_1b_1=ab$。这说明了直线绕铅垂轴旋转时，其 H 投影长度不变，且对 H 面的倾角 α 亦不变，但其 V 投影长度和 β 角都改变了。

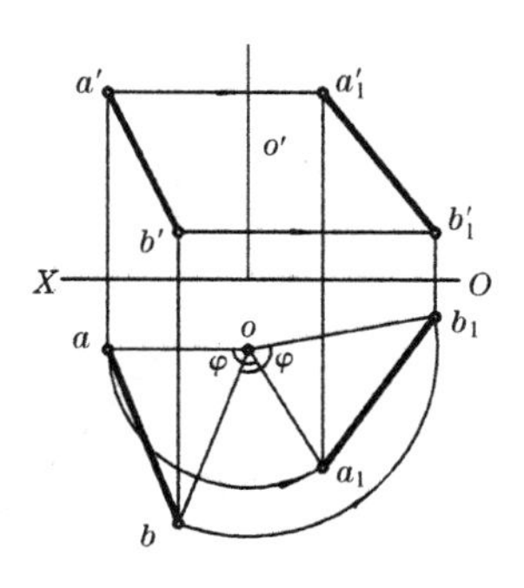

图 4－14　直线的旋转

同理，当直线绕正垂轴旋转时，其 V 投影长度不变，其 β 角亦不变。

由此，可总结出直线的旋转规律如下：

若直线绕垂直于某投影面的轴旋转时，则其在该投影面上的投影长度不变，且其对该投影面的倾角亦不变。

为了将直线旋转到有利于解题的特殊位置，选择旋转轴和旋转角度至关重要。直线的旋转有三种基本情况，现分述如下：

1）将一般位置直线旋转成投影面平行线

以铅垂线为旋转轴，可将一般线旋转成正平线，于是其 V 投影反映实长和 α 角。

如图 4－15 所示，一般线 AB 绕铅垂轴旋转。为了作图简便，可使旋转轴通过 A 点，旋转时 A 点位置不变，其投影亦不变。将 AB 旋转到正平线 AB_1 的位置，这时只需作出 B_1 点的投影，于是 $ab_1 /\!/ OX$，且 $ab_1=ab$，则 $a'b'_1=AB$，且$\angle a'b'_1b'=\alpha$。

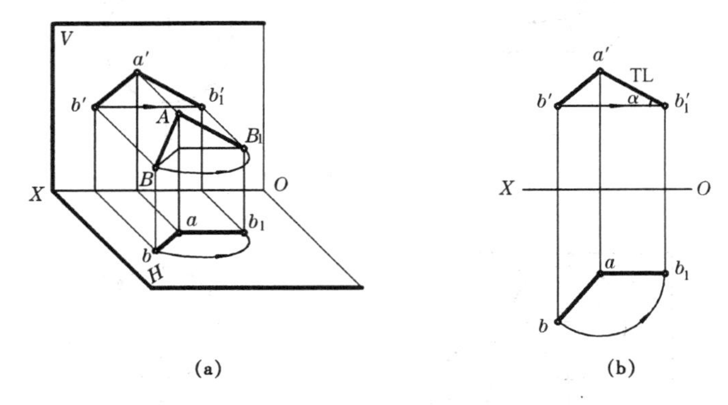

图 4－15　一般线旋转为正平线

同理，若以正垂线为旋转轴，可将一般线旋转成水平线，并求出其实长和 β 角。

2）将投影面平行线旋转成投影面垂直线

以正垂线为旋转轴，可将正平线旋转成铅垂线，于是其 H 投影积聚为一点。

如图 4－16 所示，正平线 AB 绕通过 B 点的正垂轴，旋转到铅垂线 A_1B 的位置，于是 $a'_1b' \perp OX$，a_1b 积聚为一点。

同理，以铅垂线为旋转轴，可将水平线旋转成正垂线，使其 V 投影积聚为一点。

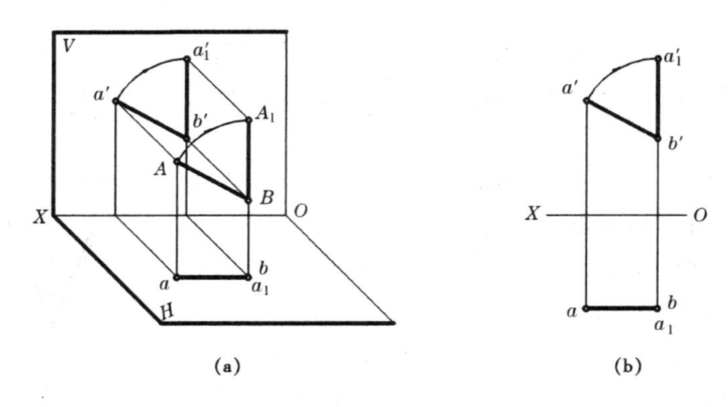

图 4－16　正平线旋转为铅垂线

3）将一般位置直线旋转成投影面垂直线

综合上述两种旋转的情况，可以连续作两次旋转，第一次将一般线旋转为投影面平行线，第二次将其旋转成投影面垂直线。

如图 4－17 所示，AB 是一般线。第一次将 AB 绕通过 A 点的铅垂轴旋转，使其变换为正平线 AB_1，$a'b'_1$ 反映实长和 α 角；第二次将 AB_1 绕通过 B_1 点的正垂轴旋转，使其变换为铅垂线 A_2B_1，于是 a_2b_1 积聚为一点。

同理，若 AB 第一次绕正垂轴旋转，可使其变换为水平线，第二次绕铅垂轴旋转，可使其变换为正垂线。

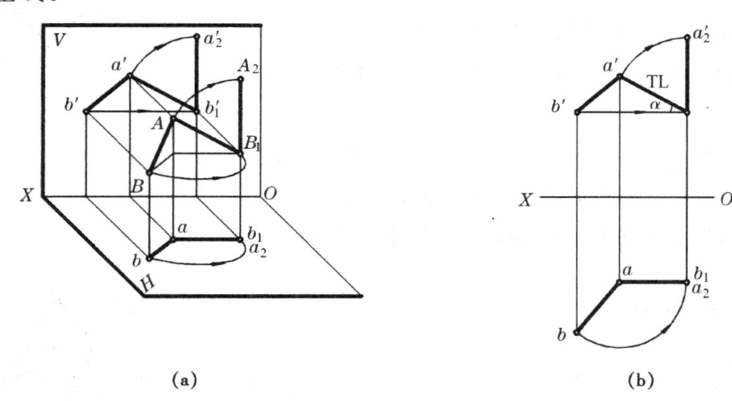

图 4－17　一般线旋转为铅垂线

4.2.3　平面的旋转

平面的旋转，只需将平面内不在同一直线上的三点，如三角形的三个顶点，按同轴同向同角度旋转，作出它们的新投影，然后同面投影相连，即得到该平面的新投影。

如图 4－18 所示，$\triangle ABC$ 绕正垂轴 O 旋转，实质上是将 A，B，C 三点绕 O 轴，按同方向旋转 θ 角。根据点的旋转规律，可作出各点的新投影，连之即得 $\triangle A_1B_1C_1$ 的投影 $\triangle a_1b_1c_1$ 和 $\triangle a'_1b'_1c'_1$。

根据直线的旋转规律可推知，$\triangle a'_1b'_1c'_1$ 的三边与 $\triangle a'b'c'$ 的对应三边长度相等，所以 $\triangle a'_1b'_1c'_1 \cong \triangle a'b'c'$，且 $\triangle A_1B_1C_1$ 和 $\triangle ABC$ 的 β 角相同。

同理，若平面绕铅垂轴旋转，其 H 投影的形状大小不变，且其 α 角亦不变。

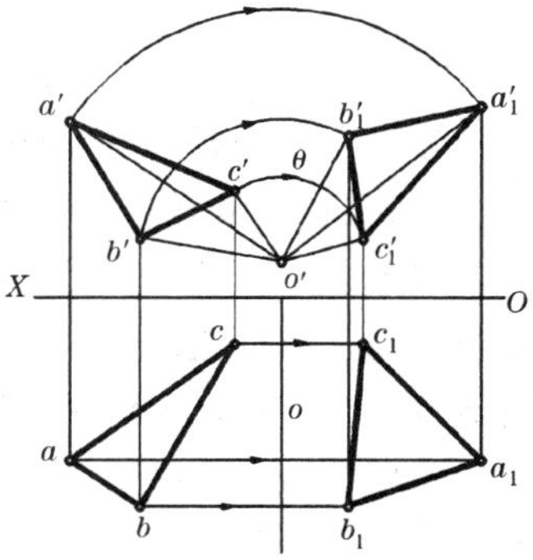

图 4－18　平面绕正垂轴旋转

由此，总结出平面的旋转规律如下：若平面绕垂直于某投影面的轴旋转时，则其在该投影面上的投影形状大小不变，且其对该投影面的倾角亦不变。

为了将平面旋转到有利于解题的特殊位置，关键是确定旋转轴的位置和选择适当的旋转角度。平面的旋转有三种基本情况，现分述如下：

1）将一般位置平面旋转成投影面垂直面

若将一般面旋转为正垂面，需把该平面内的水平线旋转为正垂线，为此，旋转轴必须垂直于 H 面。旋转后该平面的 V 投影有积聚性，且反映其 α 角。

如图 4－19 所示，$\triangle ABC$ 为一般面。先作出 $\triangle ABC$ 内的一条水平线 $AD[ad, a'd']$，

令旋转轴为通过 A 点的铅垂线。于是以 a 为圆心，把 d 旋转到 d_1 位置，使 $ad_1 \perp OX$。然后将 B 点和 C 点作同轴同向同角度旋转，得 $\triangle ab_1c_1$，再作出 $\triangle ABC$ 的 V 投影，$a'b'_1c'_1$ 必积聚为直线，它与 OX 的夹角即为 $\triangle ABC$ 的 α 角。

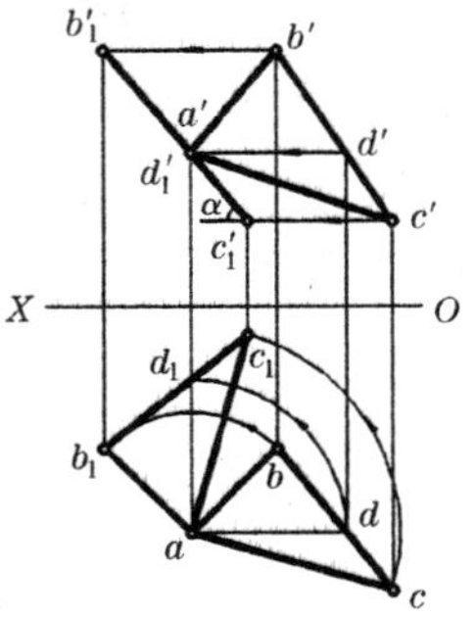

与此类似，若绕正垂轴旋转，可将一般面旋转为铅垂面，并得到平面的 β 角。

图 4－19　一般面旋转为正垂面

2）将投影面垂直面旋转成投影面平行面

以正垂线为旋转轴，可将正垂面旋转为水平面，其 H 投影反映实形。

如图 4－20 所示，$\triangle ABC$ 为正垂面，绕通过 B 点的正垂轴旋转，使其变换为水平面 $\triangle A_1BC_1$，于是 $\triangle a_1bc_1 \cong \triangle ABC$。

与此类似，以铅垂线为旋转轴，可将铅垂面旋转为正平面。

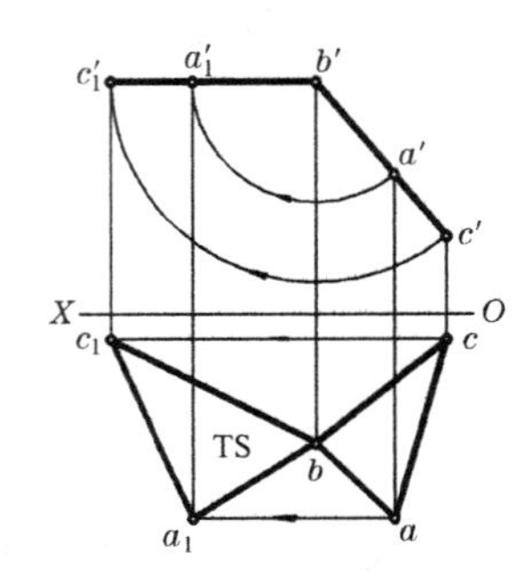

图 4－20　正垂面旋转为水平面

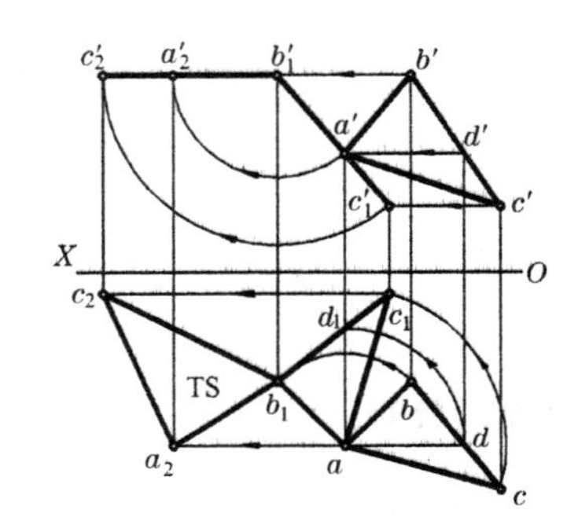

图 4－21　一般面旋转为水平面

3）将一般位置平面旋转成投影面平行面

综合上述两种旋转的情况，可连续作两次旋转，第一次将一般面旋转为投影面垂直面，第二次将其旋转成投影面平行面。

如图 4－21 所示，$\triangle ABC$ 为一般面。第一次将 $\triangle ABC$ 绕通过 A 点的铅垂轴旋转，使其变换为正垂面 $\triangle AB_1C_1$，则 $a'b'_1c'_1$ 积聚为直线。第二次将 $\triangle AB_1C_1$ 绕通过 B_1 点的正垂轴旋转，使其变换为水平面 $\triangle A_2B_1C_2$，则 $\triangle a_2b_1c_2 \cong \triangle ABC$。

同理，若 $\triangle ABC$ 第一次绕正垂轴旋转，可使其变换为铅垂面，第二次绕铅垂轴旋转，可使其变换为正平面。

4.3　投影变换解题举例

根据换面法和旋转法的基本原理，可将一般位置的直线和平面变换到特殊位置，以达到解题的目的。前面已对点、直线、平面的基本变换作了详细介绍，这些方法概念清楚，作图简便，是解题的基础。对于各种各样的问题，解法并非千篇一律，而是要根据题目所给定的具体条件进行分析灵活运用。一般在解题时，首先进行空间分析，确定解题的方法和步骤，然后按次序作图，直至求出答案。

下面的一些例题，解法可能有多种，这里仅作出常用的一种解法。通过这些示例，可以举一反三，融会贯通，掌握解题的基本方法，培养分析问题和解决问题的能力。

例 4—1 如图 4—22a 所示，已知矩形的一边 $AB[ab, a'b']$ 和其邻边 BC 的 H 投影 bc，试补全此矩形 $ABCD$ 的投影。

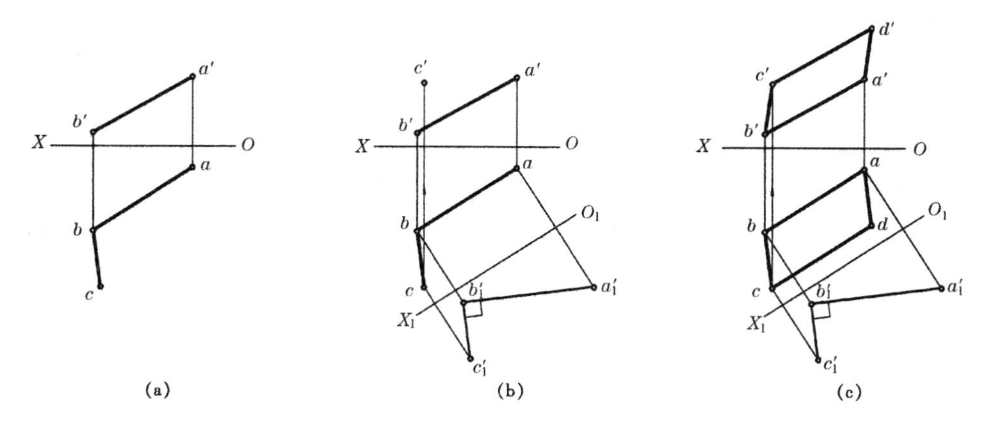

图 4—22 用换面法补全矩形 $ABCD$ 的投影

解 空间分析：

矩形的邻边互相垂直，即 $AB \perp BC$，若将 AB 变换为投影面平行线，则可利用直角投影定理作出 BC，然后根据矩形对边平行的特点，完成其投影图。下面分别用换面法和旋转法来作图。

换面法作图步骤如图 4—22b，c 所示：

(1) 用 V_1 代换 V 面，令 $V_1 /\!/ AB$ 且 $V_1 \perp H$，则 $O_1X_1 /\!/ ab$，作出 $a'_1b'_1$；

(2) 过 b'_1 作 $a'_1b'_1$ 的垂线，与过 c 的投影连线相交于 c'_1；

(3) 返回到 V 面作出 c'，于是得到 $b'c'$；

(4) 作 $c'd' /\!/ b'a'$，$a'd' /\!/ b'c'$ 和 $cd /\!/ ba$，$ad /\!/ bc$，完成矩形 $ABCD$ 的投影。

旋转法作图步骤如图 4—23 所示：

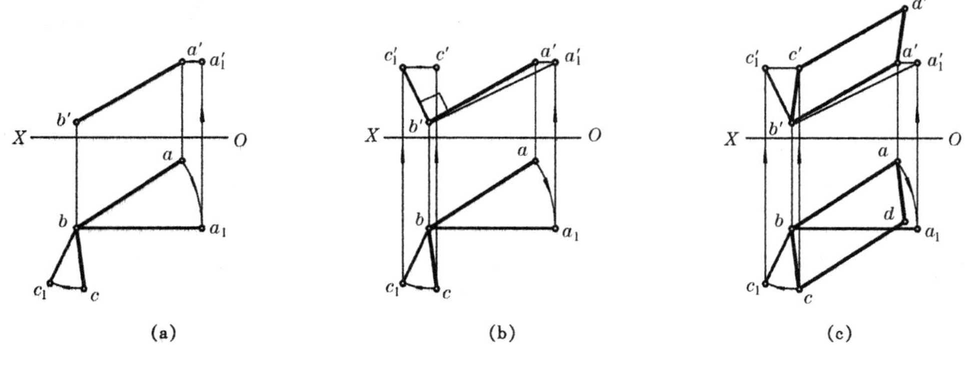

图 4—23 用旋转法补全矩形 $ABCD$ 的投影

(1) 以过 B 点的铅垂线为旋转轴，将 AB 旋转为正平线 A_1B，由 $a_1b /\!/ OX$，作出 a'_1b'，BC 应作相同的旋转，作出 bc_1；

(2) 过 b' 作 a'_1b' 的垂线，与过 c_1 的投影连线相交于 c'_1；

(3) 将 BC_1 作反方向旋转，可求出 $b'c'$；

(4) 根据对边互相平行作出矩形的另两条边。

由上例可以看出，换面法和旋转法的解题思路是相同的，只是作图方法不同而已，故一般的问题用换面法和旋转法都可以解。

在充分理解换面法和旋转法的作图原理以后，有时还可以把两种方法结合起来解题。

例 4－2 如图 4－24a 所示，已知两相交直线 AB 和 BC，求它们的夹角$\angle ABC$ 的真实大小。

解 空间分析：

两相交直线 AB 和 BC 确定一个平面，若将该平面变换为投影面平行面时，则能反映$\angle ABC$ 的真实大小。由于平面 ABC 是一般位置，必须经过两次变换，本题在这里第一次用换面法作图，第二次用旋转法作图。

作图步骤：

(1) 用 V_1 代换 V 面，先作出$\triangle ABC$ 内的水平线 AD，令 $V_1 \perp H$ 且 $V_1 \perp AD$，于是 $O_1X_1 \perp ad$，则 $a_1b_1c_1$ 积聚为直线，如图 4－24b 所示；

(2) 令旋转轴通过 C_1 点且垂直于 V_1 面，将 $a'_1b'_1c'_1$旋转到与 O_1X_1 平行，即 $a'_2b'_2c'_1 // O_1X_1$，然后作出$\angle a_2b_2c$，则$\angle a_2b_2c$ 为$\angle ABC$ 的真实大小，如图 4－24c 所示。

由此可见，恰当地利用换面法和旋转法的特点，可以使作图更简捷。但是一般来说，旋转法需要作角度，不太方便，且作图又容易重叠，不如换面法清楚，所以解题最常用的还是换面法。

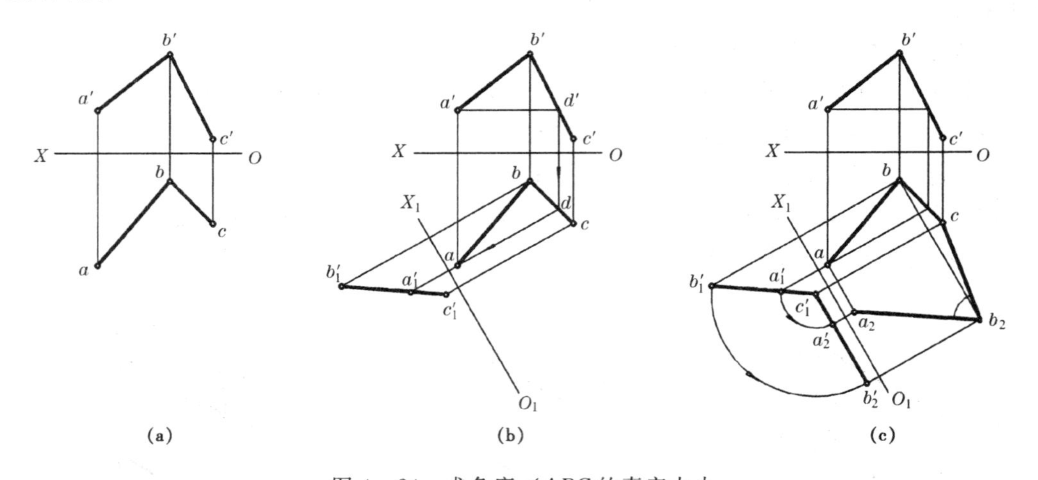

图 4－24 求角度$\angle ABC$ 的真实大小

例 4－3 如图4－25a 所示，求两交叉直线 AB 和 CD 的公垂线 MN 及距离。

解 空间分析：

公垂线 MN 应与 AB 和 CD 均垂直，其实长即所求实际距离。由于本题中 AB 和 CD 均为一般线，不能直接作出公垂线的投影，若把其中任一直线变换为与投影面垂直时，可根据其积聚投影作出公垂线和距离，为此需要经过两次变换，现用换面法作图。

作图步骤如图 4－25b，c 所示：

(1) 用 V_1 代换 V 面，令 $V_1 // CD$ 且 $V_1 \perp H$，于是 $O_1X_1 // cd$，作出 $c'_1d'_1$ 和 $a'_1b'_1$；

(2) 用 H_2 代换 H 面，令 $H_2 \perp CD$ 且 $H_2 \perp V_1$，于是 $O_2X_2 \perp c'_1d'_1$，作出 c_2d_2 和 a_2b_2；

(3) 由于 c_2d_2 积聚为一点，公垂线上 N 点的投影 n_2 亦重合于此点，过此点作 $m_2n_2 \perp a_2b_2$，得垂足 m_2，m_2n_2 为公垂线 MN 的投影，且反映其实长即距离；

(4) 过 m_2 作垂直于 O_2X_2 的投影连线，交 $a'_1b'_1$ 于 m'_1，然后作 $m'_1n'_1 // O_2X_2$，交 $c'_1d'_1$ 于 n'_1；

(5) 返回到 H 面和 V 面上，依次作出 mn 和 $m'n'$，MN 即所求公垂线。

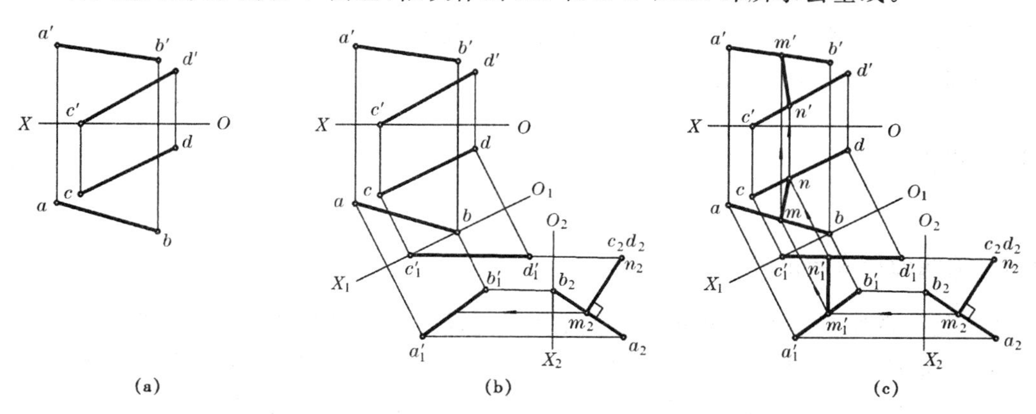

图 4—25 求两交叉直线的公垂线及距离

例 4—4 如图4—26a 所示，已知 $AB // CD$，且距离为 15，求作 CD 的水平投影 cd。

解 空间分析：

若经过两次换面，将两平行线 AB 和 CD 变换为投影面垂直线，则在该投影面上它们的投影有积聚性，且反映真实距离。这时可定出 CD 的位置，然后返回到 H 面中作出 cd。

作图步骤如图 4—26b，c 所示：

(1) 令 $O_1X_1 // a'b'$，作出 a_1b_1；

(2) 令 $O_2X_2 \perp a_1b_1$，作出 $a'_2b'_2$；

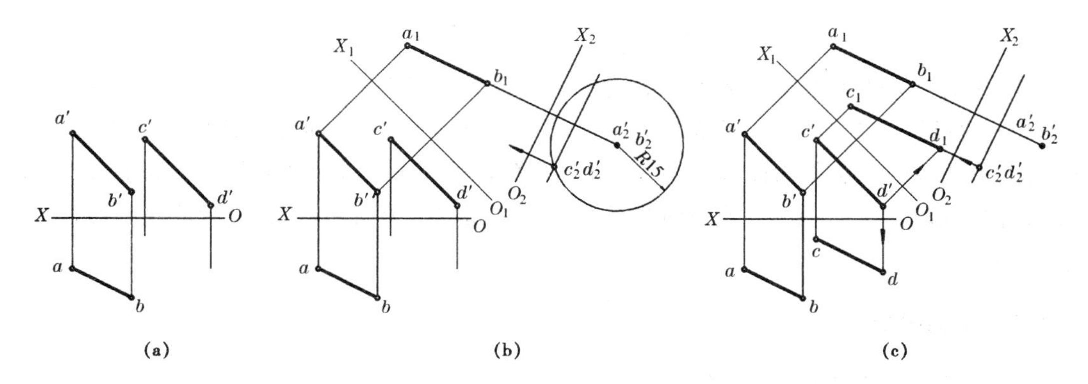

图 4—26 补全直线 CD 的投影

(3) 以 $a'_2b'_2$ 为圆心，作 $R=15$ mm 的圆，$c'_2d'_2$ 必在此圆周上；以 $c'd'$ 到 O_1X_1 的距离为长度作 O_2X_2 的平行线，交圆周于 $c'_2d'_2$ 点；

(4) 由 $c'_2d'_2$ 返回到 H 面上作出 cd。

本题有两解，图中只作出一解。

5　曲线与曲面

形体的表面一般包含直线和平面，也可能有曲线和曲面。本章主要讨论一些常见曲线和曲面的投影规律和作图方法。

5.1　曲线

5.1.1　曲线的形成与投影

曲线是一系列点的集合，也可以看做是点的运动轨迹。曲线可分为两大类：

（1）平面曲线——曲线上所有的点均在同一平面内，如圆、椭圆、抛物线、双曲线等。

（2）空间曲线——曲线上的点不全在同一平面内，如圆柱螺旋线等。

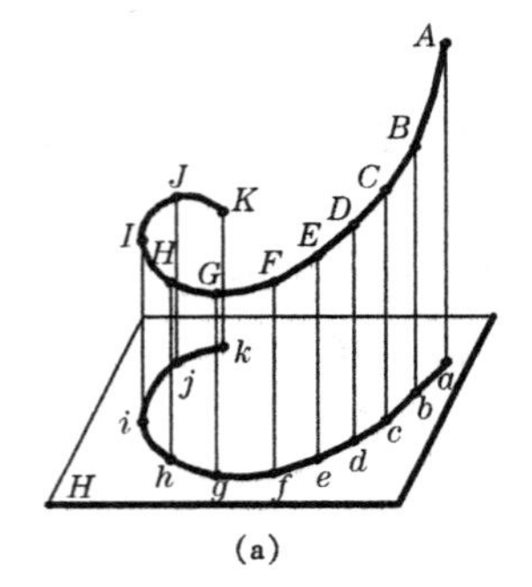

(a)

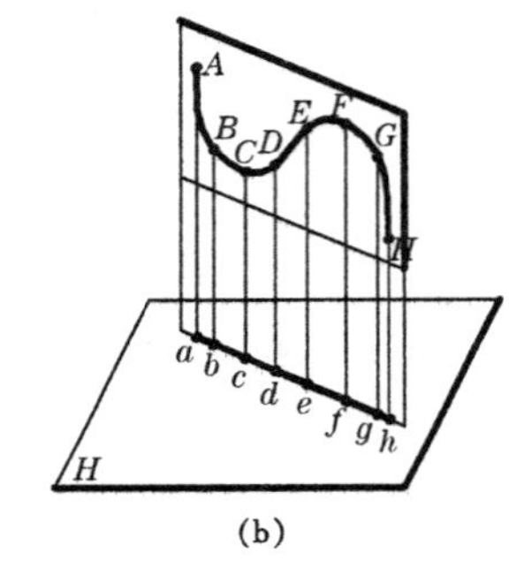

(b)

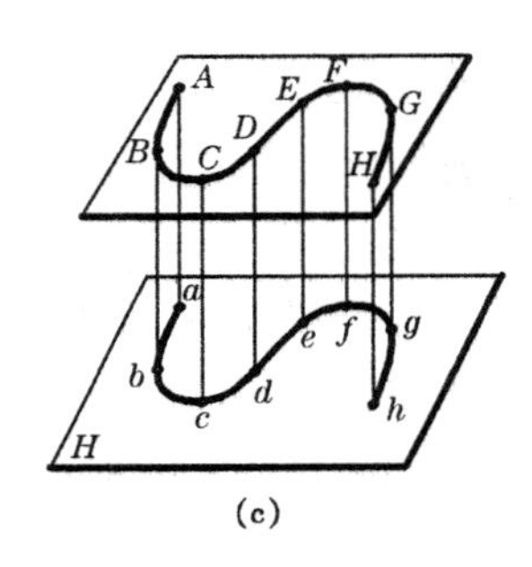

(c)

图 5－1　曲线及其投影

曲线的投影为曲线上一系列点的投影的集合。如图 5－1a 所示，作出曲线上各点 A，B，C，…的投影 a，b，c，…，然后依次将这些点光滑地连接起来，即得到该曲线的投影。一般情况下曲线的投影仍为曲线。特殊情况时，若平面曲线的所在平面与投影面垂直，其投影为直线，如图 5－1b 所示；若平面曲线的所在平面与投影面平行，其投影反映实形，如图 5－1c 所示。

5.1.2　圆的投影

圆是最常见的平面曲线。圆的投影特性如下：

（1）当圆平行于投影面时，在该投影面上的投影为相等直径的圆；

（2）当圆垂直于投影面时，在该投影面上的投影为直线段，长度等于圆的直径；

（3）当圆倾斜于投影面时，在该投影面上的投影为椭圆，其长轴是圆内平行于该投影面的直径的投影，长轴应等于圆的直径，短轴是与上述直径相垂直的直径的投影。

如图 5－2 所示为一水平圆，其 H 投影反映该圆的实形，V 和 W 投影均为直线段，长度等于该圆的直径。

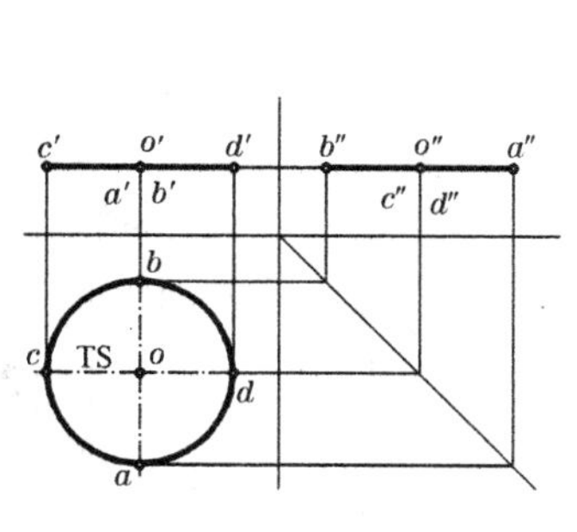

图 5－2　水平圆的投影

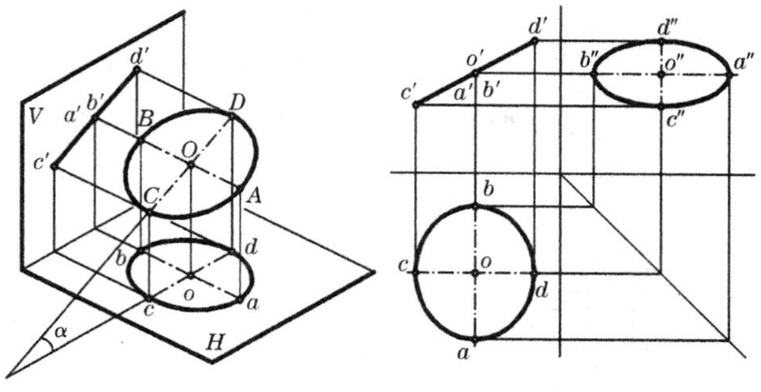

图 5－3　正垂圆的投影

如图 5－3 所示为一正垂圆，其 V 投影为直线段，长度等于圆直径，其 H 和 W 投影均为椭圆。由于圆内各直径对 H 面的倾角不同，投影长度亦不同，一般都是缩短，只有直径 AB（正垂线）平行于 H 面，其 H 投影 ab（$=AB$）最长，故 ab 为椭圆的长轴；直径 CD（正平线）垂直于 AB，是圆内对 H 面的最大坡度线，其 H 投影 cd（$=CD\cos\alpha$）最短，故 cd 为椭圆的短轴。已知长短轴后，就可以用几何作图的方法（参见第 1 章）画出 V 投影椭圆。同理可分析和绘制 W 投影椭圆。

5.1.3　圆柱螺旋线

1）圆柱螺旋线的形成及要素

如图 5－4 所示，当动点 A 沿着一直线作等速移动，而同时该直线绕与其平行的轴线作等角速度旋转时，则动点 A 的复合运动轨迹为圆柱螺旋线。直线旋转形成的圆柱面称为螺旋线的导圆柱，螺旋线是该圆柱面上的一条空间曲线。

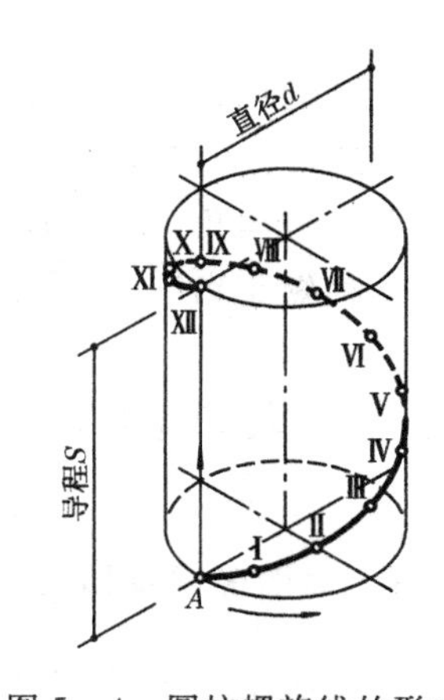

图 5－4　圆柱螺旋线的形成

圆柱螺旋线有三个基本要素：

（1）直径 d——即导圆柱的直径。

（2）导程 S——动点旋转一周后沿轴线方向移动的距离。

（3）旋向——动点在导圆柱面上的旋转方向有右旋和左旋两种。以拇指表示动点沿直线的移动方向，其他四指表示动点的旋转方向，如果符合右手规则时称为右螺旋线，如果符合左手规则时，称为左螺旋线。如图 5－4 所示为右旋。

2）圆柱螺旋线的投影

若已知圆柱螺旋线的直径 d、导程 S 和旋向（通常为右旋），就可以作出其投影，具体作图步骤如图 5－5a 所示：

（1）设导圆柱的轴线为铅垂线，根据直径 d 和导程 S 作出圆柱的 H 投影（圆周）和 V 投影（矩形）；

（2）将 H 投影的圆周作任意等分，如十二等分，并按旋转方向依次编号；将 V 投影的导程 S 也作相同等分，并由下而上顺序编号；

（3）从 H 投影中各点向上作投影连线，与 V 投影中相应各点的水平线相交，得到螺

旋线上各点的 V 投影 $1'$,$2'$,$3'$,…,将这些点连成光滑的曲线,即为螺旋线的 V 投影(应为正弦曲线)。位于后半圆柱面上的螺旋线不可见,用虚线表示;

(4) 圆柱螺旋线的 H 投影在圆周上。

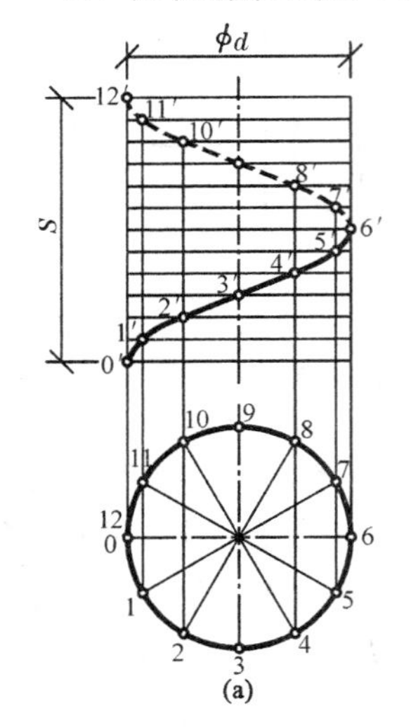

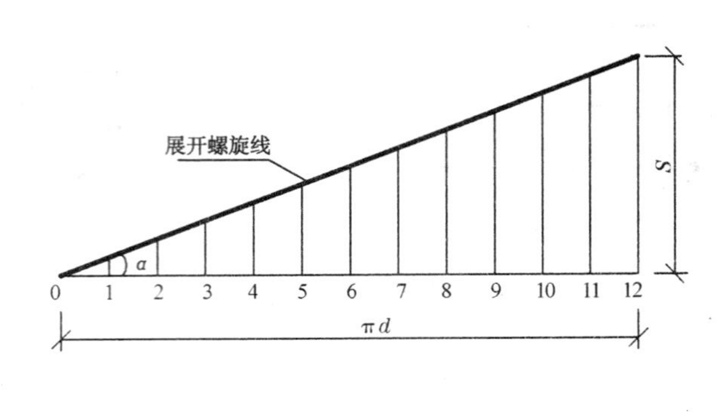

图 5—5　圆柱螺旋线的投影及展开

3) 圆柱螺旋线的展开

如图 5—5b 所示,由圆柱螺旋线的形成规律可知,螺旋线展开后为一直线,它是以导圆柱底圆的周长(πd)为一直角边,导程 S 为另一直角边所组成的直角三角形的斜边。图中 α 为螺旋线的升角,它反映了螺旋线的切线与 H 面的倾角,也表示动点沿螺旋线运动时上升的方向角。由于螺旋线展开后为一直线,因此它是圆柱面上不在同一直线的两点之间的最短距离线。

5.2　回转曲面

5.2.1　曲面形成及特点

1) 曲面的形成及分类

曲面是一系列线的集合,也可以看做是线的运动轨迹。

在曲面的形成过程中,运动的线称为母线。母线的任一具体位置称为素线。控制母线运动的点、线、面分别称为导点、导线、导面。母线和导线可以是直线或曲线,导面也可以是平面或曲面。如图 5—6 所示的曲面,是直母线 L 沿着曲导线 K,且始终平行于直导线 M 运动而形成的。

图 5—6　曲面的形成

曲面可以按母线的运动方式不同分为两类:母线绕一轴线旋转而形成的曲面,称为回转面,否则称为非回转面。曲面还可以按母线的形状不同分为两类:母线是直线的曲面,称为直纹(线)面;母线是曲线的曲面称为曲纹(线)面。若一个曲面既可由直母线,又可由曲母线形成时,通常仍称为直纹面。

2）回转面的特点

如图 5－7a 所示，是由曲母线 L 绕轴线 O 旋转形成的回转面。母线上任一点 A 的旋转轨迹均是垂直于轴线的圆，称为纬圆。回转面上最大的纬圆称为赤道圆，最小的纬圆称为颈圆。回转面上与轴线共面的线称为经线。

画回转面的投影时，一般是使其轴线垂直于某投影面。如图 5－7b 所示，若回转面的轴线为铅垂线，其 H 投影为一组同心圆，V 投影的外形线反映经线的实形。在回转面的投影图中，轴线和圆的中心线都用细单点长画线表示。

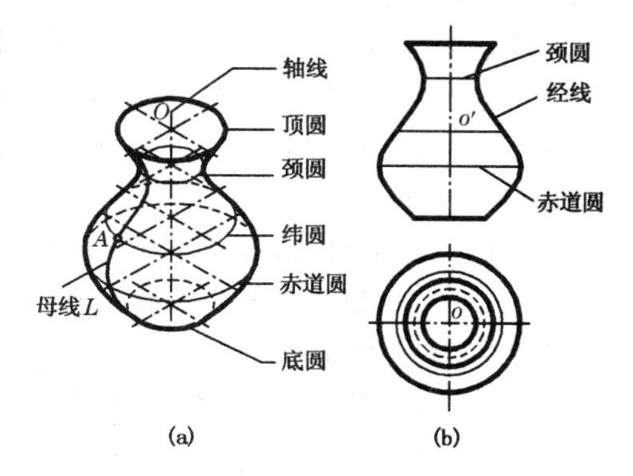

图 5－7　回转曲面的形成及投影

常用的回转面有：圆柱面、圆锥面、球面、环面、单叶双曲回转面等。

5.2.2　圆柱面

1）圆柱面的形成

如图 5－8a 所示，直母线 AA_1 绕与其平行的轴线 O 旋转而形成的曲面，称为圆柱面。母线两端点 A 和 A_1 旋转时形成顶圆和底圆。圆柱面上的素线互相平行。

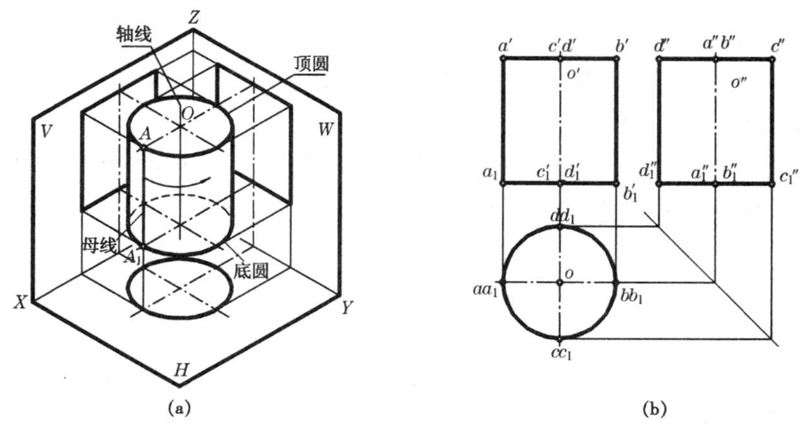

图 5－8　圆柱面的形成及投影

2）圆柱面的投影

如图 5－8b 所示，当圆柱面的轴线垂直于 H 面时，其 H 投影为圆，它是整个圆柱面的积聚性投影。其 V 投影和 W 投影均为矩形，矩形的上下两水平线是顶圆和底圆的投影。V 面投影图的轮廓线 $a'a'_1$ 和 $b'b'_1$，分别是圆柱面上最左素线 AA_1 和最右素线 BB_1 的 V 投影。AA_1 和 BB_1 将圆柱面分为前后两部分，向 V 面投影时，前半部分可见，后半部分不可见，所以 V 面投影矩形实际是圆柱面前后两部分投影的重叠。W 面投影图的轮廓线 $c''c''_1$ 和 $d''d''_1$，分别是最前素线 CC_1 和最后素线 DD_1 的 W 投影。CC_1 和 DD_1 将圆柱面分为左右两部分，W 面投影矩形是圆柱面左右两部分投影的重叠，向 W 投影时，左半部分可见，右半部分不可见。

在曲面的投影图中，凡处于可见部分的点和线是可见的，否则是不可见的，当需要表示可见性时，将不可见点的投影字母加括号表示，不可见线画为虚线。

AA_1 和 BB_1 的 W 投影 $a''a''_1$ 和 $b''b''_1$ 与轴线的投影 o'' 重合，CC_1 和 DD_1 的 V 投影 $c'c'_1$ 和 $d'd'_1$ 与轴线的投影 o' 重合，由于圆柱面是光滑的曲面，故规定这些素线的投影不处于轮廓位置时，均不画出。

3）圆柱面上取点

在圆柱面上取点，可直接利用圆柱面的积聚性投影来作图。

例 5—1 如图 5—9a 所示，已知圆柱面上 E 点和 F 点的 V 投影 (e') 和 f'，作出 E 点和 F 点的其他两投影。

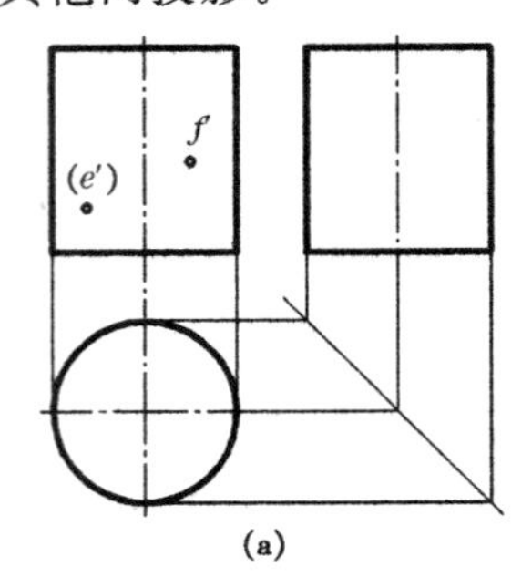

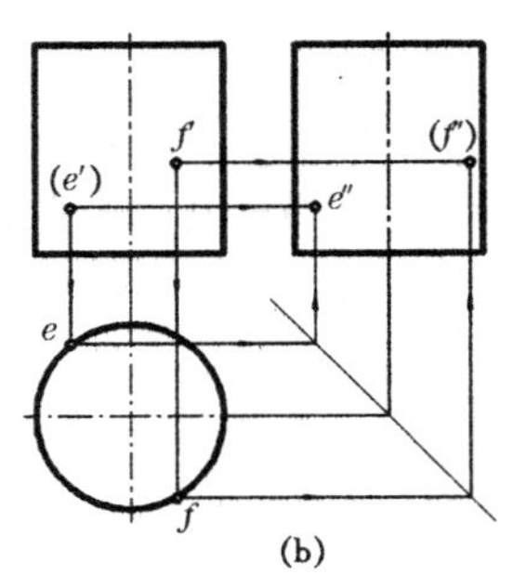

图 5—9 圆柱面上取点

解 作图步骤如图 5—9b 所示：

(1) 由 (e') 不可见，可知 E 点在后半圆柱面上；由 f' 可见，可知 F 点在前半圆柱面上。于是在 H 投影圆周上定出 e 和 f。

(2) 根据 (e') 和 e 作出 e''，因 E 点在左半圆柱面上，故 e'' 可见；根据 f' 和 f 作出 (f'')，因 F 点在右半圆柱面上，故 (f'') 不可见。

5.2.3 圆锥面

1）圆锥面的形成

如图 5—10a 所示，直母线 SA 绕与其相交于 S 点的轴线 O 旋转而形成的曲面，称为圆锥面。母线的端点 S 为圆锥的顶点，另一端点 A 旋转形成底圆。圆锥面上的素线均相交于其顶点 S。

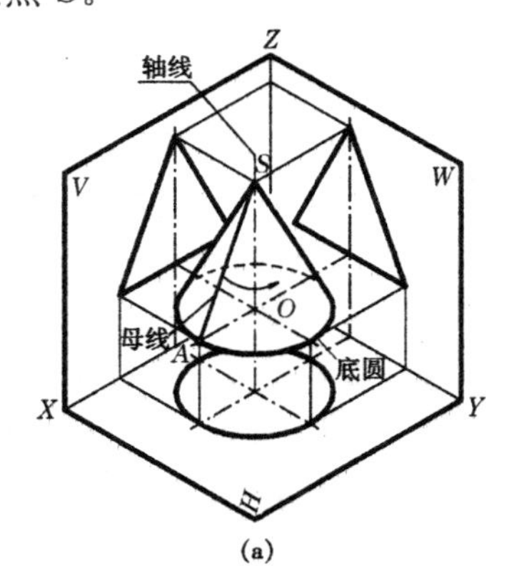

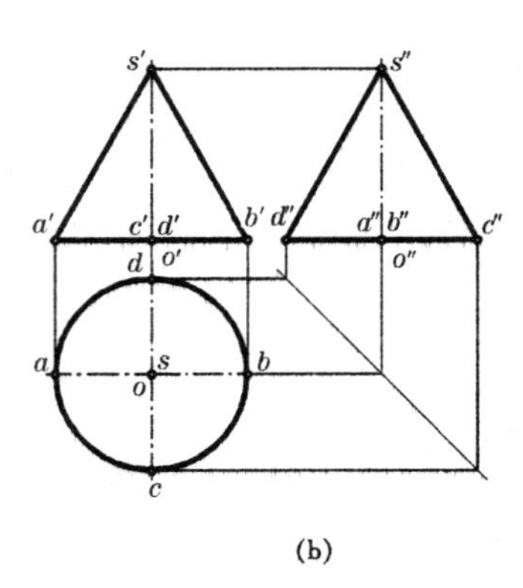

图 5—10 圆锥面的形成及投影

2）圆锥面的投影

如图 5—10b 所示，当圆锥的轴线垂直于 H 面时，其 H 投影为圆，它是底圆的投影，其 V 投影和 W 投影均为等腰三角形，三角形的底边是底圆的积聚投影。V 面投影图的轮廓线 $s'a'$ 和 $s'b'$ 分别是圆锥面上最左素线 SA 和最右素线 SB 的 V 投影，SA 和 SB 将圆锥面分为前后两部分，向 V 面投影时，前半部分可见，后半部分不可见。W 面投影图的轮廓线 $s''c''$ 和 $s''d''$ 分别是最前素线 SC 和最后素线 SD 的 W 投影，SC 和 SD 将圆锥面分为左右两部分，向 W 面投影时，左半部分可见，右半部分不可见。由于圆锥面是光滑的，和圆柱面类似，当素线的投影不是轮廓线时，均不画出。

3）圆锥面上取点

由于圆锥面的三个投影均无积聚性，所以在圆锥面上取点一般必须利用辅助线来作图，通常可采用素线法或纬圆法，如图 5—11a 所示。

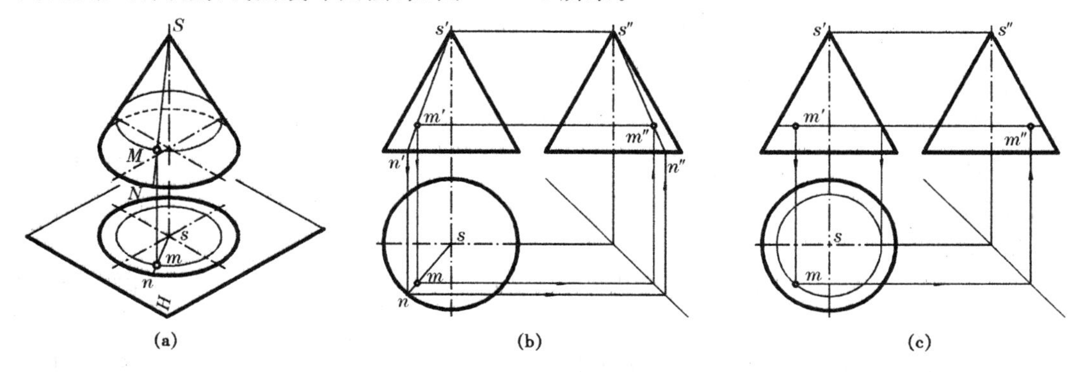

图 5—11　圆锥面上取点

例 5—2　已知圆锥面上 M 点的 V 投影 m'，求作其 H 和 W 投影 m 和 m''。

解　素线法作图如图 5—11b 所示：

选择通过已知点 M 的素线 SN 作为辅助线。

(1) 由 m' 可知，点 M 在前半圆锥面上，过 m' 作 $s'n'$，再作出 sn 和 $s''n''$；

(2) 根据 m' 在 $s'n'$ 上，可在 sn 上定 m，在 $s''n''$ 上定 m''；

(3) 由于 M 点在左半圆锥面上，故 m 和 m'' 均是可见的。

纬圆法作图如图 5—11c 所示：

选择通过已知点 M 的纬圆作为辅助线。

(1) 过 m' 作水平线与 V 投影轮廓线相交，从而确定纬圆的直径；

(2) 在 H 投影中作出该纬圆的实形，由 m' 作投影连线在此圆周上定出 m，再作出 m''。同理 m 和 m'' 均可见。

5.2.4　球面

1）球面的形成

如图 5—12a 所示，以圆为母线，绕其直径旋转而形成的曲面称为球面。其实通过球心的任一直线均可看成是旋转轴。球面是曲纹面。

2）球面的投影

如图 5—12b 所示，球面的 H，V，W 投影均为与该球面直径相等的圆。其 H 投影轮

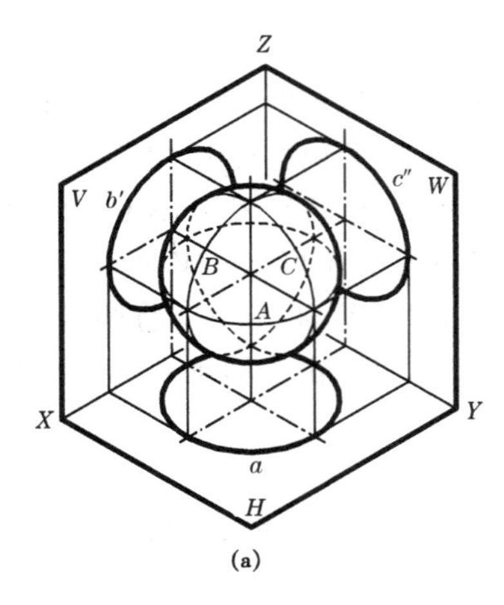

(a)

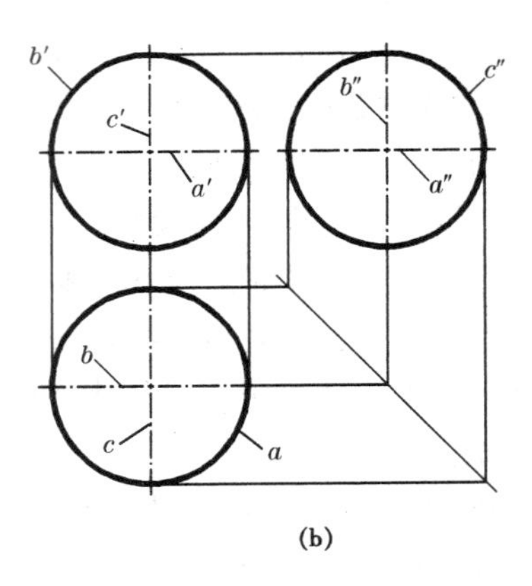

(b)

图 5－12　球面的形成及投影

廓线 a 是球面上平行于 H 面的最大圆 A 的投影，其 V 投影轮廓线 b' 是球面上平行于 V 面的最大圆 B 的投影，其 W 投影轮廓线 c'' 是球面上平行于 W 面的最大圆 C 的投影。球面上 A，B，C 三个大圆的其他投影均与相应的中心线重合。这三个大圆分别将球面分成上下、前后、左右两部分，是投影图中可见与不可见的分界线。

3）球面上取点

球面的三个投影均无积聚性，所以在球面上取点，应利用平行于投影面的纬圆为辅助线（纬圆法）来作图。

例 5－3　如图5－13a 所示，已知球面上 D 点的 W 投影 d'' 和 E 点的 H 投影 e，求作 D 点和 E 点的其他两投影。

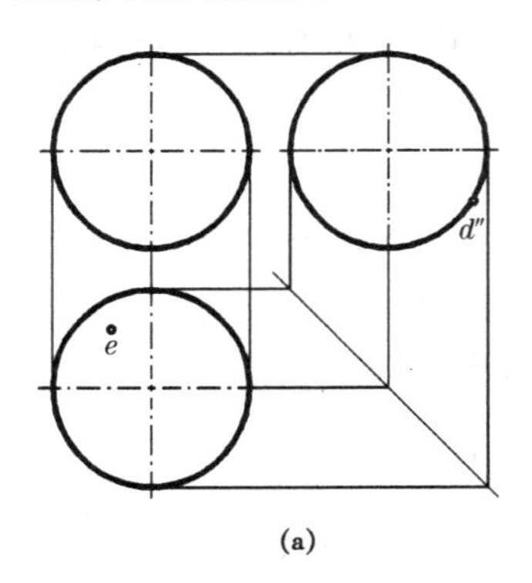

(a)

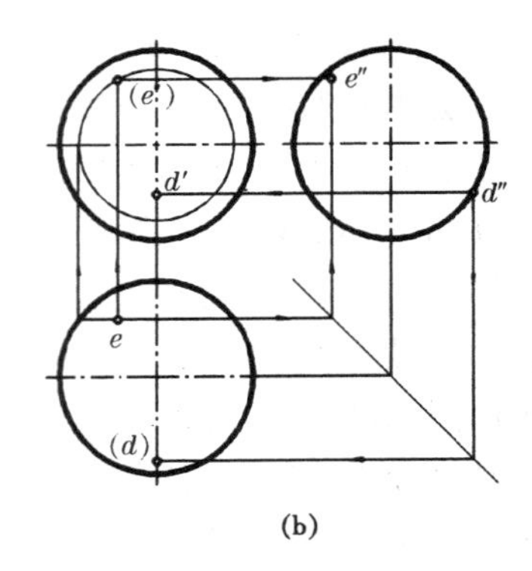

(b)

图 5－13　球面上取点

解　作图步骤如图 5－13b 所示：

(1) 先作 D 点，由于 d'' 在 W 投影轮廓线上，可知 D 点一定在平行于 W 面的大圆上，故可直接作出 d' 和 (d)。因 D 点在前、下半球面上，所以 d' 可见，(d) 不可见。

(2) 再作 E 点，可选择通过 E 点且平行于 V 面的圆为辅助线。过 e 作水平线，与 H 投影的轮廓线相交，交点间长度即为辅助圆的直径。在 V 投影中作出辅助圆的实形，并根据 E 在此圆上定出 (e')，然后再作出 e''。由于 E 点在球面的上、后、左部分，故 (e') 不可见，e'' 可见。

5.2.5 环面

1）环面的形成

如图 5－14a 所示，以圆 $ACBD$ 为母线，绕与其共面的圆外直线为轴线 O 旋转而形成的曲面，称为环面。靠近轴线的半圆 CBD 旋转形成内环面，远离轴线的半圆 DAC 旋转形成外环面。圆母线上离轴线最远点 A 的旋转轨迹为赤道圆，离轴线最近点 B 的旋转轨迹为颈圆。环面是曲纹面。

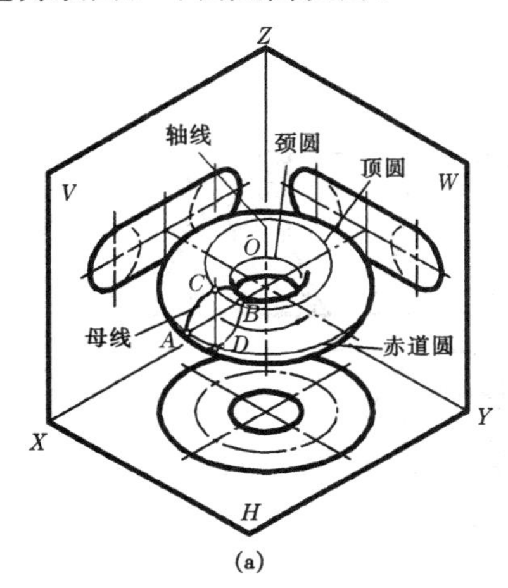

(a)

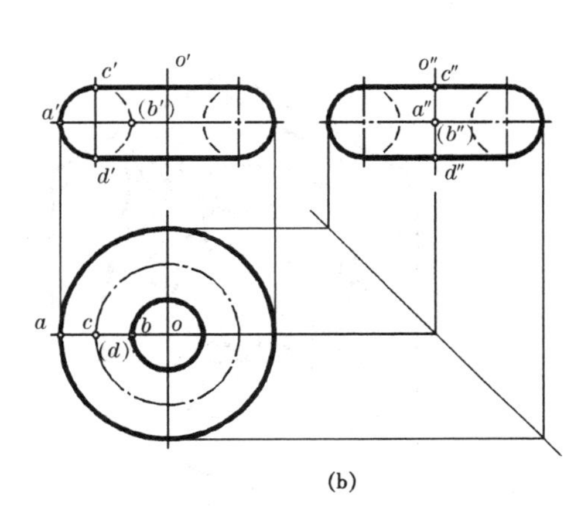

(b)

图 5－14　环面的形成及投影

2）环面的投影

如图 5－14b 所示，当环面的轴线垂直于 H 面时，它的 H 投影为两个同心圆，分别是赤道圆和颈圆的投影，圆母线的圆心运动轨迹用细点画线表示。环面的 V 投影中的两个圆分别是最左和最右素线的投影，W 投影中的两个圆分别是最前和最后素线的投影。外半圆可见，内半圆不可见。两圆的上、下两水平公切线是环面上最高和最低纬圆的投影。

对于 H 投影，上半环面可见，下半环面不可见。对于 V 投影，只有前半个外环面可见，后半个外环面以及整个内环面均不可见。对于 W 投影，只有左半个外环面可见，其余均不可见。

3）环面上取点

在环面上取点可用纬圆法。

例 5－4　已知环面上 F 点的 V 投影 f'，求作 F 点的 H 投影和 W 投影。

解　作图步骤如图 5－15 所示：

(1) 由于 f' 可见，F 点一定在前半个外环面上。选择过 F 点的水平纬圆作为辅助线。在 V 投影中，过 f' 作水平线与外环面的投影轮廓线相交，交点间的长度即为辅助圆的直径；

(2) 在 H 投影中作出辅助圆的实形，由 F 在此圆上定出 f，再作出(f'')；

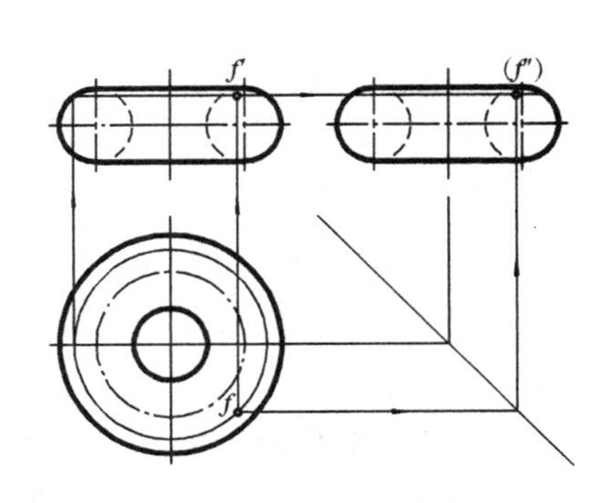

图 5－15　环面上取点

(3) 因 F 点在上半环面上，故 f 可见；又因 F 点在右半个外环面上，故(f'')不可见。

5.2.6 单叶双曲回转面

1）单叶双曲回转面的形成

如图 5－16a 所示，直母线 AB 绕与其交叉的轴线 O 旋转而形成的曲面，称为单叶双曲回转面。母线的两端点 A 和 B 旋转形成顶圆和底圆，母线上距轴线最近的点 C 旋转形成颈圆，其半径为两交叉线公垂线的长度。

单叶双曲回转面是直纹面。

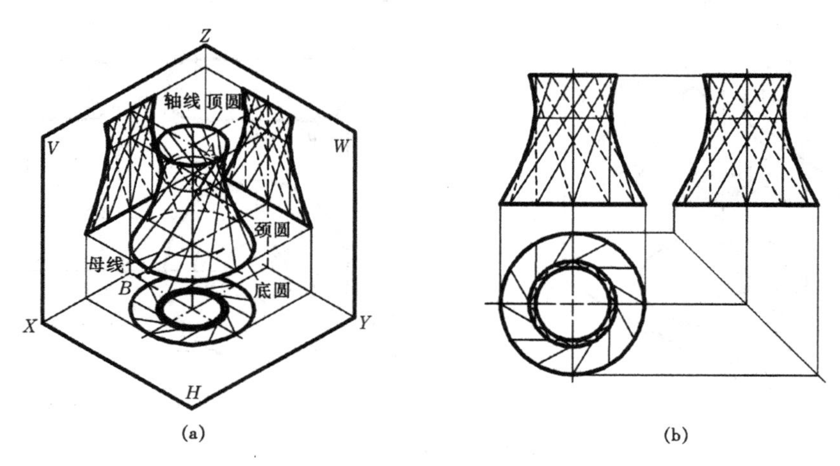

图 5－16　单叶双曲回转面的形成及投影

2）单叶双曲回转面的投影

如图 5－16b 所示，当单叶双曲回转面的轴线垂直于 H 面时，其 H 投影为一组同心圆，分别是颈圆、顶圆和底圆的投影。其 V 投影中上、下两水平线是顶圆和底圆的积聚投影，左、右外形线是与各素线的投影相切的包络线，为双曲线，它反映该曲面经线的形状。所以该曲面又可看成是以双曲线为母线，绕其虚轴旋转而形成的。在投影图中还用细线画出了一组素线，可以更形象地表示出单叶双曲回转面的构造特点，其实在同一单叶双曲回转面上，还含有另一组斜度相同方向相反的素线。

3）单叶双曲回转面上取点

在单叶双曲回转面上取点，可用纬圆法或素线法。

例 5－5　如图 5－17a 所示，已知单叶双曲回转面上 M 点的 H 投影 m，求作其 V 投影 m'。

解　用纬圆法作图如图 5－17b 所示：

先在 H 投影中，作出以圆心到 m 的距离为半径的纬圆，再作出此纬圆的 V 投影，在其上可定出 m'。

用素线法作图如图 5－17c 所示：

在 H 投影中过 m 先作一直素线与颈圆相切，并与底圆与顶圆相交，再作出此素线的 V 投影，然后可定出 m'。

由于 M 点在曲面的前半部分，故 m' 可见。

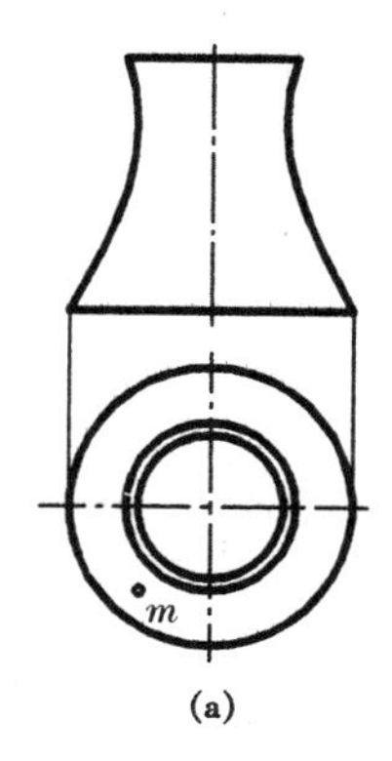
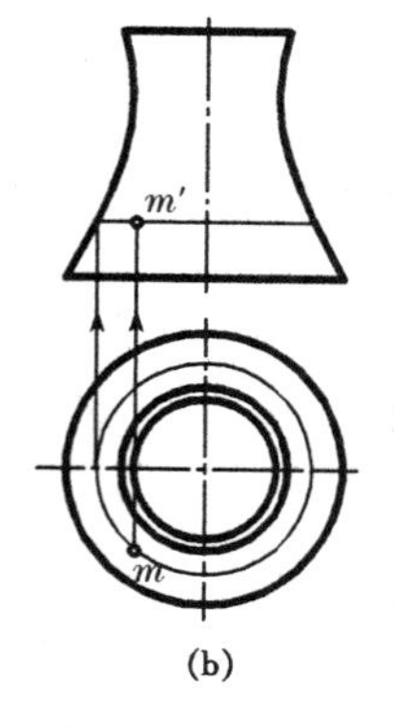

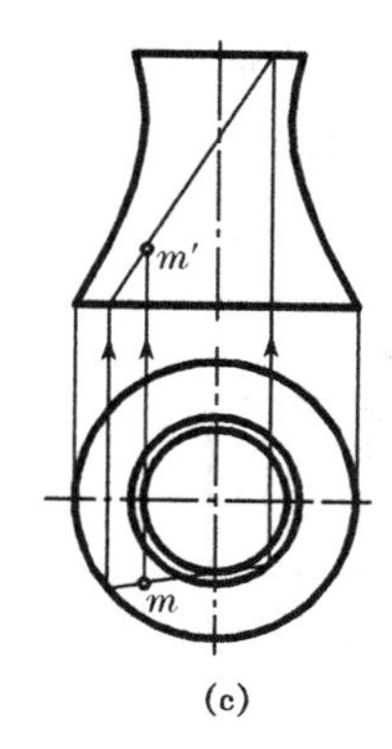

(a)　　(b)　　(c)

图 5—17　单叶双曲回转面上取点

5.3　非回转直纹曲面

下面介绍几种常见的非回转直纹曲面，如锥面、柱面、锥状面、柱状面、双曲抛物面等。

5.3.1　锥面

如图 5—18 所示，直母线 SA 沿曲导线 K 移动，且始终通过导点 S 所形成的曲面，称为锥面。导点 S 为锥顶点，锥面上所有的素线都交于锥顶点。曲导线可以闭合或不闭合，当曲导线闭合且有两个对称平面时，则称对称平面的交线为锥面的轴线。

锥面的类别以其截面的形状来区分，当截面垂直于轴线时为正截面，否则为斜截面。若锥面的正截面为圆，称为（正）圆锥面，如图 5—19a；若锥面的正截面为椭圆，称为（正）椭圆锥面，如图 5—19b。如图 5—19c 所示，当正圆锥斜置时又称斜椭圆锥；如图 5—19d 所示，当正椭圆锥斜置时且其底面为圆，故又称斜圆锥。

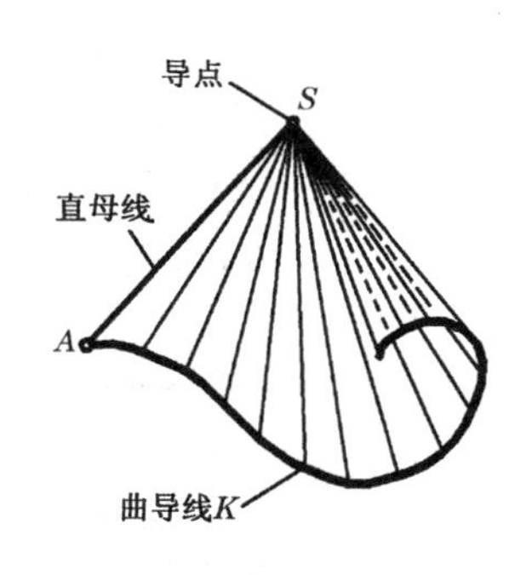

图 5—18　锥面

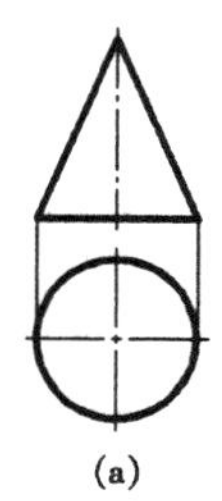
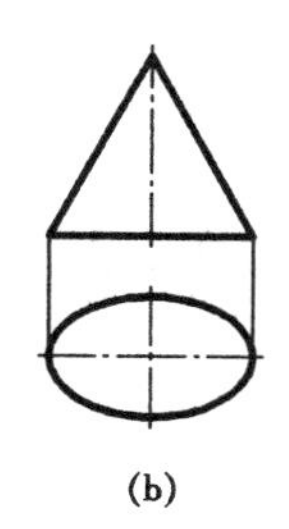
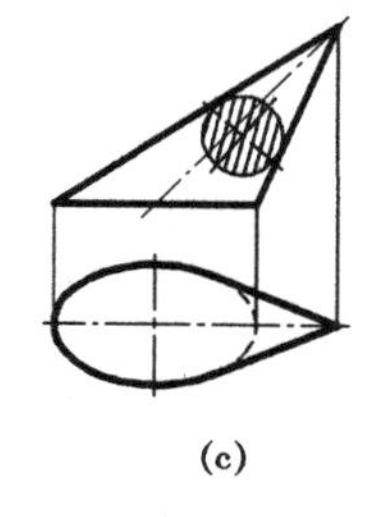
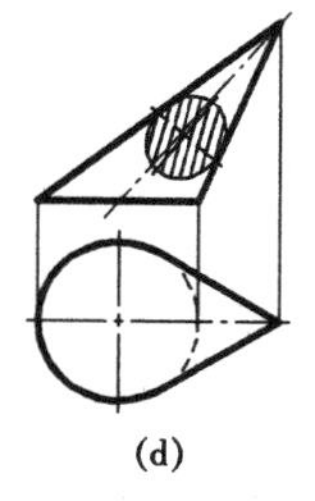

(a)　　(b)　　(c)　　(d)

图 5—19　几种锥面的投影

5.3.2　柱面

如图 5—6 所示，直母线 L 沿曲导线 K 移动，且始终平行于直导线 M 所形成的曲面，称为柱面。柱面上所有的素线都互相平行。当曲导线闭合且有两个对称平面时，则对称平面的交线为柱面的轴线。

柱面的类别也可以其截面形状来区别，若正截面为圆，称为（正）圆柱面，如图5－20a；若正截面为椭圆，称为（正）椭圆柱面如图 5－20b。

如图 5－20c 所示，当正圆柱斜置时，又称斜椭圆柱面；如图 5－20d 所示，当正椭圆柱斜置且其底面为圆时，又称斜圆柱面。

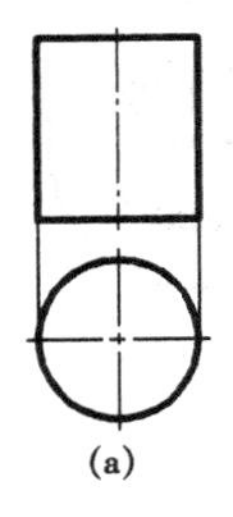

(a)

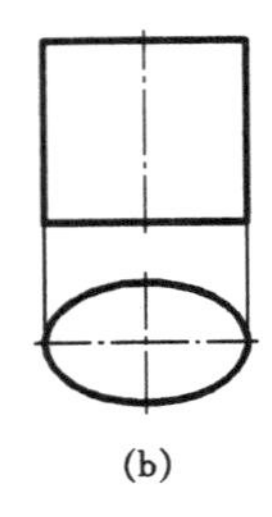

(b)

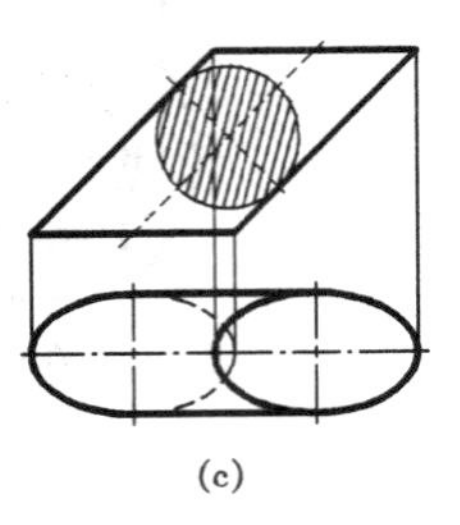

(c)

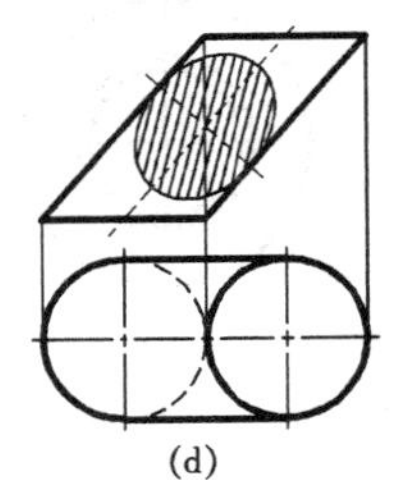

(d)

图 5－20　几种柱面的投影

5.3.3　锥状面

直母线沿着一直导线和一曲导线移动，且始终平行于一导平面所形成的曲面，称为锥状面。

如图 5－21a 所示的锥状面，是直母线 AM 沿着直导线 MN 和曲导线 ABC 移动，并平行于 V 面而形成的。

图 5－21b 是该锥状面的投影图，为了使曲面的投影表达得更清楚，还画出了曲面上若干条素线，这些素线均为正平线，且间距相等。

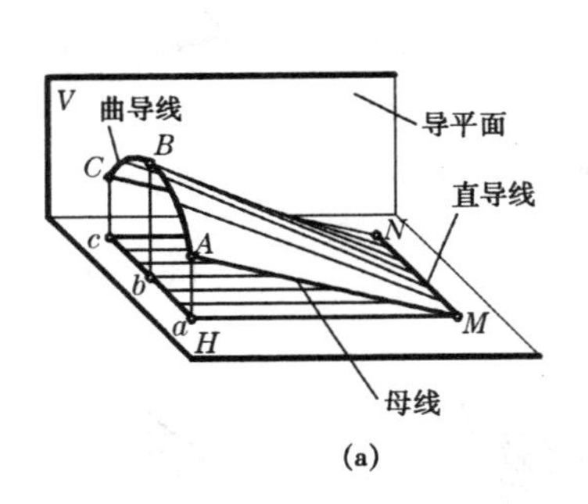

(a)

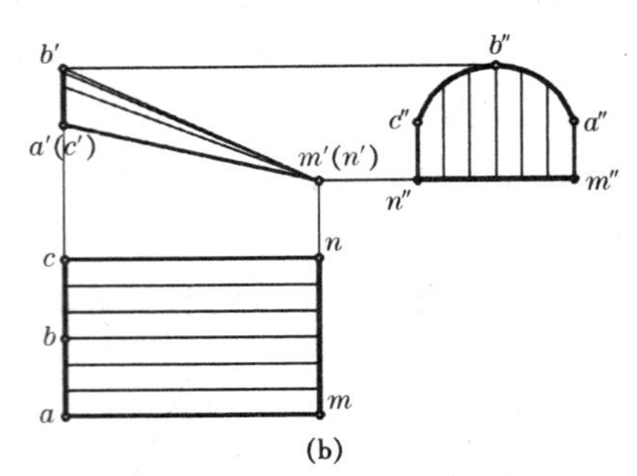

(b)

图 5－21　锥状面的形成及投影

5.3.4　柱状面

直母线沿着两曲导线移动，且始终平行于一导平面而形成的曲面，称为柱状面。

如图 5－22a 所示的柱状面，是直母线 AD 沿着两曲导线 ABC 和 DEF 移动，且平行于导平面 P 而形成的。

图 5－22b 是该柱状面的投影图，曲面上画出了一系列的素线，由于导平面 P 是铅垂面，故素线的 H 投影应平行于 P_H。

作图时可先作素线的 H 投影，然后再作出 V 投影。

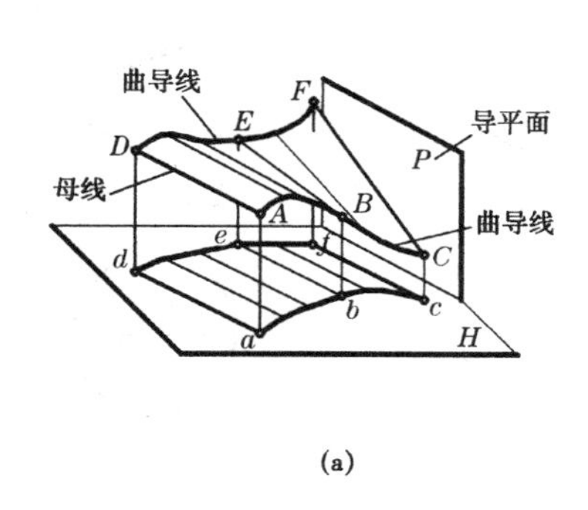

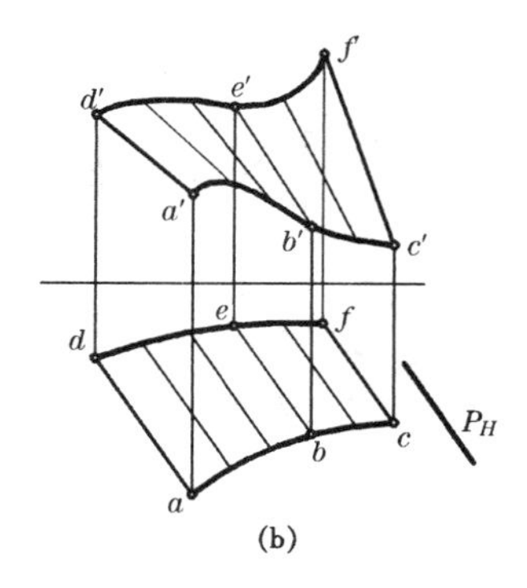

(a) (b)

图 5－22 柱状面的形成及投影

5.3.5 双曲抛物面

直母线沿着两交叉的直导线移动，且始终平行于一导平面而形成的曲面，称为双曲抛物面。

如图 5－23a 所示的双曲抛物面，是直母线 AC 沿着两交叉直导线 AB 和 CD 移动，且平行于导平面 P 而形成的。图 5－23b 为该双曲抛物面的投影图，导平面 P 是铅垂面，素线的 H 投影应平行于 P_H，作出若干条素线的 V 投影后，还应画出 V 投影的轮廓线，即与各素线均相切的包络线，是一条双曲线。

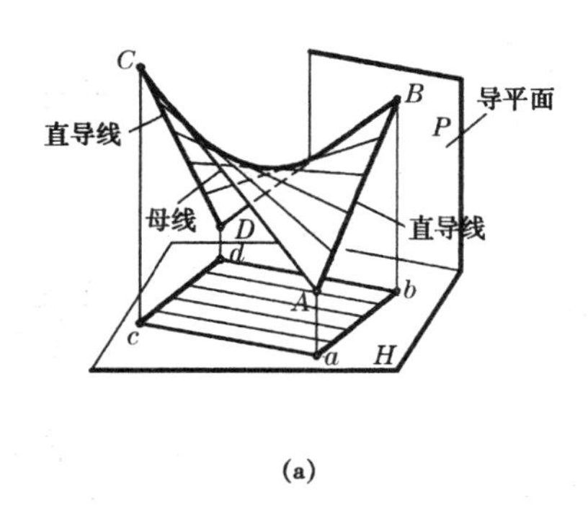

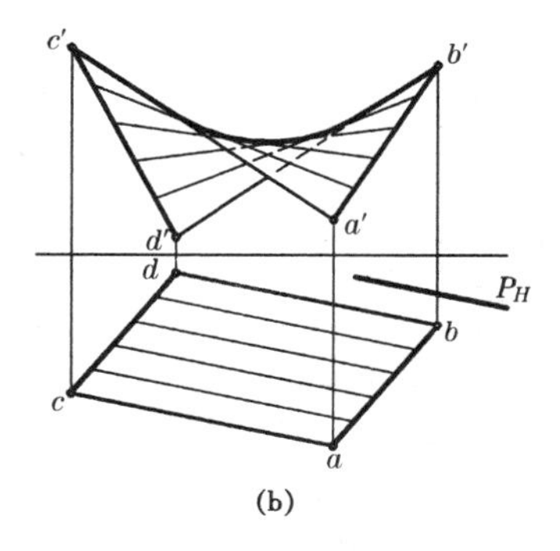

(a) (b)

图 5－23 双曲抛物面的形成及投影

5.3.6 平圆柱螺旋面

直母线以圆柱螺旋线为曲导线，以该螺旋线的轴线为直导线，且始终平行于与轴线垂直的导平面运动，所形成的曲面称为平圆柱螺旋面。它是螺旋面中最常用的一种，故常简称为螺旋面。根据螺旋面的形成规律可知，它应属于锥状面的范畴。

图 5－24a 是平圆柱螺旋面的立体示意图，这时轴线是铅垂线，导平面是 H 面，各素线都是与轴线垂直相交的水平线。图 5－24b 是该平螺旋面的投影图。如果该螺旋面被一个同轴小圆柱面所截，其投影如图 5－24c 所示，此时小圆柱面与螺旋面的交线是一条导程相同的螺旋线。

螺旋楼梯是平螺旋面在土木工程中的应用实例。螺旋楼梯的投影图画法如图 5－25 所示：

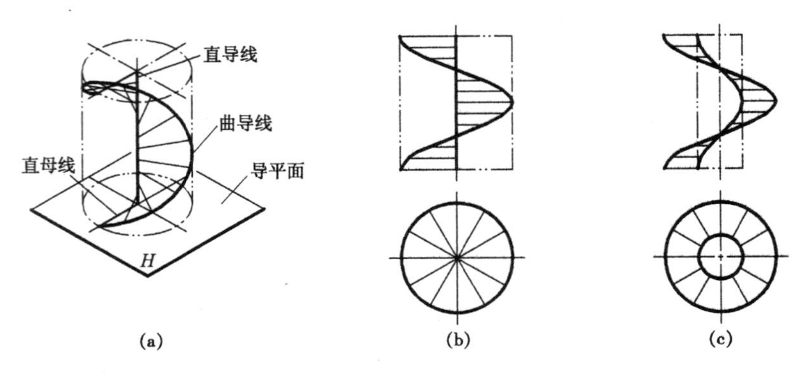

图 5—24　平圆柱螺旋面

(1) 先画平螺旋面的投影。根据已知的内外直径和导程，以及楼梯的级数(图中假定每圈为 12 级)，作出两条螺旋线，将 H 面的圆环和 V 面的导程均作 12 等分。

(2) 再画楼梯上各踏步的投影。每一踏步各有一个踢面和踏面，踢面为铅垂面，踏面为水平面。在 H 投影中圆环的每个线框，就是各个踏步的 H 投影，由此可作出各个踏步的 V 投影。

(3) 然后画楼梯底板面的投影。楼梯底板面是与顶面相同的螺旋面，因此可从顶面各点向下量取垂直厚度，即可作出底板面的两条螺旋线。

(4) 最后将可见的线画为粗实线，不可见的线画为虚线或擦去，完成全图。

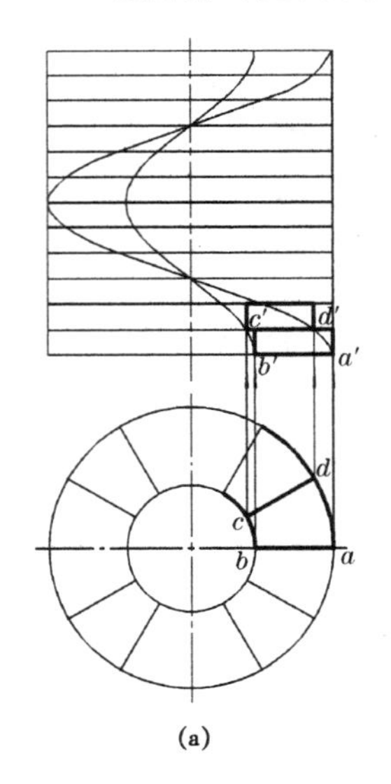

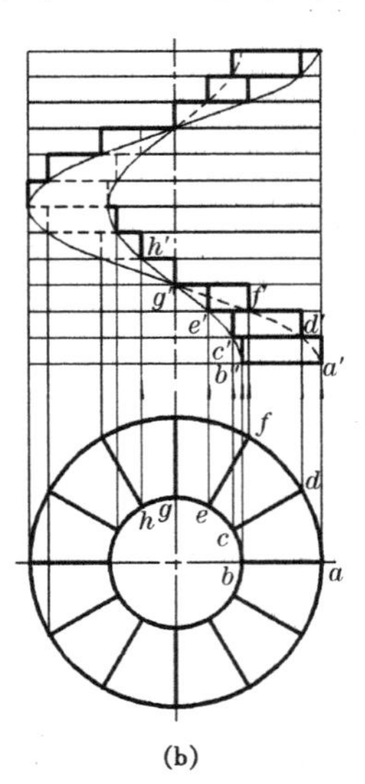

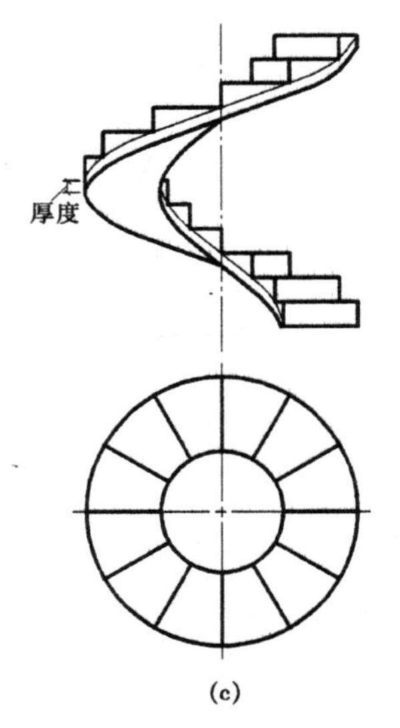

图 5—25　螺旋楼梯的画法

6 形体的表面交线

前面各章介绍了几何元素点、线(直线和曲线)、面(平面和曲面)的投影,本章讨论形体表面上交线的作图方法。平面与立体相交的交线称为截交线,立体与立体相交的交线称为相贯线。

6.1 形体的投影及表面上的点和线

6.1.1 形体的分类及投影分析

形体按其表面的性质不同可分为两类:

平面体——表面全部由平面组成的立体,有棱柱(体)和棱锥(体)等。

曲面体——表面全部或部分由曲面组成的立体,有圆柱(体)、圆锥(体)和球(体)等。

形体的投影是用其表面的投影来表示的,于是作形体的投影,就归结为作组成其表面的各个面(平面或曲面)的投影。对于曲面体,前一章已详细讨论了曲面的投影,如果将它们看做是实体,就是曲面体,所以本节主要介绍平面体的投影。

平面体的各表面均为多边形,一般称为棱面,各棱面的交线和交点分别称为棱线和顶点,由于它们所处的位置不同,又可具体称为顶面、底面、侧棱面、侧棱线、底边等。作平面体的投影就是作出该形体上各棱面、棱线和顶点的投影。

作形体表面上的点和线的投影时,应遵循点、线、面、体之间的从属性关系。

按某一投射方向画出的形体的投影图,总是可见表面与不可见表面的投影相重合,形体表面上点和线的可见性判别规则是:凡是可见表面上的点和线都是可见的,凡是可见线上的点都是可见的,否则是不可见的。按规定,可见的线用实线表示,不可见的线用虚线表示,虚线与实线重合时,只画出实线。

6.1.2 棱柱体的投影

画棱柱体的投影时,一般是使其侧棱线垂直于某投影面。如图 6－1a 所示,正五棱柱在三面投影体系中的位置:顶面和底面是水平面且为正五边形,五个侧棱面均为矩形,除后侧棱面是正平面外,其余均是铅垂面,五条侧棱线均是铅垂线。

运用点线面的投影规律,作出正五棱柱的三面投影如图 6－1b 所示。其 H 投影为正五边形,它是顶面和底面的重合投影,且反映实形;它的五条边是五个侧棱面的积聚投影,五个顶点是五条侧棱线的积聚投影。对于 H 投影而言,顶面可见而底面不可见。其 V 投影是由矩形线框组成,它的上下两段水平线分别是顶面和底面的积聚投影;五个侧棱面中,除了后侧棱面的投影反映实形外,另四个的投影均为类似图形;五条侧棱线的投影均反映实长。对于 V 投影而言,前方两个侧棱面可见,后方三个侧棱面不可见,故它们的交线应画成虚线。其 W 投影也是由矩形线框组成,它的上下两边分别是顶面和底面的积聚

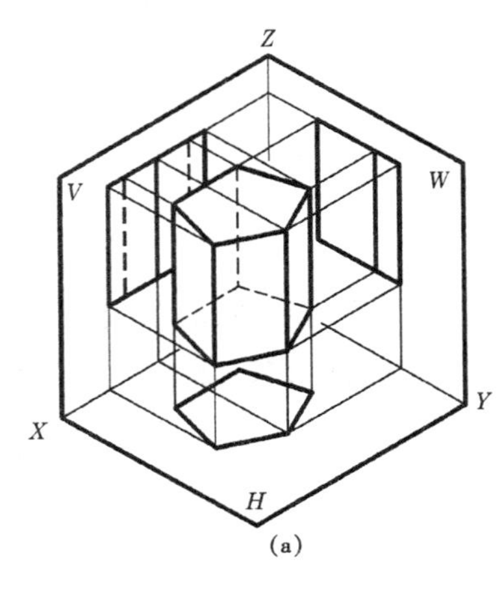

(a)

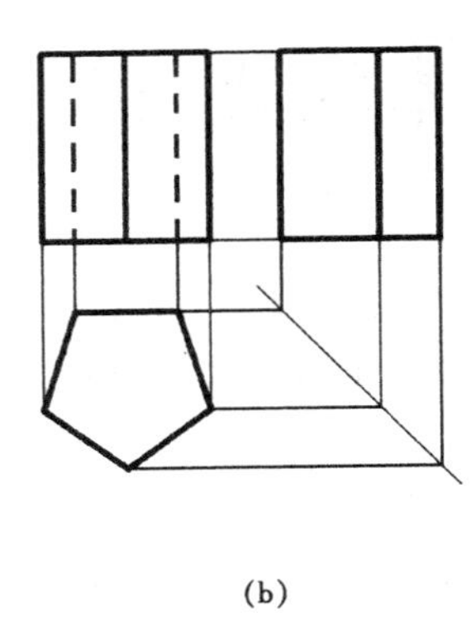
(b)

图 6－1　正五棱柱的投影

投影；最后方的侧棱面积聚为直线，左方两侧棱面与右方两侧棱面的投影完全重合，且左面可见，右面不可见，故左侧棱线应画为实线，右侧棱线应画为虚线，但两线重合只画出实线。

在棱柱面上取点和线，可利用有积聚性的投影来作图。

例 6－1　如图 6－2a 所示，已知五棱柱面上 A 点的 V 投影 a' 和 CD 线的 V 投影 $c'd'$，求作它们的其他两投影。

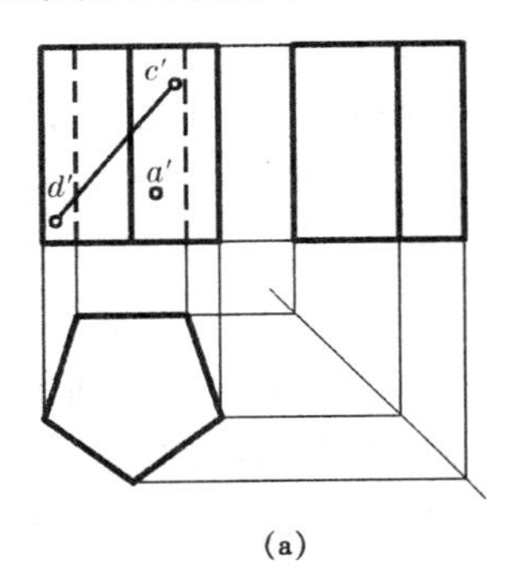

(a)

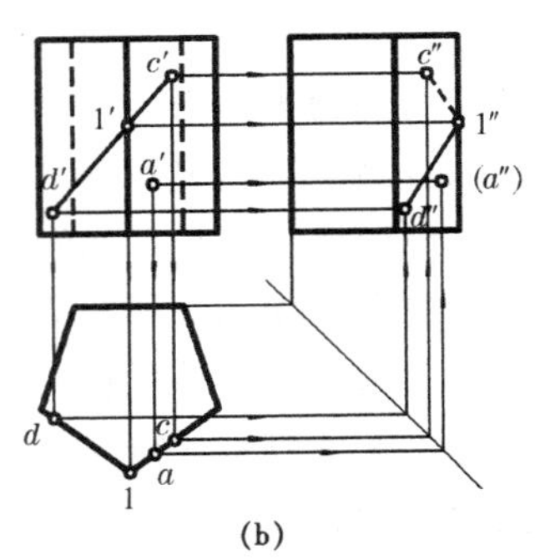

(b)

图 6－2　正五棱柱面上取点和线

解　作图步骤如图 6－2b 所示：

(1) 作 A 点的投影

由 a' 可知，A 点在右前方的侧棱面上，于是先在 H 投影中定出 a，然后作出 (a'')，(a'') 不可见。

(2) 作 CD 线的投影

由于 $c''d''$ 是实线，可知 CD 在前方的左右两个侧棱面上，与最前棱线的交点 Ⅰ 为转折点，所以 CD 实际上是折线，由 CⅠ 和 DⅠ 两条直线构成。先在 H 投影中作出 $c1d$，再作出 $c''1''d''$。因 $c''1''$ 不可见应画为虚线，$d''1''$ 为实线。

6.1.3　棱锥体的投影

画棱锥的投影时，常使其底面平行于某投影面。如图 6－3a 所示，三棱锥在三面投影体系中的位置：底面$\triangle ABC$是水平面，三个侧棱面$\triangle SAB$，$\triangle SBC$，$\triangle SAC$均为一般位置平面；三条侧棱线均通过顶点S，SA是一般线，SB是侧平线，SC是正平线。

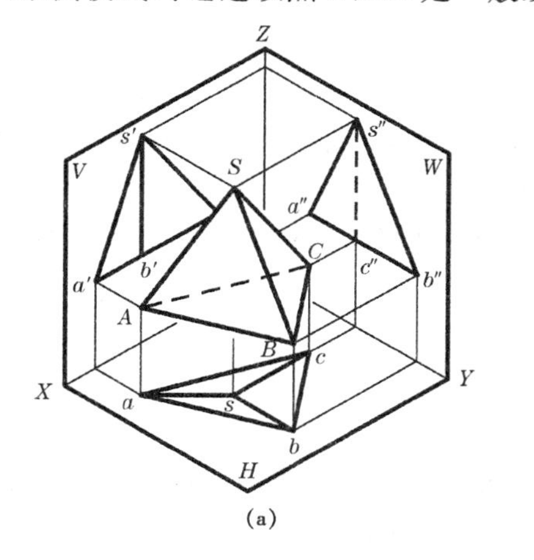

(a)

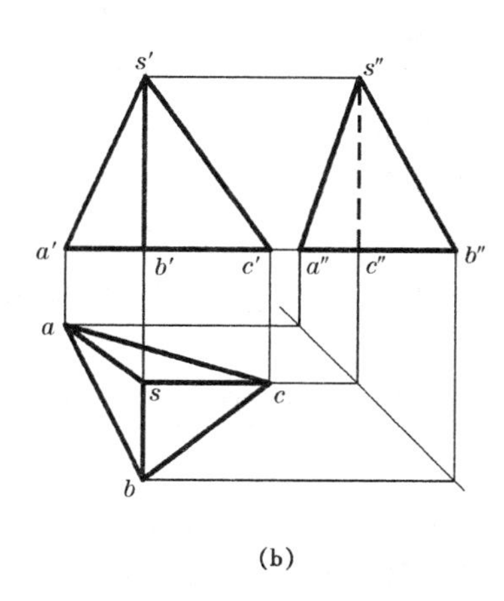

(b)

图 6－3　三棱锥的投影

该三棱锥的投影如图 6－3b 所示。在H投影中，$\triangle ABC$反映底面实形，但底面不可见；三个侧棱面的投影均为类似图形，且都是可见的。其V投影和W投影均由三角形组成，下方水平边是底面的积聚投影，三个侧棱面的投影均为类似图形。对于V投影而言，前两个棱面$\triangle SAB$和$\triangle SBC$可见，它们的交线亦可见，故$s'b'$画为实线，而后棱面$\triangle SAC$不可见。对于W投影而言，左侧棱面$\triangle SAB$可见，而右侧两棱面$\triangle SBC$和$\triangle SAC$不可见，它们的交线亦不可见，故$s''c''$画为虚线。

由于棱锥的各侧棱面的投影一般没有积聚性，所以在棱锥面上取点和线，需要利用辅助线来作图。辅助线可取任意方向的直线，但为了作图简便，常取通过锥顶点的直线，或平行于底边的直线。

例 6－2　如图 6－4a 所示，已知三棱锥面上点K的H投影k和直线MN的V投影$m'n'$，求作它们的其他两投影。

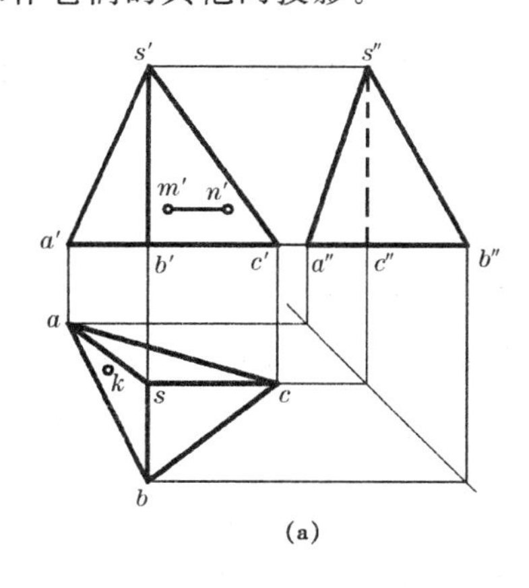

(a)

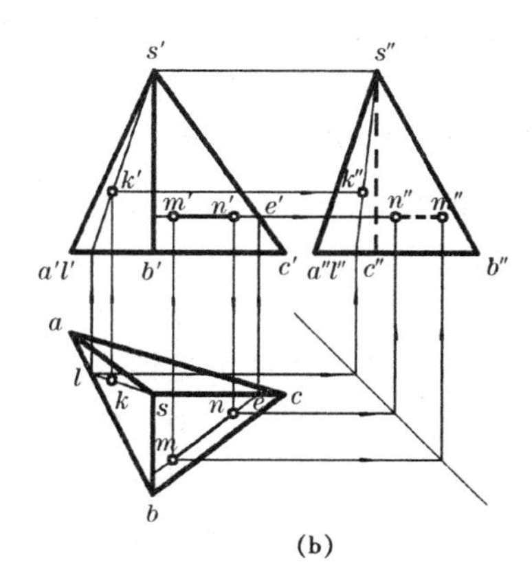

(b)

图 6－4　三棱锥面上取点和线

解　作图如图 6－4b 所示：

(1) 作K点的投影

由 H 投影 k 可知，K 点在左侧棱面△SAB 上，作辅助线 SL 通过 K 点，先作出 sl，再作 $s'l'$和 $s''l''$，于是在 $s'l'$上定出 k'，在 $s''l''$上定出 k''，由于△SAB 的 V 投影和 W 投影均可见，故 k'和 k''也可见。

（2）作 MN 的投影

由 V 投影 $m'n'$可知，MN 是右前侧棱面△SBC 上的一条水平线，以此水平线作为辅助线，先延长 $m'n'$与 $s'c'$交于 e'，在 sc 上作出 e，由于 $MN /\!/ AB$，故过 e 作 bc 的平行线，在其上定出 mn，然后再作出 $m''n''$，由于△SBC 的 H 投影可见，mn 亦是可见的；△SBC 的 W 投影不可见，$m''n''$亦是不可见的，应画为虚线。

6.2　平面与立体相交

平面与形体相交，就是用平面去截割形体，此平面称为截平面。截平面与形体表面的交线称为截交线，由截交线围成的平面图形称为截断面，如图 6－5 所示。平面与形体相交，主要是要求作出截交线的投影。

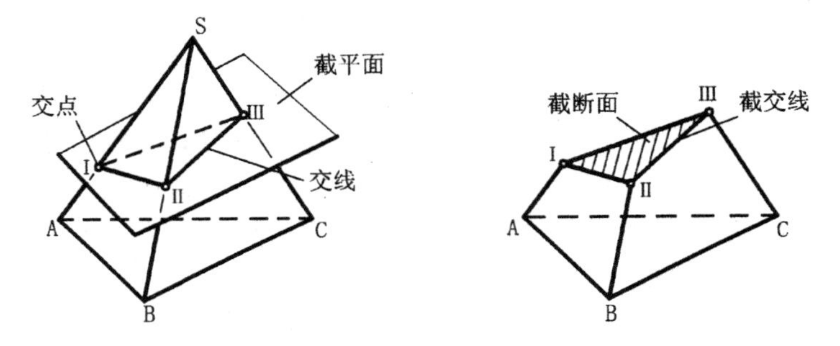

图 6－5　平面与平面体相交

6.2.1　平面体的截交线

由于平面体的表面都是由平面组成的，所以平面体的截交线一般是平面多边形。此多边形的各顶点是平面体棱线与截平面的交点，各条边线是平面体棱面与截平面的交线。

求作平面体的截交线一般有两种方法：

（1）交点法——先作出平面体的各棱线与截平面的交点，然后把位于同一棱面上的两交点连成线。

（2）交线法——直接作出平面体的各棱面与截平面的交线。

在投影图中截交线的可见性取决于平面体各棱面的可见性，位于可见棱面上的交线才是可见的，应画为实线，否则交线不可见应画为虚线。但若立体被截断后，截交线成为投影轮廓线时，则该段截交线是可见的。

例 6－3　如图 6－6a 所示，求正垂面 P 与三棱锥 $S-ABC$ 的截交线。

解　截平面 P 与三棱锥的三条棱线 SA，SB，SC 均相交，故截交线为△ⅠⅡⅢ，作图步骤如图 6－6b 所示。

（1）由于 P 的 V 投影有积聚性，P_V 与 $s'a'$，$s'b'$，$s'c'$的交点分别为 $1'$，$2'$，$3'$，相连即截交线的 V 投影。

(2) 从 1′和 3′点向下投影连线，分别与 sa 和 sc 相交于 1 和 3 点。由于Ⅱ点在平行于 W 面的棱线 SB 上，需作辅助线或经由 W 投影才可求出 2 点，所得△123 即为截交线的 H 投影。

(3) 从 1′，2′，3′各点向右作投影连线，分别与 $s''a''$，$s''b''$，$s''c''$相交于 1″，2″，3″点，所得△1″2″3″ 即为截交线的 W 投影。

(4) 截交线的可见性判别如下：在 H 投影中，三个侧棱面均是可见的，故△123 可见，应画为实线；在 W 投影中，右侧棱面 SBC 不可见，故 2″3″不可见，应画为虚线。

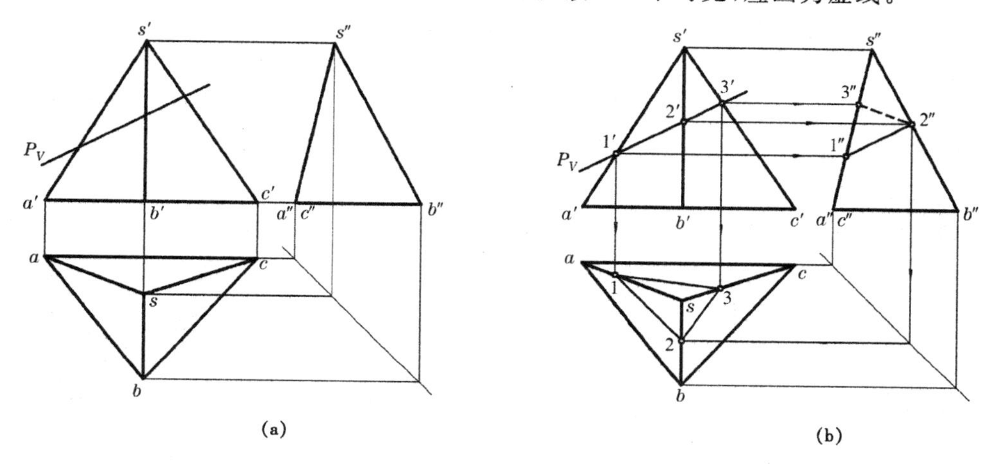

图 6－6　作三棱锥的截交线

例 6－4　如图 6－7a 所示，求作四棱柱被正垂面截断后的投影和截断面实形。

解　截平面与四棱柱的四个侧棱面均相交，且与顶面也相交，故截交线为五边形 $ABMND$，作图步骤如图6－7b所示。

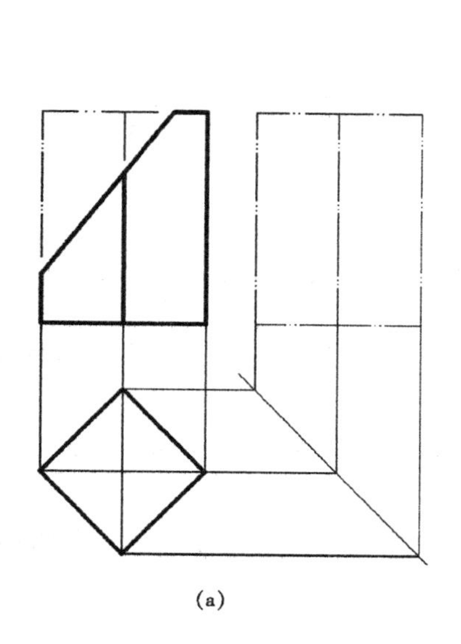

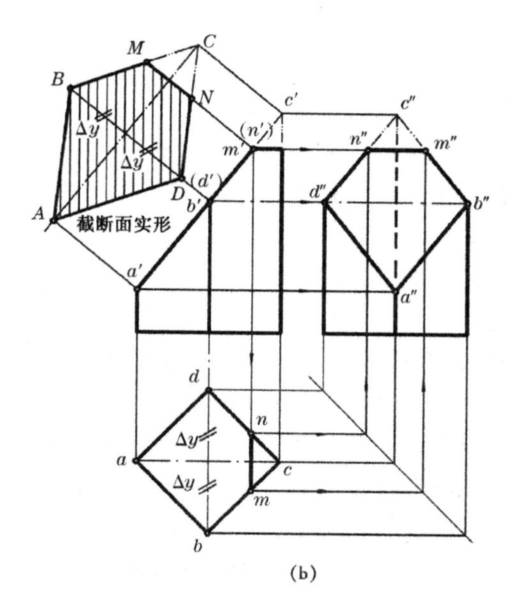

图 6－7　作四棱柱的截交线

(1) 由于截平面为正垂面，故截交线的 V 投影 $a'b'm'n'd'$ 已知。截平面与顶面的交线为正垂线 MN，可直接作出 mn，于是截交线的 H 投影 $abmnd$ 亦确定。然后可作出截交线的 W 投影 $a''b''m''n''d''$，$m''n''$ 可利用截平面与右侧棱线的虚交点 c'' 来作更方便。四棱柱截去左上角后，截交线的 H 和 W 投影均可见。截去的部分，棱线不再画出，但右侧棱线未被截去的一段，在 W 投影中应画为虚线。

(2) 求作截断面的实形，常利用换面法。作图时可不必画出投影轴，而在适当位置画出与截平面的积聚投影相平行的点画线 AC，作为图形的对称线(基准线)，然后利用各点的坐标差 Δy 来确定各点的位置，从而作出截断面 $ABMND$ 的实形。

例 6－5 如图 6－8a 所示，已知三棱锥的切口位置，求作其 H 投影和 V 投影。

解 从 W 投影可知，三棱锥的切口是由水平面 P 和侧垂面 Q 所截而形成的。作图过程如图 6－8b,c 所示，分别作出 P 面和 Q 面与三棱锥的截交线 $ABCD$ 和 $CDEF$，再画出 P 与 Q 的交线 CD。

截交线的 V 和 H 投影均为实线，只有 cd 应画为虚线。切去部分的棱线不应画出。

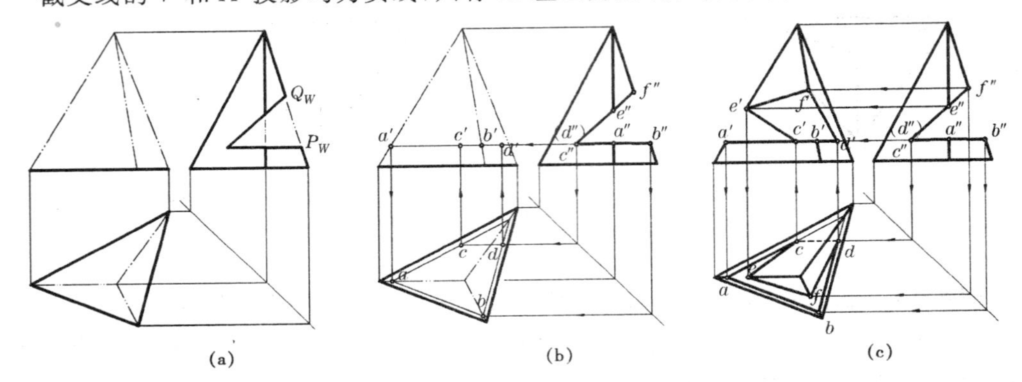

图 6－8 作具有切口的三棱锥的投影

6.2.2 曲面体的截交线

曲面体的截交线一般情况下是平面曲线。当截平面与直纹曲面交于直素线，或与曲面体的平面部分相交时，截交线可为直线。

截交线是截平面与曲面体的共有线，截交线上的点也都是它们的共有点。因此求曲面体的截交线，实际上是作出曲面上的一系列的共有点，然后顺次连接成光滑的曲线。为了能准确地作出截交线，首先需要求出控制截交线形状与范围的一些特殊点，如曲线的对称顶点，与投影轮廓线的切点，以及最高、最低、最左、最右、最前、最后点等，然后根据需要再作一些中间点，最后连成截交线。

曲面体截交线的投影可见性与平面体类似，当截交线位于曲面体表面的可见部分时，这段截交线的投影是可见的，否则是不可见的。

曲面体的投影轮廓线与截平面的交点，是截交线虚实线的分界点。但若曲面体被截断后，截交线成了投影轮廓线，则该段截交线是可见的。

1) 圆柱的截交线

根据截平面与圆柱的相对位置不同，截交线的形状有三种情况，如表 6－1 所示。

表 6—1　圆柱的截交线

截平面位置	垂直于圆柱轴线	倾斜于圆柱轴线	平行于圆柱轴线
截交线形状	圆	椭圆	直线
立体图	P	Q	R
投影图	P_V	Q_V	R_H

当截平面垂直于圆柱的轴线时，截交线为圆；当截平面倾斜于圆柱的轴线时，截交线为椭圆，此椭圆的短轴等于圆柱的直径，长轴随着截平面与轴线的角度变化而变化；当截平面平行于圆柱的轴线时，截交线一般为两条平行的直线。

例 6—6　如图 6—9a 所示，求作侧垂面 P 与圆柱的截交线。

解　分析：

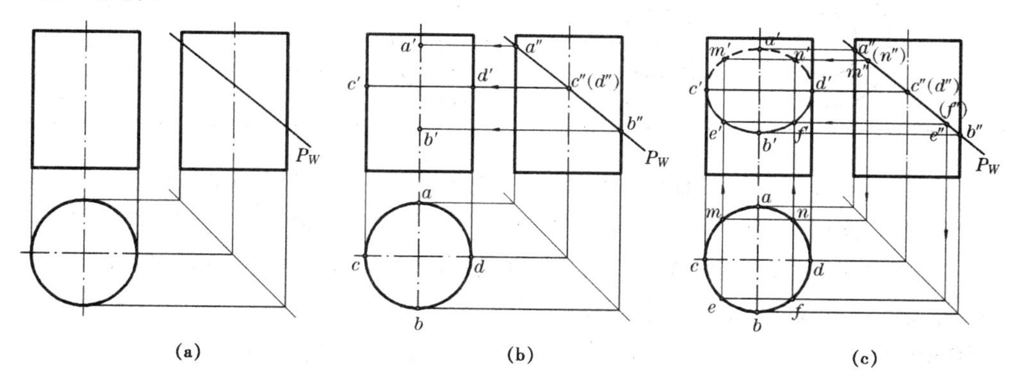

图 6—9　作圆柱的截交线(椭圆)

侧垂面 P 与圆柱的截交线为椭圆。该椭圆的 W 投影积聚在 P_W 上，其 H 投影与圆周重合，需要作的是其 V 投影。椭圆的投影一般仍为椭圆，但长短轴的长度有变化。

作图步骤如图 6—9b，c 所示：

(1) 先作椭圆上的特殊点，即长短轴的端点。长轴 $AB // W$，a''和 b''在 W 投影轮廓线上，由 a''和 b''作投影连线与 V 投影轴线相交得 a'和 b'；短轴$CD \perp W$，c''和 d''在 W 投影轴线上，由 c''和 d''作投影连线与 V 投影轮廓线交得 c'和 d'。

(2) 作若干中间点，如 E，F，M，N 等。利用圆柱面上取点的方法，由 e''，f''，m''，n''作出 e，f，m，n，再求出 e'，f'，m'，n'。

(3) 将这些点光滑地连接起来，画出 V 投影的椭圆。在前半圆柱面上的椭圆弧是可见的，故将$c'e'b'f'd'$画为实线；在后半圆柱面上的椭圆弧是不可见的，故将$c'm'a'n'd'$画为虚线。

2）圆锥的截交线

根据截平面与圆锥的相对位置不同，截交线的形状有五种情况，如表6－2所示。

表6－2　圆锥的截交线

截平面位置	垂直于圆锥轴线 $\theta=90°$	倾斜于圆锥轴线 $\theta>\alpha$	平行于圆锥的一条素线 $\theta=\alpha$	平行于圆锥的二条素线 $0°\leqslant\theta<\alpha$	通过圆锥顶点
截交线形状	圆	椭　圆	抛物线	双曲线	直　线
立体图	P	Q	R	S	T
投影图	P_V　θ	Q_V　α　θ	R_V　α　θ	S_H	T_V

当截平面垂直于圆锥的轴线（即$\theta=90°$）时，截交线为圆；当截平面倾斜于圆锥的轴线且与所有的素线均相交（即$\theta>\alpha$）时，截交线为椭圆；当截平面只平行于圆锥面上的一条素线（即$\theta=\alpha$）时，截交线为抛物线；当截平面平行于圆锥面上的两条素线（即$0°\leqslant\theta<\alpha$）时，截交线为双曲线；当截平面通过圆锥的顶点时，截交线为直线，一般为两条相交直线。

例6－7　如图6－10a所示，求作圆锥被正垂面P截断后的投影和截断面的实形。

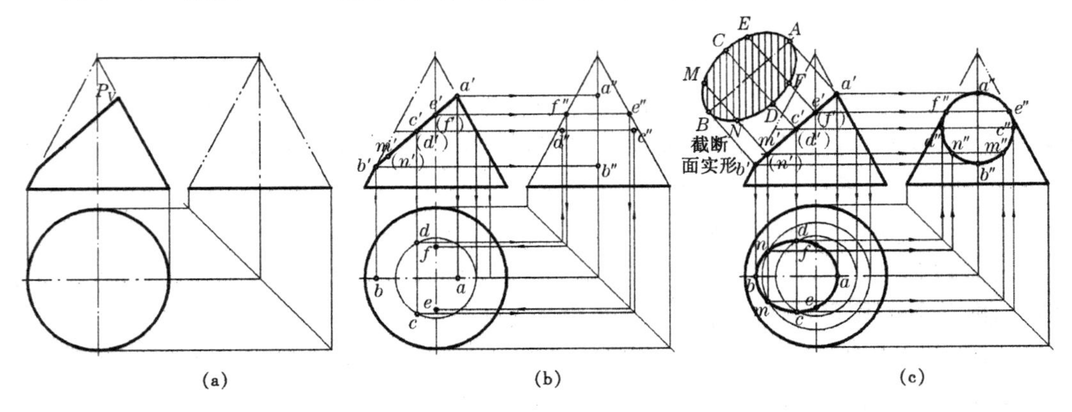

图6－10　作圆锥的截交线（椭圆）

解 分析：

截平面 P 与圆锥轴线倾斜，并与所有的素线均相交，故截交线为椭圆。椭圆的 V 投影积聚在 P_V 上，由于椭圆与 H 面和 W 面都倾斜，其投影一般仍为椭圆，但不反映实形。

作图步骤如图 6－10b，c 所示：

(1) 作椭圆长轴的端点 A 和 B。由于 $AB /\!/ V$，在 V 投影轮廓线上定 a' 和 b'，再作出 H 投影 a 和 b，然后作出 a'' 和 b''。

(2) 作椭圆短轴的端点 C 和 D。由于 $CD \perp V$，在 $a'b'$ 的中点定 $c'(d')$，可用纬圆法作出 c 和 d，然后作出 c'' 和 d''。

(3) 作 W 投影轮廓线上的点 E 和 F。先在 V 投影的轴线上定 $e'(f')$，然后向右作投影连线与 W 投影轮廓线交得 e'' 和 f''，它们应是 W 面上椭圆与轮廓线的切点。

(4) 用纬圆法或素线法作出椭圆上若干个中间点，如 M 和 N 等。

(5) 分别将上述各点的 H 和 W 投影顺次光滑连接成椭圆。由于圆锥的上部截去后，截交线在 H 和 W 投影中均可见，应画为实线。

(6) 用换面法作截断面的实形。先作椭圆的长轴 $AB /\!/ P_V$，以此为基准线，量出 Y 方向的坐标差定出各点，然后连成椭圆。

例 6－8 如图 6－11a 所示，求作圆锥被正平面 Q 切割后的投影。

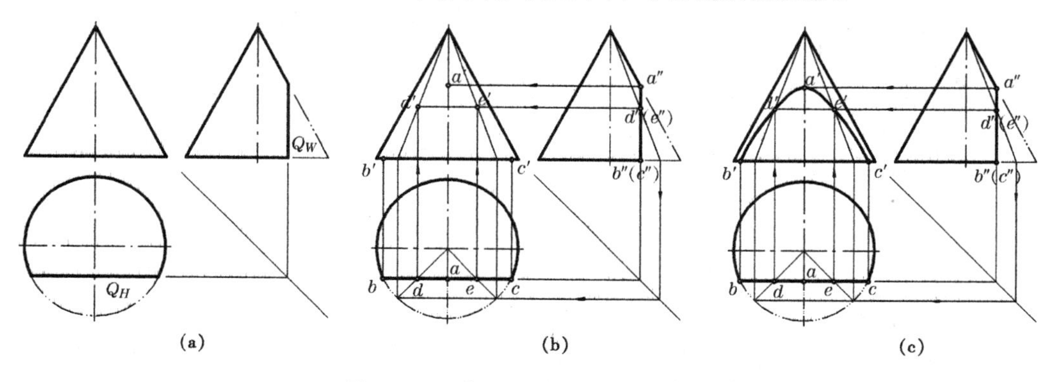

图 6－11 作圆锥的截交线(双曲线)

解 分析：

截平面 Q 平行于圆锥的轴线，可知截交线为双曲线。截交线的 H 投影和 W 投影分别积聚在 Q_H 和 Q_W 上，仅需作出其 V 投影。

作图步骤如图 6－11b，c 所示：

(1) 作最高点 A。先在 W 投影轮廓线上定 a''，然后作出 a' 和 a。A 点是双曲线的顶点。

(2) 作最低点 B 和 C。B 和 C 点在底圆上，B 是最左点，C 是最右点，可由 b 和 c 作出 b' 和 c'。

(3) 在最高点和最低点之间再作出一些中间点，如 D，E 等，用素线法或纬圆法皆可。

(4) 光滑连接上述各点的 V 投影为双曲线，由于截平面 Q 是正平面，所以 V 投影反映截交线的实形。

3) 球的截交线

无论截平面处于何种位置，它与球的截交线总是圆。截平面愈靠近球心，截得的圆愈大，当截平面通过球心时，截得的圆最大，其直径等于球的直径。

只有当截平面平行于投影面时，截交线在该投影面上的投影才反映圆的实形，否则投影为椭圆。如图 6－12 所示为正平面与球相交的情况，其 V 投影反映截交线圆的实际大小。

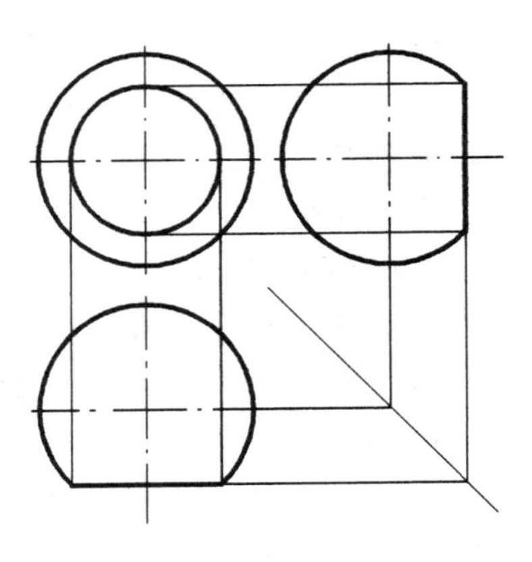

图 6－12　正平面与球相交

例 6－9　求作球被正垂面切割后的投影

解　分析：

如图 6－13 所示正垂面与球相交，虽然截交线为圆，但其 H 投影和 W 投影均为椭圆。

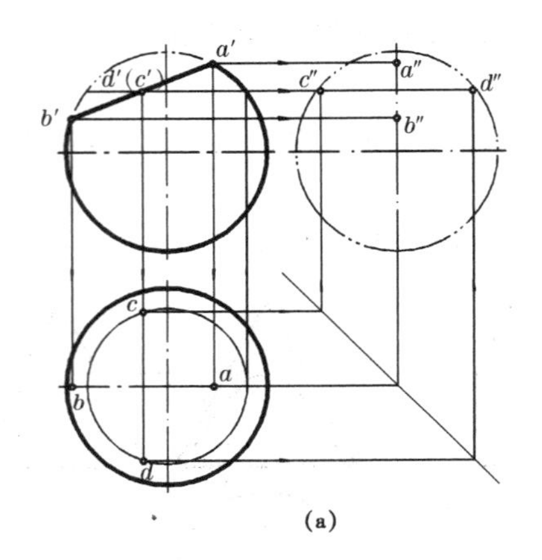

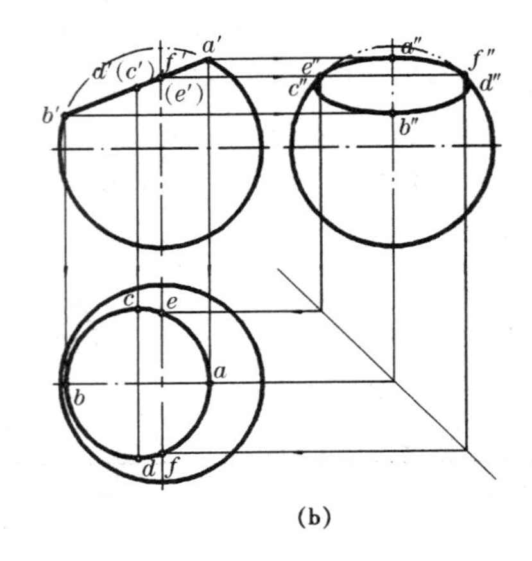

图 6－13　正垂面与球相交

作图步骤如下：

(1) 作椭圆长轴的端点 A 和 B。由于 a' 和 b' 在 V 投影轮廓线上，容易作出 a 和 b，a'' 和 b''；

(2) 作椭圆短轴的端点 C 和 D。$a'b'$ 的中点即为 $d'(c')$，利用水平纬圆定出 c 和 d，再作出 c'' 和 d''；

(3) 作 W 投影轮廓线上的点 E 和 F。先在 V 投影的轴线上定 $f'(e')$，然后向右作投影线与 W 投影轮廓交得 e'' 和 f''，它们是椭圆与 W 面上轮廓线的切点；

(4) 可用纬圆法再作出若干个中间点，然后将各点连成椭圆。球的上部切去后，截交线在 H 和 W 投影中均可见，故画为实线。轮廓线切去的部分不画，剩下的也应画清楚。

4) 回转体的截交线

作回转体的截交线一般采用辅助平面法。

例 6－10　求作铅垂面 P 与回转体的截交线。

解　分析：

如图 6－14 所示，回转体的轴线为铅垂线，可选择水平面作为辅助平面，水平面与回转面的交线为纬圆，纬圆与截平面 P 的交点即为截交线上的点。由于截平面 P 为铅垂面，截交线的 H 投影重合在 P_H 上，据此再作出截交线的 V 投影。

作图步骤如下：

(1) 作最高点 A。先在 H 投影中作纬圆与 P_H 相切于 a 点，再作出此纬圆即辅助平面 Q 的 V 投影 Q_V，在 Q_V 上定 a' 点。

(2) 作最低点 M 和 N。M 和 N 点在底圆上，可由 m 和 n 作出 m' 和 n'。

(3) 作 V 投影轮廓线上的点 B。在 H 投影中 P_H 与水平中心线的交点为 b，由 b 作投影连线与 V 投影轮廓线相交于 b'。在同一纬圆高度位置(即辅助平面 R 上)还可以作出 C 点。

(4) 用辅助平面法还可作出若干中间点，如 E 和 F 点。先在 V 投影中适当高度作辅助平面 S_V，量取纬圆直径，在 H 投影中作出此纬圆，与 P_H 交于 e 和 f，然后在 S_V 上定出 e' 和 f'。

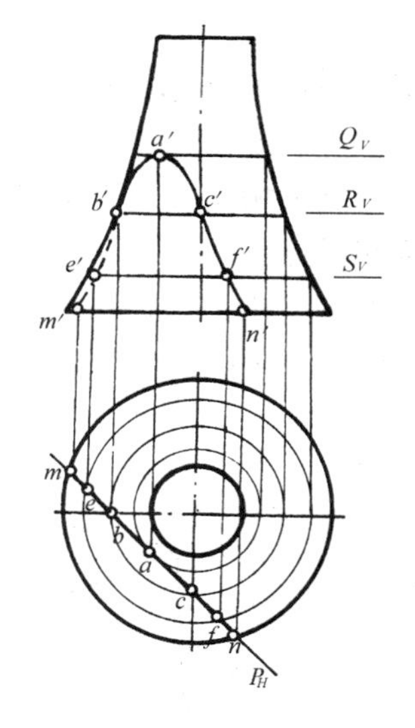

图 6－14　作回转体的截交线

(5) 将上述各点的 V 投影依次连接成光滑的曲线，并将前半个回转面上的截交线 $b'a'c'f'n'$ 画为实线，将后半回转面上的截交线 $b'e'm'$ 画为虚线。

例 6－11　如图6－15a 所示，已知具有切口的圆锥的 V 投影，求作其 H 投影和 W 投影。

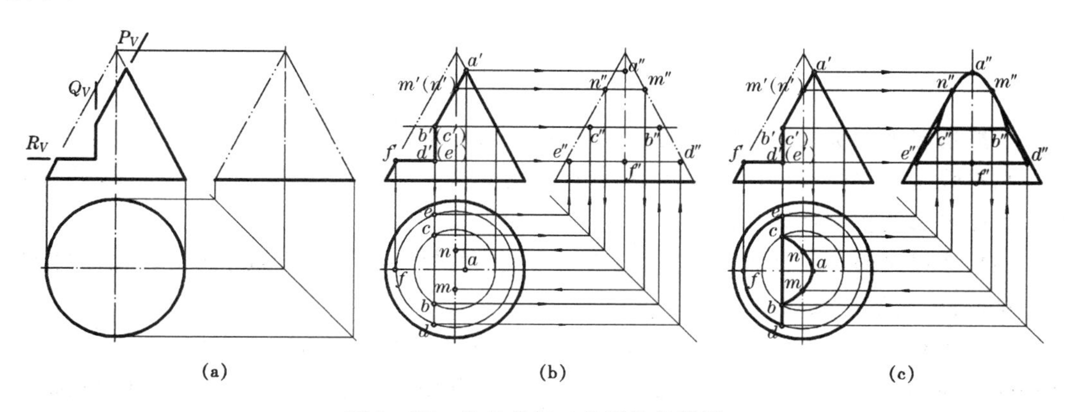

图 6－15　作具有切口的圆锥的投影

解　分析：

由 V 投影可以看出，圆锥的切口是由正垂面 P、侧平面 Q 和水平面 R 三个截平面切割而形成的，截交线应分段作出。

作图过程如图 6－15b，c 所示：

(1) 作正垂面 P 与圆锥的截交线(抛物线)$BMANC$，其中 A 为最高顶点，M 和 N 是 W 投影轮廓线上的点，B 和 C 是最低点。

(2) 作侧平面 Q 与圆锥的截交线(双曲线的两段)BD 和 CE。

(3) 作水平面 R 与圆锥的截交线(圆弧)DFE。

(4) 作 P 与 Q 的交线 BC，作 Q 与 R 的交线 DE。

(5) 圆锥的切去部分的投影轮廓线不再画出。所有截交线全是可见的，应画为实线。

6.3 两立体相交

两立体相交又称为两立体相贯，相交两立体的表面交线称为相贯线。相贯线上的点称为相贯点。

两立体相交，如果一个立体全部穿过另一个立体，称为全贯，这时相贯线有两组，如图6－16a 所示；如果两立体只是部分参与相交，称为互贯，这时相贯线只有一组，如图 6－16b 所示。

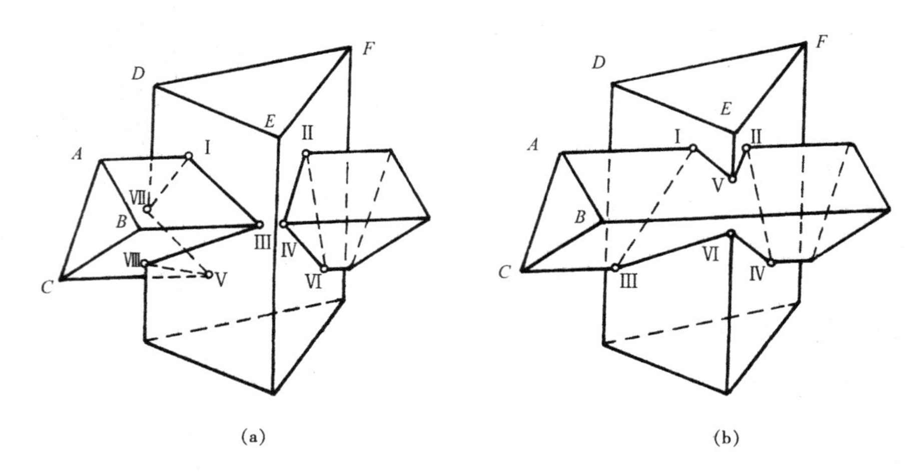

图 6－16 两立体相交

一般情况下相贯线总是闭合的，特殊情况下可能不闭合。

相贯线是两立体表面的共有线，相贯点是两立体表面的共有点。求作相贯线，可利用立体表面投影的积聚性来作图，也可利用辅助面来作图。

相贯线投影的可见性判别原则是：两立体表面的投影都可见的部分相交，它们的交线才可见，否则是不可见的。

两立体相交后就形成一个完整的形体，因而一个立体位于另一个立体内部的部分就互相融合在一起了，不需要画出。其没有相交的部分则要根据投影的可见性，画为实线或虚线。

6.3.1 两平面体的相贯线

两平面体的相贯线一般情况下为空间折线，特殊情况下可为平面折线。每段折线均是一立体棱面与另一立体棱面的交线，每个折点均是一立体棱线与另一立体棱面的交点。

求两平面体的相贯线的作法有两种：

(1) 交点法——先作出各个平面体的有关棱线与另一立体的交点，再将所有交点顺次连成折线，即组成相贯线。连点的规则是：只有当两个交点对两立体来说都位于同一棱面上时才能相连，否则不能相连。

(2) 交线法——直接作出两平面体上两个相应棱面的交线，然后组成相贯线。

因此，求两平面体的相贯线，实质上就归结为求直线与平面的交点和两平面的交线。

具体作图时，以方便为原则，可灵活运用以上两种方法。

例 6—12　如图6—17a 所示，求作两三棱柱 ABC 和 DEF 的相贯线。

解　分析：

为了清楚起见，在图中用字母标注出三棱柱的各棱线。由投影图可看出，水平三棱柱 ABC 从左至右全部穿过直立三棱柱 DEF，是全贯。相贯线分为左、右两组。由于三棱柱 ABC 侧棱面的 W 投影有积聚性，三棱柱 DEF 侧棱面的 H 投影有积聚，故相贯线的 H 投影和 W 投影为已知，需要作的是相贯线的 V 投影。

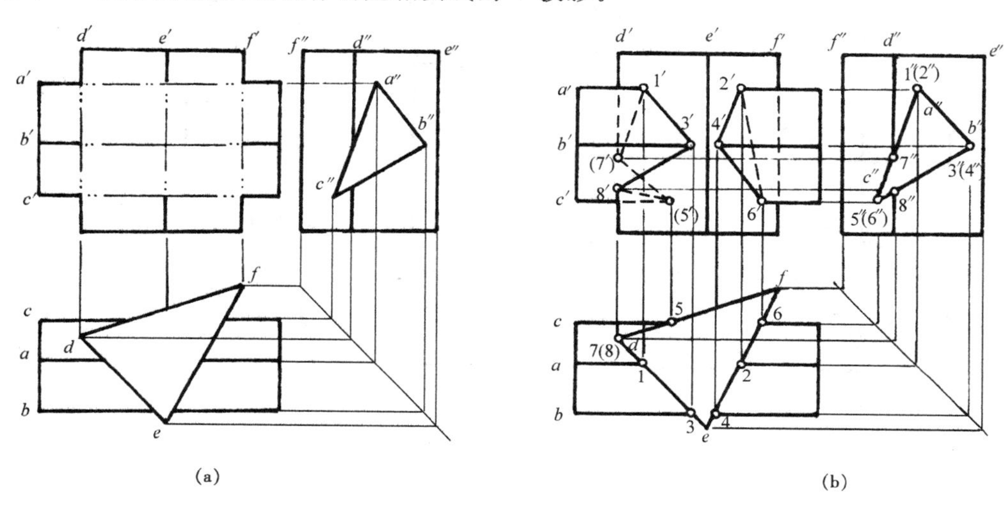

图 6—17　作两三棱柱的相贯线(全贯)

作图过程如图 6—17b 所示：

(1) 作出各棱线的交点。三棱柱 ABC 的三条棱线均与三棱柱 DEF 相交，每条棱线有两个交点，共六个交点：棱线 A 的交点为 Ⅰ 和 Ⅱ；棱线 B 的交点为 Ⅲ 和 Ⅳ；棱线 C 的交点为 Ⅴ 和 Ⅵ。三棱柱 DEF 上只有棱线 D 与三棱柱 ABC 相交，交点为 Ⅶ 和 Ⅷ。这八个点均可根据它们的 H 和 W 投影作出 V 投影。

(2) 将各交点连接成相贯线。根据前面的分析，右侧一组相贯线由三个点 Ⅱ、Ⅳ、Ⅵ 组成，位于三棱柱 DEF 的同一棱面 EF 上，故为平面折线，直接连成三角形即可。左侧一组相贯线共有五个点，位于三棱柱 DEF 的两个棱面 DE 和 DF 上，故为空间折线，需要按前述的连点规则进行分析，但这样做较麻烦，尤其是点较多时更容易出错。本题可利用相贯线的 H 投影来判断，先将各点的 H 投影标注出相应的编号，并注明可见性，然后从任一端点开始，依次连接可见的各点，至另一端后再返回连接不可见的各点，最后回到原处。从 H 投影中所显示的连点次序为：3→1→7→5→(8)→3，于是 V 投影亦按此次序将各点连成折线，即 3′→1′→7′→5′→8′→3′，就得到相贯线的 V 投影。这种方法可称为积聚投影编号法，只要立体表面的某投影有积聚性时，都可以用这种方法来连线，比较方便。

(3) 判别相贯线的 V 投影的可见性。三棱柱 ABC 的前方两棱面 AB 和 BC 是可见的，三棱柱 DEF 的前方两棱面 DE 和 DF 也是可见的，于是共同可见面上的两段交线 Ⅰ—Ⅲ—Ⅷ 和 Ⅱ—Ⅳ—Ⅵ 亦是可见的，故将 1′—3′—8′ 和 2′—4′—6′ 画为实线，其余部分则画为虚线。

(4) 两立体棱线的处理。参与相交的各条棱线，两交点间的部分已不存在，不应画出，交点以外的部分，按可见性画为实线或虚线。如棱线 a'，交点 $1'$ 和 $2'$ 之间不画线，$1'$ 和 $2'$ 点之外应画为实线。没有参与相交的棱线也应按其可见性画为实线或虚线，如棱线 f' 上没有交点，被遮住的部分应画为虚线，未被遮住的部分应画为实线。

例 6－13 如图6－18a 所示，求作两三棱柱 ABC 和 DEF 的相贯线。

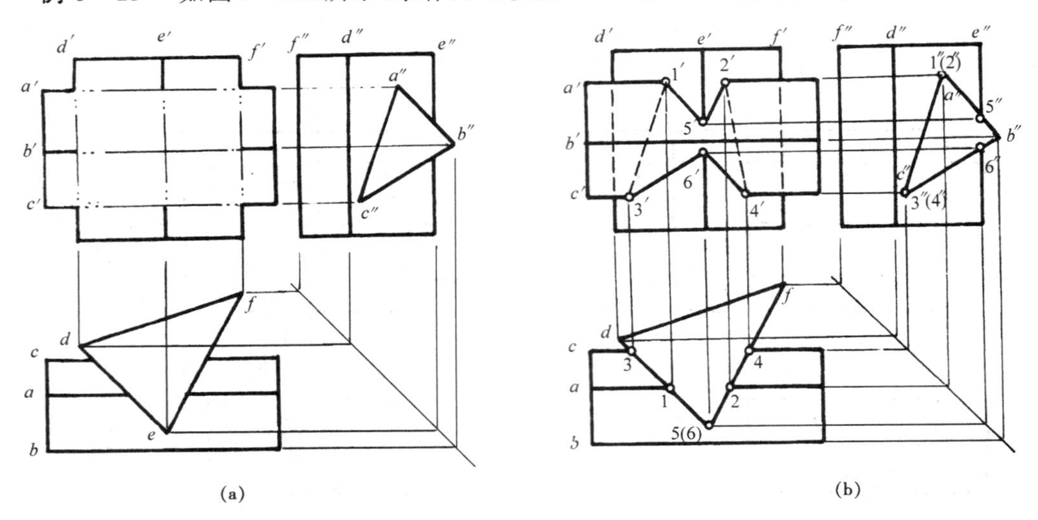

图 6－18 作两三棱柱的相贯线(互贯)

解 分析：

将上例中两三棱柱的位置前后移动一下，即为本题的情况，这时两三棱柱只是部分相交，应是互贯。相贯线为一组空间折线，其 H 和 W 投影为已知，需要作出其 V 投影。

作图过程如图 6－18b 所示：

(1) 作各棱线的交点。三棱柱 ABC 有两条棱线与三棱柱 DEF 相交，棱线 A 的交点为Ⅰ和Ⅱ，棱线 C 的交点为Ⅲ和Ⅳ。三棱柱 DEF 的棱线 E 与三棱柱 ABC 相交的交点为Ⅴ和Ⅵ。总共为六个交点。

(2) 将各点连成相贯线。利用 H 投影或 W 投影，按上例所述积聚投影编号法，可确定连点顺序为：$3'\to1'\to5'\to2'\to4'\to6'\to3'$，连成的折线即为相贯线的 V 投影。

(3) 判别相贯线的可见性。V 投影中 $1'$—$5'$—$2'$ 和 $3'$—$6'$—$4'$ 为实线，其余为虚线。

(4) 最后对两立体的棱线作相应处理(见图中所示)。

6.3.2 平面体与曲面体的相贯线

平面体与曲面体的相贯线，一般情况下是由若干段平面曲线组成的，特殊情况下可包含直线段。每段平面曲线或直线均是平面体的棱面与曲面体的截交线，相邻平面曲线的连接点是平面体棱线与曲面体的交点。因此，求平面体与曲面体的相贯线，可归结为求曲面体的截交线和求直线与曲面体的交点。

例 6－14 如图6－19a 所示，三棱柱与圆锥相贯，求作其相贯线。

解 由投影图可看出，三棱柱从前至后全部贯穿圆锥，形成前后对称的两组相贯线。每组相贯线由三段截交线组成。三棱柱的水平侧棱面与圆锥的交线为圆弧，左、右侧棱面与圆锥的交线为抛物线。各段截交线的连接点是三棱柱的三条棱线与圆锥的交点。由于三棱柱侧棱面的 V 投影有积聚性，故相贯线的 V 投影与之重合即为已知，需要作出的是其 H 和 W 投影。

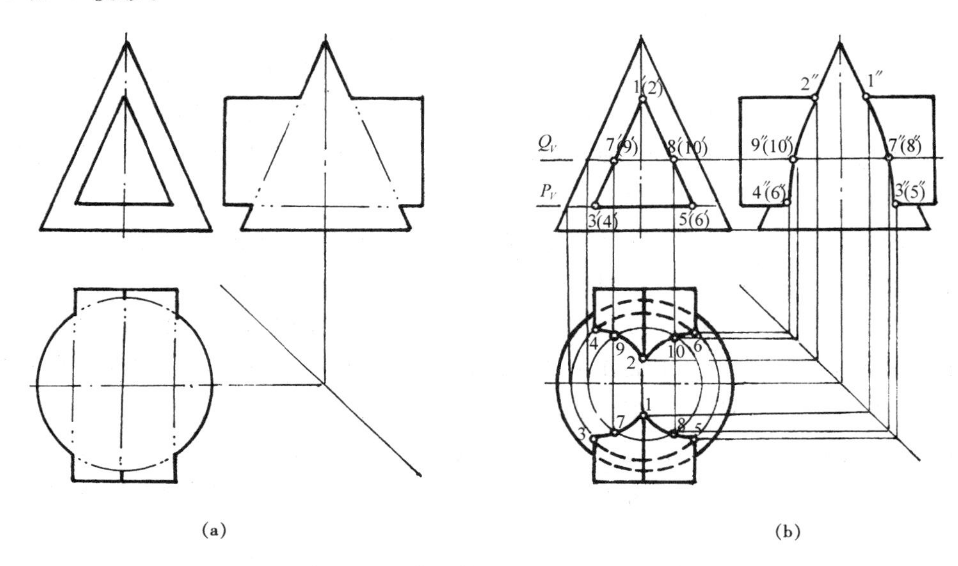

图 6－19　作三棱锥与圆锥的相贯线

作图过程如图 6－19b 所示：

（1）作三棱柱的棱线与圆锥的交点。最高棱线的交点为Ⅰ和Ⅱ，可直接在 W 投影轮廓线上定出 $1''$ 和 $2''$，再作出 1 和 2。最下边两棱线的交点分别为Ⅲ，Ⅳ和Ⅴ，Ⅵ，可以作辅助水平面 P 来求出它们的 H 投影和 W 投影。

（2）画各段截交线。在 H 投影中，3 和 5，4 和 6 之间应为圆弧连接。1 和 3，1 和 5，2 和 4，2 和 6 之间均用抛物线相连。为了准确地作抛物线，可利用辅助水平面 Q 再作出若干个中间点，如 7，8，9，10 等。然后由 H 投影再作出 W 投影。

（3）判别相贯线的可见性。在 H 投影中，圆锥面均可见，三棱柱的上方两棱面可见，下方棱面不可见，故四段抛物线均应画为实线，两段圆弧画为虚线。在 W 投影中，左右相贯线的投影是重合的，故画为实线。

（4）对两立体的棱线或投影轮廓线作处理。三棱柱的三条棱线穿入圆锥内部的部分不画出，交点以外的部分均画为实线。H 投影中圆锥底圆被三棱柱遮住的部分应画为虚线，圆锥的 W 投影轮廓线在三棱柱内的部分不画出，以外的部分应画为实线。

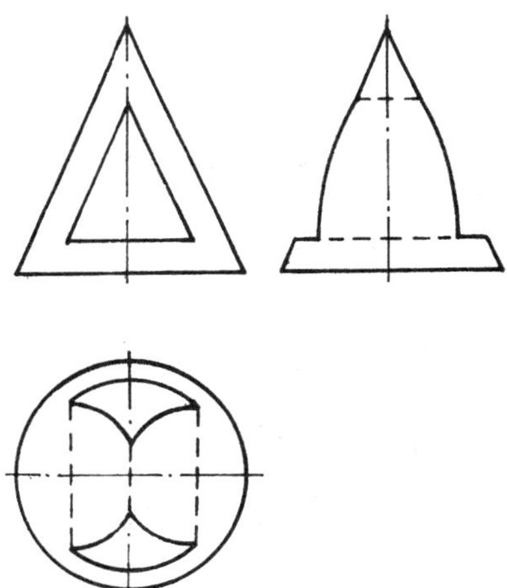

图 6－20　圆锥的贯通孔

两立体相交，一般都是指两实体相交，但有时也可表现为实体与虚体相交或两虚体相交。在上例中，如果将三棱柱看作为虚体，则在圆锥中就形成贯通孔，如图 6－20 所示。无论怎样，相贯线的作法都是基本相同的。所不同的是在投影图中相贯线的虚实线可能有变化，另外在实体中形成的贯通孔或切口的内部，还应画出虚体的棱线或投影轮廓线。

6.3.3 两曲面体的相贯线

两曲面体的相贯线一般情况下是封闭的光滑的空间曲线，特殊情况下可能为平面曲线或直线。求两曲面体的相贯线，一般要先作出一系列的相贯点，然后顺次光滑地连接成曲线。相贯点是两曲面的共有点，要根据两曲面的形状、大小、位置以及投影特性来作图，一般有两种作法。

（1）积聚投影法——当曲面体表面的某投影有积聚性时，则相贯线的一个投影与此重合而成为已知，于是求其他投影时就可利用在另一曲面上取点的方法作出。

（2）辅助面法——根据三面共点原理，作辅助面与两曲面相交，求出两辅助截交线的交点，即为相贯点。通常选择平面作为辅助面，并使其与两曲面的截交线的投影成为直线或圆，才能使作图简便、准确，否则无实用意义。

为了准确地画出相贯线，首先需要作出控制相贯线形状和范围的一些特殊位置的相贯点，如最高、最低、最左、最右、最前、最后点，以及曲面投影轮廓线上的点等，其次还要作出若干中间位置的相贯点。

将各相贯点连接成相贯线的规则是：只有对于两曲面都是相邻的两个相贯点，才可以相连。当曲面的某投影有积聚性时，可利用前述积聚投影编号的方法来确定连点的次序。

两曲面投影同时可见的部分，此段相贯线才是可见的，应画为实线，否则是不可见的应画为虚线。虚线和实线的分界点是曲面投影轮廓线上的相贯点。

例 6－15 求作两圆柱的相贯线。

解 如图 6－21 所示，两圆柱的轴线垂直相交，小圆柱从上向下贯穿大圆柱，为全贯，相贯线是上下两条封闭的空间曲线。从投影图还可以看出相贯线是上下、左右、前后均对称的。由于小圆柱面的 H 投影和大圆柱面的 W 投影都有积聚性，实际上相贯线的 H 投影和 W 投影均为已知，现只需作出相贯线的 V 投影。

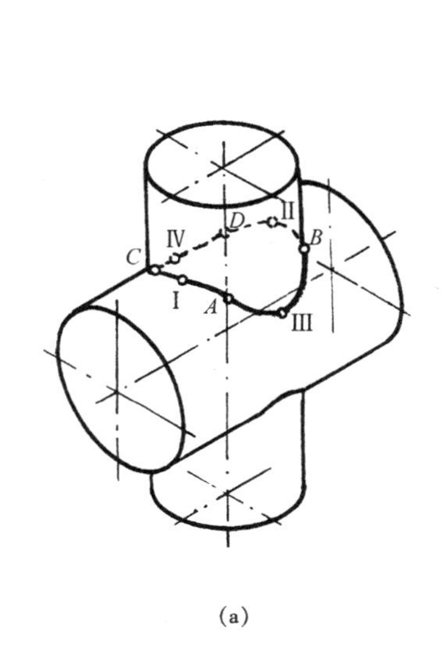

(a)

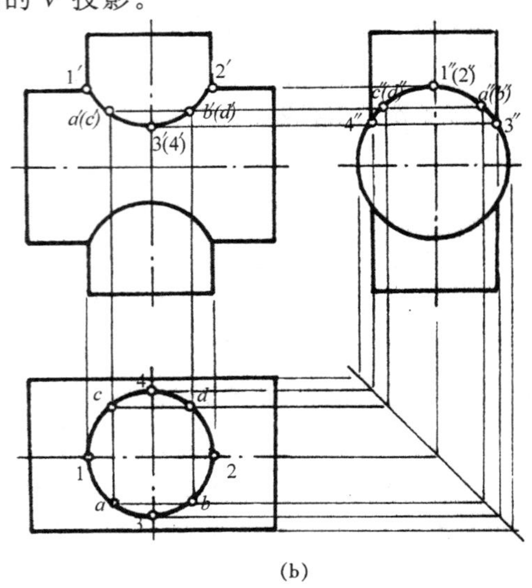

(b)

图 6－21 两圆柱的相贯线

因上下两条相贯线的作法相同，这里仅叙述上面一条相贯线的作图步骤。

(1) 先作特殊点。相贯线上最左点为Ⅰ，最右点为Ⅱ，它们同时为最高点。相贯线上最前点为Ⅲ，最后点为Ⅳ，它们又是最低点。这四个点可直接在 H 投影和 W 投影中确定，然后再作出它们的 V 投影。

(2) 作若干中间点。可在最高点和最低点之间作水平辅助面，然后求出左右和前后对称的四个点 A,B,C,D。

(3) 将各点的 V 投影光滑地连成相贯线。

(4) 相贯线的可见性判别。由于相贯线前后对称，V 投影重合，故画为实线。

在上例中，若将小圆柱体看作为虚体，则在大圆柱体上就形成圆柱孔，如图 6－22 所示；若将两圆柱体均作为虚体，则就成为两圆柱孔的相交，如图 6－23 所示。无论是实体还是虚体，相贯线的作法均相同。

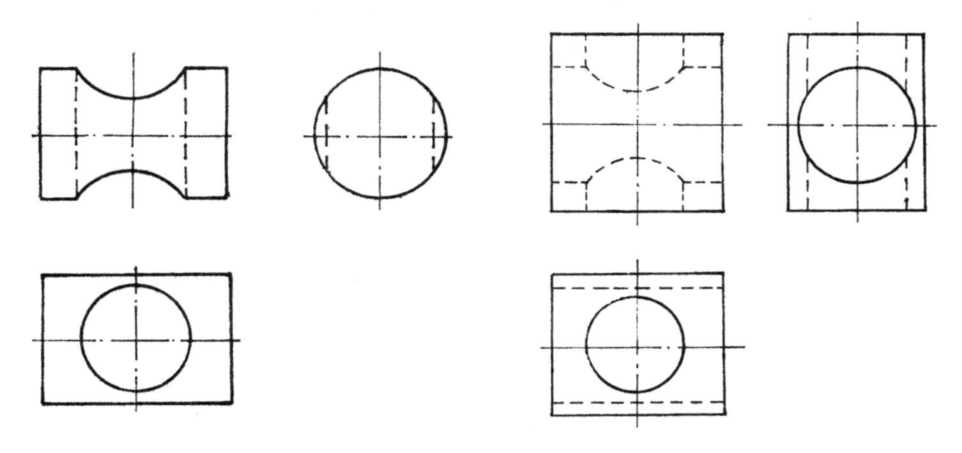

图 6－22　圆柱体上的圆柱孔　　　　图 6－23　两圆柱孔相交

例 6－16　求作圆柱与圆锥的相贯线。

解　如图 6－24 所示，圆柱与圆锥的轴线是垂直交叉的，它们是互贯。相贯线为一条封闭的空间曲线，且左右对称。圆柱面的 W 投影有积聚性，相贯线的 W 投影为已知，需要作出其 V 投影和 H 投影。作图步骤如下：

(1) 作圆锥 W 投影轮廓线上的点Ⅰ和Ⅱ，Ⅱ是最前点。

(2) 作最高点Ⅲ，Ⅳ和最低点Ⅴ，Ⅵ，它们是圆柱 V 投影轮廓线上的点，也是虚实线的分界点。

(3) 作最后点Ⅶ和Ⅷ，它们是圆柱 H 投影轮廓线上的点，也是虚实线的分界点。

(4) 作圆锥 V 投影轮廓线上的点Ⅸ，Ⅹ，Ⅺ，Ⅻ。

(5) 作若干中间点。本题可选择水平面作为辅助面，也可选择通过锥顶点的侧垂面作为辅助面，求出若干中间点(图略)。

(6) 将各点连成相贯线。由于圆柱面的 W 投影有积聚性，可先在 W 投影中将各点标注编号，并注明可见性，然后从任一端点开始，依次连接可见的点，再返回连接不可见的点，最后回到起点。按此方法显示的连点次序如下：Ⅰ→Ⅲ→Ⅸ→Ⅶ→Ⅺ→Ⅴ→Ⅱ→Ⅵ→Ⅻ→Ⅷ→Ⅹ→Ⅳ→Ⅰ。分别将各点的 V 投影和 H 投影光滑连接成曲线，即得相贯线的 V

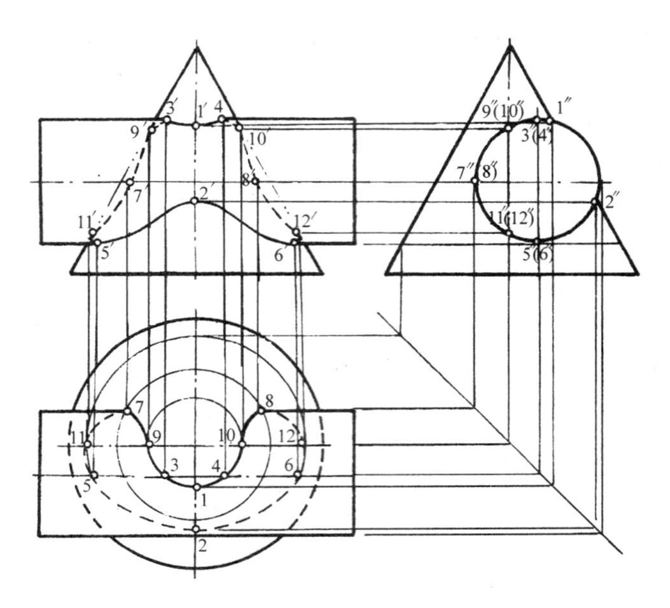

图 6－24　作圆柱和圆锥的相贯线

投影和 H 投影。

(7) 判别相贯线的可见性。在 H 投影中，圆锥面全部可见，再看圆柱面可知，上半圆柱面上的线 7—9—3—1—4—10—8 应画为实线，其余为虚线。在 V 投影中，位于前半圆锥面上且同时位于前半圆柱面上的线才可见，故 3′—1′—4′和 5′—2′—6′应画为实线，其余为虚线。

(8) 最后处理圆柱和圆锥的投影轮廓线，完成全图。

6.3.4　两曲面体相贯线的特殊情况

1) 具有公共顶点的两圆锥或轴线互相平行的两圆柱相交时，相贯线为直线。

如图 6－25a 所示，两圆锥有公共的顶点，它们的相贯线为过锥顶点的两条直素线。

如图 6－25b 所示，两圆柱的轴线互相平行，它们的相贯线为平行于轴线的两条直素线。

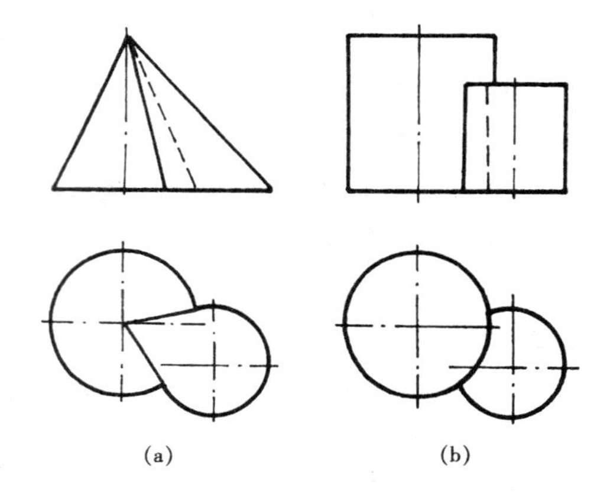

图 6－25　相贯线为直线的情况

2) 具有公共轴线的两回转体相交时，相贯线为垂直于轴线的圆。

如图 6－26 所示，为球、圆柱、圆锥等回转体同轴相交的几种情况。由于轴线均垂直于 H 面，故相贯线为水平圆，其 H 投影反映实形，其 V 投影积聚为水平直线段。

3) 具有公共内切球的两回转体相交时，相贯线为平面曲线。

两圆柱直径相等且轴线相交(即两圆柱面内切于同一球面)时，如果轴线是正交的，它们的相贯线是两个大小相同的椭圆，见图 6－27a；如果轴线是斜交的，它们的相贯线是两

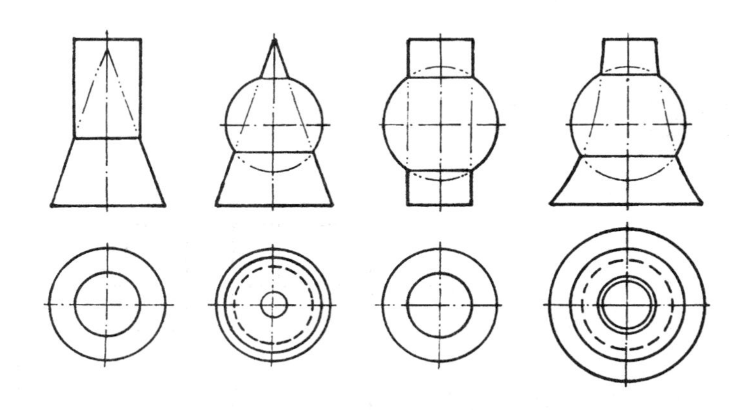

图 6—26　相贯线为圆的情况

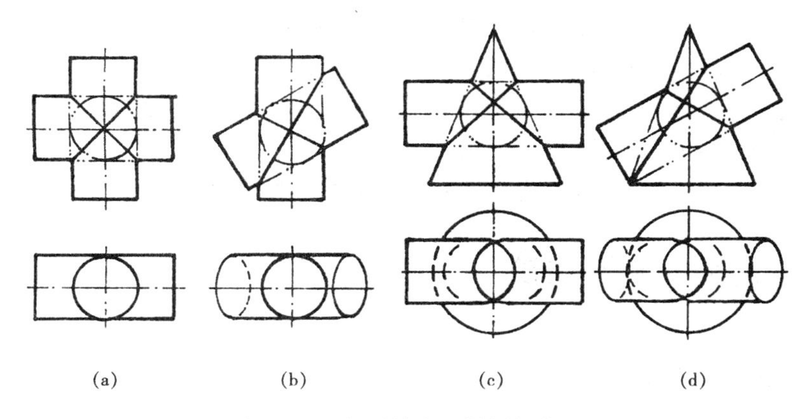

图 6—27　相贯线为两椭圆的情况

个短轴相等，而长轴不等的椭圆，见图 6—27b。由于两圆柱的轴线均平行于 V 面，故两椭圆的 V 投影积聚为相交的两直线段。

圆柱与圆锥内切于同一球面且轴线相交时，如果轴线是正交的，它们的相贯线是两个大小相同的椭圆，见图 6—27c；如果轴线是斜交的，它们的相贯线是两个大小不等的椭圆，见图 6—27d。由于圆柱和圆锥的轴线均平行于 V 面，故两椭圆的 V 投影积聚为两直线段，其 H 投影一般仍为两椭圆。

7 轴测投影

多面正投影图能准确而完整地表达物体各个向度的形状和大小，且作图简便，因此在工程制图中被广泛采用。但是这样的图缺乏立体感，要有一定的投影知识才能看懂。如图7—1a所示形体的三面投影图缺乏立体感，而图7—1b所示该形体的轴测投影图就比较容易看出它各部分的形状，具有较好的立体感。轴测投影图是在一个投影面上反映物体三个向度的形状，属单面投影图。但其度量性较差，而且作图也较麻烦，故工程上一般用来作为辅助图样。

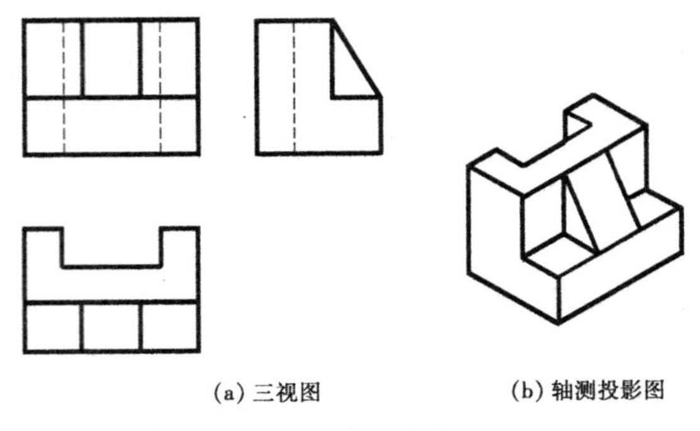

图7—1 三视图和轴测图的比较

7.1 轴测投影的基本知识

7.1.1 轴测投影图的形成

轴测投影体系由一束平行投射线（轴测投影方向）、一个投影面（轴测投影面）和被投影的物体组成。

将物体连同其参考直角坐标系沿不平行于任一坐标平面的方向，用平行投影法向轴测投影面进行投影，所得的图形叫做轴测投影图，简称轴测图（见图7—2）。

轴测投影属于平行投影，当投射线与轴测投影面垂直时为正轴测投影，当投射线与轴测投影面倾斜时为斜轴测投影。

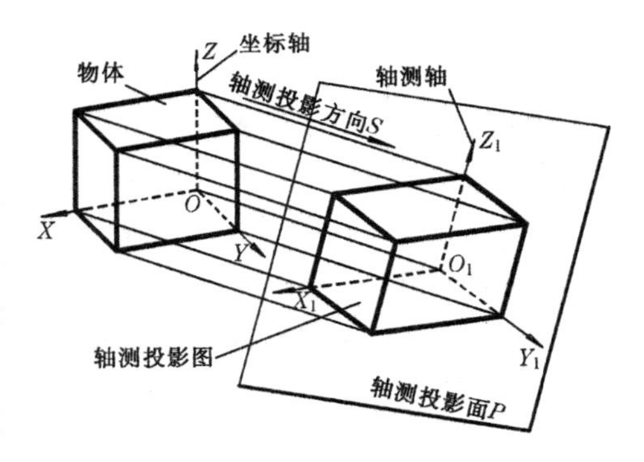

图7—2 轴测投影图的形成

7.1.2 轴间角和轴向伸缩系数

在轴测投影中，投影平面 P 称为轴测投影面；物体的参考坐标轴 OX，OY，OZ 的轴测投影 O_1X_1，O_1Y_1，O_1Z_1 称为轴测轴；轴测轴之间的夹角，即 $\angle X_1O_1Z_1$，$\angle X_1O_1Y_1$，$\angle Y_1O_1Z_1$ 称为轴间角。

在一般情况下，坐标轴上某一长度与其轴测投影相对应的长度并不相等。把轴测轴上的线段长度与坐标轴上相对应线段长度之比称为轴向伸缩系数。如图7—3所示，在坐标轴 OX，OY，OZ 上分别取 A，B，C 三点，它们的轴测投影长度分别为 O_1A_1，O_1B_1 和

O_1C_1，则：

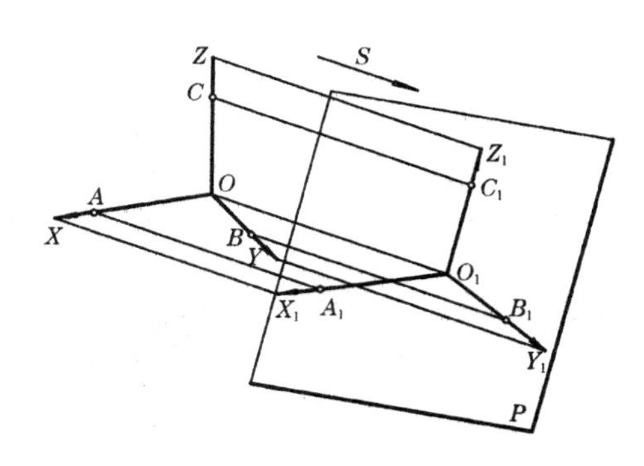

图 7－3　轴测投影的各项参数

X 轴的轴向伸缩系数 $p=O_1A_1/OA$；

Y 轴的轴向伸缩系数 $q=O_1B_1/OB$；

Z 轴的轴向伸缩系数 $r=O_1Z_1/OZ$。

轴间角和轴向伸缩系数，是作轴测投影的两个基本参数。随着物体与轴测投影面相对位置的不同以及投影方向的改变，轴间角和轴向伸缩系数也随之变化，从而可以得到各种不同的轴测投影。

正轴测投影、斜轴测投影按其轴向伸缩系数的不同，可分为三种：

(1) $p=q=r$，称为正(或斜)等测投影；

(2) $p=q\neq r$，$p=r\neq q$ 或 $q=r\neq p$，称为正(或斜)二测投影；

(3) $p\neq q\neq r(p\neq r)$，称为正(或斜)三测投影。

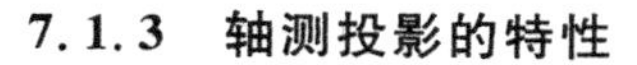

7.1.3　轴测投影的特性

由于轴测投影是属于平行投影，因此它必然具有如下平行投影特性：

(1) 空间互相平行的线段，它们的轴测投影仍然相互平行。因此，凡是与坐标轴平行的线段，其轴测投影与相应的轴测轴平行。

(2) 空间相互平行的线段的长度之比，等于它们的轴测投影的长度之比。因此，凡是与坐标轴平行的线段，它们的轴向伸缩系数相等。

由轴测投影的特性可知，在轴测投影中，只有平行于轴测轴的方向才可以利用伸缩系数度量线段的长度。对于在空间不与坐标轴平行的线段，可先作出该线段两端点的轴测投影，然后相连，不能沿非轴测轴方向直接度量长度。

7.1.4　简化伸缩系数

在画物体的轴测投影图时，常根据物体上各点的直角坐标，乘以相应的轴向伸缩系数，得到轴测坐标值后，才能进行画图。因此，画图前需要进行繁琐的计算工作。如果我们将轴向伸缩系数简化，就可大大提高画图的效率(见图 7－4)。例如正等测投影中三坐标轴与轴测投影面 P 成相等的倾角，因此它的轴间角和轴向伸缩系数相等，如图 7－4b 所示，即：

$\angle X_1O_1Y_1=\angle Y_1O_1Z_1=\angle X_1O_1Z_1=120°$；

$p=q=r\approx0.82$。

根据以上轴间角与轴间伸缩系数所画出的长方体的轴测投影如图 7－4c。

为了简化作图，把轴向伸缩系数取为 $p=q=r=1$，这样凡是与轴平行的线段的尺寸均可以按 1∶1 比例在投影图上直接量取，得到图 7－4d。

运用简化轴向伸缩系数画出的轴测图，与按准确轴向伸缩系数画出的轴测投影图形状无异，只是图形在各个轴向上按 1∶0.82 放大了。这丝毫不影响所表达物体的立体感，却大大简化了轴测图的作图过程。

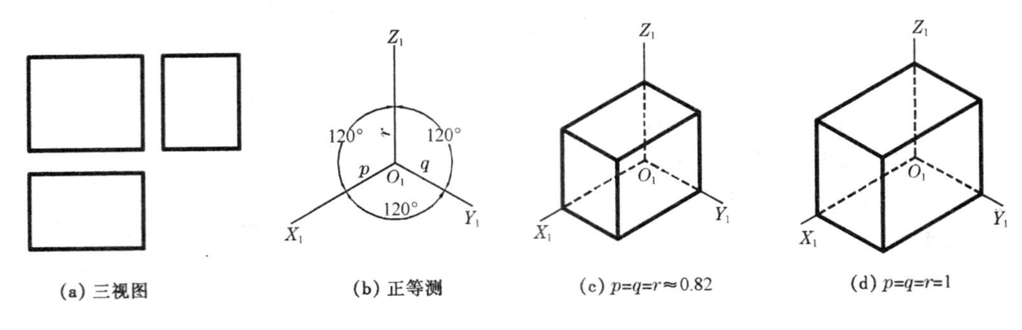

图 7—4　采用简化伸缩系数作图

7.2　轴测图的画法

7.2.1　常用轴测图的轴间角和轴向伸缩系数

工程上常用的轴测图有正等测图、正二测图、正面斜二测图、水平斜二测图等，这些轴测图的直观性好且绘制方便。现将它们的轴间角和轴向伸缩系数分述如下：

1）正等测图

轴间角　$\angle X_1O_1Z_1=\angle X_1O_1Y_1=\angle Y_1O_1Z_1=120°$；

简化伸缩系数　$p=q=r=1$。

如图 7—5 所示，O_1Z_1 成竖直位置，O_1X_1 和 O_1Y_1 可用 30°三角板画出。

2）正二测图

轴间角如图 7—6a 所示，$\angle X_1O_1Z_1=97°10'$，$\angle X_1O_1Y_1=\angle Y_1O_1Z_1=131°25'$，绘制轴测轴时，常利用 $tg7°10'\approx\frac{1}{8}$，$tg41°25'\approx\frac{7}{8}$近似作图，如图 7—6b 所示。

简化伸缩系数　$p=r=1,q=0.5$。

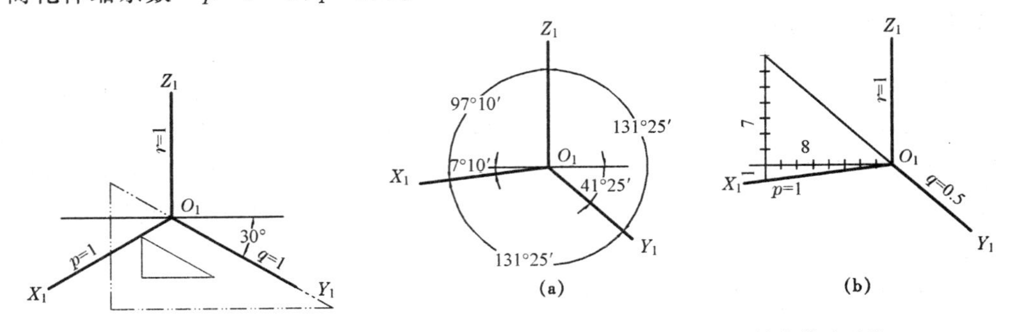

图 7—5　正等测轴间角和简化伸缩系数　　图 7—6　正二测轴间角和简化伸缩系数

3）正面斜二测图

轴间角　$\angle X_1O_1Z_1=90°$，$\angle X_1O_1Y_1$ 可为 135°，120°或 150°，即 O_1Y_1 与水平线可与水平线成 45°，60°或 30°角（图 7—7）；

轴向伸缩系数　$p=r=1,q=0.5$。

当轴向伸缩系数 $p=r=q=1$ 时，则称为正面斜等测图。

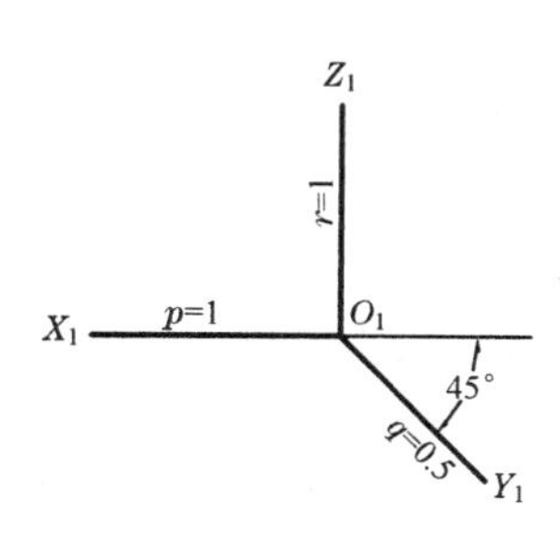

图 7—7　正面斜二测轴间角和伸缩系数

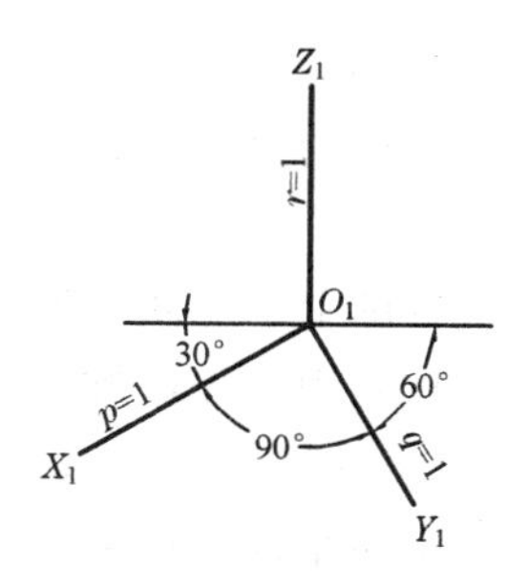

图 7—8　水平斜等测轴间角和伸缩系数

4）水平斜等测图

轴间角　$\angle X_1O_1Y_1=90°$，$\angle X_1O_1Z_1=120°$，135°或 150°

轴向伸缩系数　$p=q=r=1$

如图 7—8 所示，通常使 O_1Z_1 成竖直位置，O_1Y_1 与水平线成 60°，45°或 30°角。当 $p=q=1$，$r=0.5$ 时则称为水平斜二测图。

画图时，应根据不同对象选择相应的轴测图类型，以取得较好的表达效果。

7.2.2　轴测图的画法

以上几种常用轴测图的轴间角及轴向伸缩系数各不相同，但它们的基本画法是相似的。下面介绍四种常用的画法。

1）坐标法

根据物体上各点的坐标，沿轴向度量，画出各点的轴测图，并依次连接，得到物体的轴测图。

例 7—1　已知基础的投影图（图 7—9a），画出它的正等测图。

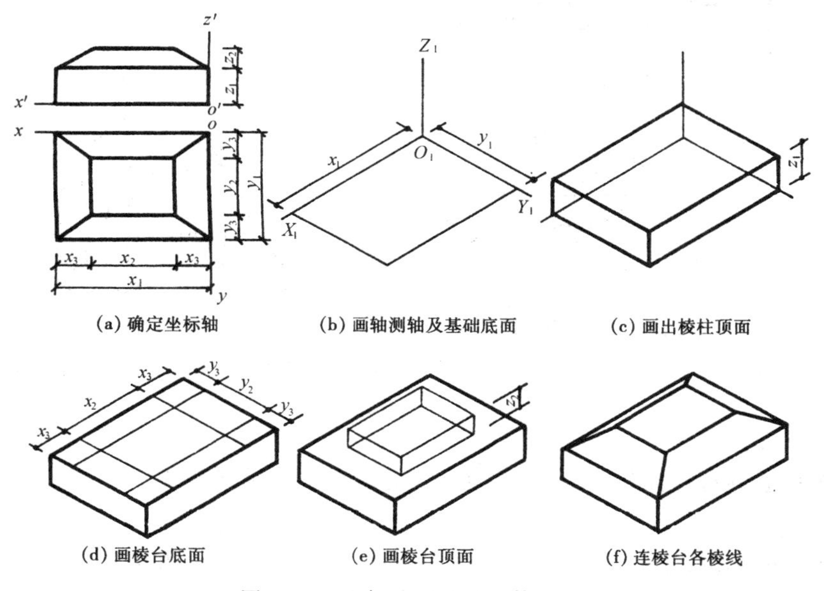

图 7—9　坐标法画基础正等测图

作图步骤如下：

(1) 根据给出的投影图，先对基础进行形体分析。基础由棱柱和棱台组成。可先画棱柱，再画棱台。

(2) 在投影图上确定基础原点和坐标轴的位置，如图 7－9a 所示。

(3) 画棱柱底面。先画轴测轴，然后沿 O_1X_1 方向截取底面长度 x_1，沿 O_1Y_1 方向截取底面宽度 y_1，各引相应平行线，得到棱柱底面(图 7－9b)。

(4) 从底面各个顶点向上引铅垂线，截取棱柱高度 z_1，连各顶点，即得棱柱的正等测图(图 7－9c)。应注意，画轴测图时一般都不画出不可见的图线。

(5) 棱台下底面与棱柱顶面重合，棱台的侧棱为非轴测轴方向，只能先画出它们的两个端点，然后连线。为此，作棱台顶面的四个顶点，先画出它们在棱柱顶面上的投影，在棱柱顶面上分别沿 O_1X_1 方向量取 x_3，x_2，沿 O_1Y_1 方向量取 y_3，y_2，各引相应的平行线，得四个交点(图 7－9d)。

(6) 从所作的四个交点上竖高度 z_2，得棱台高度的四个顶点。连接这四个顶点，得棱台的顶面(图 7－9e)。这种根据一点的 x，y，z 坐标作出轴测图的方法，即为坐标法。

(7) 连接棱台顶面和底面的对应顶点，画出侧棱，完成基础的正等测图(图 7－9f)。

2) 端面法

对于柱类物体，通常是先画出能反映棱柱、圆柱等形状特征的一个可见端面，然后画出可见的其余轮廓线，完成物体的轴测图。

例 7－2 画出图7－10a 所示涵洞洞身的正面斜二测图。

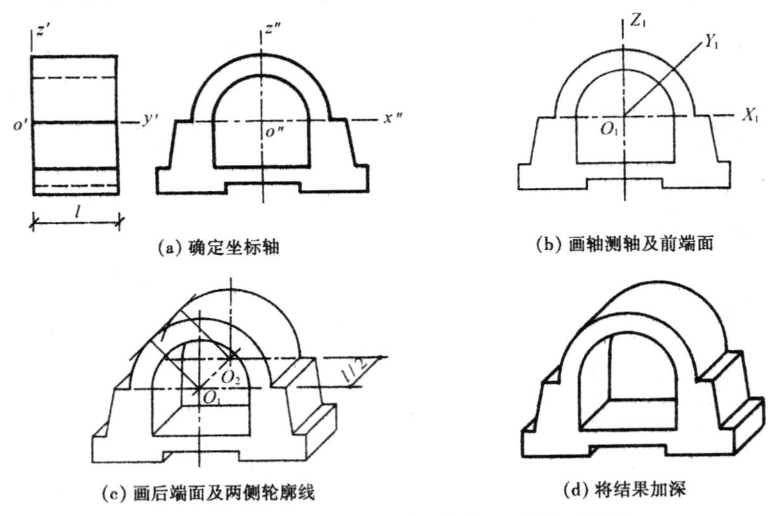

(a) 确定坐标轴　(b) 画轴测轴及前端面　(c) 画后端面及两侧轮廓线　(d) 将结果加深

图 7－10　端面法画涵洞洞身的正面斜二测图

作图步骤如下：

(1) 选取涵洞特征面作为 XOZ 坐标面，使其平行于轴测投影面，定出原点和坐标轴(图 7－10a)。

(2) 画出轴测轴，O_1Y_1 采用向上方倾斜的方向。根据侧面图尺寸，先画反映实形的涵洞洞身前端面(图 7－10b)。

(3) 画后端面。后端面圆弧的圆心 O_2 是过前端面圆心 O_1，引平行于 O_1Y_1 轴的直线，量取 $O_1O_2 = l/2$ 而得。再过前端面每个转折点引平行于 O_1Y_1 轴的直线，与后端面对应的点相连（图 7—10c）。

（4）画洞身圆柱面轮廓线。作前后两端面圆弧的公切线，这条公切线应和 O_1O_2 平行，两切点之间的线段即为洞身上部圆柱面的轮廓线。

（5）加深后得涵洞洞身的正面斜二测图（图 7—10d）。

例 7—3　画出图 7—11a 所示建筑形体的水平斜等测图。作图步骤如下：

（1）在投影图上确定原点和坐标轴，如图 7—11a 所示。

（2）画轴测轴及建筑形体的平面图，因为 O_1X_1 与 O_1Y_1 相互垂直，平面图在 $X_1O_1Y_1$ 坐标面上反映实形。

（3）取 $r=1$，在平面图上直接立高，完成作图（图 7—11b）。

（4）将结果加深，如图 7—11c 所示，得到建筑形体的水平斜等测图。

水平斜轴测图（斜等测或斜二测）常用来画建筑群的鸟瞰图

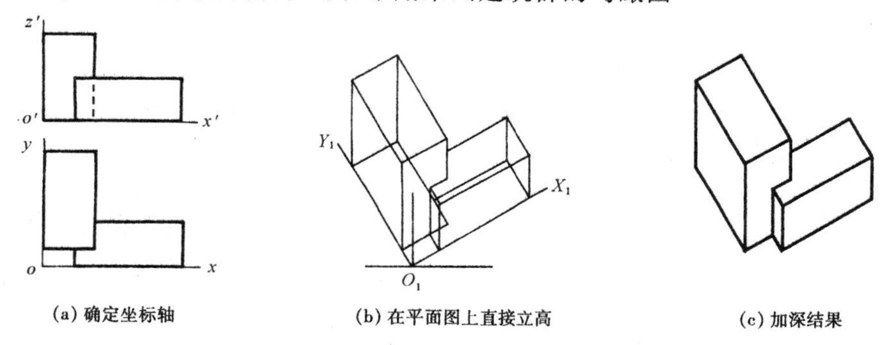

(a) 确定坐标轴　(b) 在平面图上直接立高　(c) 加深结果

图 7—11　端面法画建筑形体的水平斜等测图

3）切割法

对于由基本体切割而成的物体，可先画出基本体，然后进行切割，得出轴测图。

例 7—4　画出图7—12a 所示物体的正等测图。

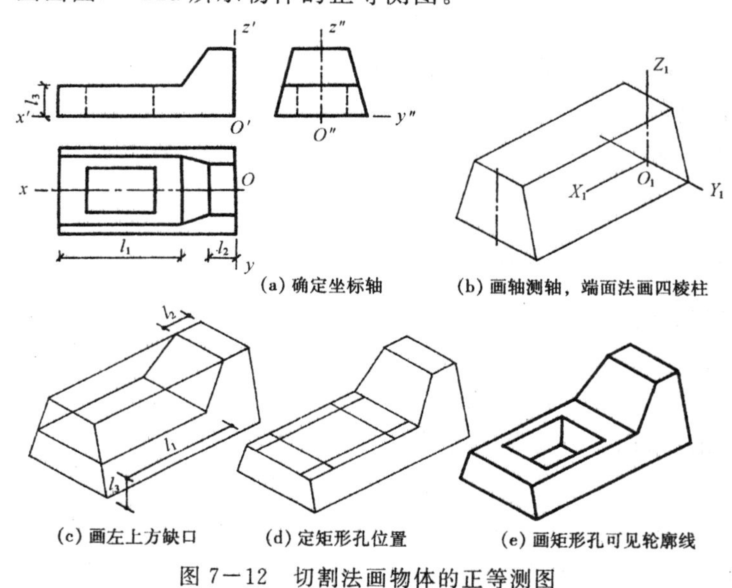

(a) 确定坐标轴　(b) 画轴测轴，端面法画四棱柱

(c) 画左上方缺口　(d) 定矩形孔位置　(e) 画矩形孔可见轮廓线

图 7—12　切割法画物体的正等测图

该物体可看成是一横置的四棱柱，左上方开一缺口，再挖去一矩形孔而成。

作图步骤见图 7－12b～e。注意图 7－12c 中 l_3 应量取垂直高度，即沿平行于轴测轴 O_1Z_1 的方向上度量，最后还应处理好矩形孔切割后的可见轮廓线。

4）叠加法

对于由几个基本体叠加而成的组合体，宜在形体分析基础上，将各基本体逐个画出，最后完成整个物体的轴测图。

例 7－5 作拱门的斜轴测图（图 7－13a）。

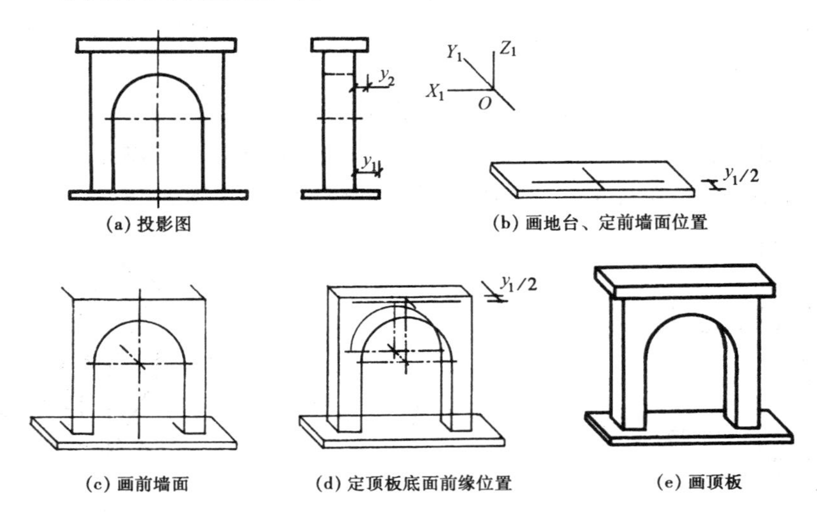

图 7－13 叠加法画拱门的斜二测图

作图步骤如下：

（1）拱门由地台、门身和顶板三部分组成，采用正面斜二测图表示。作轴测图时应注意各部分在 y 方向的相对位置。

（2）先画地台的轴测图，并在地台的对称线上向后量取 $y_1/2$，以定出拱门前墙面的位置（图 7－13b）。

（3）按实形画出前墙面及 y 轴方向线（图 7－13c）。

（4）完成门身的轴测图。注意后墙面半圆拱的圆心位置及半圆拱的可见部分。在前墙面顶部中点作 y 轴方向线，向前量取 $y_2/2$，定出顶板底面前缘的位置（图 7－13d）。

（5）画出顶板，完成轴测图（图 7－13e）。

7.2.3 平行于坐标面的圆的轴测图

1）圆的正等测图

在正等测投影中，由于三个坐标面均倾斜于轴测投影面，圆的正等测投影形状是椭圆，且三个轴测椭圆的大小相等，如图 7－14 所示。

圆的正等测图可以采用菱形法近似画出，它是用四段圆弧近似地代替椭圆弧，可大大提高画图速度。作图方法如图 7－15 所示，首先画出圆的外切正方形的轴测图——菱形；然后过菱形各边中点 A_1，B_1，C_1，D_1 作垂线，得到交点 1，2，3，4，其中 1，2 两点正好为菱形的一对顶点；以 1，2 为圆心，$1A_1$ 为半径，画圆弧 $\overset{\frown}{A_1C_1}$，$\overset{\frown}{B_1D_1}$，再以 3，4 为圆心，$3A_1$

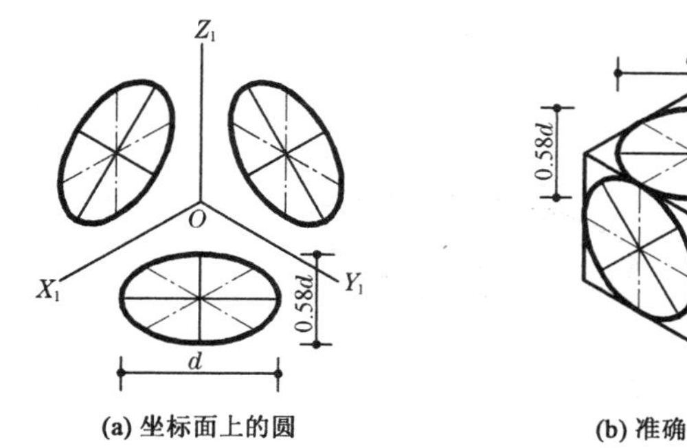

(a) 坐标面上的圆

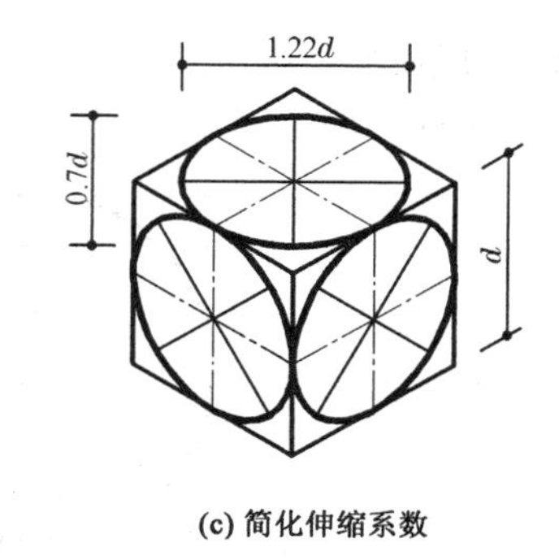

(c) 简化伸缩系数

(b) 准确伸缩系数

图 7－14　平行于坐标面的圆的正等测图

为半径，画圆弧$\widehat{A_1D_1}$，$\widehat{B_1C_1}$，即完成作图。这样画出的椭圆，又称四圆心法椭圆。

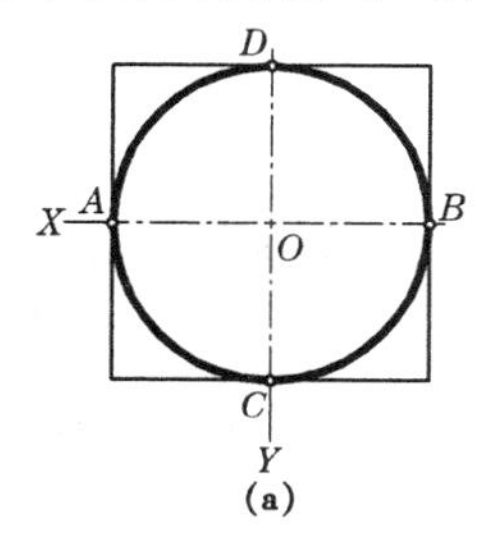

(a)

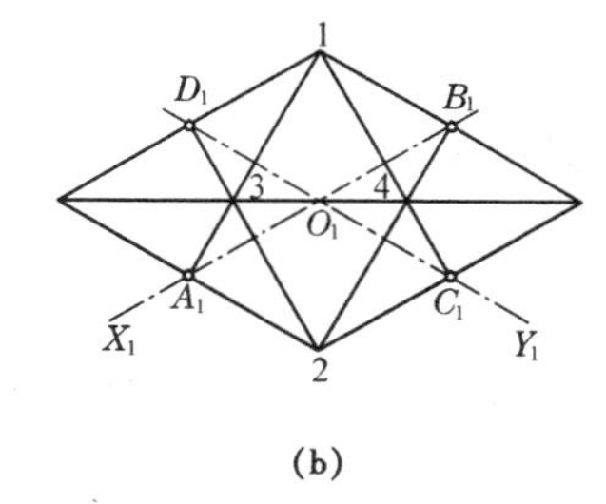

(b)

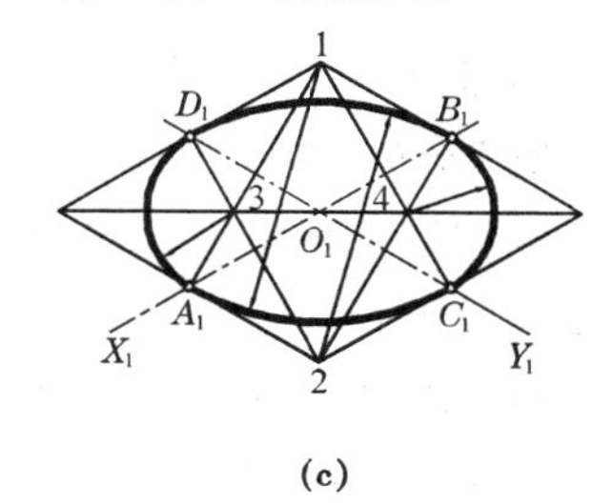

(c)

图 7－15　菱形法画近似椭圆

一般的圆角，正好是圆周的四分之一，所以它们的轴测图正好是近似椭圆四段弧中的一段，图 7－16 表示出了圆角的正投影与其正等测图的关系。

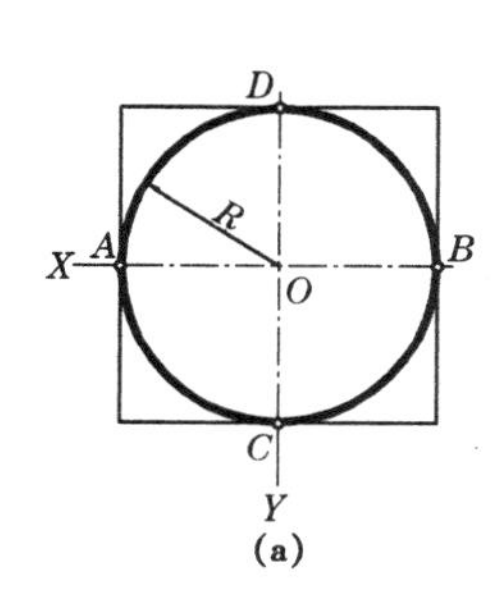

(a)

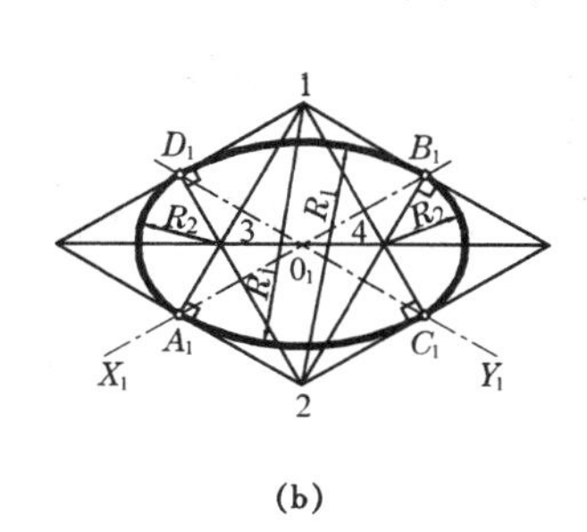

(b)

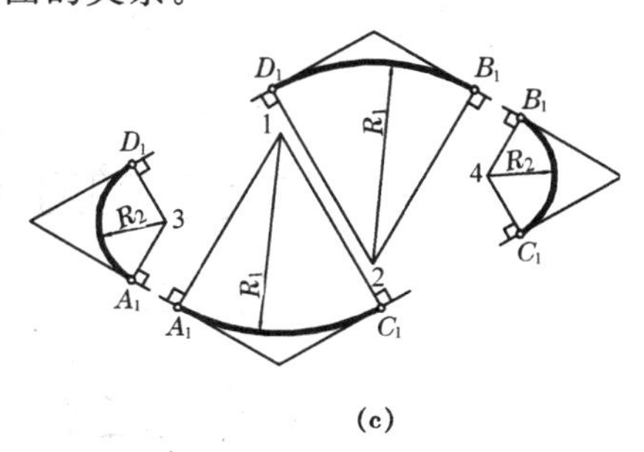

(c)

图 7－16　正等测图中圆角的画法

2）圆的斜二测图

正面斜二测的轴测投影面和正立面平行，所以正平面上圆的轴测投影仍然是圆，水平面和侧平面上圆的轴测投影为椭圆（见图 7－17）。

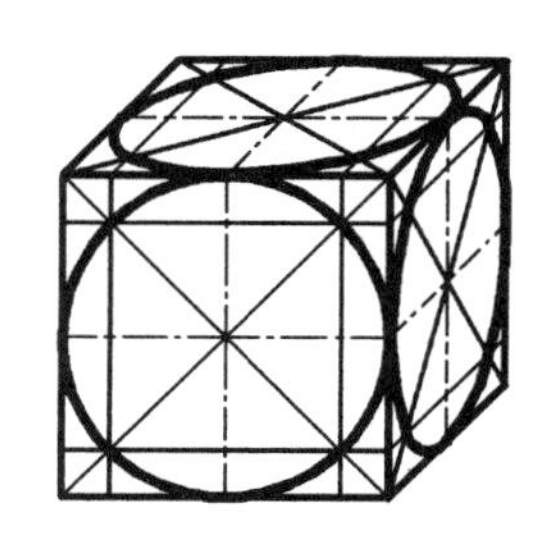

图 7－17　圆的正面斜二测图

圆的斜二测图可以采用八点法画出，借助圆的外切正方形的轴测图，定出属于椭圆上的八个点。作图方法如图 7－18 所示，首先画出圆的外切正方形的轴测图——平行四边形，四边形各边的中点 A_1，B_1，C_1 和 D_1 应当是椭圆上的点；点 $Ⅰ_1$，$Ⅱ_1$，$Ⅲ_1$，$Ⅳ_1$ 是正方形对角线与圆周交点的轴测图。其作图方法如图 7－18b

所示，把前后所得的八个点依次光滑连接起来，就得到所求的椭圆。

这种方法适用于作圆的任何类型的轴测图。

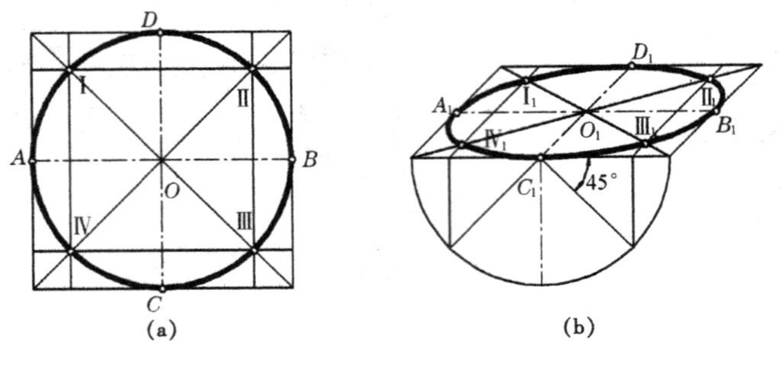

图 7—18　八点法画椭圆

3）曲面体的轴测图

例 7—6　画出图7—19a 所示物体的轴测图。

该物体在正平面和水平面上均有圆、半圆及四分之一圆弧，宜采用正等测图表达。作图步骤如下：

(1) 画出底板和竖板的方形轮廓，定出竖板上半圆柱和圆孔以及底板上圆孔和圆角的中心位置，如图 7—19b。

(2) 采用菱形法画出竖板前端面半圆，并用移心法画出竖板后端面的可见部分，如图 7—19b。竖板上圆孔用同样方法画出，如图 7—19c。

(3) 采用图 7—16 的方法画出底板上的两个圆角，如图 7—19c 所示。

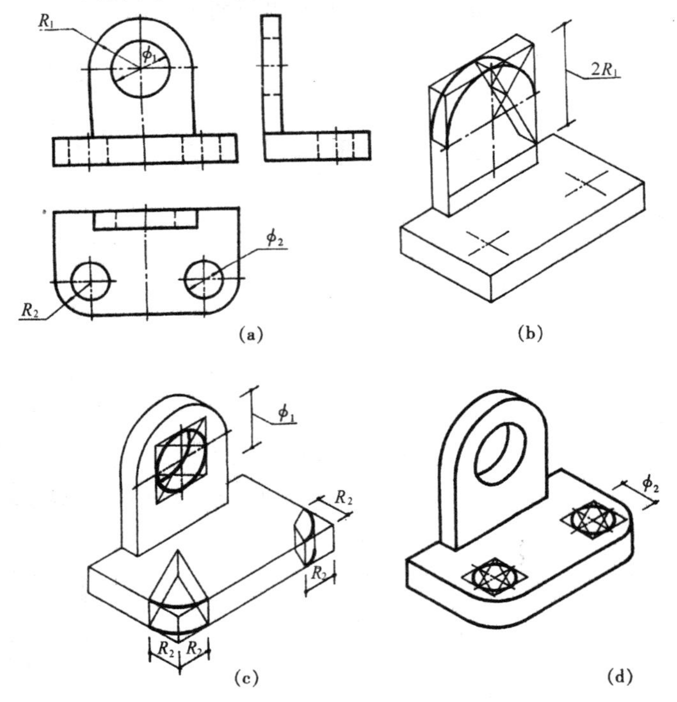

图 7—19　两个坐标面均有圆的曲面体正等测图

(4) 画出底板上的两个圆孔，如图 7－19d 所示。

(5) 处理好竖板圆柱面和底板圆角的轮廓线，最后加深完成全图。

7.2.4 轴测图的剖切

在轴测图中，有时为了表示物体的内部构造情况，常常在轴测图上采用剖切的方法，移去物体的某一部分，以显示物体的内部结构。

画轴测剖切图的方法一般是先画出物体完整的外形，然后用平行于坐标面的平面进行剖切，补画出经剖切后内部的可见轮廓线，并画出剖切断面的材料图例。

如图 7－20a 为一钢筋混凝土基础的投影，画其轴测剖切图的步骤如下：

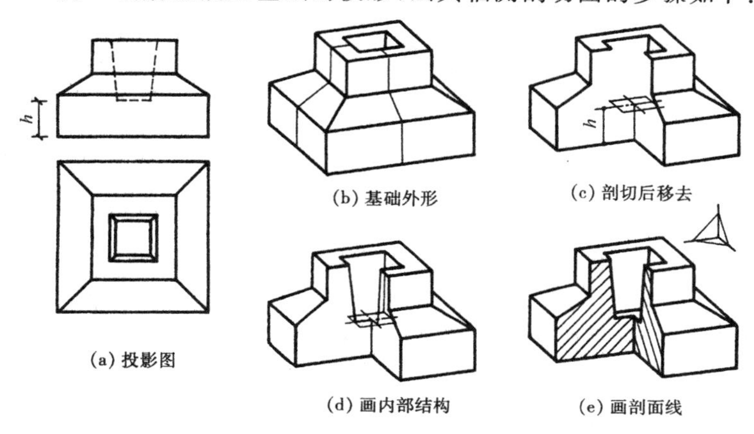

图 7－20　杯形基础的轴测剖切图

(1) 画出整个基础的正二测图，如图 7－20b 所示。

(2) 为了看清杯口的形状和深度，沿对称平面将基础剖开，切去 1/4(图 7－20c)。

(3) 画出内部显露的轮廓线，如杯口、杯口侧面与剖切平面交线等(图 7－20d)。

(4) 在剖切断面范围内画出剖面线或材料图例，完成全图(图 7－20e)。

剖面线应按其断面所在坐标面的位置绘制，正等测、正二测和正面斜二测图中各坐标面上剖面线的方向如图 7－21 中所画出的细实线所示。

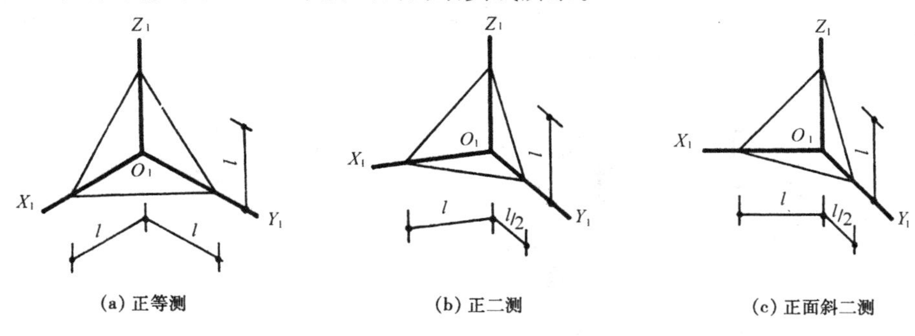

图 7－21　轴测剖切图中剖面线方向

在表示一个区域中各建筑物、道路、设施等平面位置及相互关系，或一个建筑物的内部布置时，常用水平轴测图，或在水平轴测图的基础上，进行适当剖切。

图 7－22a 为一房屋，采用水平面作为剖切平面，将房屋的下部画成斜等测图。

作图步骤如下：

(1) 先画断面。把平面图旋转 30°后画出，然后过各个角点往下画高度线，画出屋内外的墙脚线，应注意室内外地面标高的不同(图 7—22b)。

(2) 画门窗洞、窗台和台阶，完成轴测图(图 7—22c)。

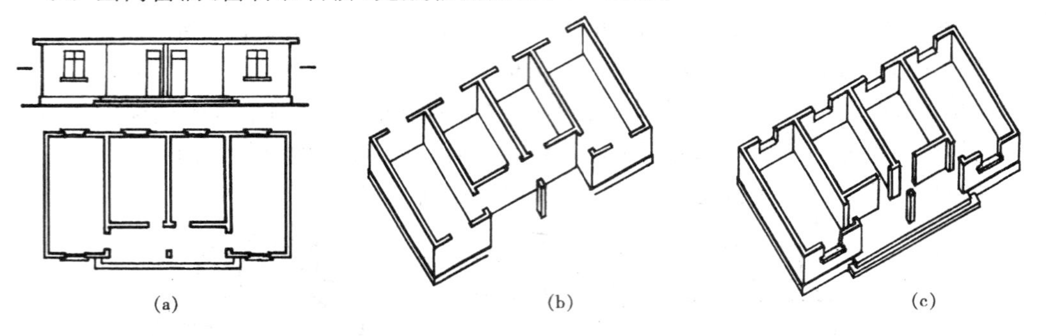

图 7—22 房屋水平剖切的斜等测图

7.3 轴测图的选择

在绘制轴测图时，首先要解决的是选用哪种轴测图来表达物体，轴测图类型的选择直接影响到轴测图的效果。轴测图类型确定后还要考虑投影方向，使需要表达的部分最为明显。总之，应以立体感强和作图简便为原则。

7.3.1 轴测类型的选择

选择时，一般应优先考虑采用正等测图，尤其是物体上与坐标面平行的各表面有圆、半圆或圆角时，更宜采用正等测图，如图 7—19 的情况。正面斜二测图则适用于和某一坐标面平行的平面图形比较复杂的物体，如图 7—10 的情况。

在正投影图中，如果物体的表面有和正立面、水平面成 45°的平面，或在正投影图中物体的交线位于和水平方向成 45°的平面内，宜采用斜二测图或正二测图，以避免轴测图中直线及平面出现积聚或重叠现象，从而影响轴测图的立体感。如图 7—23 所示，这种情况下正二测图比正等测图的立体感好。

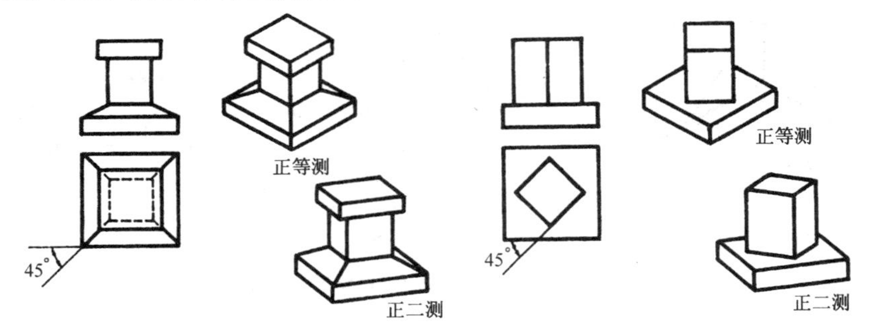

(a) 避免转角交线投影成直线　　(b) 避免投影成左右对称图形

图 7—23 选择合适的轴测类型

7.3.2 投影方向的选择

在决定了轴测图的类型以后，还需根据物体的形状选择一适当的投影方向，使轴测图能清楚地反映物体所需表达的部分。常用的方向有如图 7－24 所示的四种：图 7－24b 是从物体的左、前、上方向右、后、下方投影所得的图形，图 7－24c 是从物体的右、前、上方向左、后、下方投影所得的图形，图 7－24d 是从物体的左、前、下方向右、后、上方投影所得的图形，图 7－24e 是从物体的右、前、下方向左、后、上方投影所得的图形。很明显就本例而言，选择图 7－24b 的投影方向所绘制的轴测图效果是比较好的。

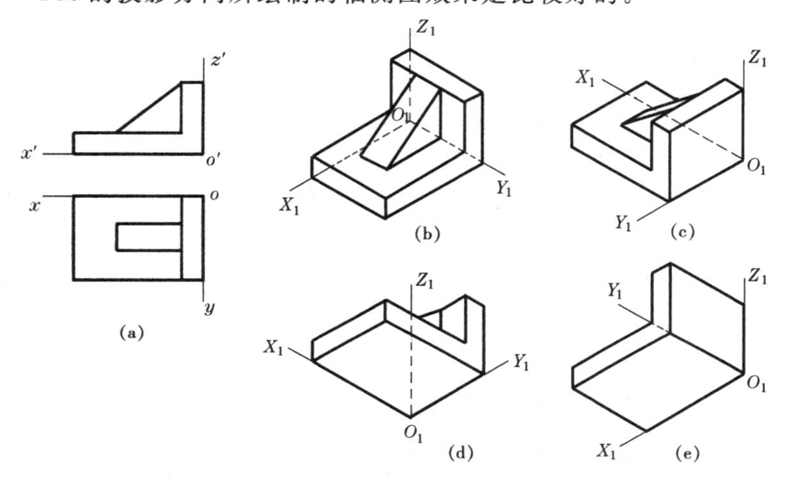

图 7－24 选择合适的投影方向

7.3.3 三种轴测图的比较

正面斜二测图有一个坐标面与投影面平行，平行于这个坐标面的几何图形的轴测投影反映实形，对于有一个面形状复杂或圆弧较多的物体，宜采用斜二测图，可使作图简便。按人的视觉效果来衡量，正轴测图优于斜轴测图，而正二测图又分别优于正等测图和斜二测图。但正二测图的轴测轴不能利用三角板上的现成角度直接画出，且圆的投影作图较繁，因而较少采用。常用的是正等测图和斜二测图。

8 透视投影

8.1 透视投影的基本知识

8.1.1 透视图的形成

当人们站在街道上向远处眺望，就会发现两旁建筑物上原本等宽的墙面、道路上原本等宽的路面以及路边原本等高的电杆，变得近宽远窄或近高远低，桥两边原来平行的栏杆伸向远处，几乎集中于一点。这种近大远小的现象称为透视现象，它是人类视觉印象的一种特性（如图 8—1 所示）。

所谓透视投影，就是以人眼为投影中心的中心投影，它是人们观看物体时，将视线与画面的交点顺次连接而形成的图形。透视投影图简称透视图。

图 8—1 透视图的特点

由于透视图形象生动逼真，符合人们的视觉印象，在建筑设计过程中，常常需要绘制建筑物的透视图，来研究建筑物的空间造型和立面处理；在道路工程中，也常利用透视图进行选线规划。此外，透视图也常用于艺术造型、广告设计等方面。

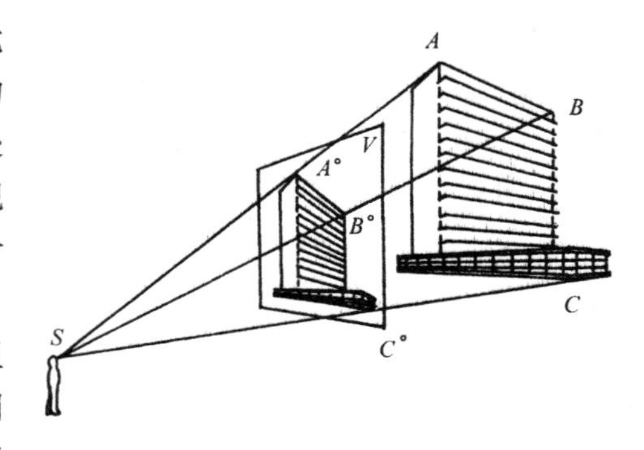

图 8—2 透视图的形成

透视图和轴测图一样，都是单面投影图，但轴测图是用平行投影法绘制的，而透视图则是用中心投影法绘制的，更接近人们的视觉印象，因此透视图的立体感更强，但作图较繁琐、度量性较差，工程中一般只作为辅助图样。

如图 8—2 所示，假想在观察者与建筑物之间设立一个直立平面 V 作为投影面，在透视投影中这个投影面称为画面；投影中心就是观察者的眼睛，在透视投影中称为视点；投射线就是通过视点 S 与建筑物上各特征点的连线，如 SA，SB，…，在透视投影中称为视线。很明显，在作透视图时应逐一求出各视线 SA，SB，…与画面 V 的交点 A°，B°，…，这就是建筑物上各特征点 $A,B,\cdots$ 的透视。将建筑物上各特征点的透视顺次连接，就得到该建筑物的透视图。

8.1.2 常用术语

在透视投影中，常用到一些专门的术语，弄清它们的确切含意将有助于进一步学习透视作图。如图 8—3 所示，透视投影的基本术语如下：

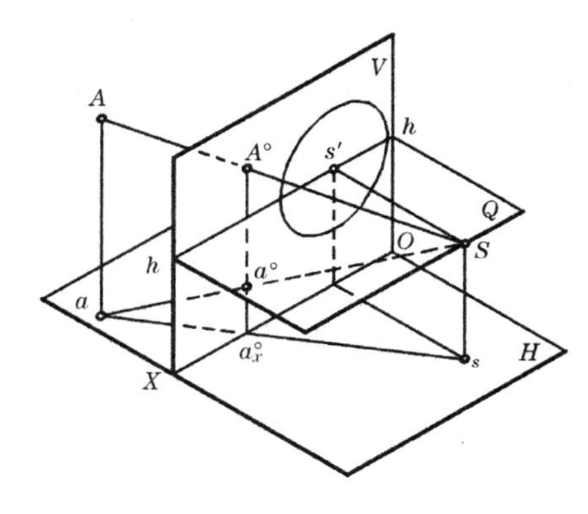

图 8—3 常用术语

画面——绘制透视图的投影平面，一般以正立投影面 V 作为画面；

基面——观察者站立的地面，也是放置建筑物的平面，一般以水平投影面 H 作为基面；

基线——画面与基面的交线 OX；

视点——眼睛所在的位置，即投影中心，用大写字母 S 表示；

主视线——通过视点且与画面垂直相交的视线；

主点——主视线与画面的交点，即视点 S 在画面 V 上的正投影 s'；

站点——视点 S 在基面 H 上的正投影 s，相当于观看建筑物时人的站立点；

视平面——过视点 S 所作的水平面 Q；

视平线——视平面与画面的交线，即在画面 V 上，通过主点 s' 与基线平行的直线，以 $h—h$ 表示；

视高——视点 S 到基面 H 的距离，即人眼的高度 Ss；

视距——视点 S 到画面 V 的距离 Ss'；

视锥——以视点为顶点和主视线为轴的正圆锥；

视圆——视锥与画面的交线。

在图 8—3 中，空间点 A 与视点 S 的连线称为视线，视线 SA 与画面 V 的交点 A°，就是空间点 A 的透视。点 a 是空间点 A 在基面上的正投影，称为点 A 的基点，基点 a 的透视 a°，称为点 A 的基透视(或次透视)。

8.2 点、直线和平面的透视投影

8.2.1 点的透视投影

1) 点的透视投影仍然为一点

点的透视就是过该点的视线与画面的交点。如图 8—4 所示，若空间点 A 在画面之后，视线 SA 与画面的交点 A°就是 A 点的透视；若空间点 B 在画面之前，延长视线 SB 使其与画面相交，交点 B°即为 B 点的透视；若空间点 C 在画面上，点的透视 C°与空间点 C 重合；若空间点与画面的距离等于视距时，视线与画面平行，它与画面没有交点，该点的透视在无穷远处。

2）点的透视作图

如图 8－5a 所示，已知 A 点的正面投影 a' 和水平投影 a、视点 S 的正面投影 s' 和水平投影 s，由于投射线 Aa 垂直于基面，则自视点 S 引向 Aa 线上各点视线所形成的平面 SAa 垂直于基面，由于画面也垂直于基面，因此平面 SAa 与画面的交线 $A^\circ a^\circ$ 必垂直于基面，即垂直于基线，可见一点的透视与基透视位于同一条铅垂线上。

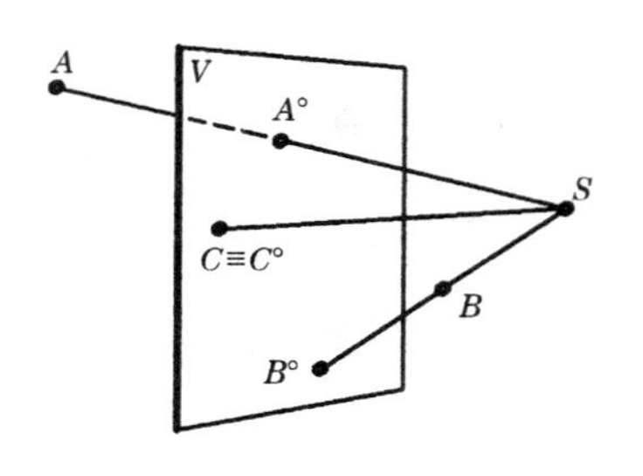

图 8－4　点的透视

A 点的透视 A° 与其基透视 a° 的连线 $A^\circ a^\circ$，其长度称为 A 点的透视高度，它是点 A 的实际高度 Aa 的透视，一般情况下不与实际高度相等。

透视作图时需要把画面 V 和基面 H 展开，如图 8－5b 所示分开放置，但应上下对齐。通常不画边框线，所以一般在图面上只需画出视平线 $h-h$，基面位置线 $o'x'$，画面位置线 ox，如图 8－5c 所示。

点的透视作图，实际上是作直线（视线）与平面（画面）的交点。

求点的透视与基透视的作图过程如下：先连接 $s'a'$，$s'a'_x$，再连 sa 交 ox 于 a°_x，过 a°_x 引 $o'x'$ 的垂线交 $s'a'$ 于 A°，交 $s'a'_x$ 于 a°，则分别得到 A 点的透视与基透视。

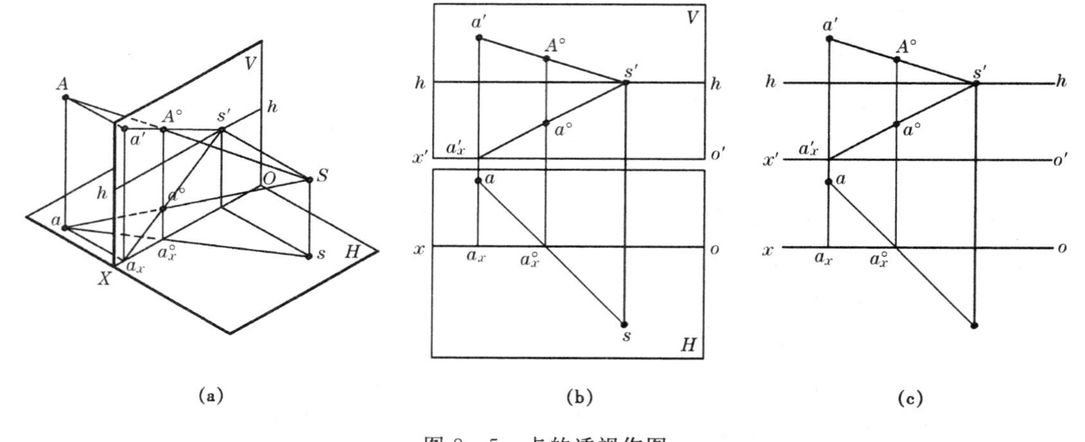

(a)　　(b)　　(c)

图 8－5　点的透视作图

8.2.2　直线的透视投影

1）直线的透视特性

（1）直线的透视及基透视，一般情况下仍是直线。当直线通过视点时，其透视为一点，其基透视仍是直线；当直线在画面上时，其透视即为自身。

如图 8－6 所示，AB 为一般位置直线，视线组成的平面 SAB 与画面 V 相交，交线 $A^\circ B^\circ$ 即为 AB 的透视，同理 Sab 与画面 V 的交线 $a^\circ b^\circ$ 即为 AB 的基透视。

当直线 CD 通过视点时，如图 8－7 所示，其透视 $C^\circ D^\circ$ 重合成一点，但其基透视 $c^\circ d^\circ$ 仍然是一段直线，且与基线相垂直。

（2）直线上的点，其透视与基透视分别在该直线的透视与基透视上。直线上等长的线段，距视点越远，其透视越短，即近大远小。

如图 8－6 所示，由于视线 SM 包含在视线平面 SAB 内，所以 SM 与画面的交点即点 M 的透视 M°，必位于平面 SAB 与画面的交线即 AB 的透视 $A^{\circ}B^{\circ}$ 上；同理，基透视 m° 位于 AB 的基透视 $a^{\circ}b^{\circ}$ 上。

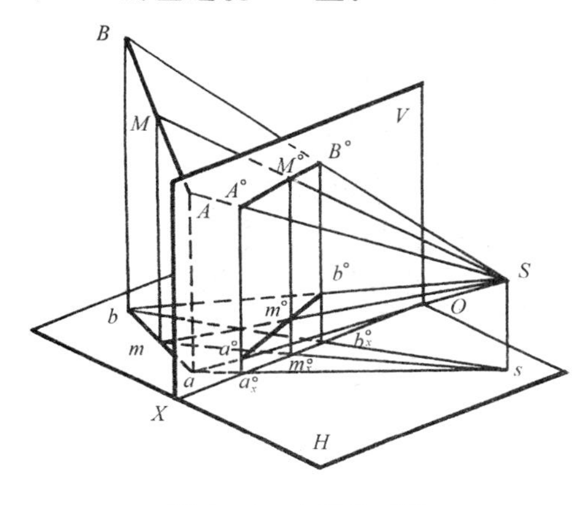

图 8－6　直线的透视

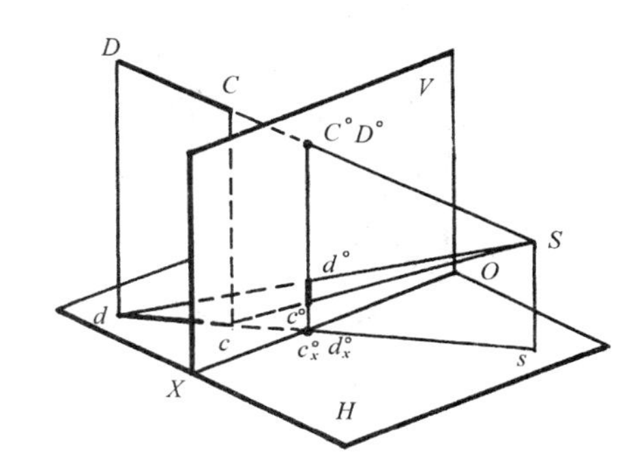

图 8－7　直线通过视点

由图 8－6 还可看出，点 M 本是 AB 线段的中点，即 $AM=MB$，但由于 MB 比 AM 距视点较远，以致它们相应的透视长度 $A^{\circ}M^{\circ}>M^{\circ}B^{\circ}$，即同一条直线上等长的线段，其对应透视近长远短，这也反映了透视图近大远小的特征。

（3）直线的迹点与灭点。

直线与画面的交点称为直线的画面迹点，简称迹点。迹点的透视即为其本身，其基透视则在基线上。直线的透视必通过直线的画面迹点，直线的基透视必通过该迹点在基面上的正投影。

图 8－8 中，将直线 AB 延长，使与画面相交，画面迹点 N 的透视即为其自身，故直线 AB 的透视 $A^{\circ}B^{\circ}$ 通过迹点 N。迹点的基透视 n 即为迹点 N 在基面上的正投影，亦即直线的水平投影 ab 与画面的交点，且在基线上，所以将直线的基透视 $a^{\circ}b^{\circ}$ 延长，必通过迹点 N 的基面投影 n。

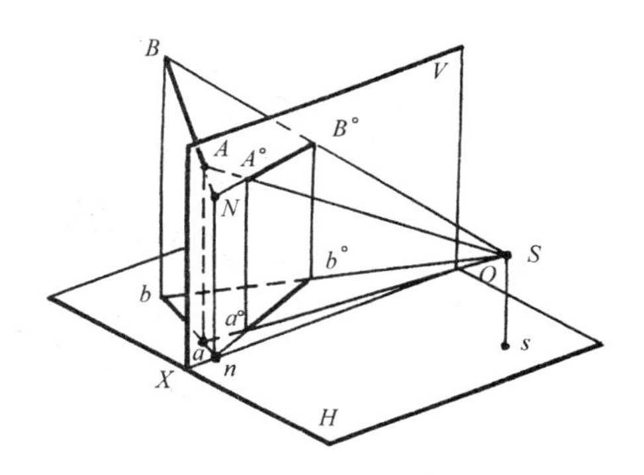

图 8－8　直线的迹点

直线上离画面无穷远点的透视，称为直线的灭点，直线的透视延长后一定通过灭点。如图 8－9 所示，欲求直线 AB 上无穷远点的透视，应先通过视点 S 作视线与 AB 平行，该视线与画面的交点 F 称为直线的灭点，直线 AB 的透视 $A^{\circ}B^{\circ}$ 延长后一定通过灭点 F。同样，可求得直线在基面上投影 ab 上距画面无穷远点的透视 f，称为基灭点，因为平行于 ab 的视线只能是水平线，基灭点 f 一定位于视平线 $h-h$ 上，直线 AB 的基透视 $a^{\circ}b^{\circ}$ 延长，必然指向基灭点 f。基灭点 f 与灭点 F 处于同一条铅垂线上，即 $Ff\perp hh$。

把直线的迹点和灭点相连可得直线的全长透视。直线上点（位于画面后的点）的透视必在直线的全长透视上。

（4）互相平行的画面相交线，其透视相交于同一个灭点。

如图 8－10 所示，一般位置线 $AB/\!/CD$，直线的端点 B，D 在画面上，即为直线迹点，

其透视 B°，D°分别与 B，D 重合，过视点 S 作视线与 AB，CD 平行，视线与画面交于 F，点 F 为此两平行线的共同灭点，另一端点 A 和 C 的透视 A°，C°，必在直线 AB，CD 的全长透视 FB°和 FD°上，所以空间互相平行的直线，其透视相交于同一个灭点。

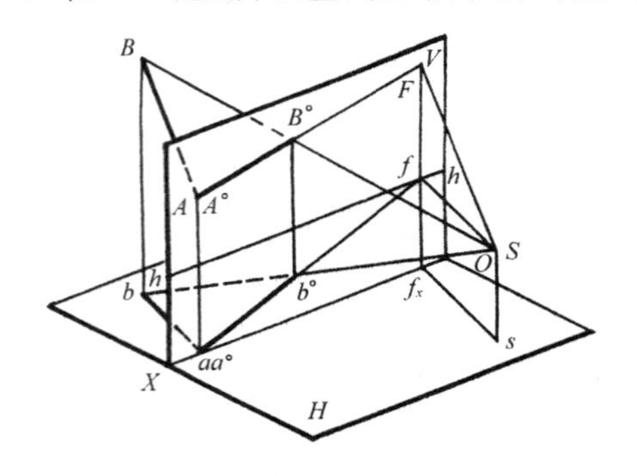

图 8－9　直线的灭点

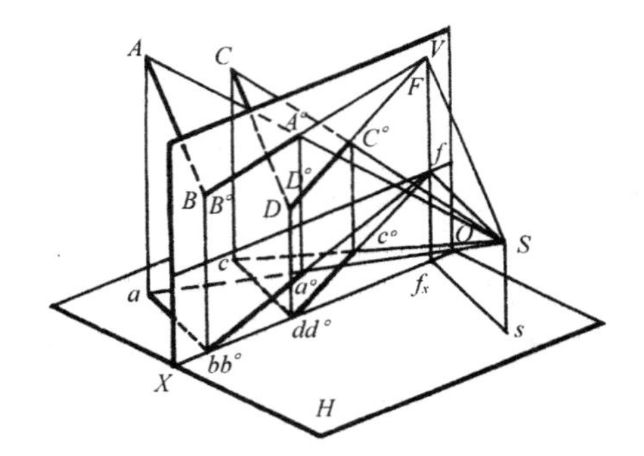

图 8－10　平行直线具有共同的灭点

（5）画面平行线的透视和直线本身平行，互相平行的画面平行线，它们的透视亦互相平行。

如图 8－11 所示，已知 $AB \parallel CD$，且 AB，CD 平行于画面，其透视分别为 $A^{\circ}B^{\circ}$和 $C^{\circ}D^{\circ}$，由于 $AB \parallel V$，所以 $AB \parallel A^{\circ}B^{\circ}$，同理 $CD \parallel C^{\circ}D^{\circ}$，又因为 $AB \parallel CD$，所以$A^{\circ}B^{\circ} \parallel C^{\circ}D^{\circ}$。

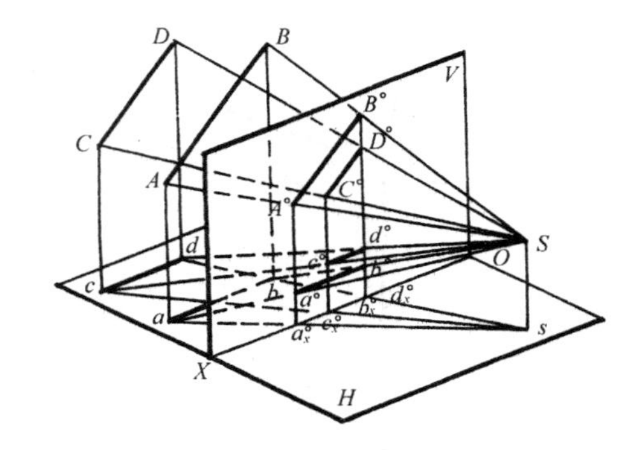

图 8－11　互相平行的画面平行线

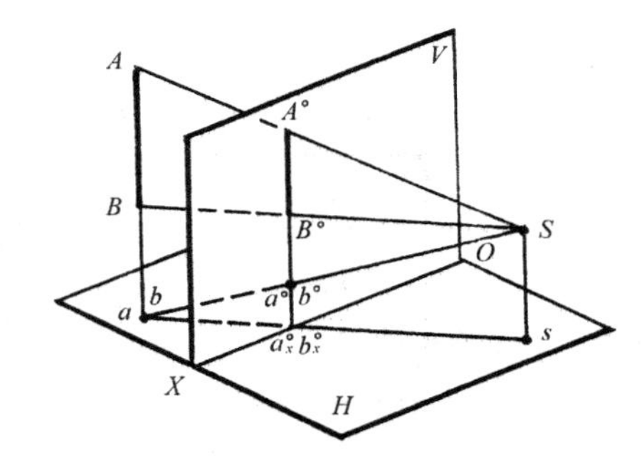

图 8－12　铅垂线的透视

（6）铅垂线的透视仍为铅垂线。

如图 8－12 所示，已知铅垂线 AB，其透视为 $A^{\circ}B^{\circ}$，因为过视点 S 的视线平面 SAB 垂直于基面 H，且画面 V 与基面 H 垂直，所以视线平面 SAB 与画面 V 的交线 $A^{\circ}B^{\circ}$必然垂直于基线 OX。

2）直线的透视作图

（1）画面平行线　有三种形式：

① 基面垂直线（铅垂线）的透视作图

在图 8－13a 中，$AB \perp H$，已知视点 S 和直线 AB 的 V 面投影和 H 面投影，求作 AB 的透视。

在 V 面上连 $s'a'$和 $s'b'$，在 H 面上连 $sa(b)$，交 ox 轴于 $a_x^{\circ}(\equiv b_x^{\circ})$，过 $a_x^{\circ}(\equiv b_x^{\circ})$作 ox 轴垂线，与 $s'a'$交于 A°，与 $s'b'$交于 B°，$A^{\circ}B^{\circ}$即为基面垂直线 AB 的透视，$a^{\circ}b^{\circ}$为基透视，

如图 8－13b 所示，且$A°B° \perp ox$。

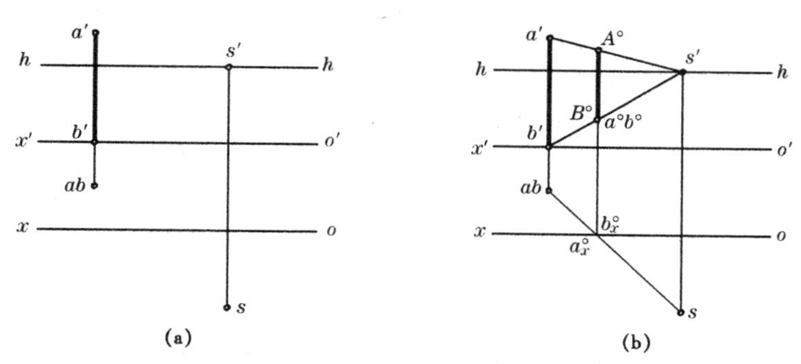

图 8－13　铅垂线的透视作图

② 倾斜于基面的画面平行线（正平线）的透视作图

在图 8－14a 中，$CD /\!/ V$，已知视点 S 和直线 CD 的 V 面投影和 H 面投影，求作 CD 的透视。

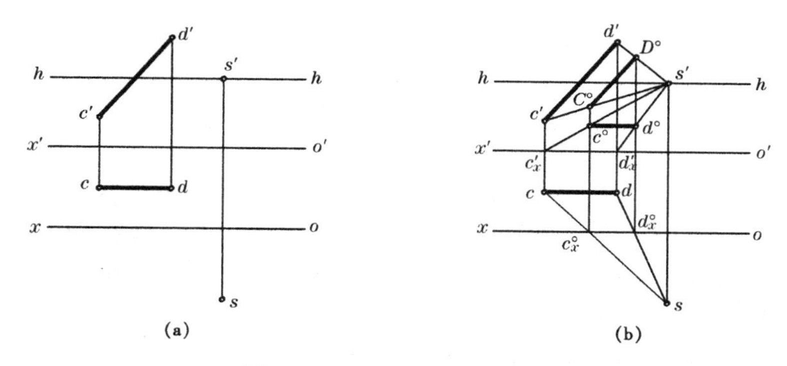

图 8－14　正平线的透视作图

在 V 面上连 $s'c'$，$s'd'$ 和 $s'c'_x$，$s'd'_x$，在 H 面上连 sc 和 sd，交 ox 轴于 c°_x 和 d°_x，过 c°_x 作 ox 轴垂线，交 $s'c'$ 于 $C°$，交 $s'c'_x$ 于 $c°$，过 d°_x 作 ox 轴垂线，交 $s'd'$ 于 $D°$，交 $s'd'_x$ 于 $d°$，$C°D°$ 即为 CD 的透视，$c°d°$ 为基透视，如图 8－14b 所示，且 $c°d° /\!/ ox$。

③ 基线平行线（侧垂线）的透视作图

在图 8－15a 中，$EG /\!/ OX$，已知视点 S 和直线 EG 的 V 面投影和 H 面投影，求作 EG 的透视。

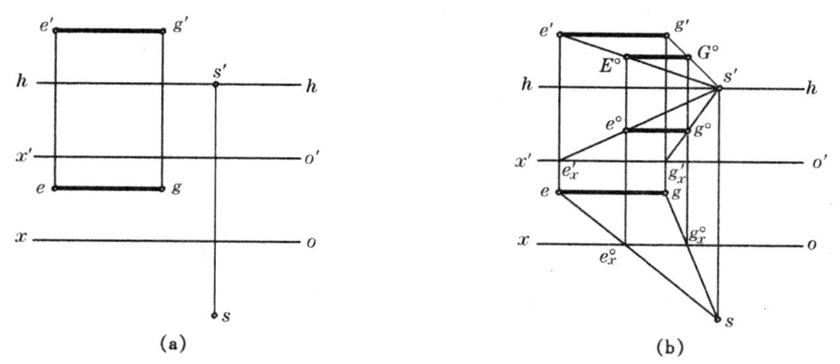

图 8－15　侧垂线的透视作图

在 V 面上连 $s'e'$，$s'g'$ 和 $s'e'_x$，$s'g'_x$，在 H 面上连 se 和 sg 与 ox 轴交于 e°_x 和 g°_x，过 e°_x 作 ox 轴垂线，交 $s'e'$ 于 E°，交 $s'e'_x$ 于 e°，过 g°_x 作 ox 轴垂线，交 $s'g'$ 于 G°，交 $s'g'_x$ 于 g°，$E^\circ G^\circ$ 即为 EG 的透视，$e^\circ g^\circ$ 为基透视，如图 8－15b 所示，$E^\circ G^\circ /\!/ e^\circ g^\circ /\!/ ox$，且 $E^\circ G^\circ = e^\circ g^\circ$。

(2) 画面相交线　也有三种形式：

① 垂直于画面的直线（正垂线）的透视作图

在图 8－16a 中，$AB \perp V$，已知视点 S 和直线 AB 的 V 面、H 面投影，求作 AB 的透视。

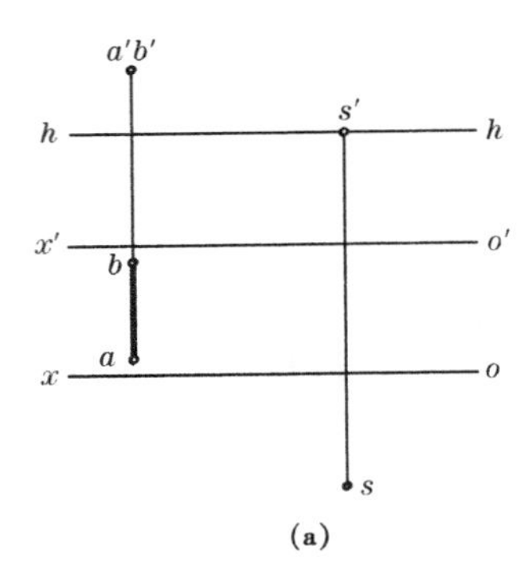

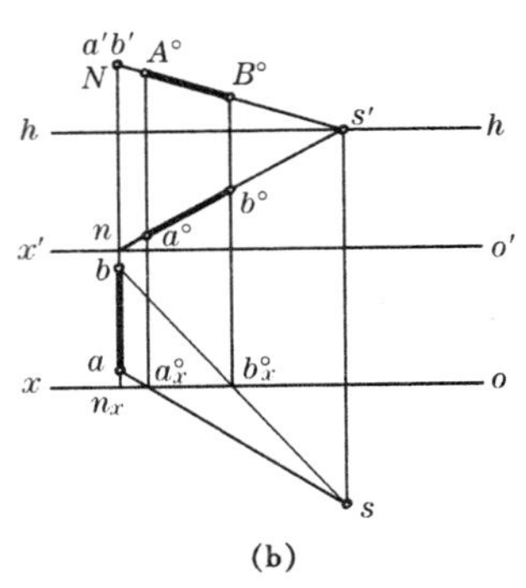

图 8－16　正垂线的透视作图

在 H 面上延长 ba 交 ox 于 n_x，在 V 面上得迹点的基透视 n，画面迹点 N 与 $a'(b')$ 重合。正垂线的灭点即主点 s'。在 V 面上连 $s'n$ 和 $s'N$，在 H 面上连 sa 和 sb，分别交 ox 轴于 a°_x 和 b°_x，过 a°_x 作 ox 轴垂线交 $s'N$ 于 A°，交 $s'n$ 于 a°，过 b°_x 作 ox 轴垂线交 $s'N$ 于 B°，交 $s'n$ 于 b°，$A^\circ B^\circ$ 即为 AB 的透视，$a^\circ b^\circ$ 为基透视，如图 8－16b 所示。

nN 称为真高线，它真实反映了线段 AB 与 H 面的垂直距离。

② 平行于基面的画面相交线（水平线）的透视作图

在图 8－17a 中 $CD /\!/ H$，已知视点 S 和直线 CD 的 V 面、H 面投影，求作 CD 的透视。

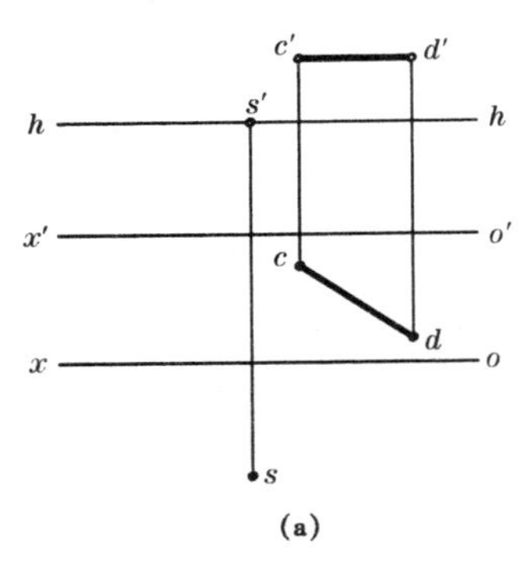

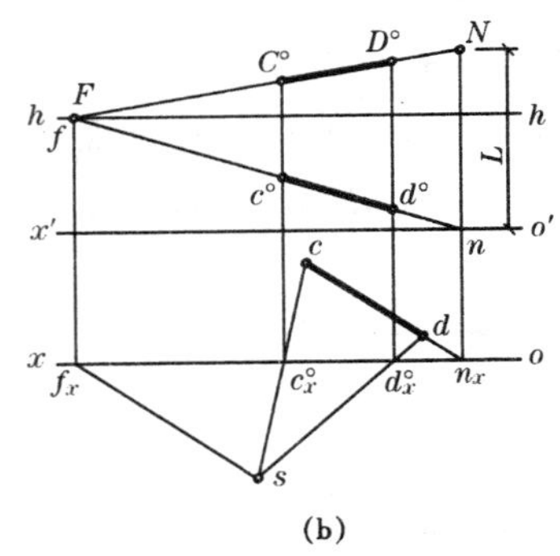

图 8－17　水平线的透视作图

如图 8－17b 所示，在 H 面上过 s 作直线平行 cd，与 ox 轴交于 f_x，再过 f_x 作 ox 轴垂线，因为基面平行线的灭点必在视平线 $h-h$ 上，垂线与视平线交点即直线 CD 的灭点 F，且灭点 F 与基灭点 f 重合（$F \equiv f$）。延长 cd，交 ox 轴于 n_x，在画面 V 的 $o'x'$ 轴上得

CD 直线的迹点的基透视 n，过 n 作 $o'x'$ 轴垂线即真高线，并在其上量取 CD 直线的高度 L，使 $nN=L$，则 N 为 CD 直线迹点的透视。连 FN，fn，得全长透视，然后在 H 面上连 sc 和 sd，分别与 ox 轴交于 c_x° 和 d_x°，过 c_x° 和 d_x° 作垂线，在 FN，fn 上分别得到 C°，c° 和 D°，d°，则 $C^\circ D^\circ$ 为 CD 的透视，$c^\circ d^\circ$ 为基透视。

在图 8－18a 所示透视图中，由于 $A^\circ D^\circ$ 和 $B^\circ C^\circ$ 汇交于视平线上同一灭点 $F \equiv f$，所以空间直线 AD 和 BC 为互相平行的水平线，$A^\circ B^\circ$ 和 $D^\circ C^\circ$ 则是两条铅垂线 AB 和 DC 的透视，因此 $A^\circ B^\circ C^\circ D^\circ$ 为一矩形的透视，矩形的两对边 AB，DC 是等高的，由于 AB 是位于画面上的铅垂线，其透视 $A^\circ B^\circ$ 反映 AB 的真实高度，而 CD 是画面后的直线，其透视 $C^\circ D^\circ$ 不能直接反映真高，但可以通过画面上的 $A^\circ B^\circ$ 确定它的真高。反之，可以利用真高线，通过 D 点的基透视 d°，作出位于铅垂线上的 D 点的透视 D°，如图 8－18b 所示。

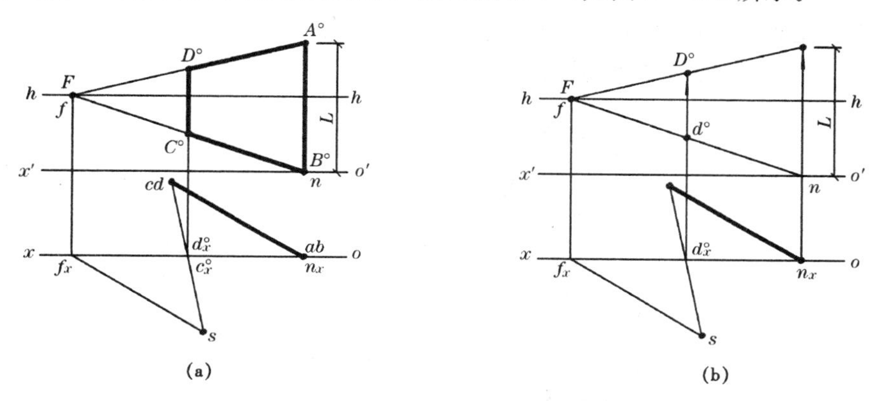

图 8－18　利用真高线求铅垂线上点的透视

③ 倾斜于基面的画面相交线（一般位置直线）的透视作图

在图 8－19a 中，EG 为一般位置直线，已知视点 S 和直线 EG 的 V 面、H 面投影，求作 EG 的透视。

求一般位置直线的透视，可先作出该直线的基透视，然后再分别利用真高线确定直线上两端点的透视，最后将结果相连。作图步骤如图 8－19b：

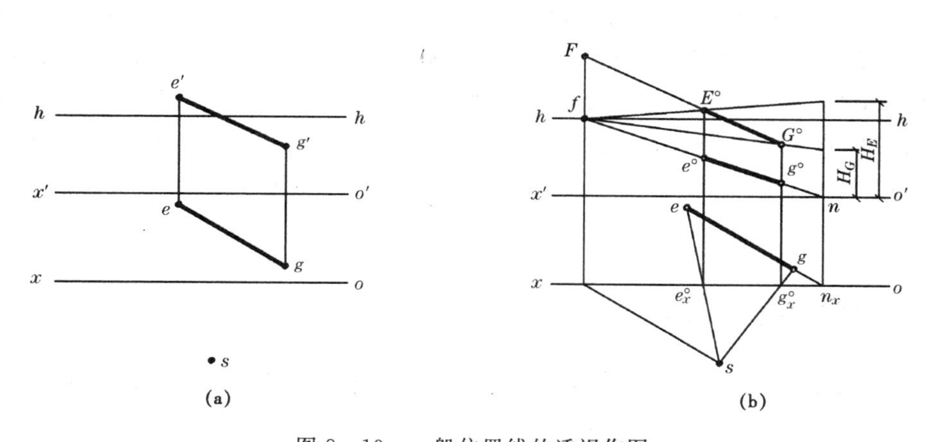

图 8－19　一般位置线的透视作图

先作 EG 的基透视：在 H 面上延长 eg 与 ox 轴交于 n_x，过 n_x 作 ox 轴垂线，在 V 面 $o'x'$ 轴上得直线画面迹点的基透视 n。过 s 作直线平行 eg 与 ox 轴交于 f_x，过 f_x 引 ox 轴垂线与 $h-h$ 相交得基灭点 f，连 fn，fn 为 EG 的全长基透视，用视线交点法求得基透视 $e^\circ g^\circ$。

再作 EG 的透视：在 V 面上过 n 点垂直量取 E，G 两点的真高 H_E，H_G，并分别与基灭点 f 相连，然后过 e°，g° 分别引 $o'x'$ 垂线，得 E° 和 G°，$E^\circ G^\circ$ 即为一般位置线 EG 的透视。

应该注意，EG 的灭点 F 在 $E^\circ G^\circ$ 的延长线上，它和基灭点 f 的连线应与 $o'x'$ 轴垂直。

8.2.3 平面的透视作图

平面图形的透视，由组成该平面图形的各条边线的透视确定，绘制平面图形的透视图，实际上就是求作组成平面图形的各边线的透视。如图 8－20 所示，在基面上有一平面图形 $ABCDEG$，现用视线法作其透视。

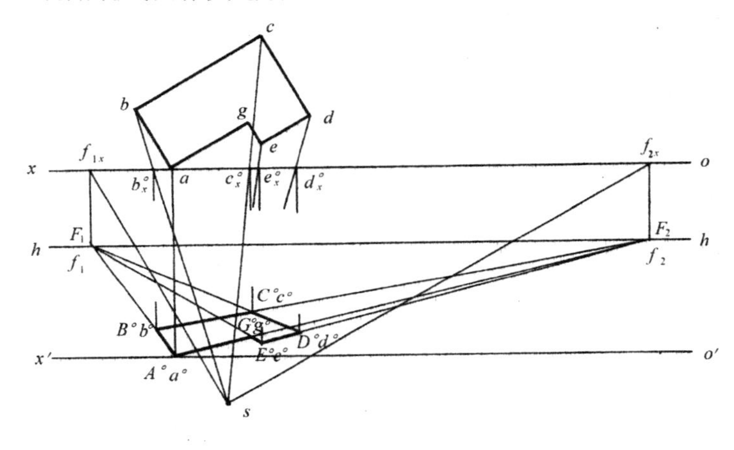

图 8－20 平面的透视作图

为了节省图幅，可将 H 面布置在 V 面上方，如在该图中，将画面 V 上的 $o'x'$ 轴及 $h-h$ 布置在站点 s 到 ox 轴之间。

过站点 s 作 ab 和 ag 的平行线，分别交 ox 轴于 f_{1x} 和 f_{2x}，从这两点引 ox 轴垂线在 $h-h$ 上得到交点 F_1 和 F_2，即分别为该平面图形两组平行线的灭点。因 a 在 ox 上，a 点就是 AB，AG 两直线的画面迹点，由此在画面的 $o'x'$ 上相应得到 A°，连 $A^\circ F_1$ 和 $A^\circ F_2$，即可得 AB 和 AG 的全长透视，用视线交点法可求得 B°，G°。然后再连接 $B^\circ F_2$ 和 $G^\circ F_1$，用同样的方法求得 C°，E°，最后求得 D°。由于该平面图形在基面上，所以它的基透视与透视重合。

8.3 立体的透视投影

根据立体和画面的相对位置，透视图可分为平行透视、成角透视和倾斜透视三种，这里主要介绍常用的前两种透视图的画法。

8.3.1 平行透视

当画面与立体的主要立面平行时，所得的透视称为平行透视。由于画面同时平行于立体的长度和高度方向，这两个方向直线的透视没有灭点，而宽度方向直线垂直于画面，其透视灭点就是主点，所以平行透视只有一个灭点，故又称为一点透视。

例 8—1 如图 8—21 所示，已知台阶的 V 面、H 面投影，求作台阶的透视图。

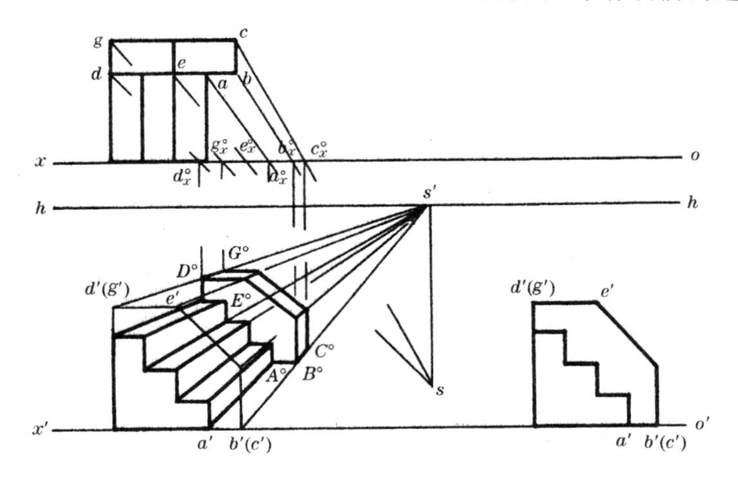

图 8—21 台阶的平行透视

使台阶的前立面在画面上，确定站点 s，并根据台阶立面图高度定出基线 $o'x'$ 和视平线 $h—h$ 的位置。

因为台阶的前立面在画面上，故其透视与前立面自身重合。将立面图上的各点与主点 s' 相连，即为踏步及侧板上所有与画面垂直的棱线的全长透视。

利用视线交点法顺序画出台阶踏步各踢面和踏面的透视，由于踏步前后立面均为画面平行面，故前后立面的透视为相似图形。

台阶侧板的透视，可用同样的方法画出。透视图上看得见的轮廓线用粗实线画出，看不见的轮廓线不必画出。

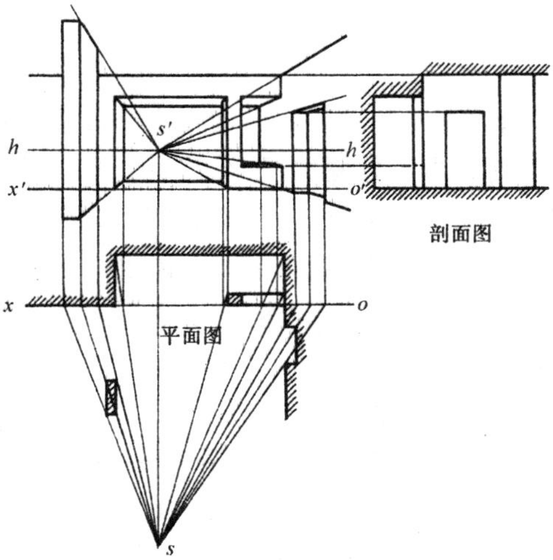

图 8—22 建筑物的室内透视

例 8—2 作建筑物的室内透视图。

如图 8—22 所示，给出了建筑物的平面图和剖面图，需画出建筑物的一点透视即室内透视图。

由平面图可以看出，室内正墙面与画面重合，室内长度方向、高度方向的图线均与画面平行。因宽度方向图线均与画面垂直，故相应透视均指向主点 s'。在画面前的门、柱等，其透视尺寸比平、剖面图所示实际尺寸要大；而画面后的部分，它们的透视尺寸要比实际尺寸小。门、柱等透视高度都是利用画面上的真高线确定的。

8.3.2 成角透视

当画面与立体的主要立面成一定角度，即立体的高度方向与画面平行，长度和宽度方向均与画面倾斜时所得的透视，称为成角透视。由于长和宽方向各有一个灭点，所以又称为两点透视。

例 8－3 绘制图 8－23 所示组合体的透视。

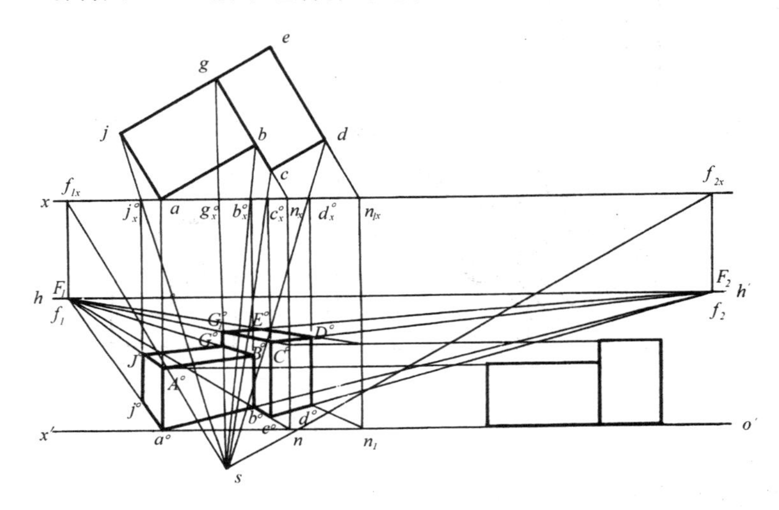

图 8－23 立体的成角透视

如图 8－23 所示，已知视点 S，画面通过组合体一条棱线，且与组合体的正立面成一定角度。为了方便作图，在基面上将 ox 轴画成水平位置，使组合体水平投影与 ox 轴成设定角(20°～40°)，在画面上，把组合体的正面投影画在右面。

组合体由左、右两个长方体组成，具有三组方向线段，一组铅垂线，两组水平线。铅垂线因平行于画面，它们的透视仍为铅垂方向，而两组不同方向的水平线，则分别有不同的灭点。

(1) 求作灭点 F_1，F_2

过 s 分别作直线平行于组合体的两组水平线，交 ox 轴于 f_{1x} 和 f_{2x}，过这两点引 ox 轴垂线，在 $h-h$ 上得到灭点 F_1 和 F_2。

(2) 作组合体基透视

利用灭点和视线交点法作出组合体的基透视 a°，b°，…，j°。

(3) 立高作透视图

因 a 位于 ox 轴上，故组合体过 a 的棱线位于画面上，其透视即其自身，高度不变；组合体右面部分长方体的高度可以在 $b^\circ c^\circ$，$e^\circ d^\circ$ 的迹点 n 和 n_1 处量取真高，然后与灭点 F_1 相连，再过 c°，d° 作垂线与它们相交，从而得到 C° 和 D°。

例 8－4 作坡顶房屋的透视图

如图 8－24 所示，两坡顶房屋的平面图、侧立面图已知，站点 s 及画面中 $o'x'$ 和 $h-h$

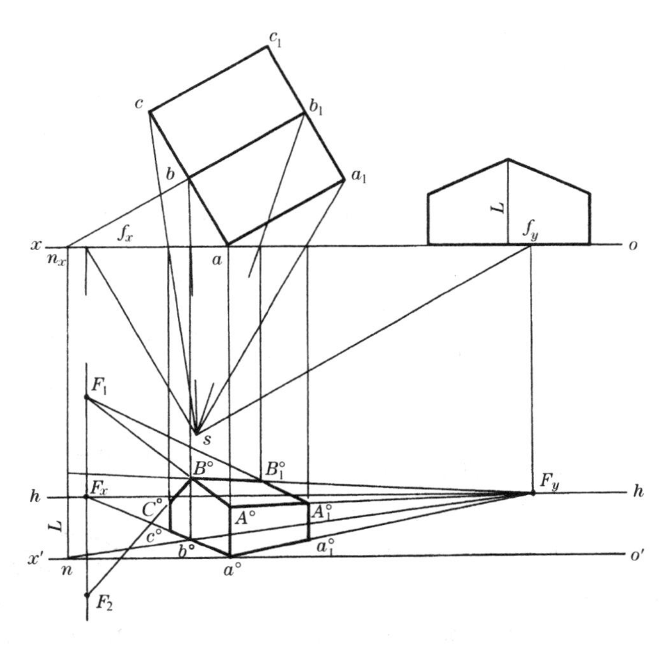

图 8－24　坡顶房屋的成角透视

亦已给定。图中两组水平线的灭点 F_x 和 F_y 的求作及墙身的透视作图均与图 8－23 相似，所有作图线均示于图 8－24 中，此处着重讨论坡顶的透视作图。

先求出前屋檐和屋脊的透视 $A^\circ A_1^\circ$ 和 $B^\circ B_1^\circ$，然后分别连接 $A^\circ B^\circ$ 和 $A_1^\circ B_1^\circ$，就可得到前坡面两侧人字屋檐的透视，在空间它们是两条互相平行的直线，因此它们的透视 $A^\circ B^\circ$ 和 $A_1^\circ B_1^\circ$ 的延长线交于同一灭点 F_1，即过视点 S 所作的平行于人字屋檐 AB 和 A_1B_1 的视线与画面的交点。对照图 8－25 可以看出，倾斜于基面和画面的直线的灭点与该直线的基灭点位于同一条铅垂线上。同样，后坡面人字屋檐的透视 $B^\circ C^\circ$ 的灭点 F_2，也位于这条铅垂线上。

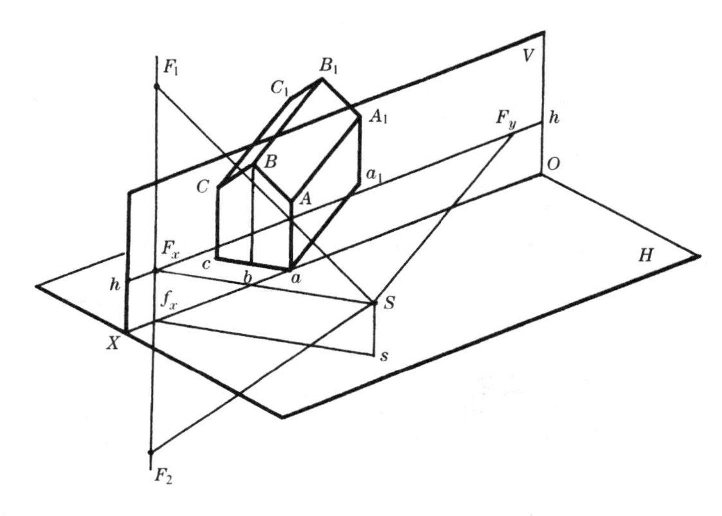

图 8－25　坡顶的透视作法

8.4 圆和曲线的透视投影

8.4.1 圆的透视

1）当圆所在平面平行于画面时，其透视仍然是一个圆，只是因与画面距离不同而半径有变化。

图 8－26 所示是一轴线垂直于画面的水平圆管的透视。圆管的前端面位于画面上，其透视就是它本身，后端面在画面之后，与画面平行，其透视仍为圆，但半径缩小。为此，先求出后端面圆心 C_2 的透视 C_2°，并求出后端面两同心圆的水平半径 A_2C_2，B_2C_2 的透视 $A_2^\circ C_2^\circ$ 和 $B_2^\circ C_2^\circ$，然后分别以此为半径画圆，可得到后端面的透视。最后，作出圆管的轮廓素线，完成圆管的透视图。

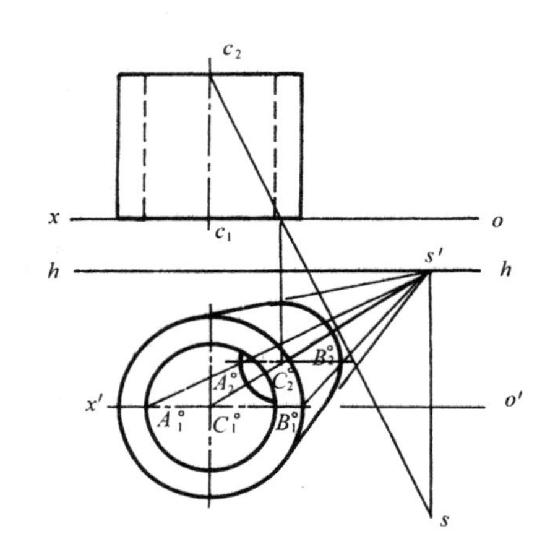

图 8－26　圆管的透视

2）当圆所在平面不平行于画面时，圆的透视一般情况下为椭圆。画圆的透视通常采用八点法，利用圆的外切正方形的四个切点以及对角线与圆的四个交点，先求出这八个点的透视，再用曲线板光滑连接成椭圆。

图 8－27 所示为一位于基面上圆的透视作图。首先画出圆的外切正方形 $abcd$，与圆相切于 1，2，3，4 点；然后连接对角线 ac，bd，与圆交于 5，6，7，8 点。分别求出这八个点的透视，最后连成曲线即为圆的透视。作图时，用视线交点法作出正方形的透视 $a^\circ b^\circ c^\circ d^\circ$，$a^\circ c^\circ$和 $b^\circ d^\circ$的交点 o°即为圆心的透视。至于 5，6，7，8 四点的透视，可延长 F_1o°，使与 $o'x'$交于 n，以 n 为圆心，以 na°为半径画半圆，过 n 作 45°直角三角形，在 $o'x'$上得 k，l，连 F_1k，F_1l，与对角线 $a^\circ c^\circ$，$b^\circ d^\circ$交于 5°，6°，7°，8°四点，将 1°，2°，3°，…，8°八点光滑相连，即得该圆的透视。

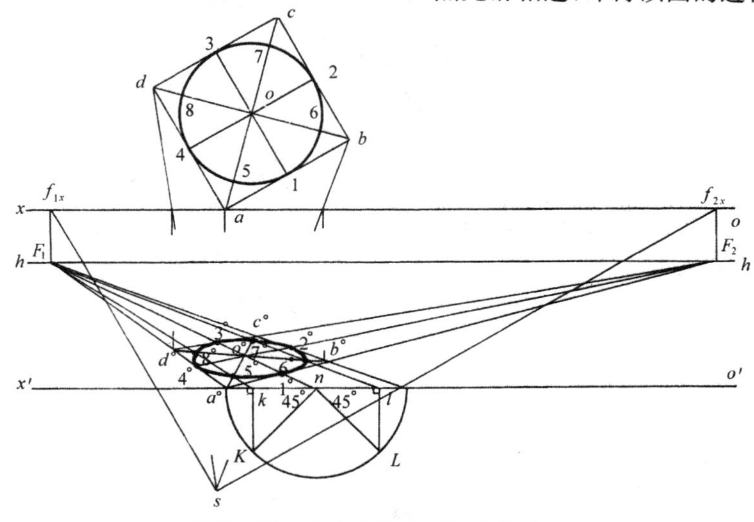

图 8－27　八点法作水平圆周的透视

由上图可以看出，因受近大远小透视特性的影响，圆心 o 的透视 o° 并不是椭圆的中心。

图 8—28 所示为用上述方法画出的正圆柱体的透视。过 a° 取 $a^{\circ}A^{\circ}$ 等于已知圆柱的高，然后过 A° 作顶圆的外切正方形 $ABCD$ 的透视 $A^{\circ}B^{\circ}C^{\circ}D^{\circ}$，顶圆和底圆上外切正方形的四个切点以及对角线与圆周的四个交点，其透视上下对应。最后根据母线的方向作出两条铅垂的轮廓素线，即得该圆柱体的透视。

凡是与基面平行的圆，均可采用上述方法画出其透视图。

当圆所在平面垂直于基面时，可采用图 8—29 所示的方法，画出其透视图。

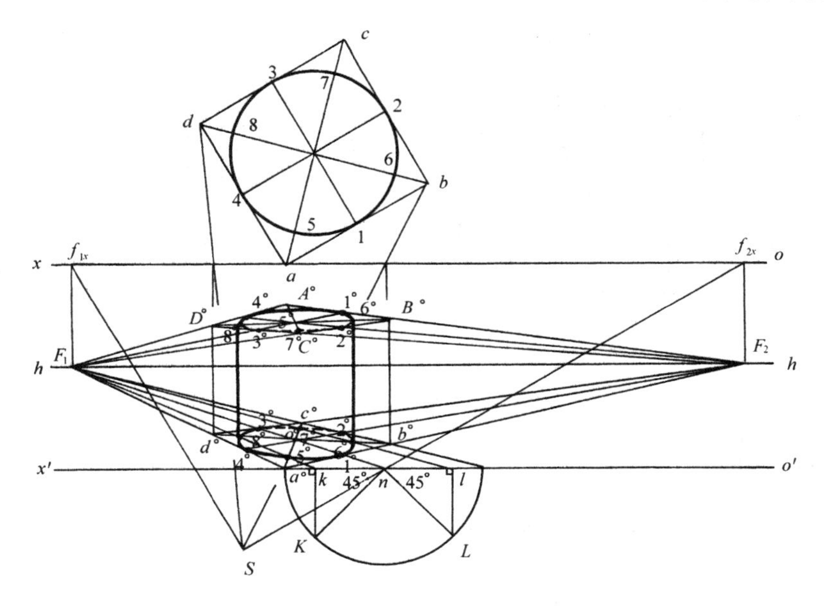

图 8—28 正圆柱的透视

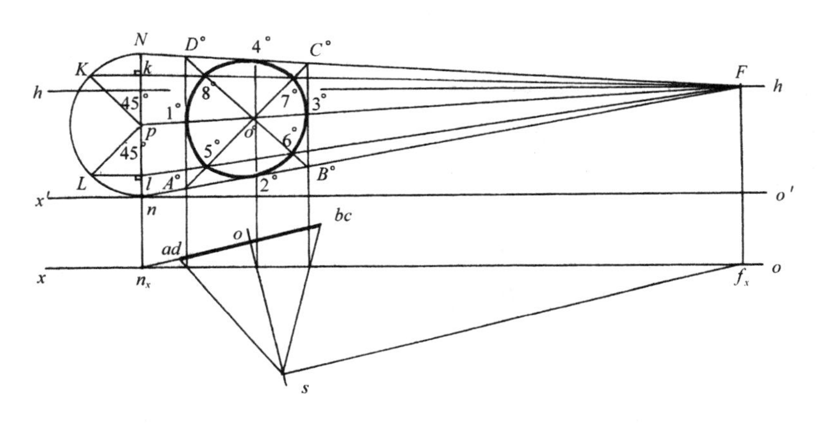

图 8—29 八点法作铅垂圆周的透视

先作其外切正方形的透视 $A^{\circ}B^{\circ}C^{\circ}D^{\circ}$，然后以真高线 nN 为直径画半圆，过圆心 p 作 45°直角三角形，得 k，l 两点，连 Fk，Fl，与对角线 $A^{\circ}C^{\circ}$，$B^{\circ}D^{\circ}$ 交于 5°，6°，7°，8° 四点，连同外切正方形与圆周的四个切点的透视 1°，2°，3°，4° 共八个点，用曲线板光滑连接。

图 8—30 所示为圆拱门的透视作图，关键在于求作拱门前、后两个半圆弧的透视。作

半圆弧的透视可完全采用图 8－30 的方法，将半圆弧纳入半个正方形中，作出半个正方形的透视，就可得到透视圆弧上 1°，3°，5°三个点，再作出对角线与半圆弧交点的透视 2°和 4°，将这五个点光滑连接起来，就是前半个圆弧的透视。后半个圆弧的透视，可用相同方法画出。图中是利用过前后两个半圆弧上对应点连线的透视应指向共同灭点 F_2 的特性，使作图简化。

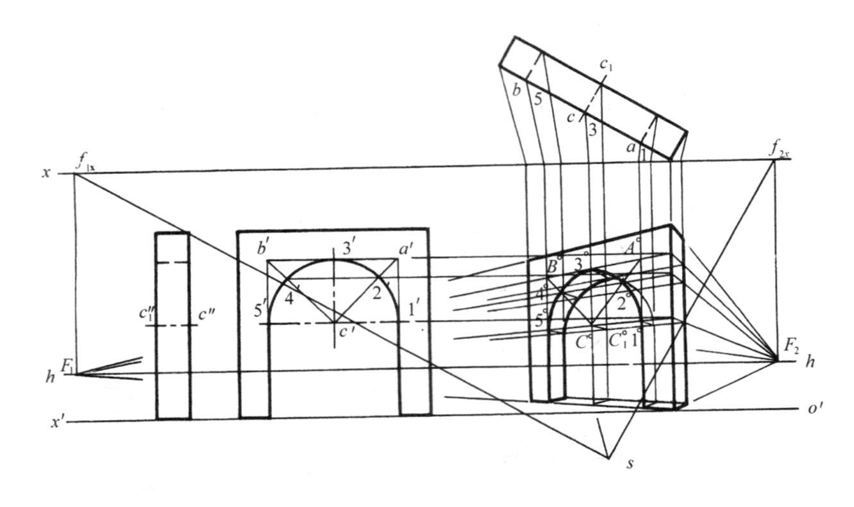

图 8－30　圆拱门的透视

8.4.2　曲线的透视

曲线的透视一般仍为曲线。当平面曲线位于画面上时，其透视就是该曲线本身；与画面平行时，其透视与该曲线相似，仅大小发生变化；当平面曲线所在平面通过视点时，其透视为一直线。

曲线的透视作图，如图 8－31 所示，通常将空间曲线或平面曲线纳入一个由正方形或矩形组成的网格内，用以控制曲线变化的相对位置，网格大小视图面复杂程度而定。图 8－31a 中的网格由两组互相垂直的直线组成，一组平行于画面，它们的透视为水平方向；另一组垂直于画面，主点 s' 为它们的灭点。

如图 8－31b 所示，在画网格线的透视时，先作出所有画面垂直线的透视，将 $o'x'$ 上各画面迹点与主点相连即可；在作画面平行线时，可利用网格对角线与画面垂直线各交点的透视来确定各画面平行线的透视位置，从而画出网格线的透视。然后按原曲线与网

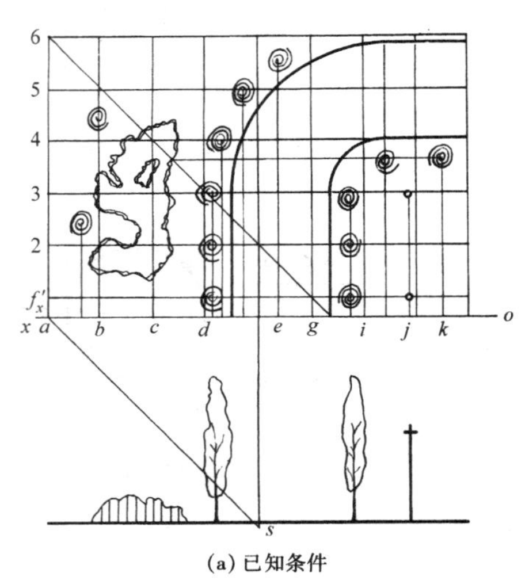

(a) 已知条件

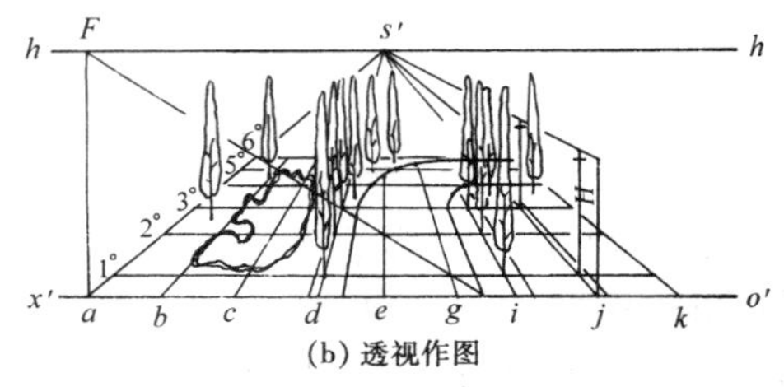

(b) 透视作图

图 8－31　网格法作曲线的透视

格交点的位置，目估定出其在透视网格线上的位置，再用光滑曲线连接这些点，就得到曲线的透视。图中绿地和道路均用上法画出，电线杆和树木可通过其真高线作出。

这种用两组互相垂直的直线组成的网格，也可根据需要，使其倾斜于画面，形成两点透视网格。

8.5 透视类型及视点、画面位置的选择

在着手绘制透视图之前，首先应根据建筑物的形体特点和表达要求，选定透视类型，是采用平行透视，还是成角透视，然后在此基础上，再对视点、画面与建筑物之间的相对位置进行适当的安排和布置。以上三者相对位置的变化，将直接影响所画透视图的效果，如果处理不当，则不能准确反映表达意图，如果选择合适，画出的透视图就能取得最佳视觉效果。

8.5.1 透视类型的选择

1）平行透视

在平行透视中，建筑物的主要立面平行于画面。它适合用来表达横向场面宽广、需显示纵向深度的建筑，如广场、街道以及室内或庭院布置等情况。对于左右对称的建筑物，根据视点是否在对称轴上，又分为中心平行透视和偏心平行透视。中心平行透视可使建筑物显得庄严高大，偏心平行透视则使建筑物表现得较为生动。

2）成角透视

成角透视中的画面与建筑物的两个立面倾斜，是常用的一种透视图。它的透视效果真实自然，符合人们平时观察物体时的视觉印象，广泛应用于表达单体建筑物。

8.5.2 视点、画面位置的选择

人们在某一视点位置，固定朝一个方向观察时，只能看到一定范围内的物体，其中能够清晰地看到的范围则更小，这时形成一个以眼睛 S 为顶点，以主视线 Ss' 为轴线的锥面，称为视锥，视锥的顶角称为视角，用 φ 表示。在绘制透视图时，视角 φ 通常控制在 20°～60°，以 30°～40°为佳。在画室内透视图时，由于受空间的限制，视角可稍大于 60°，但由于视角增大，透视图会产生变形失真。

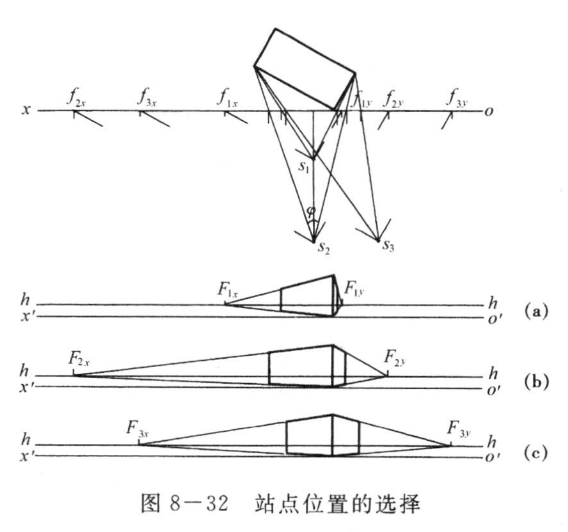

图 8－32　站点位置的选择

1）视点位置的确定

选择视点位置，包括在基面 H 上确定站点 s 的位置和在画面上确定视平线 $h-h$ 的高度。

（1）站点 s 的位置

站点 s 位置的确定，首先要考虑到应保证视角适中。如图 8－32 所示，

在画面与建筑物的相对位置一定时，站点在 s_1 位置，视距较小，视角较大（60°左右），画出的透视图会产生变形失真，透视效果较差（见图 8－33a）；站点在 s_2 位置，视距适中，视角在 30°左右，这时相应透视图的真实感强，透视效果好（见图 8－33b）。

除了保证视角适中外，在确定站点位置时，还应考虑站点的左右位置对透视图的影响。若站点在 s_3 位置，所画透视图侧立面过宽，透视效果欠佳（见图 8－33c）。通常使主要立面的透视轮廓与侧立面的透视轮廓成 3∶1 的比例，这样的透视图主次分明，立体感强，当主视线 Ss' 的位置在视角的中间三分之一范围内时，就可达到上述效果。

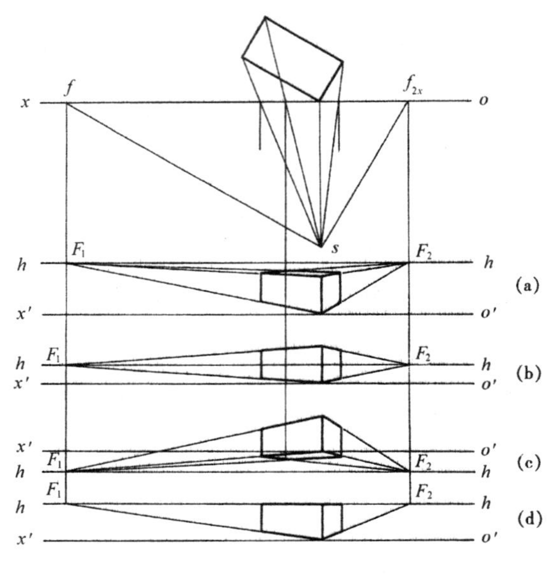

图 8－33　视平线高度的确定

（2）视平线高度的确定

视点的高度即视平线的高度。视平线的高度对透视图的影响很大，通常取人的身高，如图 8－33b 所示；有时为了使透视图表达建筑物全貌，将视平线适当提高，如图 8－33a 所示，这种透视图为俯视；有时为了显示建筑物的底部，将视平线降到 $o'x'$ 轴之下，如图 8－33c 所示，这种透视图为仰视；当视平线的高度与建筑物顶面同高时，该面的透视呈一

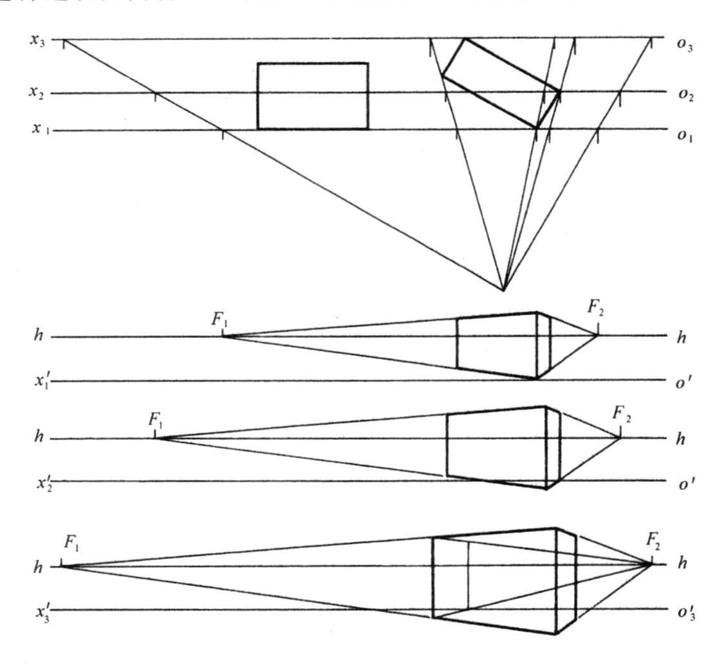

图 8－34　画面与建筑物的前后位置

直线，如图 8－33d 所示，这时的透视图变形失真，效果最差；当视平线高度与建筑物底面同高时，底面的透视呈一直线，适宜绘制雄伟的建筑物。

2）画面与建筑物的相对位置

（1）画面与建筑物的前后位置

画建筑物的平行透视时，为了作图方便，通常将画面与建筑物主要立面重合，在视点位置不变时，前后平移画面，所得的透视图形状不变，只是大小发生了改变。

在画成角透视时，一般使建筑物一角位于画面上，能反映真高便于作图。当画面在建筑物之前时，所得的透视图为缩小透视，当画面位于建筑物之后时，所得的透视图为放大透视，如图 8－34 所示。

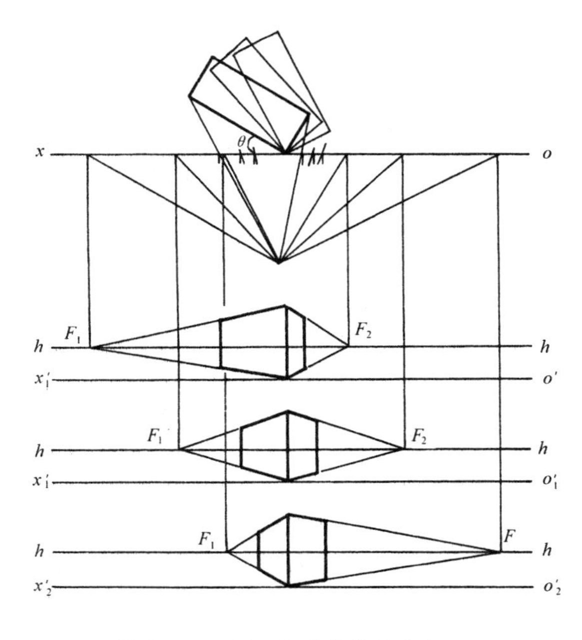

图 8－35　画面与建筑物的夹角

（2）画面与建筑物的夹角

在画成角透视图时，建筑物主要立面与画面的夹角 θ 愈小，该立面上水平线的灭点愈远，透视图形变化平缓，轮廓宽阔；相反，夹角愈大，则该立面上水平线的灭点愈近，透视图形变化急剧，轮廓狭窄，如图 8－35 所示。根据这个规律，恰当地选择画面与建筑物的夹角，透视图中建筑物主要立面与侧立面的透视宽度之比就会比较接近真实宽度之比。为此在绘制成角透视图时，通常选择画面与建筑物主要立面的夹角 $\theta=20^\circ\sim40^\circ$。

8.6　建筑透视图画法举例

例 8－5　已知房屋的平面图和立面图，如图 8－36a 所示，画出房屋的透视图。

（1）分析

根据所给房屋的平面图和立面图，分析其形体特征和周围所处环境，以便较好地选择视点，画面位置和适当的透视类型。

（2）作图

① 在房屋设计图中，过平面图上的角点 a 作画面的水平投影 ox，并使其与该房屋的主要立面成 30°角。

② 选择站点 s，用 30°三角板斜边和直角边分别过平面图中角点 c 和 d，并使主视线在视角中间三分之一范围内，确定站点 s。本例中视角 φ 取 38°，这时站点 s 的位置比较合适，见图8－36a。

③ 在平面图上求出灭点的基面投影 f_{1x}，f_{2x}。在平面图上用视线法求得各交点 c_x°，d_x°，e_x°，g_x°，…。

④ 布置画面，定出基线 $o'x'$ 和视平线 $h-h$。在 $o'x'$ 上定出 a 点，以 a 点为基准，把平面图上的各交点移至 $o'x'$ 上，在 $h-h$ 上定出灭点 F_1 和 F_2。为清晰起见，将图形放大一

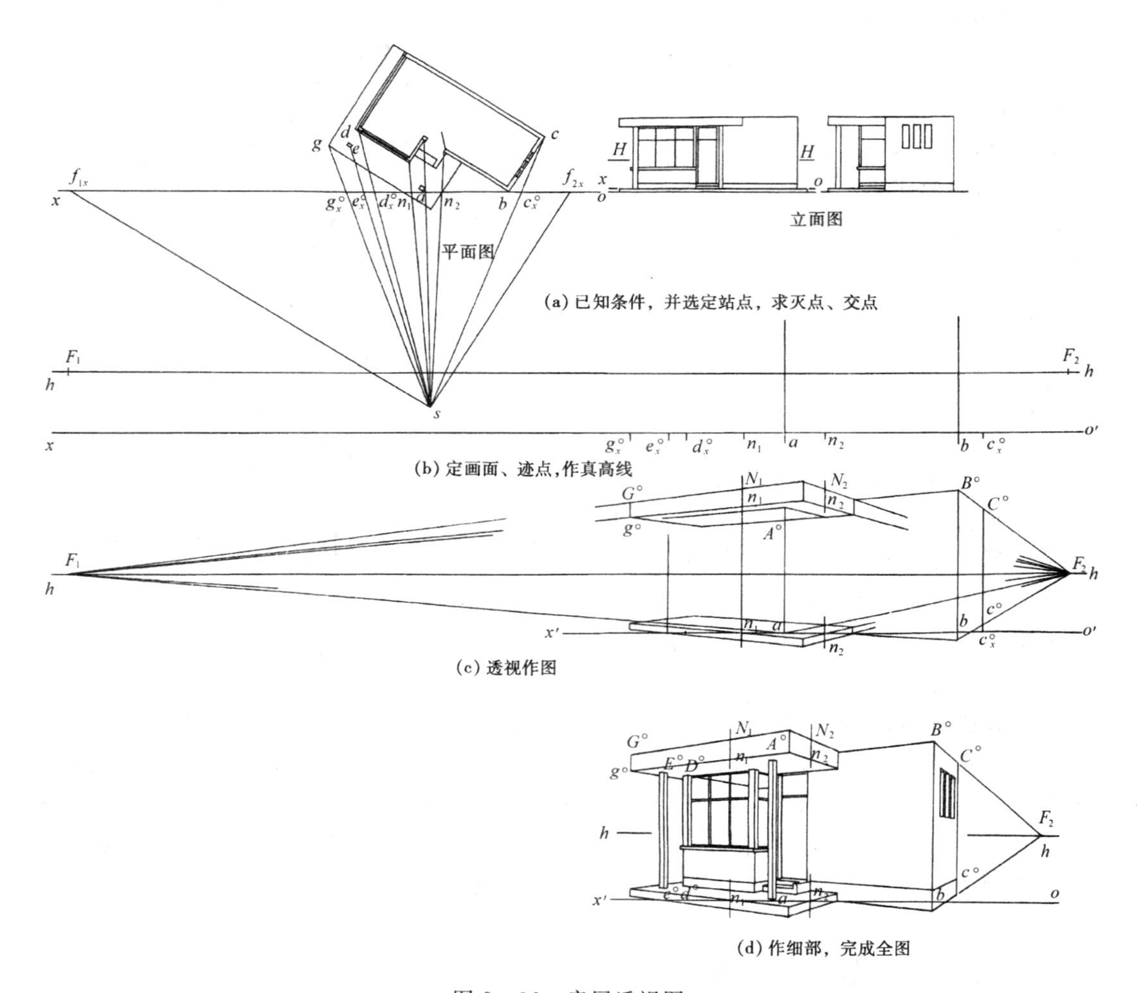

(a) 已知条件，并选定站点，求灭点、交点

(b) 定画面、迹点，作真高线

(c) 透视作图

(d) 作细部，完成全图

图 8—36　房屋透视图

倍画出。定出基点 a 后，如定 c_x° 时，只要取 $2ac_x^\circ$ 即可，与此同时，视平线和各部分真高线也应同样放大一倍，如图 8—36b 所示。

⑤ 求出透视平面图，在画面上作出真高线 $A^\circ a$，高度由立面图上量取(同样放大一倍)，再求屋面透视，如图 8—36c 所示。

(3) 作柱、门窗、台阶等细部，完成全图，如图 8—36d。

例 8—6　已知拱桥的平、立面图，画出拱桥的成角透视图。

(1) 根据给出的拱桥平、立面图，在平面图上先确定画面与拱桥前立面的夹角 θ，取 $\theta=30^\circ$，并使画面 ox 过拱桥的 a 点；然后确定站点 s 的位置，取视角 $\varphi=55^\circ$，主视线 Ss' 位于 φ 角的中央 1/3 等分角内；在立面图上作拱券的辅助网格线，以便求出拱券上相应点的透视；视平线 $h-h$ 取在拱座位置，如图 8—37 所示。

(2) 过 $o'x'$ 轴上 a° 立真高线 $a^\circ A^\circ$，并在其上量得辅助网格线中各水平线分点，并分别与灭点 F_1，F_2 相连，并用视线交点法求出拱桥上各点 A，B，C，1，2，3，4，5 等点的透视 A°，B°，C°，1°，2°，3°，4°，5°等，连 1°，2°，3°，4°，5°，即得拱券曲线的透视曲线。同样，连接后立

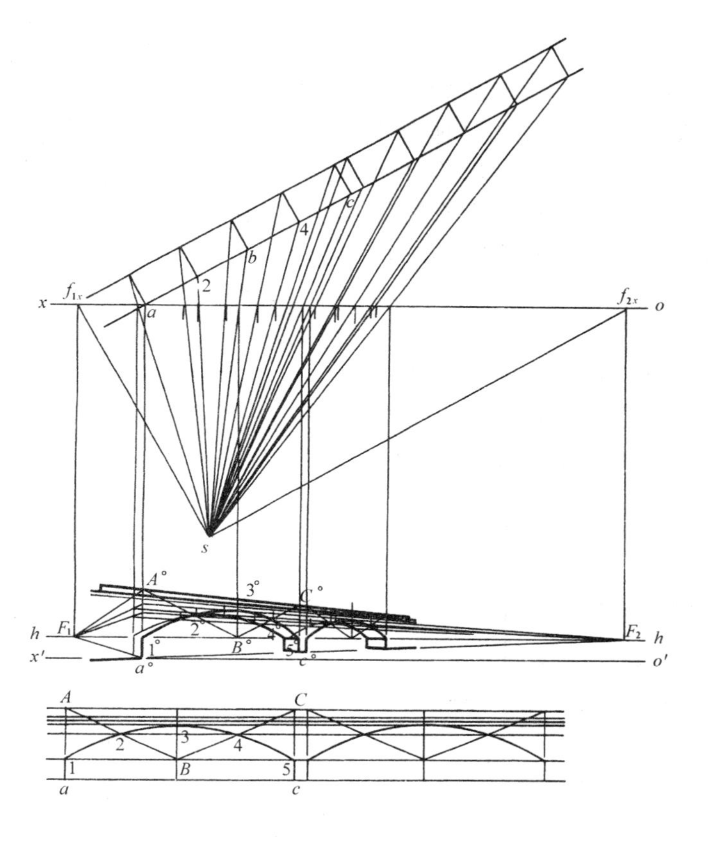

图 8－37　拱桥透视图

面相应辅助网格线上各点的透视，可以求得后立面的透视。

(3) 将前后立面可见轮廓线的透视相连接，省略被挡住部分的透视，完成全图。

8.7　道路透视图

随着现代交通事业的发展，利用道路透视图来判断拟建公路线形的好坏，在国外已相当普遍。近年来随着我国高等级公路及高速公路的不断建设，道路透视图也愈来愈受到重视并得到广泛应用。

为了研究道路线形而画出的透视图，是从驾驶人员的角度出发，以驾驶人员的眼睛为视点位置而画出的。通常是根据道路平面图和纵、横断面图确定视点和视轴，先按比例量取道路中心线上各特征点的相应坐标和高程，再计算出各特征点在透视图上的坐标值，然后画出道路中心线的透视，最后加画上路面宽和路肩宽的轮廓线，完成全图。

8.7.1　道路特征点在透视图上的坐标计算公式

如图 8－38 所示，路中线上特征点 $A(D,B,H)$ 的透视为 $A^{\circ}(d,b,h)$，由图中可见，画面中透视 A° 的坐标 (b,h) 与特征点 A 的坐标 (B,H) 之间有如下关系：

$$b=\frac{d}{D}B,h=\frac{d}{D}H$$

其中，d 为视点 S 到画面的距离，一般取 500 mm 或 1000 mm；D 为特征点 A 在视轴 SX 上的投影长度；D,B,H 可分别由平面图和纵断面图上按比例直接量取。H 在视轴上方为正，下方为负，B 在视轴右方为正，左方为负，如图 8－39 所示。

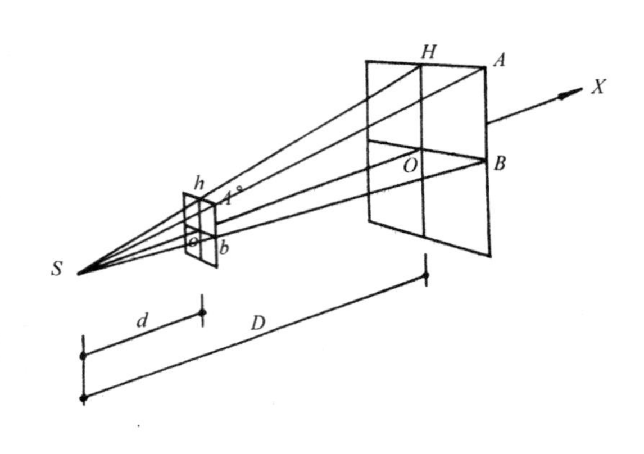

图 8－38　特征点的透视原理

根据坐标计算公式算出特征点 A 的透视坐标值(b_A,h_A)后，在画面上 $b—h$ 坐标系中即可画出特征点 A 的透视 $A°$，如图 8－40 所示。

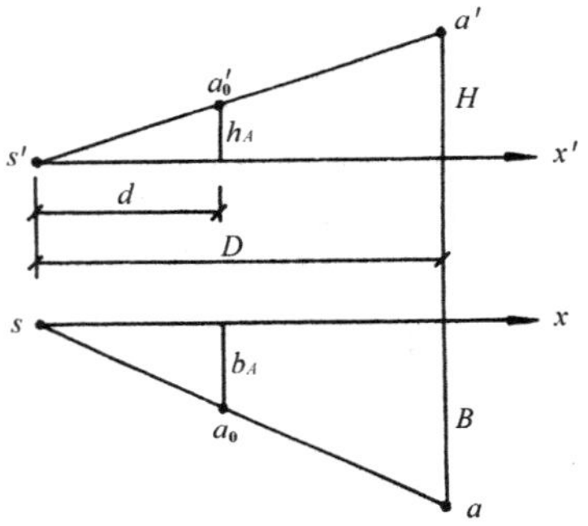

图 8－39　特征点透视的投影

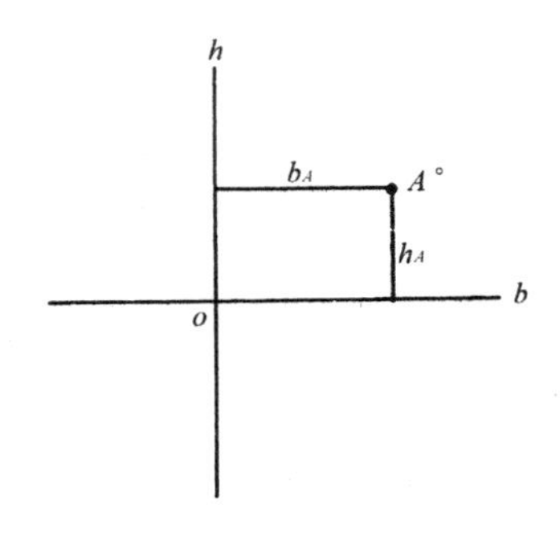

图 8－40　特征点的透视作图

8.7.2　确定绘制道路透视图的基本要素

绘制道路透视图首先要决定视点位置、视轴方向、视距以及横断面间距等基本要素。

1）确定视点位置

站点在道路上的位置，依道路等级而定，一般取在路中线前进方向右侧 1 m 处；视高随车辆类型不同而有所不同，在透视图上可取平均值 1.5 m，视点的位置如图 8－41 所示（图中数字单位为米）。

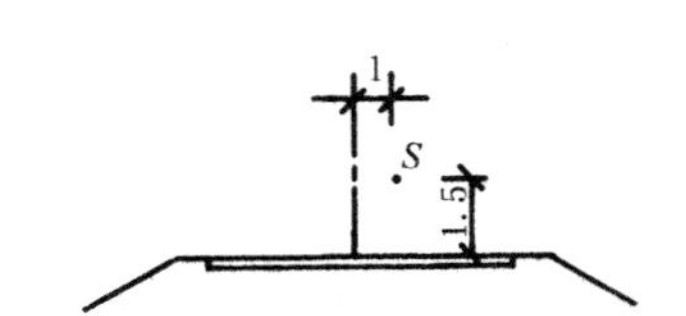

图 8－41　视点在道路上的位置

2）确定视轴方向

视轴取水平位置，在平面图上应取注意力集中点方向，与设计路中线尽量多交叉，不应离所要研究的特征点太远。

3）确定视距

视距(d)与视角(φ)和画面图幅($2R$)有一定

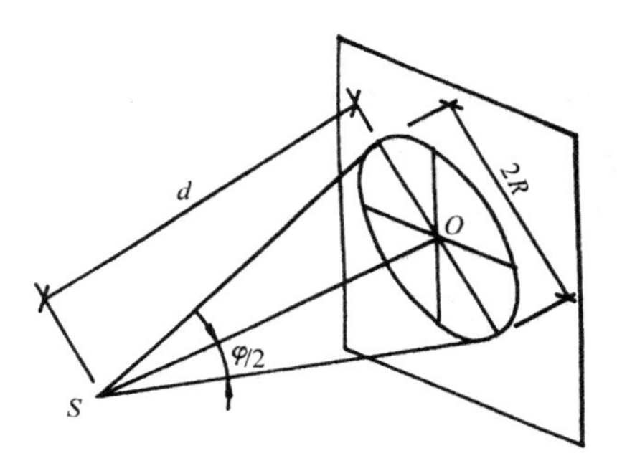

图 8－42　图幅与视距、视角的关系

的几何关系，如图 8－42 所示，即 $\tan\frac{\varphi}{2}=\frac{R}{d}$，$2d\tan\frac{\varphi}{2}=2R$。

其中，$2R$ 为视锥在画面上的底圆直径，即画面图幅长度方向的尺寸。而视角又与车速有关，车速越快，驾驶人员注意力集中点越远，视角也越小，当车速为 100km/h 时，较为理想的视角在 28°～37°。当视角一定时，选用不同的 d 值，即可得不同的图幅，d 一般取 0.5～1.5 m，表 8－1 为 $\varphi=31°$时根据 d 值所取的图幅尺寸。

表 8－1　视距与图幅尺寸

视距 d(mm)	图幅尺寸(mm)	图幅代号
500	210×297	A4
750	297×420	A3
1000	420×594	A2
1500	594×841	A1

4）确定横断面间距

画图时应先选取特征点，即测点（横断面），可沿路中线每隔一定间隔选取一个，对其中某些特殊点，如视线与平曲线的切点，视线与竖曲线的切点，路中线与视轴的交点，平曲线的起点、终点、反弯点等均需增添测点。

横断面间距大小与透视图的精度及距离远近有关。当 d=500～1500 mm 时，一般按表 8－2 选取间距。

表 8－2　横断面间距

距离 D(m)	横断面间距(m)
＜70	10～20
70～200	20～30
200～350	30～50
＞350	50～100

8.7.3　道路透视图的绘制

按道路透视图的精度可分为概略透视图、普通透视图和精密透视图。概略透视图是在道路平面图和纵断面图上按比例量取路中线上各特征点的有关数据，然后再加路宽画出的透视图；普通透视图测点较密，特征点及其透视的有关数据一部分由计算求得，具有一定精度；而精密透视图中特征点及其透视的有关数据全部由计算求得，通常用计算机处理并绘图。

下面叙述道路概略透视图的作法。图 8－43 为道路的平面图、纵断面图和横断面图，已选定视点和视轴的位置（为使作图简便，视点位于路中线上，视高取 2 m）。

作图方法如下：

（1）确定路中线特征点桩号，依次编号填入表 8－3 透视图计算表 1，2 栏。本例中，100 m 以内取 10 m 桩距，100～200 m 取 25 m 桩距，200 m 以远取 50 m 桩距，考虑到特殊点，共取 21 个特征点。

（2）求各特征点在视轴上的投影长 D，填入计算表第 3 栏。因为道路平面图上的设计线并没有展直，如果要精确地根据桩号来求取设计线上的 D 值，还需进行计算才行。这里近似地取 D 值等于各点里程桩值。

（3）按比例从平面图和纵断面图中量取各特征点至视轴的距离 B 和 H 值，逐一填入计算表第 4、第 5 栏。

（4）已知 D,B,H 值，取 d=1.00 m，代入透视坐标计算公式，即可算出各特征点的 b

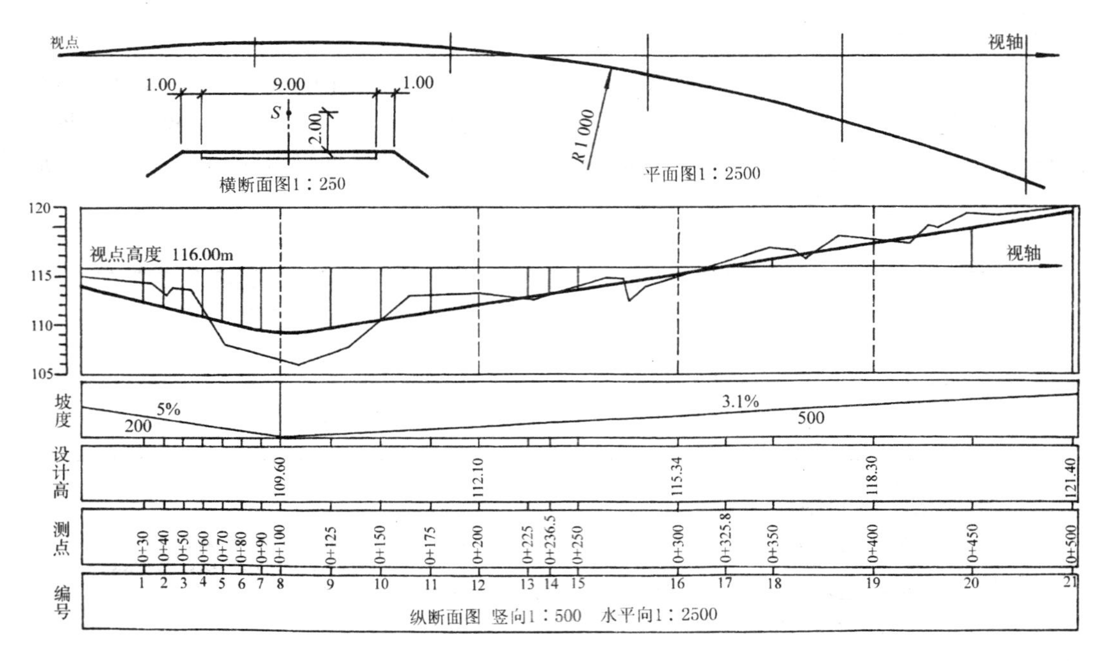

图 8—43 路线平面图及纵断面图

和 h 值，再根据路面和路肩宽度算出半路面宽 E 和半路肩宽 F 的透视坐标值，并依次填入计算表。

(5) 根据道路中心线上各特征点的透视坐标以及半路面宽和半路肩宽的透视坐标，画出如图 8—44 所示的道路透视图。

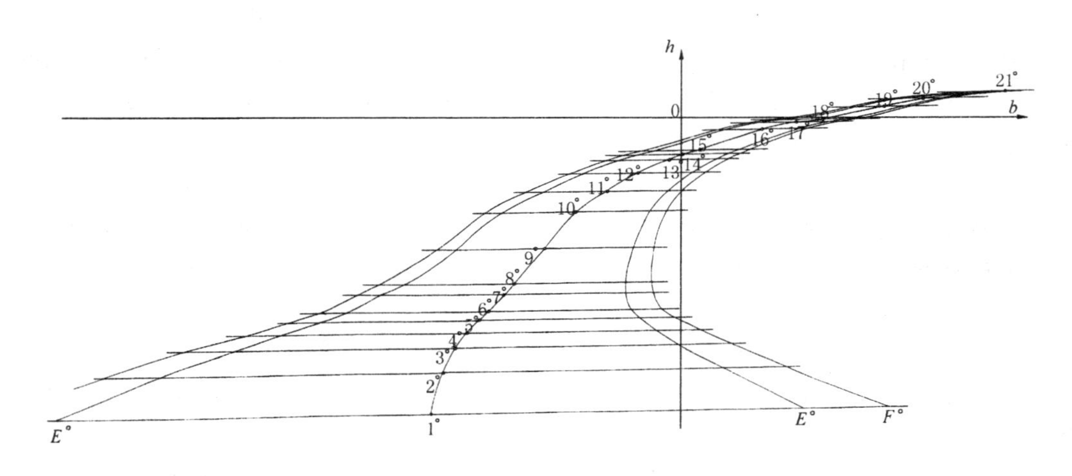

图 8—44 道路透视图

表 8—3　道路透视图计算表

编号	中线桩号	特征点坐标(m)			视点在路中线上					备注
					d=1000mm	路中心点坐标(mm)		路面边缘及路基边缘坐标(mm)		
		D	B	H	d/D	$b=B\cdot d/D$	$h=H\cdot d/D$	$E=4.5\times d/D$	$F=5.5\times d/D$	
1	0+30	30	−3.09	−3.50	33.33	−102.99	−116.66	149.99	183.32	
2	0+40	40	−3.92	−4.00	25.00	−98.00	−100.00	112.50	137.50	
3	0+50	50	−4.66	−4.50	20.00	−93.20	−90.00	90.00	110.00	
4	0+60	60	−5.29	−5.00	16.67	−88.18	−83.35	75.02	91.69	
5	0+70	70	−5.82	−5.50	14.29	−83.17	−78.60	64.31	78.60	
6	0+80	80	−6.25	−6.00	12.50	−78.13	−75.00	56.25	68.75	
7	0+90	90	−6.59	−6.18	11.11	−73.21	−68.66	50.00	61.11	
8	0+100	100	−6.82	−6.40	10.00	−68.20	−64.00	45.00	55.00	最低点
9	0+125	125	−6.96	−6.23	8.00	−55.68	−49.84	36.00	44.00	
10	0+150	150	−6.48	−5.25	6.67	−43.22	−35.02	30.02	36.69	
11	0+175	175	−5.38	−4.65	5.71	−3.072	−26.55	25.70	31.41	
12	0+200	200	−3.65	−3.90	5.00	−18.25	−19.50	22.50	27.50	
13	0+225	225	−1.30	−3.13	4.44	−5.77	−13.90	19.98	24.42	
14	0+236.6	236.6	0.00	−2.77	4.23	0.00	−11.72	19.04	23.27	$B=0$
15	0+250	250	1.68	−2.65	4.00	6.72	−10.60	18.00	22.00	
16	0+300	300	9.48	−0.80	3.33	31.57	−2.66	14.99	18.32	
17	0+325.8	325.8	14.94	0.00	3.07	45.87	0.00	13.82	16.89	$H=0$
18	0+350	350	19.74	0.44	2.86	56.46	1.26	15.73	15.73	
19	0+400	400	32.44	2.30	2.50	81.10	5.75	11.25	13.75	
20	0+450	450	43.57	3.85	2.22	96.73	8.55	9.99	12.21	
21	0+500	500	64.99	5.40	2.00	129.98	10.80	9.00	11.00	

9 标高投影

9.1 概述

工程建筑物是在地面上修建的，在设计和施工中，常常需要绘制表示地面起伏状况的地形图，以便在图纸上解决有关的工程问题。由于地面的形状往往比较复杂，且地形的高差与平面(长宽)尺寸相差很大，用多面正投影法表示，作图困难，且不易表达清楚，因此，在生产实践中常采用标高投影法来表示地形面。

在多面正投影中，当物体的水平投影确定以后，其正面投影的主要作用是提供物体各特征点、线、面的高度。若能在物体的水平投影中标明它的特征点、线、面的高度，就可以完全确定物体的空间形状和位置。如图 9－1a 所示，选水平面 H 为基准面，设其高度为零，点 A 在 H 面上方 4 m，点 B 在 H 面下方 3 m，若在 A，B 两点的水平投影 a，b 的右下角标明其高度数值 4，－3，就可得到 A，B 两点的标高投影图，如图 9－1b。高度数值 4，－3 称为高程或标高，其单位以米计，在图上一般不需注明。

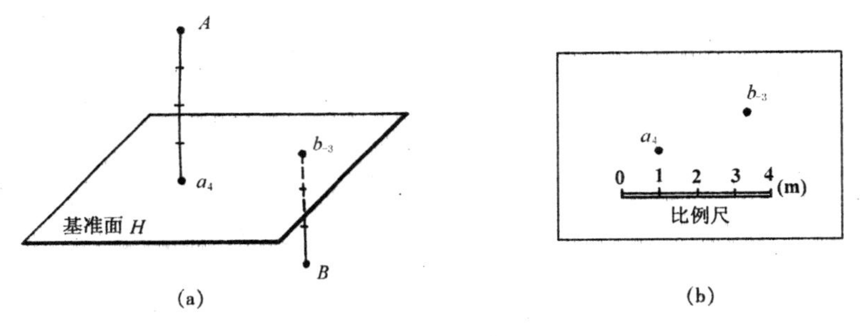

图 9－1　点的标高投影

在物体的水平投影上加注某些特征面、线及控制点的高程数值和比例来表示空间物体的方法称为标高投影法。它是一种单面正投影图。在标高投影图中，必须标明比例或画出比例尺，否则就无法根据单面正投影图来确定物体的空间形状和位置。

除了地形面以外，一些复杂曲面也常用标高投影法来表示。

9.2 直线和平面的标高投影

9.2.1 直线的标高投影

1) 直线的表示法

在标高投影中，直线的位置是由直线上的两个点或直线上一点及该直线的方向确定。

因此，直线的标高投影表示法有两种：

（1）直线的水平投影并加注直线上两点的高程，如图 9－2b 所示。

（2）直线上一个点的标高投影并加注直线的坡度和方向，如图 9－2c 所示。图中直线的方向用箭头表示，箭头指向下坡，1∶2 表示该直线的坡度。

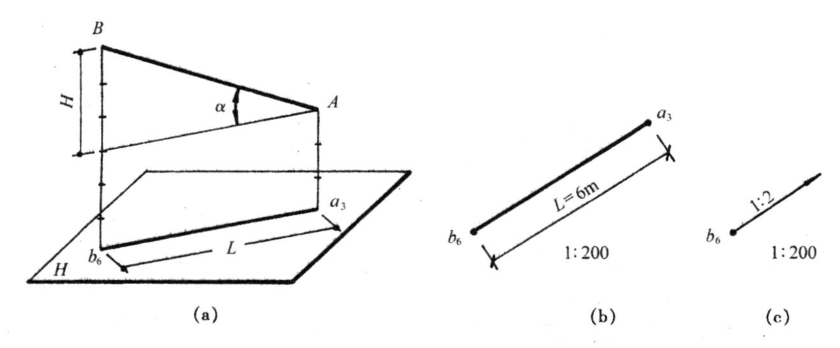

图 9－2　直线的标高投影

2）直线的坡度

直线上任意两点的高差与其水平距离之比称为该直线的坡度，用符号 i 表示，即

$$坡度(i)=\frac{高差(H)}{水平距离(L)}=\tan\alpha$$

上式表明两点间水平距离为 1 个单位时两点间的高差即为坡度。

如图 9－2 中，直线 AB 的高差 $H=(6-3)\,\text{m}=3\ \text{m}$，如果按比例取其水平距离 $L=6\ \text{m}$，所以该直线的坡度 $i=\frac{H}{L}=\frac{3}{6}=\frac{1}{2}$，可写成 1∶2，如图 9－2c 所示。

当两点间的高差为 1 个单位时它的水平距离称为平距，用符号 l 表示，即

$$平距(l)=\frac{水平距离(L)}{高差(H)}=\cot\alpha=\frac{1}{i}$$

由此可见，平距和坡度互为倒数，即 $i=\frac{1}{l}$。坡度越大，平距越小；反之，坡度越小，平距越大。

例 9－1　求图9－3所示直线 AB 的坡度与平距，并求出直线上点 C 的高程。

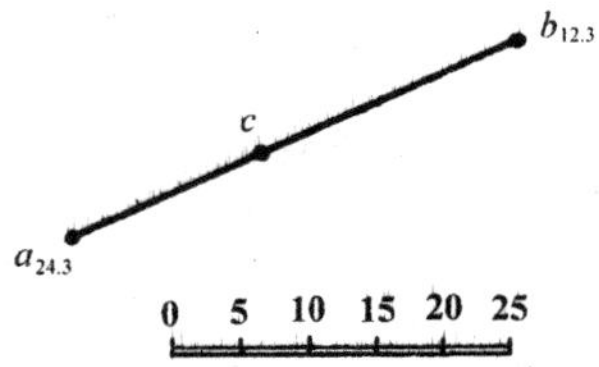

解　先求坡度与平距

$$H_{AB}=24.3\ \text{m}-12.3\ \text{m}=12.0\ \text{m}$$

$$L_{AB}=36.0\ \text{m}（用给定的比例尺量取）$$

$$i=\frac{H_{AB}}{L_{AB}}=\frac{12.0}{36.0}=\frac{1}{3};\quad l=\frac{1}{i}=3$$

图 9－3　求直线的坡度、平距及 C 点高程

又量得 $L_{AC}=15.0\ \text{m}$，因为直线上任意两点间坡度相同。由

$$\frac{H_{AC}}{L_{AC}}=i=\frac{1}{3};\quad H_{AC}=L_{AC}\times i=15.0\ \text{m}\times\frac{1}{3}=5.0\ \text{m}$$

故 C 点的高程为 24.3 m－5.0 m＝19.3 m。

3）直线的实长和整数标高点

在标高投影中求直线的实长，仍然可以采用正投影中的直角三角形法，如图 9－4a 所示，以直线的标高投影作为直角三角形的一条直角边，以直线两端点的高差作为另一直角边，用给定的比例尺作出后，斜边即为直线的实长。斜边和标高投影的夹角为直线对于水平面的倾角 α，如图 9－4b 所示。

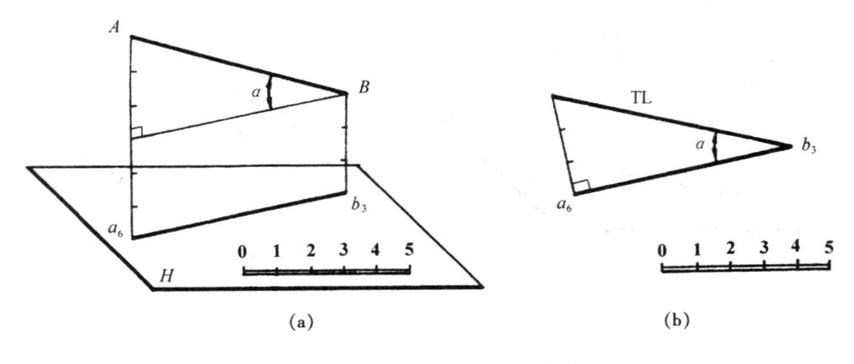

图 9－4　求线段的实长与倾角

在实际工作中，常遇到直线两端的标高投影的高程并非整数，需要在直线的标高投影上作出各整数标高点。

例 9－2　如图9－5所示，已知直线 AB 的标高投影 $a_{4.3}b_{7.8}$，求直线上各整数标高点。

解　平行于直线 AB 作一辅助的铅垂面，采用标高投影比例尺作相应高程的水平线（水平线平行于 ab），最高一条为 8，最低一条为 4。根据 A，B 两点的高程在铅垂面上画出直线 AB，其与各整数标高的水平线交于 C，D，E 各点，自这些点向 $a_{4.3}b_{7.8}$ 作垂线，即得 c_5，d_6，e_7 各整数标高点。AB 反映实长，它与水平线的夹角反映该线对于水平面的倾角（图 9－5）。

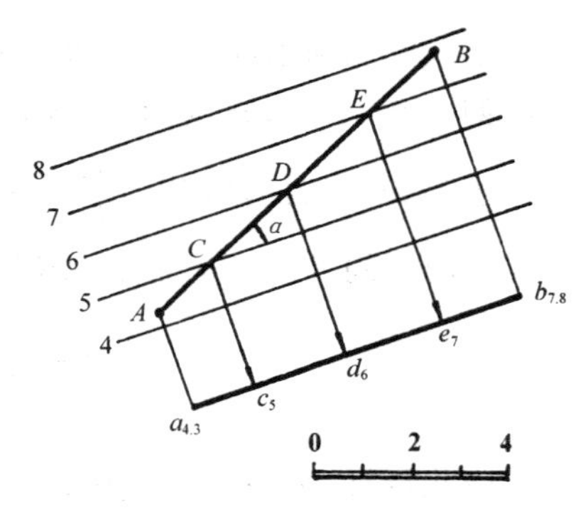

图 9－5　求直线上整数标高点

9.2.2　平面的标高投影

1）平面上的等高线和坡度线

标高投影中，预定高度的水平面与所表示表面（平面、曲面、地形面）的截交线称为等高线。如图 9－6a 所示，平面上的水平线即平面上的等高线，也可看成是水平面与该平面的交线。在实际应用中常取整数标高的等高线，它们的高差一般取整数，如 1 m，5 m 等，并且把平面与基准面的交线，作为高程为零的等高线。图 9－6b 为平面 P 上的一系列等高线的标高投影。

从标高投影图中可以看出，平面上的等高线是一组互相平行的直线，当相邻等高线的高差相等时，其水平间距也相等。图 9－6b 中相邻等高线的高差为 1 m，它们的水平间距就是该平面的平距。

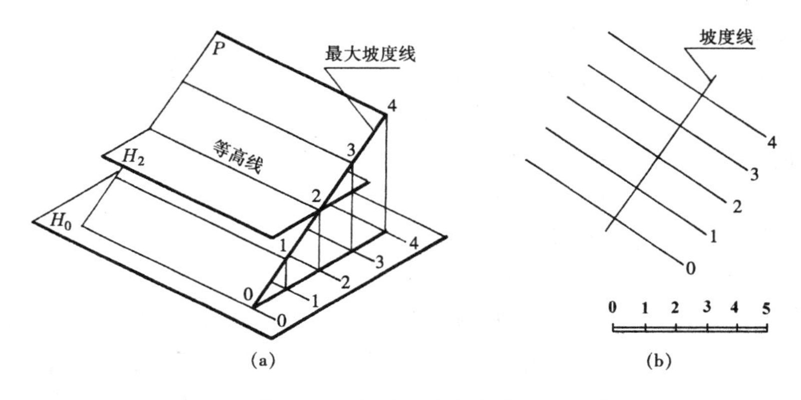

图 9－6 平面上的等高线和坡度线

如图 9－6a 所示，平面的坡度线和平面上的水平线垂直，根据直角投影定理，它们的水平投影应互相垂直，如图 9－6b 所示。坡度线的坡度就是该平面的坡度。

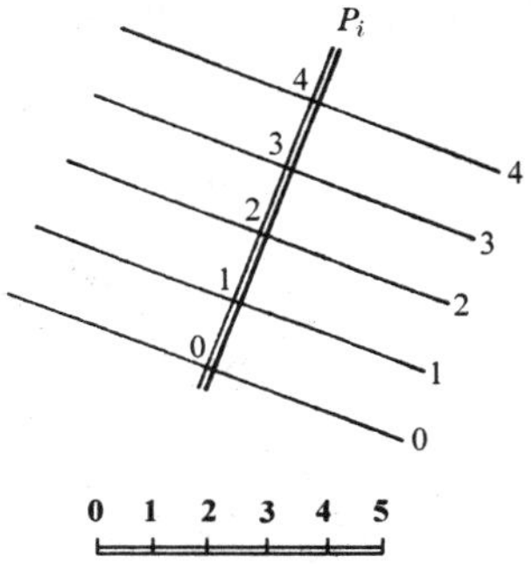

工程上有时也将坡度线的投影附以整数标高数值，并画成一粗一细的双线，称为平面的坡度比例尺，如图 9－7 所示。P 平面的坡度比例尺用字母 P_i 表示。

图 9－7 平面的坡度比例尺

2）平面的表示法

在正投影中所介绍的用几何元素表示平面的方法在标高投影中仍然适用。在标高投影中，常采用平面上的一条等高线和平面的坡度表示平面。

图 9－8a 表示一个平面。知道平面上的一条等高线，就可定出坡度线的方向，由于平面的坡度已知，该平面的方向和位置就确定了。

如果作平面上的等高线，可利用坡度求得等高线的平距，然后作已知等高线的垂线，在垂线上按图中所给比例尺截取平距，再过各分点作已知等高线的平行线，即可作出平面上的一系列等高线，如图 9－8b 所示。

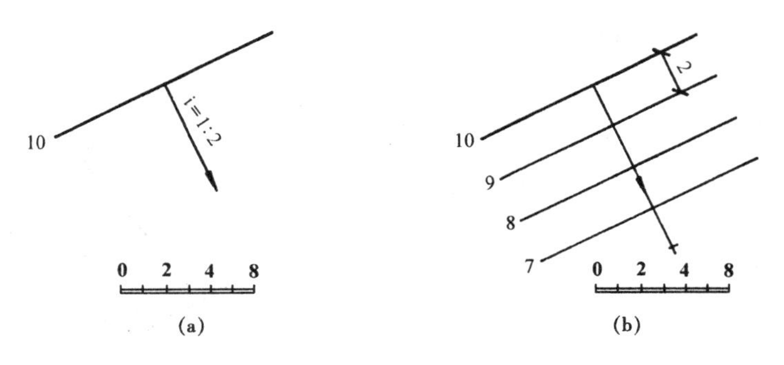

图 9－8 用平面上的等高线和平面的坡度表示平面

用坡度比例尺也可表示平面，如图 9－9 所示，坡度比例尺的位置和方向一经给定，平面的方向和位置也就随之确定。过坡度比例尺上的各整数标高点作它的垂线，就是平面上的相应高程的等高线。但要注意的是，在用坡度比例尺表示平面时，标高投影的比例尺或比例要同时给出。

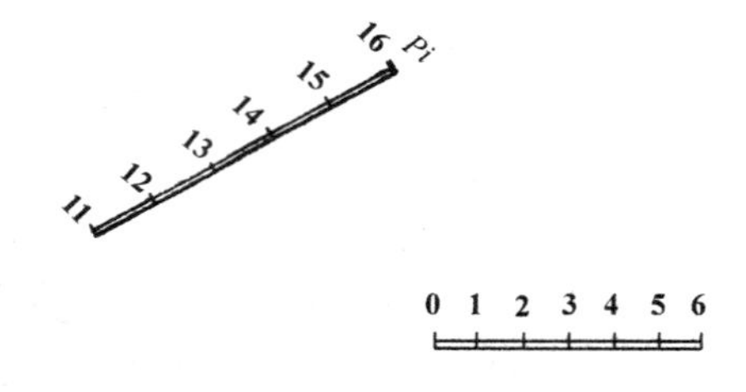

图 9－9　用坡度比例尺表示平面

有时还用平面上的一条非等高线和该平面的坡度表示一个平面。如图 9－10a 为一标高为 5 m 的水平场地及一坡度为 1∶3 的斜坡引道，斜坡引道两侧的倾斜平面 ABC 和 DEF 的坡度均为 1∶2，这种倾斜平面可由平面内一条倾斜直线的标高投影加上该平面的坡度来表示，如图 9－10b 所示。图中 a_2b_5 旁边的箭头只是表明该平面向直线的某一侧倾斜，并不代表平面的坡度线方向，坡度线的准确方向需作出平面上的等高线后才能确定，所以用虚线表示。

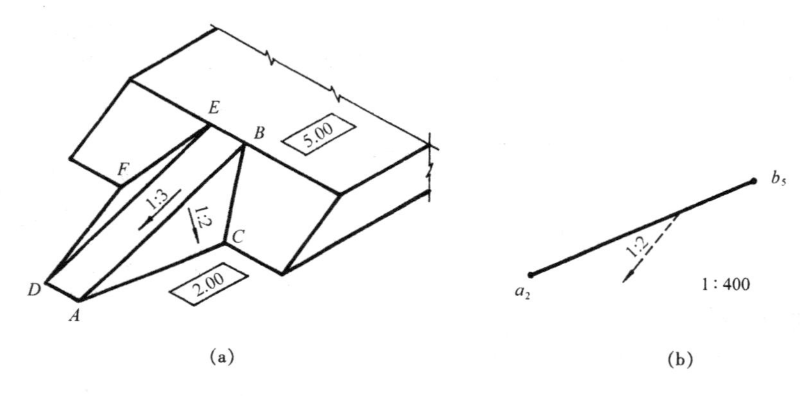

图 9－10　用平面上一条非等高线和平面的坡度表示平面

图 9－11b 表示了上述平面上等高线的作法。该平面上标高为 2 m 的等高线必通过 a_2，而过 b_5 则有一条标高为 5 m 的等高线，这两条等高线之间的水平距离 $L=l\times H=2\times 3\ \text{m}=6\ \text{m}$。以 b_5 为圆心，以 $R=6$ m 为半径（按图中所给比例尺量取），在平面的倾斜方向画圆弧，再过 a_2 作直线与圆弧相切，就得到标高为 2 m 的等高线，立体空间示意图如图 9－11c 所示。三等分 a_2b_5，可得到直线上标高为 3 m，4 m 的点，过各分点作直线与等高线 2 m 平行，就得到一系列相应的等高线。

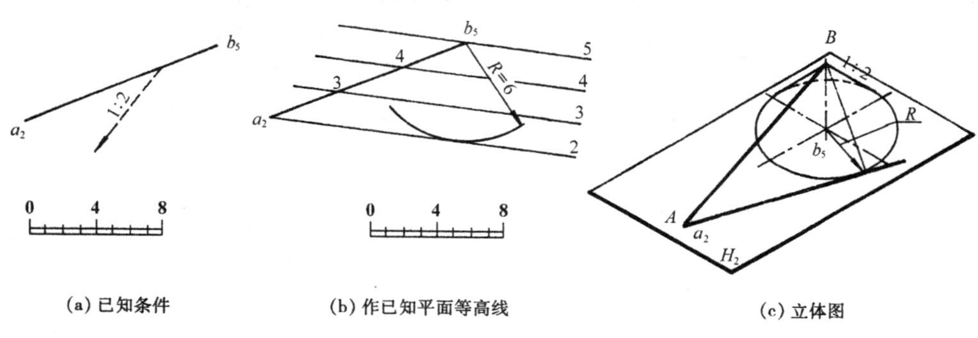

图 9－11　作已知平面的等高线

3）平面与平面的交线

在标高投影中，求两平面的交线，通常采用水平面作为辅助面。

如图 9—12a 所示，水平辅助面与 P，Q 两平面的截交线是两条相同高程的等高线，这两条等高线的交点就是两平面的共有点，分别求出两个共有点并将其连接起来，就可求得交线。

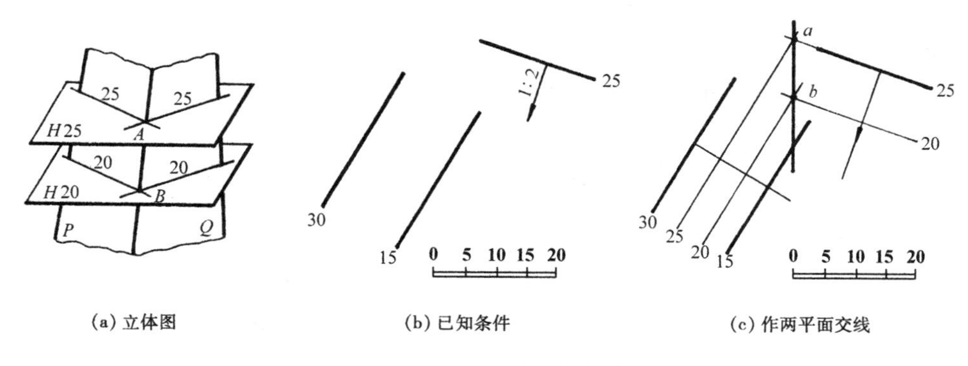

(a) 立体图　　(b) 已知条件　　(c) 作两平面交线

图 9—12　求两平面的交线

如图 9—12b 所示，已知两平面，求它们的交线，可分别在两平面内作出相同高程的等高线 20 m 和 25 m（或其他相同高程），如图 9—12c 所示，分别得到 a，b 两个交点，连接 a，b 两点，则 ab 即为所求两平面交线的标高投影。

在工程中，把建筑物相邻两坡面的交线称为坡面交线，坡面与地面的交线称为坡脚线（填方）或开挖线（挖方）。

例 9—3　已知主堤和支堤相交，顶面标高分别为 3 m 和 2 m，地面标高为 0 m，各坡面坡度如图 9—13a 所示，试作相交两堤的标高投影图。

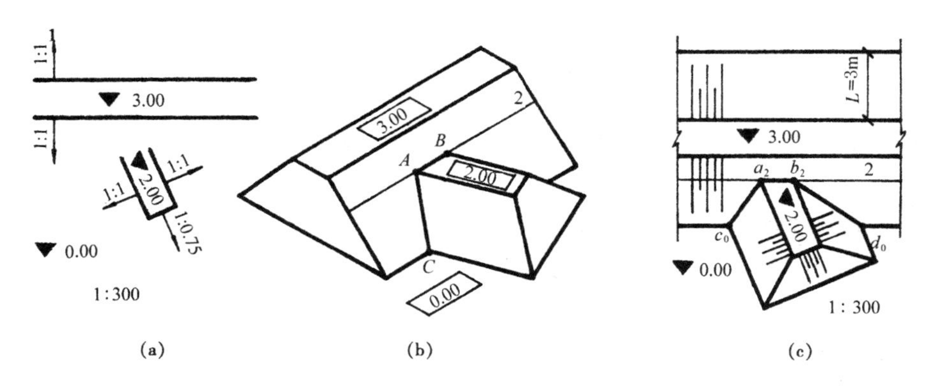

(a)　　(b)　　(c)

图 9—13　求支堤与主堤相交的标高投影图

分析：作相交两堤的标高投影图，需求三种线：各坡面与地面交线，即坡脚线；支堤顶面与主堤坡面的交线；主堤坡面与支堤坡面的交线，如图 9—13b 所示。

作图步骤如下（图 9—13c）：

(1) 求坡脚线。以主堤为例，先求堤顶边缘到坡脚线的水平距离 $L = H/i =$

$(3-0)\mathrm{m}/1=3\ \mathrm{m}$,再沿两侧坡面坡度线方向按 1∶300 比例量取,过零点作顶面边缘的平行线,即得两侧坡面的坡脚线。同样方法作出支堤的坡脚线。

(2) 求支堤顶面与主堤坡面的交线。支堤顶面标高为 2 m,与主堤坡面交线就是主堤坡面上标高为 2 m 的等高线中的 a_2b_2 一段。

(3) 求主堤坡面与支堤坡面的交线。它们的坡脚线交于 c_0,d_0,连 c_0,a_2 和 d_0,b_2,即得坡面交线 c_0a_2 和 d_0b_2。

(4) 将最后结果加深,并画出各坡面的示坡线。(图中长短相间的细实线叫示坡线,其与等高线垂直,用来表示坡面,短线画在较高的一侧。)

例 9－4 如图9－14a 所示,一斜坡引道直通水平场地,已知地面高程为 2 m,水平场地顶面高程为 5 m,试画出其坡脚线和坡面交线。

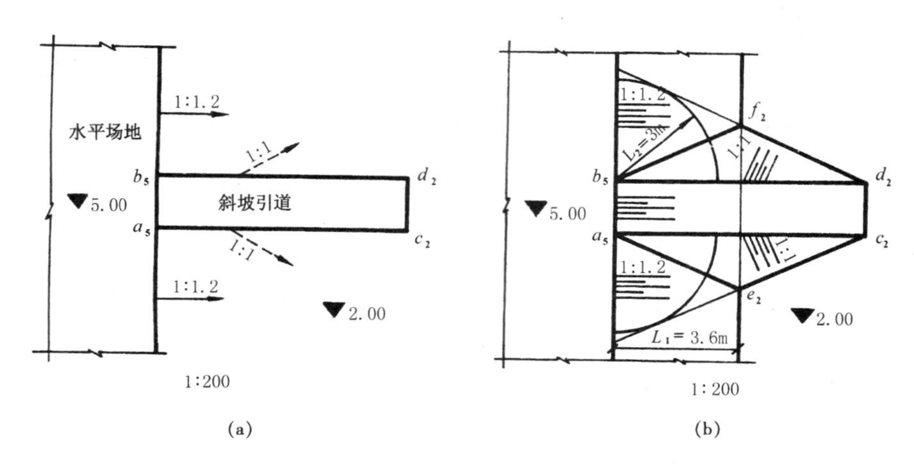

图 9－14　求斜坡引道与水平场地的标高投影图

作图步骤如下(图 9－14b):

(1) 求坡脚线。水平场地边缘与坡脚线水平距离 $L_1=1.2\times3\ \mathrm{m}=3.6\ \mathrm{m}$。斜坡引道坡脚线求法与图 9－11b 相同,分别以 a_5 和 b_5 为圆心,以 $L_2=1\times3\ \mathrm{m}=3\ \mathrm{m}$ 为半径画弧,再自 c_2 和 d_2 分别作此两弧的切线,即为引道两侧的坡脚线。

(2) 求坡面交线。水平场地与斜坡引道的坡脚线分别交于 e_2 和 f_2,连 a_5e_2 和 b_5f_2,就是所求的坡面交线。

(3) 将结果加深,并画出各坡面的示坡线。

9.3　曲面的标高投影

工程上常见的曲面有锥面、同坡曲面和地形面等。在标高投影中表示曲面,就是用一系列高差相等的水平面与曲面相截,画出这些截交线(即等高线)的投影。

9.3.1　正圆锥面

如图 9－15 所求,正圆锥面的等高线都是同心圆,当高差相等时,等高线间的水平距离相等。当锥面正立时,等高线越靠近圆心,其标高数字越大;当锥面倒立时,等高线越靠近圆心，其标高数字越小。圆锥面示坡线的方向应指向锥顶。

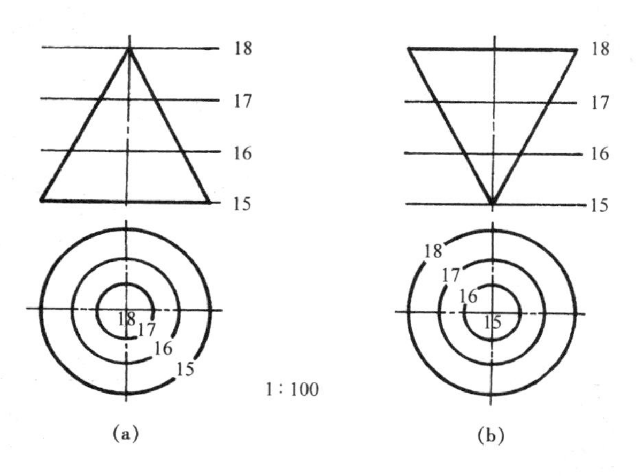

图 9－15　正圆锥面的标高投影图

在土石方工程中，常在两坡面的转角处采用坡度相同的锥面过渡，如图 9－16 所示。

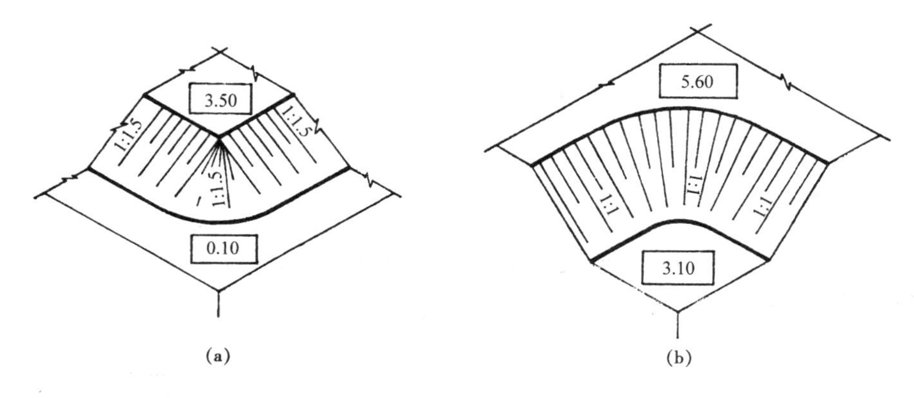

图 9－16　转角处锥面过渡示意图

例 9－5　在土坝与河岸的连接处，用圆锥面护坡，河底标高为 118.00 m，土坝、河岸、圆锥台顶面标高及各坡面坡度如图 9－17a 所示，试完成它们的标高投影图。

分析：圆锥面坡脚线为圆弧，两条坡面交线分别为曲线段（椭圆和双曲线），如图 9－17b所示。作图步骤如下：

(1) 作坡脚线。土坝、河岸、锥面护坡各坡面的水平距离分别为 $L_1=(128-118)\times 2\ \text{m}=20\ \text{m}$，$L_2=(128-118)\times 1\ \text{m}=10\ \text{m}$，$L_3=(128-118)\times 1.5\ \text{m}=15\ \text{m}$。根据各坡面的水平距离，即可作出坡脚线。应注意，圆锥面的坡脚线是圆锥台顶圆的同心圆，其半径为锥台顶圆半径（R_1）与其水平距离（L_3）之和，即 $R=R_1+L_3$，如图 9－17c 所示。

(2) 作坡面交线。各坡面相同高程等高线的交点即坡面交线上的点，依次光滑连接各点，即得交线，如图 9－17d 所示。

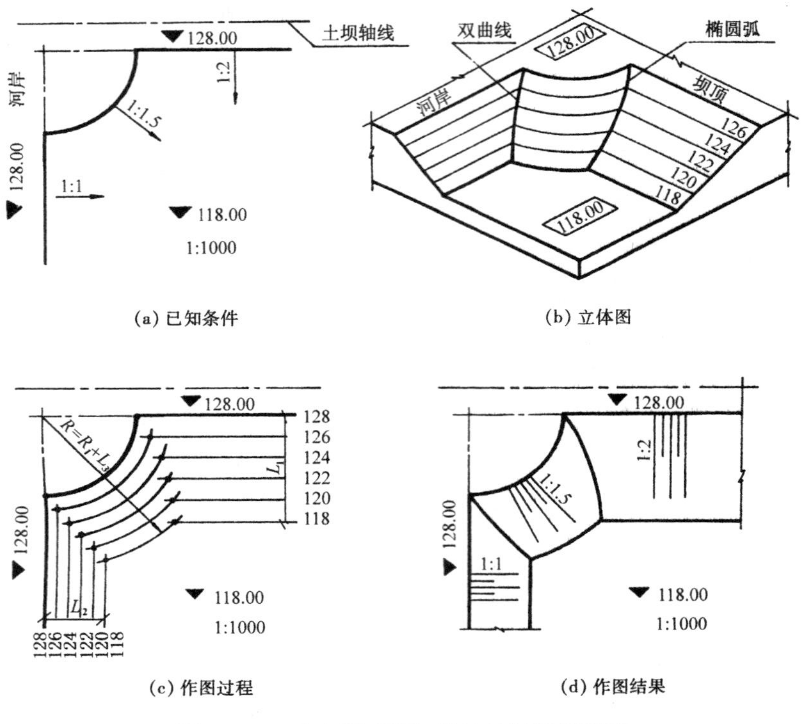

(a) 已知条件

(b) 立体图

(c) 作图过程

(d) 作图结果

图 9－17　求土坝、河岸、护坡的标高投影图

9.3.2　同坡曲面

图 9－18a 是一段倾斜的弯道，它的两侧边坡是曲面，且曲面上任何地方的坡度都相同，这种曲面称为同坡曲面。

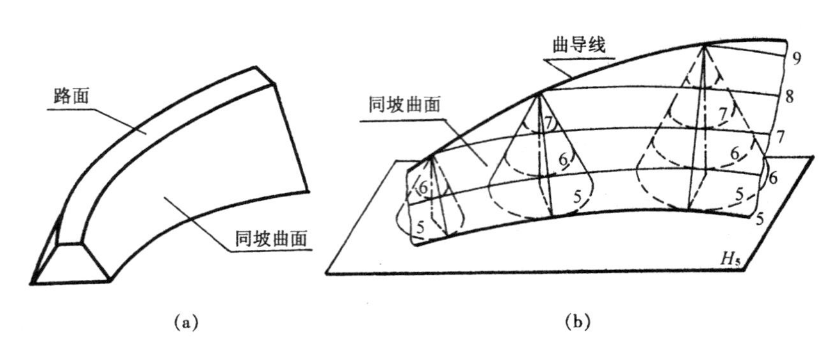

(a)

(b)

图 9－18　同坡曲面

工程上常用到同坡曲面，道路在弯道处，无论路面有无纵坡，其边坡均为同坡曲面。同坡曲面的形成如图 9－18b 所示，以一条空间曲线作导线，一个正圆锥的顶点沿此曲导线运动，当正圆锥轴线方向不变时，所有正圆锥的包络曲面就是同坡曲面。

要作同坡曲面的等高线，应明确以下三点：

(1) 运动的正圆锥与同坡曲面处处相切。

(2) 运动的正圆锥与同坡曲面坡度相同。

(3) 同坡曲面的等高线与运动正圆锥同标高的等高线相切。

例 9—6 图9—19a所示为一弯曲倾斜道路与干道相连，干道顶面标高为 9.00 m，地面标高为 5.00 m，弯曲引道由地面逐渐升高与干道相连，画出坡脚线与坡面交线。

作图步骤如下(图 9—19b)：

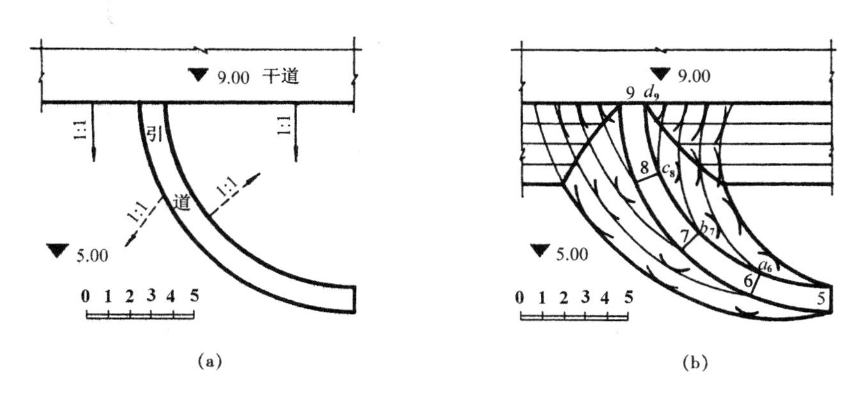

图 9—19 求干道与弯曲引道的标高投影图

(1) 算出边坡平距。

(2) 定出曲导线上整数标高点 a_6，b_7，c_8，d_9。

(3) 以 a_6，b_7，c_8，d_9 为圆心，$R=1,2,3,4$ 为半径画同心圆，即为各正圆锥的等高线。

(4) 作正圆锥上相同标高等高线的公切曲线(包络线)，即得边坡的等高线。同样可作出另一侧边坡的等高线。

(5) 求同坡曲面与干道边坡的交线。

(6) 将结果加深，完成作图。

9.3.3 地形面

如图 9—20 所示，由于地形面是不规则曲面，所以它的等高线是不规则的曲线。地形等高线有下列特征：

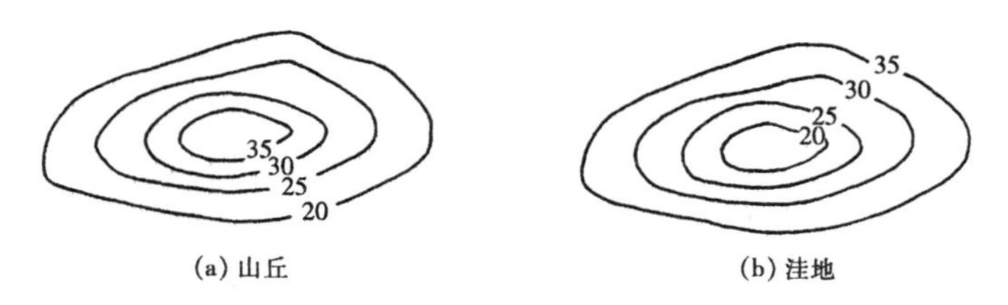

图 9—20 地形面表示法

(1) 等高线一般是封闭曲线(在有限的图形范围内可不封闭)。

(2) 除悬崖、峭壁外，等高线不相交。

(3) 同一地形图内，等高线愈密地势愈陡，反之等高线愈稀疏地势愈平坦。

用这种方法表示地形面，能够清楚地反映地形的起伏变化以及坡向等。如图 9—21

中右方环状等高线，中间高、四面低，表示有一山头；山头东北面等高线密集、平距小，说明这里地势陡峭；西南面等高线稀疏、平距较大，说明这里地势平坦，坡向是北高南低。相邻两山头之间，形状像马鞍的区域称为鞍部。地形图上等高线高程数字的字头按规定应朝向上坡方向。相邻等高线之间的高差称为等高距，图9－21 中的等高距为 5 m。

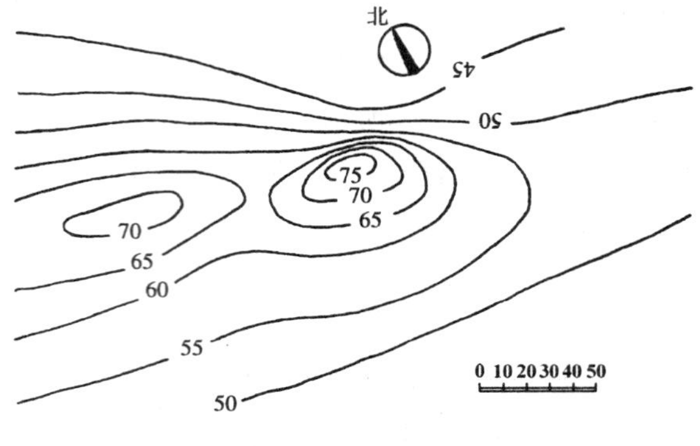

图 9－21　地形等高线图

在一张完整的地形等高线图中，为了便于看图，一般每隔四条有一条画成粗线，这样的粗线称为计曲线。

9.3.4　地形断面图

用铅垂面剖切地形面，剖切平面与地形面的截交线就是地形断面，并画上相应的材料图例，称为地形断面图。其作图方法如图 9－22 所示。

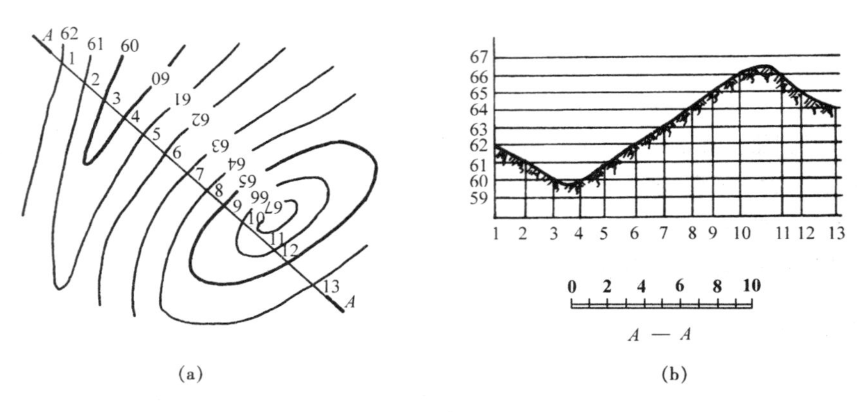

图 9－22　地形断面图的画法

(1) 过 A－A 作铅垂面，它与地面上各等高线的交点为 1，2，3，…，见图 9－22a。

(2) 以 A－A 剖切线的水平距离为横坐标，以高程为纵坐标，按等高距及比例尺画一组平行线，如图 9－22b 所示。

(3) 将图 9－22a 中的 1，2，3，…各点转移到图 9－22b 中最下面一条直线上，并由各点作纵坐标的平行线，使其与相应的高程线相交得到一系列交点。

(4) 光滑连接各交点，即得地形断面图，并根据地质情况画上相应的材料图例。

9.4　标高投影在土建工程中的应用

在土建工程中，经常要应用标高投影来求解工程建筑物坡面的交线以及坡面与地面的交线，即坡脚线和开挖线。由于建筑物的表面可能是平面或曲面，地形面也可能是水平地面或是不规则地面，因此，它们的交线性质也不一样，但是求解交线的基本方法仍然是采用水平辅助平面来求两个面的共有点。如果交线是直线，只需求出两个共有点并连以直线；如果交线是曲线，则应求出一系列共有点，然后依次光滑连接，即得交线。下面举例来说明标高投影的应用：

例 9—7 在河道上修筑一土坝，已知地形图上土坝坝顶轴线位置（图 9—23a）和土坝断面图（图9—23b），试完成土坝的平面图。

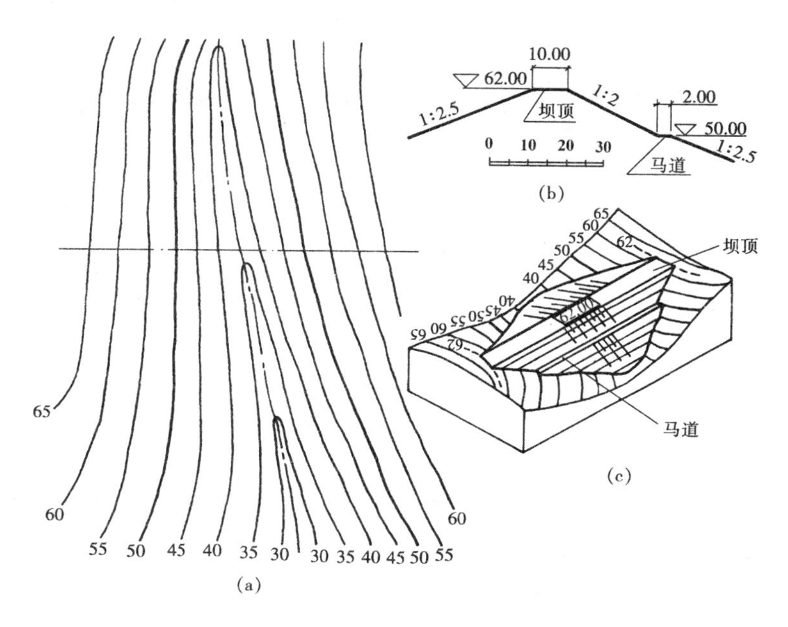

图 9—23 土坝的已知条件

分析：由图 9—23 中的断面图可以看出，坝顶高程为 62.00 m，高于地形面，所以是填方。坝顶、马道和上、下端坡面都与地面有交线，即坡脚线，它们都是不规则的曲线（图 9—23c）。作图步骤如下（图 9—24a）：

（1）画坝顶平面图。在坝轴线两侧按所给比例各量取 5 m，画出坝顶边界线。它与地面的交线是地面上高程为 62.00 m 的等高线，用内插法在地形图上画出 62 m 的等高线，将坝顶边界延伸到与 62 m 等高线相交处。

（2）求上游坝面的坡脚线。在土坝的上游坡面上作与地形面相应高程的等高线，根据上游坡面坡度 1∶2.5，可知平距 l=2.5 m，按所给定比例作出坡面上高程为 60 m，55 m，50 m，45 m，40 m 的等高线。然后求出坝面与地面相同高程等高线的交点，顺次光滑连接各个交点，即可得上游坝面的坡脚线。坝面上高程为 45 的等高线与地面上高程为 45 的等高线有两个交点，坝面上 40 m 的等高线与地面上 40 m 等高线没有交点，这时，可在坝面和地面上用内插法各作一条 42.5 m 的等高线（图上用虚线表示），又可得两个交点。由于两点之间已经很近，故连点时可按交线趋势画成封闭曲线。

（3）求下游坝面的坡脚线。与上游坝面坡脚线的求法基本相同，但下游坝面在高程 50 m 处设有马道，马道以上的坡度为 1∶2，马道以下的坡度为 1∶2.5（图 9—23b），在作下游坝面等高线时，不同坡度要用不同的平距。马道的求法：先求马道的内边线至坝顶下

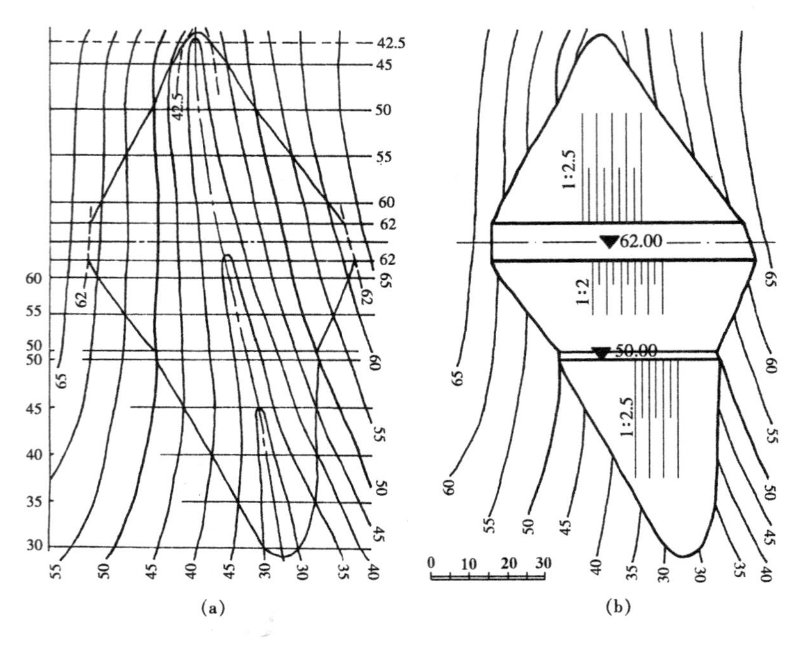

图 9－24　作土坝的平面图

游边线的水平距离 $L=\dfrac{H}{i}=\dfrac{62-50}{1/2}$m＝24 m，按比例画出马道的内边线，再按 2 m 的宽度画出马道的外边线。马道道面的边界线应延伸到高程为 50 m 地形等高线相交处。

（4）画出示坡线，注明坝顶和马道高程，完成作图（图 9－24b）。

例 9－8　如图9－25a 所示，要在山坡上修筑一带圆弧的水平广场，其高程为 30 m，填方坡度 1∶2，挖方坡度为 1∶1.5，求填挖边界线及各坡面交线。

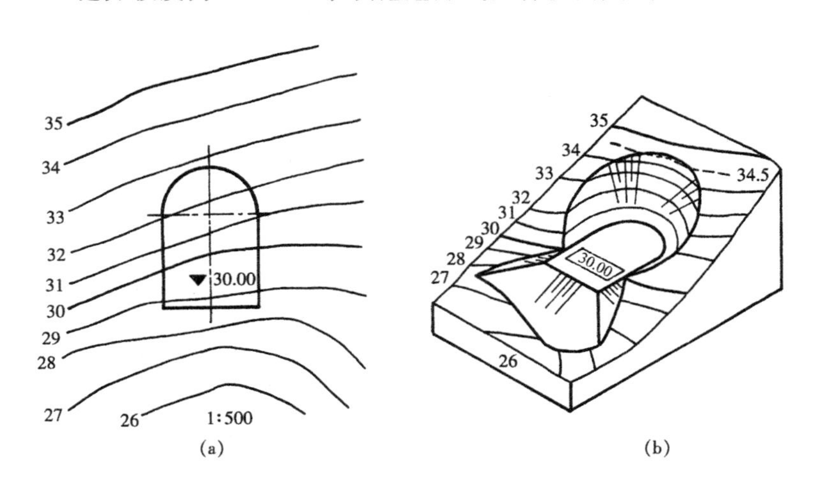

图 9－25　广场的已知条件

分析：因为水平场地高程为 30 m，所以地面上高程为 30 m 的等高线是填方和挖方的分界线，地面上高于 30 m 的一边需要挖方，低于 30 m 的一边需要填方，如图 9－25b 所示。作图步骤如下（见图 9－26a）：

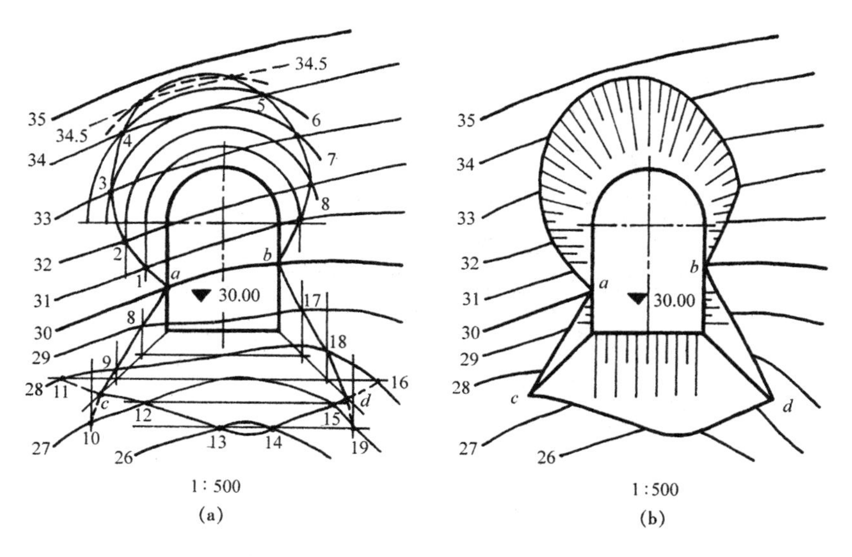

图 9－26　求水平广场的标高投影图

(1) 地面上 30 m 等高线与水平广场边线的交点 a,b 为填、挖分界点。北面挖方包含一个倒圆台面和两个与它相切的平面。根据挖方坡度 1∶1.5,顺次作出倒圆台面及两侧平面边坡的等高线,求得北坡面与地面相同高程等高线交点 1,2,3,…,8,倒圆台面上的 35 m 等高线与地面上 35 m 等高线没有交点,而 4 点与 5 点相距较远,为有效控制开挖线弯曲趋势,在倒圆台面和地形面上各内插一条 34.5 m 的等高线,在 4 点与 5 点之间又可得到两个交点,依次光滑连接即得挖方边界线。

(2) 南面填方边坡坡面为三个平面,坡度为 1∶2,顺次作出三个坡面的等高线,分别求出各坡面与地形面相同高程等高线交点,顺次连接 8－9－10,11－12－13－14－15－16 和 17－18－19,可得填方的三条坡脚线,相邻坡脚线有两个交点 c 和 d,分别为相邻坡面坡面交线上的一个端点,画出坡面交线。

(3) 将挖方边界、填方边界和坡面交线加深,画出各坡面的示坡线,如图 9－26b 所示,完成作图。

例 9－9　如图9－27所示,在所给定的地形面上修筑一条弯曲的道路,道路的路面标高为 20 m,道路两侧的边坡,填方为 1∶1.5,挖方为 1∶1,求填挖边界线。

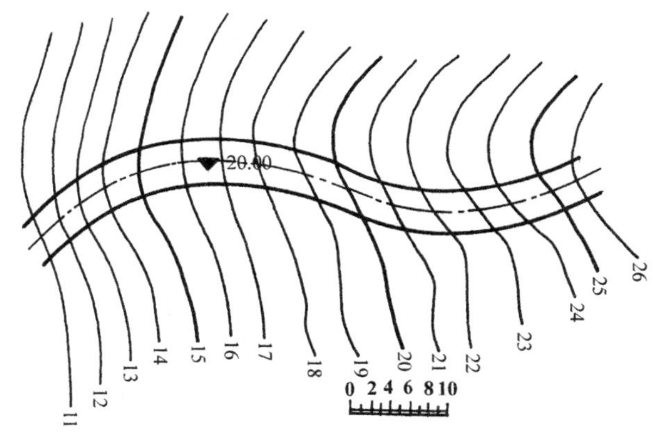

图 9－27　弯道的已知条件

分析：弯曲道路的两侧坡面为同坡曲面，求填挖边界线就是求该曲面与地形面的交线。作图步骤如下（图 9—28）：

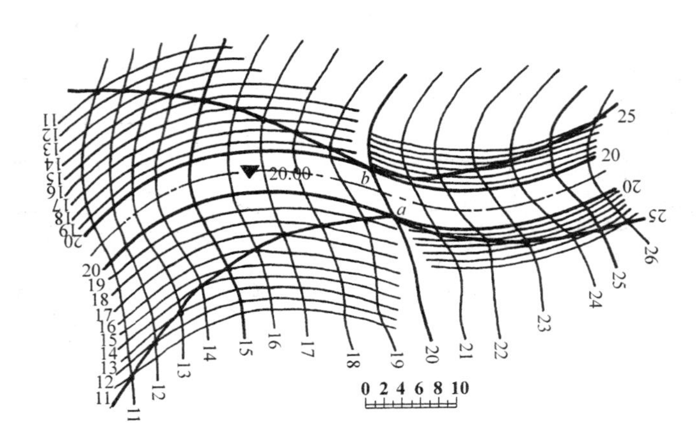

图 9—28　求弯曲道路的填、挖边界线

（1）地形面上与路面上高程相同的点 a,b 即为填、挖分界点。a,b 两点右边部分地形面的高程比路面高，故为挖方区；左边部分的地形面高程比路面低，故为填方区。

（2）各坡面为同坡曲面，同坡曲面上的等高线为曲线。在填方地段，愈往外地势愈低；在挖方地段，愈往外地势愈高。路缘曲线，就是同坡曲面上高程为 20 m 的等高线。

（3）根据填、挖方的坡度算出同坡曲面的平距，作出各等高线。因为路面是平坡，故边坡各等高线与路缘曲线平行。

（4）连接坡面上各等高线与相同高程地形等高线的交点，即得填、挖边界线。

例 9—10　在图9—29所示地形面上修筑一斜坡道，已知路面位置及路面上等高线位置，其两侧的填方坡度为 1∶2，挖方坡度为 1∶1.5，求作填挖坡面的边界线。

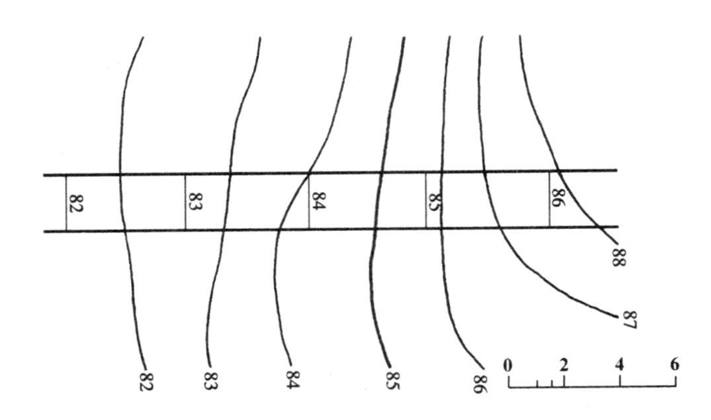

图 9—29　斜坡道的已知条件

分析：由图 9—29 可知，路面西段比地面高，应为填方；东段比地面低，应为挖方。填、挖分界点在路北边缘高程 84 m 处，路面南边缘填、挖分界点在高程 83 m 和 84 m 之间，准确位置需通过作图确定。作图步骤如下（图 9—30）：

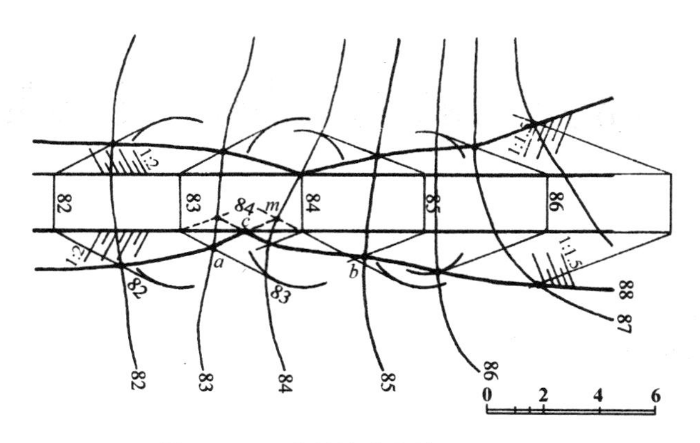

图 9—30 求斜坡道的填挖边界线

(1) 作填方两侧坡面的等高线。以路面边界上高程为 83 m 的点为圆心，平距 2 m 为半径作圆弧，自路面边界上高程为 82 m 的点作该圆弧切线，这就是填方坡面上高程为 82 m 的等高线。同样可分别作出填方坡面上相应高程的等高线。

(2) 作挖方两侧坡面的等高线。求法与填方两侧坡面相同，但方向与同侧填方等高线相反，挖方坡面的平距为 1.5 m。

(3) 将坡面与地面相同高程等高线的交点依次连接，可得坡脚线和开挖线。应注意路南的 a，b 两点不能直接相连，而应与填、挖分界点 c 相连。点 c 的求法，可假想扩大路南填方的坡面，自高程为 84 m 的点再作一坡面上高程为 84 m 的等高线(图中用虚线表示)，求出它与地面高程为 84 m 的等高线的交点 m，连接 am，与路面边界线交于 c 点。

(4) 将结果加深，画出示坡线，完成作图。

第二部分　制图基础和投影制图

10　制图的基本知识

本章介绍工程制图的一些基本常识，包括绘图工具的使用，房屋建筑工程制图国家标准中的基本规定，常用的几何作图方法，以及手工绘图的方法和步骤。

10.1　绘图工具和仪器的使用

工程制图中常用的绘图工具和仪器有：图板、丁字尺、圆规、分规、三角板、曲线板、比例尺、墨线笔、铅笔等。了解这些工具和仪器的性能，正确和熟练地掌握它们的使用方法，可以提高绘图效率，获得更好的图面质量。

1）铅笔

绘图铅笔的铅芯有不同的软硬度。铅笔上的标号“H”表示硬铅芯，常用 H 或 2H 铅笔画底稿线。标号“B”表示软铅芯，常用 B 或 2B 加深图线。HB 铅笔是一种软硬适中的铅笔，常用来写字。铅笔的削法及用法见图 10－1。

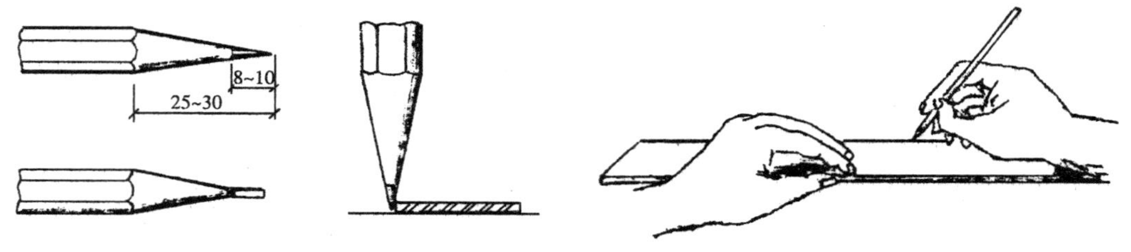

图 10－1　铅笔的削法和用法

2）图板

图板是用来固定图纸和绘图的，板面为矩形，大小可根据图幅选定。图板的表面要求平整光洁，特别是左侧边，作为绘图时移动的导边一定要平直。

3）丁字尺

丁字尺主要是用来画水平线及配合三角板画垂直线和斜线的。丁字尺由尺头和尺身组成。绘图时，尺头应始终紧贴图板的左侧导边（不要紧贴图板的其他三边），然后沿尺身的上边从左至右画水平线，如图 10－2 所示。

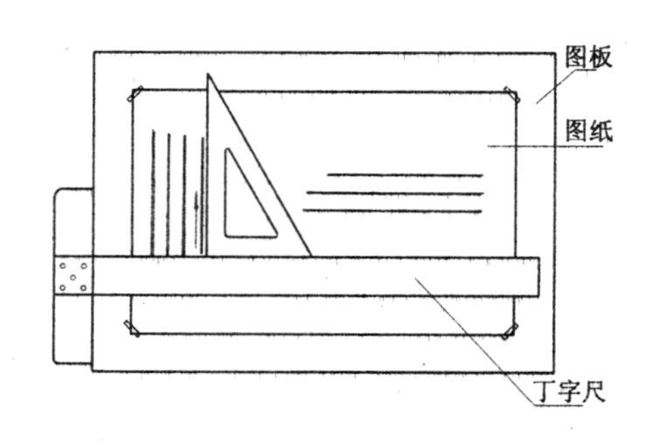

图 10－2　图板、丁字尺

4）三角板

一副三角板有两块(见图 10—3)，可以配合丁字尺画垂线及 30°、45°、60°、75°等斜线。两块三角板配合还可以作任一方向的平行线和垂直线。

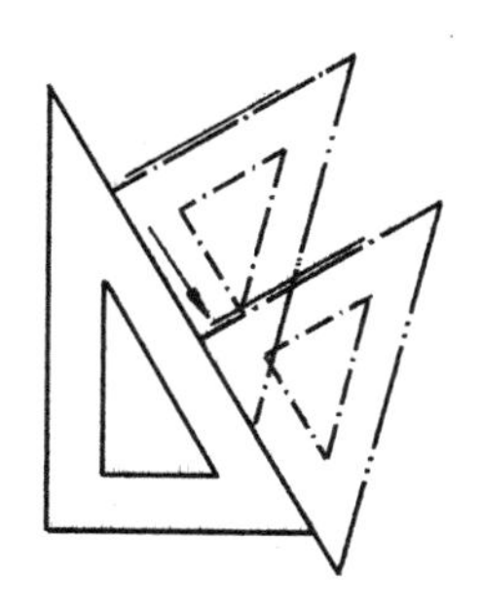
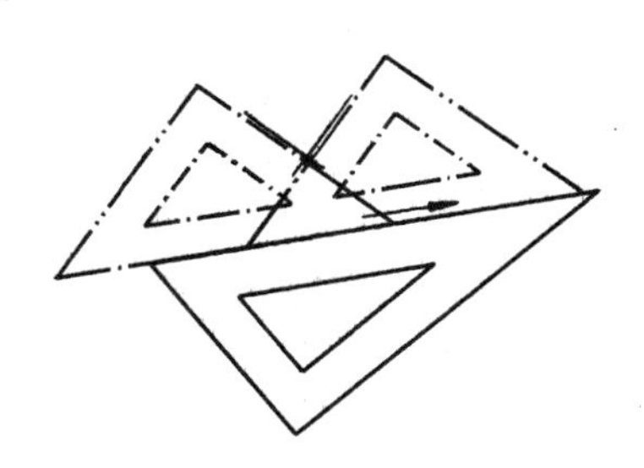

图 10—3　用三角板画平行线和垂直线

5）比例尺

比例尺俗称三棱尺，这是因为比例尺通常制成三棱柱形的缘故。比例尺的三个棱柱面上刻有六种不同的比例刻度，如：1∶100、1∶200、1∶300、1∶400、1∶500、1∶600，见图 10—4。

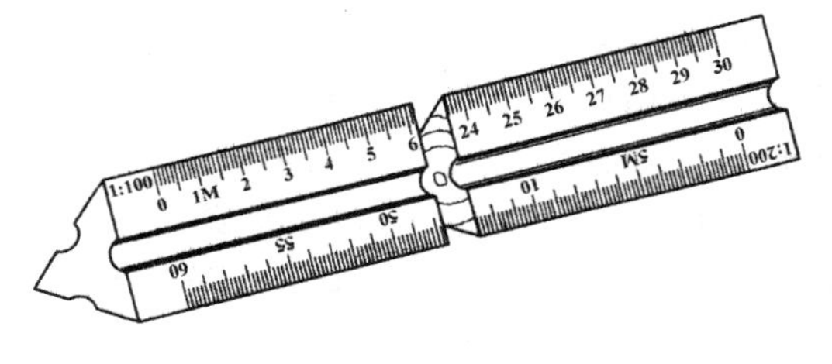

图 10—4　比例尺

6）圆规

圆规是画圆和圆弧的仪器。普通的圆规除了一肢为针脚以外，另一肢附有四种插脚，有铅笔插脚、墨线笔插脚、钢针插脚和加长杆，见图 10—5。画圆时，针脚位于圆心，另一肢为铅笔插脚(画铅笔线圆弧)，或墨线笔插脚(画墨线圆弧)，或加长杆(画大圆弧)，使用方法见图 10—6。画铅笔线圆弧时，铅芯磨成楔形，斜面朝外。铅芯硬度应比所画同类直线的铅笔软一号，以保证图线深浅一致。

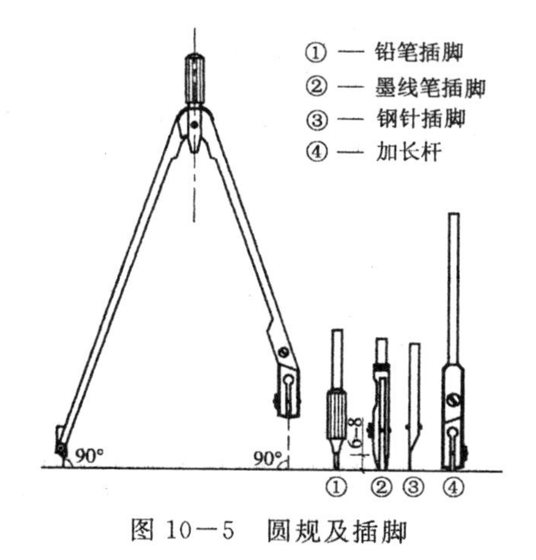

图 10—5　圆规及插脚

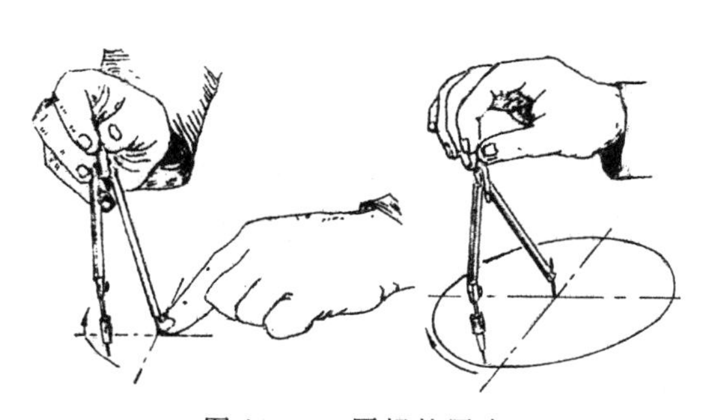

图 10—6　圆规的用法

7）分规

分规是用来测量直线距离，截取线段和等分线段的，见图 10—7。使用时注意分规两肢脚的钢针要平齐，两肢脚合拢时针尖应汇聚成一点。

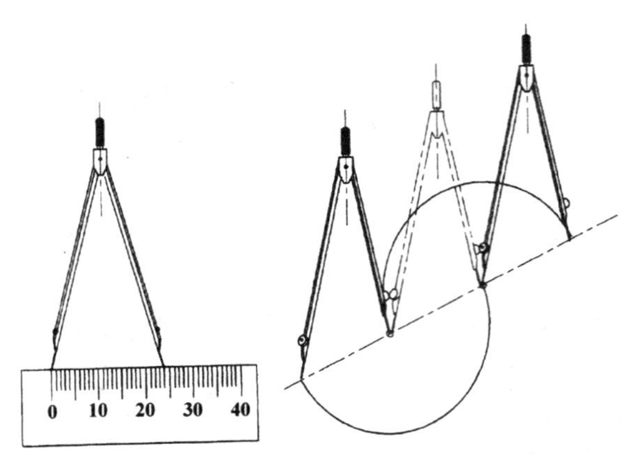

图 10－7　分规的用法

8）曲线板

图 10－8　曲线板

曲线板是用来画非圆曲线的工具，见图 10－8。使用方法：先定出曲线上足够数量的点，用铅笔徒手轻连成曲线，再设法使曲线板上某段与曲线的一段重合（至少三个点），这样一段接一段画。相邻两段应有一小部分重合，这样绘制的曲线才光滑，具体画法见图 10－9。

9）墨线笔

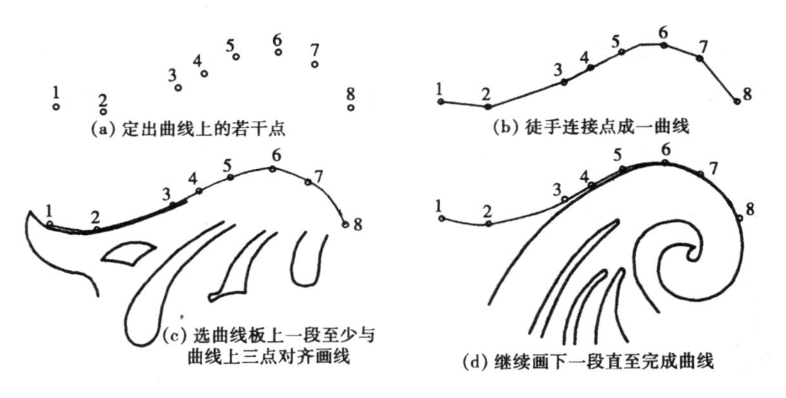

图 10－9　曲线板的用法

墨线笔又名鸭嘴笔，是用来画墨线的工具，见图 10－10。调整笔尖两钢片间的距离可以画出不同粗细的墨线。加墨水时要用滴管，注墨量应适中。切忌将墨线笔伸入墨水瓶内蘸墨水。

10）针管笔

针管笔亦称绘图墨水笔，其笔尖由不锈钢管制成，可根据图线要求选择相应粗细的笔尖绘图，见图 10－11。与墨线笔相比，针管笔无需经常加墨，这样可以提高绘图速度。

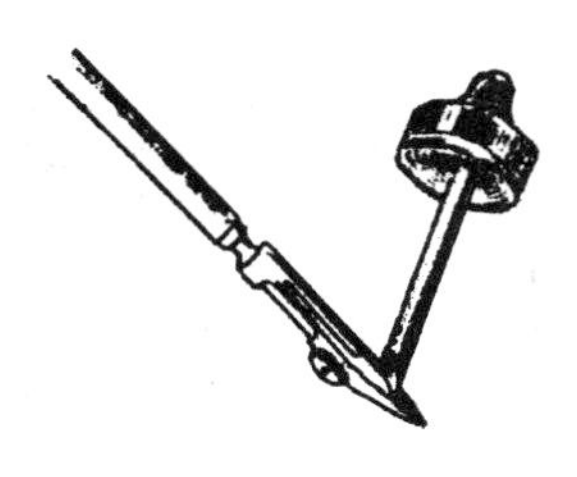
图 10—10　墨线笔

图 10—11　针管笔

10.2　制图基本规定

工程图样是工程界的技术语言，是表达土木工程设计的重要资料，也是进行施工的依据。为了便于技术交流，满足设计、施工、制造、存档的要求，对图样的内容、格式、画法、尺寸标注、图例、字体等都有统一规定。

在土木建筑工程制图中，我们应遵守国家标准《房屋建筑制图统一标准》GB/T50001—2010。下面介绍该标准的一些基本内容。

10.2.1　图幅及格式

图纸幅面简称图幅。为了方便使用、装订和管理，规定图纸幅面有五种基本尺寸，见表 10—1。表中尺寸代号的含义见图 10—12 和图 10—13。同一项目选用图幅一般不宜多于两种规格。

必要时，图纸可沿长边方向加长(短边尺寸不变)，但加长后的尺寸应符合表 10—2 的规定。

表 10—1　幅面及图框尺寸(mm)

幅面代号 / 尺寸代号	A0	A1	A2	A3	A4
$b\times l$	841×1189	594×841	420×594	297×420	210×297
c	10			5	
a	25				

表 10—2　图纸长边加长后尺寸(mm)

幅面代号	长边尺寸	长边加长后尺寸
A0	1189	1486,1635,1783,1932,2080,2230,2378
A1	841	1051,1261,1471,1682,1892,2102
A2	594	743,891,1041,1189,1338,1486,1635,1783,1932,2080
A3	420	630,841,1051,1261,1471,1682,1892

注：有特殊需要的图纸，可采用 $b\times l$ 为 841 mm×891 mm 与 1189 mm×1261 mm 的幅面。

一个工程设计中，每个专业所使用的图纸，不宜多于两种幅面，不含目录及表格所采用的 A4 幅面。

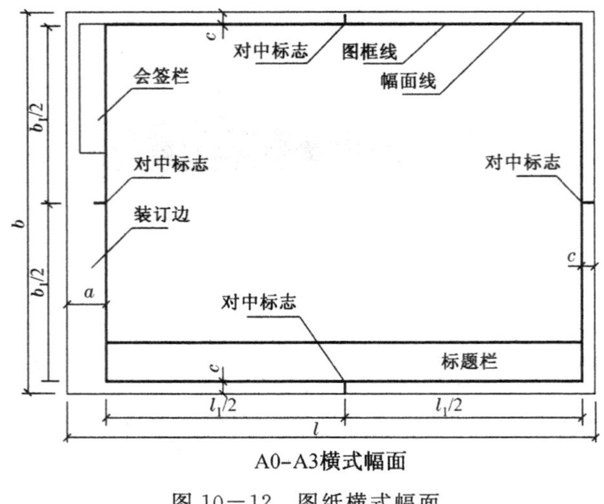

图 10—12　图纸横式幅面

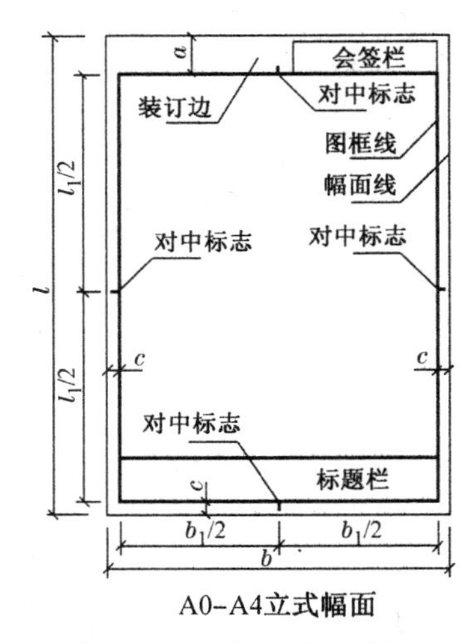

图 10—13　图纸立式幅面

图纸以短边为垂直边的称作横式，如图 10—12 所示；图纸以短边为水平边的称作立式，如图 10—13 所示。必要时各号图纸都可以横式或立式使用，标题栏可以布置在长边或短边。

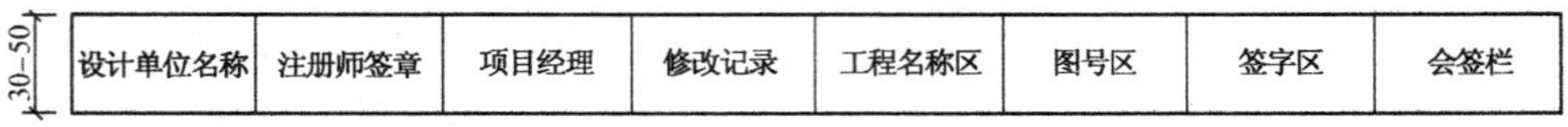

设计单位名称	注册师签章	项目经理	修改记录	工程名称区	图号区	签字区	会签栏

（30~50）

图 10—14　标题栏

标题栏如图 10—14，可根据工程需要确定其尺寸、格式及分区。虽然新标准只规定了通栏形式，但根据习惯标题栏如果不需要通栏形式时，也可以布置于图纸的右下角。

会签栏的格式和尺寸见图 10—15。

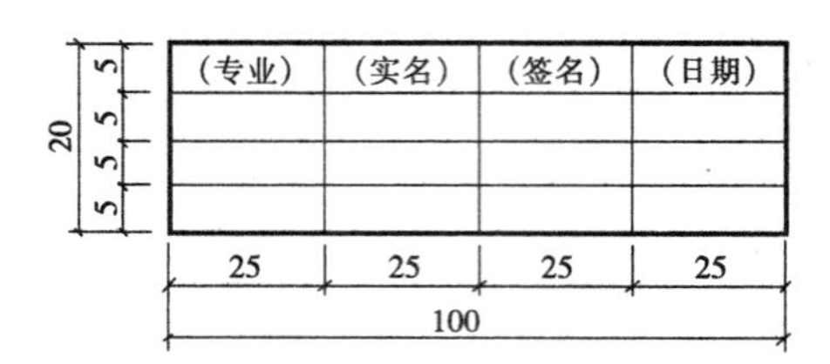

图 10—15　会签栏

10.2.2　图线

图线的宽度宜从 1.4、1.0、0.7、0.5、0.35、0.25、0.18、0.13 mm 系列中选取。图线宽度不应小于 0.1 mm。

在图样中为了表示不同的内容且能分清主次，图线可用不同的线型及粗细来绘制。表 10—3 对各种图线的线型、线宽作了明确的规定。

表 10－3　图线

名称		线型	线宽	一般用途
实线	粗		b	主要可见轮廓线
	中粗		$0.7b$	可见轮廓线
	中		$0.5b$	可见轮廓线、尺寸线、变更云线
	细		$0.25b$	图例线、家具线
虚线	粗		b	见有关专业制图标准
	中粗		$0.7b$	不可见轮廓线
	中		$0.5b$	不可见轮廓线、图例线
	细		$0.25b$	图例填充线、家具线
单点长画线	粗		b	见有关专业制图标准
	中		$0.5b$	见有关专业制图标准
	细		$0.25b$	中心线、对称线、轴线等
双点长画线	粗		b	见有关专业制图标准
	中		$0.5b$	见有关专业制图标准
	细		$0.25b$	假想轮廓线、成型前原始轮廓线
折断线			$0.25b$	断开界线
波浪线			$0.25b$	断开界线

图样中图线的粗细还应考虑比例大小，复杂程度选用表 10－4 中的线宽组。同一幅图纸内，相同比例的各图样线宽应相同。

表 10－4　线宽组

线宽比	线宽组(mm)			
b	1.4	1.0	0.7	0.5
$0.7b$	1.0	0.7	0.5	0.35
$0.5b$	0.7	0.5	0.35	0.25
$0.25b$	0.35	0.25	0.18	0.13

注：1. 需要微缩的图纸，不宜采用 0.18 mm 及更细的线宽。

2. 同一张图纸内，各不同线宽组中的细线，可统一采用较细的线宽组中的细线。

10.2.3　字体

工程图样上常用的文字有汉字、阿拉伯数字、拉丁字母等。

1）字体规格大小

(1) 中文长仿宋字(矢量字体)的字高规定为 3.5，5，7，10，14，20 mm，其他字体为 3，4，6，8，10，14，20 mm。字高大于 10 mm 的文字宜采用 TRUETYPE 字体。

(2) 汉字宜采用长仿宋体(矢量字体)或黑体，并应采用国家正式公布的简化字。长仿宋字的高度是宽度的$\sqrt{2}$倍，黑体字的高度和宽度相同。

(3) 书写文字的基本要求是：笔画清楚、字体端正、间隔均匀、排列整齐、标点符号应清楚正确。数字和字母与汉字并列时其字号宜比汉字小一号至二号。

(4) 拉丁字母、阿拉伯数字与罗马数字，宜采用单线简体或 ROMAN 字体。

(5) 字母和数字分 A 型(瘦)字体和 B 型字体。A 型字体的笔画宽度(d)为字高(h)的十四分之一，B 型字体的笔画宽度(d)为字高(h)的十分之一。

字母和数字可写成直体，也可写成斜体。斜体字字头向右倾斜，与水平基准线成 75°。

2) 字体示例

(1) 汉字长仿宋体

10 号

字体工整笔画清楚间隔均匀排列整齐

7 号

笔画基本上是横平竖直注意起落结构匀称填满方格

5 号

阿拉伯数字拉丁字母罗马数字和汉字并列书写时它们的字高比汉字高小

3.5 号

东南大学土木工程建筑结构给排水采暖通风电气道路桥梁涵洞环境保护房屋施工图初步设计钢筋混凝土梁柱板基础

平立剖面总体布置简化省略画法对称轴测透视标高投影基本规定比例符号尺寸标注正确使用绘图工具和仪器的方法

(2) 拉丁字母、阿拉伯数字、罗马数字(示例为 B 型字体)

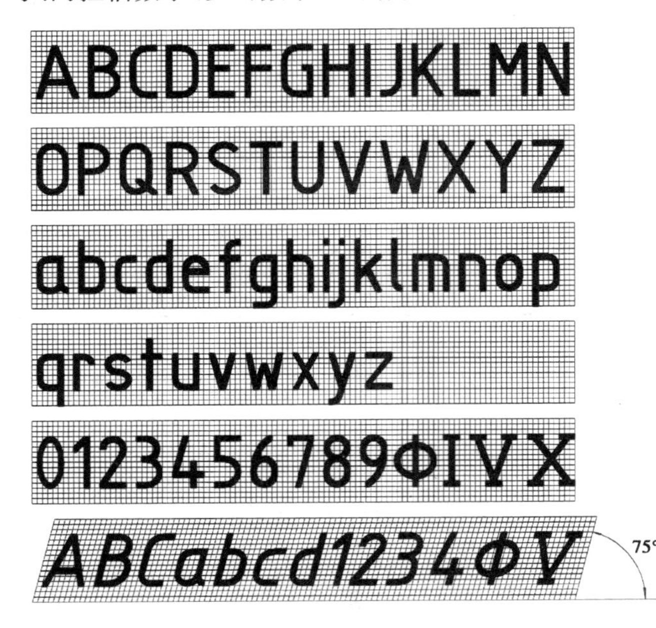

10.2.4 比例

图样的比例是图形与实物的对应线性尺寸之比。比例大小是指比值的大小。绘图比例应根据图样的用途与被绘对象的复杂程度从表 10—5 中选用，并应优先采用常用比例。

表 10—5　绘图所用的比例

常用比例	1∶1,1∶2,1∶5,1∶10,1∶20,1∶50,1∶100,1∶150,1∶200,1∶500,1∶1000,1∶2000
可用比例	1∶3,1∶4,1∶6,1∶15,1∶25,1∶30,1∶40,1∶60,1∶80,1∶250,1∶300,1∶400,1∶600,1∶5000,1∶10000,1∶20000,1∶50000,1∶100000,1∶200000

图纸上比例宜注写在图名右侧,字的基准线应取平,比例的字高宜比图名的字高小一号或二号,见图 10—16。

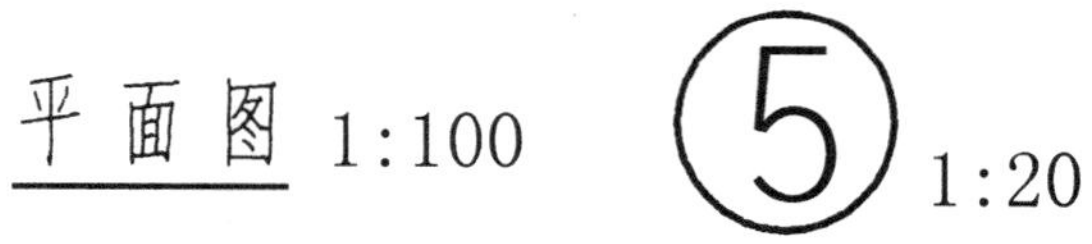

平面图 1:100

图 10—16　比例的注写

10.2.5　建筑材料图例

为了简化作图,工程图样中采用各种图例,表 10—6 是常见的建筑材料图例。

表 10—6　常用建筑材料图例

序号	名　　称	图　　例	说　　　　明
1	自然土壤		包括各种自然土壤
2	夯实土壤	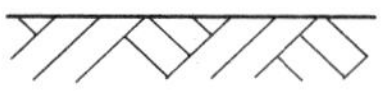	
3	砂、灰土	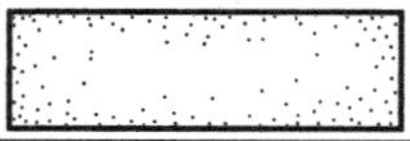	靠近轮廓线绘较密的点
4	砂砾石、碎砖三合土	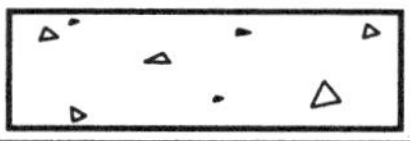	
5	混凝土	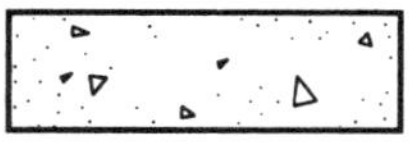	① 本图例指能承重的混凝土及钢筋混凝土 ② 包括各种强度等级、骨料、添加剂的混凝土 ③ 在剖面图上画出钢筋时不画图例线 ④ 断面图形小不易画出图例线时,可涂黑
6	钢筋混凝土	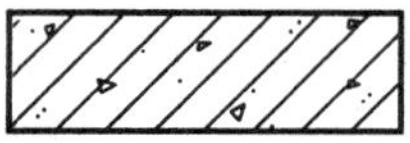	
7	石材		包括岩层、砌体、铺地贴面等材料
8	毛石	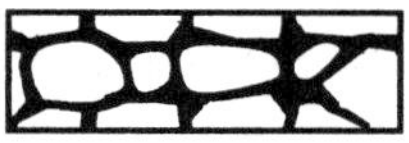	
9	木材		横断面图,左图为垫木、木砖或木龙骨
10	普通砖		① 包括实心砖、多孔砖、砌块等砌体 ② 断面较窄不易绘出图例线时,可涂红
11	金　属		① 包括各种金属 ② 图形小时可涂黑

10.2.6　尺寸标注

图样中要表示物体的实际大小及各部分的相对位置必须标注尺寸,所以,尺寸是组成图样的重要部分。图样中的尺寸标注必须正确、完整、清晰、合理。

1）尺寸标注的组成

尺寸标注由尺寸界线、尺寸线、尺寸起止符号和尺寸数字四部分构成，见图 10－17。

2）基本规定

（1）尺寸界线。用细实线绘制，一般与被注长度垂直，其一端应离开图形轮廓不小于 2 mm，另一端宜超出尺寸线 2～3 mm，必要时亦可将图形轮廓线或中心线用作尺寸界线，见图 10－18。

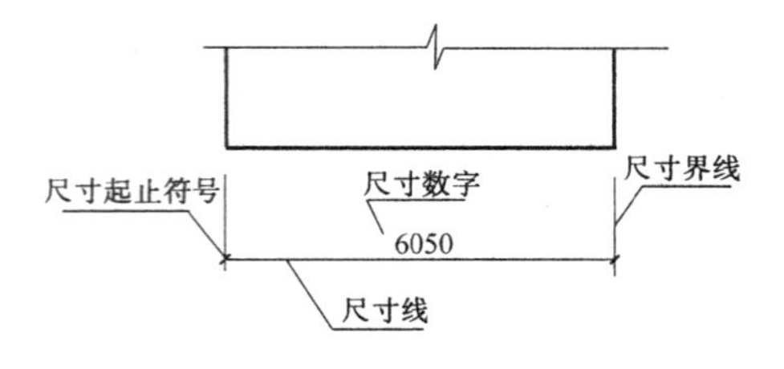

图 10－17　尺寸标注的组成

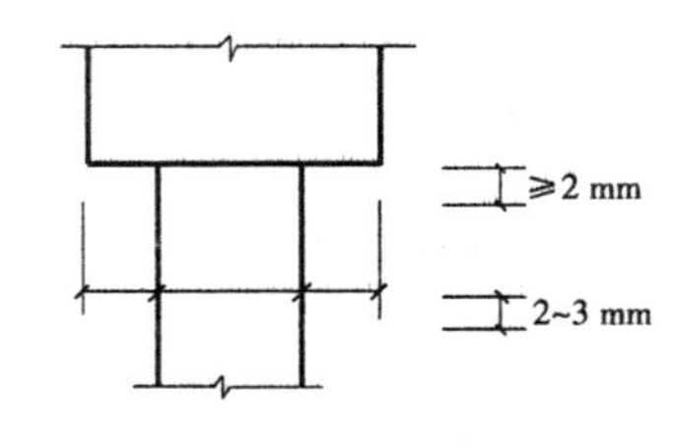

图 10－18　尺寸界线

（2）尺寸线。用细实线绘制，尺寸线应与被注长度平行。图样本身的任何图线均不得作为尺寸线。尺寸线互相平行的尺寸标注中，较小的尺寸应靠近被标图形，而较大的尺寸应标注在小尺寸外边，见图 10－19。图样轮廓线以外的尺寸界线，距图样最外轮廓之间的距离，不宜小于 10 mm。平行排列的尺寸线的间距，宜为 7～10 mm，并应保持一致。

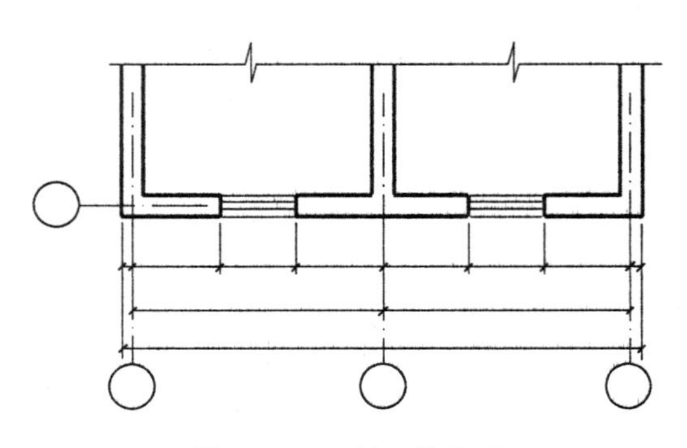

图 10－19　尺寸的排列

（3）尺寸起止符号。一般用中粗斜短线绘制，其倾斜方向应与尺寸界线成顺时针 45°角，长度宜为 2～3 mm。半径、直径、角度与弧长的尺寸起止符号，宜用箭头表示，箭头的画法如图 10－20 所示。

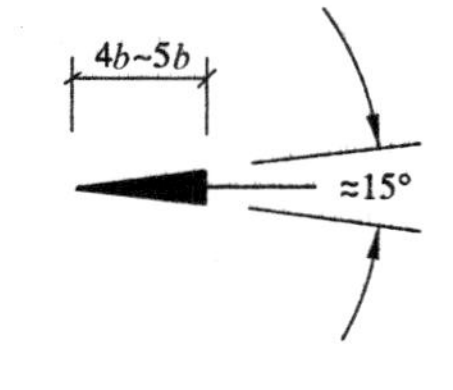

图 10－20　尺寸箭头

（4）尺寸数字。是指物体的实际大小，与绘图的比例无关。工程图中的线性尺寸单位除标高和总平面图以米（m）为单位外，其余均以毫米（mm）为单位。

尺寸数字应依据其读数方向注写在靠近尺寸线的上方中央，如没有足够的注写位置，最外边的尺寸数字可注写在尺寸界线外侧，中间相邻的尺寸数字可错开注写，也可引出注写，引出注写时引出线端部用圆点表示标注尺寸的位置，见图 10－21。数字的注写方向，水平时字头应朝上，竖直时字头应朝左，其他方向也应使字头斜向上方，如图 10－22a 所示。如果尺寸数字在 30°斜线区内，宜按图 10－22b 的形式注写。

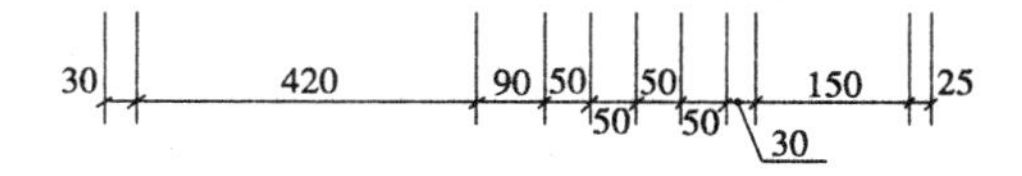

图 10－21　尺寸数字的注写位置

尺寸宜注在轮廓线外边，任何图线、符号、文字都不得与数字相交。当不可避免时，应将尺寸数字处的图线断开，见图 10－23a、b。

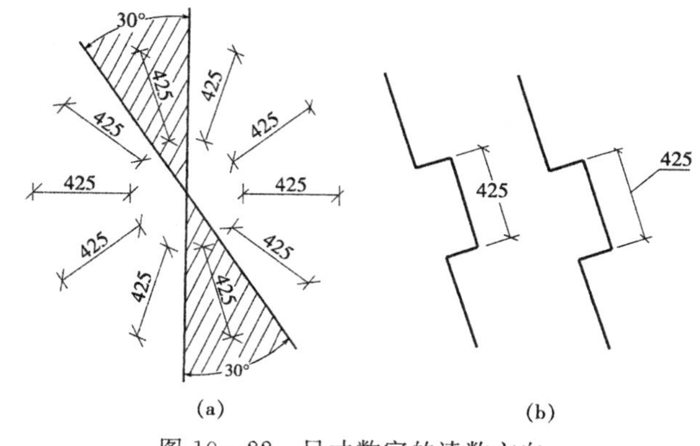

图 10－22　尺寸数字的读数方向

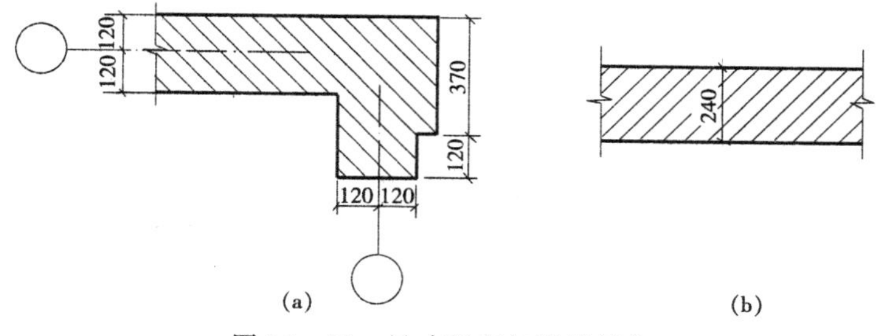

图 10－23　尺寸不宜与图线相交

3）半径、直径、角度注法

半径的尺寸线应一端从圆心开始，另一端画箭头指至圆弧。半径数字前应加注半径符号“*R*”，如图 10－24a。较小圆弧的半径，可按图 10－24b 的形式标注。

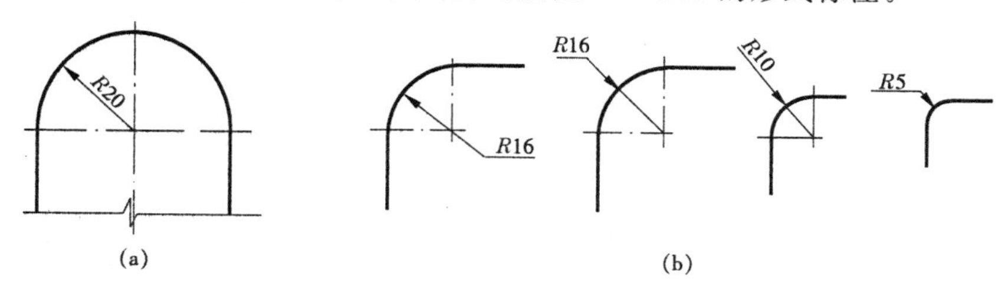

图 10－24　圆弧的半径标注方法

较大圆弧的半径，可按图 10－25a 或 b 的形式标注。

标注圆的直径时，直径数字前应加注直径符号“ϕ”。在圆内标注的尺寸线应通过圆心，两端画箭头指至圆弧，见图 10－26。

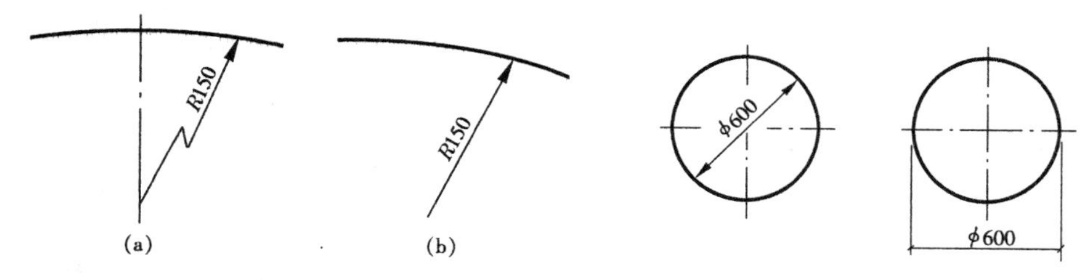

图 10－25　大圆弧半径的标注方法　　图 10－26　直径标注方法

较小圆的直径尺寸，可参照图10－27的方法引出标注。

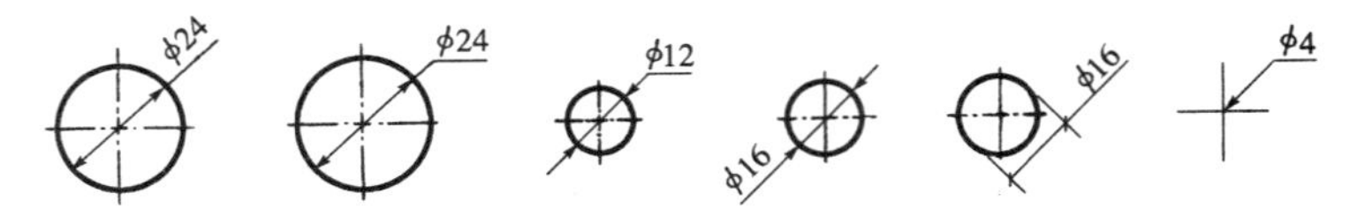

图10－27 小圆直径的标注方法

标注球的半径尺寸时，应在尺寸数字前加注“SR”。标注球的直径尺寸时，应在尺寸数字前加注“Sφ”。注写方法与圆弧半径和圆直径的注法相同。

角度的尺寸线应以圆弧表示。该圆弧的圆心应是该角的顶点，角的两边为尺寸界线。角度的起止符号应以箭头表示，如果没有足够位置画箭头，可用圆点代替。角度数字应沿尺寸线方向注写，也可引出注写，见图10－28。

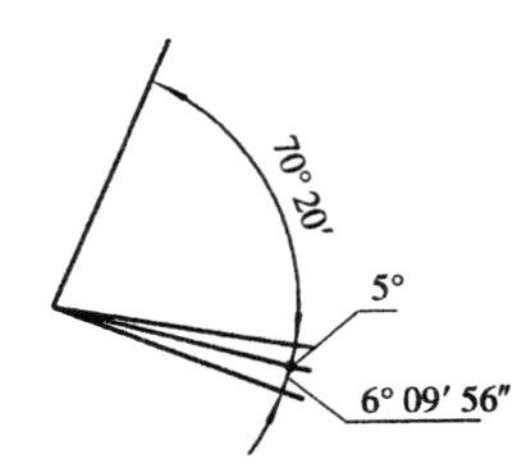

图10－28 角度注写方法

4）坡度的标注

坡度标注时，在坡度数字下，应加注坡度符号“←—”，该符号为单面箭头，箭头应指向下坡方向，见图10－29。

坡度也可以用直角三角形的形式标注，见图10－30。

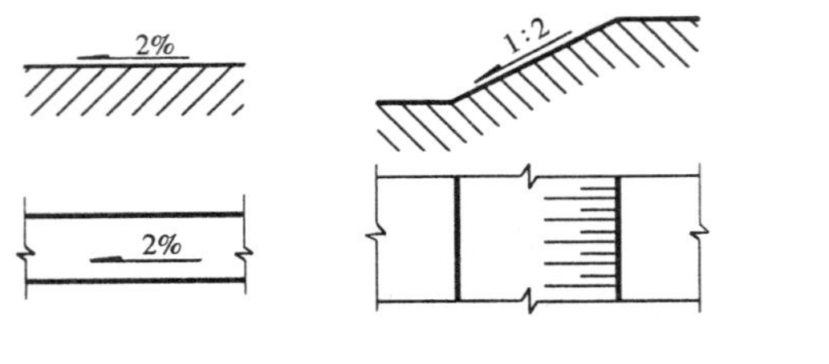

图10－29 坡度标注方法

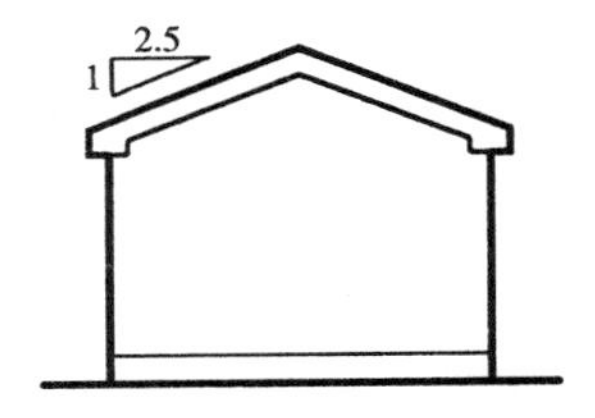

图10－30 坡度的三角注法

10.3 几何作图

几何作图方法是绘制工程图样的基本技能，下面介绍一些常用的画法。

10.3.1 直线的等分

（1）等分已知线段 AB，见图10－31。过 A 点作任意射线 AC，用分规或直尺在 AC 上量取所需要的等分数（本例用直尺量取四等分），得1，2，3，4四个等分点，连接 B 和4，然后依次过1，2，3作 $B4$ 的平行线，它们与 AB 的交点即为所求等分点。

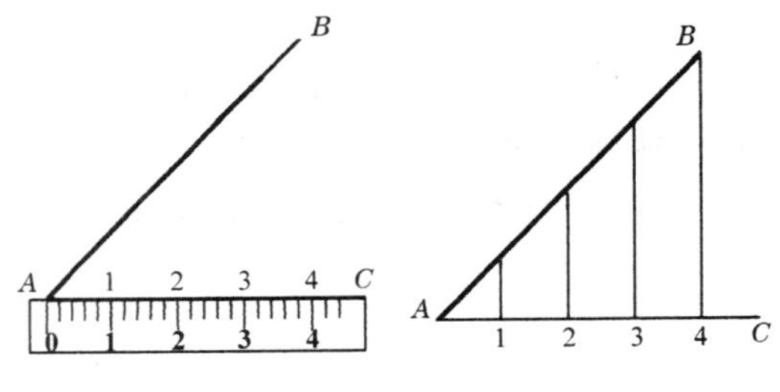

图10－31 等分已知线段

（2）等分两平行线 AB 和 CD 间的距离，见图10－32。将直尺上零刻度放在 CD 边上，固定零刻度这一端，回旋直尺，使整数刻度4这点落在 AB 线上（本例为四等分）。沿着整数刻度1，2，3记下各点位置，然后过这些点作 AB，CD 的平行线即可。

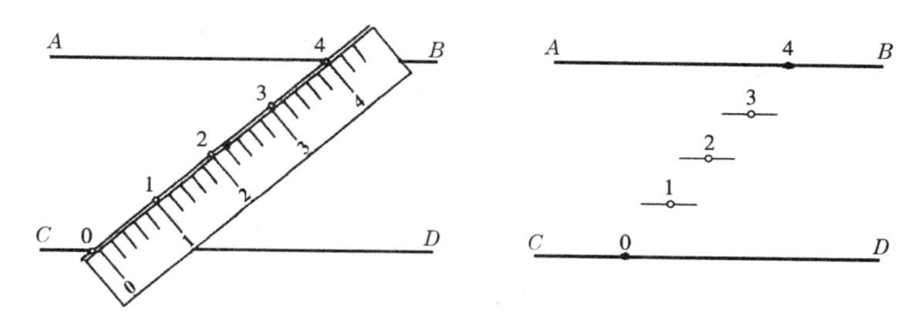

图 10－32　等分两平行线的间距

10.3.2　正多边形的画法

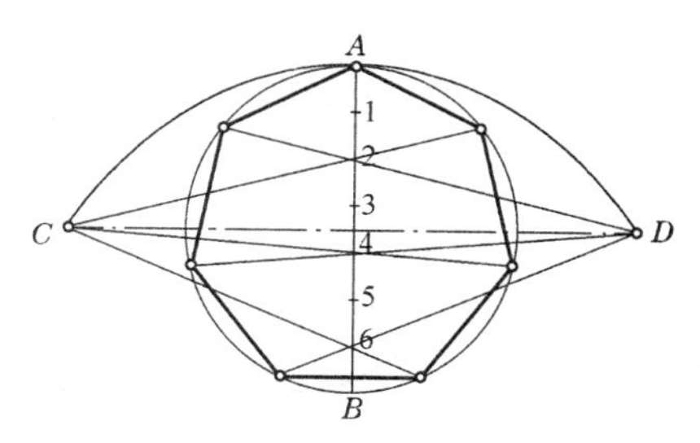

图 10－33　圆内正七边形的近似画法

常见圆内接正多边形如正三角形、正五边形的画法已为大家熟知，这里介绍圆内接正多边形的一种通用近似画法，现以正七边形为例，见图 10－33。先将圆直径 AB 作七等分，再以 B 为圆心 AB 为半径画圆弧交圆的水平中心线于 C，D，分别过 C，D 连接双数等分点并延长与圆周相交，然后用直线依次连接各交点即可求得正七边形。

10.3.3　圆弧连接

圆弧连接的作图关键是根据已知条件，求出连接圆弧的圆心和切点。

(1) 用半径为 R 的圆弧连接两已知直线 AB 和 AC，作法见图 10－34。以 R 为距离分别作 AB，AC 的平行线，它们的交点 O 即为连接圆弧的圆心。过 O 分别作 AB，AC 的垂线，其垂足 M，N 即为切点。以 O 为圆心，R 为半径，作圆弧 $\overset{\frown}{MN}$ 即可。

(2) 用半径为 R 的圆弧连接两已知圆 O_1 和 O_2，作法见图 10－35。图 10－35a 为外切，分别以 O_1，O_2 为圆心，以 $R+R_1$，$R+R_2$ 为半径画圆弧，两圆弧交点 O 即为所求连接圆弧的圆心，分别连接 OO_1，OO_2 可以得到切点 E，F。以 O 为圆心，以 R 为半径画圆弧 $\overset{\frown}{EF}$ 即可。

图 10－35b 为内切，则上述过程中求圆心的作图半径改为 $R-R_1$，$R-R_2$，其他作法相同。

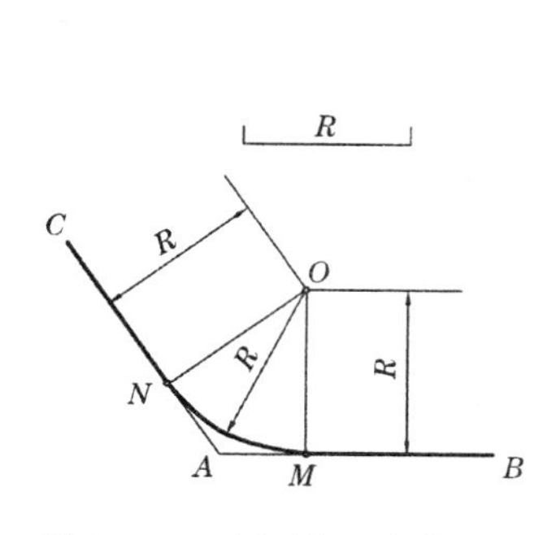

图 10－34　圆弧与两直线相切

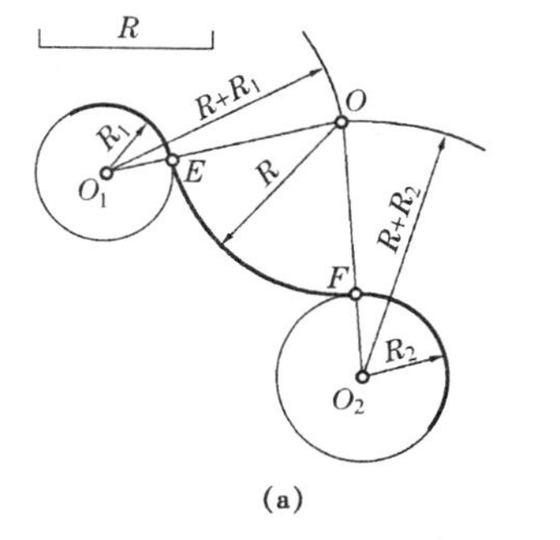

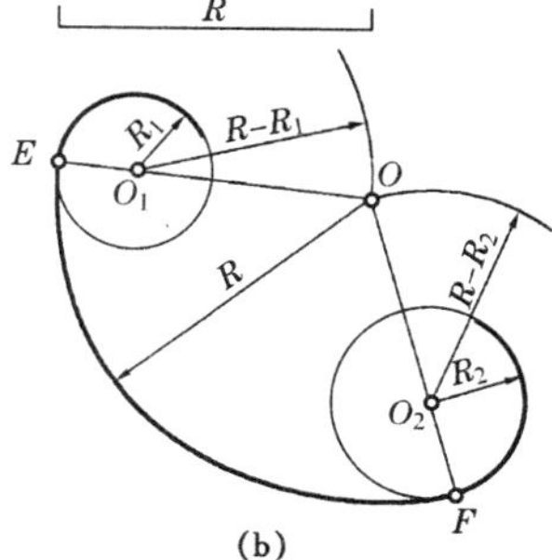

图 10－35　圆弧与两圆相切

10.3.4 椭圆、抛物线的画法

椭圆的画法有多种，这里仅介绍较常用的四心圆法和同心圆法。

(1) 四心圆法画近似椭圆

已知椭圆的长轴 AB 和短轴 CD，用四心圆法作近似椭圆，见图 10－36。在 OC 延长线上量取 E，使 $OE=OA$；连接 AC，在 AC 上量取 F，使 $CE=CF$；作 AF 的中垂线，分别交 AB 和 CD 于 1 和 2；在 OB 上量取 3 使 $O1=O3$，在 OC 上量取 4，使 $O4=O2$，则 1，2，3，4 为四段圆弧的圆心；相应的以 $1A$，$2C$，$3B$，$4D$ 为半径作圆弧即可画出近似椭圆。

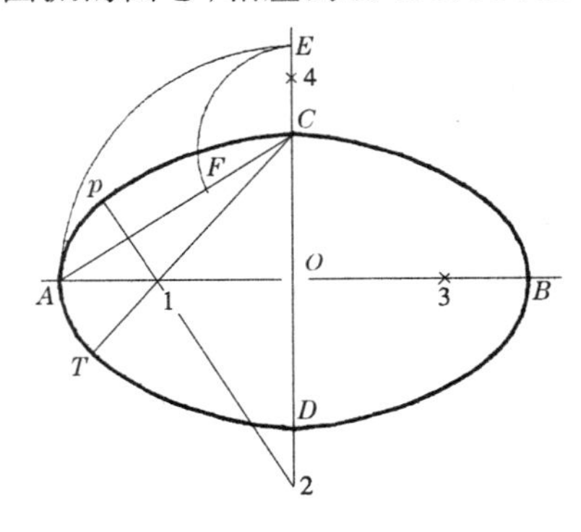

图 10－36 用四心圆法作近似椭圆

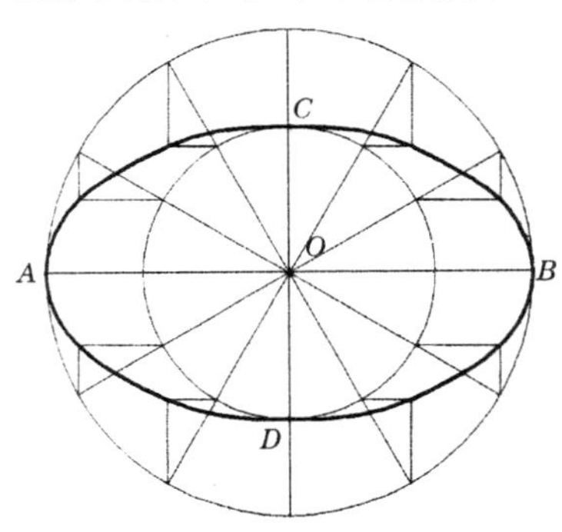

图 10－37 用同心圆法作椭圆

(2) 同心圆法画椭圆

已知椭圆的长轴 AB 和短轴 CD，用同心圆法作椭圆，作法见图 10－37。分别以 AB，CD 为直径作同心圆。过圆心 O 任作一直径，分别与两个圆相交。过小圆上的交点作 CD 的垂线，过大圆上的交点作 AB 的垂线，则两垂线的交点就是椭圆上的点。如此求出一系列点后，再用曲线板光滑连接成椭圆。

(3) 抛物线的画法

画抛物线通常是已知抛物线的宽度 AB 和深度 CD，作出一系列抛物线上的点，然后用曲线板光滑连接成抛物线。具体作法见图 10－38。以 AB，CD 为两边作矩形 $ABFE$，将 BF，CF 分为份数相同的若干等分(本例分成四等分)，得到 1，2，3 和 1′，2′，3′，过 1′，2′，3′作 CD 的平行线，然后将 C 点分别与 1，2，3 相连，连线与上述平行线对应相交，得到Ⅰ，Ⅱ，Ⅲ即为抛物线上的点，用曲线板将它们光滑连接起来就得到抛物线。

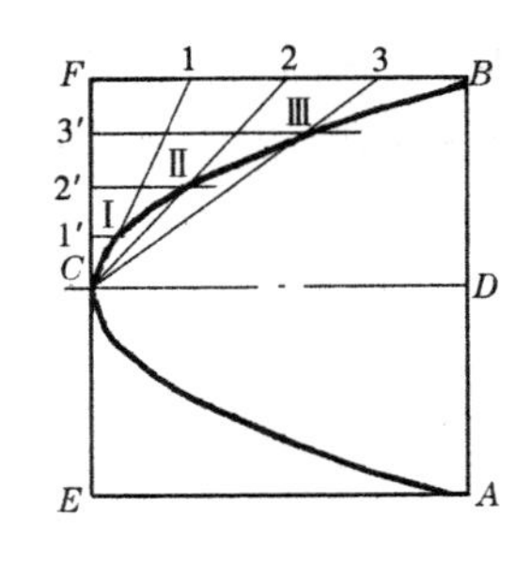

图 10－38 抛物线画法

10.4 手工绘图的方法和步骤

手工绘制工程图样时应遵守一定的方法和步骤才能提高图面质量。

1) 绘图的准备工作

首先擦干净绘图仪器和工具，将仪器及工具放在便于绘图的适当位置。再将图纸固定(通常用透明胶纸贴)在图板上，如果图纸较小则将图纸固定在图板左下角，离图板左边

缘约 50 mm，离下边缘约一个丁字尺宽度，见图 10—2。

2）画底稿线

首先确定图纸上应画各图的位置即布图，布图的原则是各图形的安排既要疏密匀称，又要注意节约图纸。然后用 H 或 2H 铅笔轻画底稿图线。画图次序是先画轴线和中心线，再画主要轮廓，最后画细部和尺寸线等。整幅图的底稿线完成后，经过检查无误方可加深图线。

3）图线的画法

用铅笔加深及上墨时应注意图线的正确画法。见图 10—39。

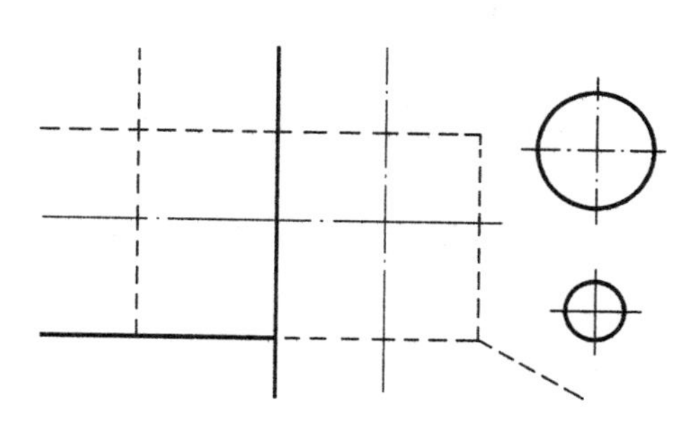

图 10—39　图线的画法

（1）虚线、单点长画线（简称点画线）、双点长画线（简称双点画线）的线段长度和间隔，宜各自相等。

（2）虚线与虚线或与其他图线交接时，应交在虚线的线段处。虚线为实线的延长线时，延长处应留空隙，不可与实线相接。

（3）单点长画线或双点长画线的两端，不应是点，而应是线段。点画线与点画线或与其他图线交接时，应是线段交接。绘制点画线有困难时（如在直径很小的圆中）可用实线代替。

（4）图线不得与文字、数字或符号重叠、混淆，当不可避免时，应首先保证文字、数字等的清晰。

4）加深图线

图线的加深有画铅笔线和画墨线两种。为了保证图面干净，加深前宜再一次擦干净仪器，以后还需要经常擦。为了避免铅笔粉末弄黑图纸，同一线型、同一朝向的同一类线，尽可能先左后右先上后下依次完成。当直线与圆弧相切时，宜先画圆弧后画直线。

用针管笔画墨线是比较方便的。为了避免触及未干的墨线，可按先左后右、先上后下的次序画图线。一批图线画好等墨干后再画另一批。

5）注写文字

一般是先绘制图形，最后注写尺寸数字和书写文字说明。

11 组合体的投影

工程建筑物的形状虽然很复杂，但一般都是由一些基本几何体如各种棱柱、棱锥等平面体和圆柱、圆锥、圆球、圆环等曲面体，经过叠加、切割或相交等形式组合而成，称为组合形体，简称组合体。掌握组合体投影图的画法，是绘制和阅读工程图样的基础。

11.1 基本几何体及尺寸标注

图 11－1 是常见的几种基本几何体的投影和尺寸标注，根据几何体的特征，分别标注其相应的长、宽、高三个方向的尺寸，就可确定该几何体的形状和大小。尺寸一般标注在反映实形的投影上，一般集中标注在一两个投影的下方或右方，必要时，才注在上方和左方。一个尺寸一般只需注一次，尽量避免重复。正多边形的大小，可标注其外接圆的直径长度。

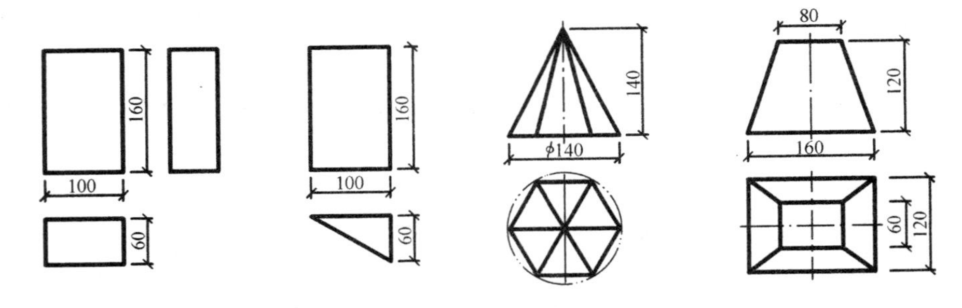

图 11－1　常见基本体的投影及尺寸标注

对于被切割的基本几何体，除了要注出基本形体的尺寸外，还应注出截平面的位置尺寸，如图 11－2 所示。形体和截平面的相对位置确定以后，其交线的形状和位置也就完全确定。

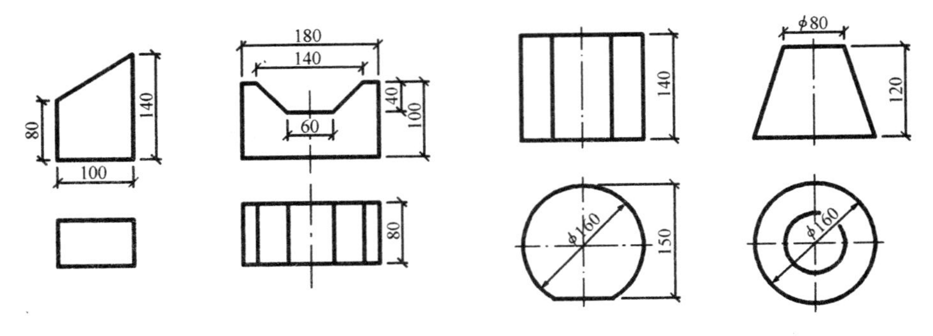

图 11－2　被切割的基本体及尺寸标注

对于一些基本几何体，一般应标注出它的长、宽、高三个方向的尺寸，但并不是每一个立体都需要在形式上注全这三个方向的尺寸。如图 11－3 标注圆柱、圆锥的尺寸时，可在其投影为非圆的投影图上注出直径方向尺寸“ϕ”，因为“ϕ”具有双向尺寸功能，不仅可以减少一个方向的尺寸，而且还可以省略一个投影。球可只用一个圆加注符号“$S\phi$”和直径数字来表示，注写方法与圆的直径注法相同。

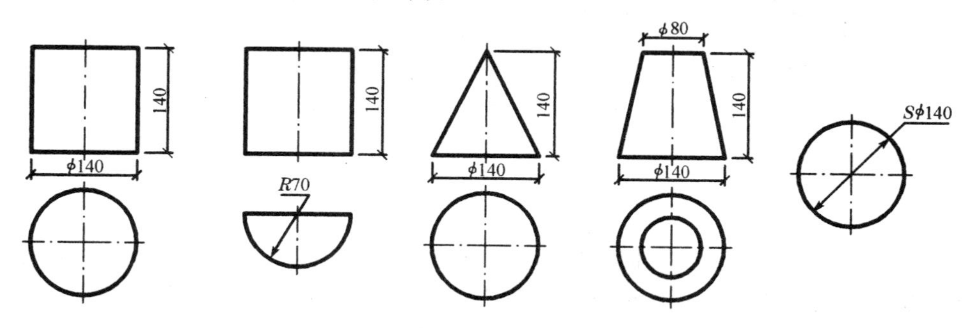

图 11－3　圆柱、圆锥、球的尺寸标注

11.2　组合体投影图的画法

绘制和阅读组合体的投影图时，可将组合体分解成若干个基本形体或简单形体，分析它们之间的关系，然后逐一解决它们的画图和读图问题。这种把一个物体分解成若干基本形体或简单形体的方法，称为形体分析法。形体分析法是画图、读图和标注尺寸的基本方法。

画组合体的投影图。一般先进行形体分析，选择适当的投影图，然后进行画图。

11.2.1　形体分析

如图 11－4a 所示是一扶壁式挡土墙，可以把它看成是由底板、直墙和支撑板三部分叠加而成，直墙为四棱柱，底板和支撑板分别为六棱柱和三棱柱，如图 11－4b 所示。

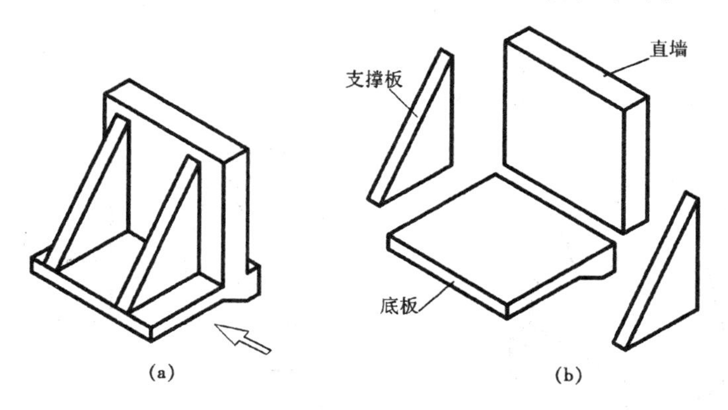

图 11－4　扶壁式挡土墙及其形体分析

图 11－5a 所示底架，可将它看成是由长方体上切去Ⅰ，Ⅱ，Ⅲ，Ⅳ四部分而成，如图 11－5b 所示。

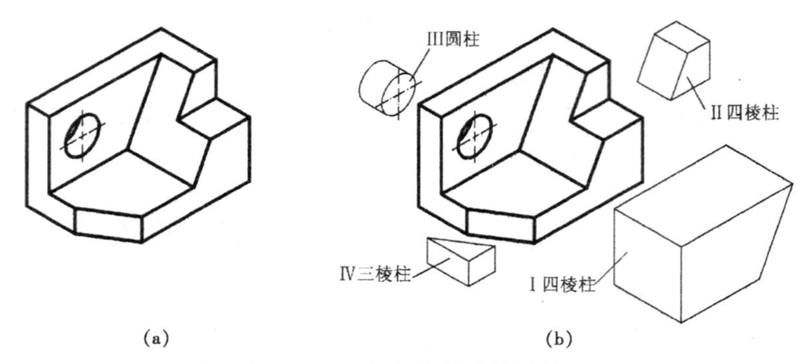

图 11－5　底架及其形体分析

图 11－6a 所示是一肋式杯形基础，可以把它看成由底板、中间挖去一楔形块的四棱柱和六块梯形肋板组成。其中各基本立体之间组合成叠加、切割、相交的混合形状，四棱柱在底板中央，前后肋板的左、右侧面分别与中间四棱柱左、右侧面平齐，左、右两块肋板分别在四棱柱左、右侧面的中央，如图 11－6b 所示。

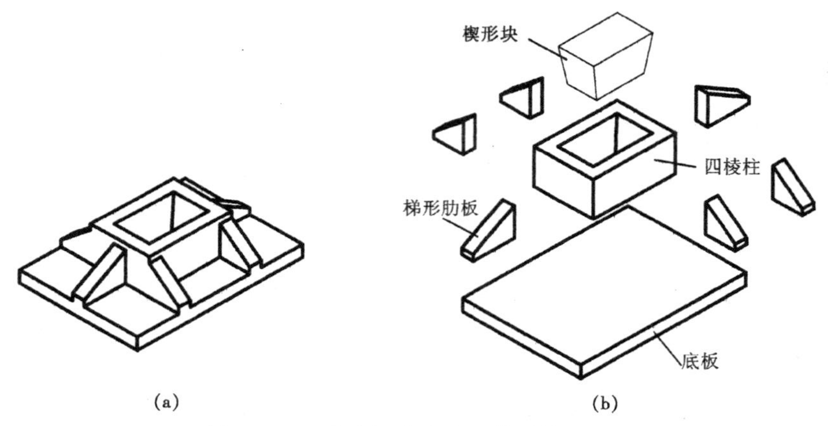

图 11－6　肋式杯形基础及其形体分析

物体不论是由哪一种形式组成的组合体，也无论是由哪几部分构成的，仅仅是分析方法，最后都是作为一个整体来画其投影图。必须正确表示各基本立体之间的表面连接，如图 11－7 所示，可归纳为以下四种情况。

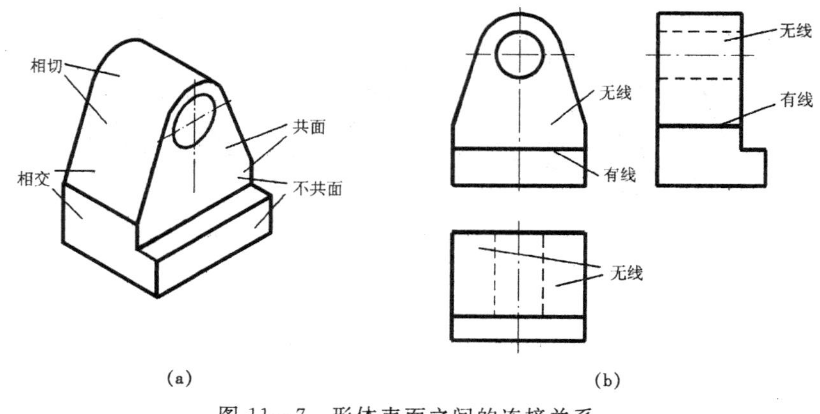

图 11－7　形体表面之间的连接关系

① 两形体的表面相交时，两表面投影之间应画出交线的投影。

② 两形体的表面共面时，两表面投影之间不应画线。

③ 两形体的表面相切时，由于光滑过渡，两表面投影之间不应画线。

④ 两形体的表面不共面时，两表面投影之间应该有线分开。

11.2.2 投影图选择

投影图选择的原则是用较少的投影图把物体的形状完整、清楚、准确地表达出来。

投影图选择包括确定物体的放置位置、选择正面投影及确定投影图数量等三个问题。

1）确定物体放置位置

物体通常按正常工作位置放置。如图 11－4、图 11－6 所示的挡土墙、杯形基础等，应使它们的底板在下，并使底板处于水平位置。

有些物体按制造加工时的位置放置。如预制桩一般平放为好。

2）选择正面投影

在表达物体的一组投影图中，正面投影常为主要的投影图，应当首先考虑。物体放置位置确定后，应使正面投影尽量反映出物体各组成部分的形状特征及其相对位置。

此外还应尽量减少投影图中的虚线及合理利用图纸。

如图 11－4 所示挡土墙，从箭头方向的投影所反映物体的形状特征比较明显，不仅能看出底板、直墙和支撑板三部分上下、左右的相对位置，还能看出底板和支撑板的形状特征，所以选择该方向的投影作为正面投影。若选择相反方向的投影作为正面投影，虽然也能反映各部分的形状特征，但其侧面投影上出现较多虚线。比较图 11－8a 和图 11－8b 可见，采用图 11－4 中箭头方向作为正面投影的方向比较合适。

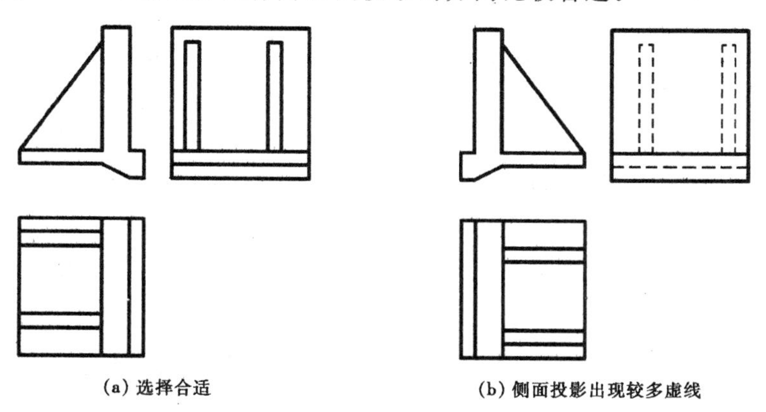

(a) 选择合适　　(b) 侧面投影出现较多虚线

图 11－8　正面投影的选择

图 11－9a，b 为一涵洞端墙及其形体分析，图 11－9c，d 为该涵洞端墙的两种布置情况。在图 11－9d 中虽然所选的正面投影能反映该涵洞端墙的形状特征，但因图中右下角空白太大，考虑到合理利用图纸，选择 11－9c 的图面布置为好。

由此可见，选择正面投影图的原则不是绝对的，应根据具体情况进行综合分析，最后得出一个比较好的表达方案。

3）确定投影图数量

当正面投影选定以后，组合体的形状和相对位置还不能完全表达清楚，需要增加其他

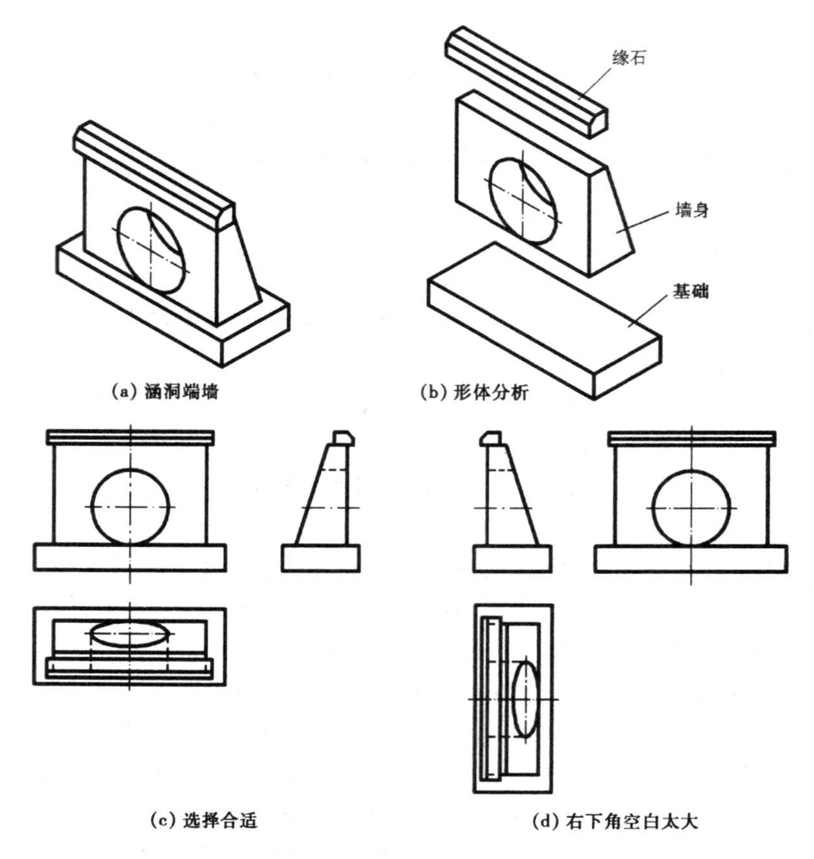

图 11－9　合理利用图纸

投影进行补充。为了便于看图，减少画图工作量，应在保证完整、清楚地表达物体形状、结构的前提下，尽量减少投影图的数量。也就是说，要尽可能用最少的投影图把物体表达完整、清楚。

如图 11－10a 所示的沉井，习惯上只需用两个投影图，侧面投影是多余的。如果在正面投影上标出其直径和高度尺寸，还可省去水平投影。

图 11－5 所示的底架，用两个投影图是不够的，需用三面投影图才能确定它的形状，如图 11－10b 所示。

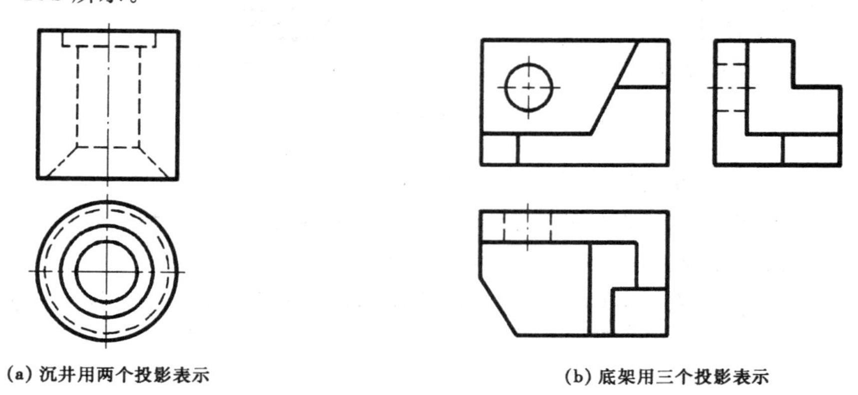

图 11－10　确定投影图的数量

应当指出，上述确定投影图数量的例子，主要是对物体的外部形状而言，在实际应用时还应考虑物体的尺寸标注及内部结构等因素，采用其他一些表达方法，这些方面在第12章中将作详细介绍。

11.2.3 组合体投影图的画图步骤

以图11—6所示杯形基础为例，完成形体分析和选择好正面投影以后，开始画投影图底稿。首先选定比例，确定图幅，然后布置图面。如图11—11所示，首先画出各投影图作图的基准线，以确定各投影图的具体位置。基准线是画图时测量尺寸的起始位置，每个图需要两个方向的基准，一般常用对称线、轴线和较长图线作为基准线(图11—11a)。然后再顺次画出底板及中间四棱柱(图11—11b)，六块梯形肋板(图11—11c)和楔形杯口，在正面投影和侧面投影中杯口是看不见的轮廓线，应画成虚线(图11—11d)。在画图过程中，应注意每一部分的三个投影必须符合投影规律，画每个基本形体时，先画其最具形状特征的投影，然后画其对应投影；先画主要部分的投影，后画次要部分的投影。

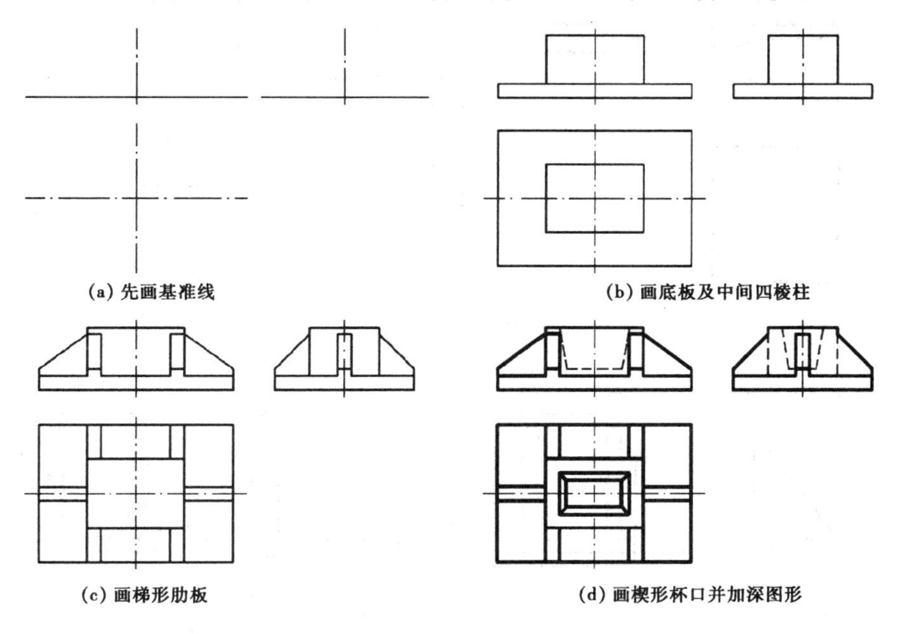

图11—11 投影图的画图步骤

应该注意，形体分析仅仅是一种假想的分析方法，如果构成组合体的两个基本形体的表面处于同一平面，在它们之间就不应画一条分界线。画图时，各组成部分的结合处不可出现物体本身没有的轮廓线，图线不能多也不能少，才能正确表示它们之间的表面连接关系。最后经检查无误后，按各类线宽要求，将图形加深。

11.3 组合体的尺寸标注

组合体的投影图，虽然已经清楚地表达物体的形状和各部分的相互关系，但还必须标注出足够的尺寸，才能明确物体的实际大小和各部分的相对位置。

在组合体投影图上标注尺寸的基本要求是正确、完整、清晰和合理。

11.3.1 尺寸的标注方法

标注组合体的尺寸时，应在对物体进行形体分析的基础上顺序标注出其定形尺寸、定位尺寸和总体尺寸。

(1) 定形尺寸——确定物体各组成部分的形状大小的尺寸。

(2) 定位尺寸——确定物体各组成部分之间的相对位置的尺寸。

(3) 总体尺寸——确定物体的总长、总宽和总高的尺寸。

投影图上的尺寸数字应准确反映形体的真实大小和相对位置，与画图时所采用的比例无关。

例 11－1　在图 11－8a 所示挡土墙的投影图上标注尺寸。

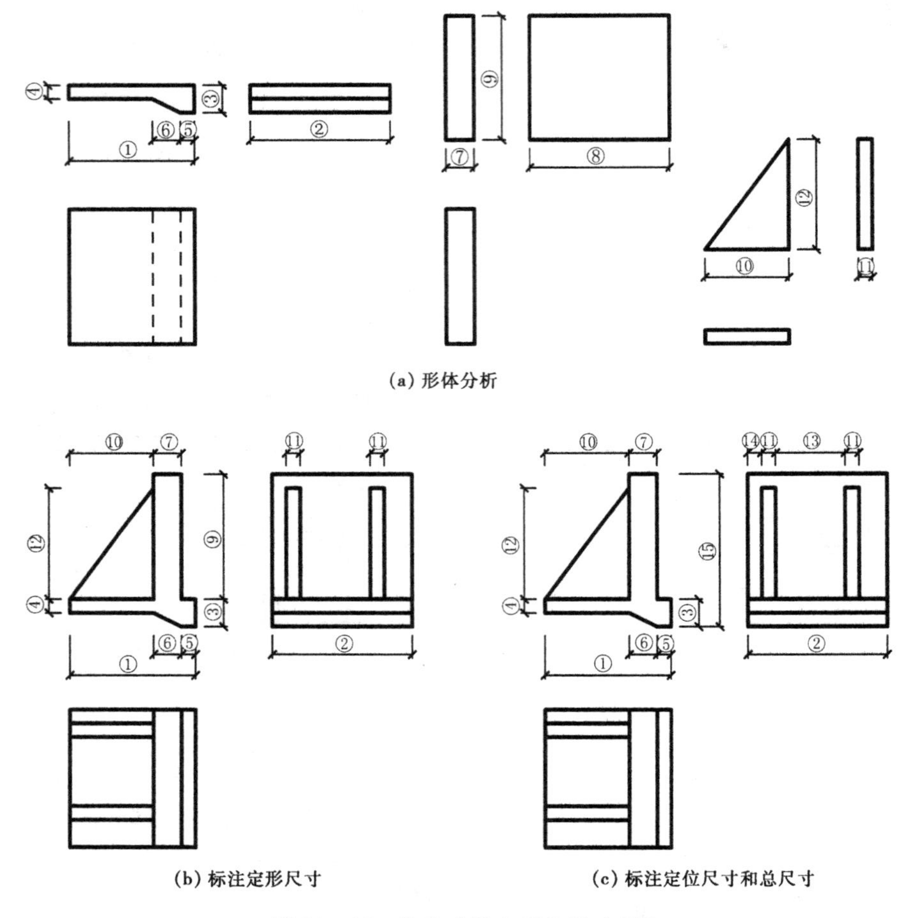

图 11－12　扶壁式挡土墙的尺寸标注

(1) 进行形体分析。挡土墙由底板、直墙和支撑板三部分组成，考虑每个组成部分的定形尺寸，见图 11－12a。

(2) 标注定形尺寸。将各组成部分的定形尺寸标注在挡土墙的投影图上，如图 11－12b。与图 11－12a 比较，因直墙宽度尺寸⑧与底板宽度尺寸②相同，故省去尺寸⑧。

(3) 标注定位尺寸。见图 11－12c，直墙与底板前后对齐不需定位；有了支撑板的长度尺寸⑩，直墙的左右位置即可确定；两支撑板前后的定位尺寸为⑬和⑭；有了底板的高度尺寸③，直墙和支撑板高度方向的位置即随之确定。

在标注定位尺寸时，先要选择一个或几个标注尺寸的起点，即尺寸基准。长度方向一般可选择左侧面或右侧面为基准，宽度方向可选择前侧面或后侧面为基准，高度方向一般以底面或顶面为基准。

若物体是对称的，还可选择对称线或轴线作为基准。

(4) 标注总体尺寸。见图 11－12c，总长、总宽尺寸与底板的长、宽尺寸相同，不必再标注。总高尺寸为⑮。注出总高尺寸以后，直墙的高度尺寸⑨可由尺寸⑮减去尺寸③算出，可去掉不注。

例 11－2 在图 11－9c 所示涵洞端墙的投影图上标注尺寸。

(1) 进行形体分析。涵洞端墙由基础、墙身和缘石三部分组成，考虑每一部分的定形尺寸，见图 11－13。

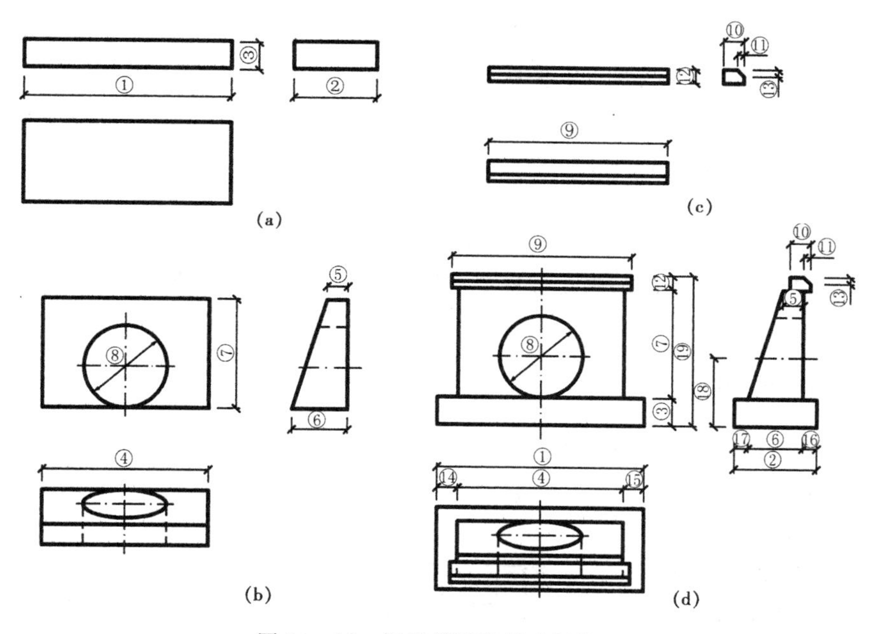

图 11－13 涵洞端墙的尺寸标注

(2) 标注定形尺寸。基础为一矩形板，定形尺寸长为①、宽为②、高为③；墙身为挖去一圆孔的四棱柱，它的定形尺寸长为④、上宽为⑤、下宽为⑥、高为⑦，圆孔直径为⑧，注在反映形状特征的正面投影上；缘石为五棱柱，相应尺寸长为⑨、宽为⑩和⑪、高为⑫和⑬，如图 11－13a，b，c 所示。

(3) 标注定位尺寸。长度方向以对称线为基准，也可选择左侧面或右侧面为起点，如尺寸⑭，⑮；宽度方向选基础前侧面或后侧面为起点，如尺寸⑯，⑰；高度方向以基础底面为起点，圆孔的定位尺寸为⑱，如图 11－13d 所示。

(4) 标注总体尺寸。总长为①，总宽为②，总高为⑲。

11.3.2 尺寸标注应注意的几个问题

投影图上的尺寸不但要标注齐全,而且要标注整齐、清晰,以便于阅读。此外,标注尺寸应注意以下几点:

(1) 尺寸一般应尽量注在反映形体特征的投影图上,布置在图形轮廓线之外,但又应靠近轮廓线,表示同一结构或形体的尺寸应尽量布置在同一个投影图上。

(2) 尺寸线尽可能排列整齐,与两投影图有关的尺寸应尽量标注在两投影图之间。可把长、宽、高三个方向的定形、定位尺寸组合起来排成几道,小尺寸在内,大尺寸在外。

(3) 某些局部尺寸允许注在轮廓线内,但任何图线不得穿越尺寸数字。

(4) 尽量避免在虚线上标注尺寸。

标注尺寸是很细致的工作,考虑的因素也很复杂。除满足上述要求外,工程建筑物的尺寸标注还应满足设计和施工的要求,这要涉及有关的专业知识。如从施工生产的角度来标注尺寸,只是标注齐全、清晰还不够,还要保证读图时能直接读出各个部分的尺寸,到施工现场不需再进行计算或度量。需要说明的是,土木工程制图中尺寸链可以是不封闭的,也可以是封闭的。这些要求需要在具备了一定的设计和施工知识后才能逐步做到。

11.4 组合体投影图的读法

读图又叫看图、识图、识读,就是根据物体的投影图,通过分析想象出物体的空间形状。画图是由物到图,而读图则是由图到物,除了应熟练地运用投影规律进行分析外,还应掌握读图的基本方法。

11.4.1 读图的基本知识

(1) 在一般情况下,物体的形状通常不能只根据一个投影图来确定如图 11-14,有时两个投影图也不能确定物体的形状如图 11-15,只有把所给的投影图联系起来进行分析,然后才能确定。

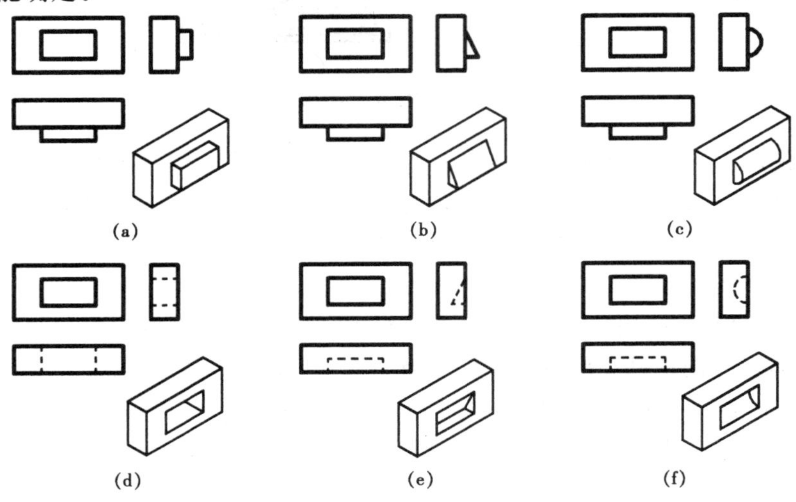

图 11-14　正面投影都相同的形体

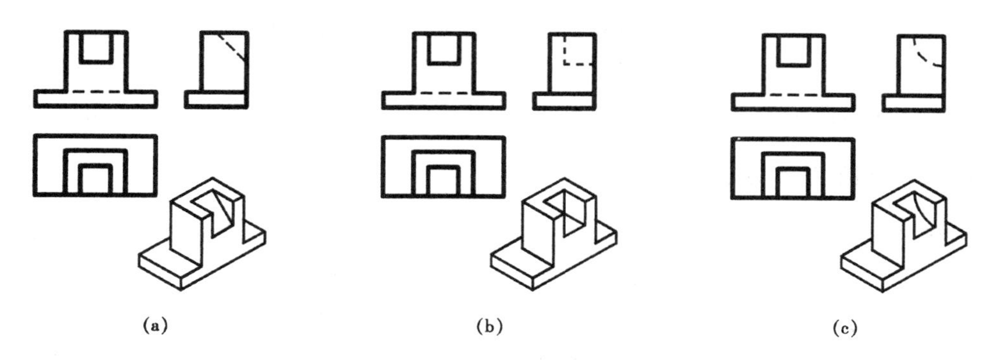

图 11－15　正面投影和水平投影都相同的形体

(2) 读图时应熟练运用投影规律，明确各投影图的投影方向，投影图之间的度量对应、位置对应关系，熟悉简单形体的投影特性，才能较快地由给定的投影图想象出物体的空间形状。同时还要注意投影图中虚实线所表示实际物体形状的不同，如图 11－16 所示。

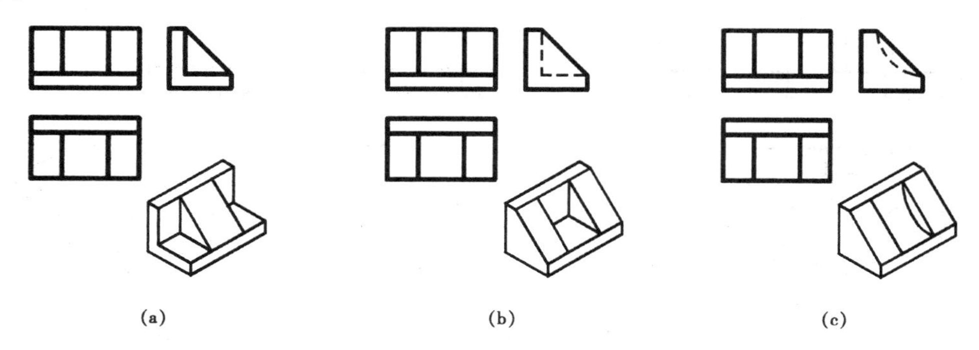

图 11－16　投影图中虚实线表示形状的变化

(3) 如图 11－17，投影图上的一条线，可能表示物体上一个具有积聚性的平面或曲面，也可能表示两个面的交线，还可能表示曲面的轮廓素线。

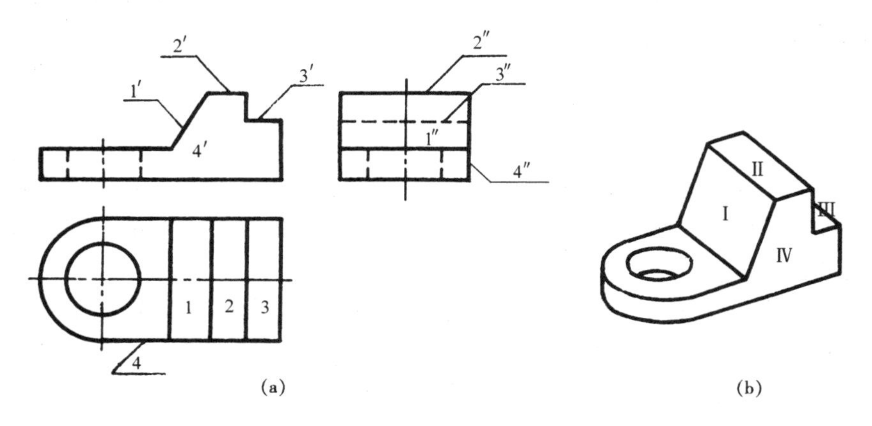

图 11－17　物体是由平面或曲面围成的空间实体

投影图上一个封闭线框可能表示一个平面或曲面，也可能表示是一相切的组合面，还可能表示一个孔洞。

相邻两线框，可能表示两个不同的面，它们可能相交或者平行，也有可能倾角或倾斜方向不一样，只有对照相应投影图，才能判断它们的相互位置。投影图中表示某一平面投影的线框，在另两个投影图中的对应投影，或者积聚成一条直线，或者是类似图形。

11.4.2 读图的基本方法

读图的基本方法综合起来有形体分析法和线面分析法。组合体的读图一般先用形体分析法，对于投影图中某些投影比较复杂的部分，辅以线面分析法。

1）形体分析法

这种方法是根据物体的投影图，先通过分析看物体是由哪些基本形体或简单形体组成的，它们的相对位置又如何，然后再把它们拼装起来，去掉重复的部分，从而可构思出该物体的整体形状。

例 11－3 试根据投影图11－18a 想象出物体的形状。

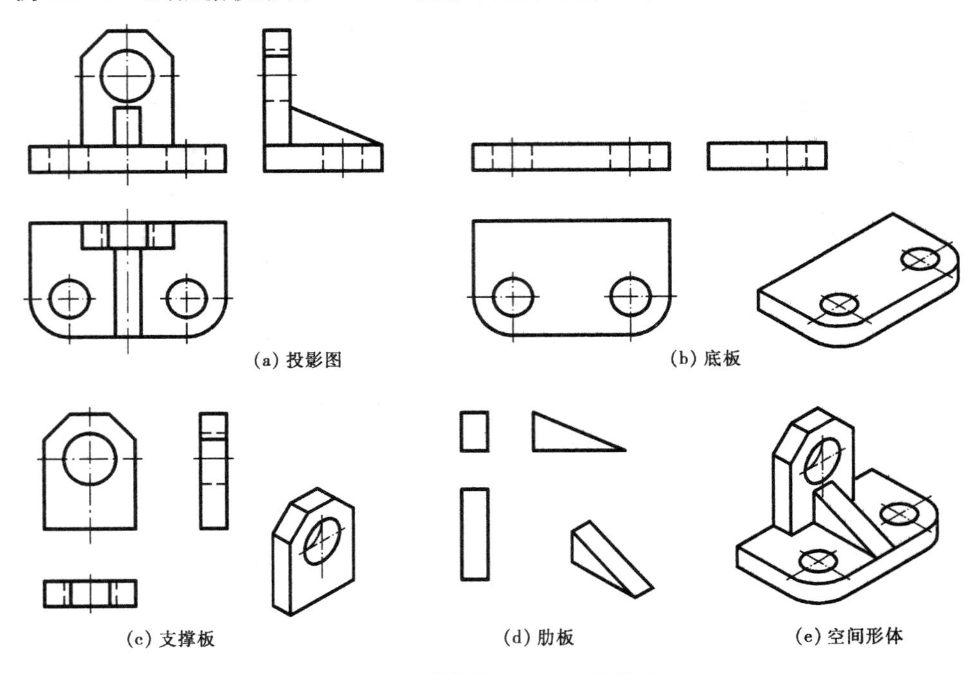

图 11－18 组合体的投影及形体分析

根据该物体三面投影图的投影对应关系，从正面投影和侧面投影可以看出，该物体由三部分组成，每部分的投影图如图 11－18b，c，d 所示，根据它们各自相应的投影图可以想象出它们的形状，即它们分别为底板、支撑板和肋板。

从图 11－18a 可以看出三部分的相对位置，底板在最下面，支撑板立在底板之上、后面正中，肋板在支撑板的前面中间，综合各部分的形状和相对位置，就可以想象出整个物体的形状，如图 11－18e 所示。

形体分析法读图的步骤是：分形体，对投影；想形状，定位置；综合起来构思整体。

2）线面分析法

当投影图不易分成几个部分，或部分投影比较复杂时，可采用线面分析法读图。

线面分析法从物体是由平面或曲面所围成的这种事实出发，读图时着眼于在投影图上分析出围成物体的各个表面的形状、位置和连接关系，从而想象出整个物体或物体上某一部分的形状。

例 11－4　想象出图 11－19a 所示挡土墙的形状。

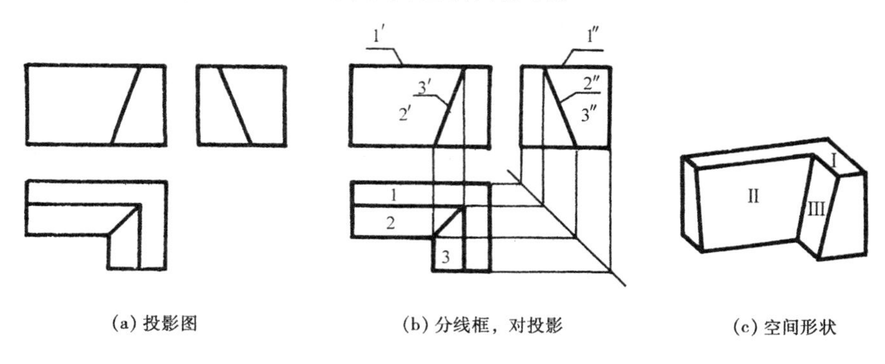

(a) 投影图　(b) 分线框，对投影　(c) 空间形状

图 11－19　挡土墙的投影及线面分析

根据三面投影图可以看出，挡土墙大致形状是梯形块组成，具体形状可用线面分析法进行分析。如图 11－19b 所示，水平投影上有 1,2,3 三个线框，分别找出它们在正面投影和侧面投影图上的对应投影，根据平面的投影特性，可知Ⅰ面为水平面，Ⅱ面为侧垂面，Ⅲ面为正垂面。

由以上分析可知，该挡土墙的原始形状为一长方体，用侧垂面Ⅱ和正垂面Ⅲ切去左前角而成。切割后的空间形状如图 11－19c。

例 11－5　想象出图 11－20a 所示物体的形状。

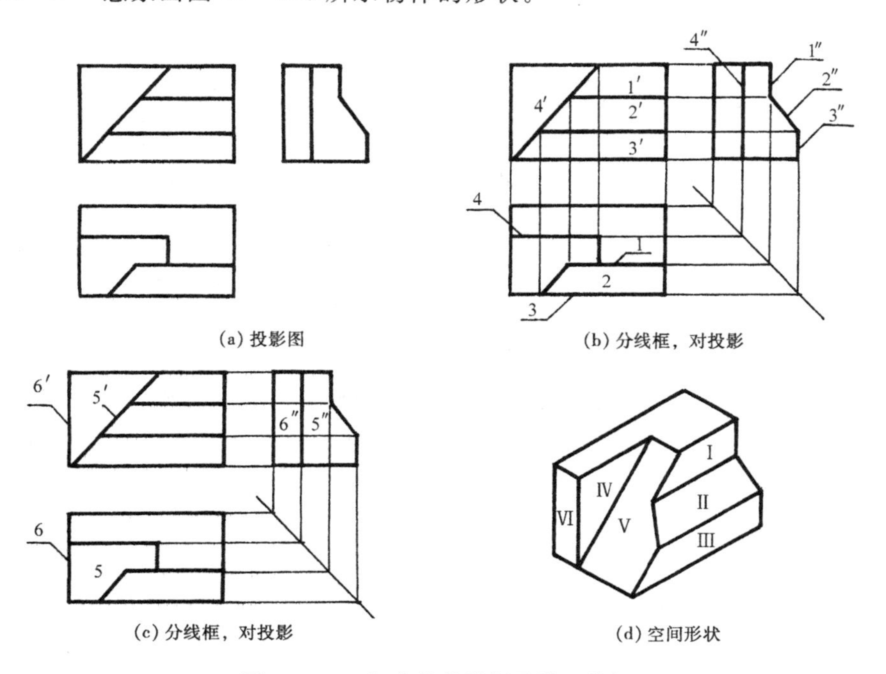

(a) 投影图　(b) 分线框，对投影

(c) 分线框，对投影　(d) 空间形状

图 11－20　组合体的投影及线面分析

如图 11－20b 所示，该物体正面投影和水平投影的边框均为矩形，正面投影上有 1′，2′，3′，4′ 四个线框，侧面投影边框接近矩形，其前上方少一角，有 5″，6″ 两个线框（图 11－20c）。结合这些线框的对应投影，可知Ⅰ面为正平面，Ⅱ面为侧垂面，Ⅲ面、Ⅳ面为正平面，Ⅴ面为正垂面，Ⅵ面为侧平面。可见物体原始形状为一长方体，分别被正平面Ⅰ和侧垂面Ⅱ从左到右切去上前角，然后又被正平面Ⅳ和正垂面Ⅴ将剩余部分切去左前角，空间形状如图 11－20d。

线面分析法的步骤是：分线框，对投影；想面形，定位置；综合形位构思整体。

在实际读图中，对于一个投影较为复杂的物体，往往是既采用形体分析法，又采用线面分析法，以形体分析法为主，对投影图中一些局部的复杂投影进行线面分析，这样有助于看得比较深入，从而提高读图速度。

11.4.3 读图举例

例 11－6 想象出图11－21a 所示物体的形状。

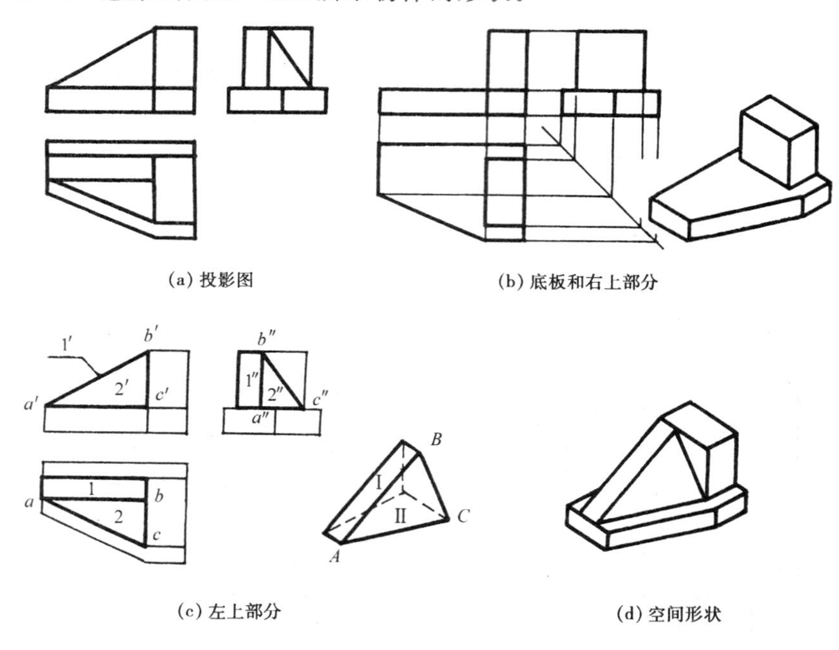

(a) 投影图　(b) 底板和右上部分

(c) 左上部分　(d) 空间形状

图 11－21　组合体的投影及综合分析

根据侧面投影图，可以把这一物体分为上、下两部分。分析下面部分的对应投影，可知其为一水平放置的矩形底板，它的左前方被切去一角。再来分析上面部分，从正面投影可以看出，上面部分又分为左、右两部分。对照右面部分的对应投影，右边是个长方体（图 11－21b）；剩下左边部分的投影比较复杂，用线面分析法进行分析。

如图 11－21c 所示，左边部分的水平投影有两个线框 1 和 2，找出 1 的对应投影 1′，1″，可知Ⅰ面为一形状为矩形的正垂面，再找出Ⅱ面的对应投影，可知Ⅱ面为一般位置平面，加上底面、后面和侧面，左边部分的原始形状为一直角三棱柱，被一个一般位置面Ⅱ斜切一角。整个物体的空间形状如图 11－21d 所示。

为了培养读图能力，习惯上常采用“根据已给出物体的两个投影图补画物体第三个投影图”的方法进行有关读图的训练，即通常所说的“两补三”。

要进行“两补三”，首先要用形体分析法或线面分析法看懂所给的两个投影图所表示物体的空间形状，然后在此基础上画出物体的第三投影。

例 11－7 补画图 11－22a 所示组合体的侧面投影。

根据所给组合体的正面投影图和水平投影图的投影对应关系，可以看出该组合体是由上、中、下三部分组成。它的下部为一上方下圆的直板，在其上穿一通孔；中部为两个半圆柱，紧贴在上部底面中间，其端面分别与上部端面平齐，与下部端面相接；上部原始形状是一长方体，中央左高右低切去一三角块，前后左低右高各切去一三角块，形状如图 11－22b 所示。

根据以上分析，逐个画出组成组合体的上、中、下三部分简单形体的投影图，先画上面部分，再画下面部分，最后画出中间部分。将投影图与分析想象出来的组合体的空间形状进行对照，注意其表面连接关系，处理好虚线、实线和各线段的起止，经检查无误，将结果加深，如图 11－22c 所示。

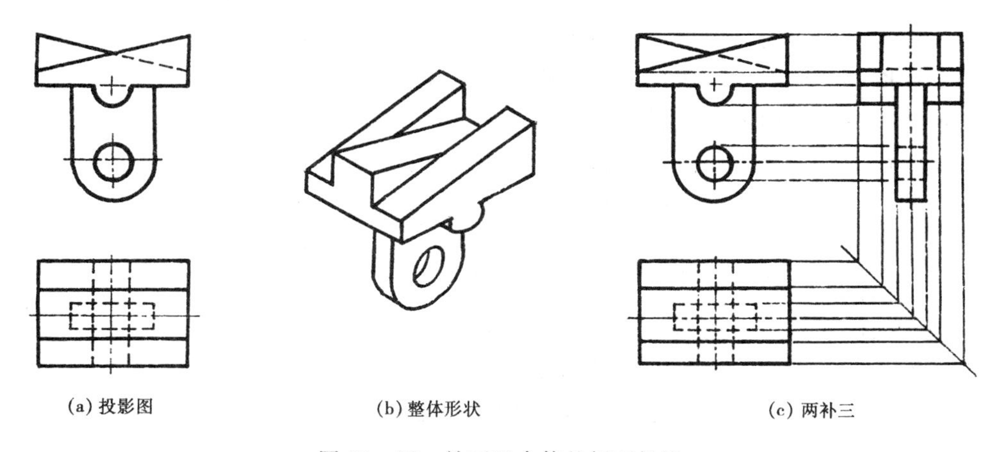

图 11－22　补画组合体的侧面投影

12　工程形体的图样画法

工程实践中，有时仅用三面投影图还难以将复杂物体的外部形状和内部结构简便、清晰地表示出来。为此，制图标准规定了多种表达方法，如基本视图、辅助视图、剖面图、断面图、简化画法等，绘制工程图样时应遵守这些基本规定，并灵活运用。实际上常称投影图为视图。

12.1　基本视图与辅助视图

12.1.1　基本视图

物体在正立投影面（V）、水平投影面（H）和侧立投影面（W）上的视图分别称为：

正立面图——由前向后作投影所得的视图，也简称正面图；

平面图——由上向下作投影所得的视图；

左侧立面图——由左向右作投影所得的视图，也简称侧面图。

在原有三个投影面 V,H,W 的对面，再增设三个分别与它们平行的投影面 V_1,H_1,W_1，这样的六个投影面（即正六面体的六个面）称为基本投影面。物体在 W_1 面、H_1 面和 V_1 面上的视图分别称为：

右侧立面图——由右向左作投影所得的视图；

底面图——由下向上作投影所得的视图；

背立面图——由后向前作投影所得的视图，也简称背面图。

以上六个视图称为基本视图。六个投影面的展开方法如图 12－1a 所示。展开后，六个视图的相互位置如图 12－1b 所示。从广义上讲，六面视图仍符合“长对正、高平齐、宽相等”的投影规律。在方位上，六面视图之间也存在着位置对应的关系。如果不能按此位置排列，则必须在视图下方标注其名称。图名下用粗实线画一条横线，其长度应以图名所占长度为准。

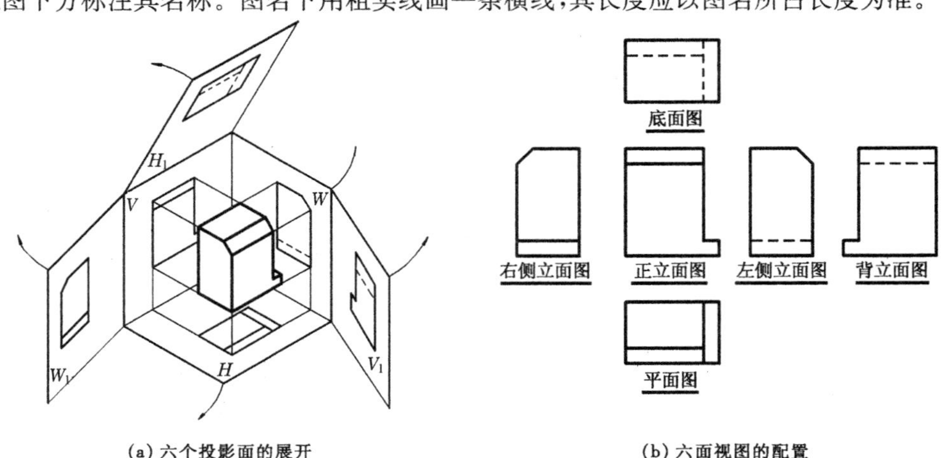

(a) 六个投影面的展开　　(b) 六面视图的配置

图 12－1　六个基本视图

工程上有时也称以上六面基本视图为正视图(主视图),俯视图、左视图、右视图、仰视图和后视图。在建筑工程中图名还具有某种特定的涵义,详见第 14 章。画图时,可根据物体的形状和结构特点,选用其中必要的几个基本视图。

12.1.2 辅助视图

1)局部视图

如图 12—2 所示的物体,有了正立面图和平面图,物体形状的大部分已表示清楚,这时可不画出整个物体的侧立面图,只需画出没有表示清楚的那一部分。这种只将形体某一部分向基本投影面投影所得的视图称为局部视图。

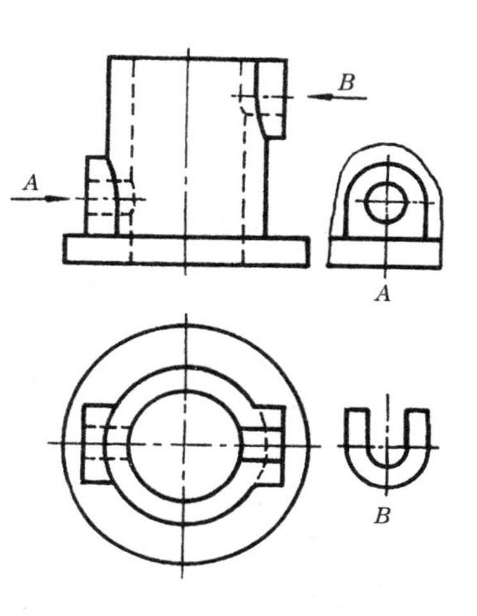

图 12—2　局部视图的画法

画图时,局部视图的名称用大写字母表示,注在视图的下方,在相应视图附近用箭头指明投影部位和投影方向,并注上同样的大写字母(如 A,B,…)。

局部视图一般按投影关系配置,如图12—2中 A 向视图。必要时也可配置在其他适当位置,如图 12—2 中 B 向视图。

局部视图的范围应以视图轮廓线和波浪线的组合表示,如图 12—2 中的 A 向视图,当所表示的局部结构形状完整,且轮廓线成封闭时,则波浪线可省略,如图 12—2 中的 B 向视图。

2)斜视图

当物体某些部分和基本投影面不平行时,其在基本投影面上的投影不能显示这部分的真实形状,为此设立平行于物体倾斜部分的辅助投影面,使这些部分在该面上画出的视图能反映这部分的实形。这种向不平行于任何基本投影面的平面投影所得的视图称为斜视图。

画图时必须在斜视图的下方用大写字母标出视图的名称,在相应的视图附近用箭头指明投影部位和投影方向,并注上同样的大写字母(如 A,B,…)。

斜视图一般按投影关系配置,如图 12—3a 所示,必要时也可配置在其他适当位置,或将图形转正画出。但图形转正时,应在视图名称旁加注表示旋转方向的箭头"⌒"或"⌒",如图 12—3b 所示。

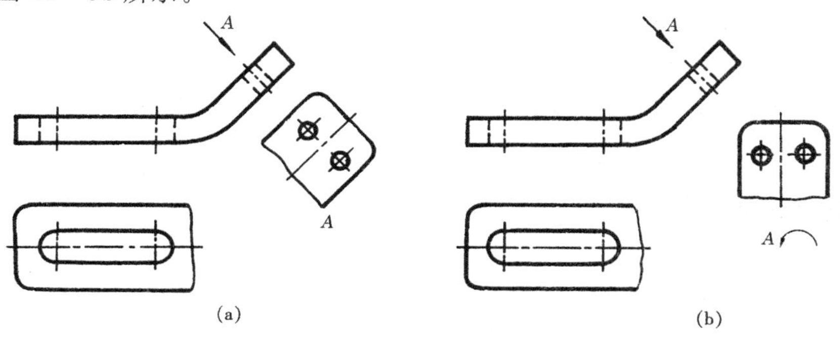

图 12—3　斜视图的画法

斜视图只要表示出倾斜部分的实形，其余部分仍在基本视图中表达，但需用波浪线断开。

3）旋转视图

假想把物体的倾斜部分旋转到与某一选定的基本投影面平行后，再向该投影面作投影，这样得到的视图称为旋转视图。

如图 12－4 所示物体的右侧倾斜部分，使其绕圆柱孔的轴线旋转至水平位置后再投影，这时所得的平面图就能反映右侧倾斜平面的实形。

画图时正立面图仍需保持原来位置，平面图中右侧部分则按旋转成水平位置后画出，圆柱体与右侧部分的交线也按旋转后的位置画出。正立面图中的箭头和双点长画线表示旋转方向和旋转后的位置，可以省略不画。

旋转视图可以省略标注旋转方向及字母。

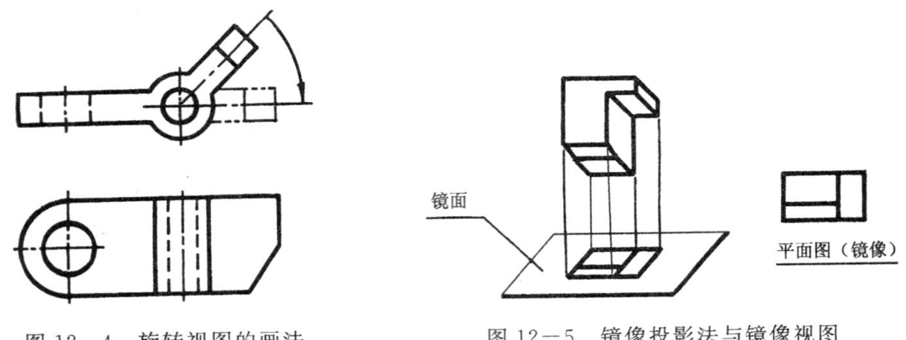

图 12－4　旋转视图的画法　　　图 12－5　镜像投影法与镜像视图

4）镜像视图

当用第一角画法所绘制的视图不易表达清楚时，可用镜像投影法绘制，但应在图名后注写“镜像”两字。如图 12－5 所示，把镜面放在物体的下面，代替水平投影面，将镜面中的反射图像进行投影，所得到的视图称为“平面图（镜像）”。平面图（镜像）实际上是物体在镜面中反射得到的图像，它与通常投影法所绘制的平面图是不相同的。

12.2　剖面图与断面图

按规定画物体的视图时，凡是看得见的轮廓线用实线表示，看不见的轮廓线则用虚线表示。在通常情况下，用视图可以把物体的外形表达得比较清楚，但是当一个物体的内部结构比较复杂或被遮挡部分较多时，视图上就会出现较多的虚线，而虚线过多，必然形成图面虚实线交错、混杂不清，给画图、读图和标注尺寸均带来不便，也容易产生差错。此外，工程上还常要求表示出建筑物的某一部分的截面形状及所用建筑材料，在这种情况下，常用绘制剖面图和断面图来解决。

12.2.1　基本概念

1）剖面图

图 12－6a 为一台阶的三视图。当观察者自左向右观看台阶时，由于踏步被侧板遮住而不可见，所以在左侧立面图上画成虚线。

现假想用一侧平面作为剖切平面，把台阶沿着踏步剖开，如图 12－6b，再移去观察者与剖切平面之间的那部分台阶，然后作出台阶剩下部分的投影，并将剖切平面与台阶接触的部分画上剖面线，则得到如图 12－6c 中所示的 1－1 剖面图。

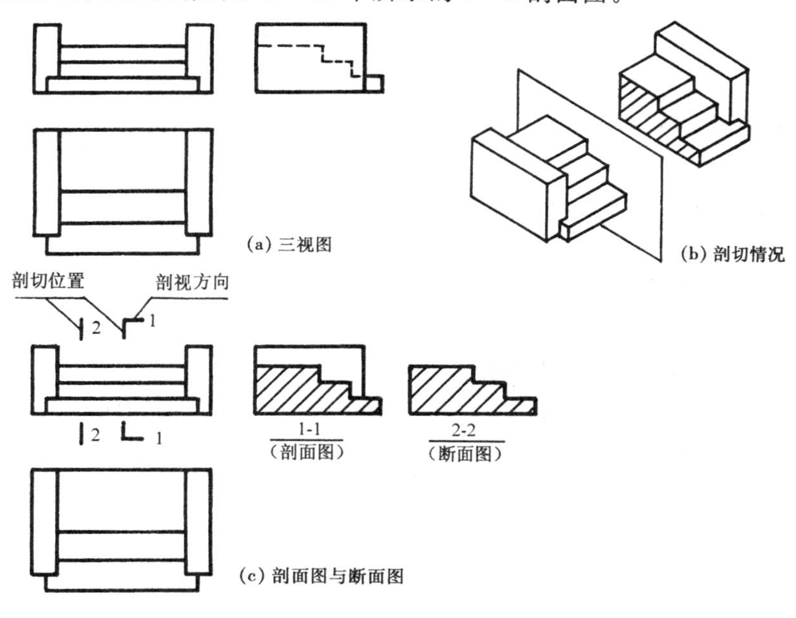

图 12－6　台阶的剖面图与断面图

定义：假想用剖切面把物体剖开，移去观察者与剖切面之间的部分，将剩余部分向投影面作投影，并将剖切面与物体接触的部分画上剖面线或材料图例，这样得到的视图称为剖面图。

在剖面图中，被剖切面切到部分的轮廓线用粗实线绘制，剖切面没有切到，但沿投影方向可以看到的部分，用中实线绘制。

2）断面图

定义：假想用剖切面剖开物体后，仅画出剖切面与物体接触部分即截断面的形状和材料图例，所得的图形称为断面图。如图 12－6c 中的 2－2 断面图。

断面图只画出剖切面切到部分的图形；剖面图除应画出断面图形外，还应画出沿投影方向能看到部分的投影。所以说剖面图是“体”的投影，断面图只是“面”的图形。

3）标注方法

用剖面图、断面图配合其他视图表达物体时，为了明确视图之间的投影关系，便于读图，对所画的剖面图、断面图一般应标注剖切符号，剖切符号由剖切位置线和剖视方向线组成，用以表明剖切位置、投影方向和剖面、断面名称，如图 12－6c 所示。

剖切位置：一般把剖切面设置成垂直于某个基本投影面的位置，剖切面在该面上的投影积聚成直线，所以在剖切面的起止处各画一短粗实线表示剖切位置称为剖切位置线，其长度宜为 6～10 mm。此线不应与物体的轮廓线相接触。

剖视方向：在剖切位置线的两端画与之垂直的短粗实线，称为剖视方向线，表示剖切后的投影方向。剖视方向线的长度应短于剖切位置线，宜为 4～6 mm。

剖面名称：用相同的数字或字母注在剖视方向线的端部，并一律水平书写；在相应的剖面图下方注出相同的两个数字或字母，中间加一细横线，并在图名下用粗实线绘一条横线，其长度应与图名所占长度等长。

断面图的剖切符号只用剖切位置线表示，不画表示投影方向的两短粗实线，而以断面名称注在剖切位置线的一侧表示投影方向。在断面图的下方标注其名称，与剖面图基本相同。

剖面线：物体被剖切后，被剖切面切到的实体部分应画上剖面线。剖面线为互相平行的间隔均匀的45°斜细实线。如果需要指明材料种类时，可画出材料图例，材料图例又称材料符号。常用建筑材料图例，可参阅第10章表10－6。

4）应注意的几个问题

（1）剖面图、断面图是为了清楚地表达物体内部的结构形状，剖切面一般应平行于基本投影面，并应通过物体内部的主要轴线或对称线。当物体内部结构形状不能在基本投影面上反映实形时，剖切面也可用投影面垂直面。

（2）剖切是假想的，物体并没有真的被切开和移去了一部分。因此，除了剖面图或断面图外，其他视图仍应按原先未剖切时完整地画出。例如图12－6c中的正立面图和平面图仍按完整的画出，不能只画一部分。同一物体无论作多少次剖切，每次剖切时都应按完整形体考虑。

（3）剖面图中通常不再画出虚线，当由于省略虚线而导致表达不清楚时也可画出虚线。

12.2.2 剖面图的种类

根据不同的剖切方式，剖面图有全剖面图、半剖面图、局部剖面图、阶梯剖面图、旋转剖面图和展开剖面图等。

1）全剖面图

采用一个剖切平面把物体全部“切开”后所得到的剖面图称为全剖面图，如图12－7所示。

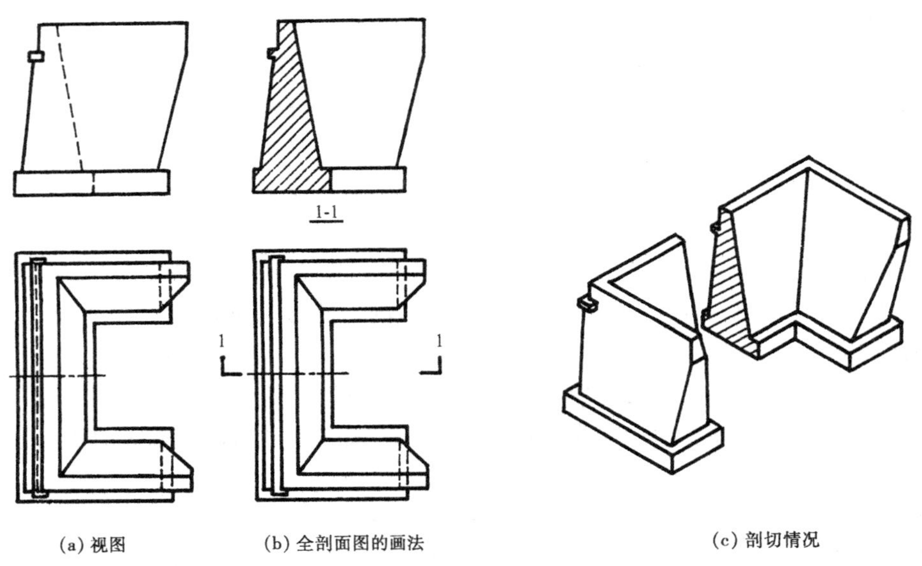

图12－7 重力式桥台的全剖面图

全剖面图一般用于不对称、或者虽然对称但外形简单、内部比较复杂的物体。图12－7b为一重力式桥台，用一个正平面作为剖切平面沿对称面“切开”(图 12－7c)后所得的全剖面图。这时正立面图上原先的虚线(图 12－7a)变为可见，故改画成实线，画上剖面线便显示了桥台的内部结构。

全剖面图一般都需要标注。但若剖切平面与物体的对称面重合，剖面图又按投影关系配置时，剖切平面位置和视图关系比较明确，可省略标注。

2）半剖面图

当物体具有对称平面时，在垂直于对称平面的投影面上的投影，以对称线为分界，一半画剖面，另一半画视图，这种组合的图形称为半剖面图。

图 12－8 所示为一钢筋混凝土基础，因它的左右和前后均对称，故正立面图和侧立面图均可采用半剖面表示，使其内外形状均表达清楚。1－1 半剖面图和 2－2 半剖面图的剖切平面分别为正平面和侧平面。

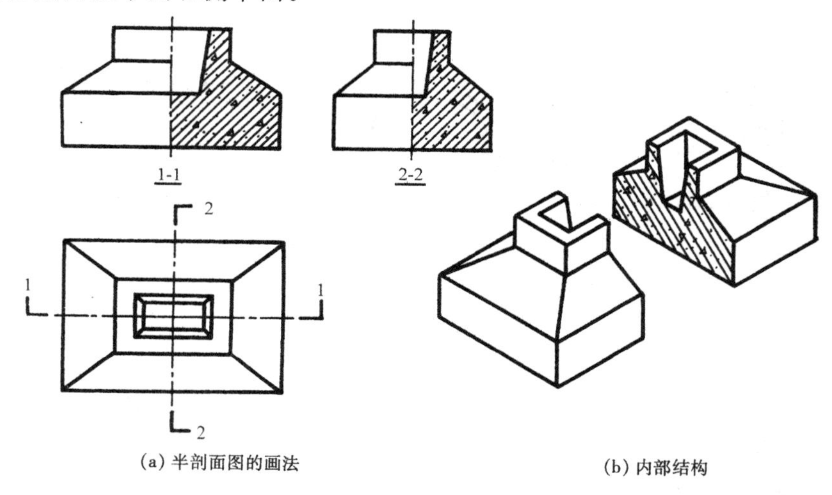

(a) 半剖面图的画法　　(b) 内部结构

图 12－8　钢筋混凝土基础的半剖面图

画半剖面图时应注意以下几点：

(1) 半剖面图中剖面与视图以对称线(细点画线)为分界线，而不能画成实线。

(2) 由于剖切前视图是对称的，剖切后在半个剖面图中已清楚地表达了内部结构形状，所以在另外半个视图中虚线一般不再画出。

(3) 习惯上，当对称线是竖直时，半剖面画在对称线的右半边，如图 12－9a 中 1－1 半剖面、2－2 半剖面所示；当对称线是水平时，半剖面画在对称线的下半边，如图 12－9a 中3－3半剖面所示。

(4) 半剖面的标注方法与全剖面相同，详见图 12－8a 和图 12－9a。

3）局部剖面图

物体被局部地剖切后所得到的视图，称为局部剖面图。

图 12－10a 是混凝土水管的一组视图，为了表示其内部形状，正立面图采用了局部剖面，剖切平面为通过轴线的正平面，局部剖切的部分画出了水管的内部结构和断面材料图例，其余部分仍画外形视图。

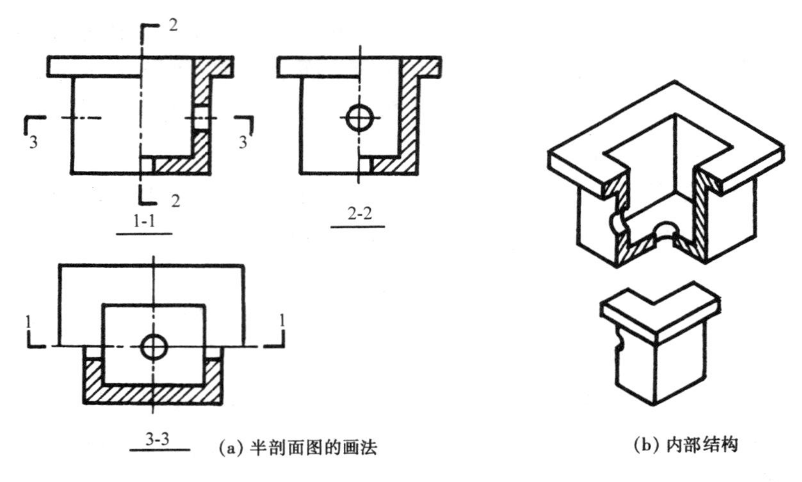

图 12－9　箱体的半剖面图

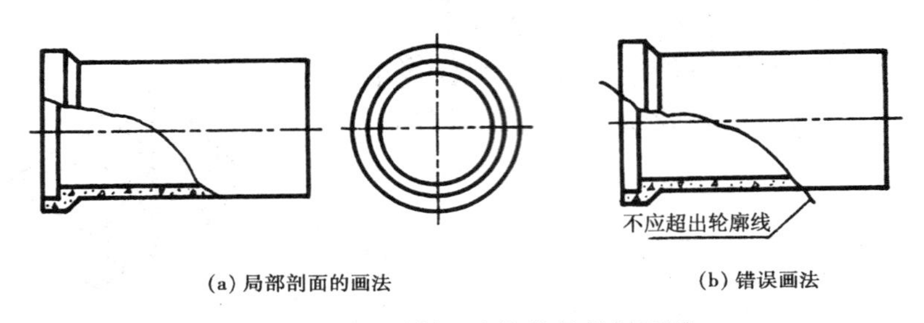

图 12－10　混凝土水管的局部剖面图

局部剖面图的剖切范围用波浪线表示，波浪线不可与轮廓线重合，也不应超出视图的轮廓线。局部剖面图一般不需标注剖切符号和名称。图 12－10b 中波浪线超出了外轮廓线，其画法是错误的。

在土木工程中还经常用分层剖切的剖面图，来表示墙面、路面等的不同层次的构造。如图 12－11 所示为墙面局部构造的分层局部剖面图，其剖切面与墙面平行，图中用波浪线将墙面各构造层次隔开。

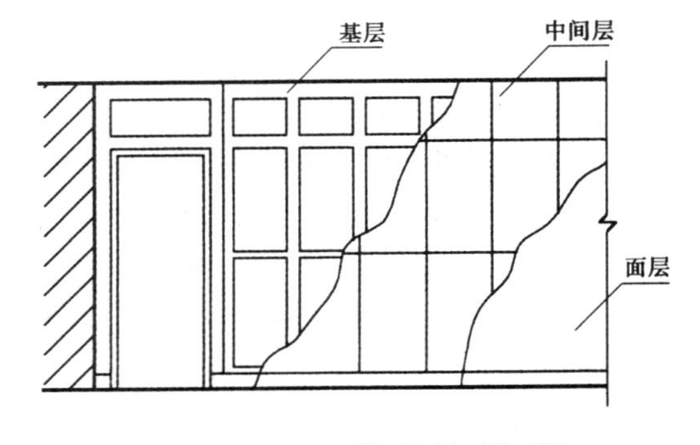

图 12－11　墙面分层局部剖面图

4）阶梯剖面图

当用一个剖切平面不能将物体上需要表达的内部结构都剖切到时，可用两个或两个以上相互平行的剖切平面剖开物体，所得的剖面图称为阶梯剖面图。如图 12－12b 所示的底板，左边一方孔，右边有一圆孔，由于两孔的位置不在同一正平面内，故采用了两个互相平行的正平面作为剖切面，从而得到了同时反映两孔内部结构的阶梯剖面图。

画阶梯剖面图时，在剖切平面的起止和转折处均应进行标注，画出剖切符号，并标注相同的编号数字（或字母），如图 12－12a 所示。一般应在剖切位置线转角处的外侧注写编号，当剖切位置明显，又不致引起误解时，转折处允许省略标注编号。

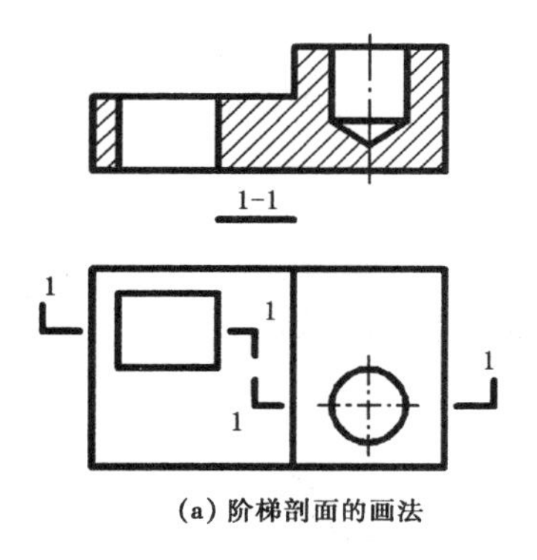

(a) 阶梯剖面的画法

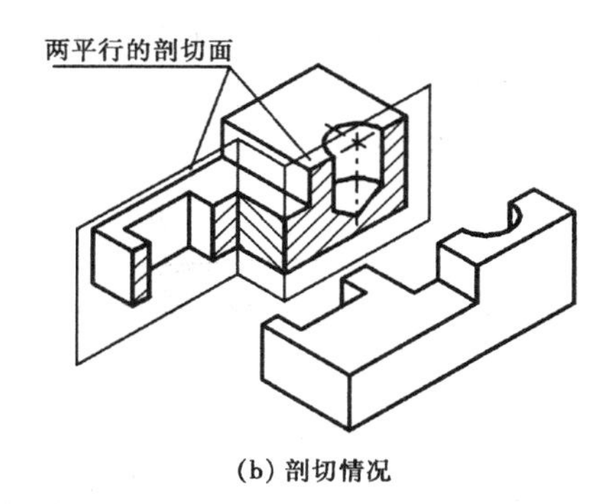

(b) 剖切情况

图 12—12　底板的阶梯剖面图

因为剖切物体是假想的，所以在阶梯剖面图上，剖切平面的转折处不能画出分界线。

5）旋转剖面图

用两个相交的剖切平面(其交线垂直于基本投影面)剖开物体，把其中一个平面剖切得到的图形，绕两剖切平面的交线旋转到与投影面平行的位置，然后再一起进行投影，这样得到的剖面图称为旋转剖面图。

如图 12—13 所示的圆井，其两个水管的轴线是斜交的，一个平行于正立面，一个倾斜于正立面。为了表示圆井和两个水管的内部结构，采用了相交于圆井轴线的铅垂面和正平面作为剖切面，沿着这两个水管的轴线把圆井切开，见图 12—13b，再把左面剖切得到的图形旋转到与正立面平行后再进行投影，便得到 1—1 旋转剖面图。

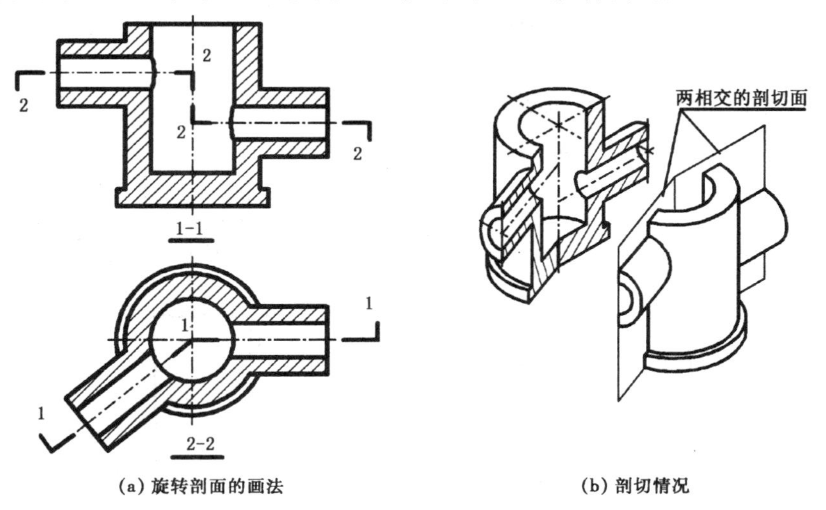

(a) 旋转剖面的画法　　(b) 剖切情况

图 12—13　圆井的旋转剖面图

旋转剖面图的标注与阶梯剖面图相同，如图 12—13a 中的 1—1 剖面。

圆井的平面图是采用两个水平面作为剖切平面剖切后所得的 2—2 剖面，这是一个阶梯剖面图。

6）展开剖面图

如图 12—14 所示为一弯道桥，桥的平面形状由直线和圆弧组成，它的正立面图采用了一个由平面和柱面组合而成的铅垂面作为剖切面，沿弯道桥的中心线进行剖切，然后把剖切面拉直展平，使它们平行于正立面并进行投影，从而得到弯道桥的纵剖面图。这样的剖面图称为展开剖面图。

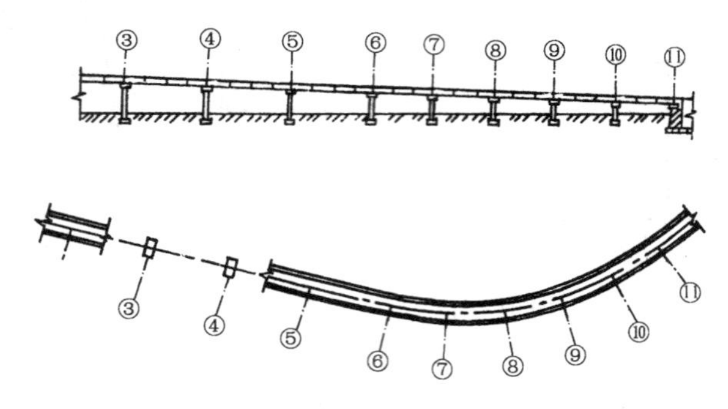

图 12－14　弯道桥的展开剖面图

12.2.3　断面图的种类

断面图主要用来表示物体某一局部的截断面形状。根据断面图在视图上的位置不同，分为移出断面和重合断面。

1）移出断面图

画在视图轮廓线外面的断面称为移出断面。如图 12－15 所示为钢筋混凝土梁、柱节点的正立面图和移出断面图。

移出断面的轮廓线用粗实线画出，可以画在剖切平面的延长线上、视图的中断处或其他适当位置。

移出断面图一般应标注剖切位置、投影方向和断面名称，如图 12－15 中所示的 1－1，2－2，3－3 断面。

当断面图形位于剖切平面的延长线上时，可不标注断面名称，如图 12－16b 所示。如断面图形对称，则只需用细单点长画线表示剖切位置，不需进行其他标注，如图 12－16a 所示。

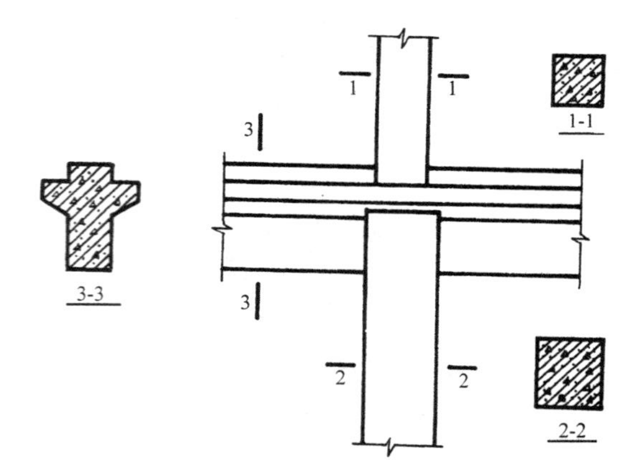

图 12－15　钢筋混凝土梁、柱节点的移出断面图

移出断面也可画在视图轮廓线的中断处，如图 12－16c 所示，这种画法又称为中断断面。该图中剖面线方向相反，是表示该杆件是由两个角钢拼合而成。

画移出断面时，根据需要，允许把断面图转正后画出。

如图 12－17 为翼墙的平面图和断面图，为了表示翼墙的正常工作位置，画 1－1 断面时，可把底面画成水平位置。

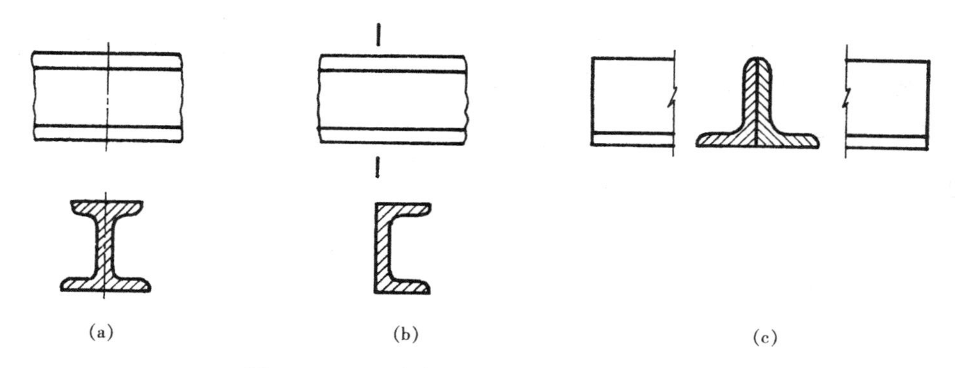

图 12—16 工字钢、槽钢、角钢的移出断面图

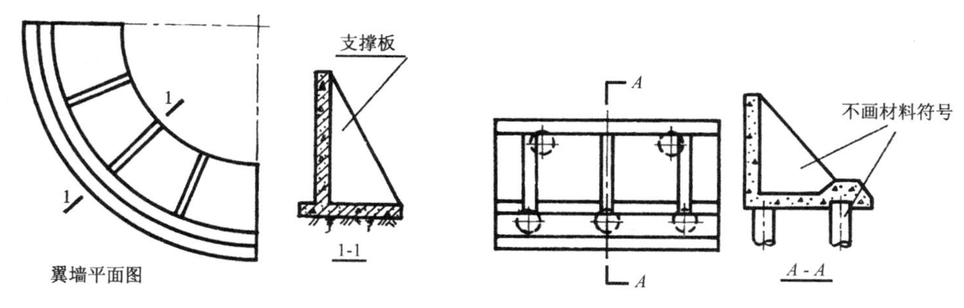

图 12—17 翼墙的移出断面图

图 12—18 桩和支撑板不画材料符号

对于构件上的支撑板、肋板等薄板结构和圆柱状构件(桩、柱、轴)等，当剖切平面通过其对称中心线或轴线时，这部分的断面可不画材料符号，而用粗实线将其与邻接部分分开，如图 12—17 中的 1—1 断面和图 12—18 中的 $A-A$ 剖面。

2)重合断面图

画在视图轮廓线内的断面图称为重合断面图。

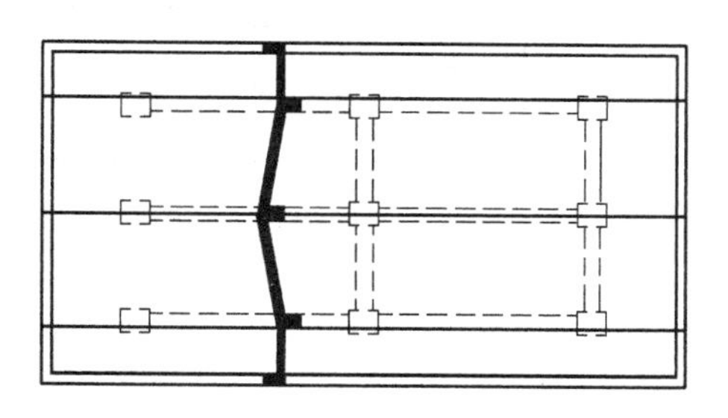

图 12—19 屋面平面图上的重合断面

如图 12—19 所示，是在屋面平面图上采用同一比例加画断面图，用以表示屋面中的梁板结构和形状。在这里断面图是假想用一个垂直于平面图纵向的剖切面剖开屋面，然后把断面向左旋转，与平面图重合后画出来的。重合断面的轮廓线用实线画出，断面部分应画上剖面线或材料图例。一般重合断面不加标注。视图上与断面图重合的轮廓线不应断开，仍完整画出。本图中所示屋面梁板为现浇钢筋混凝土结构，当断面较窄时，一般采用涂黑表示。

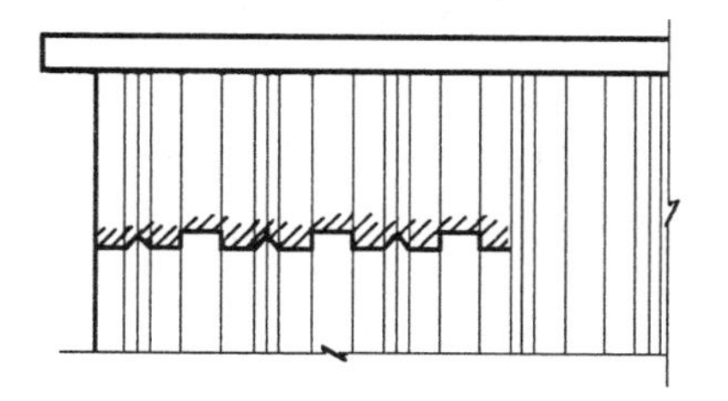

图 12—20 外墙立面图上的重合断面

在表示土建工程图中构件的花饰时，仅画出其凹凸起伏状况而不把整个厚度画出来，如图 12—20 所示为外墙立面图上用重合断面表示的装饰花

纹，这是用水平面剖切墙体，然后把断面向下旋转，使它与立面图重合后画出来的，用以表示墙面装饰花纹的凹凸起伏状况。这样的断面图可以不加任何说明，只在断面图的轮廓线内沿轮廓线边缘加画 45°细斜线。图中右边小部分墙面没画出断面，以供对比。

12.2.4 剖面图、断面图的尺寸标注

在剖面图上标注尺寸的方法与组合体的尺寸标注相同。但为了使尺寸标注得清晰，应尽量把有关断面所示的内部结构尺寸和剖面图中的外形尺寸分开标注。

如图 12－21 中，涵管长度方向尺寸 50 为内部结构尺寸标注在图形的上边，尺寸 60，40，450 为外形尺寸注在图形的下边。

又如图 12－21 中，把柱基外形的高度和宽度方向的尺寸标注在图形的左边，孔的高宽尺寸标注在图形的右边。

在半剖面图和局部剖面图中，由于图上的对称部分省去了虚线，标注某些内部结构尺寸时，只能画出一边的尺寸界线和尺寸起止符号。这时尺寸线应略超过对称线，尺寸数字按完整结构的尺寸注写，注写位置宜与对称线对齐，如图 12－21 中的 ϕ150、ϕ210 以及图 12－22中的长度尺寸 600，550。

有关断面的尺寸，应尽量标在断面图上。当在断面内部标注尺寸时，断面材料符号应中断，以便留有空隙标注尺寸数字。

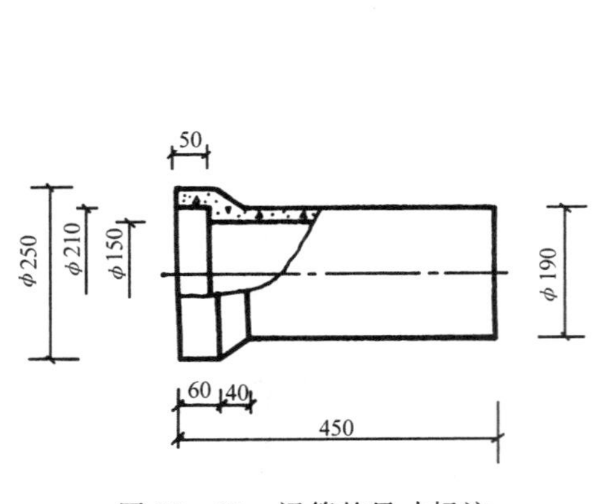

图 12－21 涵管的尺寸标注

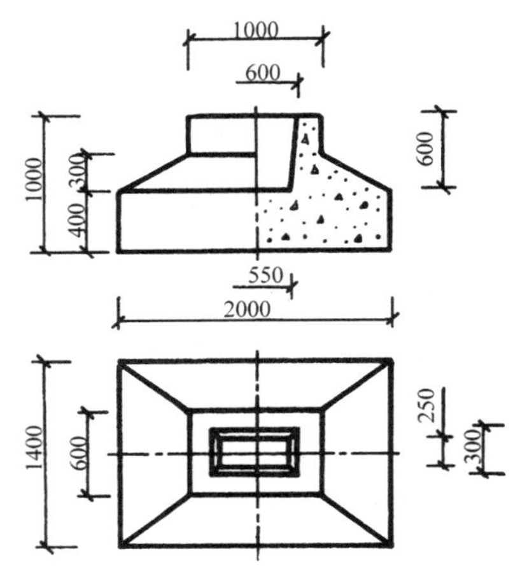

图 12－22 基础的尺寸标注

12.3 图样的简化画法

除了以上所介绍的各种方法外，制图标准允许在必要时可以采用下述简化画法。

12.3.1 对称简化画法

当视图对称时，可以只画一半，但图上必须画出对称线，并加上对称符号，如图 12－23a 所示。对称线用

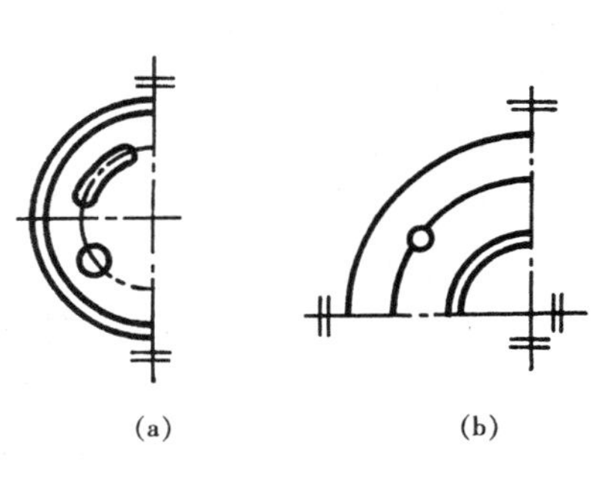

图 12－23 对称简化画法

细单点长画线表示，对称符号用一对平行的短细实线表示，其长度为 6～10 mm，间距为 2～3 mm。两端的对称符号到图形的距离应相等，对称线端部超出对称符号 2～3 mm。

当视图不仅左右对称，而且上下对称时，可进一步简化，只画出其四分之一，但同时要增加一条水平的对称线和对称符号，如图 12－23b 所示。

12.3.2 折断简化画法

当形体很长，断面形状相同或按一定规律变化时，可以假想将该形体折断，省略其中间部分，而将两端靠拢画出，然后在断开处画上折断线，如图 12－24a，b 所示。但要注意，标注尺寸时应注出全长。

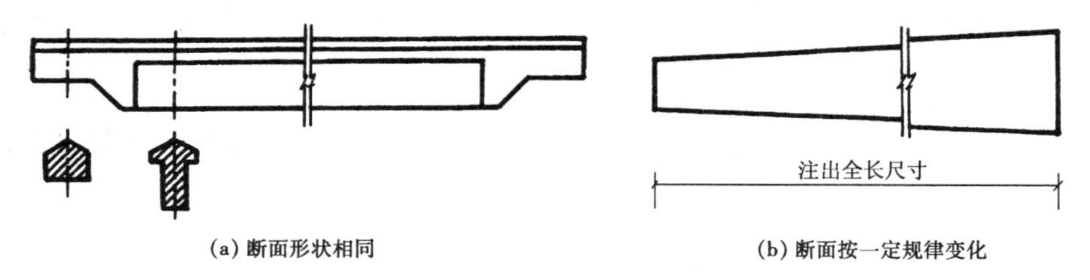

(a) 断面形状相同　　(b) 断面按一定规律变化

图 12－24　折断简化画法

12.3.3 相同结构简化画法

如果视图上有多个完全相同的结构且按一定规律分布时，可以仅画出若干个完整的结构，然后画出其余结构的中心线或中心线交点，以确定它们的位置。

图 12－25 所示为混凝土空心砖(图 12－25a)和预应力混凝土空心板(图 12－25b)中孔的省略画法和注法。

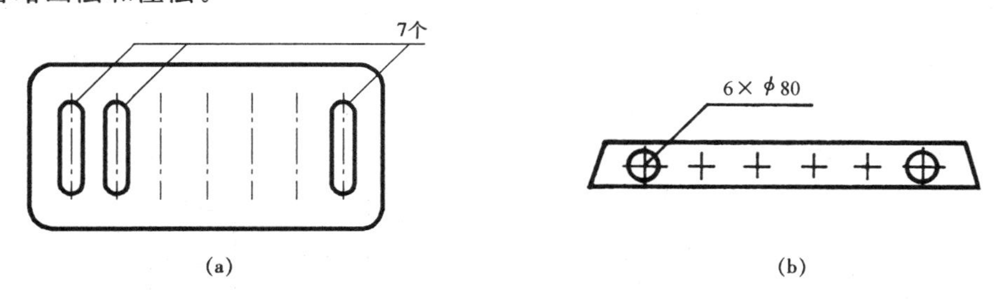

(a)　　(b)

图 12－25　相同结构简化画法

12.3.4 连接简化画法

一个构配件如果与另一构配件仅部分不相同，该构配件可只画不同部分，但应在两个构配件的相同部分与不同部分的分界线处，分别画上连接符号，两个连接符号应对准在同一线上，如图 12－26 所示。连接符号用折断线表示，并标注出相同的大写字母。

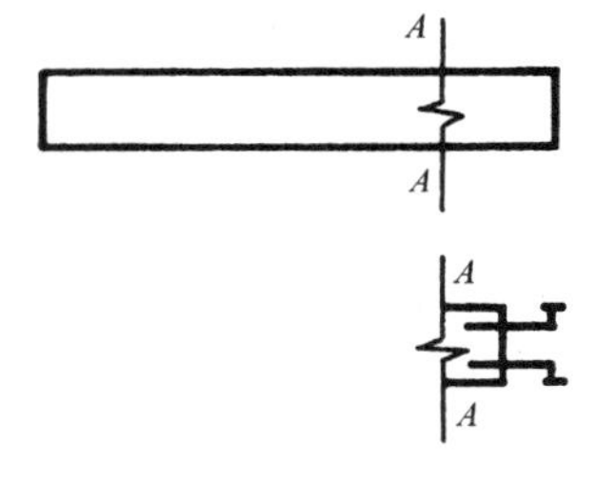

图 12－26　连接简化画法

12.4　图样画法的综合运用

以上介绍了表示物体形状的一些常用方法。在具体表示一个比较复杂的物体时，应根据物体的实际情况，可以选择上述方法，包括基本视图、辅助视图、剖面图、断面图、简化画法等，加以综合运用，将物体的外部形状和内部结构完整、清楚地表示出来。

下面举例说明综合运用各种视图表示物体的方法。

例 12－1　图 12－27 所示为涵洞的一组视图。

涵洞是一种过水建筑物，绘图时一般按正常工作位置放置，并使建筑物的主要轴线平行于正立面，迎水面置于左边。为了清晰地表示端墙、底板和洞身的结构形状，立面图采用了通过轴线的 1－1 全剖面图，工程上也称纵剖面图。

平面图为外形视图，表示了涵洞端墙、底板和洞身的位置和平面形状，因为其前后对称，采用了对称简化画法。

洞身的断面形状和材料用 2－2 断面表示，因为 2－2 断面的剖切位置和建筑物轴线垂直，工程上也称横断面图。

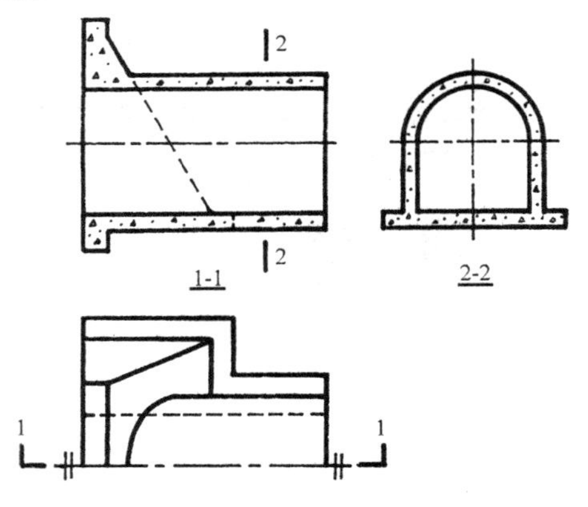

图 12－27　涵洞的表示法

有了这样一组视图，整个涵洞的内外结构和材料就表示清楚了。

例 12－2　图 12－28 所示为一组合体。

为了清楚地表达该组合体的内部结构形状，从平面图上的剖切符号和名称可知，它采用了两个不同的剖切平面。因为该组合体前后对称左右不对称，所以把正立面图画成 1－1 全剖面图，把侧面图画成 2－2 半剖面图。此外，三个圆孔已由两个剖面图表示清楚，所以平面图中只画了圆孔的三条轴线；而底板底面上的两条转折轮廓线也由两个剖面图确定，所以在平面图上省略了相对应的两条虚线。

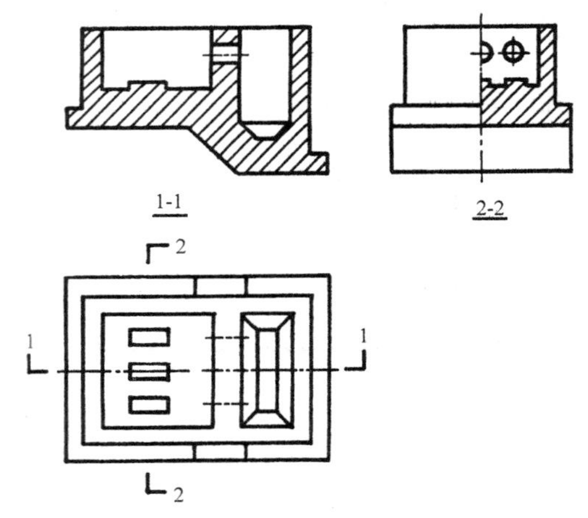

图 12－28　组合体的表示法

例 12－3　图 12－29 为一幢房子，除了用正立面图表示正面外形外，还用了水平剖面图和 1－1 横剖面图、2－2 阶梯剖面图表示房屋的内部情况。

水平剖面图是假想用一个水平面沿窗台上方将房屋切开后，移去上面部分，所得的剖切平面以下部分的水平投影，实际上是一个全剖面图，在房屋图中习惯上称为平面图，且在立面图中也不标注剖切符号。这样的平面图能清楚地表达房屋内各房间的分隔情况、墙身厚度，以及门、窗的数量、位置和大小。

1－1 剖面是一个横向的全剖面图，剖切位置选在房屋的第二开间窗户部位，从右向左投影。2－2 剖面是一个纵向的阶梯剖面图，通过剖切线的转折，同时表示右侧入口处

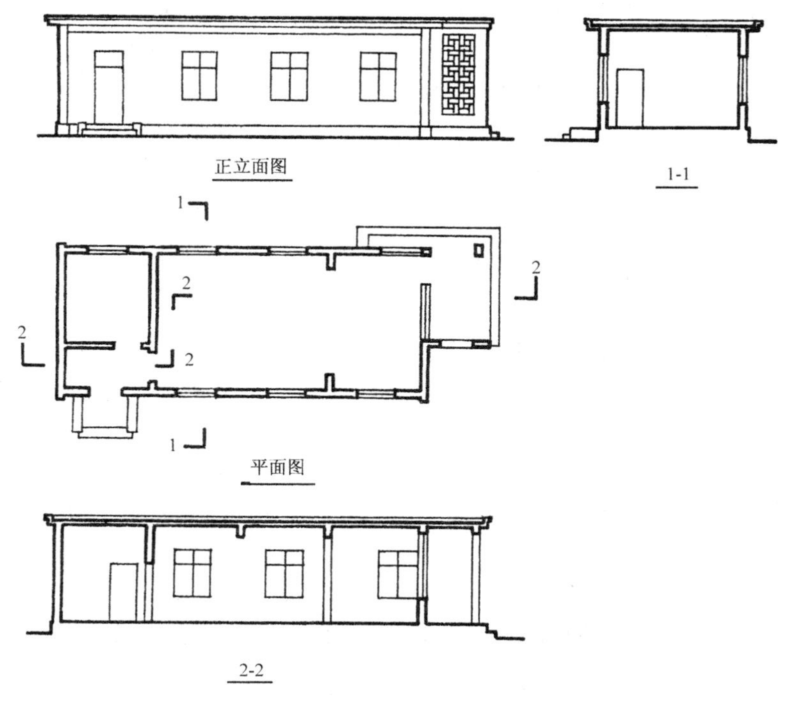

图 12－29　房屋的表示法

的台阶、大门、雨篷和左侧门厅的情况。

通过正立面图、平面图和剖面图的相互配合，就能够基本上完整地表明建筑物从内到外的全貌。

12.5　第三角画法简介

互相垂直的三个投影面 V,H,W 把空间分为八个分角，依次称为第一分角、第二分角……第八分角，如图 12－30a 所示。通常把物体放在第一分角进行正投影，所得的视图称为第一角投影。根据我国的制图标准规定，我国的工程图样均采用第一角画法。但世界上有的国家则采用第三角画法，即将物体放在第三分角进行正投影，如图 12－30b 所

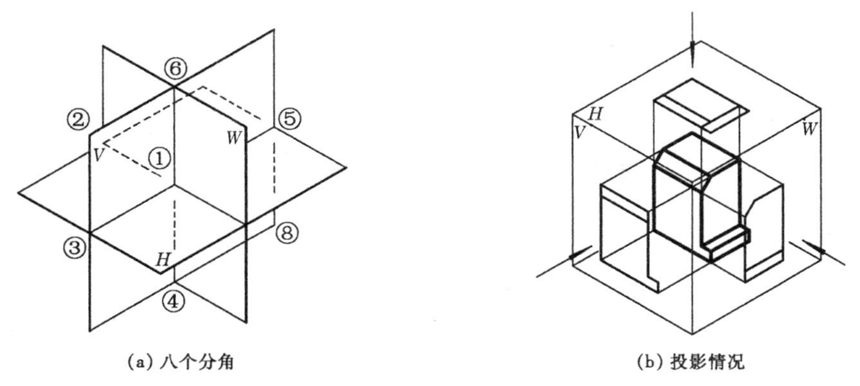

(a) 八个分角　　(b) 投影情况

图 12－30　第三角投影

示。随着国际技术合作、技术交流的不断增加，有必要对第三角画法作一简单介绍。

1）人、物和投影面的位置

第一角画法将物体置于第一分角内，物体处于观察者与投影面之间，投影过程为观察者→物体→投影面；第三角画法将物体置于第三分角内，物体处于投影面之后，假定投影面是透明的，投影过程为观察者→投影面→物体。

2）投影面的展开

第一角画法投影面展开时，正立投影面（*V*）不动，水平投影面（*H*）绕 *OX* 轴向下旋转，侧立投影面（*W*）绕 *OZ* 轴向右向后旋转，使它们位于同一平面，其他投影面的展开见图 12－1a；第三角画法投影面展开时，正立投影面（*V*）不动，水平投影面（*H*）绕 *OX* 轴向上旋转，侧立投影面（*W*）绕 *OZ* 轴向右向前旋转，使它们位于同一平面，其他投影面的展开见图 12－31a。

3）六面视图的配置

投影面展开后，第三角画法中六面基本视图的配置情况见图 12－31b。与第一角画法中六个基本视图的配置（图 12－1b）相比较，可以看出：各视图以正立面图为中心，平面图与底面图的位置上下对调，左侧立面图与右侧立面图左右对调，这是第三角画法与第一角画法的根本区别。实际上各视图本身内容完全相同，仅仅是它们的位置不同。

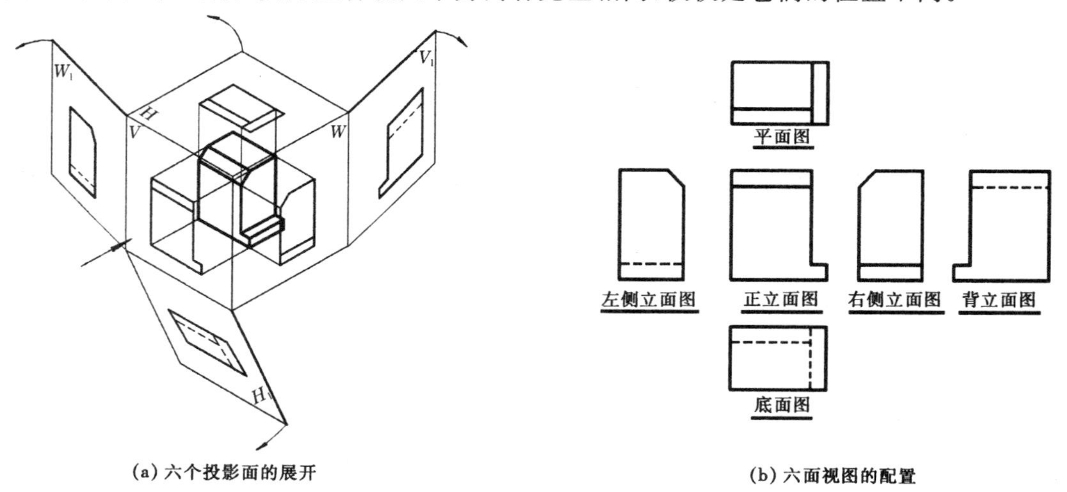

(a) 六个投影面的展开 (b) 六面视图的配置

图 12－31 第三角画法

4）投影识别符号

由于我国一般不采用第三角画法，所以只有在必要时（如按合同规定的涉外工程中）才允许使用第三角画法。采用第三角画法时，必须在图纸上画出相应的投影识别符号，以避免引起误解。第一角画法和第三角画法的识别符号见图 12－32，这是国际标准中规定的统一符号。

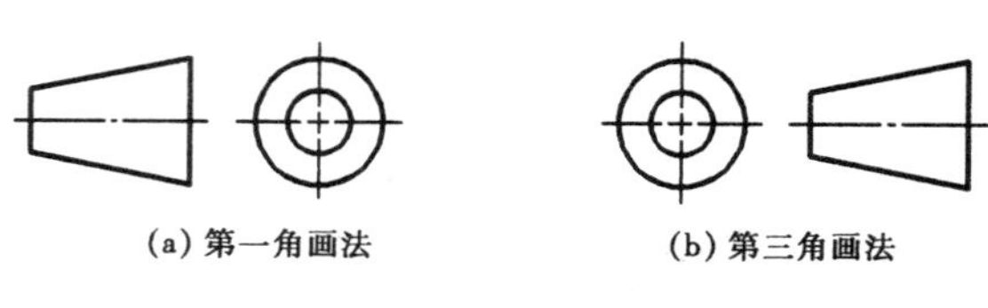

(a) 第一角画法 (b) 第三角画法

图 12－32 投影识别符号

13 计算机绘图

随着电子计算机的飞速发展，计算机绘图技术在工程设计中得到日益广泛的应用。本章简要介绍 AutoCAD 通用绘图软件的主要功能和使用方法。

13.1 概述

计算机绘图是应用计算机的软件和硬件来绘制所需图样的技术。这种图样可以显示在屏幕上，也可以绘制在纸(介质)上，或保存在相应的存储器中。计算机绘图系统包括硬件和软件两大类。硬件部分有主机、图形输入和输出设备。常用的图形输入设备有键盘、鼠标、光笔、扫描仪、图形输入板等，图形输出设备有显示器、打印机、绘图机等。绘图软件通常有系统软件、通用软件和应用软件。

计算机绘图和手工绘图相比有速度快，精度高，质量好，修改容易，存取方便等优点，给设计与绘图工作带来了革命性变化。随着微型计算机越来越普及，绘图软件功能越来越强大，手工绘图正在逐渐被计算机绘图所取代，我们应该适应形势的发展，努力学习和掌握这门绘图新技术。但是也应该清醒地认识到，计算机再先进，绘图软件功能再强大，毕竟还只是一种工具而已，它可以代替我们手中的绘图笔和仪器，并不能代替我们的学习和思考，只有掌握了投影原理和工程图样的表示方法，才能指挥计算机绘制出正确的符合国家制图标准要求的工程图样来。

目前流行的绘图软件很多，而最适合于绘制工程图样的是 AutoCAD，它是 Autodesk 公司开发的交互式绘图软件。该软件自 1982 年面市以来，版本几经更新，功能不断增强，操作更加方便，已广泛应用于机械、建筑、电子等各个工程领域，成为世界上最受欢迎的通用绘图软件。

从 2000 年以来 AutoCAD 几乎每年都有新版本问世，但就其主要内容形式和基本用法而言并没有太大的变化，主要是增加了三维建模功能，可进行多种图形格式的转换，具有更强的数据交换能力，支持多种硬件设备和操作平台，加快任务的执行。本章选择最新版 AutoCAD 2012 进行介绍，它具有完善的图形绘制功能和强大的图形编辑功能，用户界面也有了重大改进，更加可视化，更加人性化，进一步简化操作过程，提高工作效率。其实它的基本内容对于其他各版本也都是普遍适用的。

AutoCAD 绘图软件的内容十分丰富，由于篇幅所限，这里只能简要介绍 AutoCAD 的主要功能和基本使用方法。AutoCAD 是在 Windows 操作系统下运行的，很多操作风格与 Windows 类似。

13.2 AutoCAD 基本操作

13.2.1 AutoCAD 的启动和退出

1) AutoCAD 的启动

启动 AutoCAD 的方法有多种，常用方法如下：

① 在 Windows 操作系统桌面上双击 AutoCAD 快捷方式图标。

② 单击 Windows 桌面左下方“开始”菜单，依次选择“所有程序”，“Autodesk”、“AutoCAD 2012”。

③ 在相应安装盘的目录中找到启动程序 ACAD. EXE，双击即可。

④ 双击计算机中已存在的任一个 CAD 图形文件。

2）AutoCAD 的退出

退出 AutoCAD 的方法如下：

① 在用户界面的左上角单击“菜单浏览器”，在展开的“应用程序菜单”的右下角选择“退出 AutoCAD 2012”。

② 在标题栏的右边单击“ X ”按钮。

③ 键盘输入命令：QUIT，按回车键。

④ 在主菜单栏上单击“文件”，选择“退出”。

⑤ 快捷键：Ctrl＋Q。

13.2.2 AutoCAD 的工作主界面

AutoCAD 启动后将打开工作主界面窗口，如图 13－1 所示。下面介绍主界面上的各部分内容。

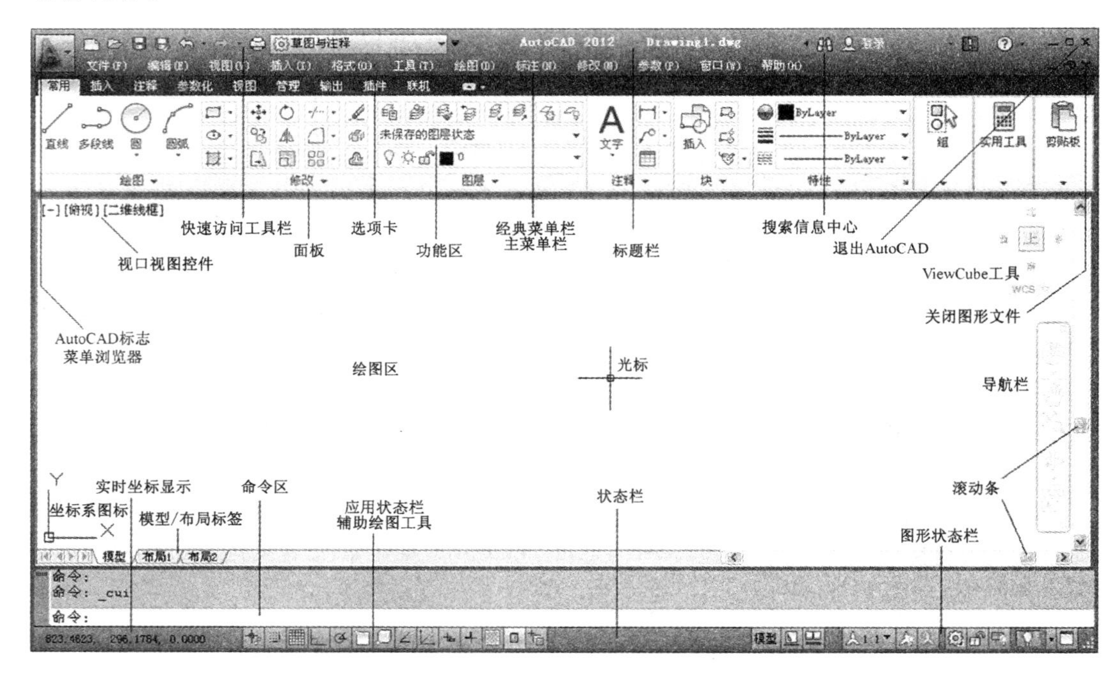

图 13－1　AutoCAD 的工作主界面

1）AutoCAD 标志

在主界面的左上角是 AutoCAD 2012 软件标志，也作为菜单浏览器，点击后即展开“应用程序菜单”，如图 13－2 所示。其最上一行是命令搜索栏，可以根据名称寻找该命令所处的位置。其左侧面是各种有关文件应用的命令，右侧是列表框，显示各种详细信息。

2）标题栏

主界面的最上面是标题栏，其中央显示为本软件的名称和版本，紧接着为当前打开的图形文件名称。左边是“快速访问工具栏”，有新建、打开、保存等按钮，并显当前工作空间的名称。可以根据需要向该栏中增添或删除工具按钮。右边是“搜索信息中心”，可获得帮助信息和外部联系。标题栏的最右边有三个分别执行最小化、最大化/恢复窗口、关闭（软件）的操作按钮。

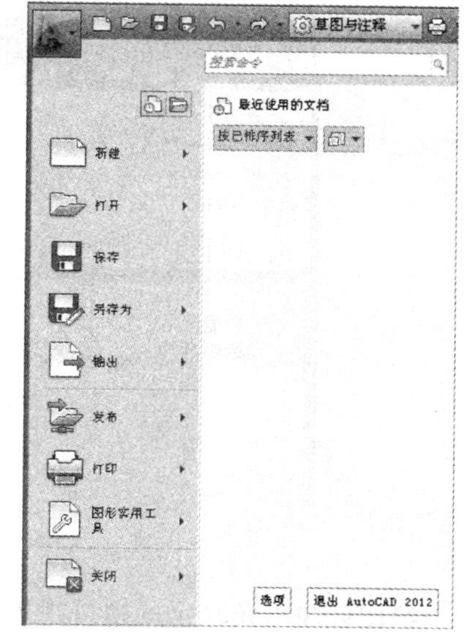

图 13－2　应用程序菜单

3）主菜单栏（经典菜单栏）

主菜单栏或称经典菜单栏，位于标题栏的下面。该栏包括文件、编辑、视图、插入、格式、工具、绘图、修改、标注、窗口、帮助等菜单项。用鼠标箭头移至所需菜单项单击，即可弹出下拉菜单，再选择适当命令项执行。如果命令项后有黑三角，则表示还有下一级菜单；如果命令项后有省略号，则表示该项有对话框。

需要说明的是，新版软件中在初始状态下，该菜单栏是隐藏的，可以点击快速访问工具栏右边的黑三角，选择“显示菜单栏”，即调出主菜单栏。主菜单栏中包括了 AutoCAD 所提供的几乎全部命令，即使不常用的命令也能找到，而且菜单中的命令既有名称，又有图标和快捷键，使用和寻找都很方便，所以在工作主界面中让它显示出来是非常实用的。

4）功能区

在创建或打开图形文件时，会在绘图区上方自动显示出功能区，它包括有常用、插入、注释、参数化、视图、输出等选项卡。每个选项卡又包括若干工具面板，如常用选项卡内包括绘图、修改、图层、注释、块、特性等面板。每个面板包含很多相关的命令按钮，其上用形象的图标来表示相应的命令，非常直观方便。当鼠标箭头移动到某图标上时，即自动显示该命令的名称及功能，悬停片刻，甚至还有相应的解释和举例。点击功能区面板上的图标，即可执行该命令，其实功能区就是以前版本中的工具条的集成。

通常面板上只能显示出部分命令图标，可点击面板名称右侧的黑三角，则展开该面板，以显示更多的命令。默认情况下，当鼠标离开该面板范围时，展开的面板会自动关闭，若点击展开面板左下角的图钉，则可使面板固定于展开状态，如图 13－3 所示。

功能区一般在绘图区窗口的上方水平显示，也可垂直显示在窗口的左侧或右侧，如果需要扩大绘图区，还可以逐步使其缩小化。

5）绘图区

绘图区是屏幕上显示和绘制图形的工作区域。在绘图区左下角，有 X 和 Y 轴组成的图标，是表示 AutoCAD 的绘图坐标系。鼠标在绘图区时变为十字光标，十字线的交点即为光标的当前位置。绘图区是很大的，但可视区域有限，可以利用其右侧和下侧的滚动条上下或左右移动视区。

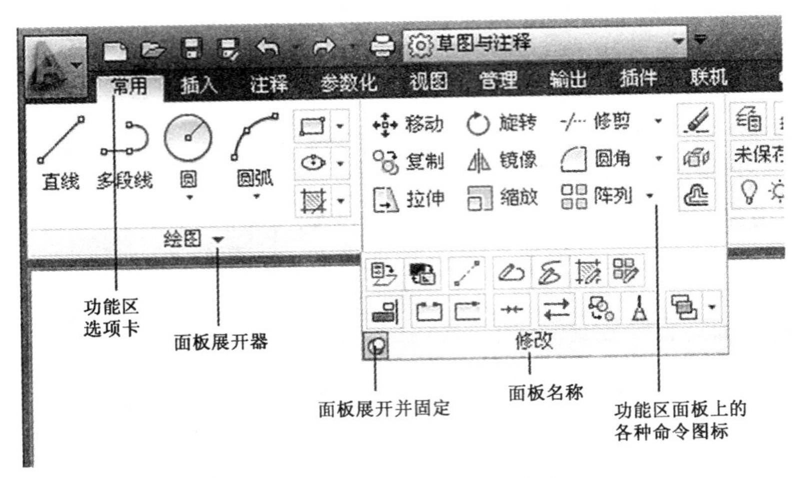

图 13－3　功能区面板的展开

绘图区左上角显示的视口视图控件，和右侧的导航栏及 View Cube 工具，都是应用于三维绘图。

绘图区左下边有模型/布局标签，可以进行模型空间和图纸空间的切换。一般情况下是在模型空间绘图，所以初学者不要改换。

6）命令区

命令区也称命令行，用于显示输入的命令、参数等，并为下一步操作提供信息。命令区是人机对话的重要窗口，输入命令后的所需参数、相关选项乃至错误提示，都在这里显示，所以初学者应时刻关注命令区的显示信息。

通常命令区只有三行，若要增减可将光标移动到命令区的上沿，按住左健上下拖动来改变大小。如果需要查看更多的命令记录，可按 F2 键来打开文本窗口，再按一次则关闭文本窗口。

7）状态栏

状态栏位于屏幕的最下方，用于显示当前绘图的基本状态。最左边的一组数字随着光标的移动而改变，是实时显示光标当前的 x，y，z 坐标。向右是应用状态栏，包括各种辅助绘图工具图标按钮，详细功能见后面的介绍，右边是图形状态栏，各项说明如图 13－4 所示。

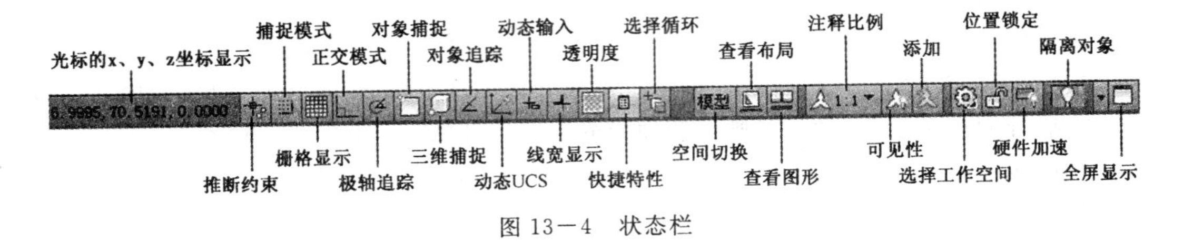

图 13－4　状态栏

13.2.3　命令的用法

1）命令的调用

指挥计算机进行绘图、编辑等各项操作，都是靠调用相应的命令来执行的。调用命令的方法有多种：

① 命令名方式：用键盘在命令区输入命令名，然后按回车键或空格键（回车键即Enter键，空格键相当于回车键）。

② 图标方式：用鼠标单击功能区面板或工具条上的命令图标。

③ 菜单方式：用鼠标选择菜单栏上相应的命令项，然后单击。

④ 快捷键方式：同时按键盘上的组合键。

⑤ 重复方式：当上一个命令执行完后，按回车或空格键则自动重复执行上一命令。

说明：在这多种调用方式中，输入命令名是最基本的方法，命令名就是其英文词，比较好记忆，有些命令还有缩写名（比如LINE的缩写名为L，本书中标记为LINE/L），输入字母大小写均可。但用键盘输入还是较麻烦，可用菜单方式，当然用图标方式更直观快捷，本书为了叙述的准确清楚，一般以输入命令名方式为主，再配合图标或其他方式来表示。

2）命令的选项

AutoCAD的许多命令调用后都提示有若干选项，供用户选择执行下一步指定的操作。例如画正多边形命令执行后的提示为：（圆括号内是解释）

命令：POLYGON ↙ （输入正多边形命令，书中↙表示回车）。

输入边的数目〈5〉： （尖括号内为缺省值5，可改动或回车默认）。

指定多边形的中心点或 [边(E)]：（方括号为可选项，如选边则输入E，或指定中心点）。

输入选项 [内接于圆(I)/外切于圆(C)] 〈I〉：（选项有两个，用“/”分隔，缺省为I）。

指定圆的半径：（没有可选项，需要输入半径数字）。

3）命令的结束

按回车键，或空格键，或右击从快捷菜单中选择“确认”，则该命令结束。

4）命令的中断

当命令还在执行过程中，按键盘左上角的“Esc”键，或右击从快捷菜单中选择“取消”，则该命令立即停止执行。

5）上一个命令的撤销

上一个绘图命令执行后，按快速访问工具栏上的“放弃”图标（或输入命令UNDO/U，或快捷键Ctrl＋Z），则可撤销上一个命令，退回到该命令执行前的状态。命令可连续多次撤销。刚刚撤销的命令，也可按“重做”图标（或命令REDO，或快捷键Ctrl＋Y）来得到恢复。

13.2.4 AutoCAD坐标系

1）世界坐标系（WCS）和用户坐标系（UCS）

在设计和绘图过程中必须以某个坐标系为参照，才能精确拾取点的位置。AutoCAD提供了两种直角坐标系：世界坐标系（WCS）和用户坐标系（UCS）。

在绘图区显示有坐标系的图标，X和Y分别表示X轴和Y轴的正方向，如果在三维空间工作还有Z轴（Z轴垂直于XOY平面）。若X轴和Y轴交汇处显示有“□”标记（如图13－1中左下角所示），则表示当前正在使用WCS。世界坐标系是由AutoCAD定义的唯一固定不变的公用坐标系。由于世界坐标系是不可改变的，用户在绘图（尤其是三维绘图）时会感到不方便，为此 AutoCAD 提供了可以在 WCS 中任意设定的用户坐标系（UCS），UCS 的原点和方向可由用户指定。坐标系图标选中后，可以被移动或旋转到任意位置。当 X 轴和 Y 轴的交汇处没有显示“□”标记时（如图 13－8 中左下角所示），则表示当前正在使用 UCS。

注意：坐标系图标位于绘图区右下角时，不一定表示坐标系原点就在此处，可能是原点位于显示范围之外。

如果要使 UCS 恢复为 WCS，可采取如下途径：

① 单击图标。

② 键入命令“UCS”后，输入选项“W”。

③ 在“工具”菜单中点选“命名 UCS”将“世界”置为当前。

④ 选中坐标系图标后，右击，在快捷菜单中点选“世界”。

2）坐标的输入方法

在执行绘图命令的过程中，常需要确定一点的位置，即输入点的坐标。由于这里介绍的是平面绘图，所以只讨论二维坐标。坐标的输入方法有多种：

（1）绝对坐标

绝对坐标是指相对于当前坐标系的原点。

① 直角坐标形式为“x，y”，用逗号（注意应为英文的逗号）将 x 和 y 隔开，如“20，50”。

② 极坐标形式为“距离＜角度”，角度是以 X 轴正向为基线，逆时针方向为正值。如“100＜45”，表示距原点的距离为 100，与 X 轴夹角为 45°。

（2）相对坐标

相对坐标是指相对于前一点的坐标。相对坐标前应加特定的符号“@”。

① 相对直角坐标形式为“@x，y”，如前一点的绝对坐标是（20，50），输入“@40，30”后，表示该点的绝对坐标为（60，80）。

② 相对极坐标的形式为“@距离＜角度”，如输入“@70＜30”，表示该点到前一点的距离为 70，两点连线与 X 轴夹角为 30°。

（3）光标定位

利用鼠标将光标移至所需输入点的位置，单击后即可自动获取该点的坐标。

还有一种方法是在指定方向上确定点，将光标移到需要输入点的方向上，然后再输入距离值即可。

（4）利用辅助绘图工具定位

具体用法见本章第 13.4.2 条的内容。

13.2.5 图形文件的管理

1）建立新图形文件

命令：NEW ↙ 或单击图标，或快捷键 Ctrl＋N。

说明：命令执行后即弹出“选择样板”对话框，如图 13－5 所示。根据用户需要，可以选择某一样板文件打开即可，但 AutoCAD 提供的样板文件往往不符合我国制图标准，不建议采用。所以通常点击“打开”按钮右边的黑三角，选择“无样板打开——公制(M)”，打开后就创建了一个新图形文件，系统自动取名为 Drawing1，存盘时可以改名。

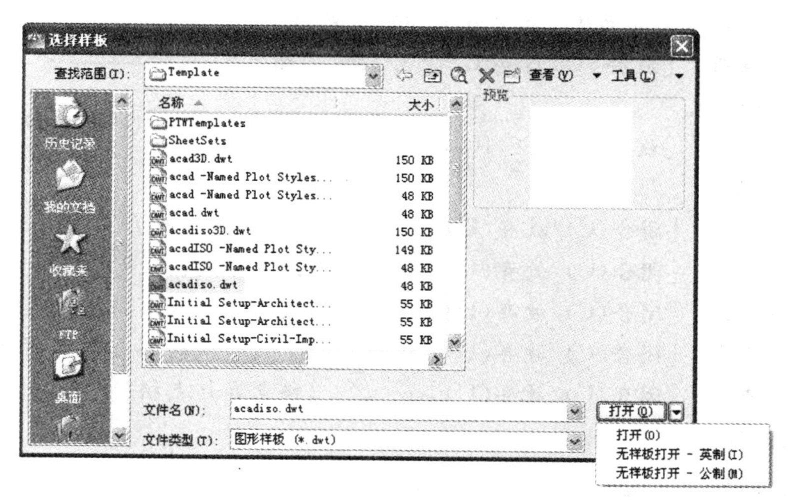

图 13－5　选择样板对话框

2）打开已有的图形文件

命令：OPEN　↙　或单击图标，或快捷键 Ctrl＋O。

说明：命令执行后即弹出“选择文件”对话框，直接或按路径选需要打开的图形文件。

3）保存图形文件

命令：SAVE/SAVEAS　↙　或单击图示 / ，或快捷键 Ctrl＋S。

说明：这几个命令都可以保存文件。当新图形文件第一次保存时，应改名后存盘。当已取名的图形文件需要换名存盘时用 SAVEAS 另存为命令(第二个图标)。

可以选择另存为以前版本的图形文件格式，还可以为重要文件设置密码。

4）关闭图形文件

命令：CLOSE　↙　或单击按钮，或快捷键 Ctrl＋F4。

说明：关闭当前的图形文件直接按绘图区右上角“×”按钮(注意不是系统关闭按钮)。如果当前图形文件已改动但未存盘，关闭时将提示是否保存。

13.3　AutoCAD 常用命令

13.3.1　常用绘图命令及用法

1）绘制直线段

命令：LINE/L　↙　或单击图标

说明：根据输入的起点和终点画直线段。然后依次输入下一线段的终点，可绘制连续的折线。选项：C—首尾相连形成闭合的折线；U—删除上一步画的线段。

例 13－1　绘制如图 13－6 所示的多边形。

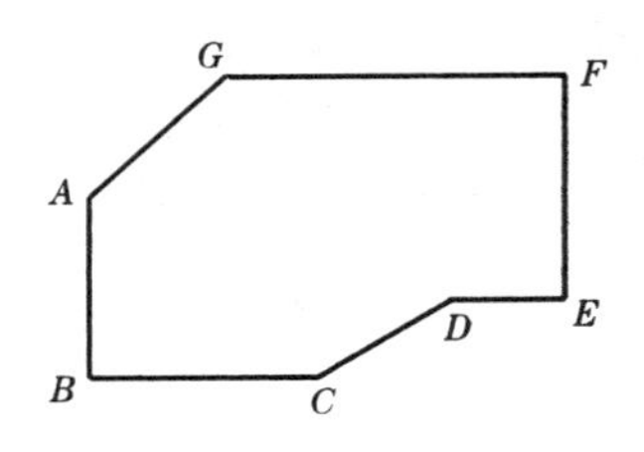

图 13－6　用直线命令画多边形

具体绘图操作如下：

命令：LINE ↙（输入画线命令）。

指定第一点：（用鼠标在绘图区任意指定一点 A）。

指定下一点或 [放弃(U)]：@0，－80 ↙（输入 B 点相对直角坐标）。

指定下一点或 [放弃(U)]：@100，0 ↙（输入 C 点相对直角坐标）。

指定下一点或 [闭合(C)/放弃(U)]：@70<30 ↙（输入 D 点相对极坐标）。

指定下一点或 [闭合(C)/放弃(U)]：@50，0 ↙（输入 E 点相对直角坐标）。

指定下一点或 [闭合(C)/放弃(U)]：@0，100 ↙（输入 F 点相对直角坐标）。

指定下一点或 [闭合(C)/放弃(U)]：@－150，0 ↙（输入 G 点相对直角坐标）。

指定下一点或 [闭合(C)/放弃(U)]：c ↙（终点和起点相连）。

2）绘制构造线

命令：XLINE/XL ↙ 或单击图标 。

说明：绘制有共同起点，并通过另一点或沿给定方向的一组无限长直线，一般作为参考辅助线。选项：H—水平线；V—垂直线；A—指定角度线；B—角的平分线；O—与指定线平行偏移一定距离的线。

3）绘制圆

命令：CIRCLE/C ↙ 或单击图标 。

说明：根据输入的圆心和半径或直径画圆。选项：3P—按指定的圆上三点来画圆；2P—按指定的直径的两端点来画圆；T—与两个已知线相切，且按输入的半径画圆。

系统共计提供了 6 种画圆的方法，第 6 种画圆的方法是与三条已知线均相切，可以从功能区“绘图”面板或“绘图”菜单中选择。

例 13－2　在图 13－6 的多边形中，绘制与 AB 边和 BC 边都相切的圆。

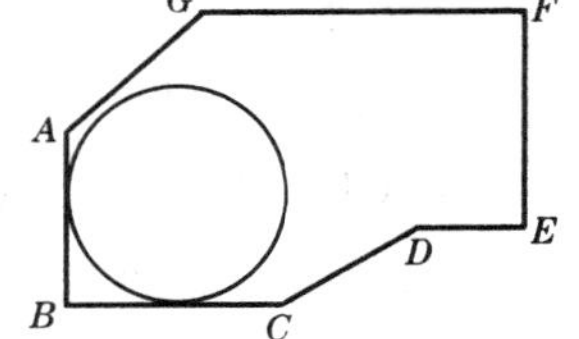

图 13－7　画圆命令的用法

绘制结果如图 13－7 所示，具体操作如下：

命令：CIRCLE ↙（输入画圆命令）。

指定圆的圆心或 [三点(3P)/两点(2P)/相切、相切、半径(T)]：t ↙（输入选项 T）。

在对象上指定一点作圆的第一条切线：（在图中捕捉 AB 边）。

在对象上指定一点作圆的第二条切线：（在图中捕捉 BC 边）。

指定圆的半径：50 ↙（输入切圆半径 50）。

4）绘制正多边形

命令：POLYGON/POL ↙ 或单击图标 。

说明：先输入正多边形的边数，再指定多边形的中心和半径画正多边形，或根据指定边长画正多边形。选项：I—内接于圆方式；C—外切于圆方式；E—指定边长方式。

5）绘制矩形

命令：RECTANGLE/REC ↙ 或单击图标 。

说明：按指定的两个对角点画矩形。选项：C—画带倒角矩形；F—画带圆角矩形；W—设置矩形的线宽。绘图时还可以控制矩形的面积、尺寸或旋转角度。

6）绘制圆弧

命令：ARC/A ↙ 或单击图标 。

说明：画圆弧的方法共有 11 种，如三点，起点、圆心、终点，起点、圆心、角度等方式。每一种方式在“绘图”面板或“绘图”菜单中都有相应的图标和说明，从中选择画图最方便。

7）绘制多段线

命令：PLINE/PL ↙ 或单击图标 。

说明：多段线是由若干段直线和圆弧连接而成，各段线可设置不同的线宽，且它们是作为一个整体对象来处理，可统一进行编辑。选项：W—设置线宽（起点和终点可不同）；H—设置半线宽；L—指定线段长度；A—从直线方式改变为圆弧方式。

8）绘制样条曲线

命令：SPLINE/SPL ↙ 或单击图标 / 。

说明：根据给定的若干个点，绘制拟合的样条曲线，或以这些点为控制点绘制样条曲线。

9）绘制椭圆

命令：ELLIPSE/EL ↙ 或单击图标 /

说明：根据输入的长短轴端点画椭圆。选项：C—指定椭圆的中心和轴的端点画椭圆；R—根据一根轴和旋转角画椭圆；A—画椭圆弧。两个图标分别是表示画椭圆的两种不同方法。

10）绘制点

命令：POINT/PO ↙ 或单击图标 。

说明：命令名方式为画多点，每点击一次就在指定位置绘制一个点，直到按 Esc 键中断该命令。图标方式为画单点，只画一个点。点的大小和形状是可以改变的，在“格式”菜单中选择“点样式”，可打开对话框进行设置。

11）绘制云线

命令：REVCLOUD ↙ 或单击图标

说明：使用多段线（圆弧相连）绘制修订云线。拖动光标引导形成首尾相接的曲线，也可将闭合对象（例如椭圆或多段线）转换成修订云线。

12）图案填充

命令：HATCH/H ↙ 或单击图标

说明：在进行图案填充时需要确定三个内容：填充图案、填充方式、填充区域。该命令执行后系统会在功能区自动生成一个临时的选项卡，名为“图案填充创建”，包含有“边界”、“图案”、“特性”等面板，如图 13－8 所示。

设置好图案的形式和填充方式后，可按左边“拾取点”按钮，然后在相应的图形区域内

(一定是封闭的)单击,则系统会自动检测边界并填充相应图案。填充区域一定要是封闭的,否则会出错。

完成填充图案,按回车键确认后,则该临时选项卡自动消失。这是新版软件的新功能。

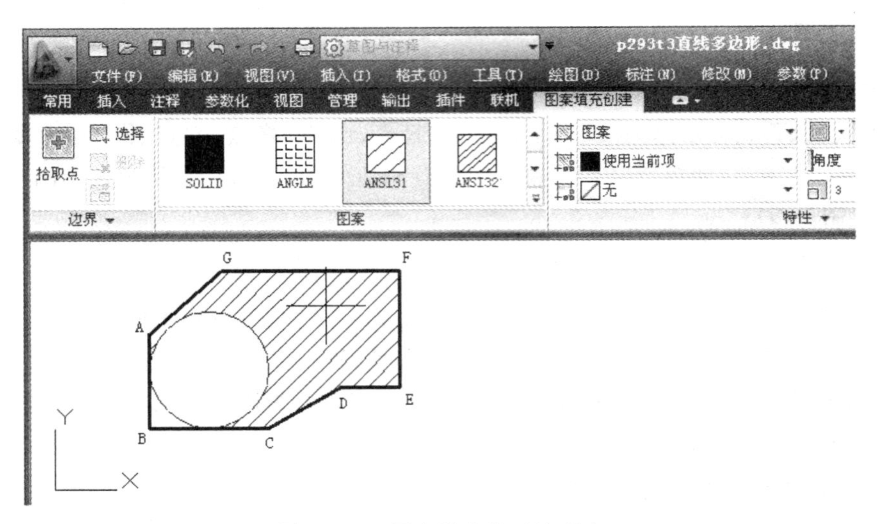

图 13－8 图案填充临时选项卡

例 13－3 练习在图 13－7 中指定的区域绘制剖面线(剖面线是图案的一种)。

绘制结果如图 13－8 中所示,具体操作如下:

① 先单击绘图面板上的“图案填充”按钮。

② 在图案面板中选择 ANSI31(剖面线图案代码)。

③ 在边界面板中单击“拾取点”按钮。

④ 用鼠标在多边形内和圆的外侧区域点击,则该区域已自动填充了剖面线。

⑤ 如果觉得剖面线的间隔需要调大一些,可在特性面板中将比例增大为 3,如果合适就回车确认。

如果该命令执行后,根据提示输入选项“T”,则弹出“图案填充和渐变色”对话框。采取和上述类似的方法,也可完成填充图案的任务。

13.3.2 常用编辑命令及用法

1) 目标选择的概念

正确地选择目标是进行图形编辑的基础。我们可以先调用编辑命令,后选择处理对象;也可以先选择对象,再调用编辑命令。选择对象基本上有点选方式和框选方式两种。

(1) 点选方式是利用鼠标移动光标的拾取框到对象上,单击即可选中目标。

(2) 框选方式可同时选择多个对象,框选方式又分为两种:① 右拉框选方式,先单击确定第一点,然后从左向右拉出方框,再单击第二点,则方框内的所有对象被选中。② 左拉框选方式,先单击确定第一点,然后从右向左拉出方框,再单击第二点,则方框内的对象及与方框相交的对象都被选中。

如果要退出选中状态,按 ESC 键即可。

2）删除对象

命令：ERASE/E ↙ 或单击图标。

说明：命令执行后，屏幕上的十字光标变为拾取框，要求选择对象，然后按回车键或空格键，或右击则选中的对象删除。

还有一种删除对象的方法是：先选择对象，然后按“Delete”键。

3）复制对象

命令：COPY/CO ↙ 或单击图标。

说明：选择对象，并以指定的第一点为基点，在第二点位置复制出原对象。可进行多次复制。

4）镜像命令

命令：MIRROR/MI ↙ 或单击图标。

说明：选择对象，再指定对称线上的两端点，可绘制出与原图形对称的图形。选项：N—不删除原对象；Y—删除原对象。

5）平行偏移

命令：OFFSET/O ↙ 或单击图标。

说明：先输入偏移距离，再选择需要偏移的图线，然后确定在图线的哪一侧，则可按指定距离，在原图线的指定侧向，绘制出平行直线、平行曲线或同心圆。

6）移动对象

命令：MOVE/M ↙ 或单击图标。

说明：选择对象，并指定基点和终点，可将对象从基点平移到终点位置。

7）旋转对象

命令：ROTATE/RO ↙ 或单击图标。

说明：选择对象，并指定基点和确定角度，可将对象以基点为中心，按角度旋转到新的位置。选项：R一按参照方式指定旋转角度。

8）阵列复制

命令：ARRAY/AR ↙ 或单击图标。

说明：按命令名方式执行后，需要选择类型：R——矩形阵列，PO——环形阵列，PA——路径阵列，分别与上面三个图标相对应。矩形阵列需指定行数、列数、行间距、列间距和旋转角度；环形阵列需指定阵列中心、复制数目、角度范围和对象是否旋转；路径阵列需指定路径曲线、数目、距离、方向等参数。

9）比例缩放

命令：SCALE/SC ↙ 或单击图标。

说明：选择对象，并指定基点和确定比例因子，可将对象以基点为中心按比例因子放大或缩小。如比例因子为2，则图形被放大2倍。

10）拉长线段

命令：LENGTHEN/LEN ↙ 或单击图标。

说明：可以改变所选非闭合的直线、圆弧、多线段、椭圆弧和样条曲线的长短。选项：DE—输入增减量；P—输入伸缩百分比；T—输入总长度或总角度；DY—用光标动态地拉长或缩短线段。

11）拉伸变形

命令：STRETCH ↙ 或单击图标。

说明：选择对象时必须采用向左拉框选方式，框内对象或线段端点会按要求移动到新位置，而框外线段端点保持不动，这样图形就产生拉伸变形。需要指定移动的基点和终点。

12）打断线段

命令：BREAK/BR ↙ 或单击图标。

说明：选取线段上的第一点和第二点，可将两点间的部分删除。选项：F—是重新选择第一点。由此新增一种功能“打断于点”，图标为，可以将线段在选定点处断开，分为两段。对于完整的圆，该功能无效。

13）合并线段

命令：JOIN ↙ 或单击图标。

说明：可以将两线段连接起来，合并为一条，但两线段必须位于同一直线或圆上，两线段之间可以有间隔。也可以将几条首尾相接的线段合并为一条多线段。

14）修剪图形

命令：TRIM/TR ↙ 或单击图标。

说明：先选择一个或多个图线作为修剪边界，再逐个选择被修剪的对象，则该线段将沿边界线被删除。选项：E—选择边界是否延长；P—三维中的投影方式；U—放弃上次剪切。

例 13－4 修剪图形如图 13－9 所示。

先绘制如图 a 的矩形和圆，然后按下面步骤修剪成如图 b。

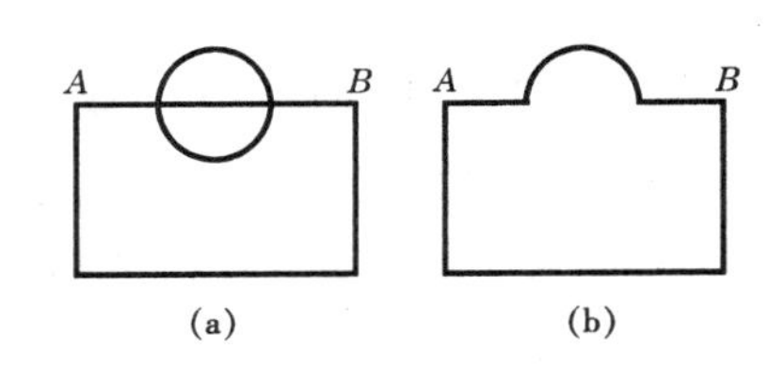

图 13－9 修剪图形

命令： TRIM ↙ （输入修剪命令或单击修剪图标）。

当前设置：投影＝UCS 边＝无 （提示状态信息）。

选择剪切边… （点选 *AB* 线为剪切边界）。

选择对象：找到 1 个 （点选圆为剪切边界）。

选择对象：找到 1 个，总计 2 个 （自动计算边界数目）。

选择对象： ↙ （选择结束时按回车键）。

选择要修剪的对象或[投影(P)/边(E)/放弃(U)]：（点选 *AB* 线在圆内的部分）。

选择要修剪的对象或[投影(P)/边(E)/放弃(U)]：（点选下半段圆弧）。

选择要修剪的对象或[投影(P)/边(E)/放弃(U)]：↙（修剪结束时按回车键）。

15）延伸线段

命令：EXTEND/EX ↙ 或单击图标。

说明：先选择一个或多个图线作为延伸边界，再逐个选择需要延伸的对象，则该线段将沿原来的方向(直线方向或圆弧方向)延长,直到与指定边界线相交为止。

16) 倒角命令

命令:CHAMFER/CHA ↙ 或单击图标。

说明:分别选择第一和第二条直线段,然后在两线间按要求绘制倒角边。选项:D—指定第一和第二条边的倒角距离;A—指定倒角的角度;P—对多段线的相邻边倒角;T—选择是否修剪倒角外侧的线段,M—连续多次倒角。

17) 圆角命令

命令:FILLET/F ↙ 或单击图标。

说明:需要先选择两个线段,然后画出与两线段相切的圆弧,圆弧的半径可以改变。选项:R—输入圆弧半径;T—提示是否修剪圆角外侧的线段;P—对多段线的各相邻边进行圆角,M—连续多次圆角。

18) 分解命令

命令:EXPLODE/X ↙ 或单击图标。

说明:将复合对象(如多段线、图块、尺寸等)分解成若干构成图元,分解后形状不发生变化,但可对各个图元进行独立编辑修改。

13.3.3 夹点编辑方法

使用夹点编辑方法,可以对选取对象进行多种编辑操作,快捷而灵活。

在选中对象后,被选取对象的特征位置上出现若干个小方框,称为夹点,再次点击某个夹点,将激活成热夹点,呈现红色并进入夹持模式,夹持模式有五种:拉伸、移动、旋转、缩放、镜像。可按空格键或回车键周而复始地依次切换模式。不同的对象,其夹点编辑操作的效果也可能是不同的。

如图 13-10 所示,当直线段被选中后,其两端点和中点出现夹点,若将某一端点激活为热夹点,将以指定的新点重画直线,另一端点位置不变;若热夹点为直线的中点,将以指定的新点为中点平行移动该直线。

按 ESC 键可退出夹点编辑模式。

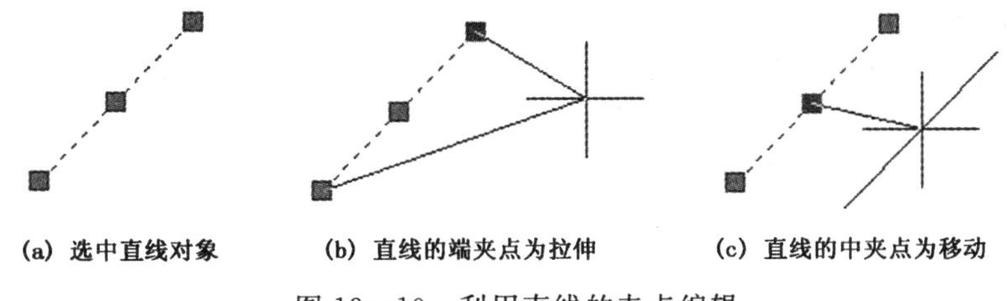

图 13-10 利用直线的夹点编辑

13.3.4 屏幕显示控制和绘图空间

1) 屏幕的重画

命令:REDRW/R ↙ 或在“视图”菜单中单击“重画”命令。

说明:删除无用标记,显示完整图形,使屏幕更干净。

2）图形的重生成

命令：REGEN/RE ↙ 或在“视图”菜单中单击“重生成”命令。

说明：重新计算所有对象的屏幕坐标并重新生成整个图形数据库，从而优化显示。

3）平移显示

命令：PAN/P ↙ 或单击图标。

说明：光标变成手形，按住左键可以拖动对象平移到窗口的任意位置。按回车键可退出实时平移模式。

4）缩放显示

命令：ZOOM/Z ↙ 或单击图标。

说明：可以改变对象在屏幕上显示的大小，但不改变对象的实际尺寸和位置。在功能区二维导航面板中有一组对应的下拉图标，如图 13－11 所示。

选项：A—在当前窗口中显示全部内容；D—用动态框调整显示；E—使整个图形最大化显示；W—按输入对角点确定的矩形窗口显示；S—按输入比例显示；C—按指定中心和高度显示；P—恢复上一次的显示状态。缺省项为实时缩放显示，光标成放大镜状，拖动对象向上为放大，向下为缩小。

5）控制显示的鼠标操作

实际工作中利用鼠标中间的滚轮就可以很灵活的控制图形的显示。当滚轮向前方滚动时，为放大显示；当滚轮向后方滚动时，为缩小显示；双击滚轮为范围显示；当按住滚轮移动时，可拖动显示。

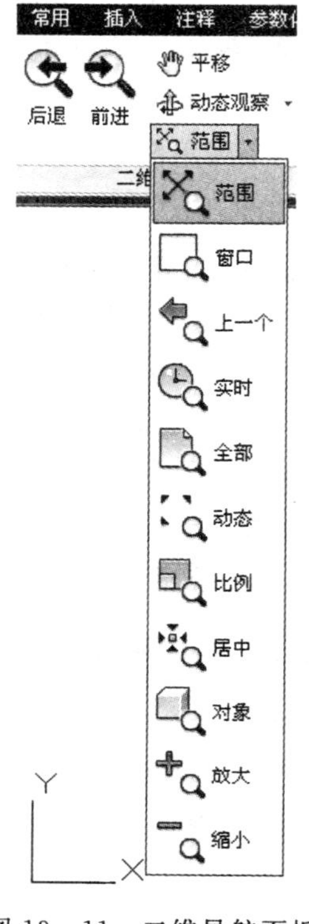

图 13－11 二维导航面板

6）绘图空间

AutoCAD 提供有两种绘图空间：模型空间和图纸空间，可以点击绘图区下方的模型/布局标签进行切换。

模型空间是供用户建立和编辑修改二维或三维模型的工作环境。图纸空间是模拟图纸的二维环境，用于输出图样。在图纸空间可以设置一个或多个布局，在布局上建立若干视口，以显示模型空间的内容，再添加些文字注释，形成完整的输出图样。

13.4 AutoCAD 常用设置

13.4.1 绘图环境设置

1）设置图面界限

命令：LIMITS ↙ 或在“格式”菜单中单击“图形界限”命令。

说明：根据命令区的提示，输入绘图范围的左下角和右上角坐标。例如左下角设为(0,0)，右上角设为(420,297)，即为 A3 图纸的横放，这是默认的图面界限。选项 ON/OFF 用于打开或关闭边界检查功能，当功能打开时，只能在设定的范围内绘图。

2）设置绘图单位制

命令：UNITS/UN ↙ 或在“格式”菜单中单击“单位”命令。

说明：命令执行后将弹出“图形单位”对话框，可以设置绘图时使用的长度和角度的单位类型及精度。

3）设置参数选项

命令：OPTIONS/OP ↙ 或在“工具”菜单中单击“选项”命令。

说明：命令执行后将弹出“选项”对话框，包括有“文件”、“显示”、“打开和保存”、“打印和发布”、“系统”等10个选项卡。一般情况下不要改动，采用其默认设置，等到有了一定的绘图经验以后，可以设置符合自己需要的绘图环境和操作界面。

13.4.2 辅助绘图工具设置与使用

绘图时用鼠标定位虽然快捷，但精度不高，用键盘输入坐标又太麻烦，AutoCAD提供了强大的辅助绘图工具，可以实现精确绘图且使用十分方便。

这些辅助绘图工具位于状态栏的左边。移动鼠标箭头到相应的图标上，左击，可以进行开关切换；右击，在快捷菜单中选择“设置”，可弹出“草图设置”对话框，它包括7个选项卡，如图13－12所示，可以对相关参数进行设置。下面介绍辅助绘图工具的使用方法。

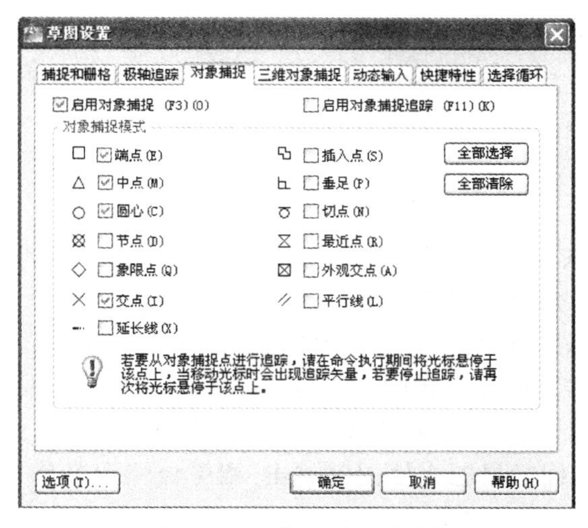

图13－12 草图设置对话框

1）设置栅格显示

命令：GRID ↙ 或单击图标，或按F7键。

说明：在设定的图幅范围内显示用纵横线表示的栅格，这样能直观地看到图形的位置和大小。类似于坐标纸方格的作用。也可以设置为“显示超出界限的栅格”。

栅格的间距可以根据输入数值而改变。选项ON/OFF用于显示或隐藏栅格。

2）光标捕捉模式

命令：SNAP/SN ↙ 或单击图标，或按F9键。

说明：打开捕捉模式时，将迫使光标只能在栅格点上移动，这样可保证光标的精确位置。捕捉的间距根据输入数值而改变，可以与显示栅格的间距相同或不相同。选项ON/

OFF 用于打开或关闭捕捉功能。

3）正交模式

命令：ORTHO ↙ 或单击图标，或按 F8 键。

说明：打开正交模式后，只能绘制水平线和垂直线，保证正交状态。选项 ON/OFF 用于打开或关闭正交模式。

4）对象捕捉

命令：OSNAP/OS ↙ 或单击图标，或按 F3 键。

说明：在绘图过程中，经常要输入已有对象上的某些特征点，例如端点、中点、圆心、交点等。该命令可以帮助用户快速准确地捕捉这些特征点，从而能够精确快速地绘制图形。

"对象捕捉"只是一种模式，不能单独使用。只有当绘图命令（如画线）执行到要求输入点的位置时，才可以用对象捕捉模式来响应提示。"对象捕捉"模式有两种使用方式，单点方式和自动方式。

单点方式常需要调出"对象捕捉"工具条，在"工具"菜单中依次选择"工具栏"、"AutoCAD"，在此子菜单中提供有几十个工具条，点选相应的名称后，该工具条就显示在屏幕上，各项功能如图 13－13 所示。

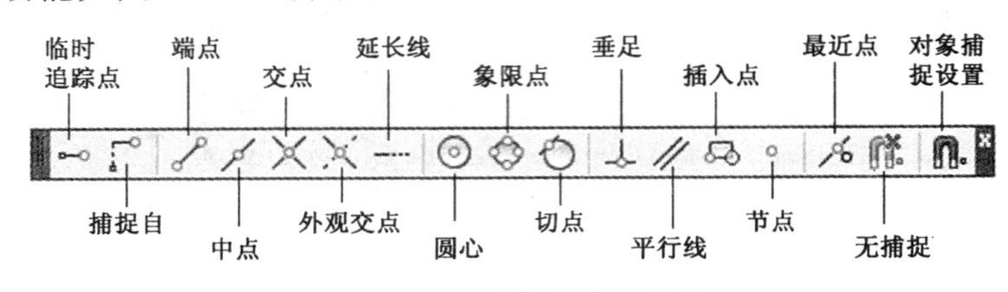

图 13－13 对象捕捉工具条

在命令执行中要求指定一个点时，用鼠标单击工具条上的某个图标来激活相应的捕捉功能，然后移动光标到被选对象附近，当目标处跳出黄色标记时单击，即可选中目标。每次激活捕捉功能后只能执行一次，因此是一次性用法。需要隐藏工具条时，点击其右边的"×"即可。

单点对象捕捉方式还有另一种即时用法，在系统提示指定一个点时，按住 Shift 键，同时鼠标在绘图区右击，则弹出快捷菜单如图 13－14 所示，在此菜单中选择了捕捉点后，菜单自动消失，于是就可以执行相应的捕捉功能。

自动捕捉方式需要在"草图设置"对话框的"对象捕捉"选项卡中，勾选一个或多个捕捉功能，再选中"启用对象捕捉"复选框，如图 13－14 所示，最后按"确定"即可。

它的具体用法与单点方式相同，不一样的是它可以同时执行多项捕捉，且执行多次，直到关闭为止。

5）极轴追踪

命令：单击图标或按 F10 键。

说明：当要求指定一点时，即显示出按预先设置的角度 增量的辅助线，光标可沿此辅助线追踪来拾取所需点。"极轴追踪"不

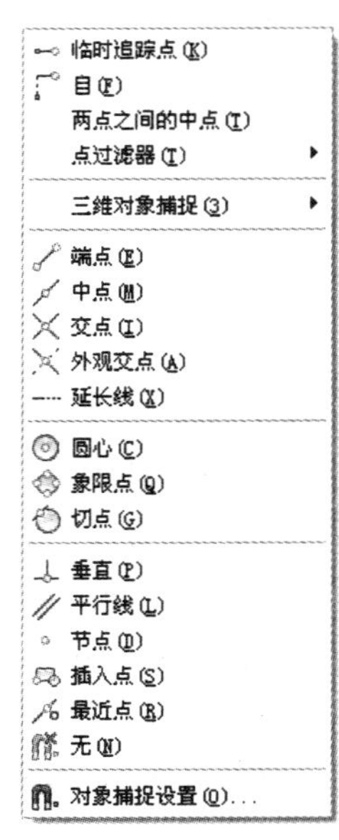

图 13－14 对象捕捉

宜和“正交模式”或“光标捕捉模式”同时使用，以免互相干扰。通常和“对象捕捉模式”同时使用更方便。

6）对象捕捉追踪

命令：单击图标 或按 F11 键。

说明：可以沿指定方向（称为追踪矢量线）和与其他对象的某种特定关系来追踪。必须和“对象捕捉模式”同时使用，才能从对象的捕捉点进行追踪。对象捕捉追踪默认设置为正交（角度增量为 90°），但可用极轴追踪角来代替。

若从某对象捕捉点开始追踪，将光标悬停于该点上，在已获取的点将显一个小加号（＋），当移动光标时会出现追踪矢量线，若再次将光标悬停于此点上，则删去加号，停止从此点的追踪。该工具的操作较复杂，须反复练习才能掌握，熟练以后可使绘图设计更容易。

7）动态输入模式

单击图标 进行开关切换。

说明：打开动态输入后，将在光标附近显示提示信息，该信息随着光标移动自动更新。当某个命令处于执行状态时，可以在提示中输入需要的数值，而不必在命令区中输入。输入坐标时有两种方式：指针输入和标注输入。如图 13－15 所示。例如画直线时，第二点和后

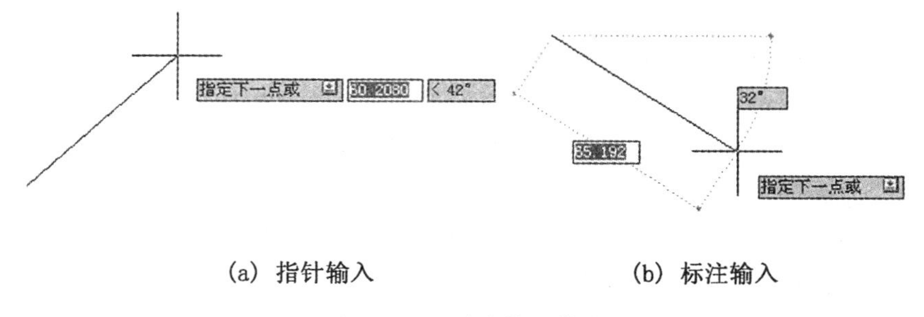

图 13－15　动态输入模式

续点的默认设置为相对坐标，不需要输入@符号，如要使用绝对坐标，需加＃号前缀。当输入坐标的第一个数值后，用逗号，则为直角坐标，当第一个数值后，按 TAB 键，则为极坐标。

动态输入模式在光标附近提供了一个命令界面，以帮助用户更加专注于绘图区。

8）线宽显示

命令：单击图标 。

说明：关闭线宽显示，则全部图线均显示为细线，可提高系统运行速度和成图效率，如果要观察图线的粗细效果，可打开线宽显示。需要注意，屏幕上显示的线宽和实际打印的效果是不一样的。

9）快捷特性

命令：单击图标 ，或按 Ctrl＋Shift＋P 键。

说明：当选定某对象时，可显示该对象特性的当前值，例如选中直线，则显示其颜色、图层、线型、长度等参数，并且可以改动其某些参数。如果要临时关闭“快捷特性”选项板，按 ESC 键即可。

10）动态 UCS

命令：单击图标，或按 F6 键。

说明：应用于三维绘图，可以在创建对象时使 UCS 的 XOY 平面自动与实体模型上的平面临时对齐。

11）透明度显示

命令：单击图标。

说明：根据对象和图层预先设定的透明度级别：0（不透明）～90（透明），使其在屏幕上显示出透明度效果，以提升图形品质。在默认情况下透明度在打印时无效。

12）选择循环

命令：单击图标，或按 Ctrl＋W 键。

说明：允许用户选择重叠的对象。将光标移动到重叠处，左击，可依次循环选择各个对象，或在弹出的选择集中点选所需对象。

13）三维对象捕捉

命令：单击图标，或按 F4 键。

说明：应用于三维绘图，可捕捉实体模型上的顶点、边中点、面中心、节点、垂足、最靠近面等。

14）推断约束

命令：单击图标，或按 Ctrl＋Shift＋I 键。

说明：一般绘制的图形对象间没有约束关系，比如画两条平行线，改变其中一条的角度和位置，另一条是不变的。如果使它们建立平行约束关系后，若改变其中一条的角度和位置，则另一条也随之改变，并仍保持平行。"推断约束"命令可以使两个或多个对象间建立约束关系。右击图标，选择"设置"，则在弹出的对话框中勾选所需要的约束类型，如图 13－16 所示。如果设置了相切约束，此时在打开"推断约束"的情况下，绘制两圆和两直线相切的图形，如图 13－17a 所示，若任意改变其中任意直线和圆的大小和位置，它们仍然保持相切的约束关系，如图 13－17b 所示。利用"推断约束"工具，为设计和绘制相似对象（产品）带来方便，可以减少重复劳动，提高工作效率。

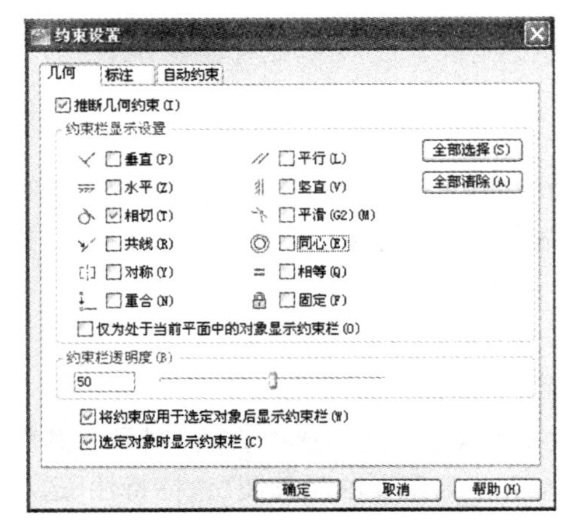

图 13－16　约束设置对话框

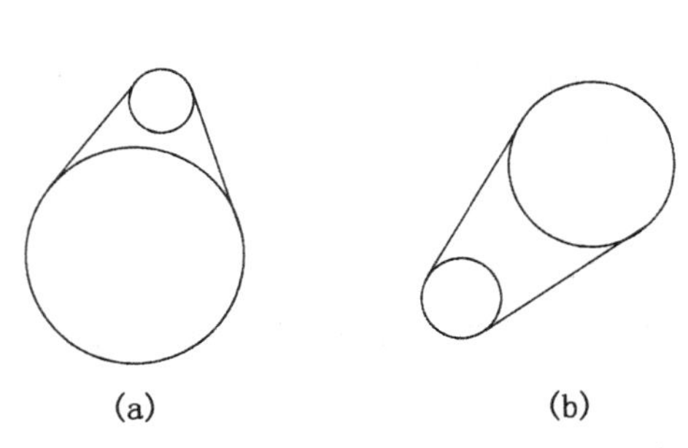

图 13－17　推断约束应用举例

13.4.3 图层和图块

1）图层

（1）图层的概念

图层可以理解为透明的纸，在每层纸上绘制出图样的各个不同部分，然后将各个图层叠合起来形成了完整的图样。利用图层可以有效地管理复杂的图样，提高工作效率。

（2）图层的特性

① 每个图形文件根据需要可以建立多个图层，并为图层设置相应的名称、颜色、线型、线宽等特性。开始绘制一个新图形时，系统将自建"0"图层，它不能删除或更名。

② 各图层有相同的坐标系、绘图界限和显示缩放倍数。可以对位于不同图层上的对象同时进行编辑操作。

③ 正在使用的图层为当前层，绘图总是在当前层上进行的。"图层"面板上显示当前层的名称状态等信息，可以随时改变当前层。

④ 图层的状态有打开与关闭、冻结与解冻、锁定与解锁。打开层上的图形可显示，可编辑和打印输出；关闭层上的图形将不显示，不能编辑，也不能输出。锁定层上的图形可显示和输出，但不能编辑和修改。冻结状态与关闭表现相同，不同的是对于冻结层上的对象，系统内部将不进行计算。

（3）图层的设置

命令：LAYER/LA ↙ 或单击图标。

说明：命令执行后即弹出"图层特性管理器"对话框，如图 13－18 所示。可进行如下操作：

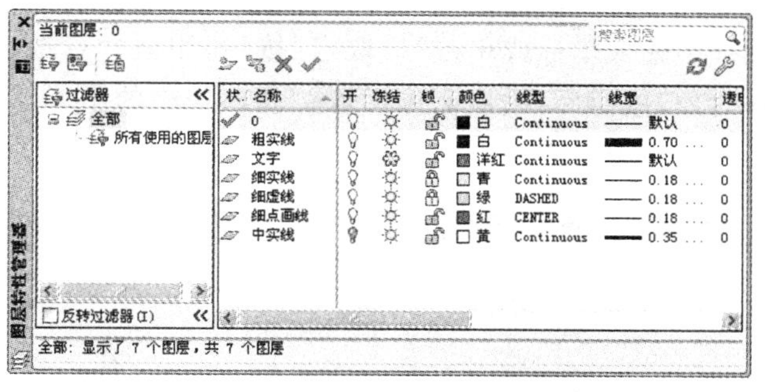

图 13－18　图层特性管理器

① 新建图层：单击"新建"按钮，则自动生成名为"图层 1"的新图层。

② 图层更名：在图层列表中选中要更改的层名，然后输入相应的名称。

③ 删除图层：先选中要删除的图层，再单击"删除"按钮即可。若图层上绘有图形时，不能被删除。

④ 控制状态：单击图层列表中的形象图标即可切换。灯泡黄色为打开，灰色为关闭；太阳为解冻，雪花为冻结；锁形开为解锁，锁形闭为锁定。

⑤ 设置颜色：单击图层列表中的颜色方框，即弹出"选择颜色"对话框，可指定颜色。

⑥ 设置线型：单击图层列表中的线型名称，即弹出"选择线型"对话框，可指定线型。如果没有所需线型，再单击"加载"按钮，将弹出的"加载线型"对话框，选择相应的线型调入

后，才可以使用。常用的线型名称有：Continuous 实线，CENTER 点画线，DASHED 虚线等。

⑦ 设置线宽：单击图层列表中的线宽，即弹出“线宽”对话框，进行选择。

（4）对象特性的概念及设置

① 每一个绘制的对象（图线、文字等）都有特定的颜色、线型、线宽等性质，它们必存在于某一图层上。

② 在主界面的功能区“常用”选项卡上有“特性”面板（见图 13－1），该面板上有多个列表框，从上至下分别是颜色框、线宽框、线型框等。框中显示为当前特性设置，在此情况下所绘制的图形取当前设置。

③ 已经绘制的图形需要改变特性时，应先选中对象，再单击相应列表框右的黑三角，即弹出下拉列表，可从中选择改变设置，最后回车确认。

④ 颜色框、线宽框、线型框中如显示为“By Layer”时，则表示对象取当前图层中已设置的特性。否则将强制对象取特性面板上所设置的当前特性。

2）图块

（1）图块的概念

图块是命名了的一组图素，它作为一个单独的整体对象来被操作。图块需要先创建后使用，图块可以按指定的比例和角度插入到图样中的任意位置。如果把经常出现的一些图形定义成图块，根据需要进行多次插入，这样就避免了大量的重复工作，可以提高绘图速度和质量。

（2）图块的创建

命令：BLOCK/B ↙ 或单击图标。

说明：命令执行后即弹出“块定义”对话框，如图 13－19 所示。首先需要在名称框中输入图块名；在基点框中输入坐标或单击“拾取点”按钮，用鼠标点选插入时的基准点；在对象框中单击“选择对象”按钮后，用鼠标选择需要放入块中的图形。最后单击“确定”按钮，则该图块已在图形文件中建立。

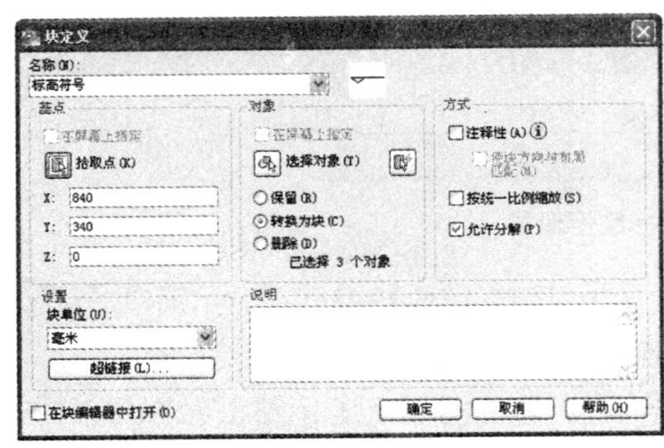

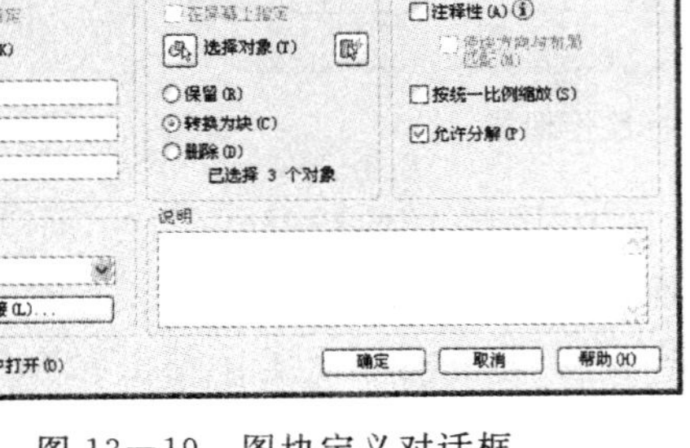

图 13－19 图块定义对话框

图 13－20 插入图块对话框

（3）图块的插入

命令：INSERT/I ↙ 或单击图标。

说明：命令执行后即弹出“插入”对话框，如图 13－20 所示。在输入图块名称、缩放比例、旋转角度后，单击“确定”按钮，然后在图面上用鼠标指定插入基点，则该图块就按要求绘制在图中。

13.4.4 文本与尺寸标注

1）文本注写

（1）定义文本样式

命令：STYLE/ST ↙ 或单击图标

说明：命令执行后即弹出“文字样式”对话框（如图13－21所示），要输入文本样式名称、字体、字高等文本要素。文本样式需要先建立后使用。系统默认样式名称为Standard，其设置也可以更改。

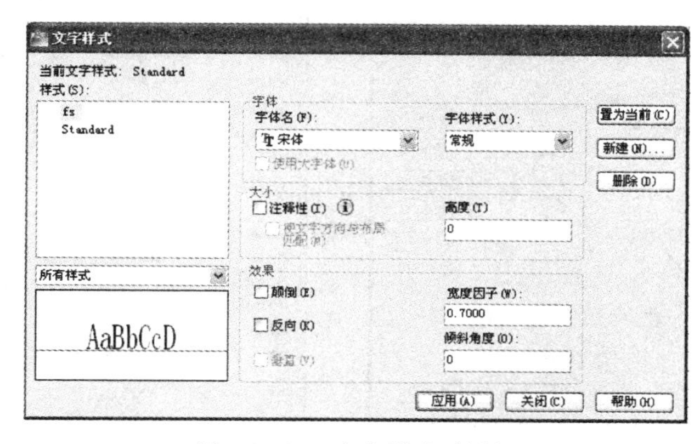

图13－21 文字样式对话框

（2）注写文本

命令：MTEXT/MT ↙ 或单击图标 A 。

说明：按提示在指定注写文本框的两个对角点后，在功能区即显示一个临时选项卡，名为“文字编辑器”，它包括“样式”、“格式”、“段落”、“插入”等面板。可以设置文字的样式、字体、字高行距等参数，然后就可以在指定的区域输入要注写的文字内容。

2）尺寸标注

（1）尺寸标注的概念

尺寸标注是工程图样上的重要组成部分，它由尺寸线、尺寸界线、尺寸起止符号和尺寸数字四部分组成。为使尺寸标注符合制图标准，需要对尺寸标注的样式进行设置。

AutoCAD将尺寸标注主要分为长度型和径向型两大类。长度型尺寸标注包括水平线性标注、垂直线性标注、对齐标注、连续标注、基线标注；径向型尺寸标注包括半径标注、直径标注、角度标注等。图13－22是各种尺寸标注的参考示例。

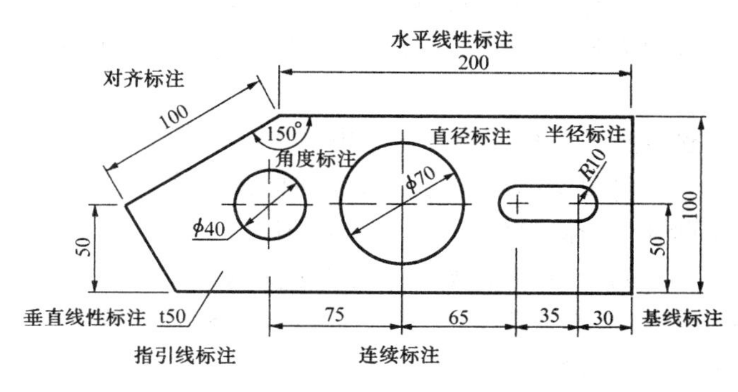

图13－22 各种尺寸标注示例

(2) 尺寸标注样式的设置

命令:DIMSTYLE/D/DST ↙ 或单击图标 。

说明:尺寸标注样式的设置比较复杂,主要操作如下:

① 命令执行后即弹出"标注样式管理器"对话框,如图 13－23 所示。系统默认设置的样式为"ISO－25",如果要对其修改就单击"修改"按钮,则弹出"修改标注样式"对话框。

② 如果单击"新建"按钮,即弹出"新建新标注样式"对话框,输入名称后,单击"继续"按钮,则弹出"新建标注样式"对话框(新建和修改的对话框内容相同),如图 13－24 所示。于是就可以对尺寸标注的各个部分进行设置了。

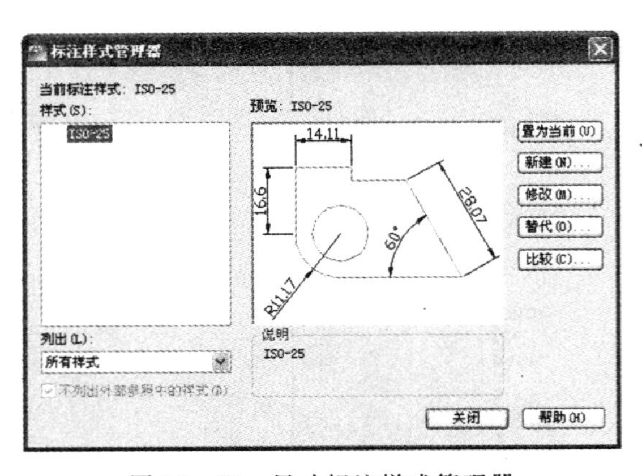

图 13－23 尺寸标注样式管理器

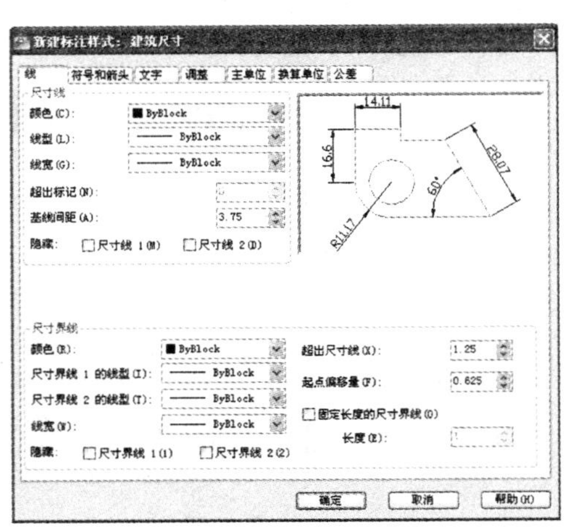

图 13－24 新建标注样式对话框

③ 例如建筑图需要将尺寸的起止符号设置为斜线,可在"直线和箭头"选项卡中把箭头改为建筑标记的斜线。

④ 如果尺寸标注在图上太小,需要放大,可在"调整"选项卡中把"使用全局比例"的数字 1 改为 3,则在图上的尺寸标注将放大为 3 倍。由于篇幅所限其他设置不赘述。

(3) 尺寸标注的操作

实际标注尺寸时选择功能区的"注释"选项卡,将"标注"面板展开,各项功能如图 13－25 所示,这样使用起来才方便。也可以调出"标注"工具条进行尺寸标注。

例 13－5 标注图 13－6 中的多边形的尺寸。

这里主要是练习长度型尺寸的标注方法,具体操作步骤如下,标注结果如图 13－26 所示。

① 为了准确捕捉线段的端点和交点,首先单击状态栏上的"对象捕捉"按钮,打开自动捕捉模式,或调出对象捕捉工具条;

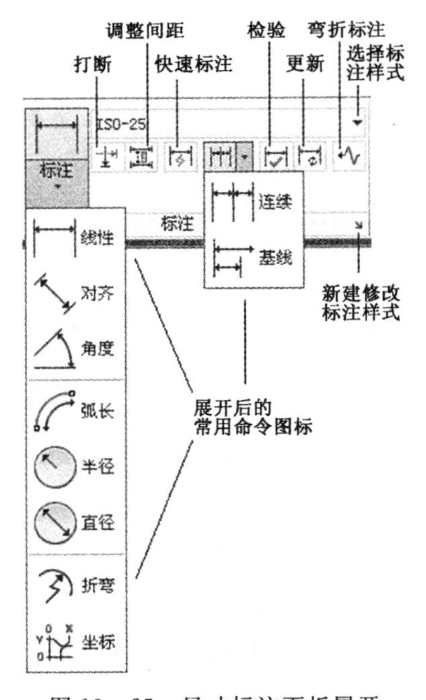

图 13－25 尺寸标注面板展开

② 单击面板上“线性标注”图标，然后在图中捕捉 A 点和 B 点，系统自动会检测 AB 的长度为 80，向左拉适当距离后单击，即可标出垂直尺寸；

③ 单击“线性标注”图标，在图中捕捉 B 点 C 点，向下拉标注出水平尺寸 100；接着单击“连续标注”图标，依次捕捉 D 点和 E 点，则 61 和 50 自动水平对准标注；

④ 同样，先单击“线性标注”图标，向右拉标出垂直尺寸 35，再连续标注出 100；

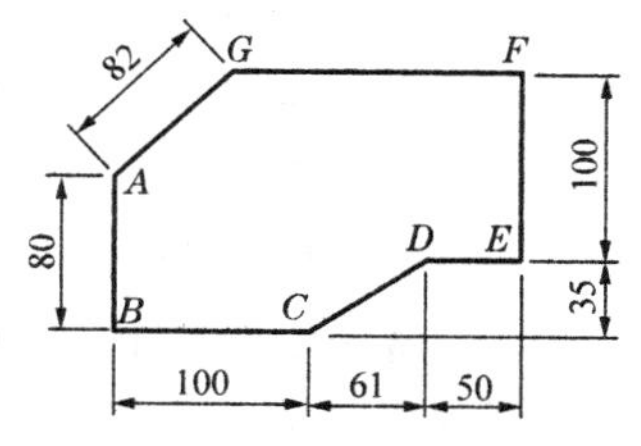

图 13－26　标注尺寸

⑤ 标注 AG 斜线的长度，单击“对齐标注”图标，捕捉 A 点和 G 点，向左上方拉适当距离，标注出其长度 82。

13.5　绘图示例

在学习了 AutoCAD 的主要命令和基本使用方法以后，还必须经过实际绘图练习才能真正掌握。下面是一些绘图示例，对于某个图样来说，可能绘制的途径有多种，使用的命令也不尽相同。这里只能对一般的绘图方法和步骤作简要说明，供初学者参考，主要是通过自己的不断实践来取得经验。

13.5.1　绘制平面图形

例 13－6　绘制圆内接五角星，如图 13－27 所示。

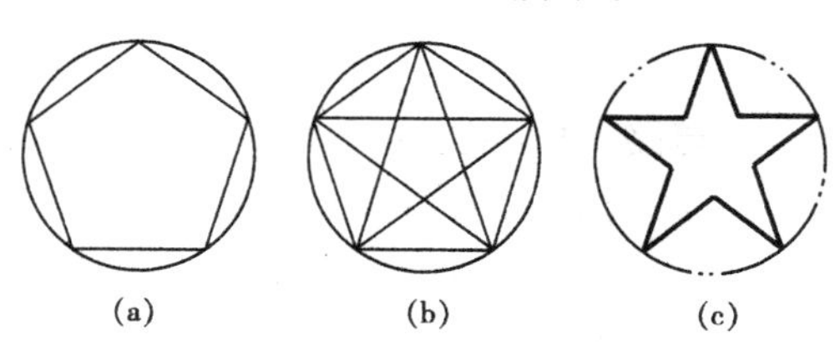

图 13－27　绘制五角星

具体绘图步骤如下（使用的绘图命令注写在括号内，实际使用相应的图标则更方便）：

① 输入半径为 50 画圆(CIRCLE)；

② 利用捕捉圆心为中心点，画正五边形(POLYGON)；

③ 用直线连接五边形各个对角点(LINE)；

④ 删去正五边形，然后修剪掉五角星内部的线段(ERASE、TRIM)；

⑤ 将五角星设置成粗实线，圆设置成细双点长画线。

例 13－7　绘制如图 13－28 所示平面图形。

绘图方法与步骤如下：

① 先绘制水平和垂直中心线(LINE)。

② 画带圆角的矩形，圆角半径设为 15(RECTANGLE)。

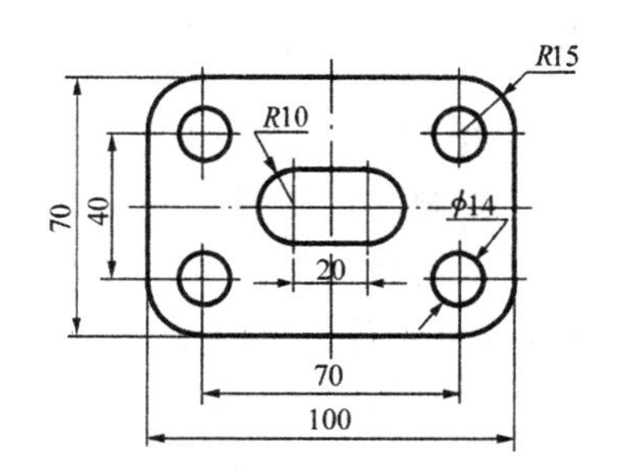

图 13－28　绘制平面图形

③ 作出小圆的中心线，再画直径为 14 的小圆(LINE、CIRCLE)。
④ 可直接画 4 个小圆，或利用复制、镜像功能绘制(COPY、MIRROR)。
⑤ 作出中间长圆形两端圆心线，并画半径为 10 的两个圆(LINE、CIRCLE)。
⑥ 剪去两个圆内侧的半圆弧，用直线相连(TRIM、LINE)。
⑦ 将中心线设置成细单点长画线，其他设置为粗实线。
⑧ 调整好尺寸样式，并进行尺寸标注(DIMSTYLE)。

例 13—8 绘制立交桥平面图形，如图 13—29 所示。

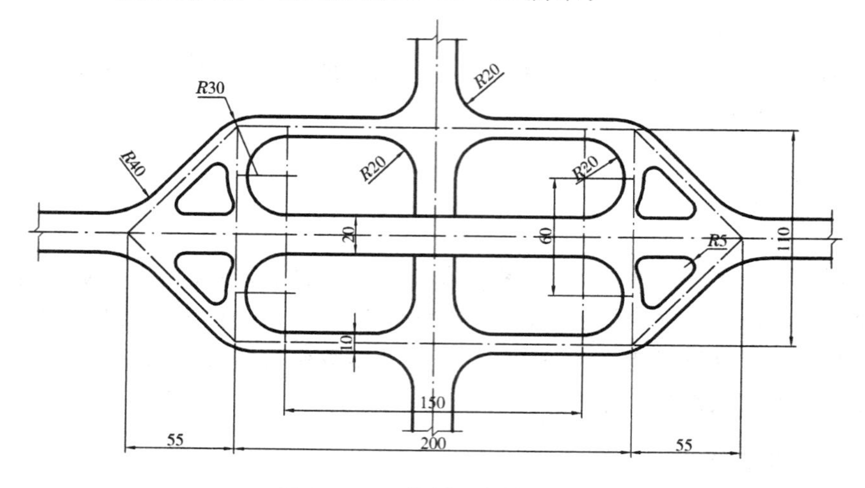

图 13—29 绘制立交桥平面图

绘图方法和主要步骤如下：
① 先按尺寸绘制出各条道路的中心线(LINE)。
② 按照主干道的路宽 20，将中心线向两侧平行偏移 10，形成道路边线(OFFSET)。
③ 按照匝道的路宽 10，将中心线向两侧平行偏移 5，形成道路边线(OFFSET)。
④ 根据圆心位置画出匝道转弯处的圆，半径为 20，并剪切成半圆(CIRCLE、TRIM)。
⑤ 用圆角命令画各处的连接圆弧，半径分别为 40、30、20 和 5(FILLET)。
⑥ 利用修剪功能仔细将各处无用的图线剪去(TRIM)。
⑦ 在道路的端部画折断线，有些图线的长短也需要适当调整，(LINE、LENGTHEN)。
⑧ 把道路边线设置成粗实线，中心线设置为细点画线，其他为细实线。
⑨ 调整好尺寸样式，并进行尺寸标注(DIMSTYLE)。

13.5.2 绘制三视图

例 13—9 绘制三面投影图(其中侧面投影为剖面图)，如图 13—30 所示。

绘制三视图要保证长对正、高平齐、宽相等的投影关系。如果长宽高尺寸比较规整，可利用栅格捕捉来画比较方便，一般可利用纵横方向辅助线来作图。为了方便绘图和显示，可建立若干图层来管理。

主要绘图操作如下：

① 创建 5 个图层：A(平面图)、B(立面图)、C(剖面图)、D(尺寸标注)、E(作图线)。设置 A、B、C 图层为粗实线，D、E 图层为细实线。各图层可设置成不同的颜色以示区别。

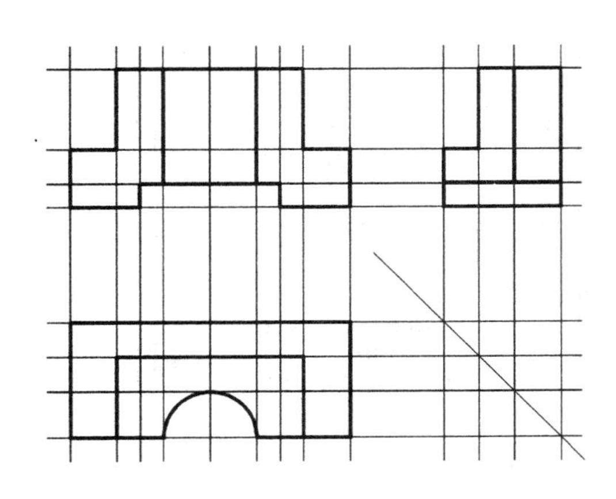
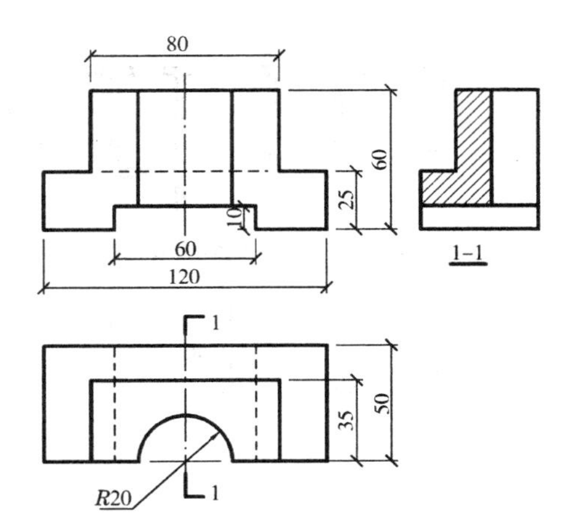

图 13－30　绘制三视图

② 根据长宽尺寸，先在 A 图层上画出平面图(LINE、ARC)。

③ 在 E 图层上绘制水平线和垂直参照线，与平面图中的各线对齐(XLINE)。

④ 根据高度尺寸，在 B 图层上画出立面图(LINE)。

⑤ 在 E 图层上利用 45°线，画出确定宽、高的垂直线和水平线(XLINE)。

⑥ 在 C 图层上画出剖面图轮廓(LINE、OSNAP)。

⑦ 关闭 E 图层，可显示出初步的三视图。

⑧ 在剖面图的断面范围内画出剖面线，此线应设置成细实线(BHATCH)。

⑨ 将平面图和立面图中的点画线和虚线设置好。

⑩ 设置尺寸样式并进行尺寸标注(DIMSTYLE)。

13.5.3　绘制建筑平面图和立面图

例 13－10　绘制本书中第 16 章某住宅建筑平面图(见图 16－16)。

绘制比较复杂的工程图样，用图层可以有效地管理各个部分内容和图线。可按绘制的各部分内容分图层，也可按线型和线宽分图层。这里建议分为：墙线、门窗、其他部分、定位轴线、尺寸标注、文字、作图线等图层。绘图方法与步骤如图 13－31 所示。

① 先在作图线图层，根据定位轴线尺寸画出水平和垂直参照线。

② 利用偏移轴线，绘制出两条墙线，然后关闭作图线图层。

③ 根据门窗位置进行修剪，形成实际墙线。

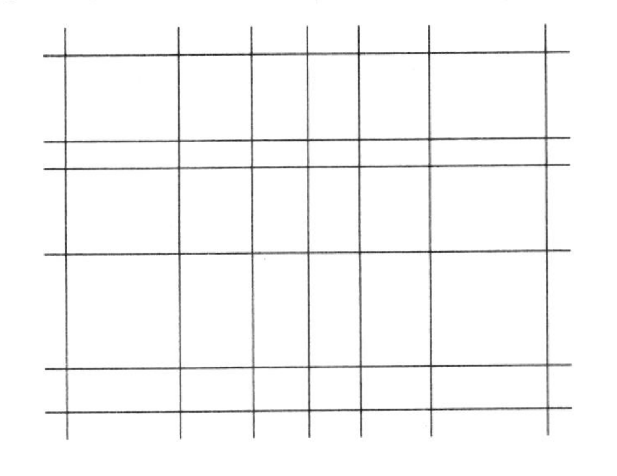
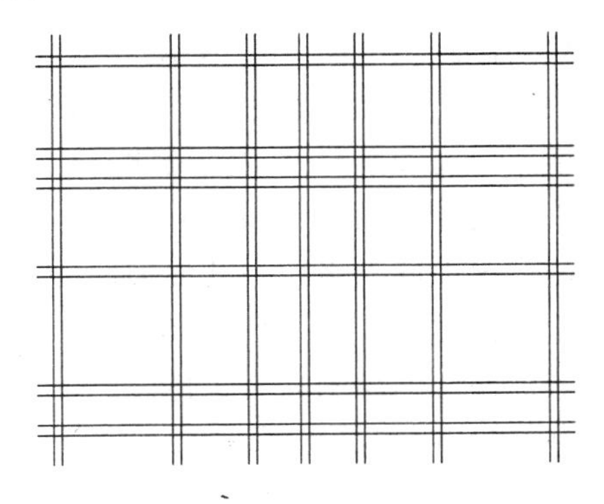

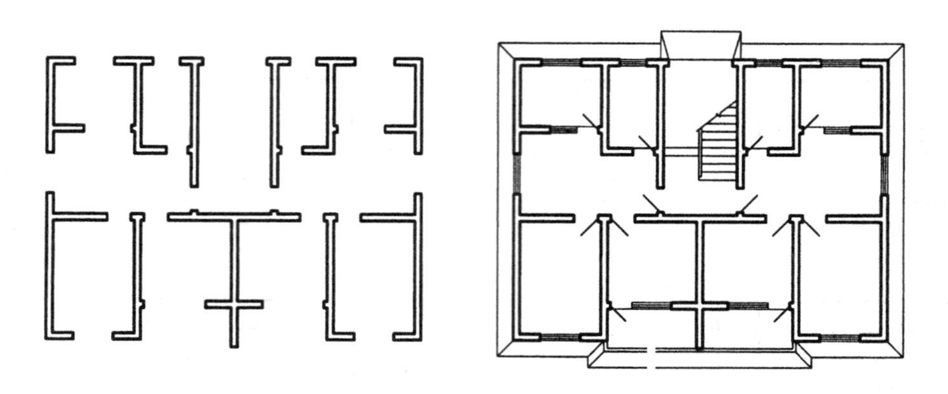

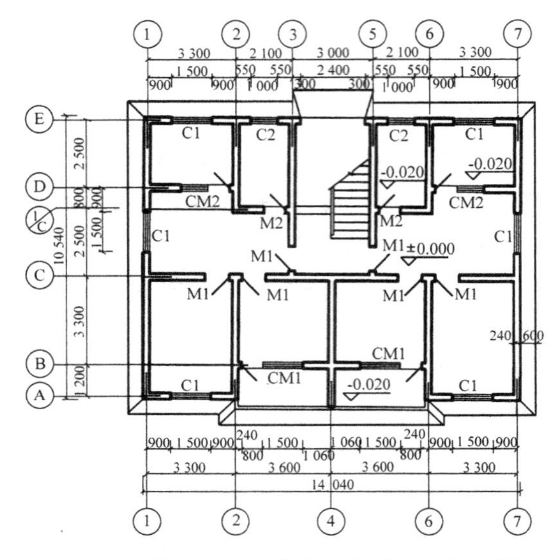

图 13－31　绘制建筑平面图的步骤

④ 画各种类型的门窗图例，然后复制到图中相应位置。

⑤ 画出如阳台、散水、台阶等部位的投影。

⑥ 绘制定位轴线（点画线）和端部的圆并标注编号。

⑦ 设置尺寸样式并进行尺寸标注。

⑧ 其他图线的绘制和标注文字。仔细检查，完成全图。

例 13－11　绘制本书中第 16 章某住宅建筑立面图（见图 16－16）。

为了便于绘图和管理，建议创建图层为：粗实线、中实线、细实线、尺寸标注、文字等。绘图方法与步骤如图 13－32 所示：

① 先画出建筑立面的主要外轮廓。

② 根据门窗和阳台的位置尺寸，绘制水平线和垂直线。

③ 修剪后形成门窗和阳台的轮廓。

④ 画门窗内的分格线和其他细部（如檐口、墙脚等）的投影。

⑤ 设置尺寸样式并进行尺寸标注，标高符号可定义成图块使用。

⑥ 其他图线的绘制和文字标注。

⑦ 仔细检查，完成全图。

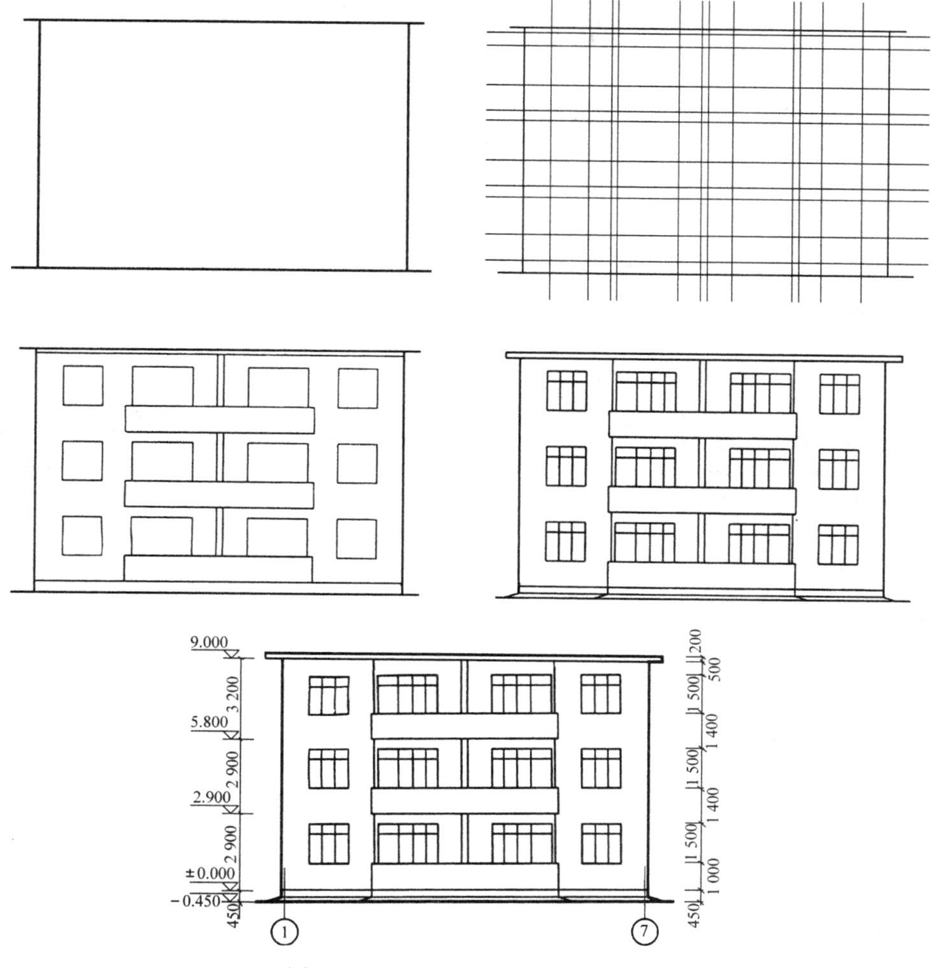

图 13－32　绘制建筑立面图的步骤

13.5.4　几点说明

1）AutoCAD 软件的版本不断更新，功能越来越强大，但基本内容和用法是相同的。本章只是简要的介绍，以引导初学者入门，需要详细了解该软件的丰富内容，请参考AutoCAD的使用手册和有关专著。

2）AutoCAD 的各个不同版本是向上兼容的，也就是说新版软件能打开旧版所保存的图形文件，反之则不行。例如 AutoCAD2012 能打开 AutoCAD2007 保存的文件，而 AutoCAD2007 不能打开 AutoCAD2012 的文件。新版软件可以利用 SAVEAS 命令“另存为”旧版格式文件。2004、2005、2006 是相同类型，2007、2008、2009 是相同类型，2010、2012、2013 是相同类型。相同类型的图形文件是兼容的。

3）绘图工作期间要养成随时保存文件的良好习惯，以免造成损失。AutoCAD 所保存的图形文件的后缀名为“×××. dwg”，每次图形修改后重新保存文件还同时建立了后缀名为“×××. bak”的后备文件，它是保存前原文件的副本，以防原文件丢失。后备文件不能直接打开，如果要恢复原文件，可将该文件的后缀名“bak”改为“dwg”即可。

4）AutoCAD在运行时还具有自动保存功能，可以降低意外情况带来的损失。系统每隔一段时间（默认为10分钟）自动将当前图形文件保存为临时文件，临时文件的后缀名为“ac$”。临时文件的地址可以按如下方法寻找：在“工具”菜单中单击“选项”，即弹出选项对话框，选择“文件”标签，在其中找到“自动保存文件位置”，展开后就显示临时文件的存放位置，按此路径就能找到相应的临时文件。需要打开时则将其后缀名改为“dwg”即可。

5）AutoCAD2012是最新版本，功能强大，用户界面也有大的改变，如果习惯使用旧版的界面，可以在“快速访问工具栏”上将工作空间切换为“AutoCAD经典”，其工作主界面如图13－33所示。

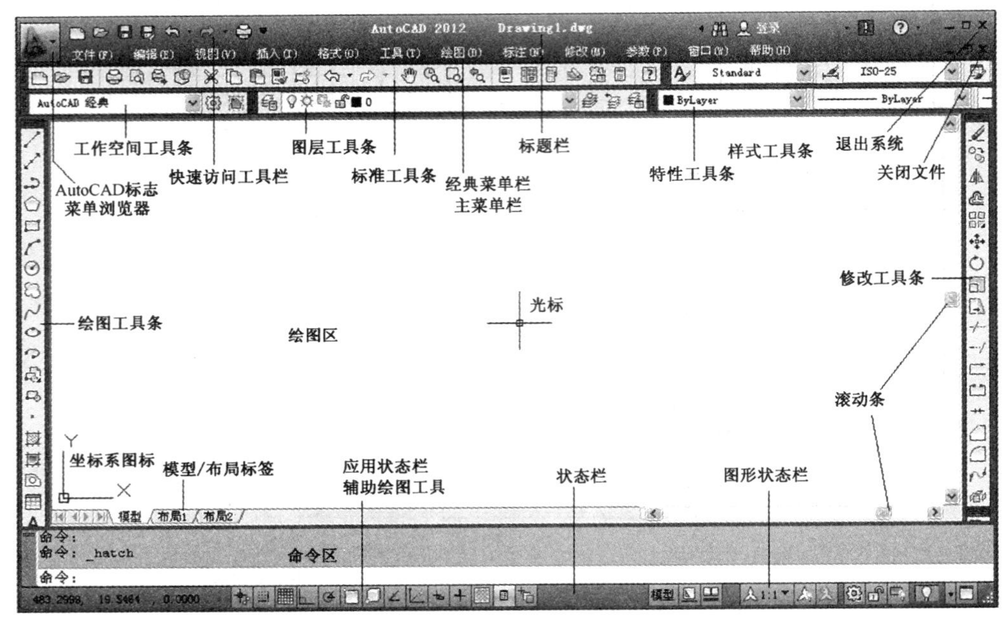

图13－33　AutoCAD经典工作主界面

在默认情况下主界面上已经打开了一些常用的工具条，如“标准工具条”、“对象特性工具条”、“绘图工具条”、“修改工具条”等。AutoCAD提供了几十种工具条，只要在任意工具条上右击，就会显示有全部工具条的快捷菜单，可以很方便地实现工具条的调出和隐藏。工具条可以浮动放置，用鼠标按住工具条前边位置，就能在窗口任意拖动。在工具条上用形象的图标来表示相应的命令，非常直观方便。当鼠标箭头移到某图标上时，稍停片刻即可显示该项命令的功能。利用工具条上的图标可完成常用命令的操作功能。这是AutoCAD的最大特色之一，用户都很喜欢。

第三部分　土木工程专业制图

14　房屋建筑施工图

14.1　概　述

14.1.1　房屋建筑的设计程序

房屋建造要经历设计和施工两个过程，其中，设计过程一般又分为初步设计、技术设计和施工图设计三个阶段。简单的工程可将三段设计合并成扩大初步设计和施工图设计两个阶段。

初步设计阶段：经过调查研究，收集相关资料，根据建筑物的使用要求，构思设计方案，确定房屋形状及主要尺寸，绘制总平面图和建筑平、立、剖面图，并在此基础上编制说明书。

说明书的内容应包括该房屋的设计意图、结构类型、构造特点、水暖电系统、各项技术经济指标以及总概算等，有时还需要准备建筑透视图和建筑模型，供有关部门分析、研究、审批。

技术设计阶段：在审批后的初步设计基础上进行细部构造设计，确定各部分尺寸关系，选定建筑构配件和有关设备的规格，进行结构计算，解决土建和水暖电各工种之间的技术问题。

施工图设计阶段：将技术设计的各项内容进一步具体化，根据结构和构造方案确定全部工程尺寸和用料，绘制出满足施工要求的全套建筑、结构、水、暖、电施工图，最终完成设计工作。

14.1.2　房屋的组成

建筑物按使用功能的不同可分为工业建筑和民用建筑两大类。民用建筑又可分为公共建筑(学校、医院、会堂等)和居住建筑(住宅、宿舍等)。

建筑按结构分，通常有框架结构和承重墙结构等。各种建筑物尽管在功能及构造上各有不同，但就一幢房屋而言，基本上是由屋顶、墙(或柱)、楼地层、楼梯、基础和门窗等部分组成。

图 14－1 是一幢假想被剖切的房屋，图中比较清楚地表明了房屋内外各部分的名称及所在位置。

(1) 屋顶,位于房屋最上部。其面层起围护作用,防雨雪风沙,隔热保温;其结构层起承重作用,承受屋顶重力及积雪和风荷载。

(2) 墙(或柱),是房屋主要的承重构件,房屋的外墙还起着围护作用,内墙则起分隔作用。

(3) 楼地层,除了承受荷载之外还在竖直方向将建筑物分层。

(4) 楼梯,是上下楼层之间垂直方向的交通设施。

(5) 基础,一般是建筑物地面以下的部分,它承受着建筑物的全部荷载并将其传递给地基。

(6) 门窗,门是为了室内外的交通联系,窗则起通风、采光作用。

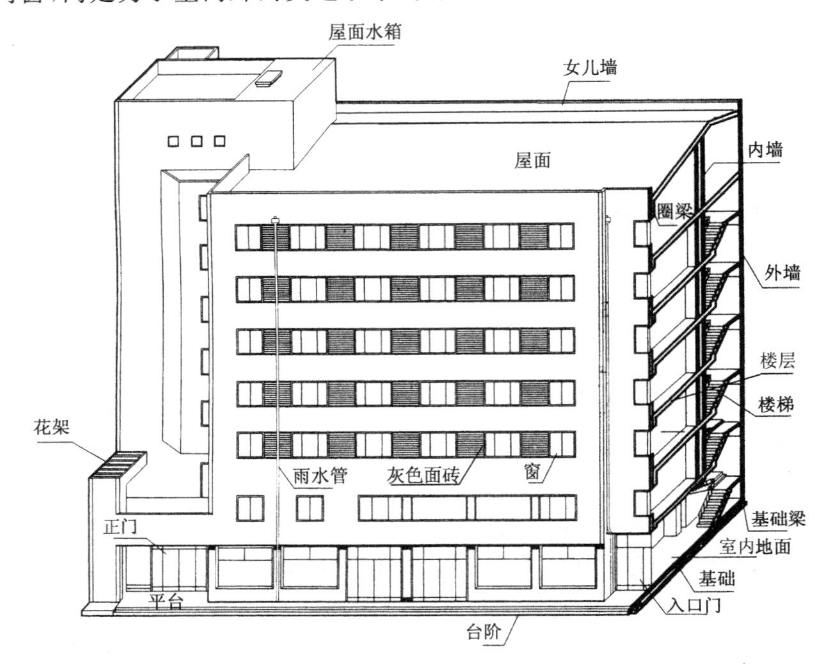

图 14－1　某培训楼垂直方向剖切的轴测图

14.1.3　房屋工程图的分类

房屋工程图按专业不同,可分为:建筑施工图,包括建筑平面图、建筑立面图、建筑剖面图及建筑详图;结构施工图,包括结构布置图、结构详图;设备施工图,包括给排水施工图、暖通空调施工图、电气施工图等。全套房屋工程图的绘制程序一般是建筑施工图领先,其他各专业人员则以此建筑施工图为依据进行专业设计。各专业图纸应按内容的主次关系、逻辑关系有序排列,一般是全局图在前,局部图在后,另外在整套图纸前应编写图纸目录及总说明。

14.1.4　绘制房屋建筑施工图的有关规定

建筑施工图应按正投影原理及视图、剖面、断面等基本图示方法绘制,为了保证质量、提高效率、统一要求、便于识读,除应遵守《房屋建筑制图统一标准》中的基本规定外,还应遵守《建筑制图标准》GB/T 50104－2010。

1）图线

在建筑施工图中，为反映不同的内容和层次分明，图线采用不同的线型和线宽，具体规定见表 14－1。

表 14－1　建筑施工图中图线的选用

名称	线宽	用　　途
粗实线	b	1. 平、剖面图中被剖切的主要建筑构造（包括构配件）的轮廓线 2. 建筑立面图或室内立面图的外轮廓线 3. 建筑构造详图中被剖切的主要部分的轮廓线 4. 建筑构配件详图中的外轮廓线 5. 平、立、剖面的剖切符号
中粗实线	$0.7b$	1. 平、剖面图中被剖切的次要建筑构造（包括构配件）的轮廓线 2. 建筑平、立、剖面图中建筑构配件的轮廓线 3. 建筑构造详图及建筑构配件详图中一般轮廓线
中实线	$0.5b$	小于 $0.5b$ 的图形线、尺寸线、尺寸界线、图例线、索引符号、标高符号、详图中材料做法的引出线、粉刷线、保温层线、地面、墙面的高差分界线等
细实线	$0.25b$	图例填充线、家具线、纹样线等
中粗虚线	$0.7b$	1. 建筑构造及建筑构配件不可见的轮廓线 2. 平面图中的起重机（吊车）轮廓线 3. 拟扩建的建筑物轮廓线
中虚线	$0.5b$	投影线、小于 $0.7b$ 的不可见轮廓线
细虚线	$0.25b$	图例填充线、家具线等
粗单点长画线	b	起重机（吊车）轨道线
细单点长画线	$0.25b$	中心线、对称线、定位轴线
折断线	$0.25b$	部分省略表示的断开界线
波浪线	$0.25b$	部分省略表示的断开界线、构造层次的断开界线

在同一张图纸中较简单的图样可采用三种线宽的组合，线宽比为 $b:0.5b:0.25b$。或采用两种线宽组合，线宽比宜为 $b:0.25b$。

2）比例

房屋建筑体形庞大，通常需要缩小后才能画在图纸上。建筑施工图中，各种图样采用比例见表 14－2。

表 14－2　建筑施工图的比例

图　　名	比　　例
建筑物或构筑物的平面图、立面图、剖面图	1∶50，1∶100，1∶150，1∶200，1∶300
建筑物或构筑物的局部放大图	1∶10，1∶20，1∶25，1∶30，1∶50
配件及构造详图	1∶1，1∶2，1∶5，1∶10，1∶15，1∶20，1∶25，1∶30，1∶50

3）定位轴线

在学习定位轴线的布置和画法之前，先简单介绍一下与之相关的建筑“模数”概念。所谓建筑“模数”是指房屋的跨度（进深）、柱距（开间）、层高等尺寸都必须是基本模数

(100 mm 用 M_0 表示)或扩大模数($3M_0$、$6M_0$、$15M_0$、$30M_0$、$60M_0$)的倍数,这样便于设计规范化,生产标准化,施工机械化。

定位轴线是用来确定建筑物主要结构及构件位置的尺寸基准线。凡承重构件如墙、柱、梁、屋架等位置都要画上定位轴线并进行编号,施工时以此作为定位的基准。定位轴线的距离一般应满足建筑模数尺寸。施工图上,定位轴线应用细点画线表示。在线的端部画一直径为 8～10 mm 的细线圆,圆内注写编号。

在建筑平面图上编号的次序是横向自左向右用阿拉伯数字编写,竖向自下而上用大写拉丁字母编写,字母 I,O,Z 不用,以免与数字 1,0,2 混淆。定位轴线的编号宜注写在图的下方和左侧。

4) 尺寸和标高注法

建筑施工图上的尺寸可分为定形尺寸、定位尺寸和总体尺寸。定形尺寸表示各部位构造的大小,定位尺寸表示各部位构造之间的相互位置,总体尺寸应等于各分尺寸之和。尺寸除了总平面图及标高尺寸以米(m)为单位外,其余一律以毫米(mm)为单位。注写尺寸时,应注意使长、宽尺寸与相邻的定位轴线相联系。

标高是用以表明房屋各部分(如室内外地面、窗台、雨篷、檐口等)高度的标注方法。在图中用标高符号加注高程数字表示,见图 14－2。标高符号用细实线绘制,符号中的三角形为等腰直角三角形,顶端所指为实际高度线。图 14－2a,b 是个体建筑物图样上用的标高符号,长横线上下可用来注写标高尺寸,单位为米,注写到小数点后面三位(总平面图上可注到小数点后两位)。图 14－2c 是涂黑的标高符号,用在总平面图及在底层平面图表示室外地坪标高。

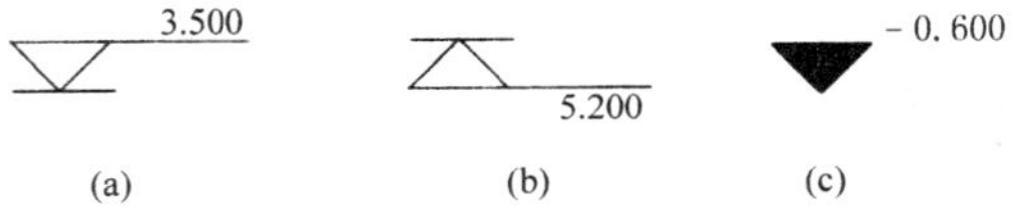

3.500 5.200 －0.600

(a) (b) (c)

图 14－2　标高符号

标高分绝对高程和相对高程两种。在我国绝对高程是以青岛附近黄海平均海平面为标高零点,其他各地以此为基准。相对高程一般是以房屋底层室内地坪的绝对高程为基准零点。零点标高用±0.000 表示,低于零点的标高为负数,负数标高数字前须加注"－"号,如－0.600,高于零点的正数标高数字前不加"＋"号,如 3.500。建筑物的高度方向的尺寸有毛尺寸和光尺寸分之分。毛尺寸是指建筑物未经装修、粉刷前的尺寸,而光尺寸是经装修、粉刷后最终完成的尺寸。例如建筑物楼地面、阳台地面、台阶表面等处应注写光尺寸,而其余部位注写毛尺寸。

5) 索引符号与详图符号

图样中的某一局部或构件,如需另见详图,应以索引符号索引。在图样需画详图的部位加注索引符号,在所画的详图上加注详图符号。

索引符号是由直径为 10 mm 的圆和水平直径组成,圆及直径均应以细实线绘制,见图 14－3a。如索引出的详图与被索引的图样同在一张图纸内,应在索引符号的上半圆内用阿拉伯数字注明该详图的编号,并在下半圆内画一段水平细实线,见图14－3b。如索引出的详图与被索引的图样不在同一张图纸内,应在索引符号的下半圆中用阿拉伯数字注明该详图所在图纸的图号,见图 14－3c。如索引出的详图采用标准图,应在索引符号水平直径的延长线上加注该标准图册的编号。如图 14－3d,表示第 5 号详图是在标准图册

J103 的第 4 号图纸上。

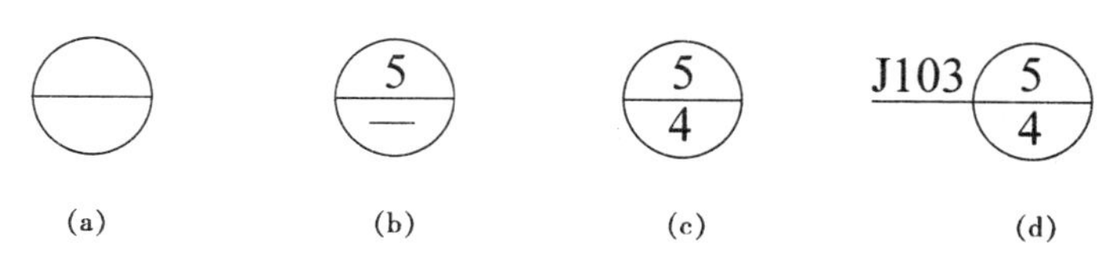

图 14—3　索引符号

索引符号如用于索引剖面详图时，应在被剖切的部位绘制剖切位置线(粗短线)，并以引出线引出索引符号，引出线所在的一侧应为剖视方向，如图14—4所示。图 14—4a 表示剖切后向左投影，图 14—4b 表示剖切后向下(或向前)投影，图 14—4c 表示剖切后向上(或向后)投影，图 14—4d 表示剖切后向右投影。

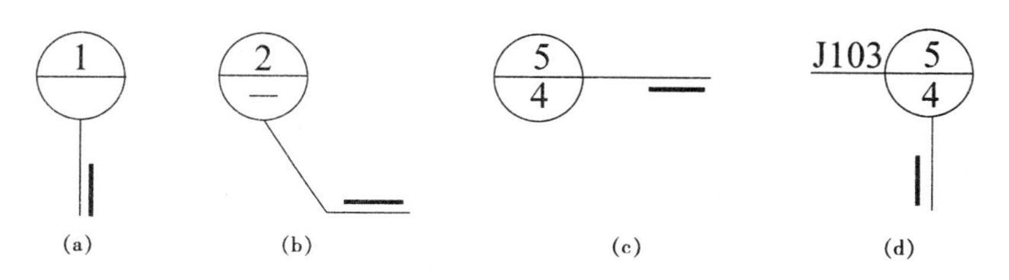

图 14—4　用于索引剖面详图的索引符号

详图的位置和编号以详图符号表示，见图14—5。详图符号的圆用粗实线绘制，直径14 mm。如果详图与被索图样同在一张图纸内，只在详图符号内用阿拉伯数字注明详图编号，见图14—5a。如详图与被索图样不在一张图纸内，用细实线在详图符号内画一水平直径，在上半圆内注明详图编号，在下半圆内注明被索引图样的图纸号，见图14—5b。

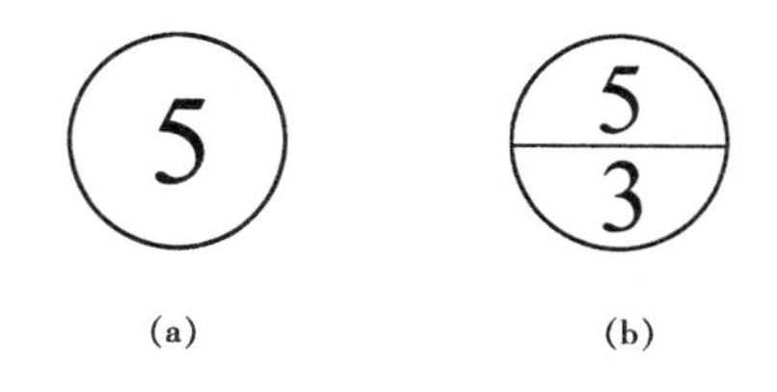

图 14—5　详图符号

6）建筑施工图常用图例

为了简化作图，建筑施工图中常用的建筑构配件图例见表 14—3，建筑材料图例参见第 10 章表10—6。

14.2　建筑总平面图

14.2.1　图示方法和内容

建筑总平面图是较大范围内的建筑群和其他工程设施的水平投影图。主要表示新建、拟建房屋的具体位置、朝向、高程、占地面积，以及与周围环境，如原有建筑物、道路、绿化等之间的关系。它是整个建筑工程的总体布局图。

绘制建筑总平面图应遵守《总图制图标准》GB/T 50103—2010 中的基本规定。

表 14—3　建筑施工图常用图例

名　称	图　　例	说　明
楼梯	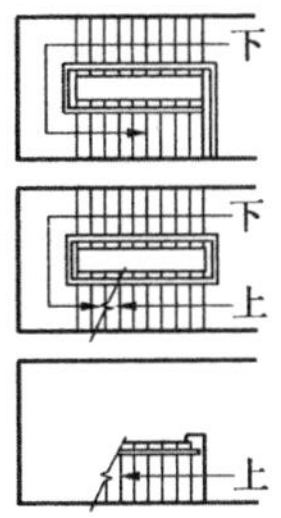 下 下 上 上	1. 上图为顶层楼梯平面，中图为中间层楼梯平面，下图为底层楼梯平面 2. 需设置靠墙扶手或中间扶手时，应在图中表示
坡道	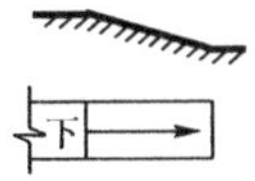 下	长坡道
	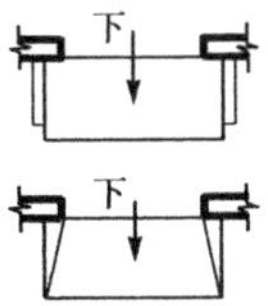 下 下	上图为有挡墙的门口坡道，下图为两侧找坡的门口坡道
检查口		左图为可见检查口 右图为不可见检查口
孔　洞		阴影部分亦可填充灰度或涂色代替
坑　槽		

名　称	图　　例	说　明
单面开启单扇门（包括平开或单面弹簧）	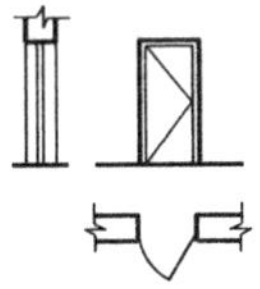	1. 门的名称代号用 M 表示 2. 平面图下为外、上为内，门开启线为 90°、60°或 45°，开启弧线宜绘出 3. 立面图中，开启线实线为外开，虚线为内开。开启线交角的一侧为安装合页的一侧。开启线在建筑立面图中可不表示，在立面大样图中可根据需要绘出 4. 剖面图中，左为外、右为内 5. 附加纱扇应以文字说明，在平、立、剖面图中均不表示 6. 立面形式应按实际情况绘制
双面开启单扇门（包括双面平开或双面弹簧）	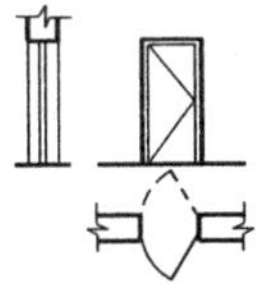	
单面开启双扇门（包括平开或单面弹簧）	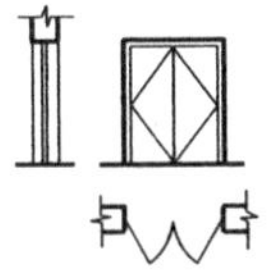	
空门洞	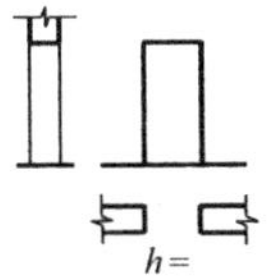 $h=$	h 为门洞高度
电　梯		1. 电梯应注明类型，并按实际绘出门和平衡锤或导轨的位置 2. 其他类型电梯应参照本图例按实际情况绘制

名　称	图　　例	说　明
固定窗	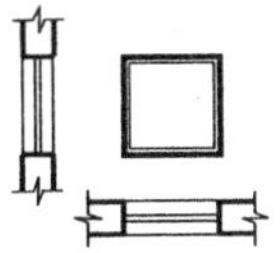	1. 窗的名称代号用 C 表示 2. 平面图中，下为外开、上为内开 3. 立面图中，开启线实线为外开，虚线为内开。开启线交角的一侧为安装合页的一侧。开启线在建筑立面图中可不表示，在门窗立面大样图中需绘出 4. 剖面图中，左为外、右为内。虚线仅表示开启方向，项目设计不表示 5. 立面形式应按实际情况绘制 6. 附加纱窗应以文字说明，在平、立、剖面图中均不表示
中悬窗	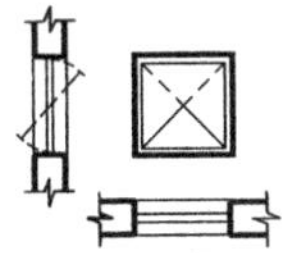	
单层外开平开窗	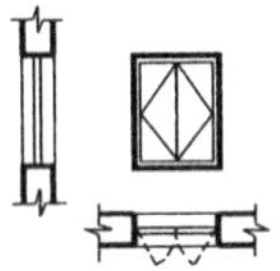	
单层推拉窗	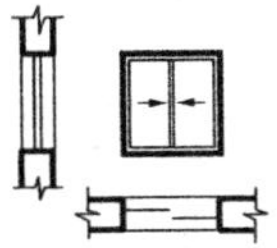	
高　窗	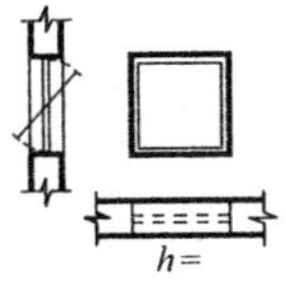 $h=$	1～5. 同上 6. h 为窗底距本层地面的高度

14.2.2 画法特点及要求

1）比例

由于总平面图所表示的范围大，所以一般都采用较小的比例绘图，常用的比例有 1∶500，1∶1000，1∶2000 等。

2）图例

由于比例很小，总平面图上的内容一般是按图例绘制的，常用图例见表 14－4。当标准中所列图例不够用时，也可自编图例，但应加以说明。

3）图线

新建房屋的可见轮廓用粗实线绘制，新建的道路、桥涵、围墙等用中实线绘制，计划扩建的建筑物及预留用地用中虚线绘制，原有的建筑物、道路及坐标线等用细实线绘制。

4）地形

当地形复杂时要画出等高线，表明地形的高低起伏变化。

5）定位

总平面图表示的范围较大时，应画出测量或建筑坐标网。建筑物的定位需标注其角点的坐标（详见标准中的规定）。一般情况下，可利用原有建筑物或道路定位。

6）指北针

总平面图上应画出指北针或风向频率图（常称风玫瑰），以表明建筑物的朝向和该地区常年风向频率。

7）尺寸标注

总平面图中的距离、标高及坐标尺寸以米为单位，坐标以小数点后标注三位；标高、距离以小数点后标注二位。新建房屋的室内外地面应注绝对标高。

8）注写名称

总平面图上的建筑物、构筑物应注写其名称或编号，当图样比例小或图面无足够位置时，可编号列表标注。

9）其他

根据建筑总平面图可以绘制其他专业的总平面布置图，如给排水、供暖、电气等总平面图等。

14.2.3 读图举例

图 14－6 是某单位培训楼的总平面图。绘图比例 1∶500。图中用粗实线表示的轮廓是新设计建造的培训楼，右上角注写 7F 表示该建筑主体为七层，高度为 26.96 m。该建筑的总长度和宽度分别为 31.90 m 和 15.45 m。右下角指北针显示该建筑物坐北朝南的方位。室外地坪 ▼10.40，室内地坪 ▽10.70 均为绝对标高，室内外高差 300 mm。该建筑物南面是新建的园林路，西面为绿化用地，北面是篮球场，西北有两栋单层实验室，东北有四层办公楼和五层教学楼（通常右上角的黑点表示该建筑物的层数），东面是将来要建的四层服务楼。培训楼的定位尺寸为：南面距离道路边线 9.60 m，东面距离原教学楼 8.40 m。围墙显示了该单位的用地范围。总平面图中还画出了绿化布置情况。

表 14—4　常用总平面图图例

名　称	图　　例	说　　明
围墙及大门		
挡土墙	5.00 / 1.50	挡土墙根据不同设计阶段的需要标注 墙顶标高 墙底标高
坐　标	X105.000 / Y425.000 A105.000 / B425.000	上图表示测量坐标，下图表示自设坐标（坐标代号宜用“A、B”表示）
室内地坪标高	151.00 / (±0.00)	数字平行于建筑物书写
室外地坪标高	143.00	室外标高也可采用等高线表示
原有道路		
计划扩建的道路		
填挖边坡		1. 边坡较长时，可在一端或两端局部表示 2. 下边线为虚线时表示填方
风向频率玫瑰图	北	根据当年统计的各方向平均吹风次数绘制 实线表示全年风向频率 虚线表示夏季风向频率，按 6、7、8 三个月统计
新建建筑物	X= / Y= ① 12F/2D H=59.00m	新建建筑物以粗实线表示与室外地坪相接处（±0.00 高度）的外墙轮廓线 建筑物一般以±0.00 高度处的外墙定位轴线交叉点坐标定位。轴线用细实线表示，并注明轴线号 根据不同设计阶段标注建筑编号，地上、地下层数，建筑高度，建筑出入口位置 地下建筑物用粗虚线表示其轮廓 建筑上部（±0.00 以上）外挑建筑用细实线表示，建筑物上部轮廓用细虚线表示并标注位置
原有建筑物		用细实线表示
计划扩建的建筑物或预留地		用中粗虚线表示
拆除的建筑物		用细实线表示
铺砌场地		
散状材料露天堆场		需要时可注明材料名称
指北针	北	圆圈直径宜为 24 mm，用细实线绘制，指针尾部的宽度宜为 3 mm，指针头部应注“北”或“N”字。需用较大直径绘制时，指针尾部宽度宜为直径的 1/8

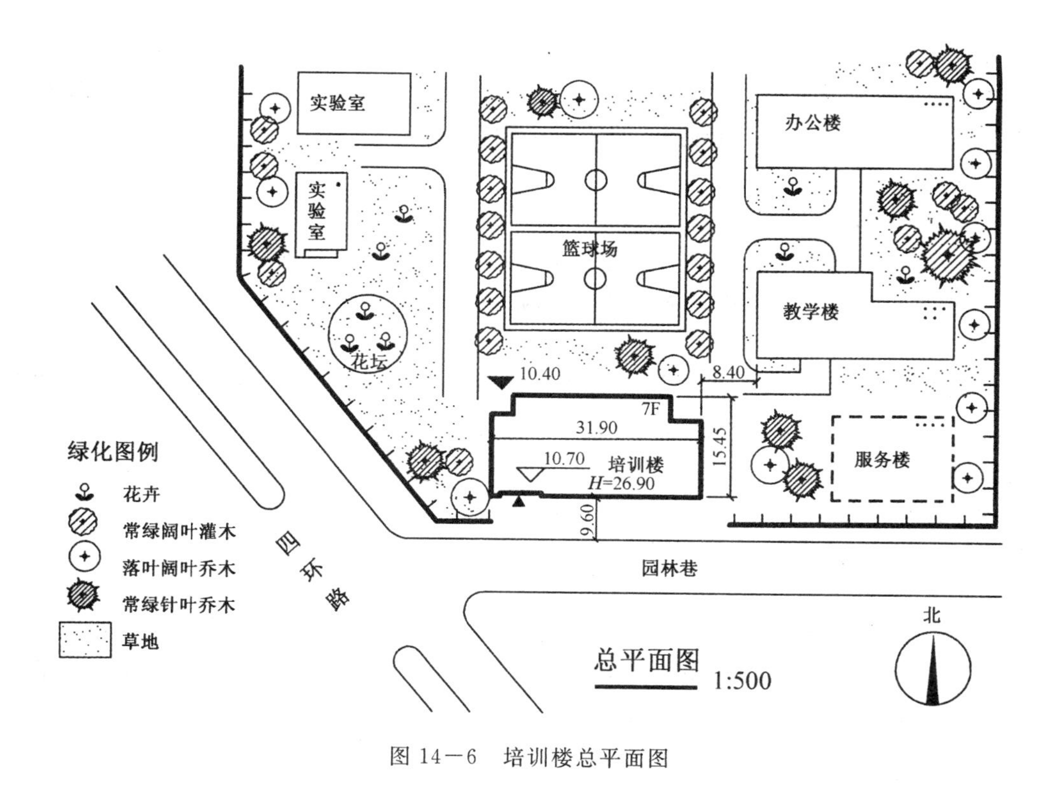

图 14—6 培训楼总平面图

14.3 建筑平面图

14.3.1 图示方法和内容

建筑平面图一般是沿建筑物门、窗洞位置作水平剖切并移去上面部分后，向下投影所形成的全剖面图。主要表示建筑物的平面形状和大小、房间布局、门窗位置、楼梯和走道安排、墙体厚度及承重构件的尺寸等。平面图是建筑施工图中最重要的图样。

多层建筑的平面图一般由底层平面图、中间层平面图、顶层平面图组成。所谓中间层是指底层到顶层之间的楼层，如果这些楼层布置相同或者基本相同，可共用一个标准层平面图，否则每一楼层均需画平面图。

在同一张图纸上绘制多于一层的平面图时，各层平面图宜按层数由低向高的顺序从左至右或从下至上布置。平面较大的建筑物，可分区绘制平面图，但应绘制组合示意图。

房屋的顶棚平面图如用直接投影法不易表达清楚，可用镜像投影法绘制，但应在图名后加注“镜像”二字。

14.3.2 画法特点及要求

1）比例

建筑平面图常用比例为 1∶100、1∶200，有时根据需要也可采用 1∶50，1∶150 等比例。

2）定位轴线

定位轴线的画法和编号已在本章14.1节中详细介绍。建筑平面图中定位轴线的编号确定后，其他各种图样中的轴线编号应与之相符。

3）图线

被剖切到的墙柱轮廓线画粗实线(b)，没有剖切到的可见轮廓线如窗台、台阶、楼梯等画中实线($0.5b$)，尺寸线、标高符号、图例线、轴线用细线($0.25b$)画出。如果需要表示高窗、通气孔、槽、地沟及起重机等不可见部分，则应以虚线绘制。

4）尺寸标注

平面图中标注的尺寸有外部和内部两类。外部尺寸主要有三道，第一道是最外面的尺寸，为总体尺寸即建筑物外包尺寸，表示建筑物的总长、总宽。中间第二道为轴线间尺寸，它是承重构件的定位尺寸，一般也是房间的"开间"和"进深"尺寸。第三道是细部尺寸，表明门、窗洞、洞间墙的尺寸。这道尺寸应与轴线相关联。建筑平面图中还应注出室内外的楼地面标高和室外地坪标高。

5）代号及图例

平面图中门、窗用图例表示，并在图例旁注写它们的代号和编号，代号"M"用来表示门，"C"表示窗，编号可用阿拉伯数字顺序编写，也可直接采用标准图上的编号。钢筋混凝土断面可涂黑表示，砖墙一般不画图例(或可在描图纸背面涂红)。

6）投影要求

一般来说，各层平面图按投影方向能看到的部分均应画出，但通常是将重复之处省略，如散水、明沟、台阶等只在底层平面图中表示，而其他层次平面图则不画出，雨篷也只在二层平面图中表示。必要时在平面图中还应画出卫生器具、水池、橱、柜、隔断等。

7）其他标注

在平面图中宜注写出各房间的名称或编号。在底层平面图中应画出指北针。当平面图上某一部分或某一构件另有详图表示时需用索引符号在图上表明。此外建筑剖面图的剖切符号也应在房屋的底层平面图上标注。

8）门窗表

为了方便订货和加工，建筑平面图中一般还附有门窗表。

9）局部平面图和详图

在平面图中，如果某些局部平面因设备多或因内部组合复杂、比例小而表达不清楚时，可画出较大比例的局部平面图或详图。

10）屋面平面图

屋面平面图是直接从房屋上方向下投影所得，由于内容比较简单，可以用较小比例绘制，它主要表示屋面排水情况(用箭头，坡度或泛水表示)，以及天沟、雨水管、水箱等的位置。

14.3.3 读图举例

图14－7是某培训楼的底层平面图，是用1∶100的比例绘制的。该建筑平面形状基本为矩形，中间有一条东西向走廊，房间分南北两边布置，南边是小餐厅、商品部、接待室等，北边是加工部、库房、服务台、厕所等。东西两侧设有楼梯间，由于楼梯构造不同分别注出甲、乙以示区别。走廊西端有一部服务电梯供人员上下使用，东端还有一部成品提

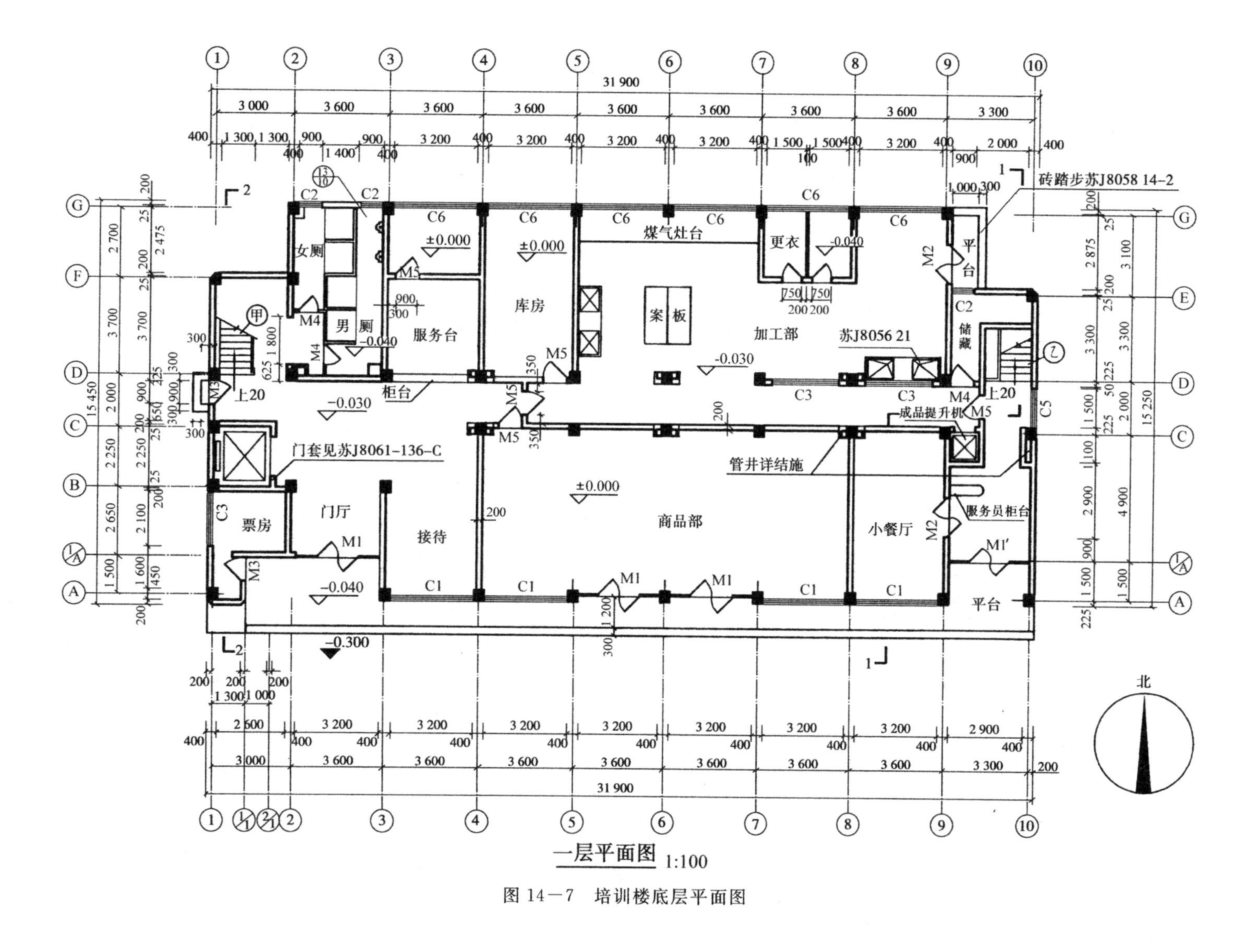

图 14—7 培训楼底层平面图

升机供内部载货用。门厅在房屋的西头，正门朝南，标注 M1，为双扇弹簧门，门外平台标高－0.040m，平台外有二级台阶。门厅、走廊标高为－0.030，比房间地面±0.000 略低。

该建筑为框架结构，主要承重构件为钢筋混凝土柱，由于其断面太小所以涂黑表示，断面尺寸为 400 mm×450 mm。剖切到的墙用粗实线双线绘制，墙厚 200 mm，这里的墙仅起围护和分隔作用，用空心砌块砌筑。

房屋的定位轴线是以柱的中心位置确定的，横向轴线从①～⑩，纵向轴线从Ⓐ～Ⓖ。应注意墙与轴线的位置有两种情况，一种是墙中心线与轴线重合，另一种是墙面与轴线重合。图中除了主要轴线外还编有附加轴线，如(2/1)和(1/A)分别表示①轴线右附加的第一根轴线和第二根轴线，(1/A)表示Ⓐ轴线后附加的第一根轴线。

沿内走廊两侧的柱旁设有管井，主要是为满足给排水管道安装的需要。管井构造可见有关详图。厕所间右上角标注的(1/10)符号是详图索引符号，它表明厕所另画有详图，详图在第 10 张图纸上。（因幅面限制，详图省略）

因为在平面图上培训楼前、后、左、右的布置不同，所以沿图四周都标注了三道尺寸。最外面一道反映培训楼的总长 31900 mm，总宽 15450 mm，第二道反映柱子的间距，第三道是柱间墙或柱间门、窗洞的尺寸。

图 14－8 是培训楼二层平面图。与底层平面图相比，减去了室外的附属设施台阶及指北针。东西两端的楼梯表示方法与底层不同，不仅画出本层上第三层的部分楼梯踏步，还将本层下第一层的楼梯踏步画出。房间布置也有很大的变化，东部是一大餐厅，西部是教室和会议室，并利用正门雨篷上方的区域改建为平台花园。位于Ⓐ轴线附近③～⑨轴线间的墙体外移200 mm，建筑物总宽度尺寸也因此改为 15450 mm。其他图示内容与底层平面图相同。

图 14－9 是培训楼三～六层平面图，由于它们的平面布置基本相同所以合用一张标准层平面图。在走廊西部同一标高符号处由下向上注出的标高分别表明三～六层的标高为6.970，10.120，13.270，16.420 m。西端花架仅为三层平面图所有。房间布置：走廊两边是客房，除东端有一套间外其余均为标准客房。客房构造另有详图说明。位于Ⓖ轴线的墙体外移 200 mm，建筑物总宽尺寸因此改为 15650 mm。其他图示内容与底层和二层平面图相同，不再多叙。

图 14－10 是培训楼顶层平面图。其西端楼梯还需通向屋面，东端楼梯到此为止。房间布置除东端套间改为客房和小会议室外，其他与三～六层相同。

培训楼屋面平面图应包括主体屋顶平面图和机房屋顶平面图两部分内容。这里图 14－11 是主体屋顶平面图部分（机房屋顶平面图省略）。图中除画有泛水 3%，水箱、天沟、雨水管位置外还画有顶层到屋面，屋面到电梯机房的楼梯，表明了屋面与电梯机房和屋顶之间的关系。此外屋面与雨水管之间的详细构造，屋面与排风管之间的详细构造，均参见标准图集苏 J8053 中的有关部分。

14.3.4　绘图步骤

绘制建筑平面图一般宜按图 14－12 所示步骤进行：

（1）画基准线，即按尺寸画出房屋的纵横向定位轴线；

（2）画主要的墙和柱的轮廓线；

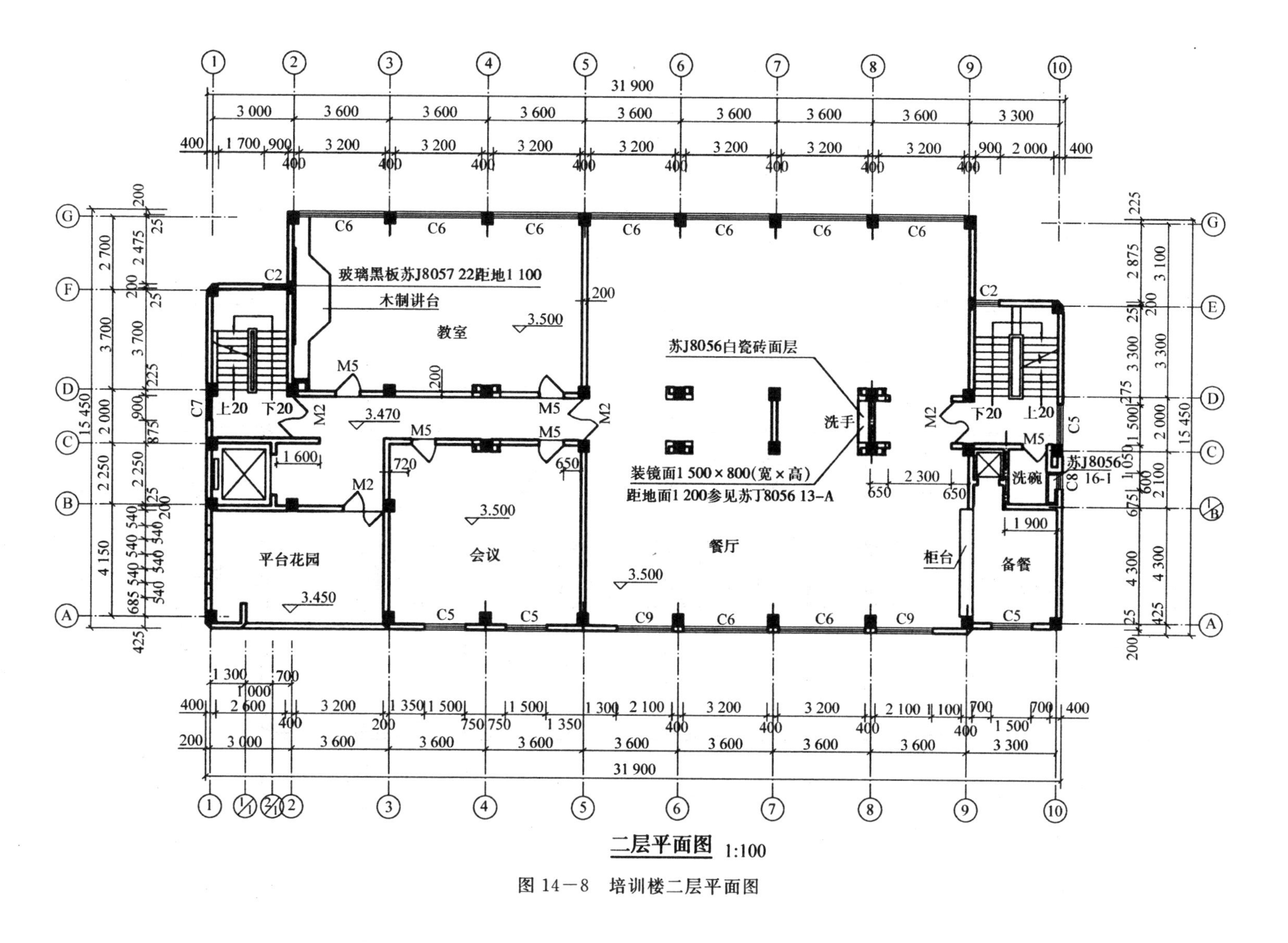

图 14－8　培训楼二层平面图

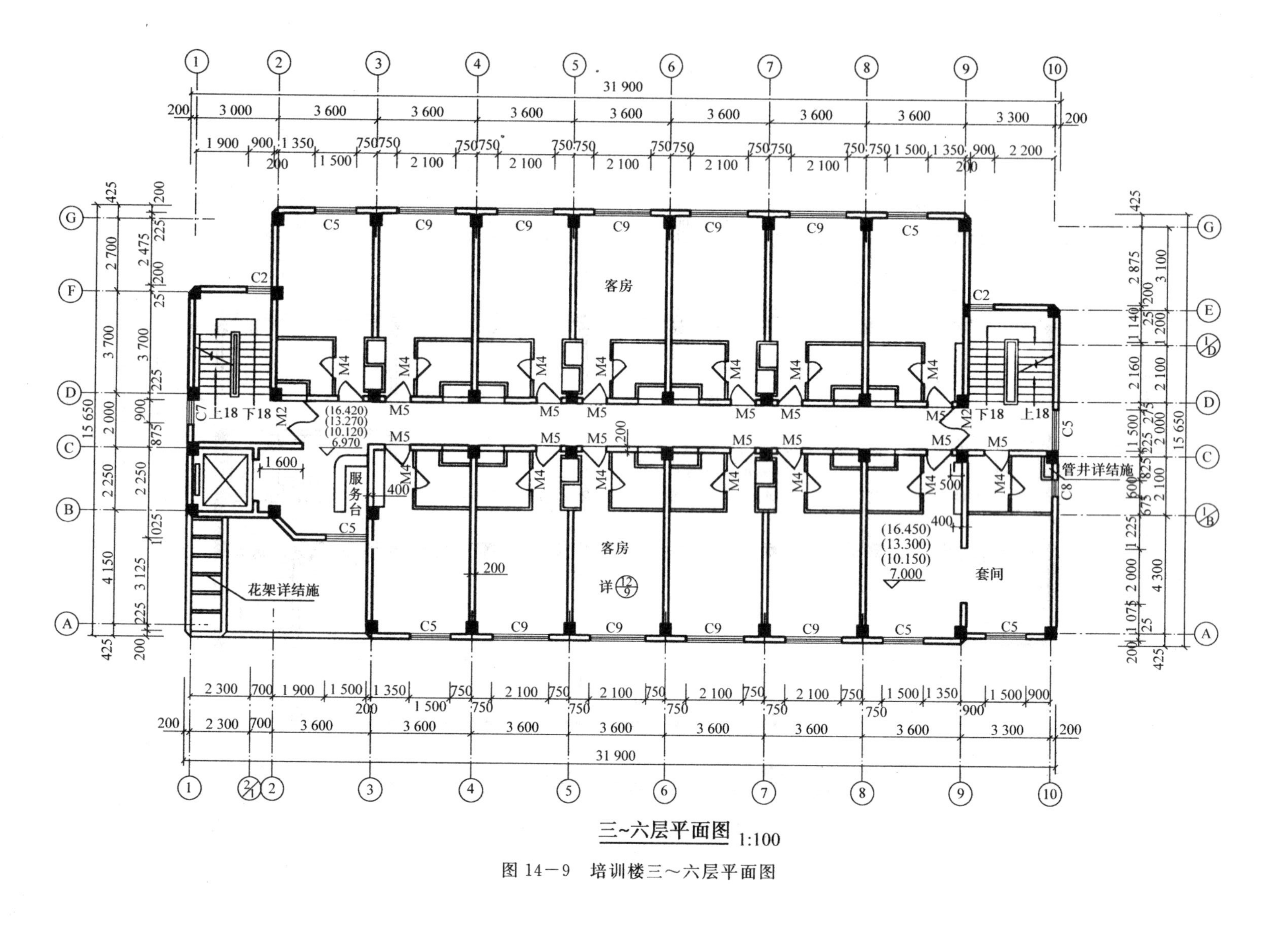

三~六层平面图 1:100

图14－9　培训楼三～六层平面图

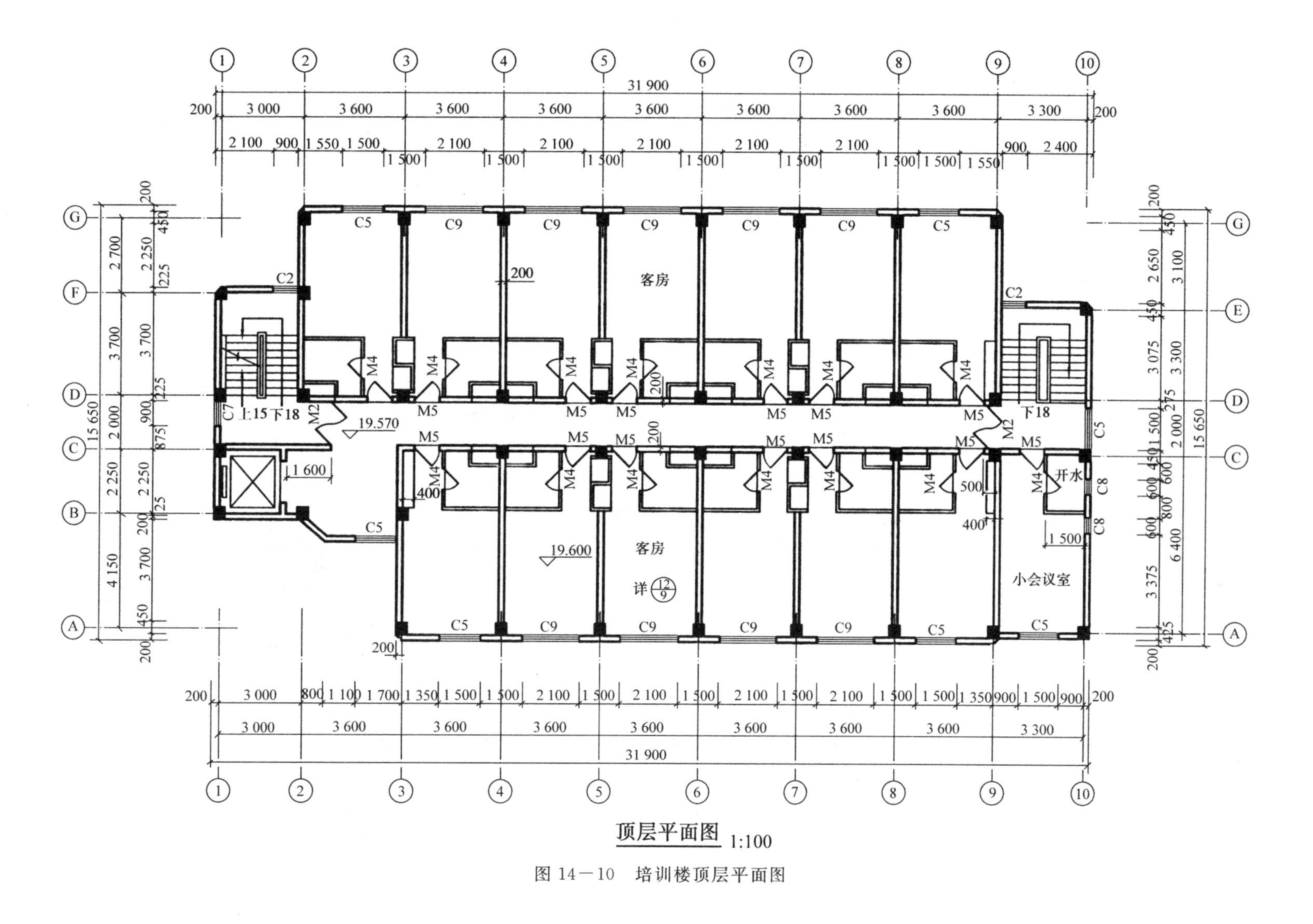

顶层平面图 1:100

图 14－10 培训楼顶层平面图

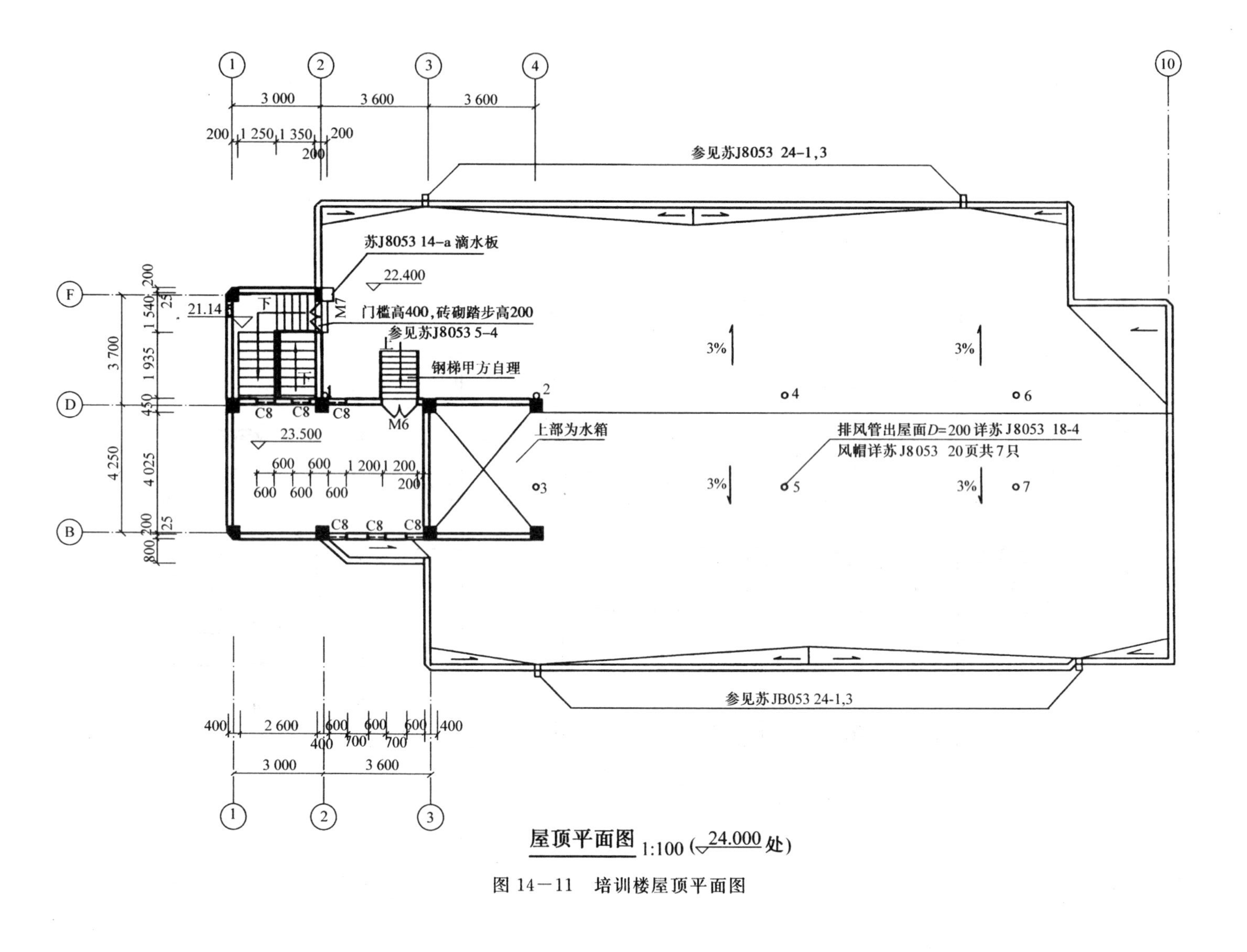

屋顶平面图 1:100（24.000 处）

图 14—11 培训楼屋顶平面图

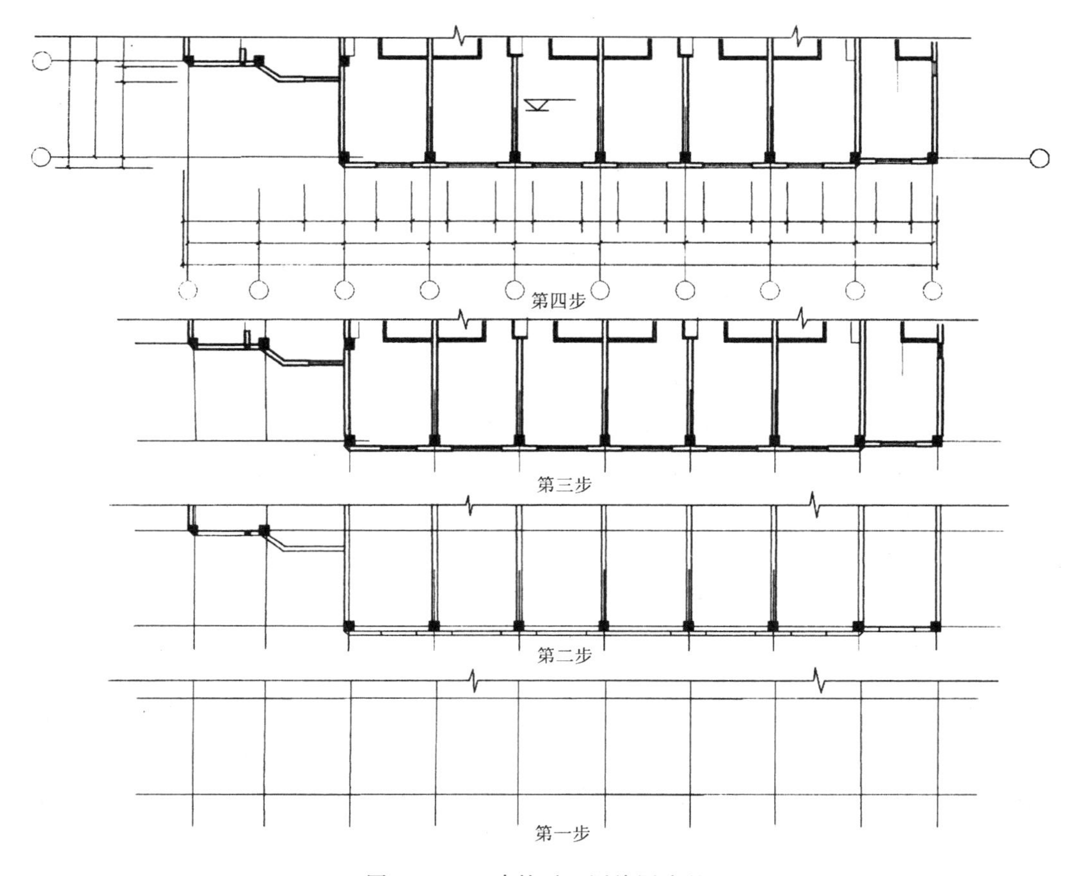

图 14—12　建筑平面图绘图步骤

(3) 画门窗和次要结构；

(4) 画细部构造并注尺寸等。

14.4　建筑立面图

14.4.1　图示方法和内容

建筑立面图是房屋不同方向的立面正投影图。通常一个房屋有四个朝向，立面图可根据房屋的朝向来命名，如东立面、西立面等。也可以根据主要入口来命名，如正立面、背立面、左侧立面、右侧立面。一般有定位轴线的建筑物，宜根据立面图两端轴线的编号来命名，如①～⑩立面图，Ⓐ～Ⓖ立面图等。

建筑立面图主要表明建筑物的体型和外貌，以及外墙面的面层材料、色彩，女儿墙的形式，线脚、腰线、勒脚等饰面做法，阳台的形式及门窗布置，雨水管位置等。

建筑立面图应画出可见的建筑外轮廓线，建筑构造和构配件的投影，并注写墙面做法及必要的尺寸和标高。较简单的对称的建筑物或对称的构配件，在不影响构造处理和施工的情况下，立面图可绘制一半，并在对称线处画上对称符号。

14.4.2 画法特点及要求

(1) 比例。立面图的比例通常与平面图相同。

(2) 定位轴线。一般立面图只画出两端的定位轴线及编号,以便与平面图对照。

(3) 图线。为了加强立面图的表达效果,使建筑物的轮廓突出、层次分明,通常选用的线型如下:最外轮廓线画粗实线(b),室外地坪线用加粗线($1.4b$)表示,所有凸出部位如阳台、雨篷、线脚、门窗洞等画中实线($0.5b$),其他部分画细实线($0.25b$)。

(4) 投影要求。建筑立面图中,只画出按投影方向可见的部分,不可见的部分一律不表示。

(5) 图例。由于比例小,按投影很难将所有细部都表达清楚,如门、窗等都是根据图例来绘制的,且只画出主要轮廓线及分格线,注意门窗框宜用双线画。

(6) 尺寸标注。高度尺寸用标高的形式标注,主要包括建筑物室内外地坪,出入口地面,窗台、门窗洞顶部、檐口、阳台底部、女儿墙压顶及水箱顶部等处的标高。各标高注写在立面图的左侧或右侧且排列整齐。

(7) 其他标注。房屋外墙面的各部分装饰材料、做法、色彩等用文字说明。

14.4.3 读图举例

图 14—13 是培训楼的①～⑩立面图,即南立面图。绘图比例 1∶100。南立面是建筑物的主要立面,它反映该建筑的外貌特征及装饰风格。建筑物主体部分为七层,局部为八层。底层西端有一入口是正门,正门左侧是平台,门前有一通长的台阶,台阶踏步为二级。正门右侧墙面用大玻璃窗装饰,室内采光效果好,是临街建筑常用的手法。中间有两扇门是对外服务商品部入口,门之间的柱采用镜面板包柱形式。东端墙面略向内缩,并设有供内部工作人员进出的入口。二层有三扇推拉窗和一扇组合金属窗,组合窗由两端的推拉窗和中间的单层固定窗组成。三～七层每层七扇窗均为金属推拉窗。屋顶是女儿墙包檐形式。雨水管设在建筑物主体部分的两侧。正门上部是雨篷,雨篷的外缘与外墙面平齐。雨篷的上方是平台花园,其左侧是花架。

外墙装饰的主格调采用灰白色面砖贴面,局部地方如三层以上窗间墙及底层窗间墙顶部用铅灰色面砖。

培训楼的外轮廓用粗实线,室外地坪线用加粗线,其他凸出部分用中粗线,门窗图例、雨水管、引出线、标高符号等用细实线画出。

由于立面图左右不对称,所以两侧分别注有室内外地坪、窗台、门窗洞顶、雨篷、女儿墙压顶等处的标高。

图 14—14 是培训楼的Ⓐ～Ⓖ立面图和Ⓖ～Ⓐ立面图,即东、西立面图。画法与图 14—13 相同,这里不再多叙。另外还应绘制培训楼的⑩～①立面图,即北立面图,这里省略。

14.4.4 绘图步骤

建筑立面图的绘制一般宜按如图 14—15 所示步骤进行:

(1) 画基准线,即按尺寸画出房屋的横向定位轴线和层高线,注意横向定位轴线与平面图保持一致;

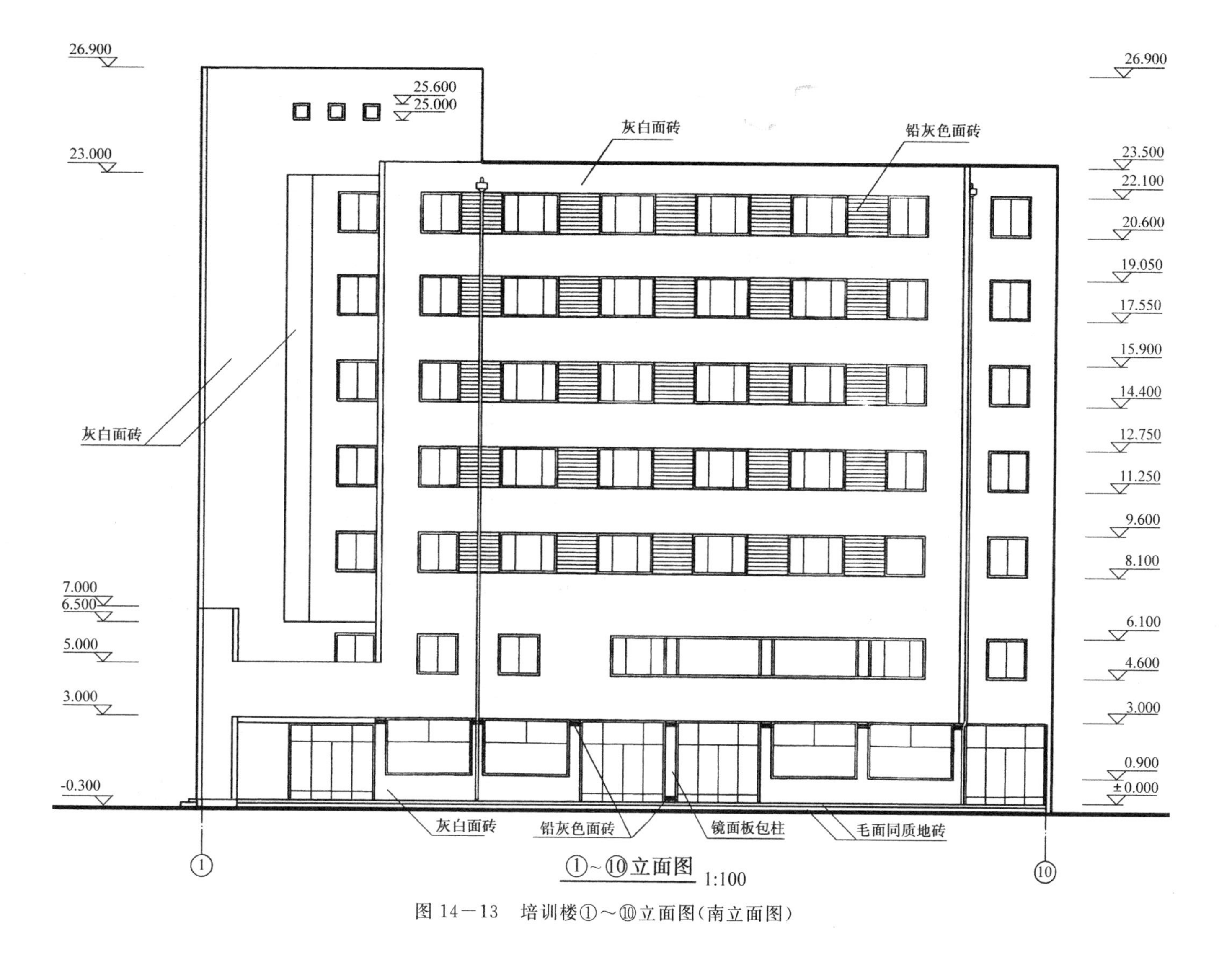

图 14－13　培训楼①～⑩立面图(南立面图)

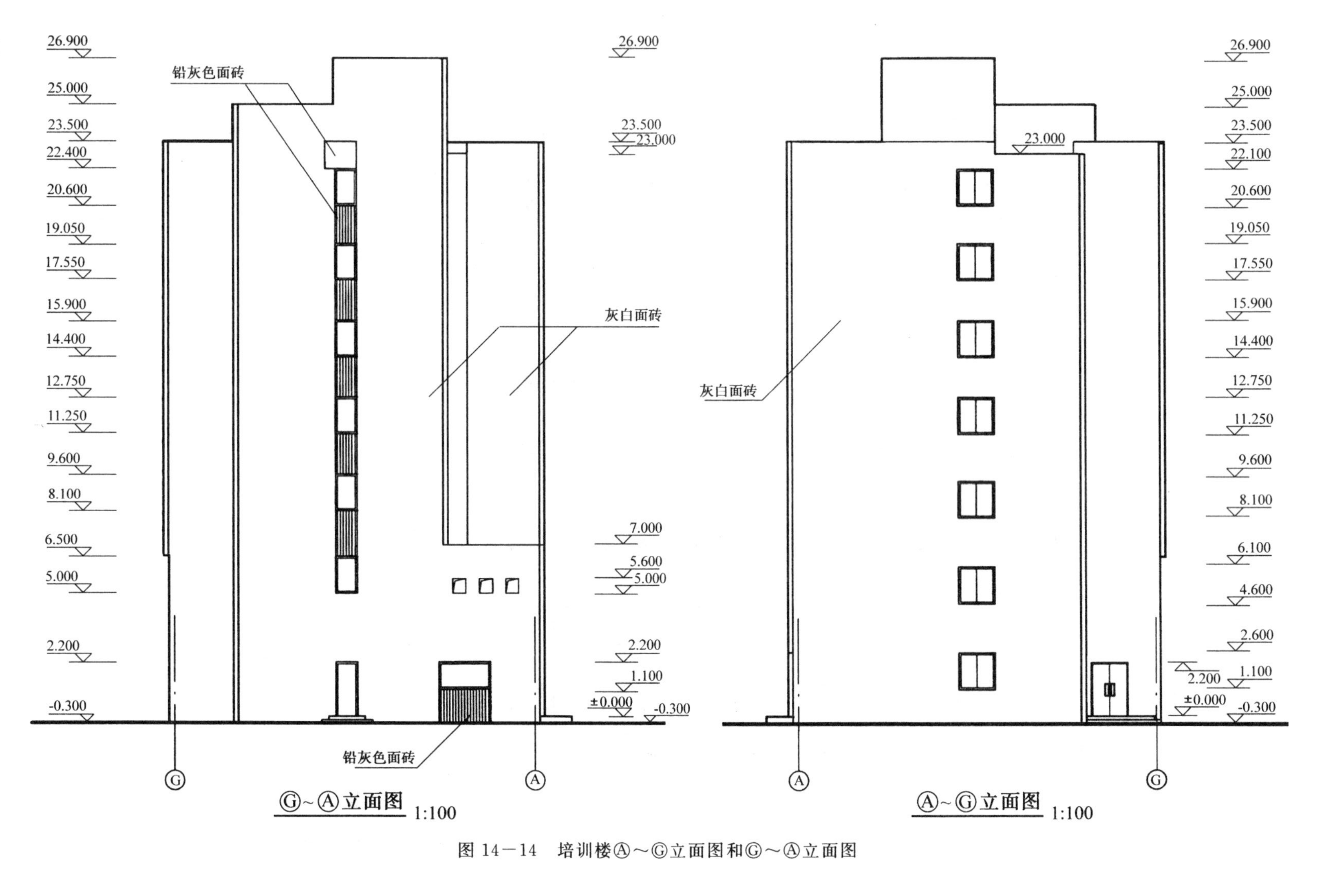

图 14－14　培训楼Ⓐ～Ⓖ立面图和Ⓖ～Ⓐ立面图

（2）画墙轮廓和门窗洞线；

（3）按规定画门窗图例及细部构造并注标高尺寸和文字说明等。

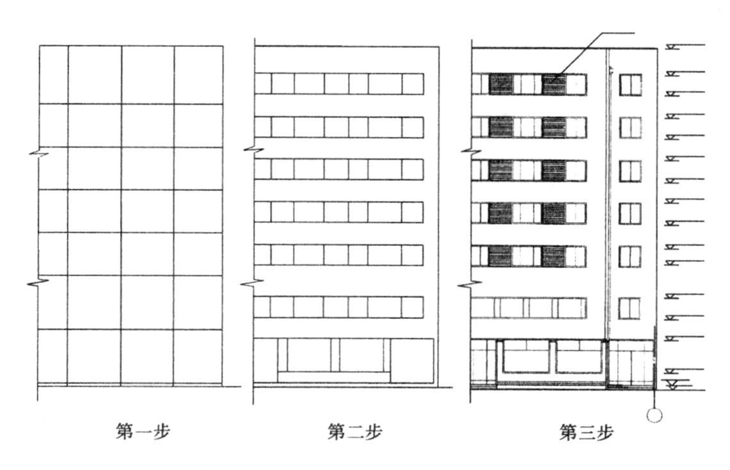

图 14－15　建筑立面图绘图步骤

14.5　建筑剖面图

14.5.1　图示方法和内容

建筑剖面图一般为垂直剖面图，即用直立平面剖切建筑物所得到的剖面图。它表示建筑物内部垂直方向的主要结构形式、分层情况、构造做法以及组合尺寸。剖面图的剖切部位，应根据图纸的用途或设计深度，在平面图上选择能反映全貌和构造特征，以及有代表性的剖切部位。

根据房屋的复杂程度和实际需要，剖面图可绘制一个或数个，如果房屋的局部构造有变化，还可以加画局部剖面图。

14.5.2　画法特点及要求

（1）比例。剖面图的比例宜与建筑平面图一致。

（2）定位轴线。画出两端的轴线及编号以便与平面图对照。有时也可注出中间位置的轴线。

（3）图线。剖切到的墙身轮廓画粗实线（b），楼层、屋顶层在 1∶100 的剖面图中只画两条粗实线（b），在 1∶50 的剖面图中宜在结构层上方画一条作为面层的中粗线（0.5b），而下方板底粉刷层不表示，室内外地坪线用加粗线（1.4b）表示。可见部分的轮廓线如门窗洞、踢脚线、楼梯栏杆、扶手等画中粗线（0.5b），图例线、引出线、标高符号、雨水管等用细实线（0.25b）画出。

（4）投影要求。剖面图中除了要画出被剖切到的部分，还应画出投影方向能看到的部分。室内地坪以下的基础部分，一般不在剖面图中表示，而在结构施工图中表达。

（5）图例。门、窗按规定图例绘制，砖墙、钢筋混凝土构件的材料图例与建筑平面图的图例相同。

(6) 尺寸标注。一般沿外墙注三道尺寸线,最外面一道从室外地坪到女儿墙压顶,是室外地面以上的总高尺寸,第二道为层高尺寸,第三道为勒脚高度、门窗洞高度、洞间墙高度、檐口厚度等细部尺寸,这些尺寸应与立面图吻合。另外还需要用标高符号标出各层楼面、楼梯休息平台等的标高。

(7) 其他标注。某些局部构造表达不清楚时可用索引符号引出,另绘详图。细部做法如地面、楼面的做法,可用多层构造引出标注。

14.5.3 读图举例

图 14—16 是培训楼的剖面图。图中 1—1 剖面是按图 14—7 底层平面图中 1—1 剖切位置绘制的。

一般建筑剖面图的剖切位置都选择通过门窗洞和内部结构比较复杂或有变化的部位。如果一个剖切平面不能满足上述要求时,可采用阶梯剖面。1—1 剖切面通过东端楼梯间且转折经过小餐厅,这样不仅可以反映楼梯的垂直剖面,还可以反映培训楼七层部分主要房间的结构布置、构造特点及屋顶结构。

1—1 剖面图的比例为 1∶100,室内外地坪线画加粗线,地坪线以下部分不画,墙体用折断线隔开,剖切到的楼面、屋顶用两条粗实线表示,剖切到的钢筋混凝土梁、楼梯均涂黑表示。

每层楼梯有两个梯段,称作双跑楼梯。一～二层楼层高 3.5 m,其他楼层高 3.15 m,为了统一梯段,一～二层每层在两个梯段之间增加了二级踏步。屋面铺成一定坡度,在檐口处或其他位置设置天沟,以便屋面雨水经天沟排向雨水管。屋面、楼面作法以及檐口、窗台、勒脚等节点处的构造需另绘详图,或套用标准图。1—1 剖面图中还画出未剖到而可见的梯段、栏杆、门、屋面水箱、机房及Ⓔ～Ⓖ轴线间的墙体等。Ⓔ轴线上的窗是用虚线表示的,因为剖切位置未经过窗洞位置。

2—2 剖面图是按照底层平面图中 2—2 剖切位置绘制的。它反映西端楼梯的剖面(构造与东端楼梯不一样)和电梯井构造。

门厅上面二层部分是平台花园,花园由雨篷和花架两部分构成。其他内容的表达方法及要求与 1—1 剖面相同。

14.5.4 绘图步骤

建筑剖面图的绘制一般宜按图 14—17 所示步骤进行:

(1) 画基准线,即按尺寸画出房屋的横向定位轴线和纵向层高线、女儿墙、水箱顶部位置线等;

(2) 画墙体轮廓线和楼层、屋面线,以及楼梯剖面;

(3) 画门窗及细部构造,并注尺寸。

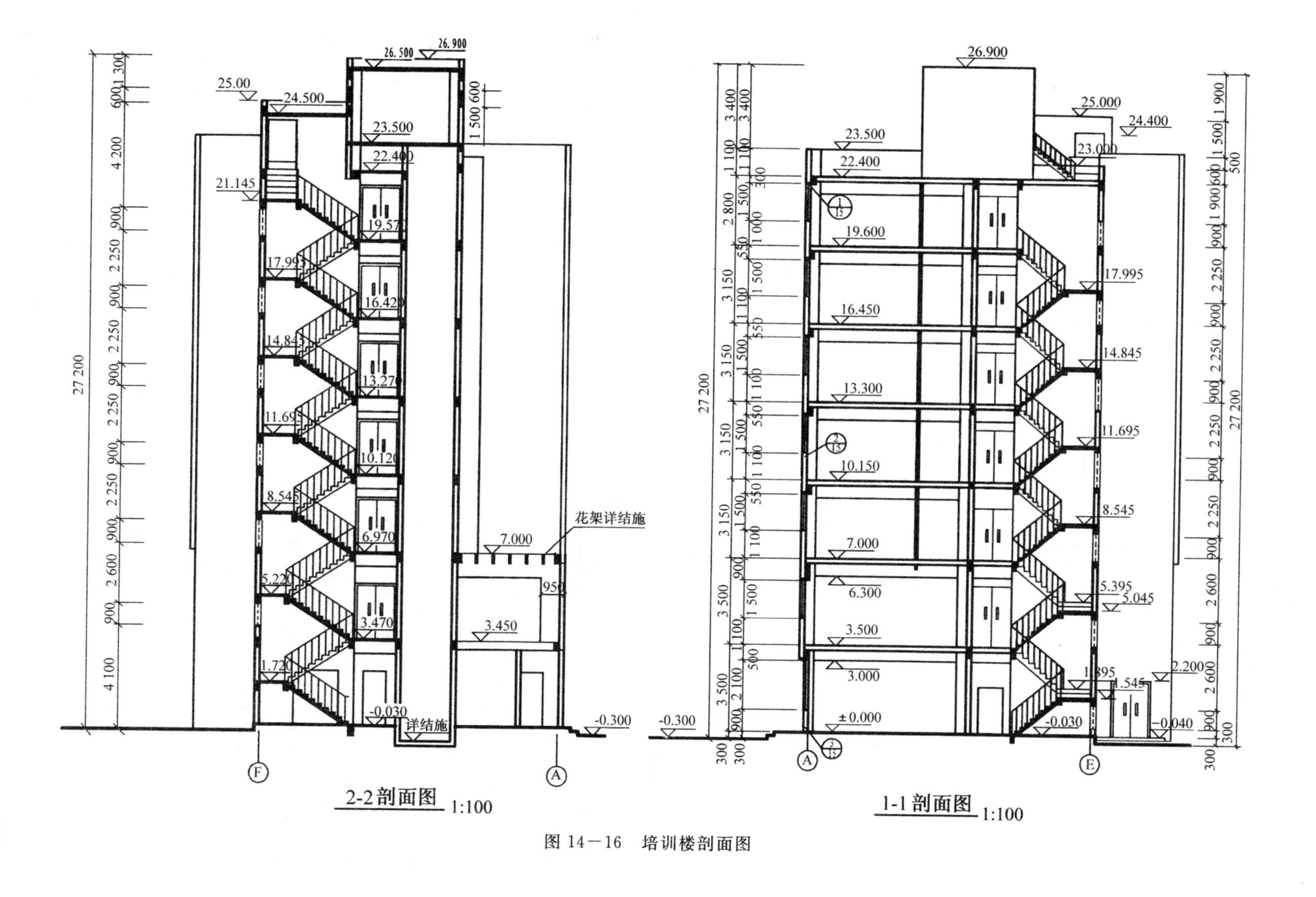

图 14－16 培训楼剖面图

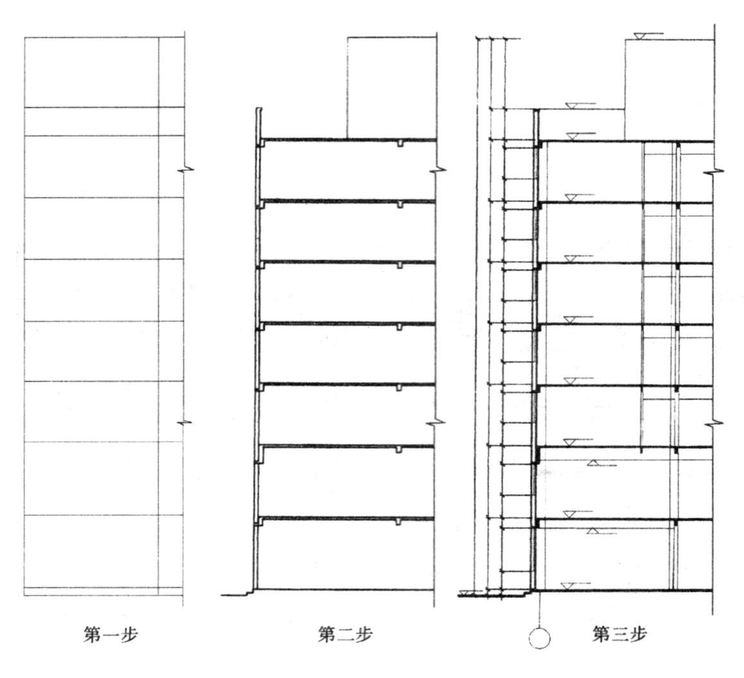

图 14－17　剖面图绘图步骤

14.6　建筑详图

建筑平面图、立面图、剖面图是房屋建筑施工的主要图样，它们已将房屋的整体形状、结构、尺寸等表示清楚了，但是由于画图的比例较小，许多局部的详细构造、尺寸、做法及施工要求图上都无法画出和注写。为了满足施工需要，房屋的某些部位必须绘制更大比例的图样才能清楚地表达。这种图样称为详图。

详图特点：比例较大，常用 1∶20，1∶10，1∶5，1∶2 等比例绘制。尺寸标注齐全、准确，文字说明清楚具体。如详图采用通用图集的做法，则不必另画，只需注出图集的名称如详图所在的页数。建筑详图所画的节点部位，除了在平、立、剖面图中的有关部位标注索引符号外，还应在所画详图上绘制详图符号，以便对照查阅。

详图按要求不同，可分成平面详图，局部构造详图和配件构造详图。下面以外墙剖面节点详图和楼梯详图为例，详细加以说明。

14.6.1　外墙剖面节点详图

外墙是建筑物的主要部件，很多构件和外墙相交，正确反映它们之间的关系很重要。外墙剖面节点的位置明显，一般不需要标注剖切位置。外墙剖面节点图通常采用 1∶10 或 1∶20 的比例绘制。

图 14－18 是培训楼 *A* 轴线处外墙剖面节点详图。详图①是屋顶外墙剖面节点，它表明屋面、女儿墙及窗过梁之间的关系和做法。屋面做法用多层构造引出线标注。引出线应通过各层，文字说明按构造层次依次注写。本例是卷材屋面，110 mm 厚屋面板上现

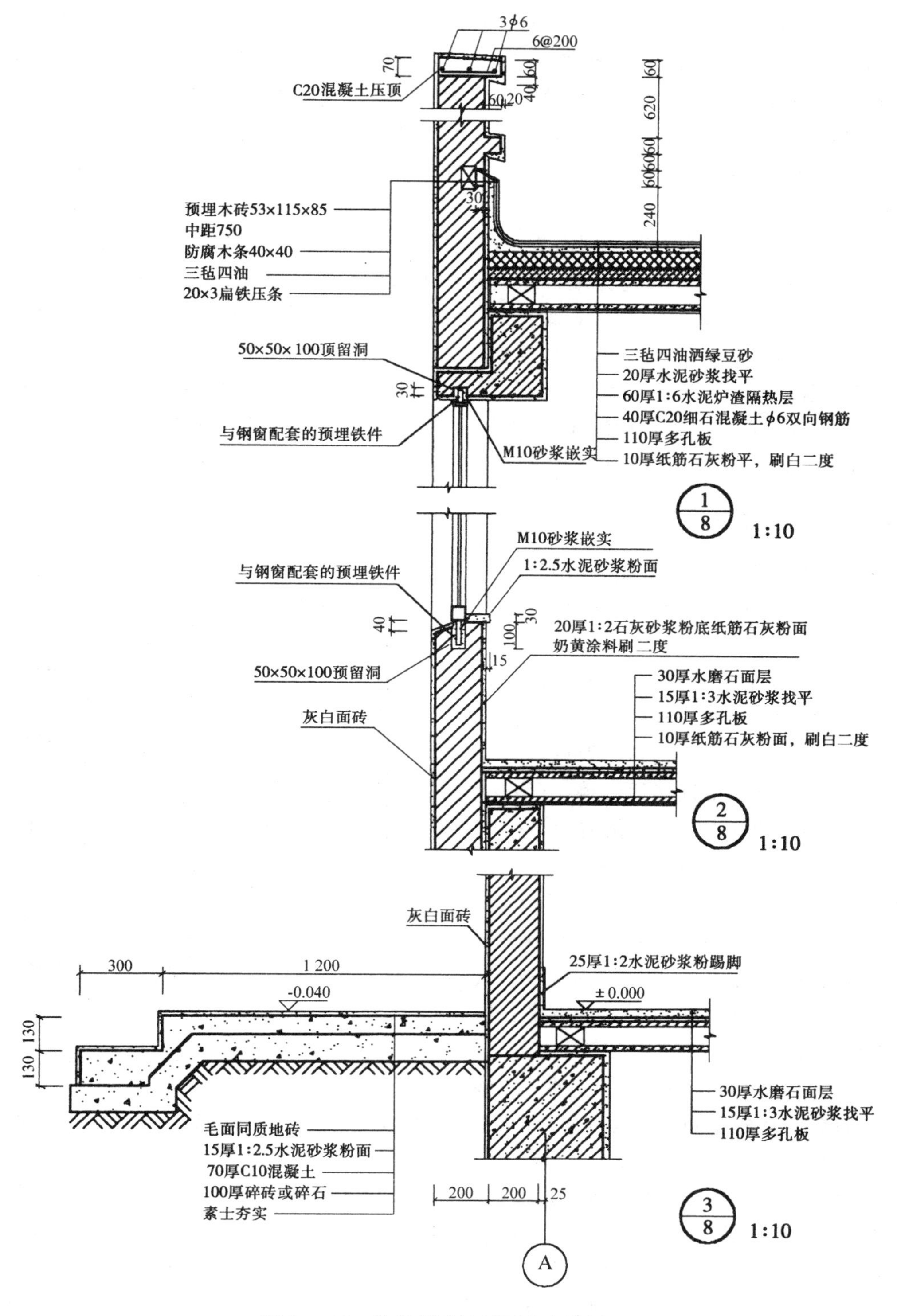

图 14－18　培训楼外墙剖面节点详图

浇 C20 细石混凝土另加 $\phi6$ 双向钢筋，然后铺 1∶6 水泥炉渣保温层，20 mm 厚水泥砂浆抹光，上铺三毡四油。屋面与女儿墙相接处应防止雨水渗漏，具体做法是，先在女儿墙上预埋间距为 750 mm 的木砖，木砖上钉 40×40 的防腐木条，再用 20×3 的扁铁压条将油毡固定在防腐木条上。女儿墙顶部粉刷时内侧做成斜口式滴水，以免雨水渗入墙身。

详图②是窗台剖面节点，它表明了窗台的做法及与窗的关系。窗台预留 50×50×100 孔，内插与钢窗配套的预埋铁件 25×120，用 M10 砂浆嵌实，窗台向外有坡度，用 1∶2.5水泥砂浆粉面。

详图③是勒脚、室外踏步剖面节点，它表明勒脚、室外踏步和室内地坪的做法及相互关系。室外踏步以上的部分外墙面粉勒脚并采用与外墙一致的贴灰白面砖做法(一般将室外地坪以上 1 m 内外墙粉成勒脚)。室外踏步和室内地坪的做法是用多层构造引出标注的方法说明的，如室外踏步，先将素土夯实，上铺 100 mm 厚碎砖或碎石，然后加 70 mm 厚 C10 混凝土(沿长度方向每 10 m 做一道伸缩缝)再用 15 mm 厚 1∶2.5 水泥砂浆抹平。

以上各节点的位置均标注在 1—1 剖面图中，可以对照阅读。外墙从上至下有许多节点，但基本上只有这三种节点类型，故而一般只需画出这三处详图作为通用图。

14.6.2 楼梯详图

通常楼梯该楼梯为双跑平行楼梯，每层由两个梯段和一个休息平台组成。如图 14—19 所示。

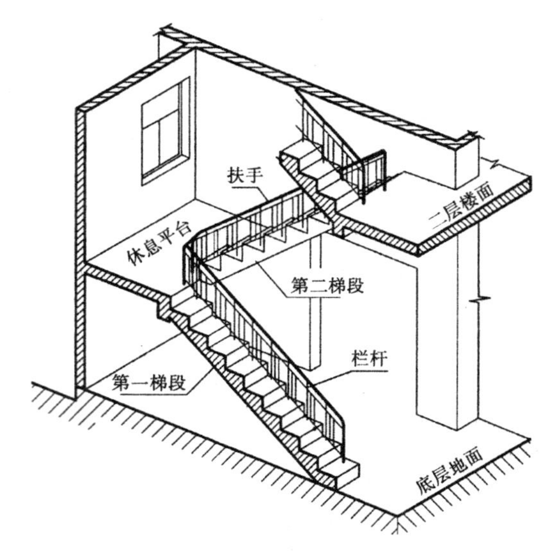

图 14—19 楼梯各部分立体示意图

楼梯详图包括楼梯平面图、剖面图、节点详图，主要表示楼梯的类型、结构、尺寸、梯段的形式和栏杆的材料及做法等。

图 14—20 是培训楼西端楼梯(甲梯)详图，平面图和剖面图的比例均为 1∶40。楼梯间宽度为 3000 mm，每一梯段的宽度为 1300 mm。楼梯每级宽均为 270 mm，高均为 175 mm，由于层高不一样，所以每层踏步数也不相同，一层和二层为 20 级，其余各层均为 18 级。休息平台的宽度各层有所不同。一层和二层为 1270 mm，三～六层为 1540 mm。楼梯平面图实质上是楼梯间的水平剖面图，剖切高度在每层的第一梯段，按规定图中用斜折断线表示。在平面图中梯段的水平长度应为踏步数减去 1 后乘以踏步宽的积，如一层平面图中第一梯段有 10 级应注写为“9×270=2430”，其他各层标注均类似。顶层平面图未剖切到楼梯，而是从顶层(屋面)向下投影，画出了下面的各段楼梯，从图中可以看出最上一段楼梯的位置有所不同。

楼梯 1—1 剖面图的剖切符号标注在一层平面图中。凡剖到的梯段应按剖开绘制(涂黑表示)，未剖到但投影能看到的梯段则只画出轮廓线。剖面图中梯段的高度尺寸习惯上是用踏步数乘以踏步高表示的，如底层第一梯段的尺寸标注为“10×175=1750”，所注尺寸与休息平台和楼层的标高相符。由于图幅所限，剖面图的上部未画全。

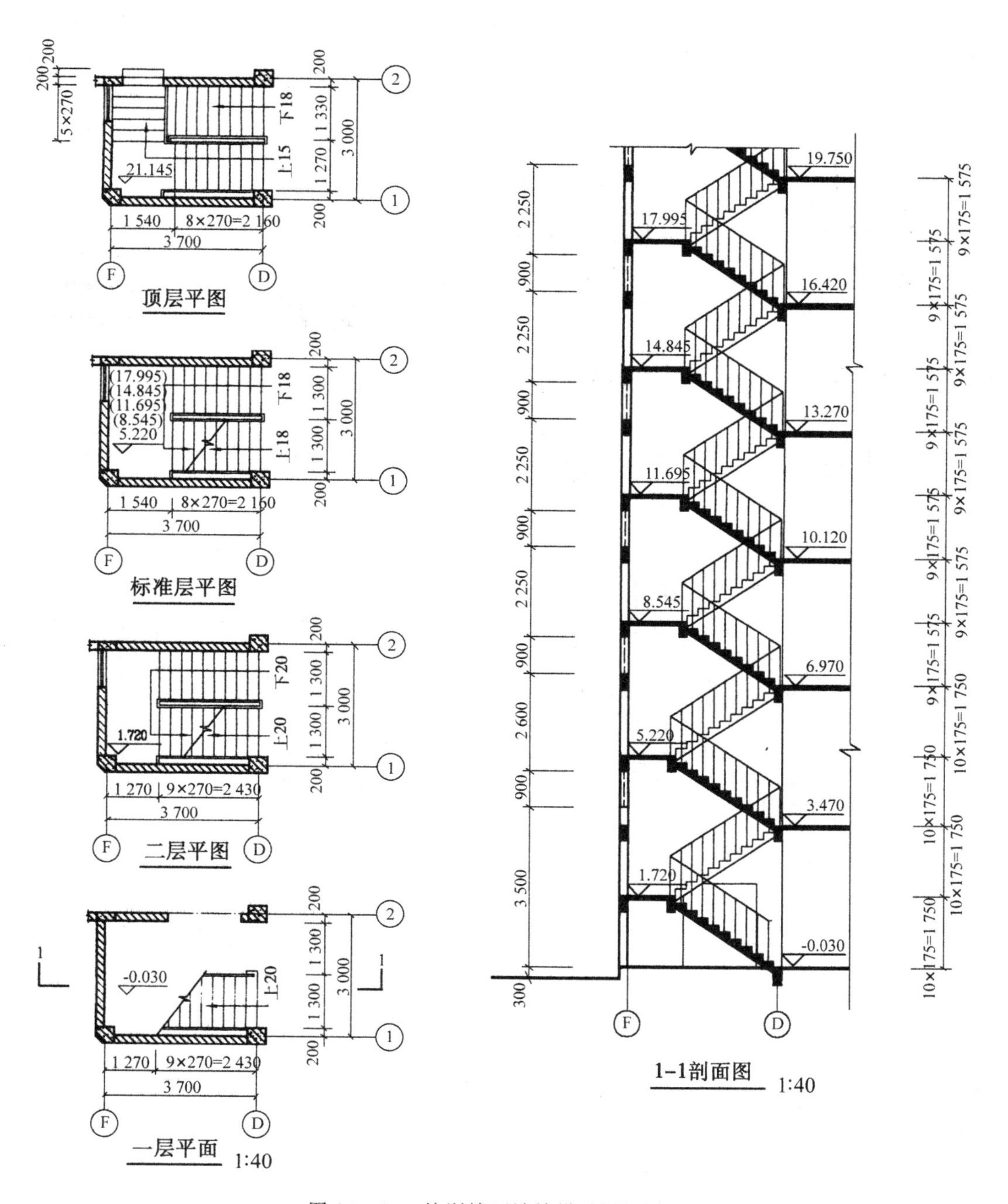

图 14—20　培训楼西端楼梯(甲梯)详图

图 14—21 是楼梯节点详图。图中表明了踏步、金属栏杆、扶手、防滑条的有关尺寸及具体做法。踏步为现浇水磨石面层，表面贴有两排马赛克防滑条，防滑条距踏步外缘 40 mm，两排防滑条间距 15 mm。金属栏杆下端焊接固定在预埋件上，上端用 45×4 的通长扁铁焊连。栏杆每级踏步安放二根，两栏杆间距 135 mm，栏杆距踏步外缘 50 mm。扶手为成品钙塑扶手用螺钉固定在扁铁上。

建筑施工图中详图是大量的，以上只是选择重要的介绍。阅读建筑施工图应从整体到局部，再到细部，依次看图，反复对照，才能将房屋的整体和各部分构造的形状、尺寸、做法等情况完全了解清楚。

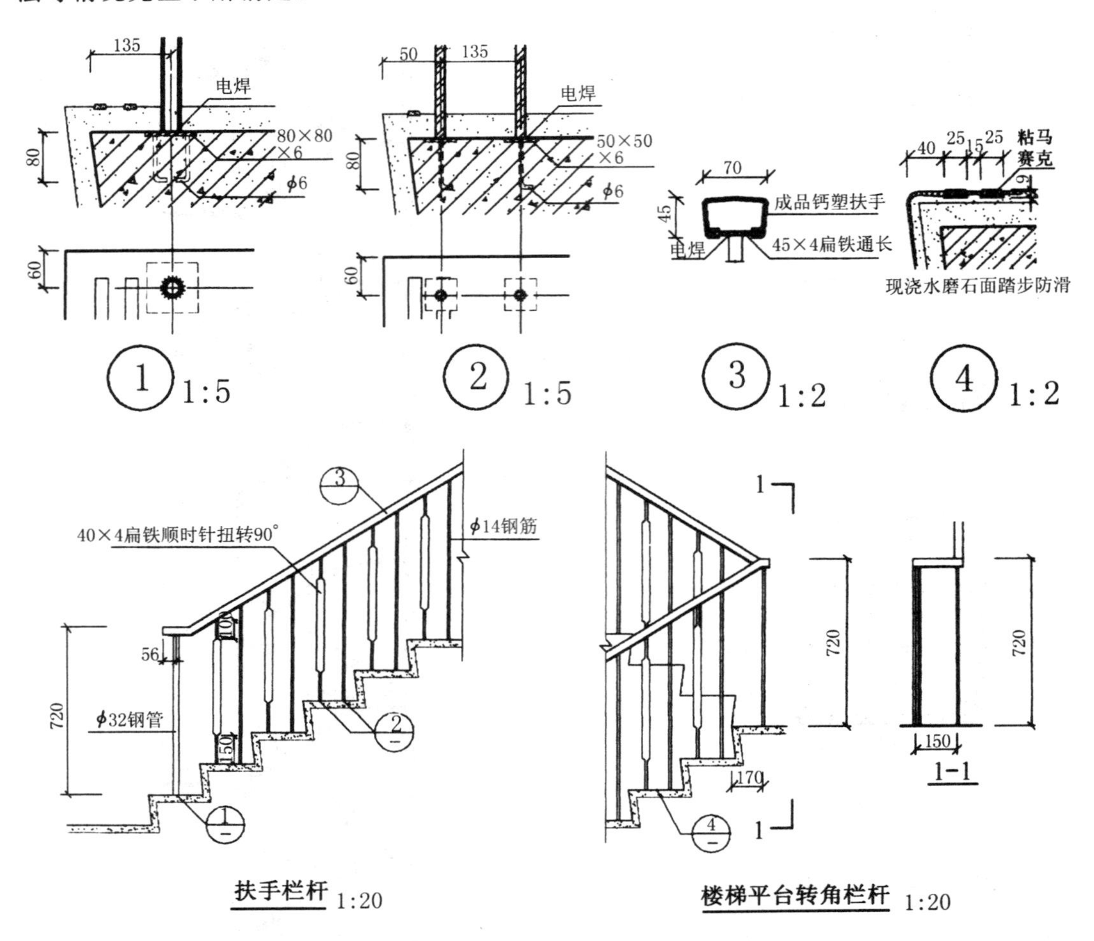

图 14－21　楼梯节点详图

15 建筑结构施工图

15.1 概述

15.1.1 结构施工图的内容和分类

在房屋设计中，除了需要进行建筑设计并画出建筑施工图外，还需要进行结构设计。结构设计是依据建筑设计的要求和结构工程设计规范，先进行结构选型、构件布置，然后通过力学计算决定各承重构件的大小、形状、材料及内部构造，并将设计结果绘制成结构施工图。结构施工图一般可分为结构布置图和构件详图两大类。

结构布置图是房屋承重结构的整体布置图。主要表示结构构件的位置、数量、型号及相互关系。房屋的结构布置按需要可用结构平面图、立面图、剖面图表示，其中结构平面图较常使用。如基础布置平面图，楼层结构平面图，屋面结构平面图，柱网平面图等。

结构构件详图是表示单个构件形状、尺寸、材料、构造及工艺的图样，如梁、板、柱、基础、屋架等构件详图。

结构施工图还可以按房屋结构所用的材料分类，如钢筋混凝土结构图、钢结构图、木结构图和砖石结构图等。

15.1.2 结构施工图的有关规定

绘制结构施工图，除应遵守《房屋建筑制图统一标准》中的基本规定外，还必须遵守《建筑结构制图标准》GB/T50105－2010。

1）图线

结构施工图中各种图线的用法如表 15－1 所示。

表 15－1 结构施工图中图线的选用

名称	线宽	一般用途
粗实线	b	螺栓、钢筋线，结构平面布置图中单线结构构件线、钢木支撑及系杆线，图名下横线及剖切线
中粗实线	$0.7b$	结构平面图及详图中剖到或可见的墙身轮廓线、基础轮廓线、钢木结构轮廓线、钢筋线
中实线	$0.5b$	结构平面图及详图中剖到或可见的墙身轮廓线、基础轮廓线、可见的钢筋混凝土构件轮廓线、钢筋线
细实线	$0.25b$	尺寸线，引出线，标高符号，索引符号
粗虚线	b	不可见的钢筋、螺栓线，结构平面图中不可见的单线结构构件线及钢、木支撑线
中粗虚线	$0.7b$	结构平面图中不可见构件、墙身轮廓线及钢、木构件轮廓线、不可见的钢筋线
中虚线	$0.5b$	结构平面图中不可见构件、墙身轮廓线及钢、木构件轮廓线、不可见的钢筋线
细虚线	$0.25b$	基础平面图中管沟轮廓线、不可见的钢筋混凝土构件轮廓线
粗单点长画线	b	柱间支撑、垂直支撑、设备基础轴线图中的中心线

续表 15－1

名　称	线宽	一　般　用　途
细单点长画线	0.25b	中心线，对称线，定位轴线、重心线
粗双点长画线	b	预应力钢筋线
细双点长画线	0.25b	原有结构轮廓线
折断线	0.25b	断开界线
波浪线	0.25b	断开界线

2）比例

绘制结构施工图应选用表 15－2 中的常用比例，特殊情况下也可以选用可用比例。当结构纵横向断面尺寸相差悬殊时，也可以在同一详图中纵横向选用不同比例。轴线尺寸与构件尺寸也可选用不同比例绘制。

表 15－2　结构施工图的比例

图名	常用比例	可用比例
结构平面图、基础平面图	1∶50,1∶100,1∶150	1∶60,1∶200
圈梁平面图，总图中管沟、地下设施等	1∶200,1∶500	1∶300
详图	1∶10,1∶20,1∶50	1∶5,1∶25,1∶30

3）构件代号

在结构施工图中，构件种类繁多，布置复杂，为了方便阅读，简化标注，构件名称宜用代号表示，代号后应用阿拉伯数字标注该构件的型号或编号，也可为构件的顺序号。常用的构件代号见表15－3。

表 15－3　常用构件代号

序号	名称	代号	序号	名称	代号	序号	名称	代号
1	板	B	19	圈梁	QL	37	承台	CT
2	屋面板	WB	20	过梁	GL	38	设备基础	SJ
3	空心板	KB	21	连系梁	LL	39	桩	ZH
4	槽形板	CB	22	基础梁	JL	40	挡土墙	DQ
5	折板	ZB	23	楼梯梁	TL	41	地沟	DG
6	密肋板	MB	24	框架梁	KL	42	柱间支撑	ZC
7	楼梯板	TB	25	框支梁	KZL	43	垂直支撑	CC
8	盖板或沟盖板	GB	26	屋面框架梁	WKL	44	水平支撑	SC
9	挡雨板或檐口板	YB	27	檩条	LT	45	梯	T
10	吊车安全走道板	DB	28	屋架	WJ	46	雨篷	YP
11	墙板	QB	29	托架	TJ	47	阳台	YT
12	天沟板	TGB	30	天窗架	CJ	48	梁垫	LD
13	梁	L	31	框架	KJ	49	预埋件	M
14	屋面梁	WL	32	刚架	GJ	50	天窗端壁	TD
15	吊车梁	DL	33	支架	ZJ	51	钢筋网	W
16	单轨吊车梁	DDL	34	柱	Z	52	钢筋骨架	G
17	轨道连接	DGL	35	框架柱	KZ	53	基础	J
18	车挡	CD	36	构造柱	GZ	54	暗柱	AZ

4）定位轴线

结构施工图上的定位轴线及编号应与建筑施工图一致。

5）尺寸标注

结构施工图上的尺寸应与建筑施工图相符合，但也不完全相同，结构施工图中所注尺寸是结构的实际尺寸，即一般不包括结构表面粉刷层或面层的厚度。在桁架式结构的单线图中，其几何尺寸可直接注写在杆件的一侧，而不需画尺寸线和尺寸界线。对称桁架可在左半边注尺寸，右半边注内力。

15.2　钢筋混凝土构件图

15.2.1　钢筋混凝土的基本知识

1）钢筋混凝土的概念

混凝土是由水泥、砂、石料和水按一定比例混合，经搅拌、浇筑、凝固、养护而制成的，它坚硬如石。用混凝土制成的构件抗压强度较高，但抗拉强度低，极易因受拉、受弯而断裂。为了提高构件的承载力，在构件受拉区内配置一定数量的钢筋，这种由钢筋和混凝土两种材料结合而成的构件，称为钢筋混凝土构件。

2）混凝土的等级和钢筋的直径符号

混凝土的强度等级是由其立方体抗压强度标准值确定的，单位为 MPa，《混凝土结构设计规范》(GB50010－2010)规定，混凝土的强度等级分为 C15，C20，C25，C30，C35，C40，C45，C50，C55，C60，C65，C70，C75，C80 共 14 级，等级愈高混凝土抗压强度也愈高。

混凝土结构设计规范中，对国产的建筑热轧钢筋，按其产品种类、强度值等级和直径范围不同，分别用不同的符号表示：

ϕ——HPB235 热轧光圆钢筋(Q235)

Φ——HRB335 热轧带肋钢筋(20MnSi)

Φ——HRB400 热轧带肋钢筋(20MnSiV，20MnSiNb，20MnTi)

Φ^R——RRB400 余热处理钢筋(K20MnSi)

3）钢筋的种类及作用

按钢筋在构件中所起的作用不同，可分为：

(1) 受力筋——也称主筋，承受拉力或压力。

(2) 箍筋——用以固定受力筋的位置并承受剪力或扭力。

(3) 构造筋——因构造要求或钢筋骨架需要配置的钢筋，如架立筋、分布筋等。

4）钢筋的保护层和弯钩

为了防止钢筋锈蚀，保证钢筋与混凝土的粘结力，钢筋外缘到构件表面应保持一定的厚度，称之为保护层。梁柱保护层厚度 25～40 mm，板保护层厚度 15～30 mm，基础保护层厚度 40～70 mm。保护层厚度在图上一般不需标注，可用文字说明。

为了加强光圆钢筋与混凝土的粘结力，钢筋端部常做成弯钩，弯钩的角度有 180°，90°，45°等形式。Ⅱ级钢筋或Ⅱ级以上的钢筋因表面有肋纹，一般不需做弯钩。图 15－1 是钢筋常见的几种弯钩形式。

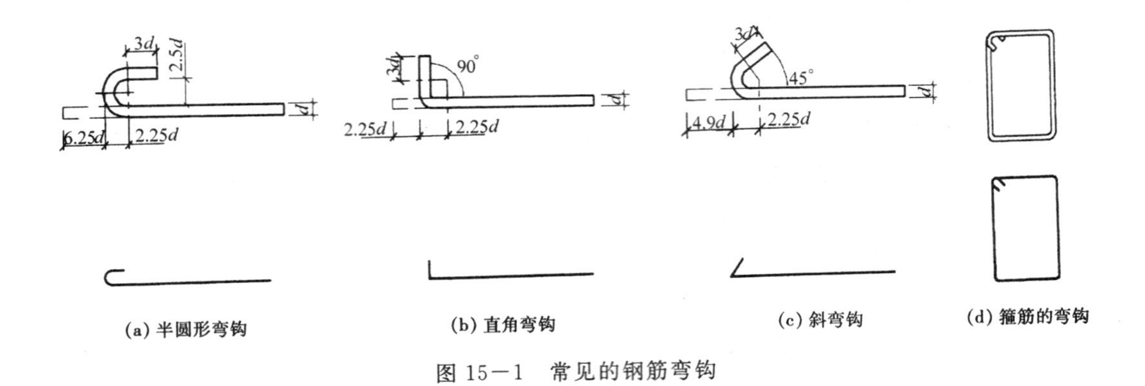

(a) 半圆形弯钩　(b) 直角弯钩　(c) 斜弯钩　(d) 箍筋的弯钩

图 15－1　常见的钢筋弯钩

15.2.2　钢筋混凝土构件的图示方法

对于钢筋混凝土构件，不仅要表示构件的形状、尺寸，而且更主要的是表示钢筋的配置情况，包括钢筋的种类、数量、等级、直径、形状、尺寸、间距等。为此，假想混凝土是透明体，可透过混凝土看到构件内部的钢筋。这种能反映构件钢筋配置情况的图样，称之为配筋图。配筋图一般包括平面图、立面图、断面图，有时还需要画出构件中各种钢筋的单独成型详图并列出钢筋表。配筋图是钢筋混凝土构件图中最主要的图样。如果构件的形状较复杂，且有预埋件时，还应另外绘制构件的外形图，称之为模板图。

1）钢筋的表示

在配筋图中，为了突出钢筋，构件的轮廓用细线画出，混凝土材料不画，而钢筋则用粗实线（单线）画出。钢筋的断面用黑圆点表示。

2）钢筋的标注

钢筋的标注有两种，一种是标注钢筋的根数、级别、直径，如

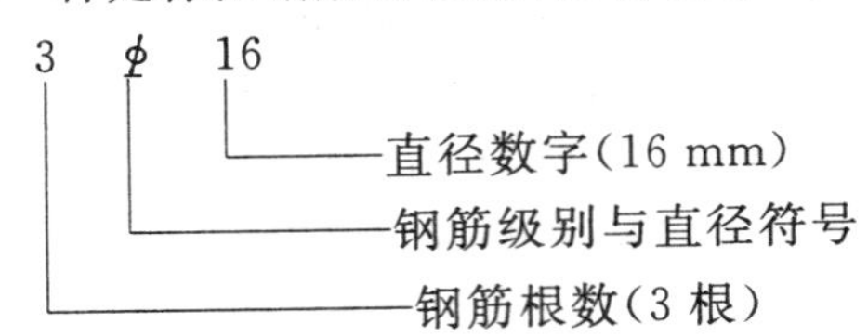

另一种是标注钢筋的级别、直径、相邻钢筋中心距，如

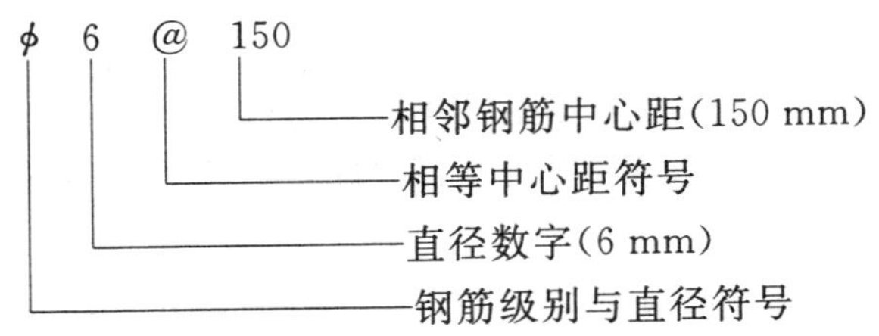

3）钢筋的编号

构件中的各种钢筋（凡等级、直径、形状、长度等要素不同的）一般均应编号：编号数字注写在直径为 4～6 mm 的细线圆中，编号圆宜绘制在引出线的端部。

4）钢筋的图例

普通钢筋的常用图例如表 15－4 表示，其他如预应力钢筋、焊接网、钢筋焊接接头的

图例可查阅有关标准。

表 15－4 普通钢筋常用图例

序号	名称	图例	说明
1	钢筋横断面		
2	无弯钩的钢筋端部		下图表示长短钢筋投影重叠时，短钢筋的端部用45°短画线表示
3	带半圆形弯钩的钢筋端部		
4	带直钩的钢筋端部		
5	带丝扣的钢筋端部		
6	无弯钩的钢筋搭接		
7	带半圆弯钩的钢筋搭接		
8	带直钩的钢筋搭接		
9	花篮螺丝钢筋接头		
10	机械连接的钢筋接头	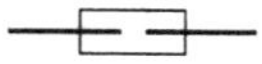	用文字说明机械连接的方式（如冷挤压或直螺纹等）

5）钢筋的画法

在结构施工图中钢筋的常规画法见表 15－5。

表 15－5 钢筋画法

序号	说明	图例
1	在结构平面图中配置双层钢筋时，底层钢筋的弯钩应向上或向左，顶层钢筋的弯钩则向下或向右	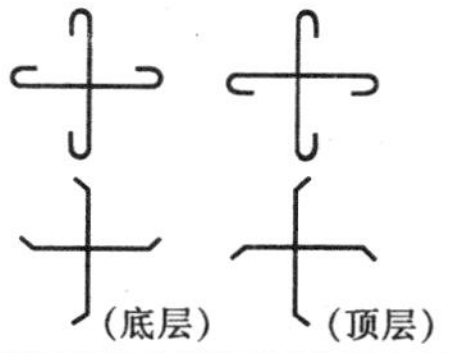 （底层） （顶层）
2	钢筋混凝土墙体配置双层钢筋时，在配筋立面图中，远面钢筋的弯钩应向上或向左，而近面钢筋的弯钩则向下或向右（JM—近面；YM—远面）	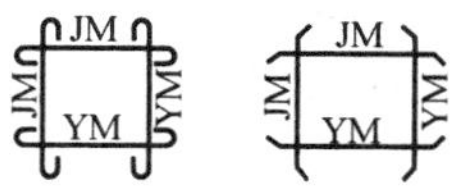 JM YM JM YM JM YM JM YM
3	若在断面图中不能表达清楚的钢筋布置，应在断面图外增加钢筋大样图（如：钢筋混凝土墙、楼梯等）	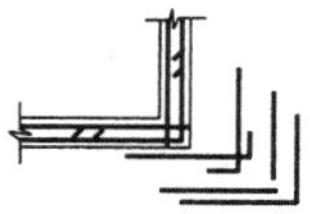
4	图中所表示的箍筋、环筋等若布置复杂时，可加画钢筋大样及说明	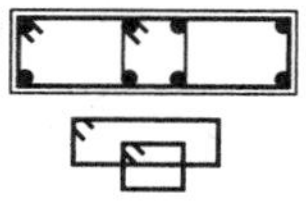
5	每组相同的钢筋、箍筋或环筋，可用一根粗实线表示，同时用一两端带斜短线的横穿细线，表示其余钢筋及起止范围	

15.2.3 钢筋混凝土构件图举例

1）钢筋混凝土梁

梁的结构详图一般包括立面图和断面图。

立面图主要表示梁的轮廓、尺寸及钢筋的位置，钢筋可以全画，也可以只画其中的一部分。如有弯筋，应标注弯筋起弯位置。各类钢筋都应编号，以便与断面图及钢筋表对照。

断面图主要表示梁的断面形状、尺寸，箍筋的形式及钢筋的位置。断面图的剖切位置应在梁内钢筋数量有变化处。钢筋表附在图样的旁边，其内容主要是每一种钢筋的形状、长度尺寸、规格、数量，以便加工制作和做预算。

图 15－2a 是培训楼的框架梁 KL－1 结构详图。从立面图上轴线编号 Ⓐ Ⓒ / Ⓖ Ⓓ 及梁底标高 2.840 可以知道该梁是位于培训楼二层，Ⓐ到Ⓒ跨和Ⓖ到Ⓓ跨之间。梁上部配置两根①ϕ 22 受力筋，下部配置二根③ϕ 25 受力筋，一根弯筋②ϕ 25 的起弯位置距两边柱边缘 1100 mm。由于弯筋的原因，梁的两端上下部受力筋配置数量发生变化，断面图的剖切位置就在这些有变化的地方，1－1 断面位于梁端部，2－2 断面位于梁中部。箍筋采用双肢箍形式，箍筋布置在梁中部为⑤ϕ8 @200，在两端距柱 900 mm 范围加密为 ϕ8 @150。断面

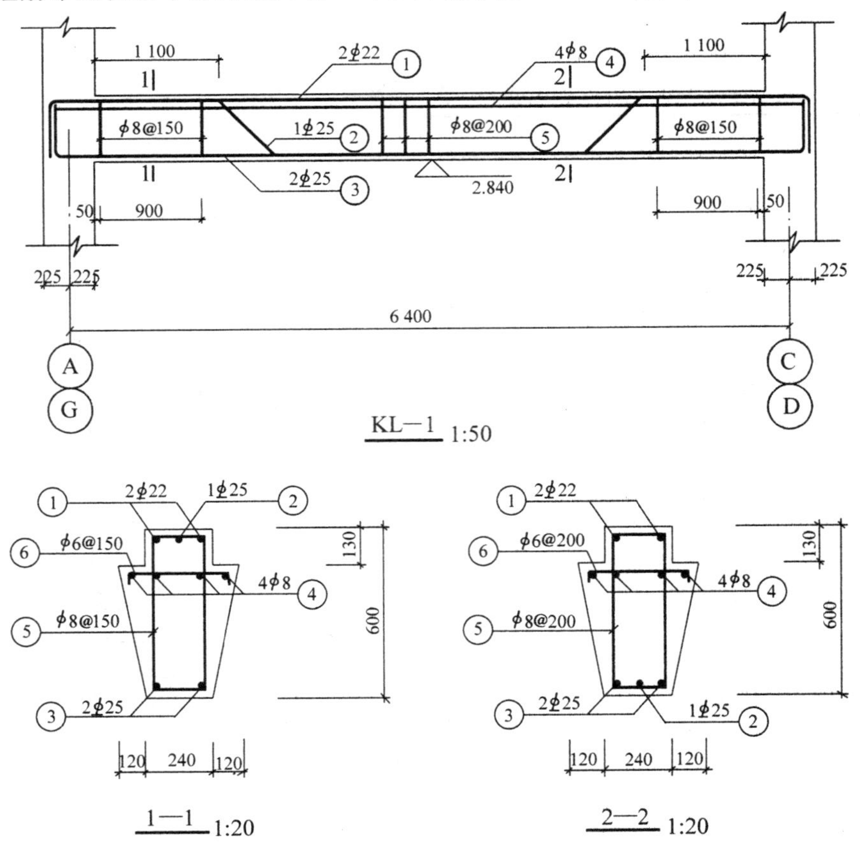

图 15－2a　钢筋混凝土梁结构详图

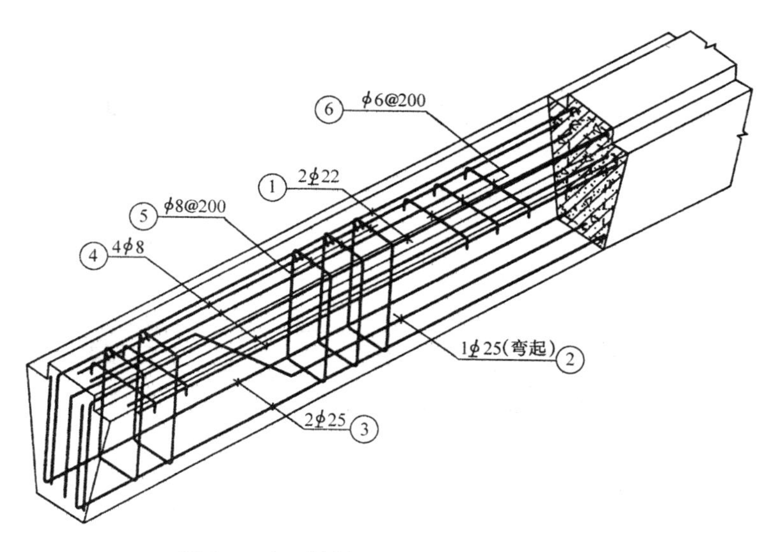

图 15－2b　混凝土梁内配筋立体示意图

图显示梁截面为花篮形式。顶部两侧各有一高为 130 mm 的缺口，保证梁上搁置的板与梁顶面平齐。缺口下设有⑥φ6 @150/200 的横向筋，并由 4 根架立筋④φ8 来固定。梁内各种钢筋的位置可参见图 15－2b。

2）现浇钢筋混凝土板

现浇钢筋混凝土板的结构详图常用配筋平面图和断面图表示。配筋平面可直接在平面图上绘制，每种规格的钢筋只需画一根并标出其规格、间距。断面图反映板的配筋形式。板的配筋有分离式和弯起式两种，如果板的上下部钢筋分别单独配置称作分离式，如果支座附近的上部钢筋是由下部钢筋直接弯起的就称之为弯起式。在断面图上还需要注明板底标高。

图 15－3 是培训楼雨篷板的详图。从配筋图上的轴线编号Ⓐ～Ⓑ、①～③及断面图上板底标高 3.280 可以知道其位置在培训楼正门的上方。

平面图绘图比例 1∶40，图中显示受力筋主要由水平布置的①φ6 @200 和竖向布置的②φ10 @150 钢筋构成。在梁 PL－1，PL－2，PL－3，PL－4，PL－5 的位置，板的上部分别布置 φ6 @200、φ10 @150、φ6 @200、φ6 @200、φ8 @200 等抗剪抗弯矩的分布筋，且在②轴线的附近范围内均布置⑧φ6 @200 的抗压负筋，见断面图 1－1。一般抗压负筋是不画在平面图上的，其位置、规格和间距常写在说明中或在断面图上表示。

断面图 1－1 的剖切位置标注在平面图上，为了便于对照阅读，绘图比例和平面图相同。图上表明雨篷板的配筋形式是分离式的。③轴线是雨篷与其他结构的交接处，板底水平布置的主筋在此向上翘起外伸，并在翘起端另增加一根⑦φ6 构造钢筋，以利于提高建筑物的整体性。

3）现浇钢筋混凝土柱

柱是房屋的主要承重构件，其结构详图包括立面图和断面图，如果柱的外形变化复杂或有预埋件，则还应增画模板图，模板图上预埋件只画位置示意和编号，具体细部情况另绘详图。

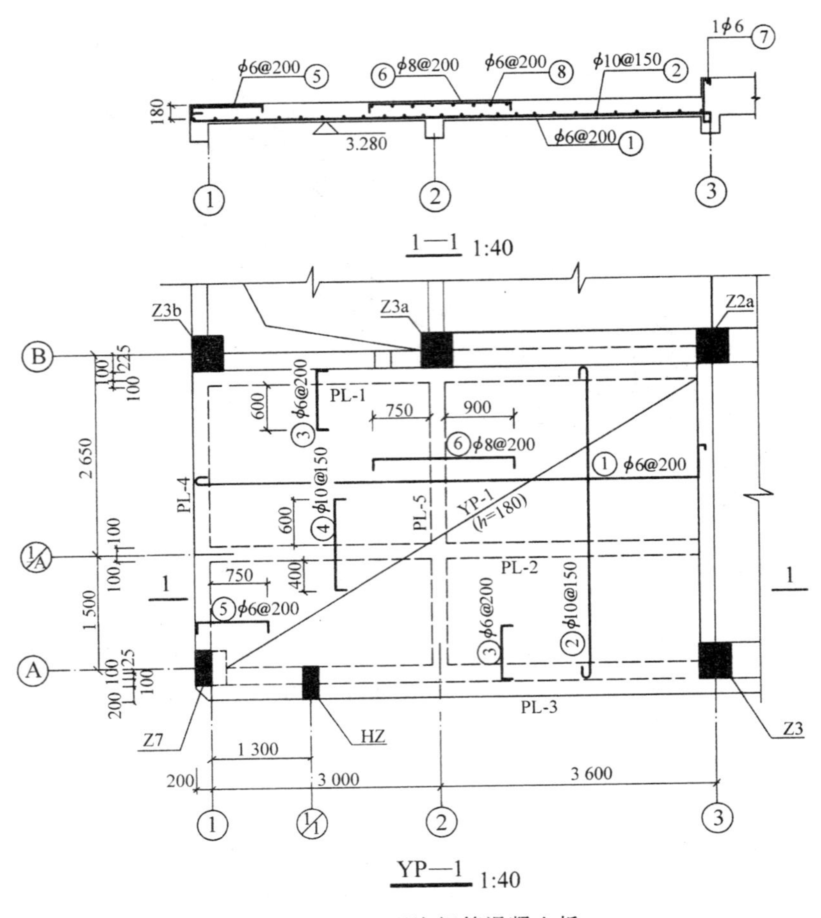

图 15－3 现浇钢筋混凝土板

柱的立面图主要表示柱的高度方向尺寸，柱内钢筋配置、钢筋截断位置（ϕ 钢筋以上用 45°斜短线表示），钢筋搭接区长度，搭接区内箍筋需要加密的具体数量以及与柱有关的梁、板。

柱的截面一般为矩形，断面图主要反映截面的尺寸、箍筋的形状和受力筋的位置、数量。断面图的剖切位置应设在截面尺寸有变化及受力筋数量、位置有变化处。

图 15－4 是培训楼柱 Z7 的详图。立面图显示柱高 7 m，±0.000 以下基础部分不画，用折断线隔开（柱基础部分在基础图上表示）。在标高 3.400 m 以下，受力筋为 6 ϕ 16，在 3.400 m 以上受力筋为 6 ϕ 14，钢筋搭接区在 ±0.000 以上，长度为 800 mm，在标高 3.400 m附近为 1700 mm。在搭接区内箍筋加密为 ϕ6 @100，其他部位为 ϕ6 @200。标高 7.000 m 以下 800 mm 范围内虽不是钢筋搭接区，但因靠近梁的关系箍筋布置也加密为ϕ6 @100。

断面图中轴线编号说明柱 Z7 的空间位置是在轴线Ⓐ和①的相交处。断面图内箍筋为双肢箍。共六根受力筋，其中四根固定在箍筋四角，另外两根用联系筋固定在箍筋中间部位。联系筋的配置情况与箍筋一样。

对照立面图上的剖切位置可以看出，柱在标高3.400 m 以上随着荷载的减小，其截面宽度也由 400 mm 减至 200 mm。

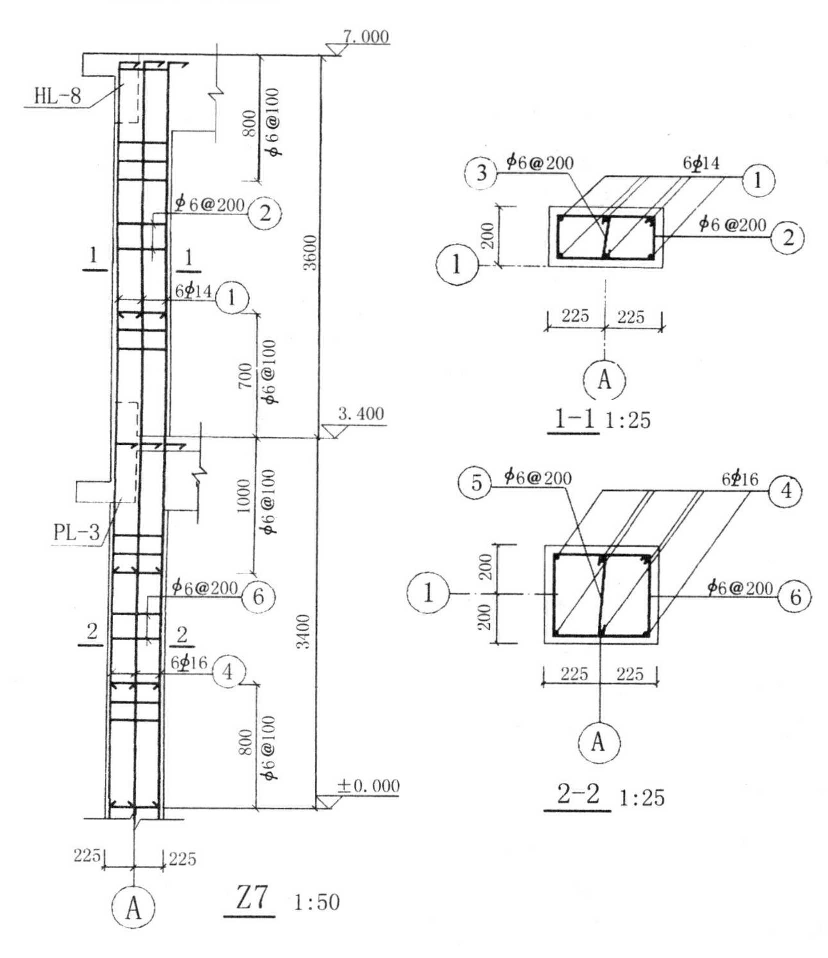

图 15—4 现浇钢筋混凝土柱

15.3 楼层结构布置图

15.3.1 表达内容和图示方法

楼层结构布置图是用平面图的形式来表示每层楼房的承重构件如楼板、梁柱、墙的布置情况。楼层结构平面图是沿每层楼板上表面水平剖切后并向下投影的全剖面视图。

15.3.2 画法及要求

1）比例

一般楼层结构平面图比例同建筑平面图，以便查阅对照。

2）定位轴线

楼层结构平面图的轴线编号应与建筑平面图一致。

3）图线

楼层结构布置图图线的选用可参阅本章表 15－1。

4）预制楼板和现浇楼板

房屋内铺设的楼板有预制和现浇两种，一般应分房间按区域表示。预制楼板宜按投影位置绘制，或在铺楼板的区域内画一条对角线，并注写其代号、数量及有关规格。各地标准不同，代号也不一样，现以江苏地区的标准为例说明预制楼板的代号含义：

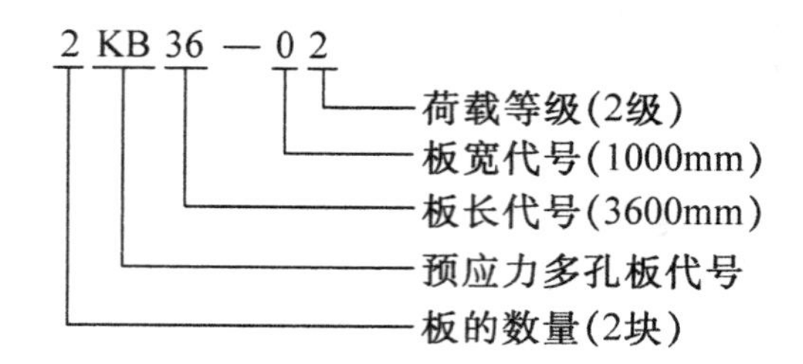

板宽代号 0，9，8，6，5，4 分别表示板的宽度为 1000，900，800，600，500，400 mm。

5）梁、柱等承重构件

剖切到的柱子涂黑，并注上相应的代号。板下不可见梁画虚线加注代号表示，或在梁中心位置画粗点画线并加注代号表示。

6）尺寸标注

一般楼层结构平面只需要标注轴线之间的尺寸。

15.3.3 读图举例

图 15－5 是培训楼二层结构布置平面图，绘图比例 1∶100。图上被剖切到的钢筋混凝土柱断面涂黑表示，并注出其相应代号和编号如 Z2、Z3。框架梁 KL－1、KL－2 等，在楼板下的不可见轮廓画虚线表示。有些梁如 L－4、GL－2 等，在其中心位置用粗点画线表示。楼板是分区表示的，如位于⑥～⑦和Ⓓ和Ⓖ之间的区域，按投影画出了所铺设的各块预制楼板，并标注 5KB36－03 和 1KB36－53，表示该区共铺设 6 块板长为 3600 mm 的空心板，其中 5 块板宽为 1000 mm，1 块板宽为 500 mm。将该铺板区编号为①，其他区的铺板规格与此相同时，就不必再重复详细绘图与标注，只需要注写相同编号①即可。

局部现浇楼板，可以直接在布板区绘出钢筋详图（如果图面大小允许），也可在该区画一条对角线，注写出相应代号如 B－1，另画详图表示。

①～②和Ⓓ～Ⓕ之间是楼梯位置，习惯上需另画详图，所以仅画一条对角线并沿线用文字说明甲楼梯详见结施－23。

15.3.4 其他结构平面图

其他结构平面图包括基础平面图、屋顶结构平面图及圈梁布置平面图。基础平面图在基础图一节中介绍，这里仅介绍屋顶结构平面图和圈梁布置平面图。

屋顶结构平面图是表示屋面承重构件平面布置的图样，其内容和图示要求与楼层结构布置图基本相同。图 15－6 是培训楼屋顶结构布置平面图，内容与二层结构平面图基本相同，这里不再赘述。

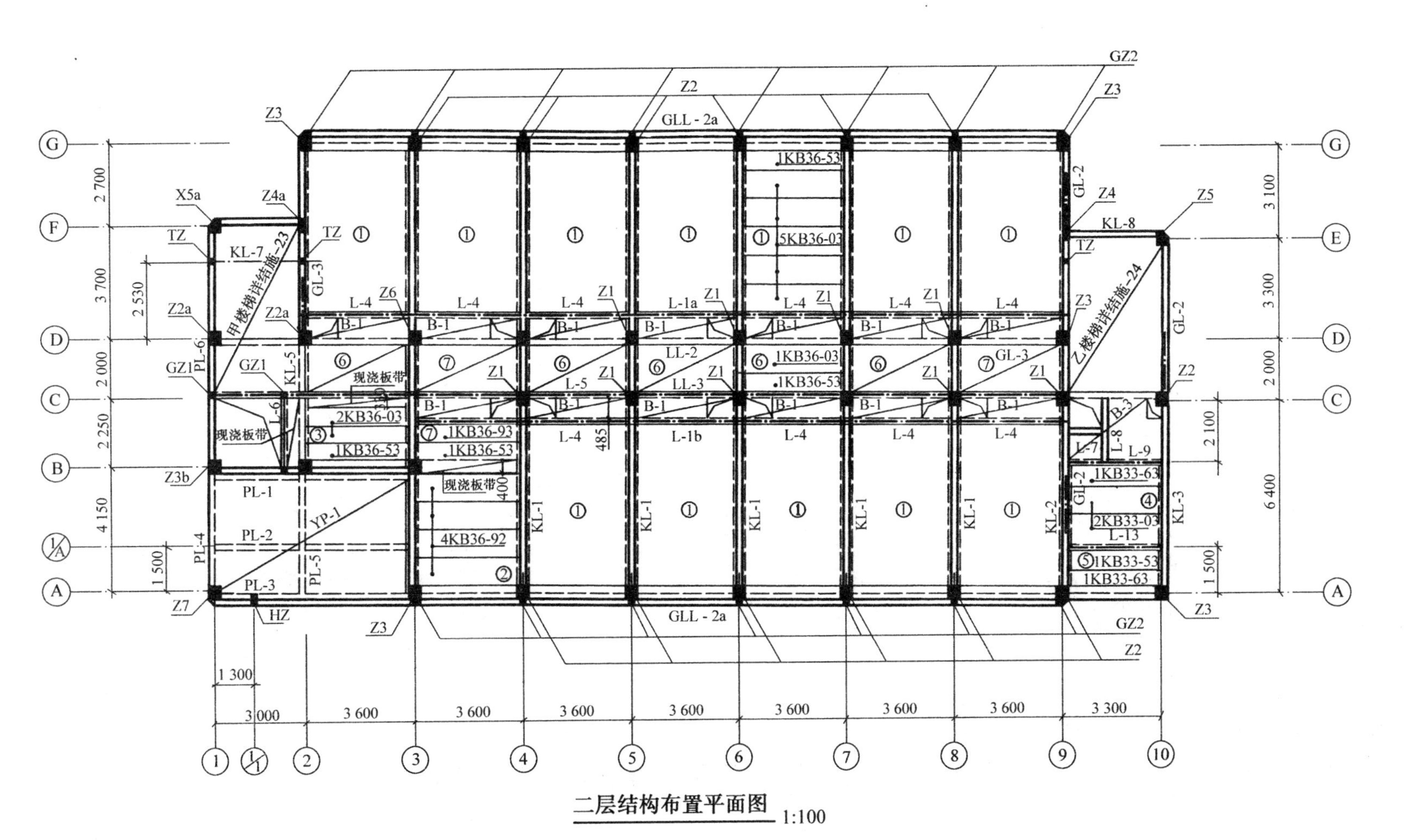

图 15—5 培训楼二层结构布置平面图

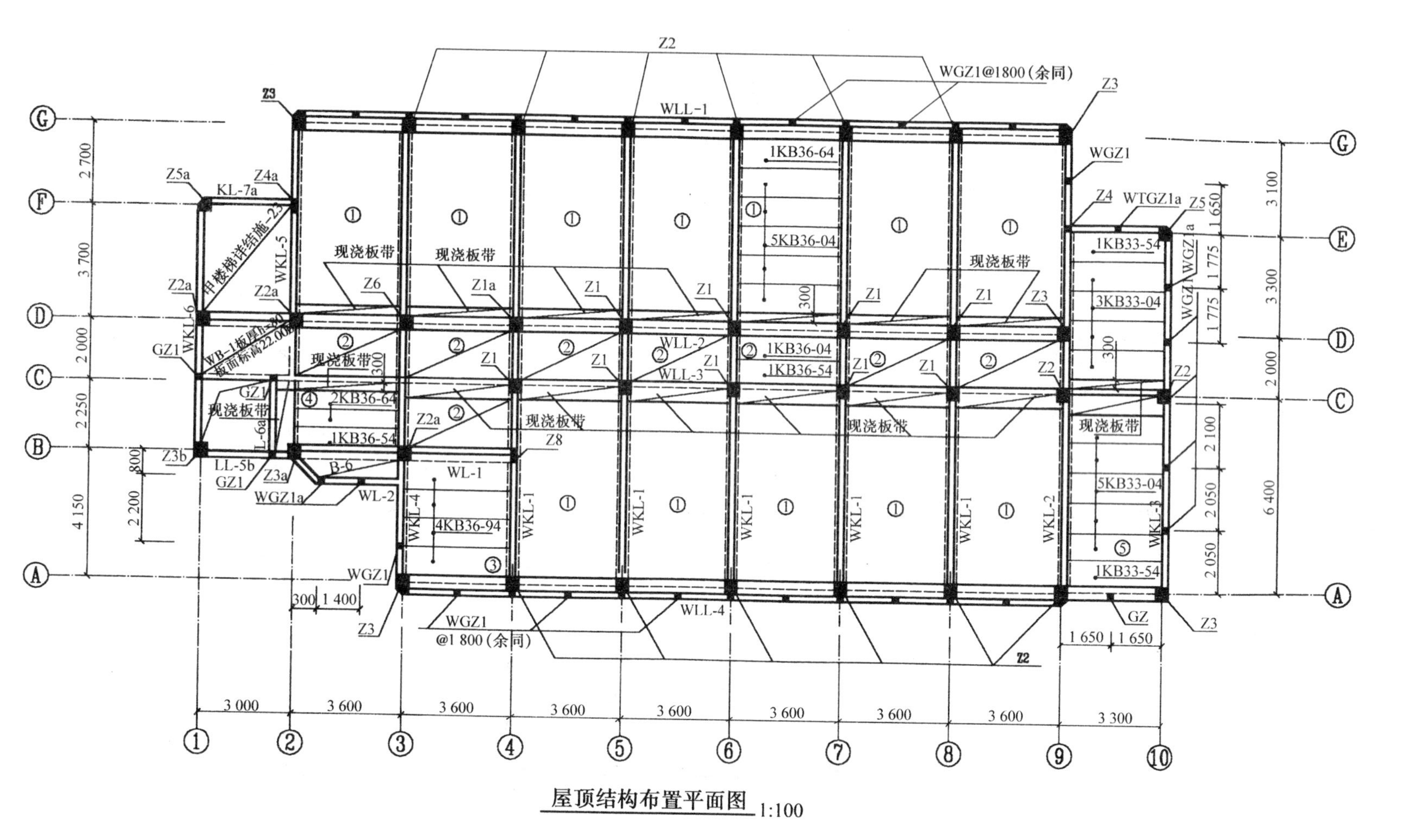

图 15－6　屋顶结构布置平面图

圈梁是一种为了加强建筑的整体性和减少不均匀沉降，沿墙设置的成封闭交圈状的钢筋混凝土梁。圈梁平面布置图只是一种示意图，其配筋和连接情况在节点详图中表示。

图 15－7 是培训楼底层圈梁布置平面图。图中圈梁用单线条表示，旁边注明圈梁代号，不标注尺寸，仅表示圈梁的型号、位置及组合情况。因内容简单故采用 1∶200 比例。

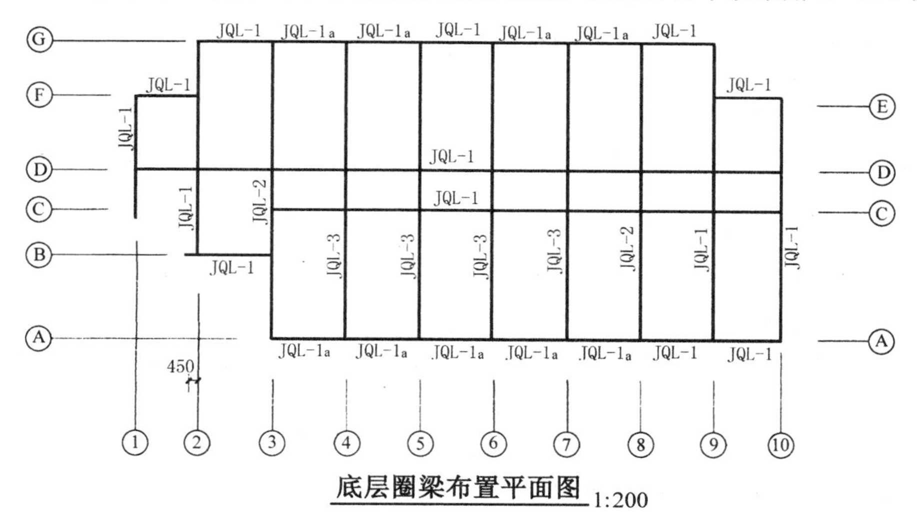

图 15－7 培训楼底层圈梁布置平面图

15.4 基础图

15.4.1 房屋基础的有关知识

1）基础的作用和形式

基础是房屋在地面以下的部分，它承受房屋全部荷载，并将其传递给地基（房屋下的土层）。基础的形式与上部结构系统及荷载大小与地基的承载力有关，一般有条形基础、独立基础、整板基础（又称筏形基础）等形式，如图 15－8 所示。

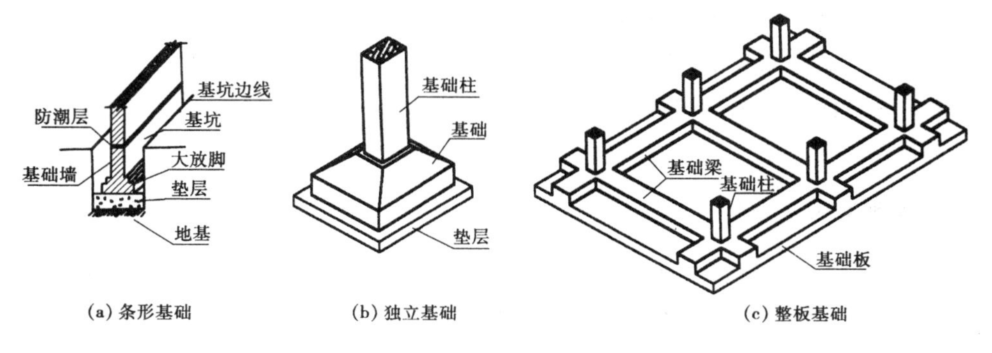

图 15－8 基础的常见形式

2）基础图的内容

表达房屋基础结构及构造的图样称基础结构图，简称基础图，一般包括基础平面图和基础详图。

15.4.2 基础平面图

1）图示方法

基础平面图是假想用一水平面沿地面将房屋切开，移去上面部分和周围土层，向下投影所得的全剖面视图。

2）画法特点及要求

（1）图线。剖切到的墙画粗实线（b），可见的基础轮廓、基础梁等画中实线（$0.5b$），其他为细线。

（2）比例。基础平面图绘图比例一般与建筑平面图的比例相同。以便对照阅读。

（3）定位轴线。基础平面图上的轴线及编号应与建筑平面图一致。

（4）基础梁、柱。基础梁、柱用代号表示，剖切到的钢筋混凝土柱涂黑。

（5）剖切符号。凡尺寸和构造不同的条形基础都需加画断面图，基础平面图上剖切符号要依次编号。

（6）尺寸标注。基础平面图上需标出定位轴线间的尺寸，条形基础底面尺寸，独立基础底面的尺寸和整板基础的底面尺寸。

15.4.3 基础详图

基础平面图仅表示基础的平面布置，而基础各部分的形状、大小、材料、构造及埋置深度等，还需要画基础详图来表示。

1）图示方法

各种基础的图示方法不同，条形基础采用垂直断面图表示，独立基础则采用垂直断面和平面图表示。整板基础为了表示出柱、梁、板的构造关系，常需要绘制局部剖面图。

2）画法特点及要求

（1）图线。基础轮廓、基础墙、柱轮廓一般用粗或中实线绘制。当需要画出钢筋时，钢筋用粗实线绘制。

（2）比例。基础详图用较大比例绘制，常用比例为 1∶20，1∶30。

（3）定位轴线。定位轴线的编号应与基础平面图一致以便对照查阅。

（4）图例。基础墙和垫层都应画上相应的材料图例。

（5）尺寸标注。除了标注基础上各部分的尺寸以外，还应标注钢筋的规格、室内外地面及基础底面标高。

15.4.4 读图举例

图 15－9 是培训楼基础布置平面图。绘图比例 1∶100，图上显示基础包括三种不同的类型：轴线①～③和Ⓐ～Ⓑ区域是条形基础，轴线Ⓐ和①相交处是独立基础，其余绝大部分是整板基础。

条形基础用两条平行的粗实线表示剖切到的基础墙厚为 240 mm，基础墙两侧的中实线表示基础宽度为 600 mm，基础断面剖切符号注为 J1 和 J2。

整板基础包括基础板、板上基础梁和柱基，除基础梁和柱需另绘详图外，基础板的配

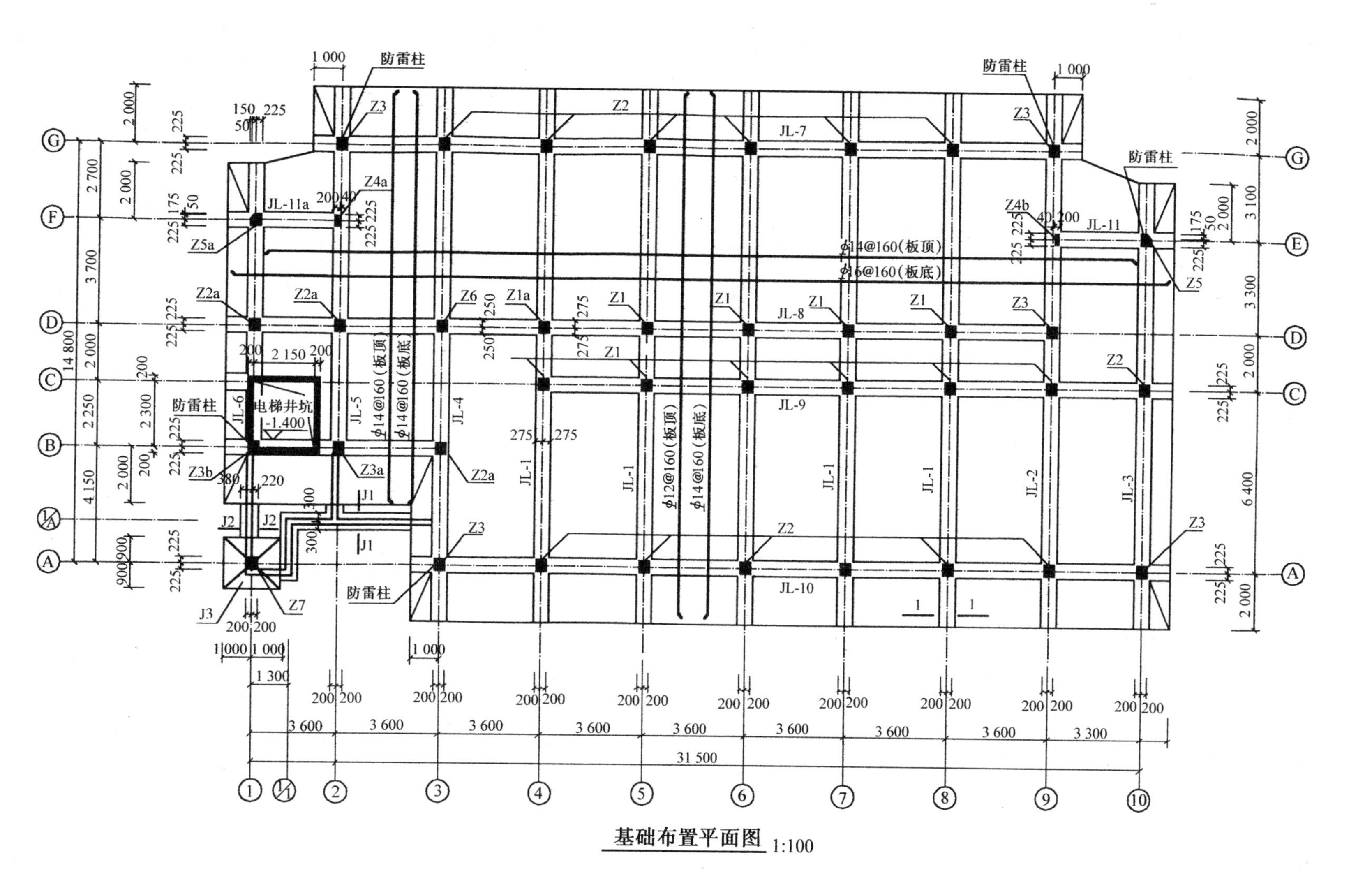

图 15－9 培训楼基础布置平面图

筋是直接绘制在平面图上的。板底沿横向和纵向配置了受力筋，其规格为ϕ 14 @160 和ϕ 16 @160，板顶也配置了双向受力筋规格为ϕ 12 @160 和ϕ 14 @160。板厚 350 mm，板下有 300 mm 垫层。为了表示基础梁、柱、板、垫层之间的关系和尺寸另绘制 1－1 局部剖面图，如图 15－10 所示。

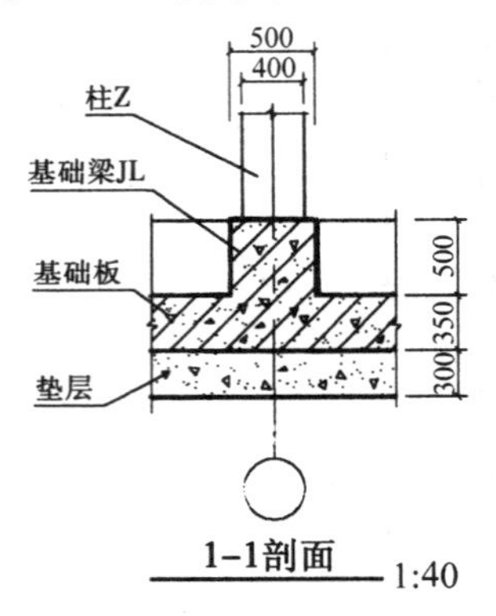

图 15－10　整板基础局部剖面图

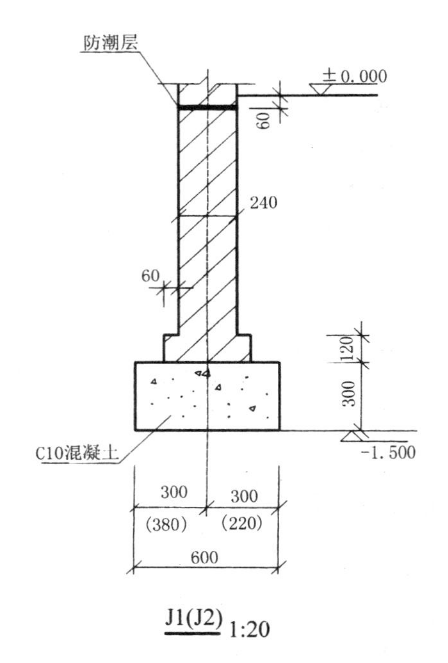

图 15－11　培训楼条形基础详图

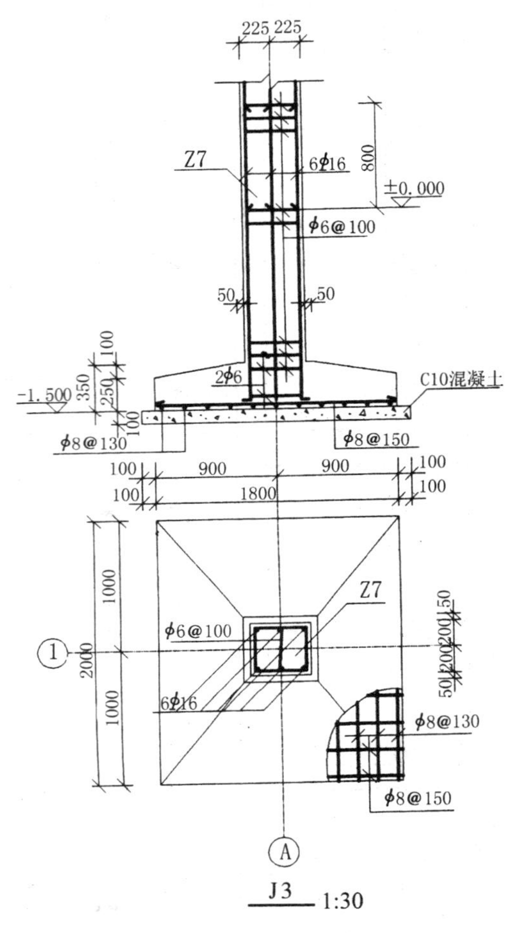

图 15－12　培训楼独立基础详图

图上涂黑的矩形方框是剖切到的钢筋混凝土柱，用 Z 加编号表示，与柱相连的是基础梁，横向分别为 JL－1～JL－6，纵向分别为 JL－7～JL－10，纵横相交形成井字结构。

①～②和Ⓑ～Ⓒ轴线范围是电梯井坑基础，坑底部标高为－1.400 m。由于井墙是钢筋混凝土结构，故图上涂黑表示。

图 15－11 是条形基础详图。条形基础包括垫层、基础墙两部分。为了使地基能承载上部的荷载，基础底面需作相应放大，并用 C10 混凝土作基础垫层，垫层厚 300 mm、宽 600 mm。为了让基础墙所受的力均匀传给基础垫层，基础墙(厚 240 mm)底部向两边各

放出四分之一砖长(60 mm)二皮砖厚(120 mm)的大放脚。在室内地面以下 60 mm 处设置了防潮层,防止地下水或湿气渗蚀室内墙身。J1 基础与 J2 基础基本相同,仅基础与轴线之间的位置稍有不同,故合用一个图表示,将不同的尺寸注在括号内。

图 15—12 是独立基础详图。与条形基础详图相比,除了绘出垂直剖面图外还画出平面图。垂直断面图清晰地反映了基础是由垫层、基础、基础柱三部分构成。基础底部为 2000 mm×1800 mm 的矩形,基础高 350 mm 并向四边逐渐减低到 250 mm 形成四棱台形状。在基础底部配置了 ϕ8 @130 和 ϕ8 @150 的双向钢筋。基础下面用 C10 混凝土做垫层,垫层高 100 mm 每边宽出基础 100 mm。基础上部是基础柱,尺寸 450 mm×400 mm。柱内放置六根ϕ16 钢筋,钢筋下端直接伸到基础内部,上端与柱 Z7 中的钢筋搭接。基础内配置二道 ϕ6 箍筋,基础柱内箍筋按 ϕ6 @100 配置。平面图用局部剖面表示基础中双向钢筋的布置为 ϕ8 @150 和 ϕ8 @130。

15.5 钢筋混凝土结构施工图平面整体表示方法

15.5.1 钢筋混凝土结构施工图平面整体表示法的有关知识

结构布置图主要表示结构构件的位置、数量、型号及相互关系,而对于每一种结构构件的形状、尺寸、配筋等是通过结构详图来描述的。传统的表达方法是将构件从结构平面布置图中索引出来,再逐个绘制配筋详图。这种把平面布置图与配筋图分开的做法,不仅绘图繁琐工作量大,而且对照读图时比较困难,不便于设计和施工。

钢筋混凝土结构施工图平面整体表示方法是把结构构件的尺寸和配筋等,按照相应制图规则,整体直接表达在各类构件的结构平面布置图上,再与标准构造详图相配合,即构成一套新型完整的结构设计图。

钢筋混凝土结构施工图平面整体表示方法简称平法,是我国现浇混凝土结构施工图表示方法的重大改革。

2003 年建设部批准了由中国建筑设计研究院编制的《混凝土结构施工图平面整体表示方法制图规则和构造详图》为国家建筑标准设计图集,并开始在全国范围内推行。经过十几年的推广和应用,已被广大工程技术人员接受,并产生了很大的社会效益和经济效益,所以在 2010 年最新版《建筑结构制图标准》中增加了这方面的规定。下面根据标准图集 03G101 仅对柱和梁的平法施工图的制图规则作简要介绍,其他构件的平法制图规则请参阅相应的标准图集。

15.5.2 柱平法施工图制图规则

1) 柱平法施工图的表示方法

柱平法施工图是在平面布置图上采用列表注写方式或截面注写方式表达。绘制柱平面布置图,可采用适当比例单独绘制,也可与剪力墙平面布置图合并绘制。

2) 列表注写方式

列表注写方式,是在柱平面布置图上,分别在同一编号的柱中选择一个(有时需要选择几个)截面标注几何参数代号;在柱表中注写柱号、柱段起止标高、几何尺寸(包括柱截面对轴线的编心情况）与配筋的具体数值，并配以各种柱截面形状及其箍筋类型图的方式，来表达柱平法施工图，图 15－13 为柱平法施工图列表注写方式示例。

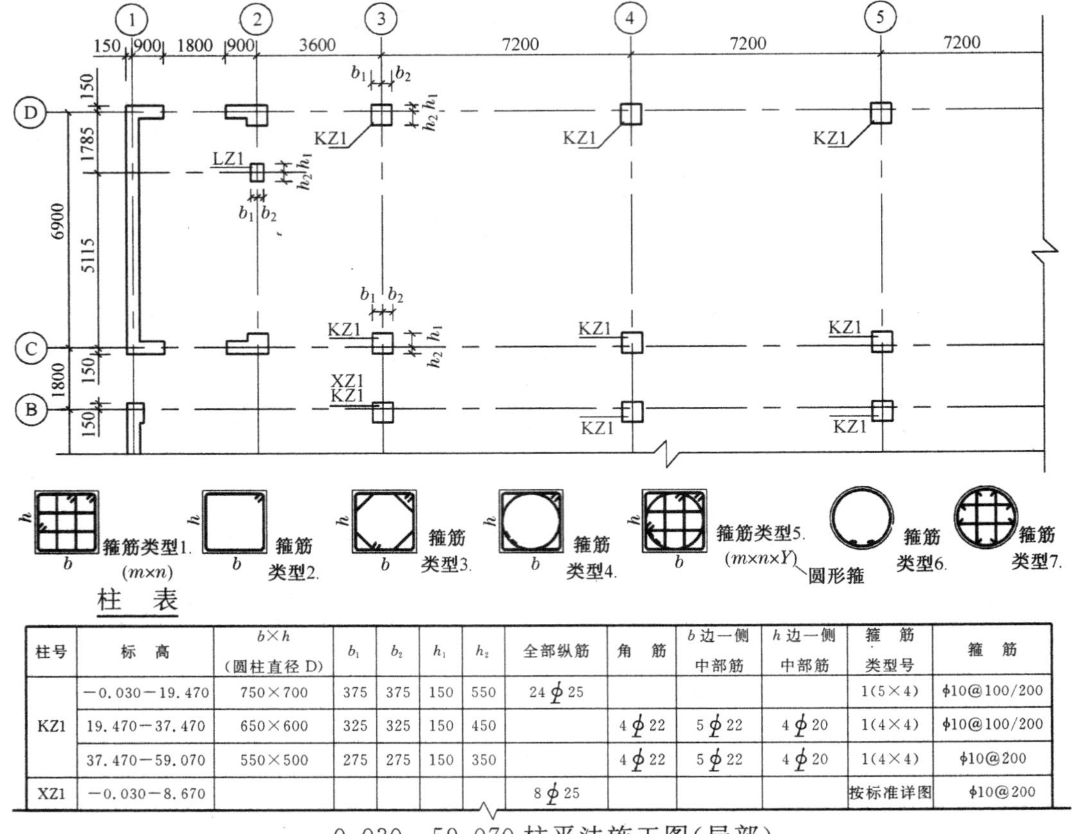

柱号	标高	$b\times h$（圆柱直径 D）	b_1	b_2	h_1	h_2	全部纵筋	角筋	b 边一侧中部筋	h 边一侧中部筋	箍筋类型号	箍筋
KZ1	－0.030－19.470	750×700	375	375	150	550	24ϕ25				1(5×4)	ϕ10@100/200
	19.470－37.470	650×600	325	325	150	450		4ϕ22	5ϕ22	4ϕ20	1(4×4)	ϕ10@100/200
	37.470－59.070	550×500	275	275	150	350		4ϕ22	5ϕ22	4ϕ20	1(4×4)	ϕ10@200
XZ1	－0.030－8.670						8ϕ25				按标准详图	ϕ10@200

图 15－13　柱平法施工图列表注写方式示例

柱表中注写的内容如下：

（1）注写柱编号，柱编号由类型代号和序号组成，例如 KZ1 表示为第 1 号框架柱，LZ3 为第 3 号梁上柱。

（2）注写各段柱的起止标高。

（3）对于矩形柱，注写柱截面尺寸 $b\times h$ 及与轴线关系的几何参数代号 b_1、b_2 和 h_1、h_2 的具体数值，须对应于各段柱分别注写。其中 $b=b_1+b_2$，$h=h_1+h_2$。当截面的某一边收缩变化至与轴线重合或偏到轴线的另一侧时，b_1、b_2 和 h_1、h_2 中的某项为零或为负值；对于圆柱，表中 $b\times h$ 一栏改用在圆柱直径数字前加 d 表示。

为表达简单，圆柱截面与轴线的关系也用 b_1、b_2 和 h_1、h_2 表示，并使 $d=b_1+b_2=h_1+h_2$。

（4）注写柱纵筋，当柱纵筋直径相同，各边根数也相同时，将纵筋注写在“全部纵筋”一栏中；除此之外柱纵筋分角筋、截面 b 边中部筋和 h 边中部筋三项分别注写（对于采用对称配筋的矩形截面柱，可仅注写一侧中部筋，对称边省略不注）。

（5）注写箍筋类型号及箍筋肢数。各种箍筋类型图以及箍筋复合的具体方式须画在表的上部或图中的适当位置，并在其上标注与表中相对应的 b、h 和类型号。

(6) 注写柱箍筋，包括钢筋级别、直径与间距。当为抗震设计时，用斜线“/”区分柱端箍筋加密区与柱身非加密区长度范围内箍筋的不同间距。当箍筋沿柱全高为一种间距时，则不使用“/”线。当圆柱采用螺旋箍筋时，在箍筋前加“L”。

当为非抗震设计时，在柱纵筋搭接长度范围内的箍筋加密，应由设计者另行加以注明。

3）截面注写方式

截面注写方式是在柱平面布置图上，每一种编号的柱选择一个截面位置，在原位放大绘制该柱截面配筋图。在各截面图上必须注写相应的柱编号、截面尺寸 $b\times h$、角筋或全部纵筋、箍筋的具体数值，以及柱截面与轴线关系 b_1、b_2、h_1、h_2 的具体尺寸。当纵筋采用两种直径时，须再注写截面各边中部筋的具体数值。图 15－14 为柱平法施工图截面注写方式示例。

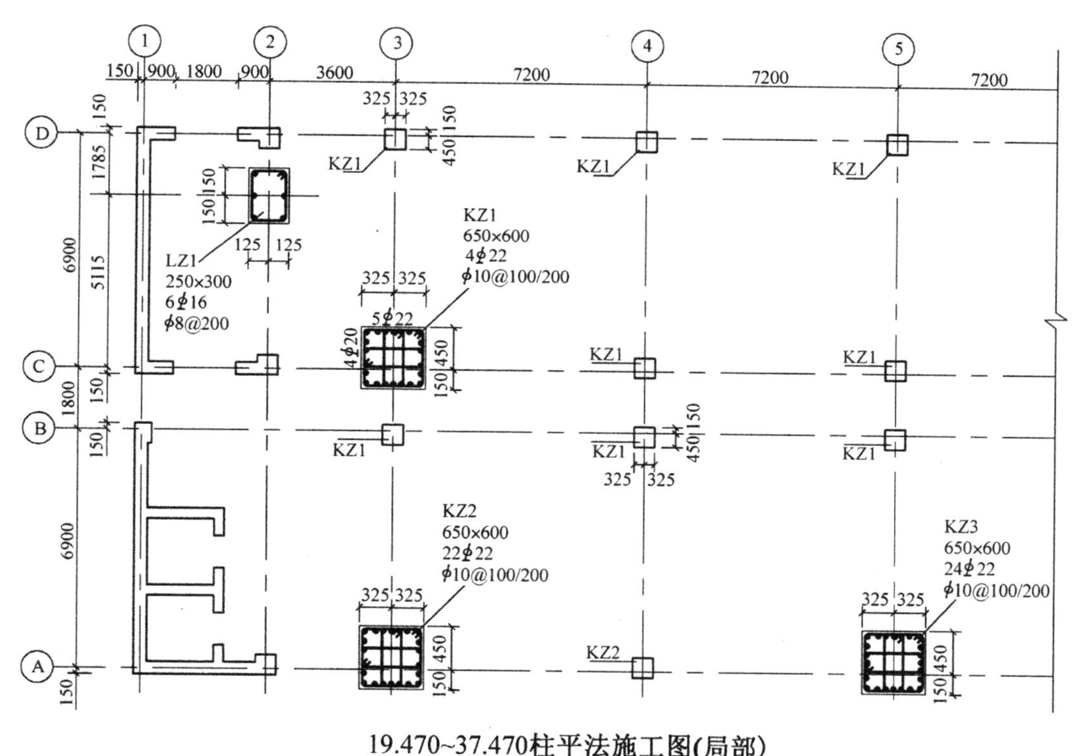

图 15－14　柱平法施工图截面注写方式示例

15.5.3　梁平法施工图制图规则

1）梁平法施工图的表示方法

梁平法施工图是在梁平面布置图上采用平面注写方式或截面注写方式表达。梁平面布置图应分别按梁的不同结构层将全部梁和与其相关联的柱、板一起按适当比例进行绘制。

绘制梁平面布置图除了需表达图形外，还应注明各结构层的顶面标高及相应的结构层号。

2）平面注写方式

平面注写方式是在梁平面布置图上，每一种梁都应注写梁编号，并且每种梁各选一根，详细注写截面尺寸和配筋数值。

平面注写包括集中标注与原位标注，集中标注表达梁的通用数值，原位标注表达梁的特殊数值。当集中标注中的某项数值不适用于梁的某部位时，则将该项数值原位标注，施工时，原位标注取值优先。图上集中标注可以从梁的任意一跨引出注写，原位标注则应在梁的相应位置注写。图15－15为梁平法施工图平面注写方式示例。

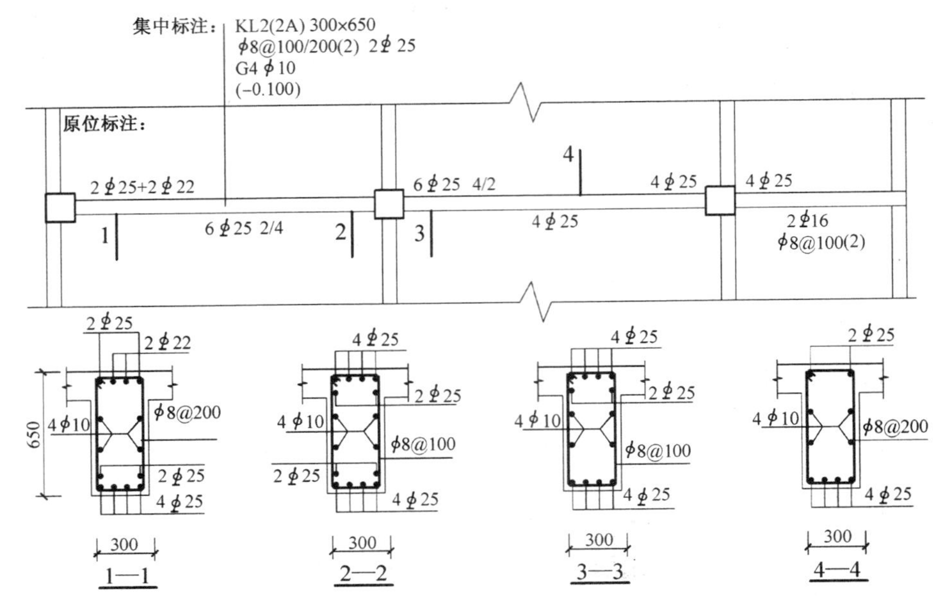

图15－15　梁平法施工图平面注写方式示例

(1) 梁集中标注的规定如下：(包括五项必注值及一项选注值)

① 梁编号为必注值，梁编号由梁类型代号、序号、跨数及有无悬挑代号几项组成。例如：KL7(5A)表示第7号框架梁，5跨，一端有悬挑；L3(4B)表示第3号非框架梁，4跨，两端有悬挑。A表示一端有悬挑，B表示两端有悬挑。

② 梁截面尺寸为必注值，当为等截面梁时，用$b \times h$表示。

③ 梁箍筋为必注值，包括钢筋级别、直径、加密区与非加密区间距及肢数。加密区与非加密区的不同间距用斜线"/"分隔，肢数写在括号内。例如：ϕ10－100/200(4)，表示箍筋为Ⅰ级钢筋，钢筋ϕ10，加密区间距为100，非加密区间距为200，均为四肢箍。

④ 梁上部通长筋或架立筋根数，该项为必注值。所注根数应根据结构受力要求及箍筋肢数等构造要求而定。当同排纵筋中既有通长筋又有架立筋时，应用加号"＋"将通长筋和架立筋相连。注写时须将角部纵筋写在加号的前面，架立筋写在加号后面的括号内，以示不同直径及与通长筋的区别。

当全部采用架立筋时，则将其写入括号内。例如2ϕ22用于双肢箍；2ϕ22＋(4ϕ12)用于六肢箍，其中2ϕ22为通长筋，4ϕ12为架立筋。

当梁的上部纵筋和下部纵筋均为通长筋，且多数跨配筋相同时，此项可加注下部纵筋的配筋值，用分号"；"将上部与下部纵筋的配筋值分隔开来。例如3ϕ22；3ϕ20表示梁的上部配置 3ϕ22 的通长筋,梁的下部配置 3ϕ20 的通长筋。

⑤ 梁侧面纵向构造钢筋或受扭钢筋配置为必注值。纵向构造钢筋前加注字母“G”,受扭钢筋前加注字母“N”,然后注写设置在梁两个侧面的总配筋值,且对称配置。例如 G4ϕ12,表示梁的两侧面共配置 4ϕ12 的纵向构造钢筋,每侧面各 2ϕ12。

⑥ 梁顶面标高高差为选注值。梁顶面标高高差,是指相对于结构层楼面标高的高差值。有高差时将其写入括号内,无高差时不注。当某梁的顶面高于所在结构层的楼面标高时,其标高高差为正值,反之为负值。

(2) 梁原位标注的内容规定如下:

① 梁支座上部纵筋,该部位含通长筋在内的所有纵筋。

当上部纵筋多于一排时,用斜线“/”将各排纵筋自上而下分开。例如:梁支座上部纵筋注写为 6ϕ25 4/2,则表示上一排纵筋为 4ϕ25,下一排纵筋为 2ϕ25。

当同排纵筋有两种直径时,用加号“+”将两种直径的纵筋相连,注写时将角部纵筋写在前面。例如:梁支座上部有四根纵筋,2ϕ25 放在角部,2ϕ22 放在中部,在梁支座上部应注写为 2ϕ25+2ϕ22。

当梁中间支座两边的上部纵筋不同时,须在支座两边分别标注,当梁中间支座两边的上部纵筋相同时,可仅在支座的一边标注配筋值,另一边省去不注。

② 梁下部纵筋。

当下部纵筋多于一排时,用斜线“/”将各排纵筋自上而下分开。例如:梁下部纵筋注写为 6ϕ25 2/4,则表示上一排纵筋为 2ϕ25,下一排纵筋为 4ϕ25,全部伸入支座。

当同排纵筋有两种直径时,用加号“+”将两种直径的纵筋相连,注写时角筋写在前面。当梁下部纵筋不全部伸入支座时,将梁支座下部纵筋减少的数量写在括号内。

例如:梁下部纵筋注写为 6ϕ25 2(−2)/4,则表示上排纵筋为 2ϕ25,且不伸入支座,下一排纵筋为 4ϕ25,全部伸入支座。梁下部纵筋注写为 2ϕ25+3ϕ22(−3)/5ϕ25,则表示上排纵筋为 2ϕ25 和 3ϕ22,其中 3ϕ22 不伸入支座,下一排纵筋为 5ϕ25,全部伸入支座。

③ 侧面纵向构造钢筋或侧面抗扭纵筋。例如在梁某跨下部注写有 N6ϕ18 时,则表示该跨梁两侧各有 3ϕ18 的抗扭纵筋。

④ 附加箍筋或吊筋,将其直接画在平面图中的主梁上,用线引注总配筋值(附加箍筋的肢数注写在括号内),当多数附加箍筋或吊筋相同时,可在梁平法施工图上统一注明,少数与统一注明值不同时,再原位引注。

附加箍筋或吊筋的几何尺寸应按照标准构造详图,结合其所在位置的主梁和次梁的截面尺寸而定。

⑤ 当在梁上集中标注的内容不适用于某跨或某悬挑部分时,则将其不同数值原位标注在该跨或该悬挑部分。

3) 截面注写方式

截面注写方式是在梁平面布置图上对所有梁按规定进行编号,从每种编号的梁中各选一根,先将“单边剖面符号”画在该梁上,再引出绘制相应的截面配筋图,并在其上注出截面尺寸和配筋具体数值。截面注写方式既可以单独使用,也可与平面注写方式结合起来使用。

在截面配筋详图上注写截面尺寸 $b\times h$、上部筋、下部筋、侧面筋和箍筋的具体数值时，其表达形式与平面注写方式相同。

图 15－16 为梁平法施工图截面注写方式示例。

从上面制图规则和举例可以看出，平法实际上是在传统图示方法的基础上进行的一种简化标注形式，设计人员必须按照特定的制图规则绘图和标注，施工人员也必须按照相应的制图规则阅读。由于减掉了一些图样，对于设计者而言可以减少绘图工作量，而对于看图者来说也就要有更高的要求，一方面要熟悉平法这套简化规则，另一方面还要与相应的标准详图对照阅读，才能够真正理解清楚。

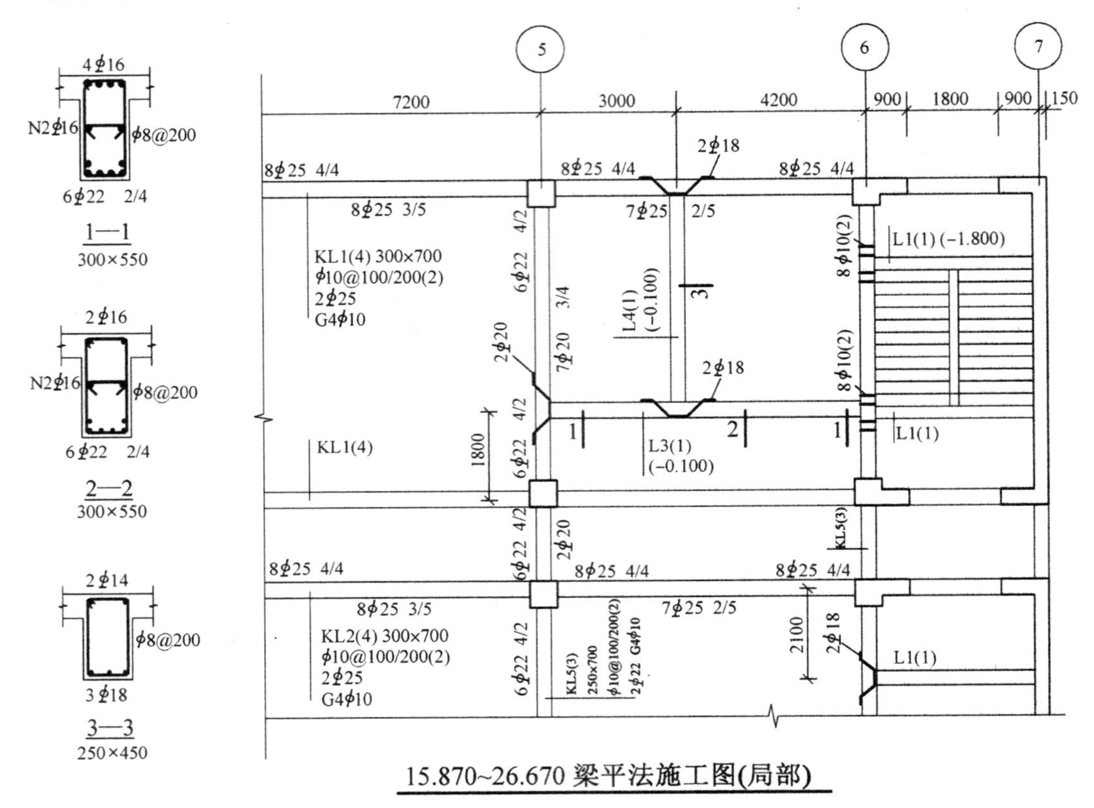

图 15－16　梁平法施工图截面注写方式示例

15.6 钢结构图

钢结构是由各种型钢如角钢、工字钢、钢板等组合连接而成，常用于大跨度、高层建筑及工业厂房中。

15.6.1 型钢图例和连接方法

1）型钢的图例及标注方法（见表 15－6）

表 15－6 常用型钢的图例及标注方法

序号	名称	截面	标注	说明
1	等边角钢	└	└ $b\times t$	b 为肢宽 t 为肢厚
2	不等边角钢	└	└ $B\times b\times t$	B 为长肢宽，b 为短肢宽， t 为肢厚
3	工字钢	I	I N ， Q I N	轻型工字钢加注 Q 字 N 为工字钢的型号
4	槽钢	[	[N ， Q [N	轻型槽钢加注 Q 字 N 为槽钢的型号
5	扁钢	—	$-b\times t$	宽×厚
6	钢板	—	$\frac{-b\times t}{l}$	宽×厚 板长
7	圆钢	◍	ϕd	
8	钢管	○	$\phi d\times t$	d 为外径 t 为壁厚

2）连接形式

钢结构中的构件常用焊接和螺栓连接，铆接在房屋建筑中较少采用。

（1）焊接和焊缝符号

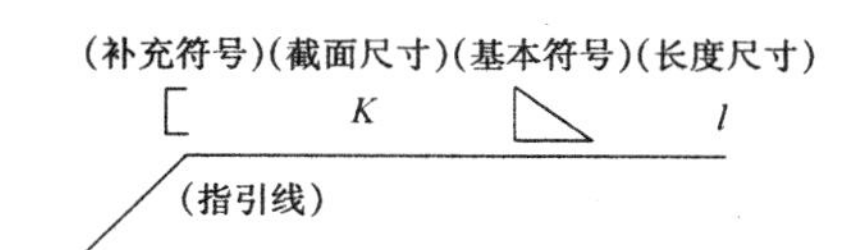

图 15－17 焊缝符号

在焊接钢结构图中，必须把焊缝的位置、形式和尺寸标注清楚。焊缝的表示应符合国家标准《焊缝符号表示法》GB324 中的规定。焊缝符号一般由基本符号和指引线组成，必要时可加上辅助符号、补充符号和焊缝尺寸，常见形式如图 15－17。焊缝横截面尺寸标在基本符号的左侧，焊缝长度尺寸标在基本符号的右侧，坡口角度、间隙等尺寸标在基本符号的上或下侧。

常用焊缝的基本符号和补充符号如表 15－7 所示。

表 15－7 焊缝的图形符号和辅助符号

焊缝名称	示意图	基本符号	符号名称	示意图	补充符号	标注示例
V 型焊缝		V	三面焊缝符号		⊏	⊏ K
I 型焊缝		‖	周围焊缝符号		○	K
角焊缝		◺	现场符号			
塞焊缝 槽焊缝		▽	相同焊缝符号		◠	

(2) 螺栓连接

螺栓连接拆装方便,操作简单,其连接形式可用简化图例表示,见表 15—8。

表 15—8　常用螺栓、螺栓孔图例

序　号	名　称	图　　例	说　　明
1	永久螺栓	M φ	1. 细“+”线表示定位线 2. M 表示螺栓型号 3. φ 表示螺栓孔直径
2	安装螺栓	M φ	
3	圆形螺栓孔	φ	

15.6.2　钢屋架结构图

1) 图示方法

钢屋架结构图主要有屋架简图、屋架立面图和节点详图。

2) 画法特点及要求

(1) 图线。钢屋架简图用单线图表示,一般用粗(或中粗)实线绘制。钢屋架立面图中杆件或节点板轮廓用粗(或中粗)线,其余为细线。

(2) 比例。钢屋架简图采用较小比例如 1∶200,屋架的立面图及上下弦投影图用 1∶50,杆件和节点采用 1∶20。

(3) 定位轴线。用以表明屋架在建筑物中的位置,编号应与结构布置平面图一致。

(4) 图例符号。焊接、螺栓连接形式应采用表 15—7 和表 15—8 的规定图例和标注。

(5) 对称画法。凡对称屋架可采用对称画法,即只需画出一半屋架图。

(6) 尺寸标注。钢屋架简图除需标注屋架的跨度尺寸外一般还应标出杆件的几何轴线长度。钢屋架立面图上则需要标注杆件的规格、节点板、孔洞等详细尺寸。

15.6.3　钢屋架结构图举例

图 15—18 是某仓库钢屋架简图。绘图比例 1∶200。以定位轴线的编号可以知道屋架位于Ⓐ～Ⓒ轴线之间,各杆件几何轴线长度可沿杆件直接标注。

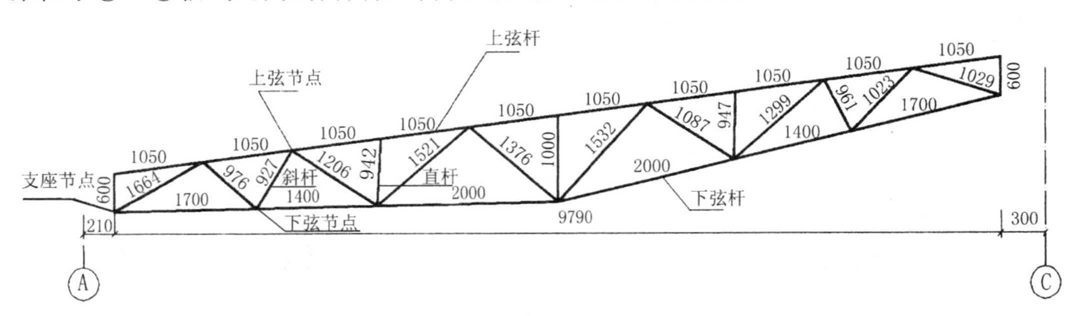

图 15—18　钢屋架简图

图 15－19 是钢屋架立面图(局部)，它包含三部分，中间是屋架立面图，屋架上、下弦实形投影图位于上下两侧。由于屋架的跨度和高度尺寸较大，而杆件的截面尺寸较小，所以通常在立面图中采用了两种不同的比例，即屋架轴线用较小比例，如 1：50，杆件和节点用较大比例，如 1：25。

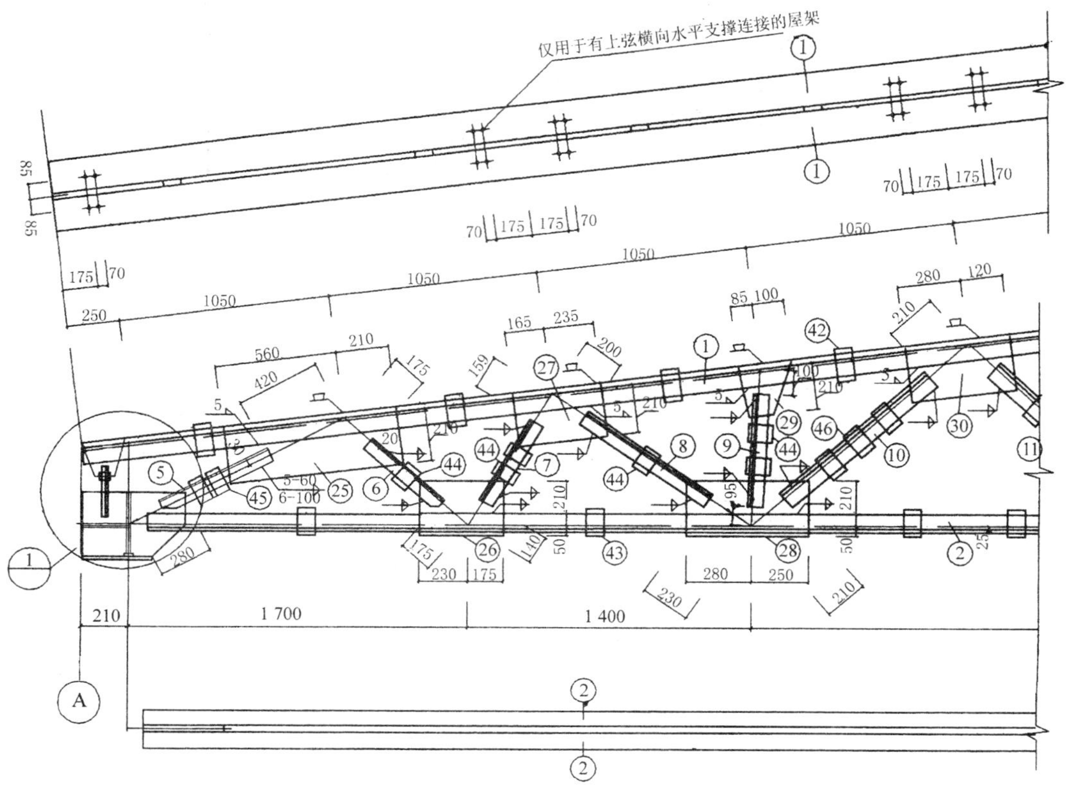

图 15－19　钢屋架立面图

从立面图可以看出，屋架的上、下弦分别由若干根杆件、节点板焊接而成，再用一些直杆和斜杆经节点板将上、下弦相连构成屋架。如斜杆⑥通过节点板㉕和㉖与上、下弦连接。杆件、节点板应编号并标注定位尺寸。支座节点因比例小，杆件和节点板的形状、尺寸及连接形式都无法表达清楚，另绘有详图，用索引符号㊀表示。

图 15－20 是钢屋架支座节点详图。绘图比例 1：20。从详图上看出，屋架上、下弦通过杆件④、节点板㉑和㉒相连，再由㉒将屋架与节点板㉓相连。㉓是屋架与柱连接的支座垫板。

1－1 剖面显示支座垫板㉓为 360×420 的矩形板，㉒位于其前后对称面处并用支撑板⑳焊接。㊽是螺帽垫，屋架通过㉓与柱顶焊接再用螺栓固定。

2－2 剖面显示杆件由两个相同的角钢组成，两角钢之间用塞焊与节点板相连，见放大的上弦塞焊图。一般每个节点板均应画出详图，这里只绘了节点板㉒的详图。

在钢屋架结构图中一般还附有材料表(略)，表中按零件编号详细注明了组成杆件的各型钢的截面规格尺寸、长度、数量和质量(即重量)等内容。所以在屋架图中可以不注出各杆件的截面尺寸，而只注出编号。

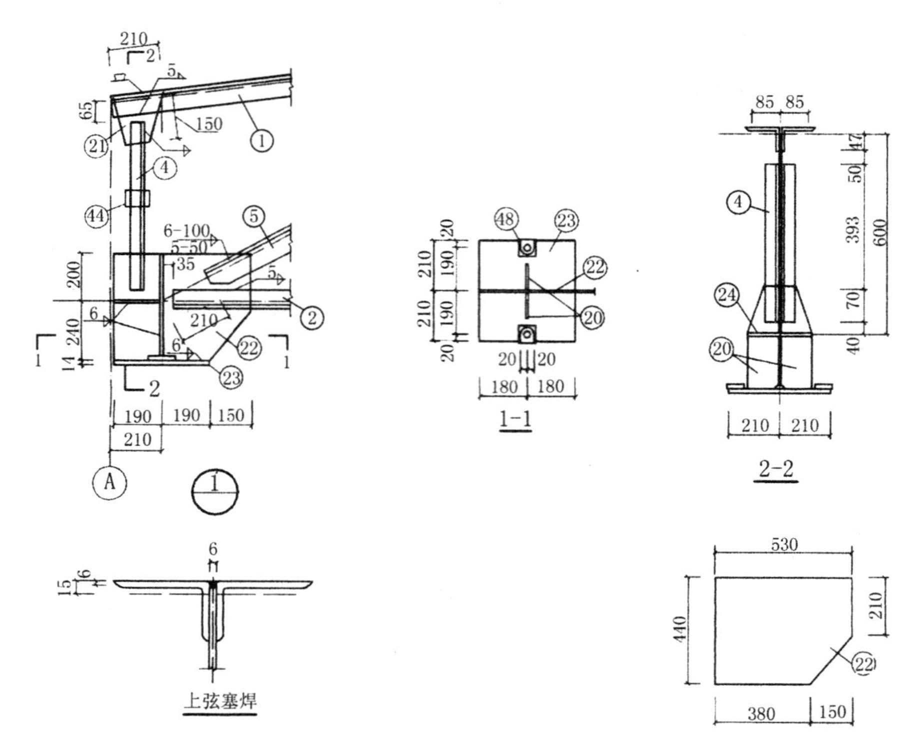

图 15—20　钢屋架支座节点详图

16 建筑给水排水施工图

16.1 概述

给水排水工程是现代城市建设的重要基础设施，由给水工程和排水工程两部分组成。给水是为居民生活和工业生产提供合格的用水，给水过程一般为：水源取水，水质净化，净水输送，配水使用。排水是为了防止污染，保护环境，排水过程一般为：污水排除，污水汇集，污水处理，污水排放。

整个给水排水工程中包括有各种功能的设备和构筑物，各种规格的管道及配件，各种类型的卫生器具等。本章重点介绍与房屋建筑有关的给水排水施工图，主要有室内给水排水平面图、管道系统图、室外给水排水平面图以及各种详图等。

绘制给水排水施工图应遵守《建筑给水排水制图标准》GB/T50106－2010，还应遵守《房屋建筑制图统一标准》GB/T50001－2010中的各项基本规定。

16.1.1 管道及配件知识

1）管道的分类

（1）按管路系统分类。按管内介质分有给水管、排水管、循环水管、热水管等。给水管又细分为生产给水管、生活给水管、消防给水管等。排水管又细分为生产排水管、生活排水管、雨水管等。

按管内介质有无压力分为压力流管道和重力流管道。一般来说给水管为压力管道，排水管为重力管道。

（2）按管道材料分类。按管道材料分为金属管和非金属管。

金属管包括钢管、铸铁管、铜管、铅管等；非金属管包括混凝土管、钢筋混凝土管、石棉水泥管、橡胶管、塑料管等。

（3）按管道连接分类。按管道连接方式分有：法兰连接、螺纹连接、承插连接、焊接。法兰连接适用于钢管、铸铁管等；螺纹连接适用于钢管、塑料管等；承插连接适用于铸铁管、混凝土管、钢筋混凝土管等；焊接适用于钢管、铅管、塑料管等。

2）常用管件

管道是由管件装配连接而成的。常用的管件有：弯头、三通管、四通管、异径管、存水弯、管堵、管箍、活接头等，它们分别起着连接、改向、变径、分支、封堵等作用。

3）控制配件

为了控制管道内介质的流动，在管道上设置各种阀门，起着开启、关闭、逆止、调节、分配、安全、疏水等作用。常用的阀门有：截止阀、闸阀、旋塞阀、球阀、蝶阀、浮球阀、止回阀、减压阀、疏水阀等，另外还有专供卫生器具放水用的各种水嘴。

4）量测配件

常用的量测配件有：压力表（用于指示管道内的压力值）、文氏表（安装在水平管道上用来测定流量）、水表（水厂和用户用它来统计供水量）。

5）升压设备

通常用离心式水泵将水提升加压，它的特点是扬程高、流量小、体积小、结构简单，故在房屋的给水工程中应用较多。

16.1.2 管道图的画法

1）管道的基本画法

管道一般为圆柱管，基本形状为空心圆柱体，若完全按投影来画，应画出内外圆柱面的投影，如图16－1a所示。实际上这样画很麻烦且无必要，应简化。由于管道的壁厚尺寸太小可以忽略，仅需画出其外形，于是用两条粗线来表示管道的外形轮廓，这样画出的图称为双线管道图，如图16－1b所示。由于管道的中心线还必须用细点画线表示，所以又称三线管道图。当然这只是管道画法的一种简化，不能认为管道是实心圆柱体。

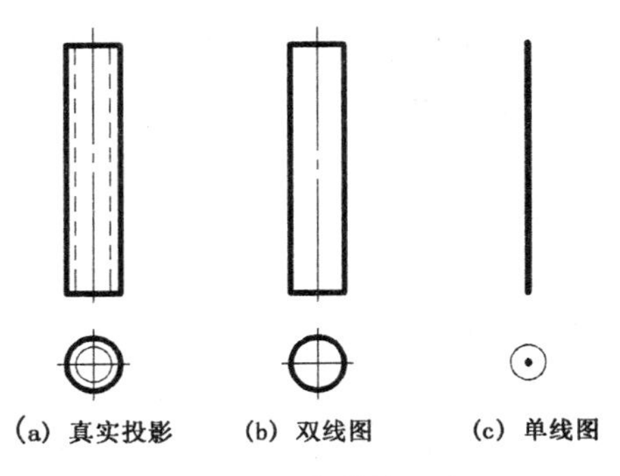

图16－1 管道的画法

通常管道是又细又长的，管径尺寸比管长尺寸小得多，画双线图还是不方便，需要进一步简化。根据管道的特点，可以忽略管径尺寸，将管道看成一条线，采用单线表示。在管道的中心处画一条粗线来表示其位置，这样画出的图称为单线管道图，如图16－1c所示。既然将管道看成为单线，图中水平投影应积聚为一点，但实际上为了便于识别，常用带圆心点的小圆表示，或仅画出小圆表示。

单线管道图绘制简单表达清楚，工程图中应用最多。但如果管道的直径较大，画图的比例也较大时，为了充分表达管道所占有的空间尺度，以及与其相连的设备和相邻构配件的位置关系，则需要采用双线管道图的画法。

2）管道和配件的常用画法

(1) 管道弯折(转向)时的画法如图16－2所示，左边为单线画法，右边为双线画法。

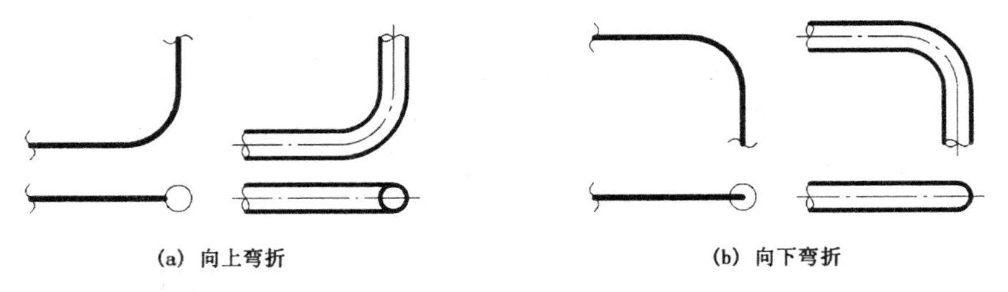

图16－2 管道弯折的画法

(2) 管道相交(分支)时的画法如图16－3所示。

(3) 管道交叉时的画法如图16－4所示。在投影相交处，看不见的那根管道在单线图中应断开绘制，在双线图中可画成虚线或省略不画。

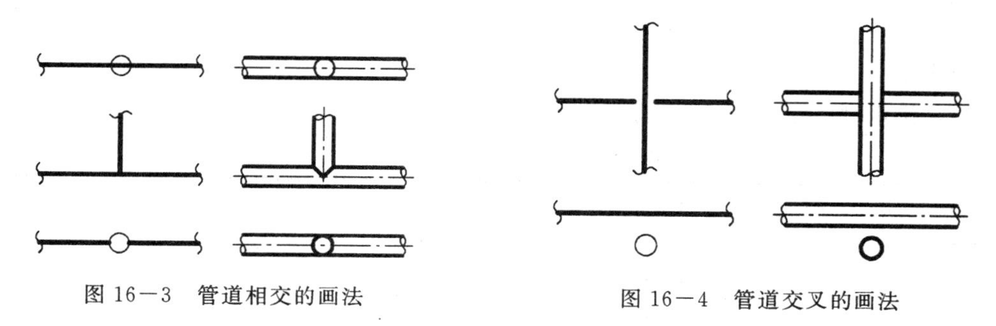

图 16－3　管道相交的画法　　　　图 16－4　管道交叉的画法

(4) 不同管径的管道连接时画法如图16－5所示。

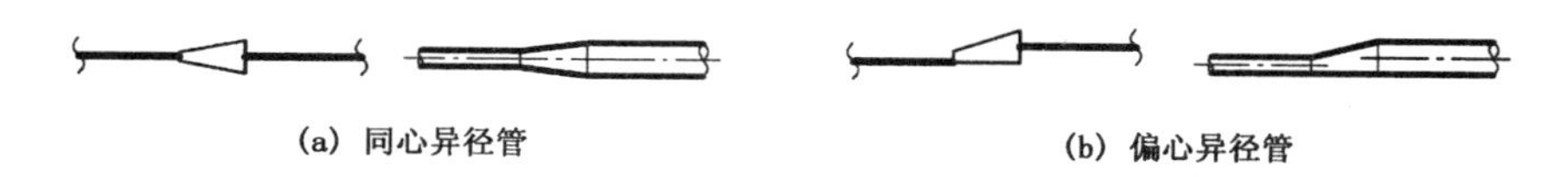

(a) 同心异径管　　　　(b) 偏心异径管

图 16－5　异径管的画法

(5) 管道的连接方式一般情况下用文字说明，图中不必画出，如若要表示，画法如图 16－6 所示。

(6) 管道的折断画法如图16－2至图16－6所示，在折断处应当用 S 形折断符号表示。

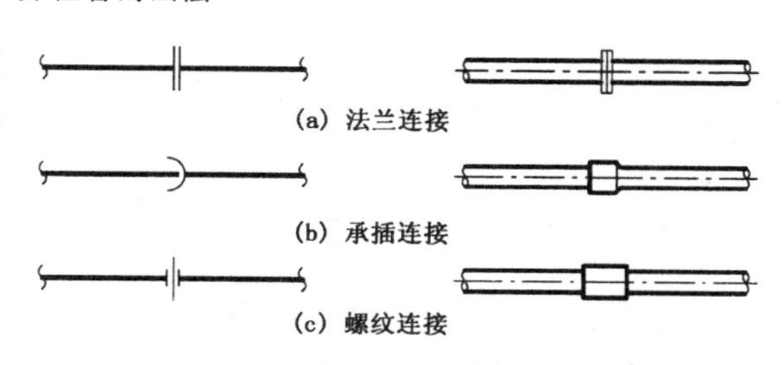

(a) 法兰连接

(b) 承插连接

(c) 螺纹连接

图 16－6　管道连接的画法

16.1.3　给水排水制图的一般规定

1) 图线

建筑给水排水制图采用的各种图线宜符合表 16－1 的规定。线宽 b 宜为 0.7 mm 或 1.0 mm。

表 16－1　给排水施工图中图线的选用

名称	线宽	一般用途
粗实线	b	新设计的各种排水和其他重力流管线
粗虚线	b	新设计的各种排水和其他重力流管线的不可见轮廓线
中粗实线	$0.7b$	新设计的各种给水和其他压力流管线；原有的各种排水和其他重力流管线
中粗虚线	$0.7b$	新设计的各种给水和其他压力流管线及原有的各种排水和其他重力流管线的不可见轮廓线
中实线	$0.5b$	给排水设备、零(附)件的可见轮廓线；总图中新建的建筑物和构筑物的可见轮廓线；原有的各种给水和其他压力流管线
中虚线	$0.5b$	给水排水设备、零(附)件的不可见轮廓线；总图中新建的建筑物和构筑物的不可见轮廓线；原有的各种给水和其他压力流管线的不可见轮廓线
细实线	$0.25b$	建筑的可见轮廓线；总图中原有的建筑物和构筑物的可见轮廓线；制图中的各种标注线
细虚线	$0.25b$	建筑的不可见轮廓线；总图中原有的建筑物和构筑物的不可见轮廓线
单点长画线	$0.25b$	中心线、定位轴线
折断线	$0.25b$	断开界线
波浪线	$0.25b$	平面图中水面线；局部构造层次范围线；保温范围示意线等

2）比例

给水排水制图常采用的比例宜符合表16－2的规定。

表16－2　给水排水制图的比例

图　名	比　例	备　注
区域规划图 区域位置图	1∶50000、1∶25000、1∶10000、 1∶5000、1∶2000	宜与总图专业一致
总平面图	1∶1000、1∶500、1∶300	宜与总图专业一致
管道纵断面图	纵向：1∶1000、1∶500、1∶300 竖向：1∶200、1∶100、1∶50	根据需要纵向与竖向采用不同的组合比例
水处理厂（站）平面图	1∶500、1∶200、1∶100	
水处理构筑物、设备间、卫生间、泵房平、剖面图	1∶100、1∶50、1∶40、1∶30	
建筑给水排水平面图	1∶200、1∶150、1∶100	宜与建筑专业一致
建筑给水排水轴测图	1∶150、1∶100、1∶50	宜与相应图纸一致
详　图	1∶50、1∶30、1∶20、1∶10、1∶5、 1∶2、1∶1、2∶1	

在建筑给水排水轴测系统图中，如局部表示有困难时，该处可不按比例绘制。水处理工艺流程断面图和建筑给水排水管道展开系统图可不按比例绘制。

3）标高注法

高程以米为单位，一般注写到小数点后第三位。在总平面图及相应的小区（厂区）给排水图中可注写到小数点后第二位。

室内工程应标注相对高程，室外工程宜标注绝对高程，当无绝对高程资料时，可注写相对高程，但应与总图专业一致。

不同直径的压力管道的连接是以管中心为基准平接，因此压力管道宜注管中心高程。重力管道的连接有管顶平接和管中心平接两种，一般重力管道宜注管内底高程，但在室内多种管道敷设且共用支架时，为方便标注，重力管道也可注管中心高程，图中应加以说明。

图中应注写标高的部位有：沟渠和重力流管道的起点、连接点、变坡点、变尺寸（管径）点及相交点；压力流管道中的标高控制点；管道穿外墙、剪力墙和构筑物的壁及底板等处；不同水位线处；构筑物和土建部分的相关高程位置。

在不同图样中标高的注法如下：

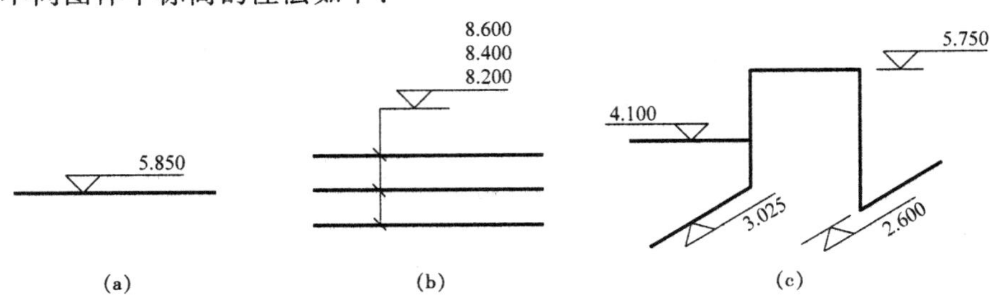

图16－7　平面图、系统图中管道的标高注法

（1）平面图、系统（轴测）图中，管道的标高注法见图 16－7。图 16－7a 中单根管道可直接标注；图 16－7b 中多根管道靠得较近时，可引出标注；图 16－7c 为轴测图中管道的标高应注在相应的坐标面内。

（2）剖面图中，管道及水位的标高注法见图 16－8。

（3）平面图中，沟渠的标高注法见图 16－9。

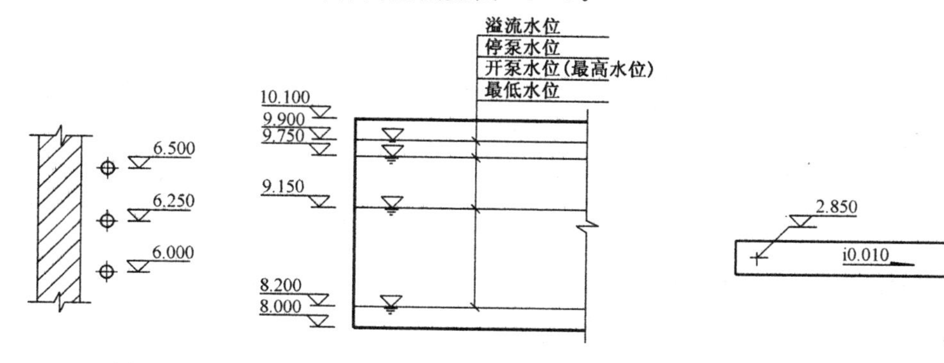

图 16－8　剖面图中管道及水位的标高注法

图 16－9　平面图中沟渠的标高注法

在建筑物内部的管道，也可按本层建筑地面的标高加管道安装高度的方式标注管道标高，标注方法为 H＋×.×××，H 表示本层建筑地面标高（如 H＋0.250）。

4）管径注法

管径应以毫米为单位。

水煤气输送钢管（镀锌或非镀锌）、铸铁管等管材，管径宜以公称直径 DN 表示（如 DN15、DN50）；无缝钢管、焊接钢管（直缝或螺旋缝）等管材，管径宜以外径 D×壁厚表示（如 D108×4、D159×4.5 等）；钢管、薄壁不锈钢管等管材，管经宜以公称外径 D_W 表示（如 D_W18、D_W67 等）；建筑给水排水管材，管径宜以公称外径 d_n 表示（如 d_n63、d_n110 等）；钢筋混凝土（或混凝土）管管经宜以 d 表示（如 d230、d380 等）；复合管、结构壁塑料管等管材，管径应按产品标准的方法表示；当设计中均采用公称直径 DN 表示管径时，应有公称直径 DN 与相应产品规格对照表。

管径的标注见图 16－10，图 16－10a 为单管管径的注法，图 16－10b 为多管管径的注法。

5）编号方法

当建筑物的给水引入管或排水排出管数量多于一根时，宜按系统编号。编号用分数形式表示，分子为管道类别代号（用字母表示），分母为管道进出口序号（用阿拉伯数字表示），标注方法见图 16－11。

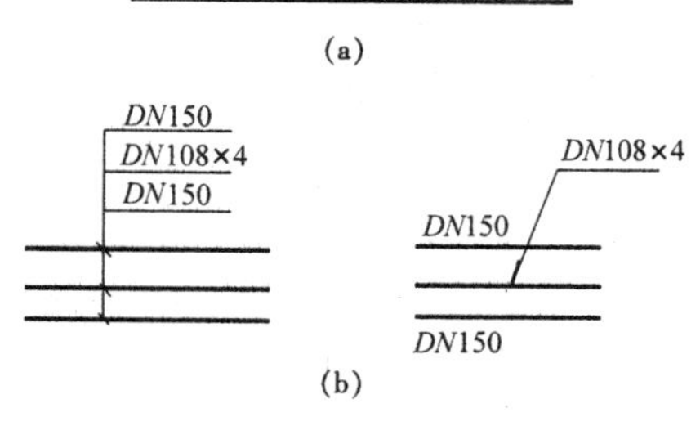

图 16－10　管径的注法

建筑物内穿过楼层的立管，其数量多于一根时，宜用阿拉伯数字编号，表示形式为“管道类别和立管代号—编号”。例如“WL－1”，“W”表示污水，“L”表示立管，“1”为编号。通常立管编号采用引出标注，见图 16－12，图 16－12a 为平面图中注法，图 16－12b 为系统图或剖面图中注法。

在总平面图中，当给水排水附属构筑物（阀门井、检查井、水表井、化粪池等）多于一个时宜编号。编号用构筑物代号后加阿拉伯数字表示。构筑物代号应采用汉语拼音的首字母表示。

给水构筑物的编号顺序宜为从水源到用户，从干管到支管再到用户，宜按给水方向依次编写。

排水构筑物的编号顺序宜为从上游到下游，先支管后干管，宜按排水方向依次编写。

当给水排水机电设备的数量超过一台时宜编号，并应有设备编号与设备名称对照表。

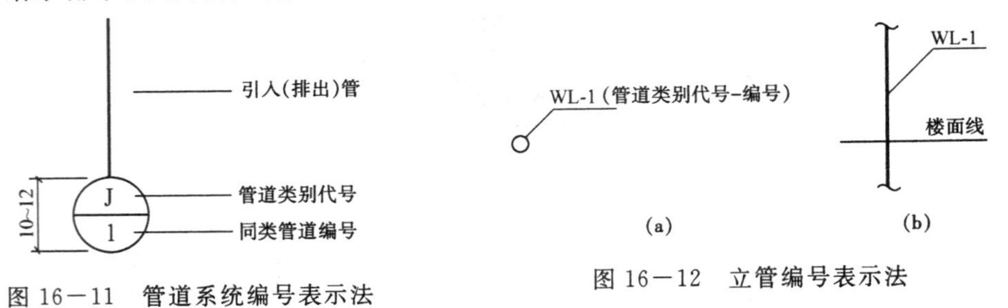

图 16－11　管道系统编号表示法

图 16－12　立管编号表示法

6）图例

常用给水排水图例见表 16－3。

表 16－3　给水排水制图常用图例

名　称	图　例	说　明	名　称	图　例	说　明
给水管	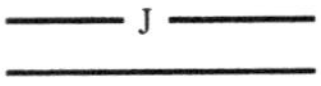 ——J——	用汉语拼音字头表示管道类别	截止阀	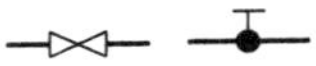	
污水管	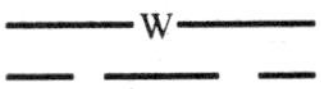 ——W——	用粗实线、粗虚线区分给水排水时，可省略代号	水嘴		左为平面 右为系统
管道固定支架		支架按实际位置绘制	室　外 消火栓		
多孔管			化验盆 洗涤盆	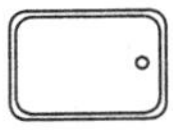	
存水弯		左为 S 形 右为 P 形	立　式 洗脸盆		
立管检 查　口			浴盆	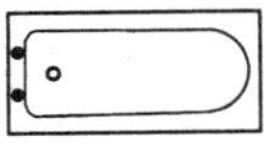	
清扫口	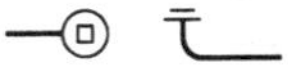	左为平面 右为系统	污水池		
通气帽		左为成品 右为蘑菇形	大便器		左为蹲式 右为坐式
圆形地漏		通用。如无水封，地漏应加存水弯	矩　形 化粪池	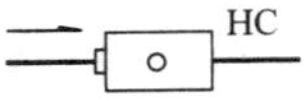 HC	HC 为化粪池代号
自动冲 洗水箱			水表井		
排水明沟	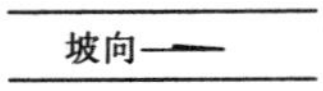 坡向——		阀门井 检查井		左为圆形，右为矩形 以代号区别管道

16.2 室内给水排水施工图

16.2.1 室内给水施工图

1）室内给水工程的基本知识

（1）室内给水工程的任务

将自来水从室外管网引入室内，且输送到各用水点、卫生器具、生产设备和消防装置处，并保证提供水质合格、水量充裕、水压足够的自来水。

（2）室内给水工程的组成 （参见图16—13）

① 给水引入管

从室外给水管网将自来水引入房屋内部的一段水平管道，一般还附有水表和阀门。

② 给水管网

室内给水管网一般包括：水平干管（将自来水从引入管输送到房屋的各相关地段）、立管（将自来水垂直输送到楼房的各层）和支管（把自来水从立管输送到用水房间内的各配水点）。

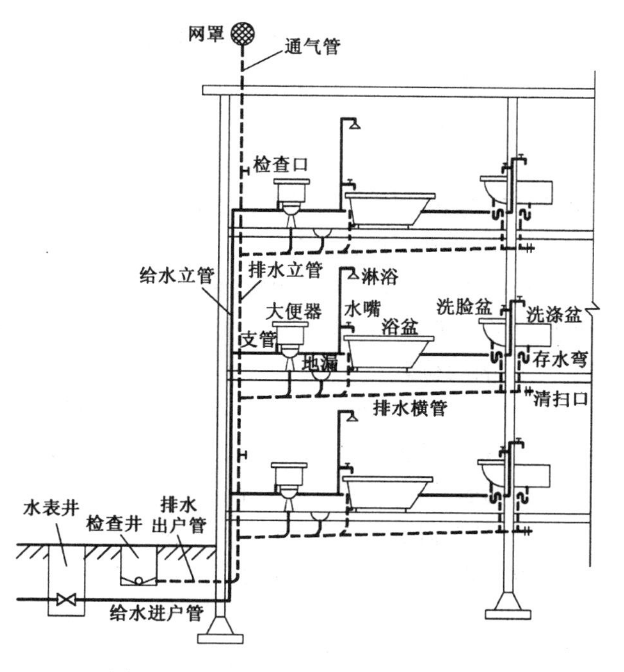

图16—13 室内给水排水组成示意图

③ 配水附件

管路上的各种阀门、水表、水嘴等。

④ 升压设备

当水压不足时需要安装的特殊设备如水泵、水箱、蓄水池等。

（3）给水方式

房屋常用的给水方式有：下行上给直接供水；上行下给水箱供水；混合式。

（4）给水管道的布置要求

给水引入管应根据室外给水管网的情况，在房屋用水量集中的地段引入。给水立管宜靠近用水量大的房间和用水点，一般情况下管道是沿墙靠柱作直线走向，避免不必要的转角和曲折，尽量使管线长度最短，且便于施工、使用和检修。

室内给水管网可布置成环状或树枝状。

对于居住建筑，通常每一用户应单独安装水表，这样便于计量并有利于节约用水。

2）给水管道平面图

管道平面图是室内给水施工图中的基本图样，它表示室内给水管网和配件以及用水设备的平面布置情况。

（1）表达内容

① 给水引入管的位置及与室外管网的连接关系；

② 各给水干管、立管、支管的平面位置和走向；

③ 管路上各配件的位置；

④ 各种卫生器具和用水设备的类型、位置等。

(2) 图示方法和画法特点

① 绘图比例

可以采用和建筑平面相同的比例，画出整个房屋的平面图，也可以用较大比例(如1∶50或1∶20等)只画出用水房间的局部平面图。

② 平面图的数量

多层房屋应分层绘制给水管道平面图。一般应画出底层平面图，二层以上的各楼层如果管道布置相同，可以仅画出标准层平面图。

③ 房屋平面的画法

室内给水管道平面图中的建筑部分不是用于土建施工，而是仅作为管道的水平定位和布置的基准，因此只需用细线简要画出房屋的平面图形，其余细部均可略去。

④ 剖切位置

房屋的建筑平面图是从门窗部位水平剖切的，而管道平面图的剖切位置则不限于此高度，可以看成是从本层最高处水平剖切后向下投影所绘制的水平投影图，凡是为本层设施配用的管道均应画在该层平面图中。

⑤ 卫生器具的画法

卫生器具有的是工业定型产品(如大小便器、洗脸盆、浴盆等)，有的是现场砌筑的(如水池、水槽等)，通常都另有安装标准图或施工详图表示，故在平面图中只需按比例画出图例或外形即可。卫生器具的规格一般写在施工说明中。

⑥ 管道画法

在平面图中管道均是采用单线画法，通常给水管道用粗实线表示。各段管道不论在楼面或地面的上下，都不必考虑其可见性，仍按粗实线绘制。给水管道一般是螺纹连接的，平面图中不需要特别表示。

⑦ 尺寸标注

在给水管道平面图中一般要注出楼地面的标高，以及房屋定位轴线的编号和尺寸。卫生器具和管道是沿墙靠柱设置的，且另有安装详图表示，平面图中通常不注其定位尺寸，必要时可以墙面或轴线为基准标注。各段管道的长度在图中不必标注，施工时是以现场实测为准。各段管道的管径、坡度和标高都是注写在系统图中，平面图中一般不标注。

3) 给水管道系统图

为了更清楚地表示整个房屋内给水管网的空间布置情况，还需要绘制给水管道系统轴测图。

(1) 表达内容

① 给水引入管、给水干管、立管、支管的空间位置和走向；

② 各种配件如阀门、水表、水嘴等在管路上的位置和连接情况；

③ 各段管道的管径和标高等。

(2) 图示方法和画法

① 轴测类型

管道系统图是根据轴测投影的原理绘制的，主要是为了表示管网的空间位置和走向，不是特别强调立体感，应选择画图最方便的轴测类型，故宜采用正面斜等测（轴间角$\angle XOZ=90°$，轴向伸缩系数 $p=q=r=1$），如图 16－14 所示。通常 OZ 轴为房屋的高度方向，OX 轴为水平位置，OY 轴与水平线夹角为 45°，也可采用 30°或 60°方向，以避免管道过多交错重叠。为了与平面图配合绘制与阅读，OX 轴宜与平面图的横向一致，OY 轴宜与平面图的纵向一致。而 OY 轴也可以根据需要采用左右两个不同的方向。

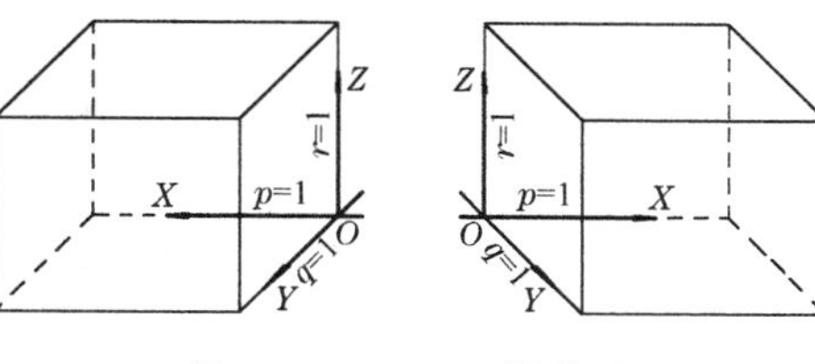

图 16－14　正面斜等测

② 绘图比例

系统图的比例一般与平面图一致，这样 OX 在 OY 轴向尺寸可从平面图中直接量取。OZ 轴向尺寸要根据房屋的层高、横管的标高、用水设备以及水嘴的安装高度等条件确定。

如果局部管道按比例绘制时图线重叠不清楚，也允许不按比例画，可适当将管线伸长或缩短。

③ 管道画法

在系统图中管道仍用粗实线表示。当空间交叉的管道在图中表现为相交时，在相交处应将不可见管线断开绘制。

当楼房的各层管网布置相同时，可只详细画出其中一层，其余各层省略，这时应在折断的支管处注明“同×层”。

④ 房屋构件的位置

为了表示出管道与房屋的关系，在系统图中还应画出管道穿过墙、地面、楼面、屋面等处的位置，如图 16－15 所示。

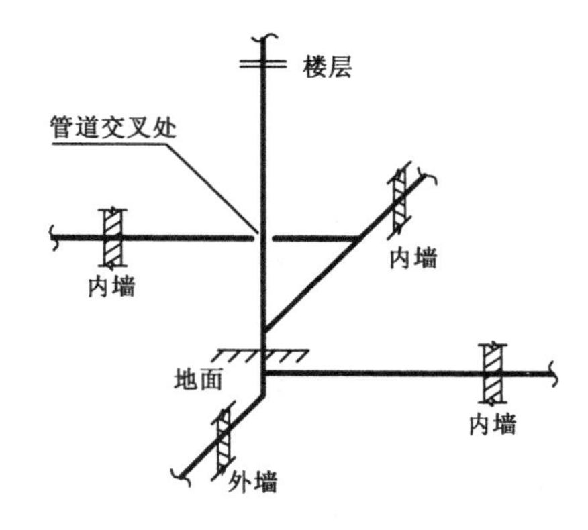

图 16－15　管道与房屋的关系

⑤ 管道配件的画法

管路上的各种配件如阀门、水表、水嘴等均应按图例绘制。制图标准中图例不够用时，可自编图例但应在图中说明。

⑥ 尺寸标注

在系统图中，各段管道均应注出管径，当连续几段管道的管径相同时，也可仅注出两端的管径，中间管段省略不注。图中未注管径的管段，可在施工说明中集中写明。凡有坡度的横管都应注出坡度，坡度符号的箭头是指向下坡方向。在系统图中所注标高均为相对标高，一般要注出横管、阀门、水箱、水嘴等处的标高，对于房屋的地面、楼面、屋面等标高也应注出。

16.2.2　室内排水施工图

1）室内排水工程的基本知识

（1）室内排水工程的任务

将房屋内的生活污水、生产废水等尽快畅通无阻地排至室外管渠中去，保证室内不停积与漫漏污水，不逸入臭气，不污染环境。

(2) 室内排水工程的组成(参见图 16—13)

① 排水管网

排水管网一般包括：连接管(与卫生器具相连，将污水排至支管)、横向支管(使污水排向立管)、立管(使污水向下排至底层)、排出管(将室内污水排至室外检查井)。

② 通气管

多层房屋的排水立管应向上延长，伸出屋面外，顶端设通气帽，这样使室内污水管道与大气相通，既可排除有害气体，又可防止管道内产生负压。

③ 排水附件

排水附件通常有：存水弯(一般卫生器具下接有存水弯，弯管内有一定深度的水，称为水封，可以隔绝和防止有害气体和虫类通过泄水口侵入室内)、地漏(用于排泄地面积水)、检查口(通常设在立管上，每隔一层设置一个，专用于清通管道内的堵塞物)。

④ 卫生器具

常用的卫生器具有：大便器、小便器、浴盆、水池等。

(3) 污水排放体制

生活污水一般分为粪便污水和生活废水，室内排水应根据污水类别、污染程度，综合利用与处理条件等因素综合考虑，选择适当的污水排放体制。污水排放有分流制和合流制两种，分流制是将污水和废水分别设置独立的管道系统来排泄，合流制是污水和废水合用一套管道系统来排泄。

(4) 排水管道的布置要求

排水出户管应选择最短途径与室外管道连接，连接处应设检查井。排水立管宜靠近污水量大、脏物最多的排水点。排水横管布置根据卫生器具的位置确定，一般在底层是埋设在地面下，在楼层是悬吊在楼板下。排水管道应尽量减少转弯以免阻塞，还应便于安装和检修。排水管道是无压力管，推动水流的动力是水体的重力，故排水横管必须坡向污水排出方向，通常坡度为 1%～3%。排水管道的管径较粗，且管路上无阀门等配件。

2) 排水管道平面图

管道平面图是室内排水施工图中的基本图样，它表示室内排水管网和附件以及卫生器具的平面布置情况。

(1) 表达内容

① 各种卫生器具的类型、数量和布置；

② 各段排水支管、横管、立管、排水管的位置与连接关系；

③ 排水附件如地漏等的位置。

(2) 图示方法和画法

排水管道平面图的图示方法与给水管道平面图基本相同，故不再赘述。主要不同点是排水管道在图中用粗虚线表示。所以一般情况下，房屋的给水和排水系统不很复杂时，通常是将给水管道和排水管道绘制于同一平面图上，这样看图更方便。

3) 排水管道系统图

排水管道系统轴测图可以更清楚地表示室内排水管网的整体空间布置情况。

(1) 表达内容

① 排水支管、横管、立管、排出管的空间位置和走向；

② 各种排水附件如存水弯、检查口、地漏在管路中的位置和连接关系；

③ 各段管道的管径，坡度和标高等。

(2) 图示方法和画法

排水管道系统图也是根据轴测投影原理绘制的，与给水管道系统图画法基本相同。一般排水管道的立管下总是接有排水排出管，为避免图中投影重叠管线相交而表示不清楚，通常是按立管或排出管分系统绘制的。

16.2.3 室内给水排水施工图的阅读

1) 读图方法

室内给水排水设施是安装在房屋建筑主体上的，所以首先应通过查看房屋的建筑施工图，了解该房屋的使用功能、结构形式、构造和装修做法等土建方面的基本情况。

再阅读给水排水设计和施工说明，熟悉有关的设计资料、施工规范、管道敷设和设备安装要求，了解该房屋采用的用水量和排水量标准、给水方式、排水体制、管网布置形式等。

室内给水排水平面图和系统轴测图是表示房屋给水排水工程的主要图样，它们是密切相关的、相辅相成的，阅读这些图时必须互相配合，反复对照，并且按给水和排水两个系统循序渐进地仔细地看图。一般应沿着水流方向来查阅，给水系统的读图顺序为给水引入管⟶给水干管⟶给水立管⟶给水支管⟶配水点⟶卫生器具；排水系统的读图顺序为卫生器具⟶连接管⟶横向支管⟶排水立管⟶排水出户管⟶检查井。这样才能将各种卫生器具的类型和位置、各种管道的空间走向和连接关系等情况搞清楚。

2) 读图举例

现以某单位 01 幢住宅的给水排水施工图为例来进行阅读。

(1) 了解卫生设施的布置情况

如图 16－16 所示为 01 幢住宅的建筑施工图(由于本书篇幅所限，这里仅给出了两个主要图样，底层平面图和南立面图)，可以知道该房屋为三层砖混建筑，南北朝向，每层楼梯的东西侧各有一住户，每户有两间卧室和一间客厅，另有厨房和厕所。很显然该房屋内只有厕所和厨房是用水房间，需要安装给排水设施。

图 16－17 为该房屋的底层给排水平面图。为了清楚起见，这里是用较大比例绘制的厕所和厨房的局部平面图。厕所内设有浴盆、大便器、洗脸盆各一个，另外还预留了洗衣机的位置。厨房内有洗涤盆和污水池各一个。底层厕所和厨房的地面标高均为－0.020 m。该房屋东西两住户内的卫生设施相同且为对称布置。除了底层平面图，还应画出二、三层平面图，由于以上各层布置相同，故这里略去。根据底层平面图注出的系统编号，给水系统有 $\frac{J}{1}$，排水系统有 $\frac{P}{1}$ 和 $\frac{P}{2}$ 。

(2) 了解给水系统的布置情况

图 16－18 为室内给水管道系统轴测图，可以看出该房屋采用的是下行上给直接供水方式。与底层平面图对照，可找出给水系统 $\frac{J}{1}$ 的进户管位置。给水进户管 *DN*40 上装一闸阀，管中心标高－1.000 m，沿轴线⑤由北向南穿过外墙Ⓔ进入室内，然后上升至标高

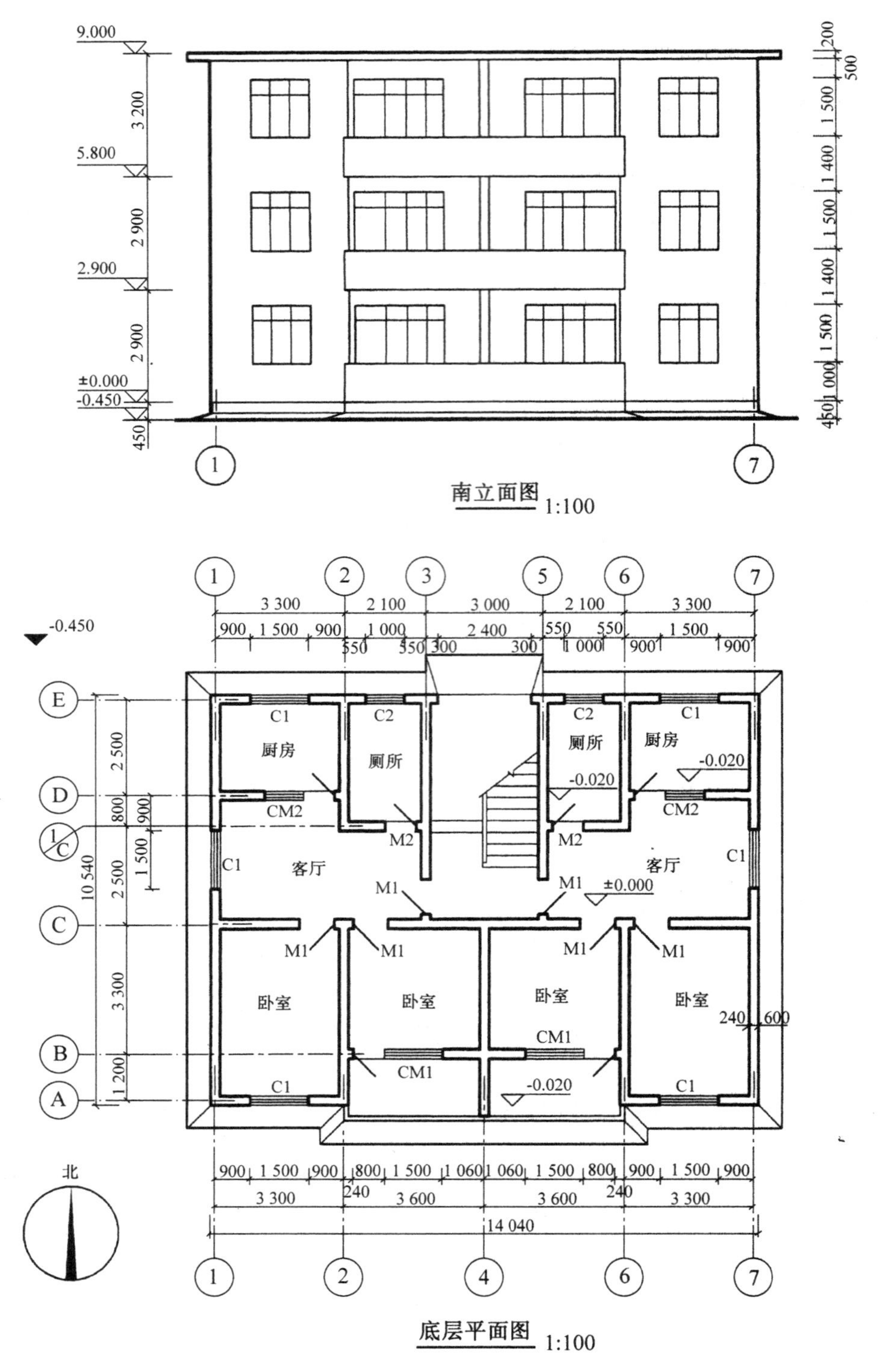

图 16—16　某住宅建筑施工图

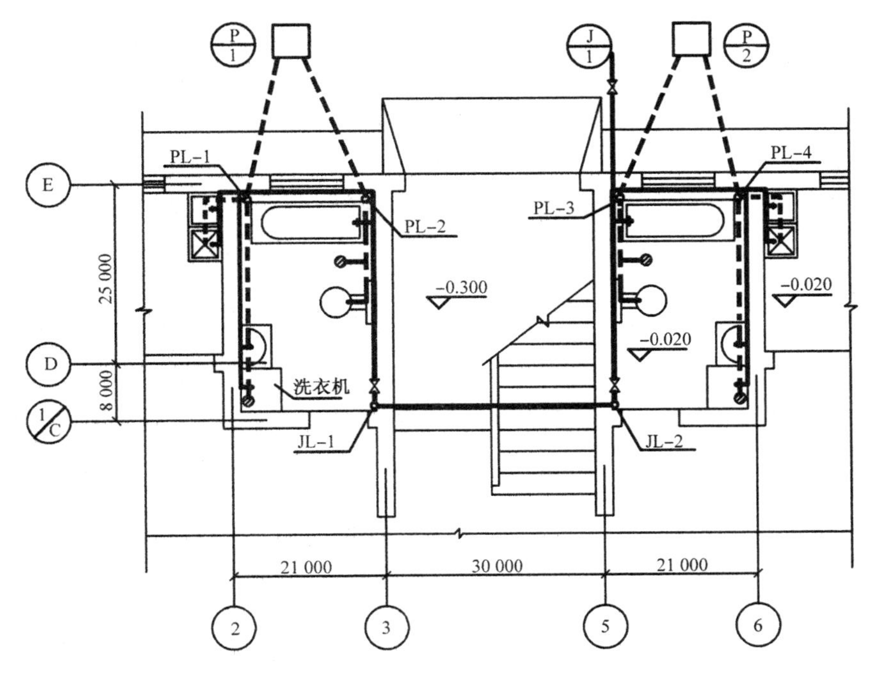

图 16－17　底层给排水平面图

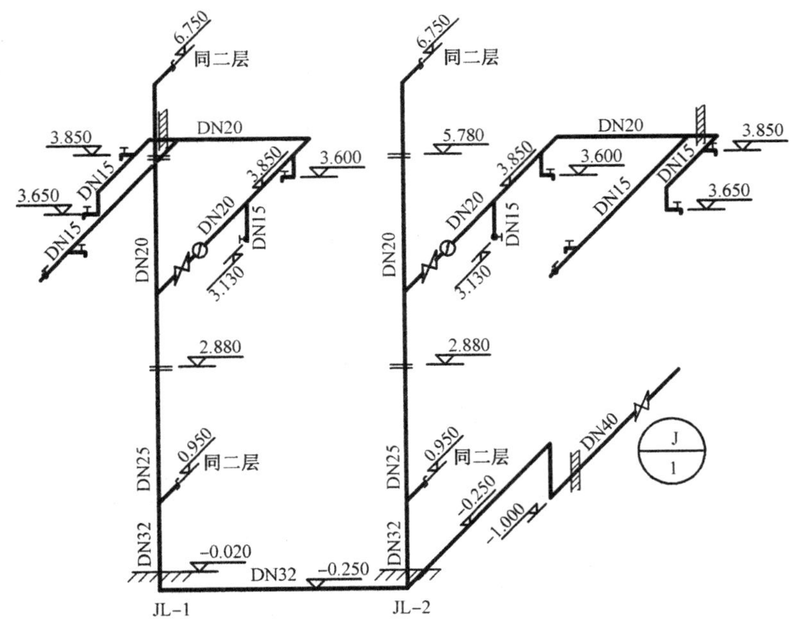

图 16－18　室内给水系统轴测图

－0.250 m，继续延伸，到达轴线⑤和1/A相交处分为两路。一路 $DN32$ 转弯向西，从地面下通过楼梯间至轴线③和1/A相交处，穿出地面－0.020 m 后，向上形成立管 JL－1；另一路 $DN32$ 直接穿出地面后垂直向上形成立管 JL－2。该房屋的这两根给水立管均位于厕所间的门后墙角处，由下而上依次向一层、二层、三层供水。立管 $DN32$ 在标高 0.950 m

处，分出第一层用户支管 $DN20$，立管变径为 $DN25$；在标高 3.850 m 处，分出第二层用户支管 $DN20$，立管变径为 $DN20$；在标高 6.750 m 处，立管水平折向北，成为第三层用户支管。各条用户支管的始端均安装有控制阀门，并串接水表，用于计量各住户的用水量。由于各层配水管的布置均相同，没有必要全部画出，故系统图中只详细绘制了第二层的配水管网，第一层和第三层在立管的分支处断开，并注明“同二层”。下面以二层东侧住户为例来说明配水管网的布置。用户支管均为标高 3.850 m 的水平管道，沿轴线⑤由南向北延伸。先在坐式大便器处向下分出一支配管 $DN15$，在标高 3.150 m 处设角式截止阀（与低水箱相连接）。然后在浴盆处向下分出一支配管 $DN15$，在标高 3.600 m 处安装水龙头。用户支管至墙角后沿轴线Ⓔ折向东，在轴线Ⓔ和⑥相交处分为两支。一支 $DN15$ 沿轴线⑥向南延伸，至洗脸盆处安装一个水龙头，支管末端设一阀门，预备将来与洗衣机的进水管相连接；另一支 $DN15$ 穿墙至厨房，在洗涤盆和污水池上方分别接水龙头各一个，标高分别为3.850 m和 3.650 m。

（3）了解排水系统的布置情况

图 16－19 为室内排水管道系统轴测图。由给排水平面图可以看出，该房屋东西两住户内的卫生设施的布置是对称且相同的，排水系统 P/1 和 P/2 也是对称且相同的，所以这里仅画出了排水系统 P/1 。

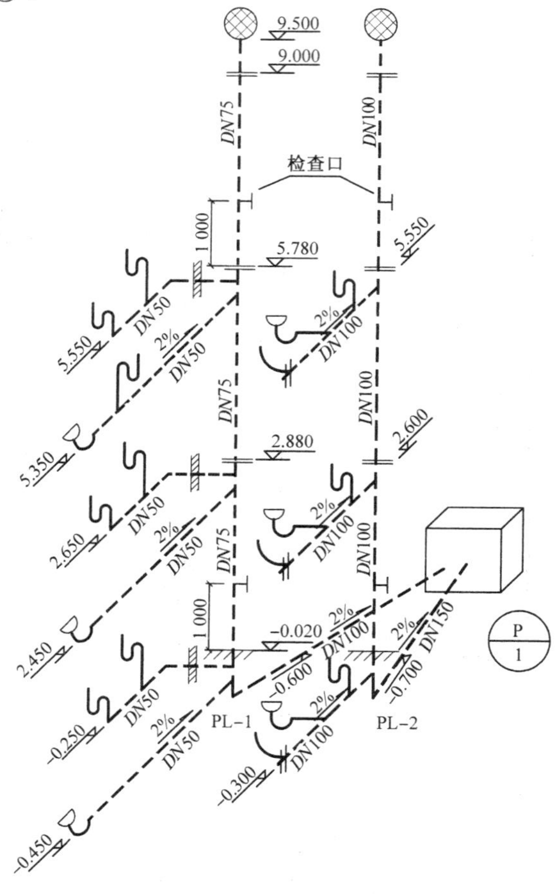

图 16－19 室内排水系统轴测图

ⓟ系统有两根排水立管 PL－1 和PL－2。立管 PL－1 位于厕所间的西北角，即轴线②和Ⓔ相交处。每层有两条横管与此立管相连接。一条横管 *DN*50 穿墙至厨房内的水池下，洗涤盆和污水池内的废水通过 S 形存水弯排入此横管，再排向立管。另一条横管 *DN*50 沿轴线②布置，顶端有一地漏，洗衣机排出的废水，通过地漏流入横管；洗脸盆的废水通过 S 形存水弯也流向此横管，然后排向立管。立管 PL－1 的管径为 *DN*75，穿过屋面标高9.000 m，顶端标高为 9.500 m 处设有网罩通气帽。立管的下端标高－0.600 处接出户管 *DN*100，通向检查井。

立管 PL－2 位于厕所间东北角，即轴线③和Ⓔ相交处。每层有一条横管 *DN*100 与此立管相连接，横管是沿轴线③布置的，大便器内的污水、浴盆和地漏的废水均排入此横管，横管的南端设清扫口，横管的坡度为 2%，坡向立管。立管的直径为 *DN*100，下端在标高－0.700 m 处接出户管 *DN*150，坡度为 2%，通向室外检查井。两根立管在第一层和第三层均设有检查口，检查口距离地面(或楼面)高度为 1000 mm。各层楼地面的标高和横管的标高均可从图中找到。

16.3 室外给水排水施工图

16.3.1 室外给水排水工程的基本知识

1) 室外给水排水工程的任务

将房屋内外的给水和排水的设施和管网沟通连接起来，一方面向用户提供净水，另一方面将用户产生的污水输送至污水处理厂或排入自然水体。

2) 给水排水工程的范围

室外给水排水工程服务的范围可大可小，可以是一个城市完整的市政工程，或一个建筑小区的给水排水工程，也可以是仅为少数几幢建筑物服务的局部范围。

3) 给水排水工程的组成

完整的给水工程有：取水构筑物、水处理构筑物、水池水塔、输水管网(包括总管、干管、分管)等。给水附属设施有阀门井、水表井、消火栓等。

完整的排水工程有：排水管网(包括分管、干管、总管)、污水泵站、污水处理构筑物、排水出口设施等。排水附属构筑物有检查井、雨水口、化粪池等。

4) 给水管网布置形式

室外给水管道可布置成环状网或树状网。环状网的管线总长度增加，投资大，但能双向供水，故安全可靠性高。树状网的构造简单，投资省，但只能单向供水，所以可靠性差。

5) 排水系统体制

污水排放有分流制和合流制两种。合流制只用一套管道系统来汇集输送，投资较省，但污水处理量大，不处理又不符合环境保护要求。分流制投资较大，但能符合城市卫生要求，故应用较广。

16.3.2 室外给水排水平面图

一般室外给水排水工程主要用给水排水布置平面图表示，特别复杂的地段可以加画管道纵断面图和节点详图。这里仅介绍较小范围的与新建房屋有关的给水排水总平面图。

1）表达内容

（1）室内与室外的给水管网、排水管网的连接关系；

（2）给水管道和排水管道在房屋周围的布置形式，各段管道的管径、坡度、流向等；

（3）附属设施如阀门井、消火栓、检查井、化粪池等的位置。

2）图示方法和画法

（1）绘图比例

给水排水总平面图的比例一般与建筑总平面图相同，通常为 1∶500，如果管道复杂也可采用更大的比例绘制。

（2）建筑总平面

在表达范围内的房屋、道路、围墙、绿化等都是按建筑总平面的图例用细线绘制。还应画出指北针或风玫瑰。

（3）管道画法

虽然管道均是埋设于地下的，但图中应按规定的线型画，通常给水管道用粗实线表示，排水管道用粗虚线表示，雨水管道用粗点画线表示 。

（4）给水排水附属设施

水表井、阀门井、消火栓、检查井、化粪池等给排水设施均按规定图例绘制。

（5）尺寸标注

室外给水管道一般为镀锌钢管或铸铁管，管径用“*DN*”表示；室外排水管道一般为混凝土管，管径用“*d*”表示。管径通常直接注写在管线旁。

室外管道一般应注绝对标高。由于给水管道为压力管，且无坡度，常常是沿地面一定深度埋设，故图中可不注标高，而在施工说明中写出给水管中心的统一标高。排水管道是无压力管，从上游至下游应有 0.003～0.006 的坡度，在排水管道的交汇、转弯、跌水、管径或坡度改变处均应设置检查井(又称窨井)。通常检查井的编号和标高可以引出标注，水平线的上面注写系统编号，下面注写井底标高。

管道及附属建筑物的定位尺寸一般是以附近房屋的外墙面为基准标注，尺寸的单位为米。复杂的工程可以标注施工坐标来定位。

16.3.3　室外给水排水平面图的阅读

先了解该地区的建筑物的布置情况及周围环境，然后按给水排水系统分别读图。

图 16－20 为某单位的局部给水排水总平面布置图。在图示范围内共有三幢建筑物，道路西侧有两幢三层的住宅楼，道路的东侧有一幢五层办公楼。

给水系统布置：市政给水管在南面，自来水经水表井 J1 引入，水表井 J1 距 01 幢住宅的南墙 3.50 m，东墙 3.00 m，井内装有总水表及总控制阀门。给水总管 *DN*100 沿路西侧向北延伸，通至阀门井 J2 后分为三路：第一路 *DN*50 向西至阀门井 J3，向 01 幢住宅供水；第二路 *DN*75 继续向北，向西转折后变径为 *DN*50，通至阀门井 J4，向 02 幢住宅供水；第三路 *DN*75 向东，穿过道路通至阀门井 J5 向办公楼供水。道路两侧各设置了一个室外消火栓。图中标注室外地面标高为 16.30 m，给水管中心标高为 15.40 m。

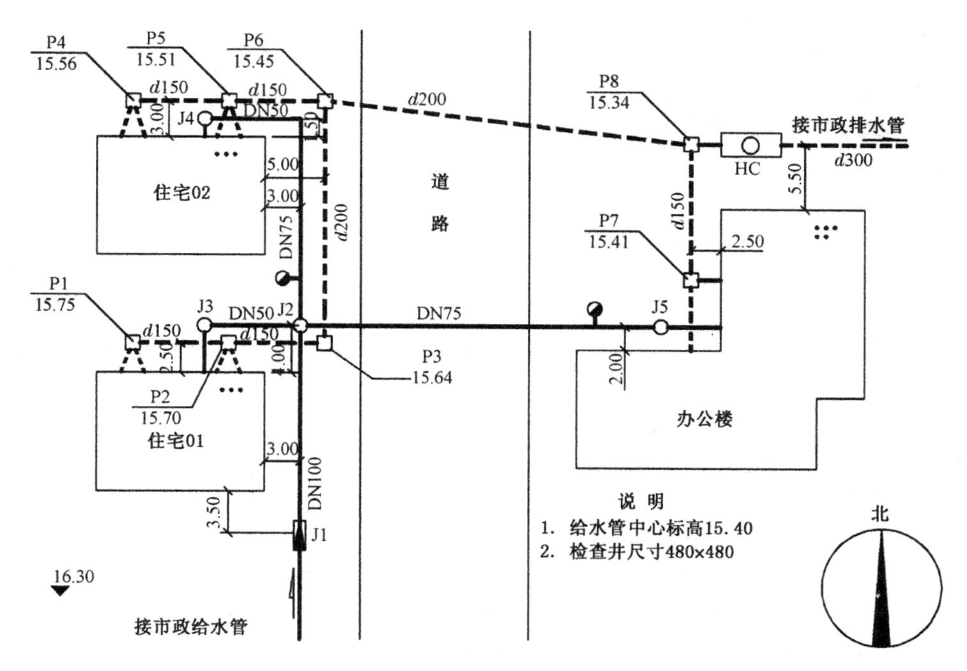

图 16—20　给排水总平面图

排水系统布置:01 幢住宅的污水由检查井 P1 和 P2 经排水管 $d150$ 流向检查井 P3,然后经排水管 $d200$ 向北流入检查井 P6;02 幢住宅的污水由 P4 和 P5,经排水管 $d150$ 也流入检查井 P6。检查井 P6 向东接排水管 $d200$,穿过道路通至检查井 P8,办公楼的污水由检查井 P7 也排向 P8,汇入检查井 P8 的污水流入化粪池 HC。化粪池距办公楼北墙 5.50 m,污水经初步处理后,从化粪池流出,经管道 $d300$ 向东与市政排水管网相接。根据图中所注各检查井管底标高,可以看出排水管的标高从上游向下游越来越低,以利于污水的排出。图中未画出雨水管的布置。

17 暖通空调施工图

17.1 概述

为了改善人们的生活、工作条件，或者满足生产工艺对环境的要求，常需要在建筑物中安装供暖、通风空调设施。

采暖工程是将热能通过热力管网从热源（锅炉房等）输送到各个房间，并在室内安装散热器，使房屋内在寒冷的天气下仍能保持所需的温度。采暖的方式按热媒不同一般可分为热水采暖和蒸汽采暖。

通风空调工程是通过一系列的设备和装置（空气处理器、风机、风管、风口等），将室内污浊的有害气体排至室外，并将新鲜的或经处理的空气送入室内。能使房屋内部的空气保持恒定的温度、湿度、清洁度的全面通风系统称为空气调节。

采暖施工图（室内部分）和通风空调施工图是房屋建筑工程图的组成部分，主要包括平面图、剖面图、系统图、详图等。

绘制暖通空调施工图应遵守《暖通空调制图标准》GB/T50114－2010，还应遵守《房屋建筑制图统一标准》GB/T50001－2010 中的各项基本规定。

17.1.1 暖通空调制图的一般规定

1）图线

暖通空调制图中图线的选用见表 17－1。

表 17－1 采暖通风施工图中图线的选用

名称	线宽	一般用途
粗实线	*b*	单线表示的管道
中粗实线	0.7*b*	本专业设备轮廓、双线表示的管道轮廓
中实线	0.5*b*	建筑物轮廓；尺寸、标高、角度等标注线及引出线
细实线	0.25*b*	非本专业设备轮廓、建筑布置的家具、绿化等
粗虚线	*b*	回水管线及单线表示的管道被遮挡部分
中粗虚线	0.7*b*	本专业设备及管道被遮挡的轮廓
中虚线	0.5*b*	地下管沟、改造前风管的轮廓线，示意性连线
细虚线	0.25*b*	非本专业虚线表示的设备轮廓等
中粗波浪线	0.5*b*	单线表示的软管
细波浪线	0.25*b*	断开界线
单点长画线	0.25*b*	轴线、中心线
双点长画线	0.25*b*	假想或工艺设备轮廓线
折断线	0.25*b*	断开界线

2）比例

暖通空调制图中总平面图、平面图的比例，宜与工程项目设计的主导专业一致，其余可按表 17—2 选用。

表 17—2　暖通空调制图的比例

图　　名	常　用　比　例	可　用　比　例
剖面图	1∶50，1∶100	1∶150、1∶200
局部放大图、管沟断面图	1∶20，1∶50，1∶100	1∶25、1∶30、1∶150、1∶200
索引图、详图	1∶1，1∶2，1∶5、1∶10，1∶20	1∶3、1∶4、1∶15

3）图例

暖通空调制图中常用图例见表 17—3。

表 17—3　暖通空调制图常用图例

名　称	图　例	说　明	名　称	图　例	说　明
热水供水管	RG	用汉语拼音字头表示管道类别 用粗实线、粗虚线区分供水和回水时，可省略代号	矩形风管	***×***	宽×高 mm
热水回水管	RH		圆形风管	φ***	φ直径 mm
弧形补偿器			天圆地方		左接矩形风管 右接圆形风管
保护套管			条缝形风口		
止回阀			方形风口		
疏水器			侧面风口		
集气罐放气阀			窗式空调器		
水泵		左侧为进水 右侧为出水	分体式空调器	室内机　室外机	
散热器及手动放气阀	15　15　15	左为平面，中为剖面，右为系统图（Y 轴测）画法	轴流式风机		

17.1.2　暖通空调图样画法及标注

1）管道和风管的常用画法

管道的投影图，根据需要一般可以采用单线画法或双线画法，具体可参见本书第 16 章第 16.1.2 条管道图的画法。

（1）送风管转向的画法如图 17—1 所示。其中上图为矩形管画法，下图为圆形管画法。

（2）回风管转向的画法如图 17—2 所示。其中上图为矩形管画法，下图为圆形管画法。

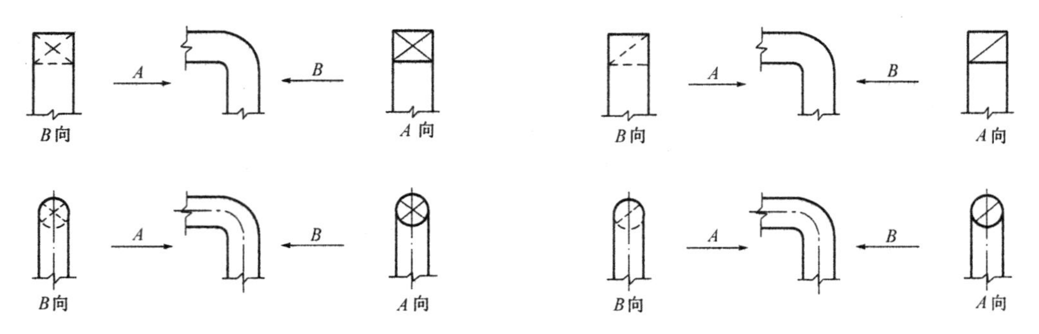

图 17—1　通风管转向的画法　　　　图 17—2　回风管转向的画法

(3) 在平面图或剖面图中，管道和风管因投影重叠或图线密集时，可采用断开画法如图 17—3 所示。

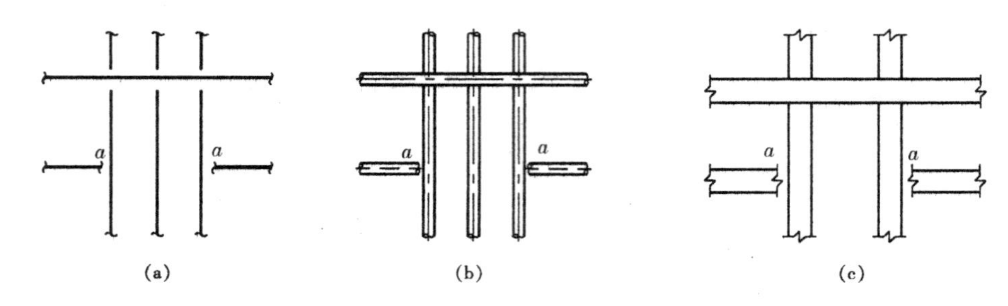

图 17—3　管道投影重叠的画法

(4) 管道在本图中断，转至其他图上表示（或由其他图上引来）时，应注明转至（或来自）的图纸编号，如图 17—4 所示。

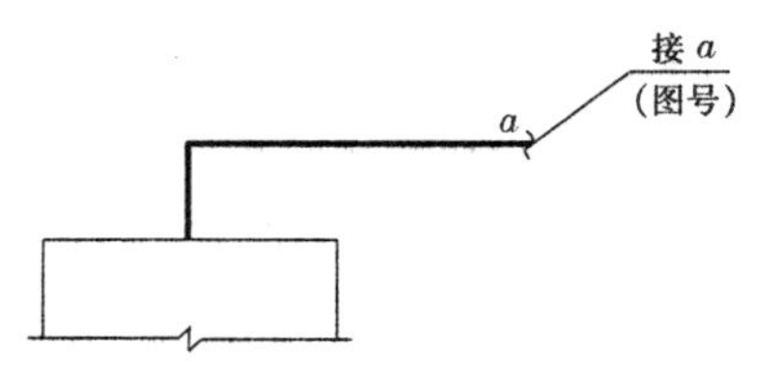

图 17—4　管道转出和引入的画法

(5) 管道相交时画法如图 17—5 所示。

(6) 管道跨越（交叉）时的画法如 17—6 所示。

2) 标高与坡度

需要限定高度的管道应注相对高度，不宜标注垂直尺寸的图样中应注标高。由于房屋建筑工程图中的标高均是以室内底层地面为零点的相对高程，管道的标高应与建筑一致，以便于对照查阅。当楼层较多时，可只标注与本层楼（地）面的相对标高，如 $H+2.200$，H 表示本层楼面标高。

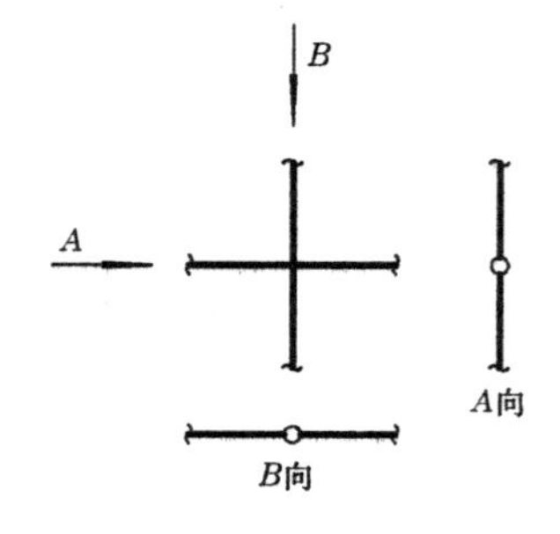

图 17—5　管道相交的画法

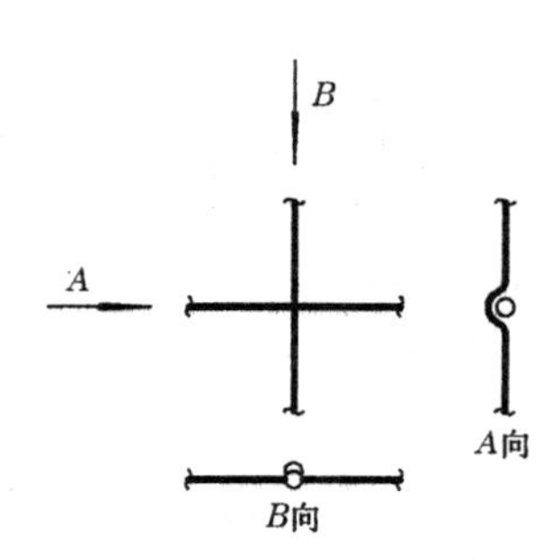

图 17—6　管道跨越的画法

水、汽管道标注管外底或顶标高时，应在数字前加“底”或“顶”字样。未予说明时，表示管中心标高。

矩形风管所注标高应表示管底标高；圆形风管所注标高应表示管中心标高。当不采用此方法标注时应进行说明。

管道的标高注写的位置宜在管段的始端或末端，这样容易计算管道因坡度而变化的各处的高程，而且标高的位置也较明显，便于看图。

散热器宜注写底标高，同一楼层、同高程的散热器可只标注右端的一组。不同高程的散热器则应分别标注。

采暖图中管道的坡度宜用单边箭头表示，箭头指向下坡方向，坡度数字宜注写在箭头的上方。由于采暖管道的坡度较小，一般采用小数表示，如 0.003。

3）管道截面尺寸注法

低压流体输送用焊接管道应注公称直径或压力。公称直径用“*DN*”表示，公称压力的代号为“*PN*”；无缝钢管、焊接钢管、铜管、不锈钢管，当需要注明外径和壁厚时，用“*D* 外径×壁厚”表示；塑料管外径应用“*de*”表示。

圆形风管的截面尺寸前应注直径符号“*ϕ*”；矩形风管（风道）的截面尺寸应以“*A*×*B*”表示，*A* 为该视图投影的边长尺寸，*B* 为另一边长尺寸。

平面图中无坡度要求的管道标高可以标注在管道截面尺寸后的括号内，如“*DN*32（2.500）”、“200×200（3.100）”。必要时应在标高数字前加“底”或“顶”的字样。有坡度的管道的始端或末端部位也可这样注写标高。

水平管道的规格尺寸宜标注在管线的上方；竖向管道的规格尺寸宜标注在管线的左侧；斜向管道的规格尺寸宜标注在管线的斜上方，当可能发生误解时应引出标注。双线表示的管道，其规格尺寸可注写在管道轮廓线内。如图 17－7 所示。

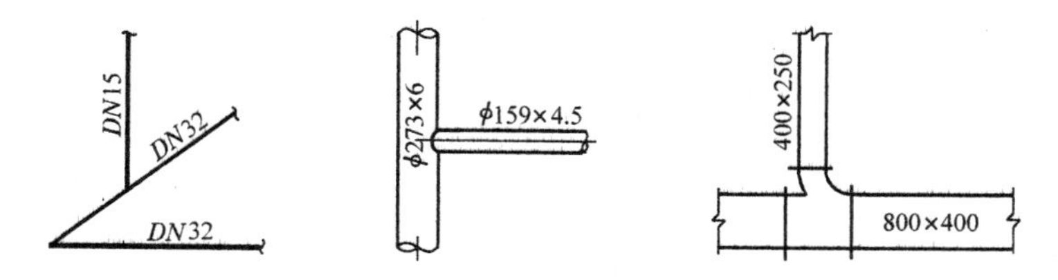

图 17－7　管道截面尺寸的注法

多条管线的管径注法如图 17－8 所示。图 a 为管线稀疏时可直接注写管径，图 b 为管线密集时可引出注写管径，图 c 为系统图中的注法，其中短斜线可用圆点表示。

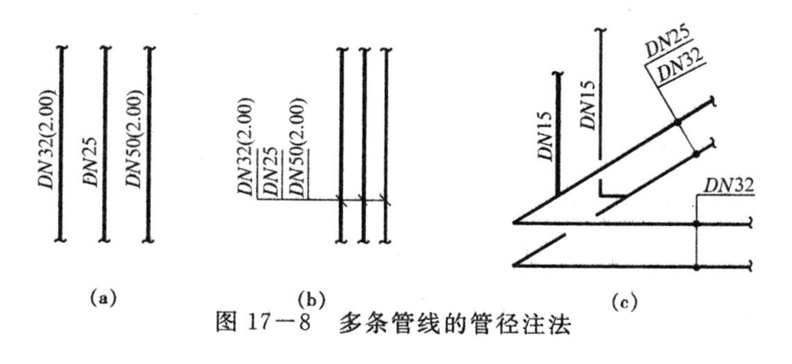

图 17－8　多条管线的管径注法

4）设备及零部件标注

风口和散流器的规格、数量及风量的标注方法如图 17－9 所示。

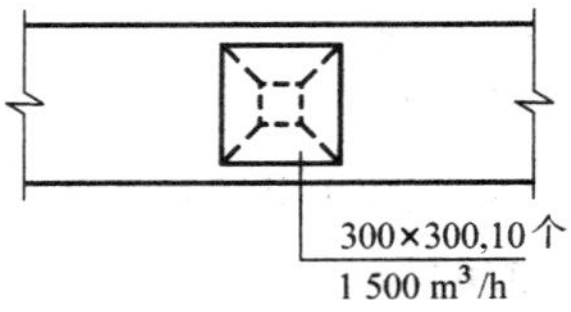

暖通空调工程中的设备、零部件等，在图中可直接注写其名称，也可编号表示，另列表注明其序号、名称、规格、数量、性能等内容。

图 17－9　风口和散流器的注法

5）散热器标注

各种散热器的规格及数量，一般按如下形式标注：

（1）柱式散热器只注数量；

（2）圆翼形散热器注根数、排数；

3 × 2

每排根数　排数

（3）光管散热器注管径、长度、排数；

D108 × 3000 × 4

管径（mm）　管长（mm）　排数

（4）串片式散热器注长度、排数；

1000 × 3

长度（mm）　排数

6）系统编号

同一工程设计中有供暖、通风、空调等两个及以上的系统时，应进行系统编号。系统编号由系统代号和顺序号组成，系统代号用大写拉丁字母表示，顺序号用阿拉伯数字表示。如供暖系统为 N，制冷系统为 L，通风系统为 T，空调系统为 K 等。

系统编号注写在直径为 6～8 mm 的圆内，圆宜用中粗实线绘制，如图 17－10a 所示。

系统编号宜标注在系统总管处或建筑物的引入口处（又称入口编号）。当管道系统出现分支时，在分支处标注的系统编号采用分数形式，如图 17－10b 所示。圆直径增大为 8～10 mm。

竖向布置的垂直管道系统应标注立管号。在不引起误解时，可只注序号，但应与建筑轴线编号有明显区别。

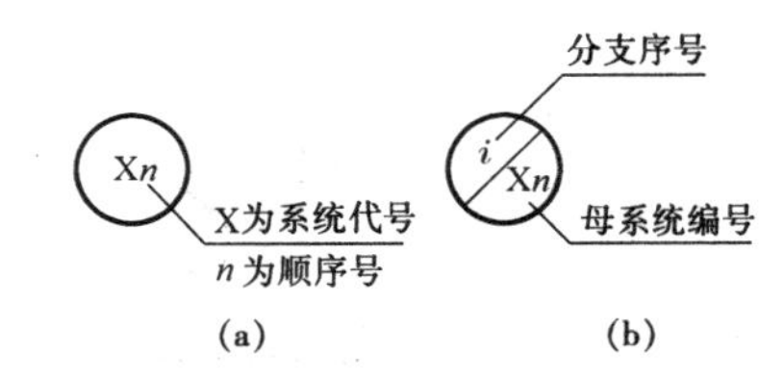

图 17－10　系统编号的表示法

17.2　室内采暖施工图

17.2.1　采暖工程的基本知识

1）室内采暖工程的任务

从室外热力管网将热媒（热水或蒸汽）输送到房屋内部的各个房间，并通过散热装置将热能释放出来，使室内保持适宜的温度环境。

2）室内采暖工程的组成

（1）室内采暖管网

室内采暖管网分供热管网和回水（凝结水）管网两部分。

供热管网包括：供热总管（与室外管网相连接并把热媒引入室内）、供热干管（将热媒从总管水平输送到房屋的各地段）、供热立管（把热媒垂直输送到房屋的各楼层）、供热支管（将热媒从立管连通到各散热器）。

回水管网包括：回水支管（将回水从散热器排至立管）、回水立管（将回水从上向下排至底层）、回水干管（把房屋内各地段的回水汇集至总管）、回水总管（与室外管道相连接，使回水循环利用）。

（2）散热设备

散热器的作用是使热媒中所含的热量散发到室内。如在热水采暖系统中，供水温度约为90°，经散热器发散热量后，回水的温度约为70°。常用的铸铁散热设备有翼型散热器和柱型散热器，钢制散热设备有排管（光管）散热器和串片散热器等。

（3）辅助装置

为了使采暖系统正常工作，还要安装各种辅助装置，如膨胀水箱（消除因水受热膨胀而产生的超压）、集气罐（排除管网中的空气，防止堵塞）、伸缩器（防止管道热胀冷缩而产生过大的应力）、疏水器（阻止蒸汽逸漏，排出凝结水）等。

（4）管道配件

采暖管道安装有各种类型的阀门，起着开启、关闭、调节、逆止等作用。

3）采暖系统布置形式

室内采暖管网的布置形式有多种，若按立管分有单管和双管两类。当立管为单管时，散热器在垂直方向上是串联的，故散热效果不太好，有冷热不均的现象，但建造费用较省。当立管是双管时，散热器处于并联状态，散热效果较好，但所需费用较大。

管道和散热器的安装有明装和暗装两种方式。一般情况下采用明装，因为明装易于施工、检查、维修，但是明装影响外观，所以对于装饰要求较高的房间采用暗装。采暖管道无论是明装或暗装，每隔一定距离应设置（固定的或滑动的）支架或管卡。

17.2.2 采暖平面图

采暖平面图是室内采暖施工图中的基本图样，它表示室内采暖管网和散热设备的平面布置情况。

1）表达内容

（1）室内采暖管网的入口（供热总管）和出口（回水总管）的位置，与室外管网的连接，以及热媒来源等情况；

（2）散热器在各个采暖房间内的平面布置、规格和数量；

（3）采暖系统的干管、立管、支管的平面位置与走向，立管的编号；

（4）采暖系统的辅助设备和管道附件的位置。

2）图示方法

（1）绘图比例

采暖平面图是在房屋建筑平面图的基础上绘制的，所以一般采用和建筑平面图相同的比例，必要时对采暖管道较复杂的部分，也可以画出局部放大图。

（2）平面图的数量

多层房屋应分层绘制采暖平面图，一般应画出底层和顶层平面图，如中间各层采暖管道和散热器布置相同，可仅画出标准层平面图。

（3）房屋平面的画法

采暖平面图中的建筑部分不是用于土建施工，而是作为管道及设备的布置和定位的基准，因此只需用细线画出房屋主要构配件（墙、柱、楼梯、门窗洞等）的轮廓和轴线，其余细部均可略去。

（4）剖切位置

各层采暖平面图假想是在各层管道系统之上水平剖切后，向下投影所绘制的水平投影图，这与房屋建筑平面图的剖切位置不同。

（5）管道画法

在采暖平面图中，供热总管、干管用粗实线表示，支管用中实线表示，回水（凝结水）总管、干管用粗虚线表示。

管道无论是在楼地面之上或楼地面之下，无论是明装或暗装，均不考虑其可见性，仍按此规定的线型绘制。管道的安装和连接方式可在施工说明中写清楚，一般在平面图中不予表示。

（6）散热器画法与标注

散热器为工业定型产品，在采暖平面图中不必按投影详细绘制，应按规定的图例用中实线或细实线画出。通常散热器是安装在靠外墙的窗台下，散热器的规格和数量应注写在本组散热器所靠外墙的外侧，当散热器远离房屋的外墙时，可就近标注。

（7）尺寸标注

采暖管道和设备一般是沿墙靠柱设置的，通常不必注其定位尺寸，必要时可以墙面或轴线为定位基准标注。采暖入口和出口总管的定位尺寸应注管中心至所邻墙面或轴线的距离。管道的管径、坡度、标高等均注在采暖系统图中，平面图中可不标注。管道的长度一般也不标注，而以安装时的实测尺寸为准，具体安装要求详见有关施工规范。在采暖平面图中一般还需注出房屋定位轴线的编号和尺寸，以及各楼地面的标高等。

17.2.3　采暖系统图

为了更清楚地表示出室内采暖管网和设备的空间布置和互相关系等情况，还必须绘制采暖系统轴测图。

1）表达内容

（1）室内采暖管网的布置，包括总管、干管、立管、支管的空间位置和走向；

（2）散热器的空间布置和规格、数量，以及与管道的连接方式；

（3）采暖辅助设备、管道附件（如阀门等）在管道上的位置；

（4）各管段的管径、坡度、标高等，以及立管的编号。

2）图示方法

（1）轴测类型的选择

采暖系统图宜采用正面斜等测绘制。OZ 轴为房屋的高度方向，OX 轴为水平位置，OY 轴与水平线夹角 45°，为避免管道过多交错，也可灵活采用 30°或 60°方向。为了与平面图配合阅读与绘制，OX 轴宜与平面图的横向一致，OY 轴宜与纵向一致。

（2）绘图比例

系统图一般采用和平面图相同的比例绘制，这样 OX 和 OY 轴向尺寸就可以从平面图中直接量取。OZ 轴向尺寸由管道和设备的安装高度确定。有时为了避免管道的重叠，可不严格按比例画，适当将管道伸长或缩短。

(3) 管道画法

管道的线型和平面图一样，供热管用粗实线表示，回水管用粗虚线表示。当空间交叉的管道在图中相交时，在投影相交处应将被遮挡的管线断开。

在采暖系统图中，有的地方管道密集投影重叠，往往表示不清楚，这时可在管道的适当位置断开，然后引出绘制在图纸的其他位置。相应的断开处宜用相同的小写拉丁字母注明，也可用细虚线连接，以便互相查找，这种画法如图 17—11 所示。

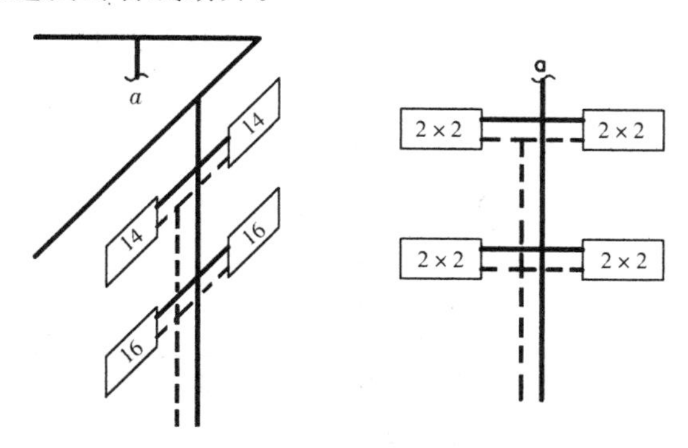

图 17—11　系统图中的引出画法

(4) 散热器画法及标注

在采暖系统图中，散热器用中实线或细实线按其立面图例绘制，画法如图 17—11 所示。一般在图例内直接注写散热器的规格数量，在图例内注不下时，可注在其上方。

(5) 房屋构件的位置

为了表示出管道与房屋的关系，在系统图上还要画出管道穿过外墙、地面、楼面等处的位置。

(6) 尺寸标注

各管段均需注出管径，横管需标注坡度。在立管的上方或下方注写立管编号，必要时在入口处注写系统编号。除标注管道和设备标高外，还需注出楼地面的标高。

(7) 辅助设备和管道附件

要表示出集气罐(热水采暖)、疏水器(蒸汽采暖)等的位置和规格以及与管道的连接情况。管道上的阀门、支架、补偿器等应按它们的具体位置绘制。

17.2.4　采暖施工图的阅读

室内采暖系统是安装于房屋建筑内的，所以首先要了解房屋的结构、形式和构造等土建方面的基本情况，然后再阅读采暖工程的设计与施工说明，熟悉有关的设计资料、标准规范、采暖方式、设备型号、技术要求以及引用的标准图等，这样的准备工作对阅读采暖施工图是很有帮助的。

采暖平面图和系统图是采暖施工图中的主要图样，看图时应互相联系和对照。一般是按管道的连接顺着热媒流动的方向阅读：采暖入口→供热总管→供热干管→供热立管→供热支管→散热器→回水支管→回水立管→回水干管→回水总管→采暖出口，这样就能较快地掌握整个室内采暖系统的来龙去脉。

图 17—12 和图 17—13 为 01 幢住宅的采暖平面图和系统图。该工程为热水采暖系统，管道布置形式为上行下给单管同程式。热水从锅炉房通过室外管道输送至该住宅，采

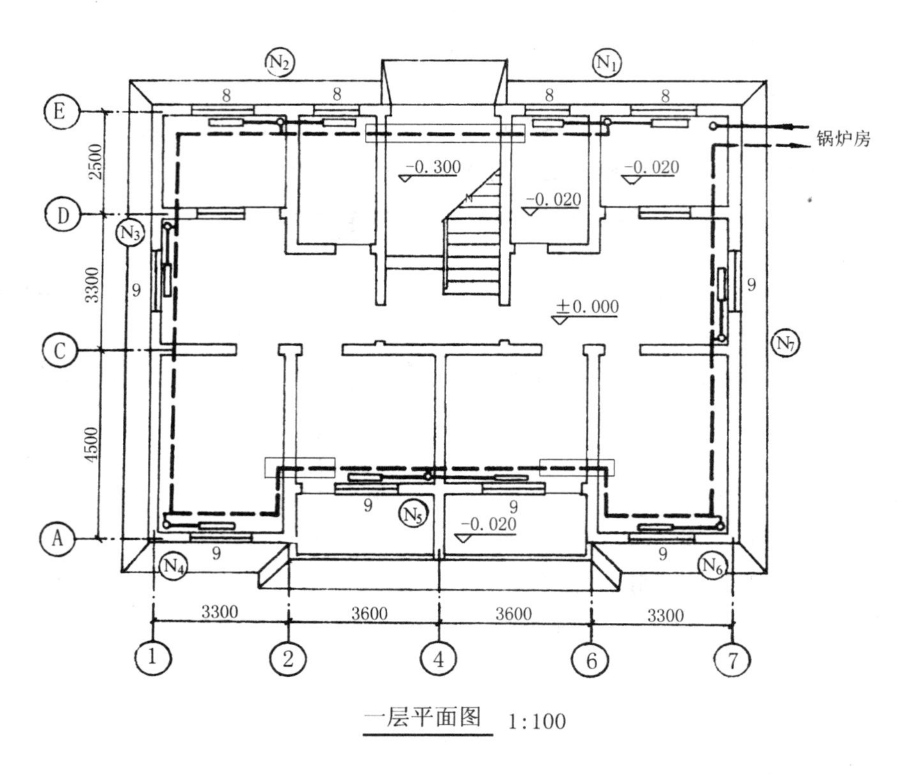

一层平面图 1:100

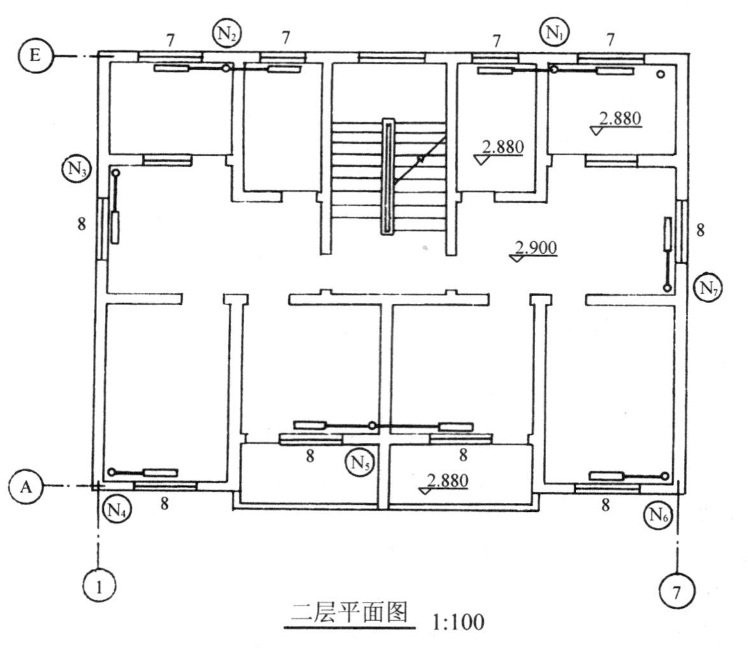

二层平面图 1:100

图 17—12 采暖平面图和系统图(一)

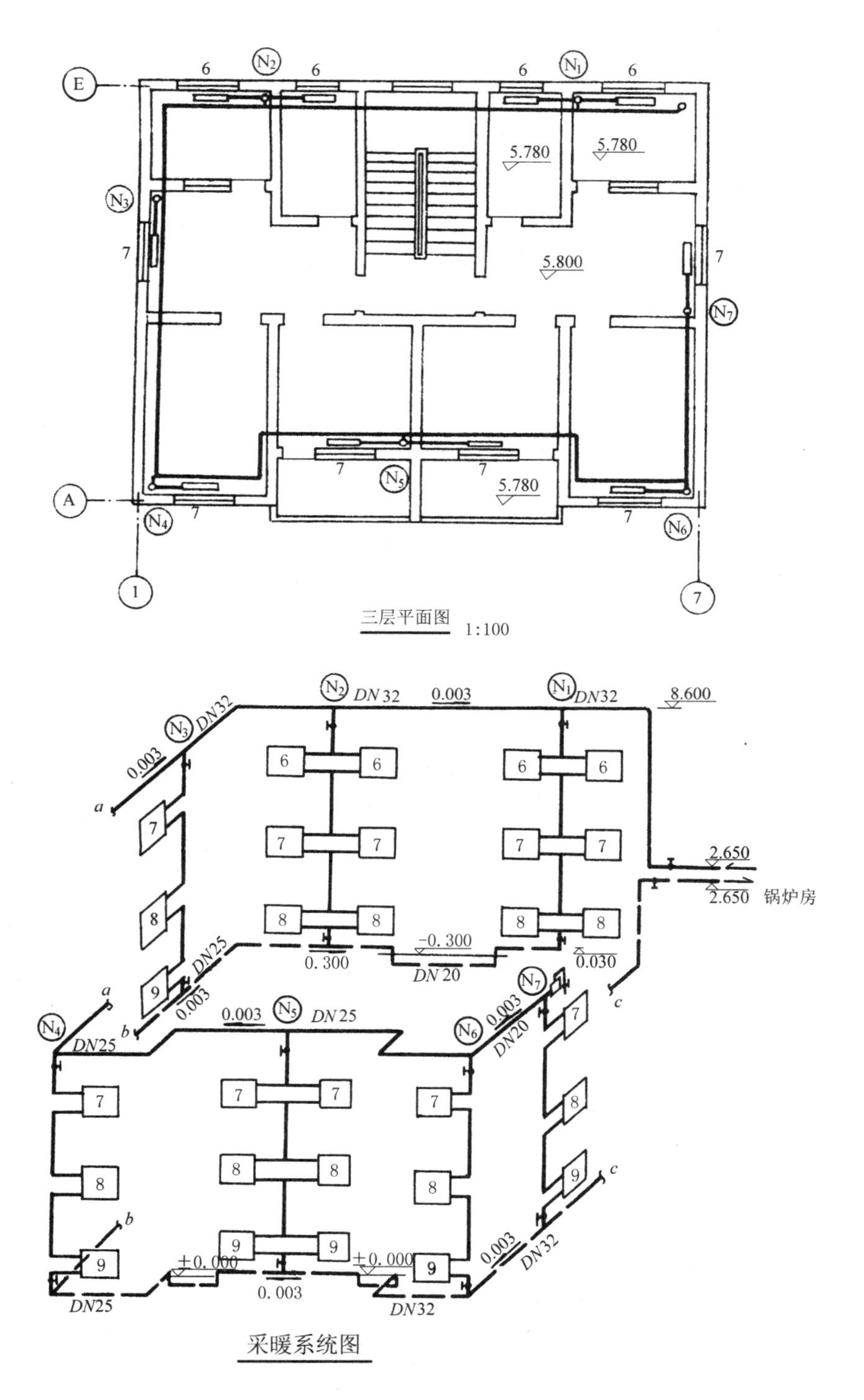

图 17－13 采暖平面图和系统图(二)

暖入口处在房屋的东北角，供热总管架空进入室内，标高为 2.650 m，在轴线⑦和Ⓔ相交的墙角处竖直上行，穿过楼面通至三层顶棚下标高为 8.600 m 处，然后沿外墙内侧布置，先向西再折向南，最后向东，形成水平供热干管，干管的坡度为 0.003，在最高处设有一卧式集气罐。在各采暖地段共设立管七根，编号依次为 N1，N2，…，N7，向下通到二层和一层。立管位于墙角处，有支管与散热器相连。散热器为柱式 M132 型，热水流经散热器释放出热量。回水从支管经立管流到底层回水干管，回水干管敷设在地面上，起点处标高为 0.030 m，坡度为 0.003，也是沿外墙内侧布置，依次从 N1 到 N7，最后沿⑦轴线通至房屋东北角，然后抬头向上，回水总管也是在标高 2.650 m 处通向室外。

这里分别绘制了一层、二层和三层采暖平面图，可以看出各楼层房间内散热器的数量和位置。

由于供热干管安装在三层顶棚下，所以在三层平面图中用粗实线画出了供热干管的布置，以及干管与立管的连接情况。同样，回水干管是安装于一层地面上的，所以在一层平面图中用粗虚线画出了回水干管的布置，以及干管与立管的连接情况，还表示了采暖出入口的位置。而在二层平面图中，既没有供热干管也没有回水干管，只表示了立管通过支管与散热器的连接情况。散热器与管道的连接关系在平面图表示得不是很清楚，还需看采暖系统图。每组散热器是与立管串联的，为了使各楼层温度均匀，楼下各房间内的散热器的片数要比楼上略多一些。

各段管道的直径一般在平面图中不标注，而是注在系统图中，总管为 *DN*32，干管依次为 *DN*32，*DN*25，*DN*20，立管均为 *DN*20，支管均为 *DN*15（一般图中可不注而在施工说明中写出）。

在系统图中还可以看出管道上各阀门的位置，在采暖出入口处，供热总管和回水总管上都设有总控阀门，每根立管的两端均设有阀门，集气罐排气管的末端也设有阀门。绘制系统图时，前后两部分采用了断开画法，供热干管在 *a* 处，回水干管在 *b* 处和 *c* 处断开，前半部分下移后绘制，这样可避免投影重叠表示不清。

通过阅读采暖平面图和系统图，可以了解房屋内整个采暖系统的空间布置情况，但是有些部位的具体施工做法还要查看详图。如回水干管在穿越门洞和楼梯间时，是敷设在地面下的管沟内，再如散热器的安装，管道支架的固定等，都需阅读有关的施工详图。

17.3 通风空调施工图

17.3.1 通风空调工程基本知识

1）通风空调工程的任务

建筑通风空调包括送（进）风和排风两种情况。送风是将新鲜的或净化过的，温度和湿度满足要求的空气送入室内；排风是将混浊的或被污染的气体排至室外。

2）通风空调工程的组成

（1）送风管和排风管。输送气体的管道，常用薄钢板或塑料板制成，其断面较大，一般为圆形或矩形，也可用砖砌成风道。

（2）风机。输送气体的机械，常用的有离心式风机和轴流式风机等。

(3) 空气处理设备。各种类型的空调器,可对空气进行过滤、除尘、净化、加热、制冷、加湿、减湿等处理。

(4) 附件。在通风空调系统上设有各种阀门,用来调节通风量的大小。在通风管上还有风口、散流器、吸风罩、排风帽等附件。

3) 通风空调方式

房屋的通风有自然通风和机械通风之分,在机械通风中又分为局部通风和全面通风。根据需要有的建筑物同时设有送风系统和排风系统,有的建筑物只有送风或只有排风,还有的建筑物要求具有冬暖夏凉恒温恒湿的特殊环境,则要安装全面的空气调节系统。

17.3.2 通风空调平面图

通风空调平面图是通风空调施工图中的基本图样,主要表示通风管道和设备的平面布置情况。

1) 表达内容

(1) 通风空调管道系统在房屋内的平面布置,以及各种配件,如异径管、弯管、三通管等在风管上的位置;

(2) 工艺设备如空调器、风机等的位置;

(3) 进风口、送风口等的位置以及空气流动方向;

(4) 设备和管道等的定位尺寸。

2) 图示方法和画法

(1) 绘图比例。绘制通风空调平面图一般和建筑平面图的比例相同,为了把风管的布置表示得更清楚,也可采用更大一些的比例。

(2) 房屋平面的表示。用细线简要绘制房屋建筑的主要轮廓,如有关的墙、梁、柱、门、窗、平台等构配件,作为通风空调系统平面布置和定位的基准,图中应注出相应的定位轴线和房间名称。

(3) 剖切位置及平面图的数量。通风空调平面图是从本层平顶处水平剖切后,向下投影所画出的水平投影图,应能反映该层通风空调系统的全貌。多层建筑应分层绘制通风空调平面图。

(4) 风管画法。在通风空调平面图中风管一般采用双线画法,并按比例绘制,宜用中实线表示风管的两条外轮廓线。风管上的异径管、三通管弯头等也应画出。

(5) 设备及附件画法。主要的工艺设备如空调器、风机等的轮廓宜用中实线绘制,其他部件和附件如除尘器、散流器、吸风罩等用细实线绘制。

(6) 分段绘制。如建筑平面图采取分段绘制时,通风空调平面图也可分段绘制,但分段部位应与建筑图一致,并应绘制分区组合示意图。

(7) 尺寸注法。通风空调平面图中应以定位轴线为基准,标注设备和风管的定位尺寸。风管宜注其中心线与轴线间的距离,还需注出各管段的断面尺寸,以及设备和部件的名称或编号。

17.3.3 通风空调剖面图

1) 表达内容

比较复杂的通风空调系统一般还需要绘制剖面图，主要表示管道和设备在高度方向的布置情况，其表达内容与平面图相同。

2）图示方法

（1）绘图比例和图样布置。通风空调剖面图和平面图的绘图比例宜一致，在同一张图纸上绘制时，平面图应在下，剖面图应在上，这样便于对照阅读。

（2）剖切位置。这里所谓剖面图，对房屋来说是剖开后的投影，实质上对于通风空调系统来说画出的应是整个系统的立面图，所以剖面图应选择直立的剖切位置，并使剖切后能反映通风空调系统的全貌。剖切符号应标注在平面图中，剖视方向宜向上向左。

（3）图线选择。通风空调剖面图中采用的线型与平面图基本相同。房屋的主要建筑轮廓用细线画出，并注明定位轴线的编号。风管采用双线画法，用中实线绘制，其他设备和部件用中线或细线绘制。

（4）尺寸注法。通风空调剖面图中应标注设备、管道中心（或管底）的标高，必要时还应注出这些部位距该层楼面或地面的高度尺寸。房屋的屋面、楼面、地面等处的标高一般也需注出。

17.3.4 通风空调系统图

一般情况下，通风空调施工图中都包括有通风空调系统轴测图，它是用轴测投影法绘制的能反映通风空调系统全貌的立体图。

1）表达内容

（1）整个风管系统包括总管、干管、支管的空间布置和走向；

（2）各设备、部件等的位置和互相关系；

（3）各管段的断面尺寸和主要位置的标高。

2）图示方法

（1）轴测类型。通风空调系统图宜采用正面斜等测绘制，也可采用正等测绘制。OX轴和OY轴宜分别与房屋的横向和纵向一致，OZ轴为高度方向。

（2）绘图比例。宜与平面图和剖面图一致，以便于从图中量取尺寸。

（3）风管画法。风管采用双线画法时，应根据其断面尺寸按比例绘制，这样能比较形象地反映管道本身所占有的空间尺度，立体感强，但绘图较麻烦。所以一般情况下，通风空调系统图中的风管是采用单线画法，用一根粗实线表示管道的位置，这时虽不能反映管道的断面形状，但整个风管系统的空间布置和走向能清楚地表示。

（4）设备和部件画法。设备和部件用中线或细线绘制，主要设备只需按外形轮廓绘制，各部件按图例绘制。

（5）尺寸标注。在系统图中应标注风管各段的断面尺寸、主要部位的标高、设备标高、地面或楼面标高等。还需注出各设备和部件的名称或编号。

17.3.5 通风空调施工图的阅读

通风空调工程与房屋的关系密切，先要看建筑和结构施工图，了解房屋的形式，各房间的功能和布局等基本情况。然后再阅读通风空调工程的设计和施工说明，了解有关的数据资料、技术标准、通风方式、设备性能和施工要求等情况。

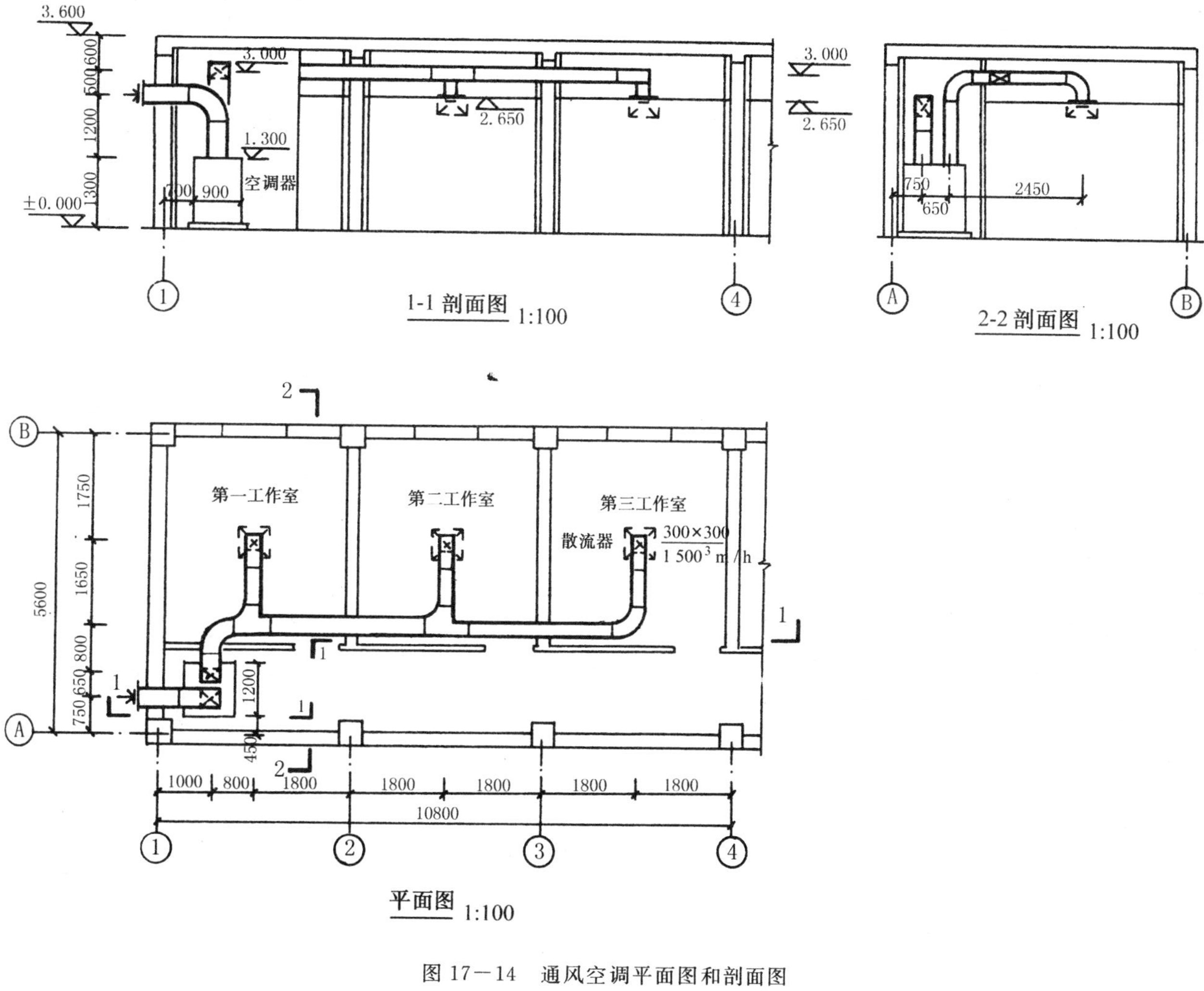

图 17—14　通风空调平面图和剖面图

阅读通风空调施工图时，各主要图样，平面图、剖面图和系统图应互相配合对照查看，一般是按照通风空调系统中空气的流向，从进口到出口依次进行，这样可弄清通风空调系统的全貌。再通过查阅有关的设备安装详图和管件制作详图，就能掌握整个通风空调工程的全部情况。

图 17－14 和图 17－15 为某房屋的通风空调平面图、剖面图和系统图。该房屋为单层建筑，其通风空调系统只负责对其中三个工作室送风。空调器设在走廊的左边，进风口在室外①轴线墙的屋檐下，标高为 2.500 m，风管进入室内后向下通至空调器，空气经过处理后温度、湿度和洁净度均达到所需标准。送风总管从空调器向上直通至屋面顶棚内，标高为 3.000 m，风管拐弯后沿走廊隔墙的内侧从左向右布置，形成送风干管。干管与三根支管相连，分别通至第一、二、三工作室的中部，然后向下与散流器相连。送风干管和支管都是暗装于顶棚内，送风口在各室的顶棚下，散流器把新鲜洁净的空气均匀吹向室内。该房屋不专设排风系统，是通过门窗自然排风。

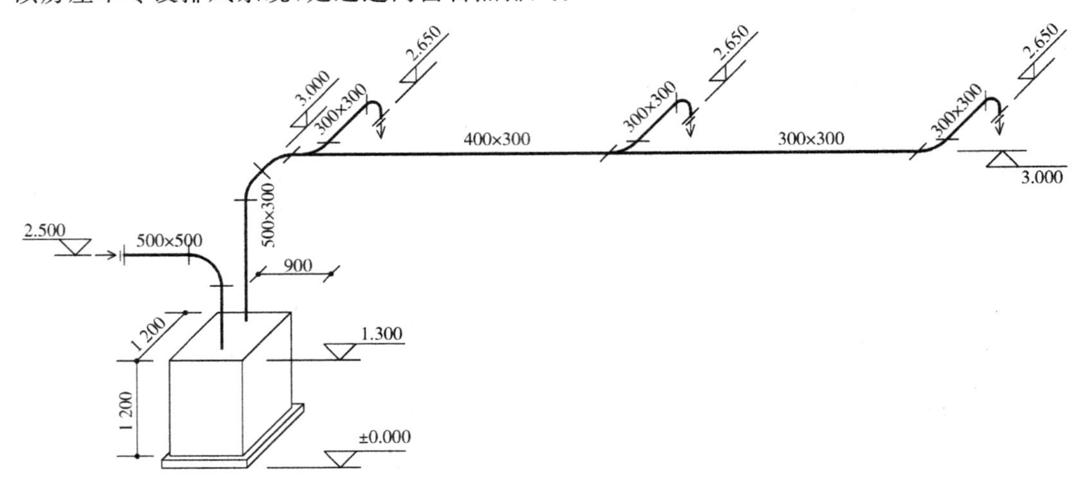

图 17－15　通风空调系统图

通风空调平面图是从房屋的屋面处水平剖切的，这样可以画出整个系统的水平投影。1－1剖面图采用的是阶梯剖，左边是从空调器的前面剖切，右边是沿走廊隔墙的后面剖切的，这样可使表达更全面，另外还画出了 2－2 剖面图。系统图虽然是单线绘制，但能表示出该通风系统的整体布置情况，更具有立体感。从这些图中还可以看出通风空调工程各部分的主要尺寸。空调器的外形尺寸为 900×1200×1200，与Ⓐ轴线和①轴线的定位尺寸分别为 450mm 和 700 mm，上表面标高为 1.300 m。通风管的断面均为矩形，进风管为 500×500，送风管的断面（宽度）是逐段变化的，总管、干管、支管分别为（宽×高）500×300，400×300，300×300。进风口标高 2.500 m，水平送风干管标高 3.000 m，送风口标高 2.650 m。通风管各部分的定位尺寸也都详细地注在图中。

18 建筑电气施工图

18.1 概述

建筑电气系统是指与房屋建筑相关的供配电系统、电气照明系统、建筑弱电系统和建筑智能化系统。在现代房屋建筑内常需要安装各种电气设备、如家用电器、照明灯具、电视电话、网络接口、电源插座、控制装置、动力设备等,将这些电气设施的布局位置、安装方式、连接关系和配电情况表示在图纸上,就是建筑电气施工图。

建筑电气施工图采用规定的图形符号并加注文字符号来绘制,它表示电气系统的组成及连接方式,各种元器件装置的安装位置和线路走向等内容。

绘制建筑电气施工图应遵守《建筑电气制图标准》GB/T50786－2012,还应遵守《房屋建筑制图统一标准》GB/T50001－2010 中的各项基本规定。

本章主要介绍最常用的室内电力照明施工图。

18.1.1 建筑电气施工图的特点

1) 导线的表示法

电气设施都是用导线相连接的,导线是电气图中主要的表达对象。

在电气图中导线用线条表示,每一根导线画一条线,如图 18－1a 所示称为多线表示法。这样表示有时很清楚也很必要(如接线图),但当导线很多时画图很麻烦且不清楚,这种情况下可用单线表示,即每组(多根)导线只画一条线,如果要表示该组导线的根数,可加画相应数量的斜短线表示,如图18－1b所示;或只画一条斜短线,再注写数字表示导线的根数,如图 18－1c 所示。导线的单线表示法可以使电气图更简捷,故最常用。

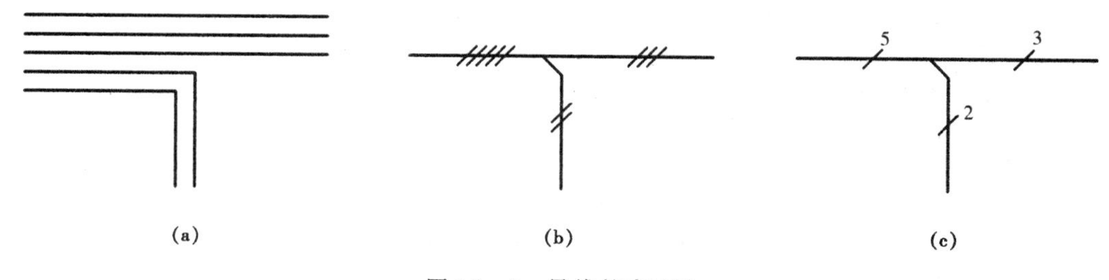

图 18－1 导线的表示法

2) 电气图形符号

电气图中包含有大量的电气图形符号,各种元器件、装置、设备等都是用规定的图形符号表示的。这里仅列出一些建筑电气施工图中常用的图形符号见表 18－1。

3) 电气文字符号

电气图中还常用文字代号注明元器件、装置、设备的名称、性能、状态、位置和安装方式等。电气文字代号分基本代号、辅助代号、数字代号、附加代号四部分。基本代号用拉丁字母(单字母或双字母)表示名称,如“G”表示电源,“GB”表示蓄电池。辅助符号也是用拉丁字母表示,如“AUT”表示自动,“PE”表示保护接地。

更多电气图形符号和电气文字符号详见建筑电气制图标准。

表 18—1 建筑电气制图常用图形符号

图例	名称	图例	名称	图例	名称
LB	照明配电箱 方框为电气箱符号,内注字母区分其类型,如 PB 为动力配电箱等		开关,一般符号 单联单控开关		灯,一般符号 需区分不同类型时,标注字母,如 W 壁灯、C 吸顶灯、R 筒灯、L 花灯、G 圆球灯等
WH	电度表(瓦时计)		三联单控开关		荧光灯,一般符号
	带中性线和保护线的三相线路	t	单极限时开关		二管荧光灯
	开关,一般符号 动合(常开)触点		单极拉线开关	n	多管荧光灯,$n>3$
	动断(常闭)触点		双控单极开关		电源插座一般符号(不带保护极的)
	断路器,一般符号		熔断器,一般符号	3	多个电源插座(符号表示三个插座)
	向上配线或布线 向下配线或布线		电阻器,一般符号		带保护极的电源插座
	由上引来配线或布线 由下引来配线或布线		电容器,一般符号		带保护极和单极开关的电源插座

18.1.2 建筑电气制图的一般规定

1) 图线

建筑电气制图中常用的图线宜符合表 18—2 的规定。

表 18—2 建筑电气制图中图线的选用

名称	线宽	一般用途
粗实线	b	本专业设备之间电气通路连接线,本专业设备可见轮廓线、图形符号轮廓线
中粗实线	$0.7b$	
	$0.7b$	本专业设备可见轮廓线、图形符号轮廓线、方框线、建筑物可见轮廓线
中实线	$0.5b$	
细实线	$0.25b$	非本专业设备可见轮廓线、建筑物可见轮廓,尺寸、标高、角度等标注线及引出线

续表 18－2

名称	线宽	一般用途
粗虚线	b	本专业设备之间电气通路不可见连接线、线路改造中原有线路
中粗虚线	$0.7b$	
	$0.7b$	本专业设备不可见轮廓线、地下电缆沟、排管区、隧道、屏蔽线、连锁线
中虚线	$0.5b$	
细虚线	$0.25b$	非本专业设备不可见轮廓线及地下管沟、建筑物不可见轮廓线等
粗波浪线	b	本专业软管、软护套保护的电气通路连接线、蛇形敷设线缆
中粗波浪线	$0.7b$	
单点长画线	$0.25b$	定位轴线、中心线、对称线；结构、功能、单元相同围框线
双点长画线	$0.25b$	辅助围框线、假想或工艺设备轮廓线
折断线	$0.25b$	断开界线

2）比例

电气总平面图、电气平面图的制图比例，宜与工程项目设计的主导专业一致，一般应符合表 18－3 的规定，并应优先采用常用比例。

表 18－3　建筑电气制图的比例

图名	常用比例	可用比例
电气总平面图、规划图	1∶500、1∶1000、1∶2000	1∶300、1∶5000
电气平面图	1∶50、1∶100、1∶150	1∶200
电气竖井、设备间、电信间变配电室等平、剖面图	1∶20、1∶50、1∶100	1∶25、1∶150
电气详图、电气大样图	10∶1、5∶1、2∶1、1∶1、1∶2、1∶5、1∶10、1∶20	4∶1、1∶25、1∶50

3）线缆的标注方法

配电线路的标注格式为

$$ab-c(d\times e+f\times g)i-jh$$

式中，a 为参照代号（线路编号或线路用途的代号等）；b 为电缆型号；c 为电缆根数；d 为相导体根数；e 为相导体截面（mm^2）；f 为 N、PE 导体根数；g 为 N、PE 导体截面（mm^2）；i 为敷线方式及管经（mm）；j 为敷设部位；h 为安装高度（m）。

常用电缆型号、敷设方式和敷设部位的文字符号见表 18－4。例如图中标注：W5－BV(3×10＋1×6)PC25－FC，表示第 5 回路的电缆为铜芯聚氯乙烯绝缘线，有 3 根相线，每根截面为 10 mm^2，另有 1 根接地线，截面为 6 mm^2，穿直径为 25 mm 的硬塑料导管，暗敷设在地面下。

表 18—4　常见线缆标注文字符号

类别	符号	含义	类别	符号	含义
电缆型号	BVV	铜芯聚氯乙烯绝缘塑料护套电线	线缆敷设方式符号	SC	穿低压流体用焊接钢管敷设
	BLVV	铝芯聚氯乙烯绝缘塑料护套电线		MT	穿普通碳素钢电线套管敷设
	BV	铜芯聚氯乙烯绝缘电线		CP	穿可挠金属电线保护管敷设
	BLV	铝芯聚氯乙烯绝缘电线		PC	穿硬塑料导管敷设
	BVR	铜芯聚氯乙烯绝缘电线		FPC	穿阻燃半硬塑料导管敷设
线缆敷设部位符号	FC	暗敷设在地面内或地板下		CT	电缆托盘敷设
	CC	暗敷设在顶板内		MR	金属槽盒敷设
	BC	暗敷设在梁内		PR	塑料槽盒敷设
	WC	暗敷设在墙内		DB	直埋敷设
	WS	沿墙面敷设		TC	电缆沟敷设

4）照明灯具的标注方法

照明灯具的标注格式为

$$a-b\frac{c\times d\times L}{e}f$$

式中，a 为灯具数量；b 为灯具型号；c 为每盏灯具的光源数量；d 为光源安装容量（W）；e 为安装高度（m），"—"表示吸顶安装；L 为光源种类；f 为安装方式。

常见的光源种类代号有：IN 白炽灯，LED 发光二极管，IR 红外线的，FL 荧光的，Na 钠气，Ne 氖气，Hg 汞，I 碘等。

常见的安装方式代号有：SW 表示线吊式，CS 表示链吊式，DS 表示管吊式，W 表示壁装式，C 表示吸顶式，R 表示嵌入式等。

例如施工图中标注为：2 － BKB140 $\frac{3\times 100}{2.10}$ W，表示有二盏花篮壁灯，型号为 BKB140，每盏有三只灯泡，灯泡容量为 100W，安装高度为 2.10m，壁装式。为了图中标注简明，通常灯具型号和光源种类可不注，而在施工说明中写出。

18.2　室内电力照明施工图

室内电力照明施工图一般包括电力照明平面图、配电系统图、安装和接线详图等。

18.2.1　电力照明工程的基本知识

1）室内电力照明工程的任务

将电力从室外电网引入室内，经过配电装置，然后用导线与各个用电器具和设备相连，构成一个完整的、可靠的、安全的供电系统，使照明装置、用电设备正常运行，并进行有效控制。

2）室内电力照明工程的组成

（1）电源进户线。是室外电网与房屋内总配电箱相连接的一段供电总电缆线。

（2）配电装置。对室内的供电系统进行控制、保护、计量和分配的成套装置，通常称为配电箱或配电盘。一般包括：熔断器、电度表和电路开关。

（3）供电线路网。整个房屋内部的供电网一般包括：供电干线（从总配电箱敷设到房屋的各个用电地段，与分配电箱相连接）、供电支线（从分配电箱连通到各用户的电表箱）、配线（从用户电表箱连接至照明灯具、开关、插座等，组成配电回路）。

（4）用电器具和设备。民用建筑内主要安装有各种照明灯具、开关和插座。普通照明灯有白炽灯、荧光灯等，与之相配的控制开关一般为单极开关，结构形式上有明装式、暗装式、拉线式、定时式、双控式等。各种家用电器如电视机、电冰箱、电风扇、空调器、电热器等，它们的位置一般是不固定的，所以室内应设置电源插座，插座分明装和暗装两类，常用的有单相两眼和单相三眼。插座应使用方便，安全可靠。

3）供电方式

室外电网一般为三相四线制供电，三根相线（或称火线）分别用 L_1，L_2，L_3 表示，一根中性线（或称零线）用 N 表示。相线与相线间的电压为 380V，称为线电压，相线与中性线间的电压为 220V，称为相电压。根据整个建筑物内用电量的大小，室内供电方式可采用单相二线制（负荷电流小于 30A），或采用三相四线制（负荷电流大于 30A）。

4）线路敷设方式

室内电力照明线路的敷设方式可分为明敷和暗敷两种。

线路明敷时常用瓷夹板、塑料管、电线管、槽板等配线，线路是沿墙、天棚、屋架或预制板缝敷设，线路明敷的施工简单，经济实用，但不够美观。

线路暗敷时常用焊接钢管、电线管、塑料管配线，先将管道预埋入墙内、地坪内、顶棚内或预制板缝内，在管内事先穿好铁丝，然后将导线引入，有时也可利用空心楼板的圆孔来布设暗线。线路暗敷不影响建筑的外观，防潮防腐，但造价较高且施工麻烦。

5）照明灯具的开关控制线路

照明灯具开关控制的基本线路如图 18－2 所示，图 18－2a 为一只单联开关控制一盏灯，图 18－2b 为一只单联开关控制一盏灯以及连接一只单相双眼插座。如果有接地线，还需要分别再加一根导线。线路图分别用多线表示法和单线表示法绘制，以便于对照阅读。由于与灯具和插座相连接的导线至少需要两根才能形成回路，故单线图中当导线为两根时通常可省略不注。照明灯具的开关控制线路有多种形式，这里仅介绍最常见的两种，其他可参考有关的电气专业教材，它们的图示方法基本相同。

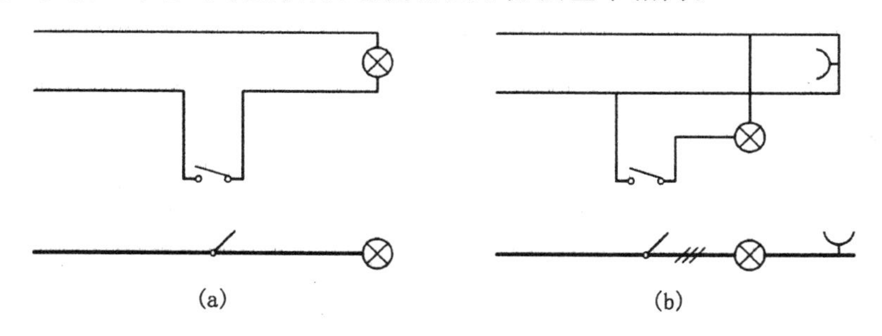

图 18－2　灯具控制的基本线路

18.2.2 电力照明平面图

室内照明平面图是电力照明施工图中的基本图样，它表示室内供电线路和灯具、开关、插座等的平面布置情况。

1）表达内容

（1）电源进户线的引入位置、规格、穿管管径和敷设方式；

（2）配电箱在房屋内的位置、数量和型号；

（3）供电线路网中各条干线、支线、配线的位置和走向，敷设方式和部位，各段导线的数量和规格等；

（4）照明灯具、控制开关、电源插座等的数量、种类、安装、位置和互相连接关系。

2）图示方法和画法

（1）绘图比例。室内照明平面图一般与房屋的建筑平面图所用比例相同。土建部分应完全按比例绘制，而电气部分（如线路和设备的形状尺寸）则可不完全按比例绘制。

（2）土建部分画法。用细线简要画出房屋的平面形状和主要构配件，并标注定位轴线的编号和尺寸。

（3）电气部分画法。配电箱、照明灯具、开关、插座等均按图例绘制，有关的工艺设备只需用细线画出外形轮廓。供电线路采用单线表示法，用粗实线（或中实线）绘制。

（4）平面图的剖切位置和数量。按建筑平面图来说，是在房屋的门窗位置剖切的，但在照明平面图中，与本层有关的电气设施（包括线路）不管位置高低，均应绘制在同一层平面图中。多层房屋应分层绘制照明平面图，如果各层照明布置相同，可只画出标准层照明平面图。

（5）尺寸标注。在照明平面图中所有的灯具均应按前述方法标注数量、规格和安装高度，重要的供电线路（如进户线、干线和支线）也需按规定标注。但灯具和线路的定位尺寸一般不注，必要时可按比例从图中量取。开关和插座的高度通常也不注，实际是按照施工及验收规范进行安装，如一般开关的安装高度为距地1.3m，拉线开关为2～3m，距门框0.15～0.20m。

18.2.3 配电系统图

一般的房屋除了绘制电力照明平面图外，还需要画出配电系统图，来表示整个照明供电线路的全貌和连接关系。

1）表达内容

（1）建筑物的供电方式和容量分配；

（2）供电线路的布置形式，进户线和各干线、支线、配线的数量、规格和敷设方法；

（3）配电箱及电度表、开关、熔断器等的连接关系以及它们的数量、型号等。

2）图示方法和画法

配电系统图是由各种电气图形符号用线条连接起来，并加注文字代号而形成的一种简图，它不表明电气设施的具体安装位置，所以它不是投影图，也不按比例绘制。

各种配电装置都是按规定的图例绘制，相应的型号注在旁边。供电线路采用单线表示，且画为粗实线，并按规定格式标注出各段导线的数量和规格。系统图能简明地表示出室内电力照明工程的组成，互相关系和主要特征等基本情况。

18.2.4 电力照明施工图的阅读

建筑电气施工图的专业性较强，要看懂图不仅需要投影知识，还应具备一定的电气专业基础知识，如电工原理、接线方法、设备安装等。还要熟悉各种常用的电气图形符号、文字代号和规定画法。读图时，首先要阅读电气设计和施工说明，从中可以了解到有关的资料，如供电方式、照明标准、电力负荷、设备和导线的规格等情况。

电气设施的安装和线路的敷设与房屋的关系十分密切，所以还应该通过查阅建筑施工图，来搞清楚房屋内部的功能布局、结构形式、构造和装修等土建方面的基本情况。

电力照明平面图和配电系统图是表示房屋内电气工程的主要图样，配电系统图重点表示整个供电系统的全貌，电力照明平面图侧重表示电力照明设备与线路在房屋内的位置，二者相辅相成，应互相配合读图。一般是先看配电系统图，再看电力照明平面图，最后看安装和接线详图。通常是顺着电力流动的方向依次阅读：电源进户线→总配电箱→供电干线→分配电箱→供电支线→用户电表箱→配线→灯具、开关、插座。这样对几种图样认真查阅对照，就可以搞清楚整个室内的电力照明系统的全部情况。

现以 01 幢住宅为例来进行阅读。关于该房屋的土建情况可查阅图 16－16。

图 18－3 为该住宅的配电系统图。可以看出整个建筑采用的是三相四线制供电。电源进户线缆标注为 BV(4×10)SC32－FC，表示四根铜芯塑料绝缘线，每根截面为 10 mm^2，穿在直径为 32 mm 的焊接钢管内，埋地暗敷设，通至总配电箱 $AL1$。总配箱型号为 XRM401，内有三相自动控制开关(型号为 DZ10－100/300)、三相电度总表(型号为 DT8－80)。三条相线 L_1，L_2，L_3 分别向一层、二层、三层供电，这样三相电力负荷较均衡。三条供电干线均设有空气开关(型号为 DZ10－50/1)，电缆线 W1、W2、W3 均标注为

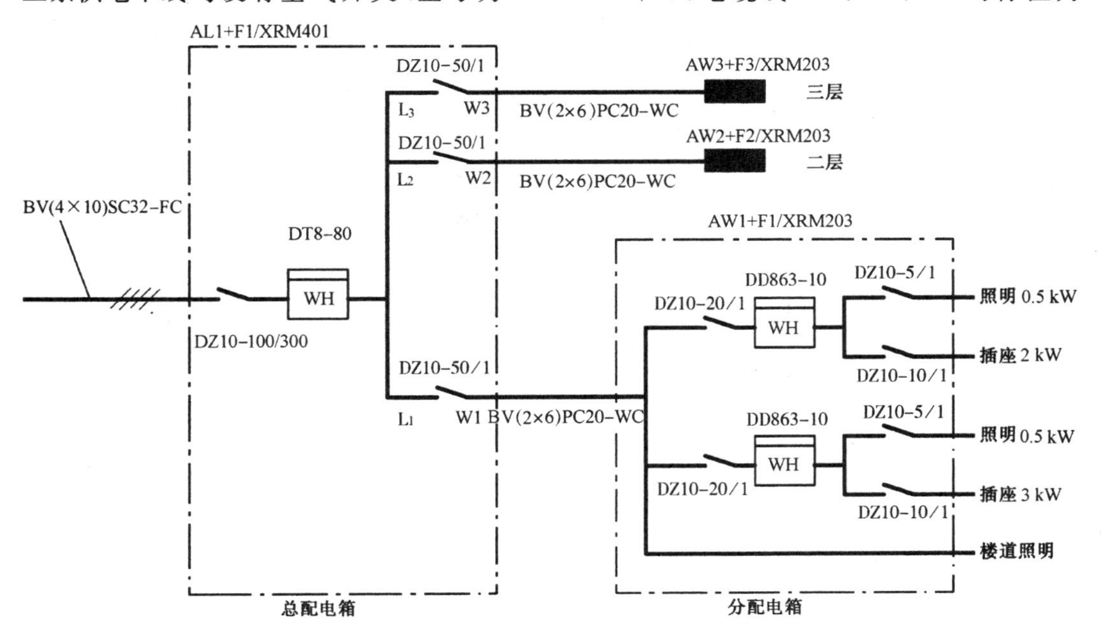

图 18－3 照明配电系统图

BV(2×6)PC20－WC，表示二根铜芯塑料绝缘线，每根截面为 $6mm^2$，穿在直径为 20 mm 的塑料管内，沿墙暗敷设，分别通到一层、二层、三层的分配电箱(AW1、AW2、AW3)。分配电箱型号为 XRM203，供电干线分为两条用户支路，分别设有空气开关(型号为 DZ10－20/1)、电度表(型号为 DD863－10)。每户配电又分为两条支路，分别为照明和插座用电。另外每层分配电箱还单独引出一条楼道公共照明线。由于各层配电情况相同，所以图中只画出了一层分配电箱的构造，其他两层与一层相同。

图 18－4 为该住宅的底层照明平面图，其他两层照明布置相同故省略。电源进户线由楼梯间地下引入，总配电箱 AL1 暗装于楼梯间西侧轴线③的墙内。一层供电干线 W1 沿墙敷设通至分配电箱，二层 W2 和三层 W3 需沿墙向上引线。分配电箱 AW1 暗装于楼梯间南面轴线Ⓒ的墙内，每户配电有照明支路和插座支路分别进入各户室内。每户各房间内的照明设置如下：客厅有一盏花灯，由八只 5 W 荧光节能灯组成，线吊式安装，距地面 2.5 m，还有吊式电风扇一台，分别由门边两个开关控制；大卧室为双管荧光灯(2×20 W)，为链吊式安装，距地面 2.3 m，由门边开并控制；小卧室有两盏筒灯为 LED 灯(10 W)，壁装高度 1.8 m；厕所(15 W)、厨房(20 W)、阳台(15 W)均为白炽灯，吸顶安装。另外每个房间均安装有电源插座，数量和位置如图中所示。楼梯灯为一盏 25 W 玻璃球形灯，吸顶安装，由墙上的延时开关控制(以上照明灯具的配置仅作为教学参考)。

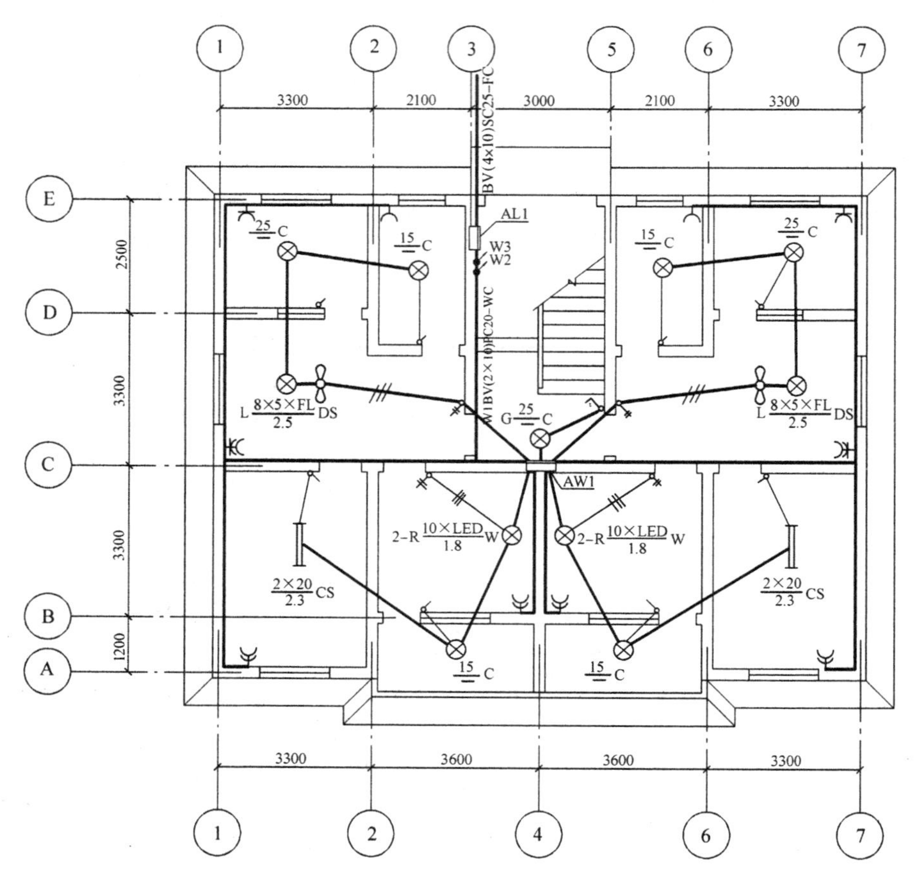

图 18－4　底层照明平面图

19 道路及桥涵工程图

道路按其交通性质和所在位置，可分为公路和城市道路两大类。

本章主要介绍道路工程及其主要附属建筑物桥梁和涵洞的图示方法、画法特点及图中应表达的内容。

绘制道路及桥梁、涵洞工程图时，应当遵守《道路工程制图标准》GB50162 中的有关规定。

19.1 道路路线工程图

道路是建筑在地面上的，供车辆行驶和人们步行的窄而长的线性工程构筑物，道路的位置和形状与所在地区的地形、地貌、地物以及地质有很密切的关系。由于道路路线有竖向高度变化（上坡、下坡、竖曲线）和平面弯曲（左向、右向、平曲线）变化，所以实质上从整体来看道路路线是一条带形空间曲线。道路路线工程图的图示方法与一般的工程图样不完全相同，路线工程主要是用路线平面图，路线纵断面图和路线横断面图来表达的。

19.1.1 路线平面图

1）图示方法

路线平面图是从上向下投影所得到的水平投影图，也就是用标高投影法所绘制的道路沿线周围区域的地形图。

2）画法特点和表达内容

路线平面图主要是表示路线的走向和平面线型状况，以及沿线两侧一定范围内的地形、地物等情况。

如图 19－1 所示，为某公路从 K3＋300 至 K5＋200 段的路线平面图。下面分地形和路线两部分来介绍平面图的画法特点和表达内容。

（1）地形部分

① 比例。道路路线平面图所用比例一般较小，通常在城镇区为 1∶500 或 1∶1000，山岭区为 1∶2000，丘陵区和平原区为 1∶5000 或 1∶10000。

② 方向。在路线平面图上应画出指北针或测量坐标网，用来指明道路在该地区的方位与走向。

③ 地形。平面图中地形主要是用等高线表示，本图中每两根等高线之间的高差为 2 m，每隔四条等高线画出一条粗的计曲线，并标有相应的高程数字。根据图中等高线的疏密可以看出，该地区西南和西北地势较高，东北方有一山峰，高约 45 m，沿河流两侧地势低洼且平坦。

④ 地貌地物。在平面图中地形面上的地貌地物如河流、房屋、道路、桥梁、电力线和地面植被等，都是按规定图例绘制的。常见的地形图图例见表 19－1。对照图例可知，该

地区中部有一条白沙河自北向南流过，河岸两边是水稻田，山坡旱地栽有果树。河西中部有一居民点，名为竹坪村。原有的乡间路和电力线沿河西岸而行，通过该村。

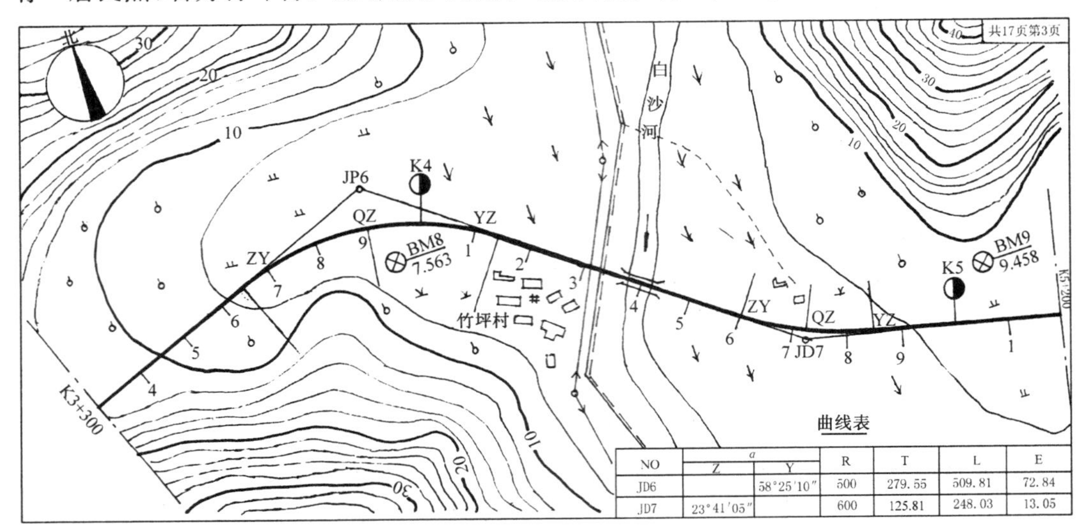

NO	a		R	T	L	E
	Z	Y				
JD6		58°25′10″	500	279.55	509.81	72.84
JD7	23°41′05″		600	125.81	248.03	13.05

图 19—1　路线平面图

表 19—1　常见地形图图例

名　称	图　　例	名　称	图　　例	名　称	图　　例
房屋		桥梁		草地	
大车路		涵洞		水稻田	
小路		高压电力线 低压电力线		旱地	
堤坝		围墙 篱笆		菜地	
河流		沙滩		果树	

⑤ 水准点。沿路线附近每隔一段距离，就在图中标有水准点的位置，用于路线的高程测量。如$\otimes\frac{\text{BM8}}{7.563}$，表示路线的第 8 个水准点，该点高程为 7.563 m。

（2）路线部分

① 设计路线。由于道路的宽度相对于长度来说尺寸小得多，只有在较大比例的平面图中才能将路宽画清楚，在这种情况下道路采用三线画法，路中心用细点画线表示，两侧路基边缘线用粗实线表示。一般情况下平面图的比例较小，是采用单线画法，通常是沿道路中心线画出一条加粗的实线(2b)来表示新设计的路线。

② 里程桩。道路路线的总长度和各段之间的长度用里程桩号表示。里程桩号应从路线的起点至终点依次顺序编号，在平面图中路线的前进方向总是从左向右的。里程桩分公里桩和百米桩两种，公里桩注在路线前进方向的左侧，用符号“◑”表示，公里数注写在符号的上方，如“K4”表示离起点 4 km。百米桩宜标注在路线前进方向的右侧，用垂直于路线的细短线表示，数字注写在短线的端部，例如在K4 公里桩的前方注写的“2”，表示桩号为 K4+200，说明该点距路线起点为 4200 m。

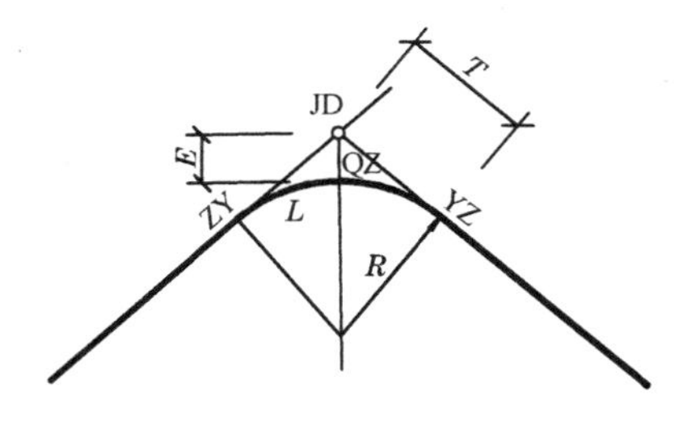

图 19－2 平曲线几何要素

③ 平曲线。道路路线在平面上是由直线段和曲线段组成的，在路线的转折处一般应设平曲线。最常见的较简单的平曲线为圆弧，其基本的几何要素如图 19－2 所示：JD 为交角点，是路线的两直线段的理论交点；α 为转折角，是沿路线前进时向左（α_Z）或向右（α_Y）偏转的角度；R 为圆曲线半径，是连接圆弧的半径长度；T 为切线长，是切点与交角点之间的长度；E 为外距，是曲线中点到交角点的距离；L 为曲线长，是圆曲线两切点之间的弧长。

在路线平面图中，转折处应注写交角点代号并依次编号，如 JD6 表示第 6 个交角点。还要注出曲线段的起点 ZY（直圆）、中点 QZ（曲中）、终点 YZ（圆直）的位置。为了将路线上各段平曲线的几何要素值表示清楚，一般还应在图中的适当位置列出平曲线要素表。

通过读图 19－1 可以知道，新设计的这段公路是从 K3＋300 处开始，由西南方地势较低处引来，在交角点 JD6 处向右转折，$\alpha_Y=58°25'10''$，圆曲线半径 $R=500$ m，从竹坪村北面经过，然后通过白沙河桥，到交角点 JD7 处再向左转折，$\alpha_Z=23°41'05''$，圆曲线半径 $R=600$ m，此后公路从山的南坡沿山脚向东延伸。

3）平面图的拼接

由于道路很长，不可能将整个路线平面图画在同一张图纸内，需分段绘制，使用时再将各张图纸拼接起来。每张图纸的右上角应画有角标，角标内应注明该张图纸的序号和总张数。平面图中路线的分段宜在整数里程桩处断开，并垂直于路线绘制细点画线作为接图线。相邻图纸拼接时，路线中心对齐，接图线重合，并以正北方向为准，如图 19－3 所示。

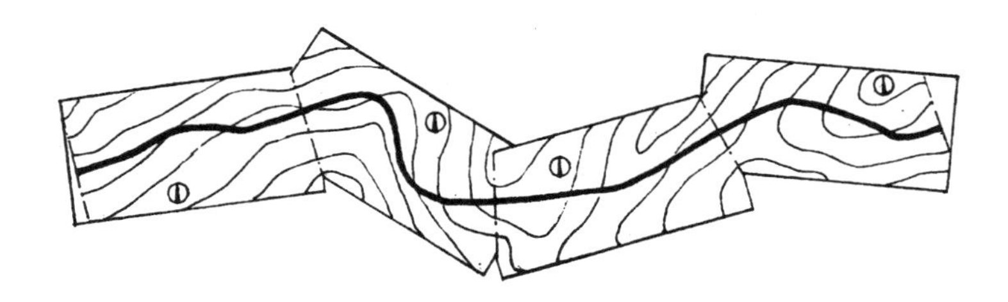

图 19－3 路线平面图的拼接

19.1.2 路线纵断面图

1）图示方法

如图 19－4 所示，路线纵断面图是用假想的铅垂剖切面沿道路中心线纵向剖切，然后展开绘制的。由于道路路线是由直线和曲线组合而成的，所以纵向剖切面既包含有平面又包含有柱面，为了清楚地表达路线的纵断面情况，还需要将此纵断面拉直展开，并绘制在图纸上，这样就形成了路线纵断面图。

图 19－4　路线纵断面图形成示意图

2）画法特点和表达内容

路线纵断面图主要表达道路的纵向设计线形以及沿线地面的高低起伏状况。

路线纵断面图包括图样和资料表两部分，一般图样画在图纸的上部，资料表布置在图纸的下部。图 19－5 所示为某公路从 K6 至 K7＋600 段的纵断面图。

（1）图样部分

① 比例。纵断面图的水平方向表示路线的长度，竖直方向表示设计线和地面的高程。由于路线的高差比路线的长度尺寸小得多，如果竖向高度与水平长度用同一种比例绘制，是很难把高差明显地表示出来，所以绘图时一般竖向比例要比水平比例放大 10 倍，例如本图的水平比例为 1∶2000，而竖向比例为 1∶200，这样画出的路线坡度就比实际大，看上去也较为明显。为了便于画图和读图，一般还应在纵断面图的左侧按竖向比例画出高程标尺。

② 设计线和地面线。在纵断面图中道路的设计线用粗实线表示，原地面线用细实线表示，设计线是根据地形起伏和公路等级，按相应的工程技术标准而确定的，设计线上各点的标高通常是指路基边缘的设计高程。地面线是根据原地面上沿线各点的实测高程而绘制的。

③ 竖曲线。设计线是由直线和竖曲线组成的，在设计线的纵向坡度变更处，为了便于车辆行驶，按技术标准的规定应设置圆弧竖曲线。竖曲线分为凸形和凹形两种，在图中分别用“┌┬┐”和“└┴┘”的符号表示。符号中部的竖线应对准变坡点，竖线左侧标注变坡点的里程桩号，竖线右侧标注变坡点的高程。符号的水平线两端应对准竖曲线的始点和终点，竖曲线要素（半径 R、切线长 T、外距 E）的相应数值标注在水平线上方。在本图中的变坡点 K6＋600 处设有凸形竖曲线（$R=2000$ m，$T=40$ m，$E=0.40$ m），在变坡点 K6＋980 处设有凹形竖曲线（$R=3000$ m，$T=50$ m，$E=0.42$ m），在变坡点 K7＋300 处由于坡度变化较小，可注明不设竖曲线。

④ 工程构筑物。道路沿线的工程构筑物如桥梁、涵洞等，应在设计线的上方或下方用

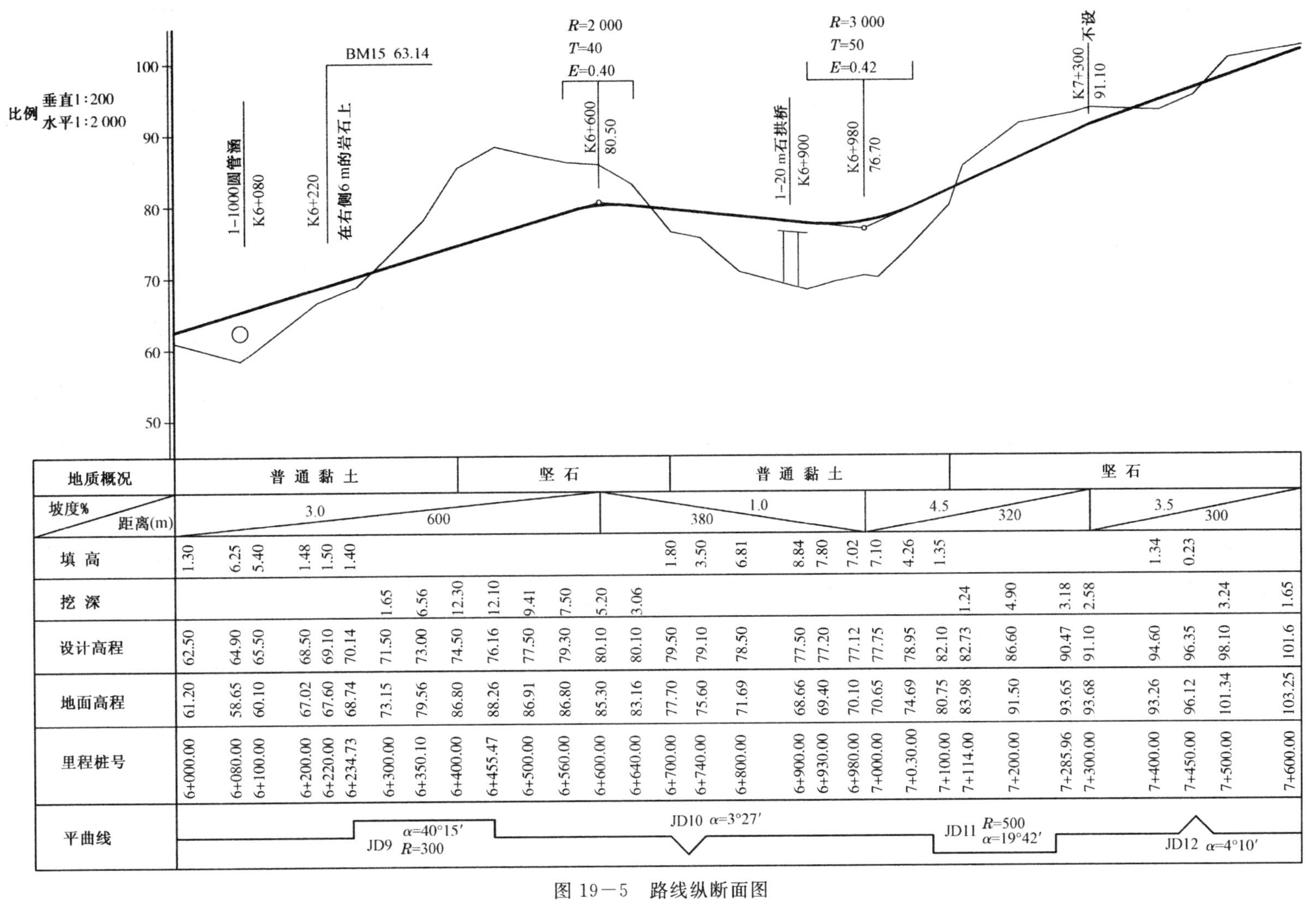

地质概况	普通黏土	坚石	普通黏土	坚石
坡度%	3.0	1.0	4.5	3.5
距离(m)	600	380	320	300

里程桩号	地面高程	设计高程	填高	挖深
6+000.00	61.20	62.50	1.30	
6+080.00	58.65	64.90	6.25	
6+100.00	60.10	65.50	5.40	
6+200.00	67.02	68.50	1.48	
6+220.00	67.60	69.10	1.50	
6+234.73	68.74	70.14	1.40	
6+300.00	73.15	71.50		1.65
6+350.10	79.56	73.00		6.56
6+400.00	86.80	74.50		12.30
6+455.47	88.26	76.16		12.10
6+500.00	86.91	77.50		9.41
6+560.00	86.80	79.30		7.50
6+600.00	85.30	80.10		5.20
6+640.00	83.16	80.10		3.06
6+700.00	77.70	79.50	1.80	
6+740.00	75.60	79.10	3.50	
6+800.00	71.69	78.50	6.81	
6+900.00	68.66	77.50	8.84	
6+930.00	69.40	77.20	7.80	
6+980.00	70.10	77.12	7.02	
7+000.00	70.65	77.75	7.10	
7+0.30.00	74.69	78.95	4.26	
7+100.00	80.75	82.10	1.35	
7+114.00	83.98	82.73		1.24
7+200.00	91.50	86.60		4.90
7+285.96	93.65	90.47		3.18
7+300.00	93.68	91.10		2.58
7+400.00	93.26	94.60	1.34	
7+450.00	96.12	96.35	0.23	
7+500.00	101.34	98.10		3.24
7+600.00	103.25	101.6		1.65

图 19—5 路线纵断面图

竖直引出线标注，竖直引出线应对准构筑物的中心位置，并注出构筑物的名称、规格和里程桩号。例如图中在涵洞中心位置用“○”表示，并进行标注，表示在里程桩 K6＋080 处设有一座单孔直径为 1000 mm 的圆管涵洞。

⑤ 水准点。沿线设置的测量水准点也应标注，竖直引出线对准水准点，左侧注写里程桩号，右侧写明其位置，水平线上方注出其编号和高程。如水准点 BM15 设置在里程 K6＋240 处的右侧距离为 6 m 的岩石上，高程为 63.14 m。

（2）资料表部分

绘图时图样和资料表应上下对齐布置，以便阅读。资料表主要包括以下项目和内容：

① 地质概况。根据实测资料，在图中注出沿线各段的地质情况。

② 坡度/距离。标注设计线各段的纵向坡度和水平长度距离。表格中的对角线表示坡度方向，从左下至右上表示上坡，从左上至右下表示下坡，坡度和距离分注在对角线的上下两侧。如图中第一格的标注“3.0/600”，表示此段路线是上坡，坡度为 3.0%，路线长度为 600 m。

③ 标高。表中有设计标高和地面标高两栏，它们应和图样互相对应，分别表示设计线和地面线上各点（桩号）的高程。

④ 挖填高度。设计线在地面线下方时需要挖土，设计线在地面线上方时需要填土，挖或填的高度值应是各点（桩号）对应的设计标高与地面标高之差的绝对值。

⑤ 里程桩号。沿线各点的桩号是按测量的里程数值填入的，单位为米，桩号从左向右排列。在平曲线的起点、中点、终点和桥涵中心点等处可设置加桩。

⑥ 平曲线。为了表示该路段的平面线型，通常在表中画出平曲线的示意图。直线段用水平线表示，道路左转弯用凹折线表示，如“ ⎺⎽⎺ ”，右转弯用凸折线表示，如“ ⎽⎺⎽ ”，有时还需注出平曲线各要素的值。当路线的转折角小于规定值时，可不设平曲线，但需画出转折方向，“∨”表示向左转弯，“∧”表示向右转弯。

19.1.3 路线横断面图

1）图示方法

路线横断面图是用假想的剖切平面，垂直于路中心线剖切而得到的图形。

在横断面图中，路面线、路肩线、边坡线、护坡线均用粗实线表示，路面厚度用中粗实线表示，原有地面线用细实线表示，路中心线用细点画线表示。

横断面图的水平方向和高度方向宜采用相同比例，一般比例为 1∶200，1∶100 或1∶50。

2）路基横断面图

为了路基施工放样和计算土石方量的需要，在路线的每一中心桩处，应根据实测资料和设计要求，画出一系列的路基横断面图，主要是表达路基横断面的形状和地面高低起伏状况。路基横断面图一般不画出路面层和路拱，以路基边缘的标高作为路中心的设计标高。

路基横断面图的基本形式有三种：

① 填方路基。如图 19－6a 所示，整个路基全部为填土区，称为路堤。填土高度等于设计标高减去地面标高。填方边坡一般为1∶1.5。

② 挖方路基。如图 19－6b 所示，整个路基全部为挖土区，称为路堑。挖土深度等于地

面标高减去设计标高。挖方边坡一般为 1∶1。

③ 半填半挖路基。如图 19－6c 所示，路基断面一部分为填土区，一部分为挖土区。

在路基横断面图的下方应标注相应的里程桩号，在右侧注写填土高度 h_T 或挖土深度 h_W，以及填方面积 A_T 和挖方面积 A_W。

在同一张图纸内绘制的路基横断面图，应按里程桩号顺序排列，从图纸的左下方开始，先由下而上，再自左向右依次排列。

3）城市道路横断面图

城市道路横断面图一般由车行道、人行道、绿化带、分隔带等几部分组成。典型的城市道路横断面布置形式如图 19－7 所示，中央较宽为双向行驶的机动车道，两侧是单向行驶的非机动车道，它们之间有绿化带隔开，最外边是人行道。

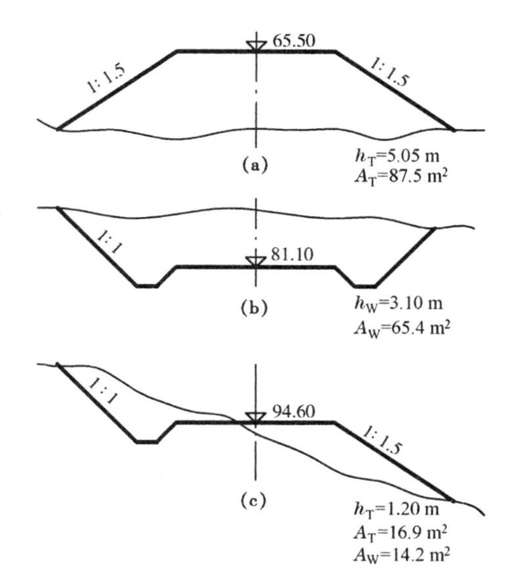

图 19－6 路基横断面图

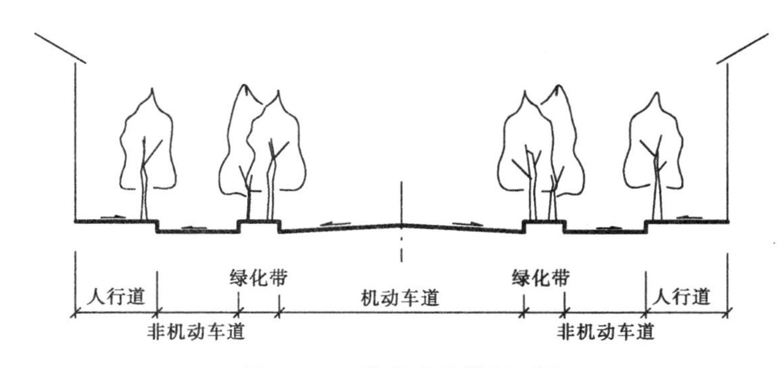

图 19－7 城市道路横断面图

4）高速公路横断面图

高速公路是高标准的现代化公路，它的特点是：车速高，通行能力大，有四条以上车道并设中央分隔带，采用全封闭立体交叉，全部控制出入，有完备的交通管理设施等。高速公路路基横断面主要由中央分隔带、行车道、硬路肩、土路肩等组成，常见的横断面形式如图 19－8 所示。

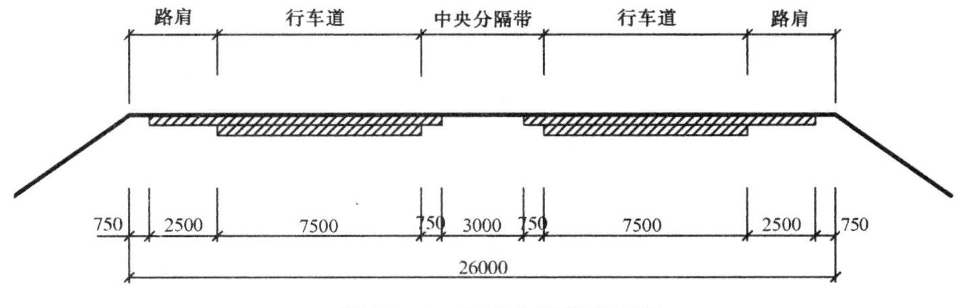

图 19－8 高速公路横断面图

19.2 桥梁工程图

当路线跨越河流山谷以及道路互相交叉时，为了保持道路的畅通，一般需要架设桥梁。桥梁是道路工程的重要组成部分。

桥梁的种类很多，按结构形式分有梁桥、拱桥、刚架桥、桁架桥、悬索桥、斜拉桥等，按建筑材料分有钢桥、钢筋混凝土桥、石桥、木桥等。其中以钢筋混凝土梁桥应用最为广泛，故本节主要介绍钢筋混凝土梁桥的图示方法、画法特点及表达内容。

19.2.1 钢筋混凝土结构图

钢筋混凝土是最常用的建筑材料，桥梁工程中的许多构件都是用它来制作的，如梁、板、柱、桩、桥墩等。有关钢筋混凝土的基本知识可参阅第15.2节。下面介绍桥梁工程中钢筋混凝土结构图的表达方法。

1）钢筋混凝土构件图的图示特点

对于钢筋混凝土结构，若只画出构件的形状，不表示钢筋，一般称为构件构造图，若主要是表示钢筋的布置情况，通常称为构件配筋图或钢筋构造图或钢筋布置图。绘制配筋图时，可假想混凝土是透明的，能够看清楚构件内部的钢筋，图中构件的外形轮廓用细实线表示，钢筋用粗实线表示，若箍筋和分布筋数量较多，也可画为中实线，钢筋的断面用实心小圆点表示。通常在配筋图中不画出混凝土的材料图例。当钢筋间距和净距太小时，若严格按比例画则线条会重叠不清，这时可适当夸大绘制。

2）钢筋的编号及尺寸标注

构件中的每种钢筋都应编号，编号用阿拉伯数字表示。

对钢筋编号时，宜先编主、次部位的主筋、后编主、次部位的构造筋。在桥梁构件中，钢筋编号及尺寸标注的一般形式如下：

$$\frac{n\phi d}{l@s}\ \text{ⓜ}$$

其中 ⓜ——m代表钢筋编号，圆圈直径为4～8 mm；

n——代表钢筋根数；

ϕ——是钢筋直径符号，也表示钢筋的等级；

d——代表钢筋直径的数值，单位为mm；

l——代表钢筋总长度的数值，单位为mm；

@——是钢筋中心间距符号；

s——代表钢筋间距的数值，单位为mm。

钢筋的编号和根数也可采用简略形式标注，根数注在N字之前，编号注在N字之后。在构件断面图中，钢筋编号可标注在对应位置的方格内。

3）梁的配筋图

下面以钢筋混凝土梁为例，来说明构件的配筋图的画法特点和表达内容。

如图19—9所示，梁的钢筋布置情况是用立面图和断面图以及钢筋详图表示的。由图可看出该梁断面为矩形，宽400 mm，高600 mm，梁长4500 mm。梁内共有五种钢筋，其

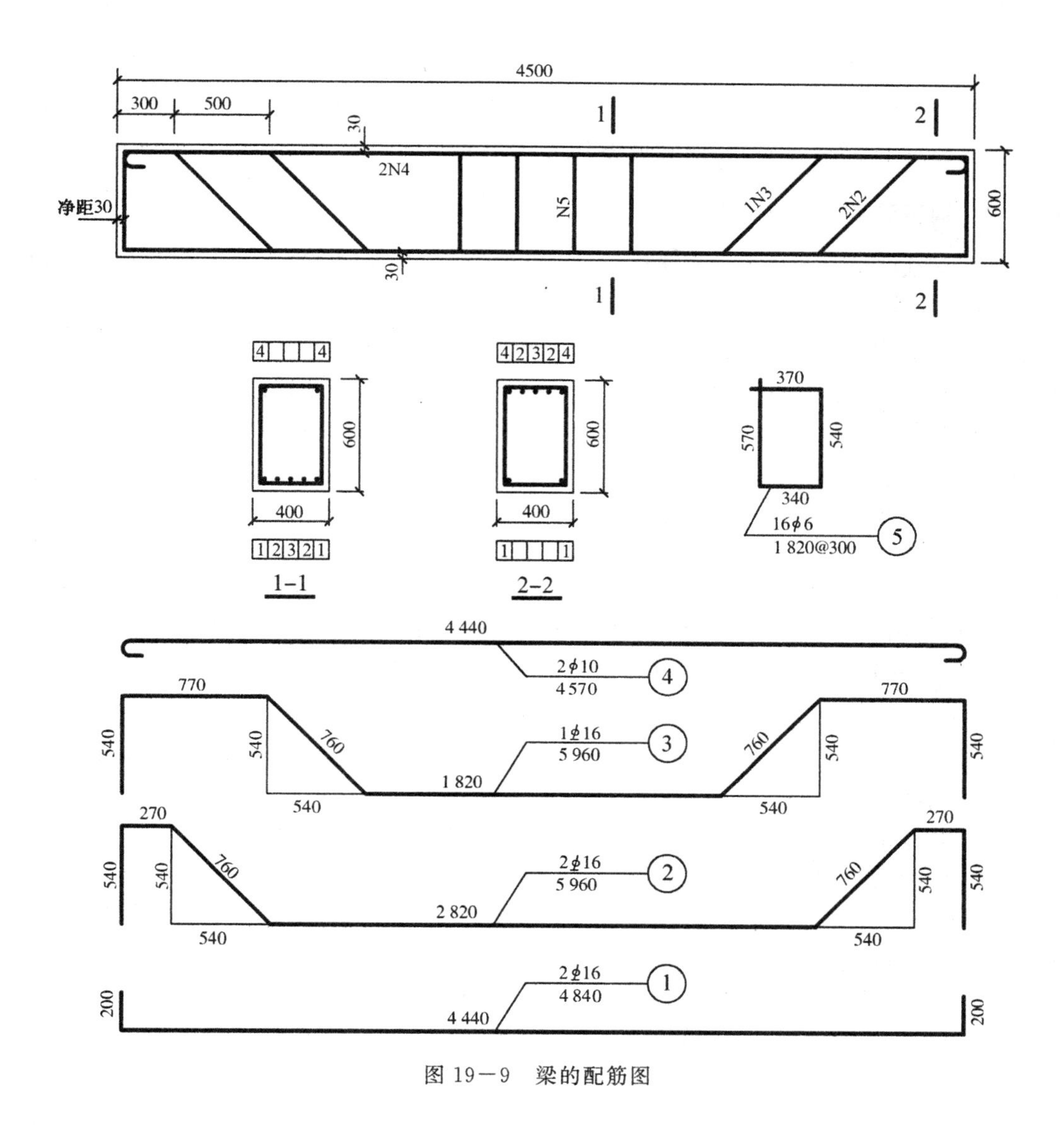

图 19—9　梁的配筋图

中①,②,③号是受力筋,均为Ⅱ级钢筋,直径为 16 mm。①号是直筋,有两根,布置在梁的底部两侧。②号是弯筋,也有两根,在跨中是位于梁的底部,两端弯起后位于梁的上部。③号也是弯筋,只有一根,弯起部位与②号钢筋稍有不同。④号是架立筋,为Ⅰ级钢筋,直径 10 mm,有两根位于梁的上部两侧。⑤号是箍筋,为Ⅰ级钢筋,直径 6 mm,沿梁的长度每隔 300 mm 布置一根,共有 16 根。在立面图中箍筋可不全画出,只示意性画出四五根即可。立面图中各钢筋的编号和数量可用简略形式标注,如"1N3"表示 1 根③号钢筋,"2N1"表示 2 根①号钢筋。

由于钢筋弯起后在梁内的位置有变化,所以画出了两个断面图,Ⅰ－Ⅰ是梁的跨中断面,Ⅱ－Ⅱ是梁的端部断面图。在断面图中钢筋的编号就标注在对应的小方格内,这样就清楚地表示出②和③号钢筋在跨中是位于梁的底部,在两端是位于梁的顶部。该梁上下及侧面的保护层厚度(净距)均为 30 mm。

为了便于钢筋的下料和施工,还应画出每种钢筋的详图,以充分表明钢筋的形状及各部分尺寸。在钢筋详图中尺寸可直接注写在各段钢筋旁。

一般在图中还需列出构件的钢筋表，内容包括所有钢筋的编号、数量、等级、直径、长度、质量(即重量)等详细资料，以满足备料、统计和预算的需要。

19.2.2 钢筋混凝土梁桥工程图

虽然各种桥梁的结构形式和建筑材料不同，但图示方法基本上是相同的。表示桥梁工程的图样一般有以下几种：桥位平面图、桥位地质断面图、桥梁总体布置图、构件图、详图等。桥位平面图主要是表示桥梁的所在位置，与路线的连接情况，以及与地形地物的互相关系，其画法与路线平面图相同，只是所用的比例较大。桥位地质断面图是根据水文调查和地质钻探所得的资料绘制的河床地质断面图，表示桥梁所在位置的地质水文情况，作为桥梁设计的依据，小型桥梁可不绘制桥位地质断面图，但应写出地质情况说明。桥梁总体布置图和构件图是指导桥梁施工的最主要图样，下面举例详细介绍。

一座桥梁主要可分为上部结构和下部结构两部分。上部结构由主梁或主拱圈、桥面铺装层、人行道、栏杆等组成，其作用是供车辆和行人安全通过。梁桥上部结构的承重构件为主梁，常用形式有T梁、箱梁、板梁等。下部结构由桥墩、桥台、基础等组成，其作用是支承上部结构，并将荷载传给地基。桥墩的两边均支承着上部结构，桥台的一边支承上部结构，另一边与路堤相连接。每座桥梁均有两个桥台，桥墩可有多个或没有。在桥台的两侧为了保护路堤填土，常用石块砌成锥形护坡。桥梁的基础通常采用的是桩基础。

1) 桥梁总体布置图

桥梁总体布置图一般由立面图、平面图和剖面图组成，主要表达桥梁的形式、跨径、孔数、总体尺寸和各主要构件的位置及互相关系等情况。

图19—10为白沙河桥的总体布置图，绘图比例采用1∶200，该桥为三孔钢筋混凝土空心板简支梁桥，总长度34.90 m，总宽度14 m，中孔跨径13 m，两边孔跨径10 m。桥中设有两个柱式桥墩，两端为重力式混凝土桥台，桥台和桥墩的基础均采用钢筋混凝土预制打入桩。桥上部承重构件为钢筋混凝土空心板梁。

(1) 立面图

桥梁一般是左右对称的，所以立面图通常是由左半立面和右半纵剖面合成的。左半立面图为左侧桥台、1号桥墩、板梁、人行道栏杆等主要部分的外形视图。右半纵剖面图是沿桥梁中心线纵向剖开而得到的，2号桥墩、右侧桥台、板梁和桥面均应按剖开绘制。图中还画出了河床的断面形状，在半立面图中，河床断面线以下的结构如桥台、桩等用虚线绘制，在半剖面图中地下的结构均画为实线。由于预制桩打入到地下较深的位置，不必全部画出，为了节省图幅，采用了断开画法。图中还注出了桥梁各重要部位如桥面、梁底、桥墩、桥台、桩尖等处的高程，以及河面常水位(即常年平均水位)。

(2) 平面图

桥梁的平面图也常采用半剖的形式。左半平面图是从上向下投影得到的桥面俯视图，主要画出了车行道、人行道、栏杆等的位置。由所注尺寸可知，桥面车行道净宽为10 m，两边人行道各为2 m。右半部采用的是剖切画法(或分层揭开画法)，假想把上部结构逐层移去后，画出2号桥墩和右侧桥台的平面形状和位置。桥墩中的虚线圆是立柱的投影，桥台中的虚线正方形是下面方桩的投影。

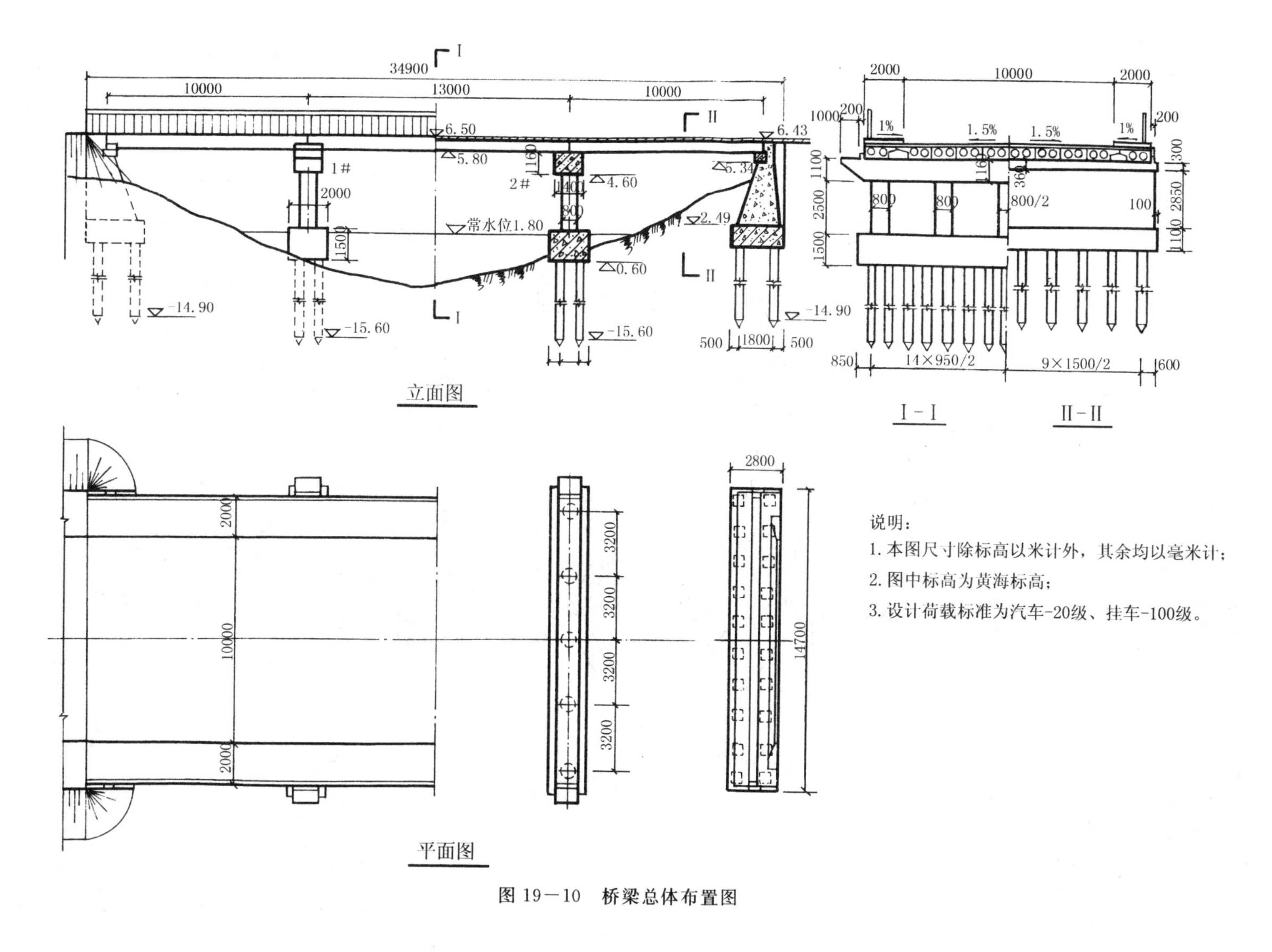

说明：

1. 本图尺寸除标高以米计外，其余均以毫米计；
2. 图中标高为黄海标高；
3. 设计荷载标准为汽车-20级、挂车-100级。

图 19－10　桥梁总体布置图

(3) 横剖面图

根据立面图中所标注的剖切位置可以看出，Ⅰ－Ⅰ剖面是在中跨位置剖切的，Ⅱ－Ⅱ剖面是在边跨位置剖切的，桥梁的横剖面图是由左半部Ⅰ－Ⅰ剖面和右半部Ⅱ－Ⅱ剖面拼合成的。桥梁中跨和边跨部分的上部结构相同，桥面总宽度为 14 m，是由 10 块钢筋混凝土空心板拼接而成，图中由于板的断面形状太小，没有画出其材料符号。在Ⅰ－Ⅰ剖面图中画出了桥墩各部分，包括墩帽、立柱、承台、桩等的投影。在Ⅱ－Ⅱ剖面图中画出了桥台各部分，包括台帽、台身、承台、桩等的投影。

2) 构件图

图 19－11 为该桥梁各主要构件的立体示意图。

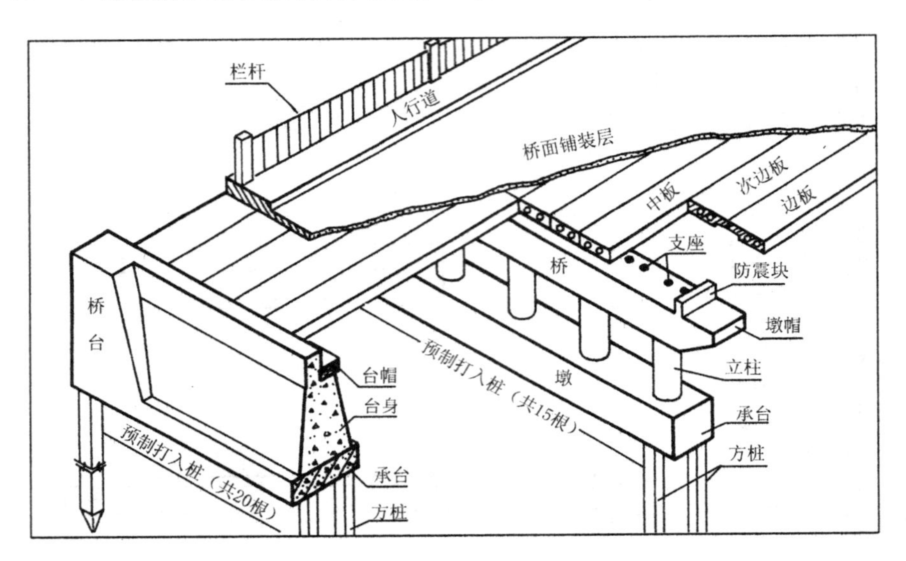

图 19－11　桥梁各部分组成示意图

在总体布置图中，由于比例较小，不可能将桥梁各种构件都详细地表示清楚。为了实际施工和制作的需要，还必须用较大的比例画出各构件的形状大小和钢筋构造，构件图常用的比例为 1∶10，1∶20，1∶30，1∶50 等，某些局部详图可采用更大的比例，如 1∶2，1∶3，1∶5等。下面介绍桥梁中几种常见的构件图的画法特点。

(1) 钢筋混凝土空心板梁图

钢筋混凝土空心板是该桥梁上部结构中最主要的受力构件，它两端搁置在桥墩和桥台上，中跨为 13 m，边跨为 10 m。图 19－12 为边跨 10 m 空心板构造图，由立面图、平面图和断面图组成，主要表达空心板的形状、构造和尺寸。整个桥宽由 10 块板拼成，按不同位置分为三种：中板（中间共 6 块）、次边板（两侧各 1 块）、边板（两边各 1 块）。三种板的厚度相同，均为 550 mm，故只画出了中板立面图。由于三种板的宽度和构造不同，故分别绘制了中板、次边板和边板的平面图，中板宽 1240 mm，次边板宽 1620 mm，边板宽 1620 mm。板的纵向是对称的，所以立面图和平面图均只画出了一半，边跨板长名义尺寸为 10 m，但减去板接头缝后实际上板长为 9960 mm。三种板均分别绘制了跨中断面图，可以看出它们不同的断面形状和详细尺寸。另外还画出了板与板之间拼接的铰缝大样图，具体施工做法详见图中说明。

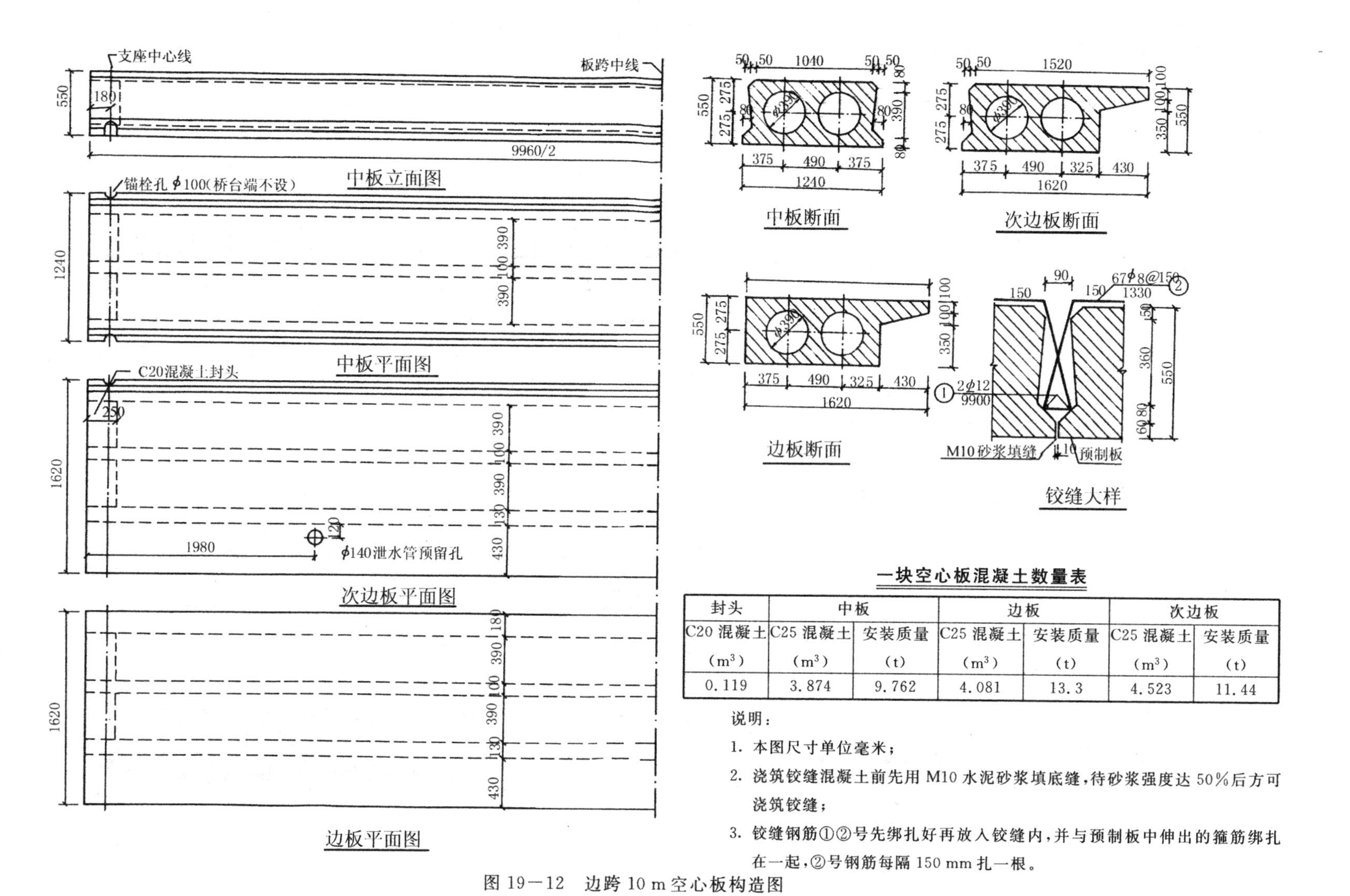

一块空心板混凝土数量表

封头	中板		边板		次边板	
C20 混凝土 (m³)	C25 混凝土 (m³)	安装质量 (t)	C25 混凝土 (m³)	安装质量 (t)	C25 混凝土 (m³)	安装质量 (t)
0.119	3.874	9.762	4.081	13.3	4.523	11.44

说明：

1. 本图尺寸单位毫米；
2. 浇筑铰缝混凝土前先用 M10 水泥砂浆填底缝，待砂浆强度达 50%后方可浇筑铰缝；
3. 铰缝钢筋①②号先绑扎好再放入铰缝内，并与预制板中伸出的箍筋绑扎在一起，②号钢筋每隔 150 mm 扎一根。

图 19—12　边跨 10 m 空心板构造图

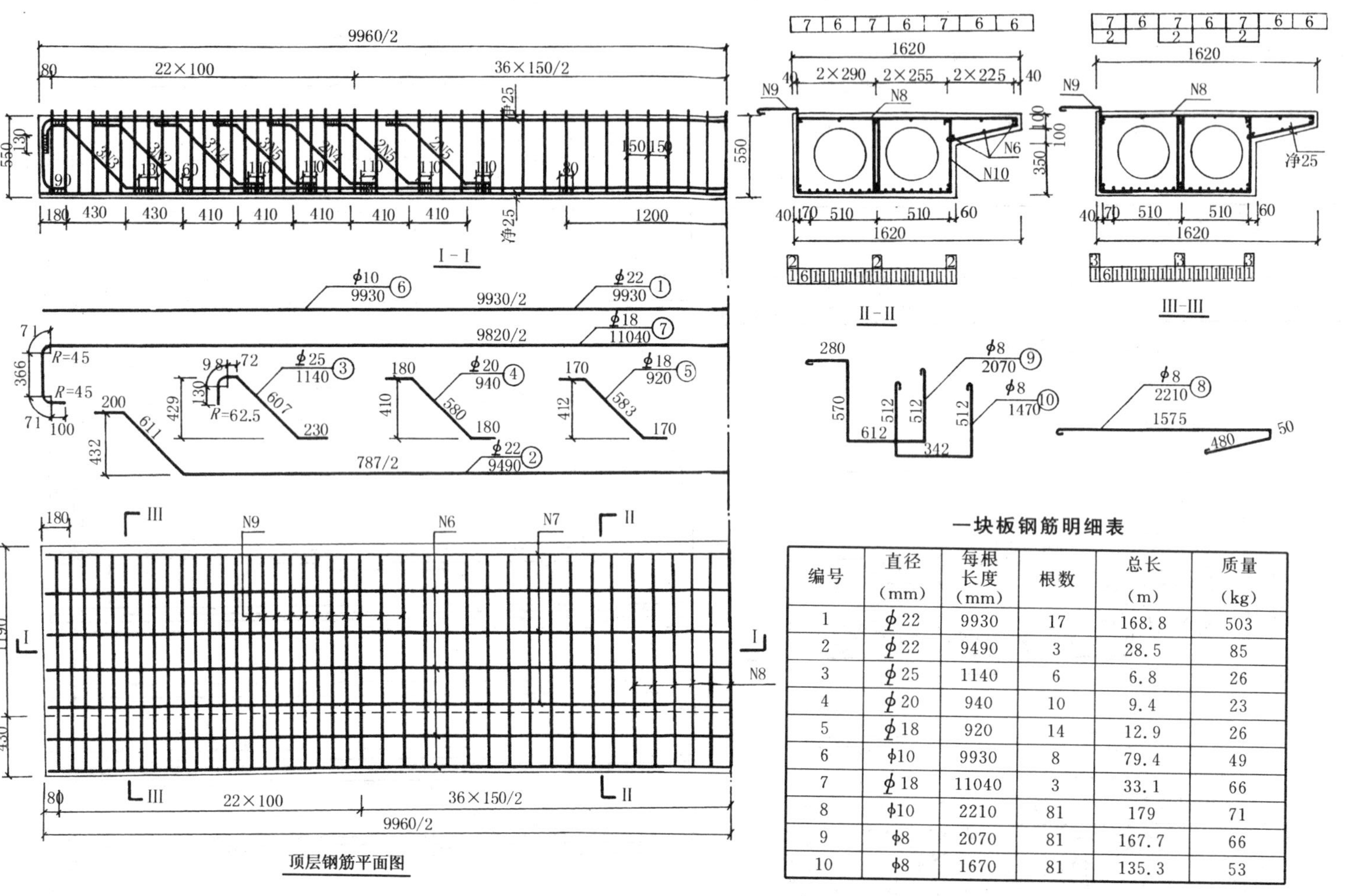

一块板钢筋明细表

编号	直径 (mm)	每根长度 (mm)	根数	总长 (m)	质量 (kg)
1	⌀22	9930	17	168.8	503
2	⌀22	9490	3	28.5	85
3	⌀25	1140	6	6.8	26
4	⌀20	940	10	9.4	23
5	⌀18	920	14	12.9	26
6	ϕ10	9930	8	79.4	49
7	⌀18	11040	3	33.1	66
8	ϕ10	2210	81	179	71
9	ϕ8	2070	81	167.7	66
10	ϕ8	1670	81	135.3	53

说明：1. 本图尺寸单位为毫米；

2. 焊接钢筋均采用双面焊，焊接长度按“公路桥规”办理；

3. N8 与 N9，N10 钢筋对应设置，N9 钢筋弯直伸入人行道。

图 19－13　10 m 板边板配筋图

每种钢筋混凝土板都必须绘制钢筋布置图，现以边板为例介绍，图 19—13 为 10 m 板边板的配筋图。立面图是用Ⅰ—Ⅰ纵剖面表示的(既然假定混凝土是透明的，立面图和剖面图已无多少区别，这里主要是为了避免钢筋过多的重叠，才这样处理)。由于板中有弯起钢筋，所以绘制了跨中横断面Ⅱ—Ⅱ和跨端横断面Ⅲ—Ⅲ，可以看出②号钢筋在中部时是位于板的底部，在端部时则位于板的顶部。为了更清楚地表示钢筋的布置情况，还画出了板的顶层钢筋平面图。整块板共有十种钢筋，每种钢筋都绘出了钢筋详图。这样几种图互相对照阅读，再结合列出的钢筋明细表，就可以清楚地了解该板中所有钢筋的位置、形状、尺寸、规格、直径、数量等内容，以及几种弯筋、斜筋与整个钢筋骨架的焊接位置和长度。

(2) 桥墩图

图 19—14 为桥墩构造图，主要表达桥墩各部分的形状和尺寸。这里绘制了桥墩的立面图、侧面图和Ⅰ—Ⅰ剖面图，由于桥墩是左右对称的，故立面图和剖面图均只画出一半。该桥墩由墩帽、立柱、承台和基桩组成。根据所标注的剖切位置可以看出，Ⅰ—Ⅰ剖面图

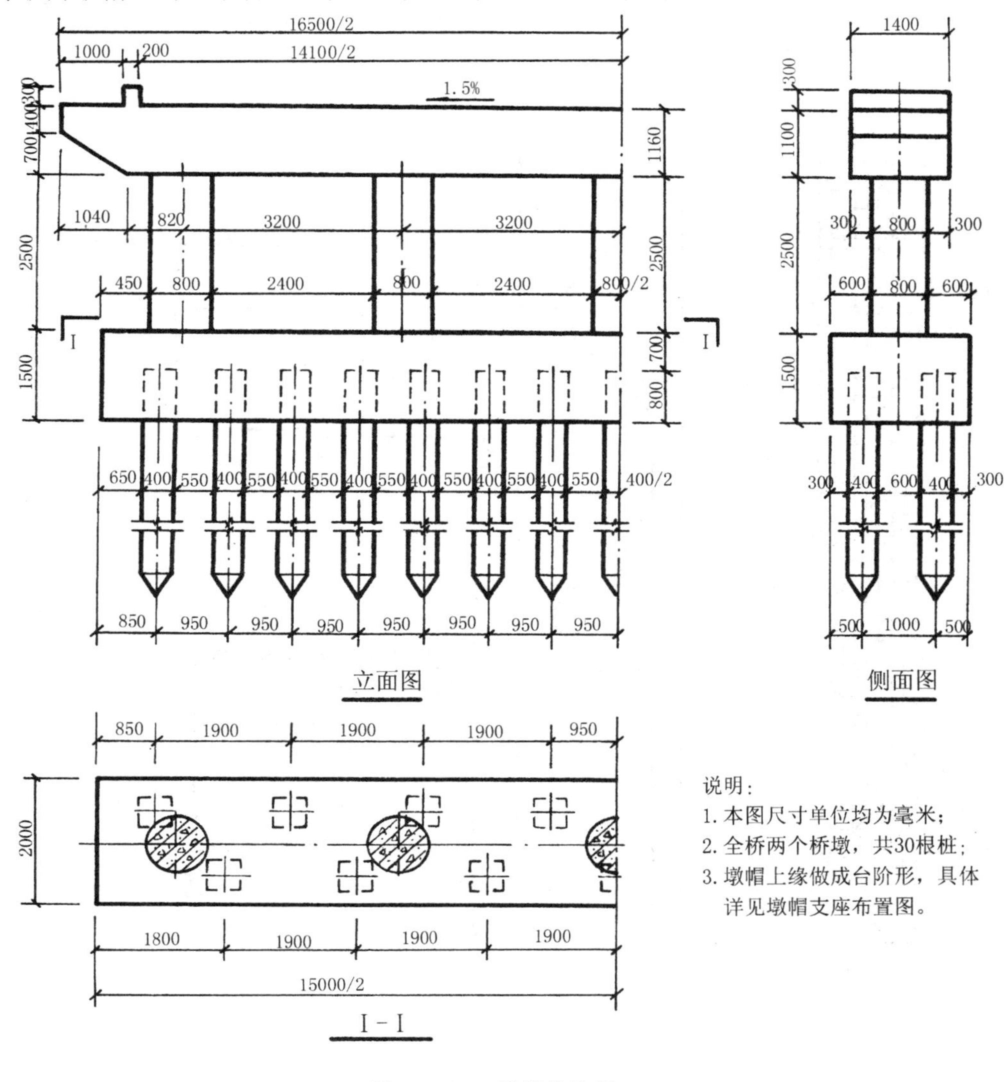

图 19—14　桥墩构造图

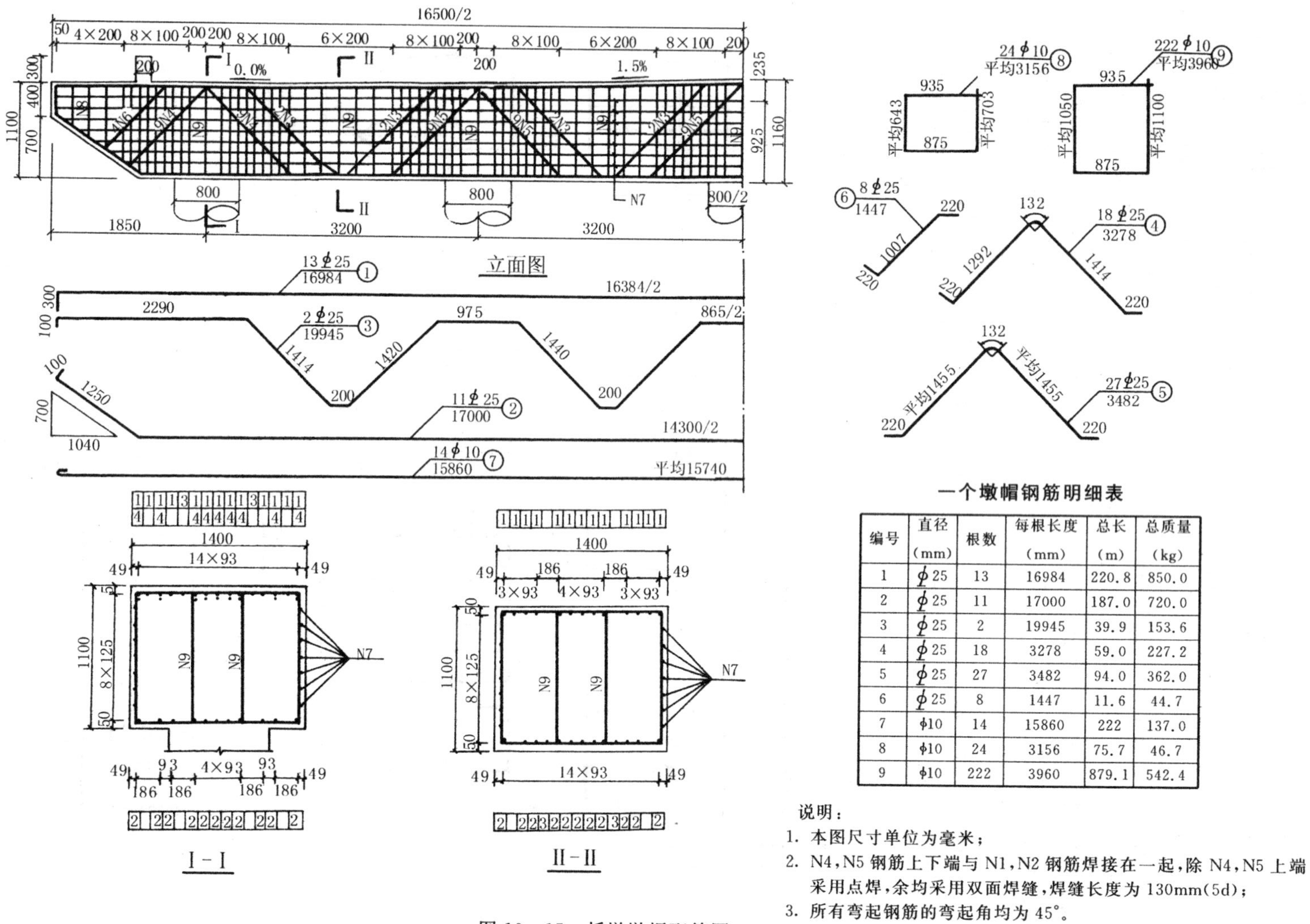

一个墩帽钢筋明细表

编号	直径 (mm)	根数	每根长度 (mm)	总长 (m)	总质量 (kg)
1	ϕ25	13	16984	220.8	850.0
2	ϕ25	11	17000	187.0	720.0
3	ϕ25	2	19945	39.9	153.6
4	ϕ25	18	3278	59.0	227.2
5	ϕ25	27	3482	94.0	362.0
6	ϕ25	8	1447	11.6	44.7
7	ϕ10	14	15860	222	137.0
8	ϕ10	24	3156	75.7	46.7
9	ϕ10	222	3960	879.1	542.4

说明：

1. 本图尺寸单位为毫米；
2. N4，N5 钢筋上下端与 N1，N2 钢筋焊接在一起，除 N4，N5 上端采用点焊，余均采用双面焊缝，焊缝长度为 130mm(5d)；
3. 所有弯起钢筋的弯起角均为 45°。

图 19－15　桥墩墩帽配筋图

实质上为承台平面图，承台基本形状为长方体，长 15000 mm，宽 2000 mm，高 1500 mm。承台下的基桩分两排交错(呈梅花形)布置，施工时先将预制桩打入地基，下端到达设计深度(标高)后，再浇铸承台，桩的上端深入承台内部 800 mm，在立面图中这一段用虚线绘制。承台上有五根圆形立柱，直径为 800 mm，高为 2500 mm。立柱上面是墩帽，墩帽的全长为 16500 mm，宽为 1400 mm，高度在中部为 1160 mm，在两端为 1100 mm，有一定的坡度，为的是使桥面形成1.5%的横坡。墩帽的两端各有一个 200 mm×300 mm 的抗震挡块，是防止空心板移动而设置的。墩帽上的支座，详见支座布置图。

桥墩的各部分均是钢筋混凝土结构，应绘制钢筋布置图。图 19－15 为墩帽的配筋图，由立面图、Ⅰ－Ⅰ和Ⅱ－Ⅱ横断面图，以及钢筋详图组成。由于墩帽内钢筋较多，所以横断面图的比例更大。墩帽内共配有九种钢筋：在顶层有 13 根①号钢筋；在底层有 11 根②号钢筋，③号为弯起钢筋有 2 根；④，⑤，⑥号是加强斜筋；⑧号箍筋布置在墩帽的两端，且尺寸依截面的变化而变化；⑨号箍筋分布在墩帽的中部，间距有 100 mm 和 200 mm 两种，立面图中注出了具体位置；为了增强墩帽的刚度，在两侧各布置了 7 根⑦号腰筋。由于篇幅所限，桥墩其他部分如立柱、承台等的配筋图略。

(3) 桥台图

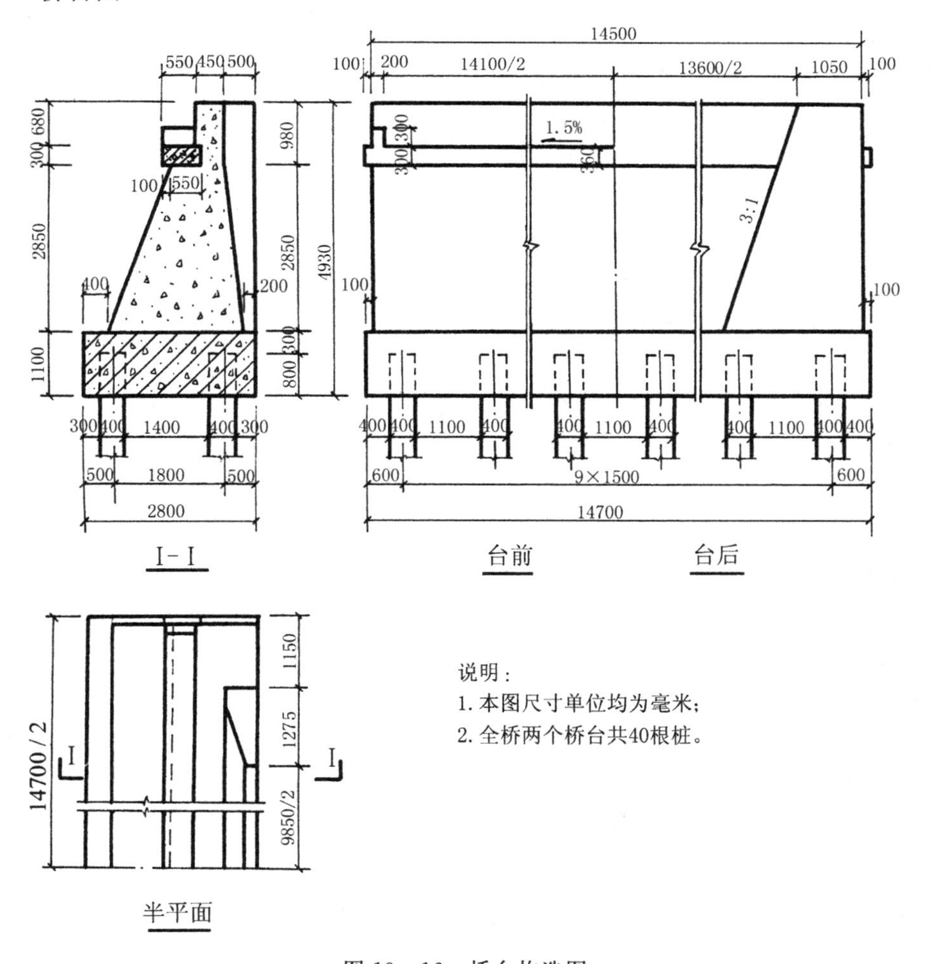

图 19－16　桥台构造图

桥台属于桥梁的下部结构，主要作用是支承上部的板梁，并承受路堤填土的水平推力。图 19－16 为重力式混凝土桥台的构造图，用剖面图、平面图和侧面图表示。该桥台由台帽、台身、侧墙、承台和基桩组成。这里桥台的立面图用Ⅰ－Ⅰ剖面图代替，既可表示出桥台的内部构造，又可画出材料符号。该桥台的台身和侧墙均用 C30 混凝土浇筑而成，台帽和承台的材料为钢筋混凝土。桥台的长为 2800 mm，高为 4930 mm，宽度为 14700 mm。由于宽度尺寸较大且对称，所以平面图只画出了一半。侧面图由台前和台后两个方向的视图各取一半拼成，所谓台前是指桥台面对河流的一侧，台后则是桥台面对路堤填土的一侧。为了节省图幅，平面图和侧面图中都采用了断开画法。桥台下的基桩分两排对齐布置，排距为 1800 mm，桩距为 1500 mm，每个桥台有 20 根桩。

桥台的承台等处的配筋图略。

（4）钢筋混凝土桩配筋图

该桥梁的桥墩和桥台的基础均为钢筋混凝土预制桩，桩的布置形式及数量已在上述图样中表达清楚。图 19－17 为预制桩的配筋图，主要用立面图和断面图以及钢筋详图来表达。由于桩的长度尺寸较大，为了布图的方便常将桩水平放置，断面图可画成中断断面或移出断面。由图可以看出该桩的截面为正方形 400 mm×400 mm，桩的总长为 17 m，分上下两节，上节桩长为 8 m，下节桩长为 9 m。上节桩内布置的主筋为 8 根①号钢筋，桩顶端有钢筋网 1 和钢筋网 2 共三层，在接头端预埋 4 根⑩号钢筋。下节桩内的主筋为 4 根②号钢筋和 4 根③号钢筋，一直通到桩尖部位，⑥号钢筋为桩尖部位的螺旋形钢筋。④号和⑤号为大小两种方形箍筋，套叠在一起放置，每种箍筋沿桩长度方向有三种间距，④号箍筋从两端到中央的间距依次为 50 mm，100 mm，200 mm，⑤号箍筋从两端到中央的间距分别为 100 mm，200 mm，400 mm，具体位置详见图中标注。画出的Ⅰ－Ⅰ剖面图实际上是桩尖视图，主要表示桩尖部的形状及⑦号钢筋与②号钢筋的位置。

桩接头处的构造另有详图，这里未示出。

（5）支座布置图

支座位于桥梁上部结构与下部结构的连接处，桥墩的墩帽和桥台的台帽上均设有支座，板梁搁置在支座上。上部荷载由板梁传给支座，再由支座传给桥墩或桥台，可见支座虽小但很重要。图 19－18 为桥墩支座布置图，用立面图、平面图及详图表示。在立面图上详细绘制了预制板的拼接情况，为了使桥面形成 1.5％的横坡，墩帽上缘做成台阶形，以安放支座。由于立面图比例小画得不是很清楚，故用更大比例画出了局部放大详图，即 *A* 大样图，图中注出台阶高为 18.8 mm。在墩帽的支座处受压较大，为此在支座下增设有钢筋垫，由①号和②号钢筋焊接而成，以加强混凝土的局部承压能力。平面图是将上部预制板移去后画出的，可以看出支座在墩帽上是对称布置的，并注有详细的定位尺寸。安装时，预制板端部的支座中心线应与桥墩的支座中心线对准。支座是工业制成品，本桥采用的是圆板式橡胶支座，直径为 200 mm，厚度为 28 mm。

（6）人行道及桥面铺装构造图

图 19－19 为人行道及桥面铺装构造图，这里绘出的人行道立面图，是沿桥的横向剖切而得到的，实质上是人行道的横剖面图。桥面铺装层主要是由纵向①号钢筋和横向②号钢筋形成的钢筋网，现浇 C25 混凝土，厚度为 100 mm。车行道部分的面层为 50 mm 厚沥青混凝土。人行道部分是在路缘石、撑梁、栏杆垫梁上铺设人行道板后构成架空层，面层

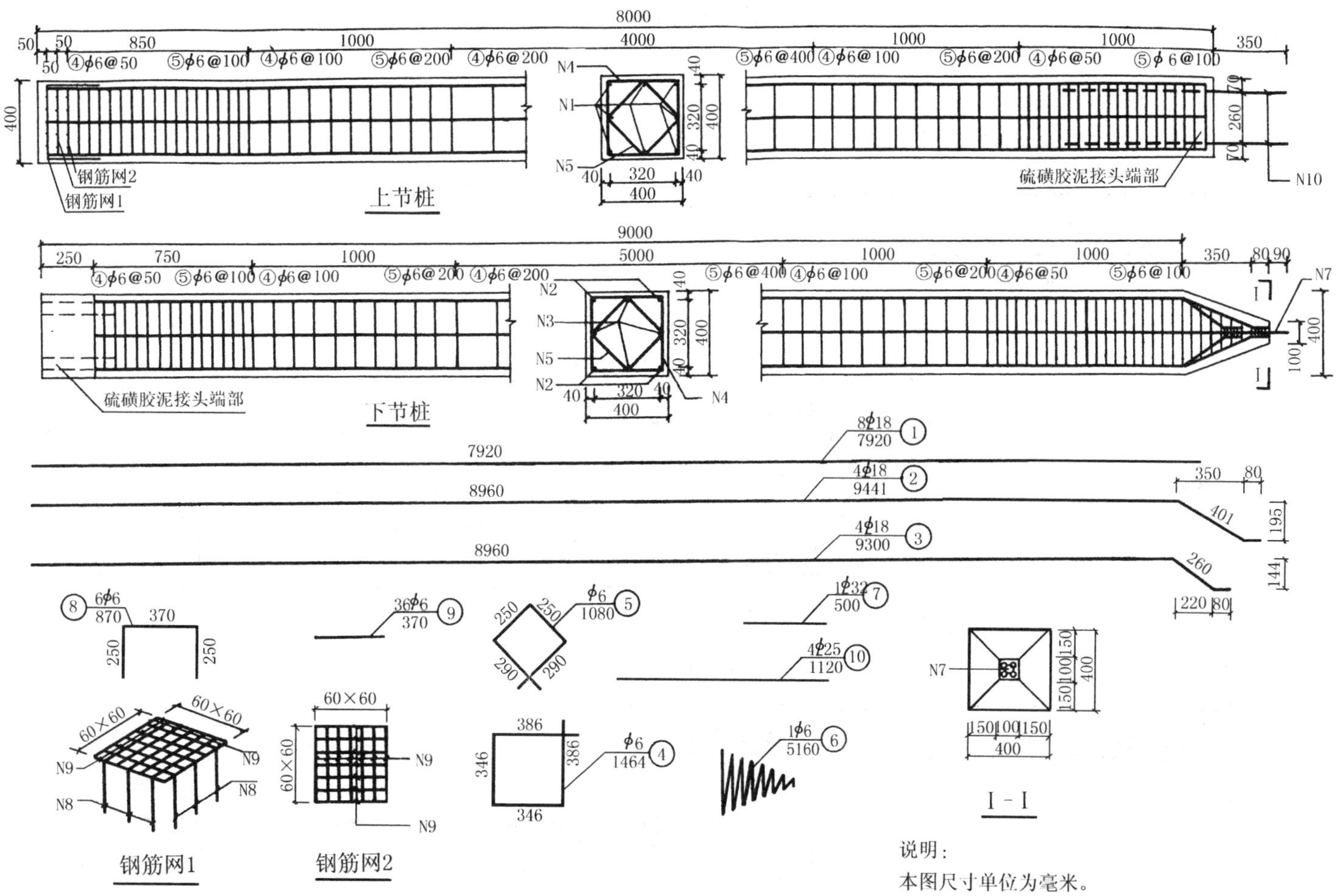

说明：

本图尺寸单位为毫米。

图 19－17　预制桩配筋图

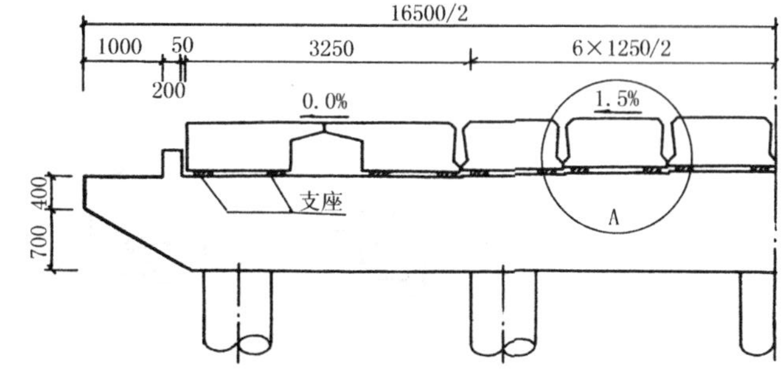

桥墩支座布置立面图

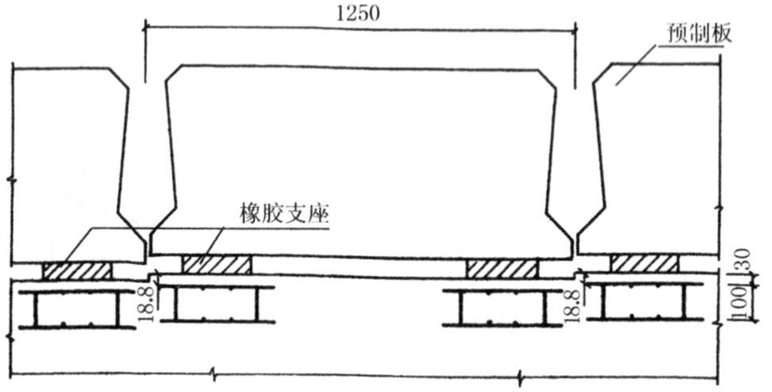

A 大样图

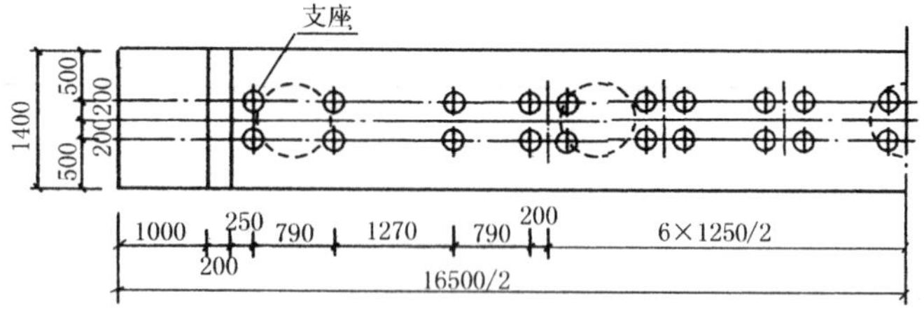

桥墩支座布置平面图

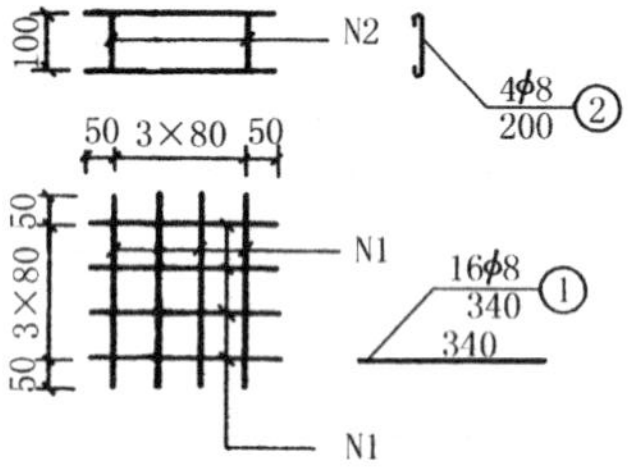

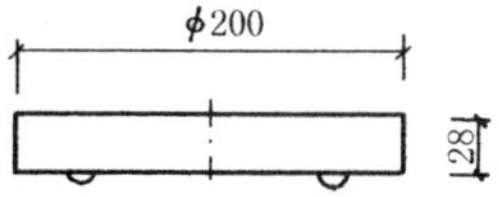

圆板式橡胶支座

全桥桥墩支座材料表

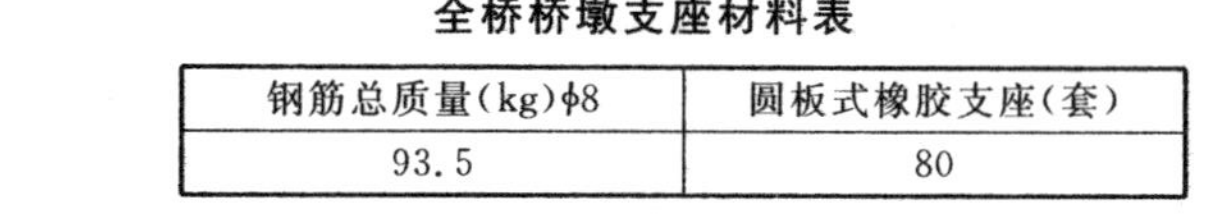

钢筋总质量(kg)ϕ8	圆板式橡胶支座(套)
93.5	80

说明：

1. 图中尺寸以毫米为单位；
2. 抗震挡块与空心板之间 50 mm 填塞油浸纤维板。

图 19－18　桥墩支座布置图

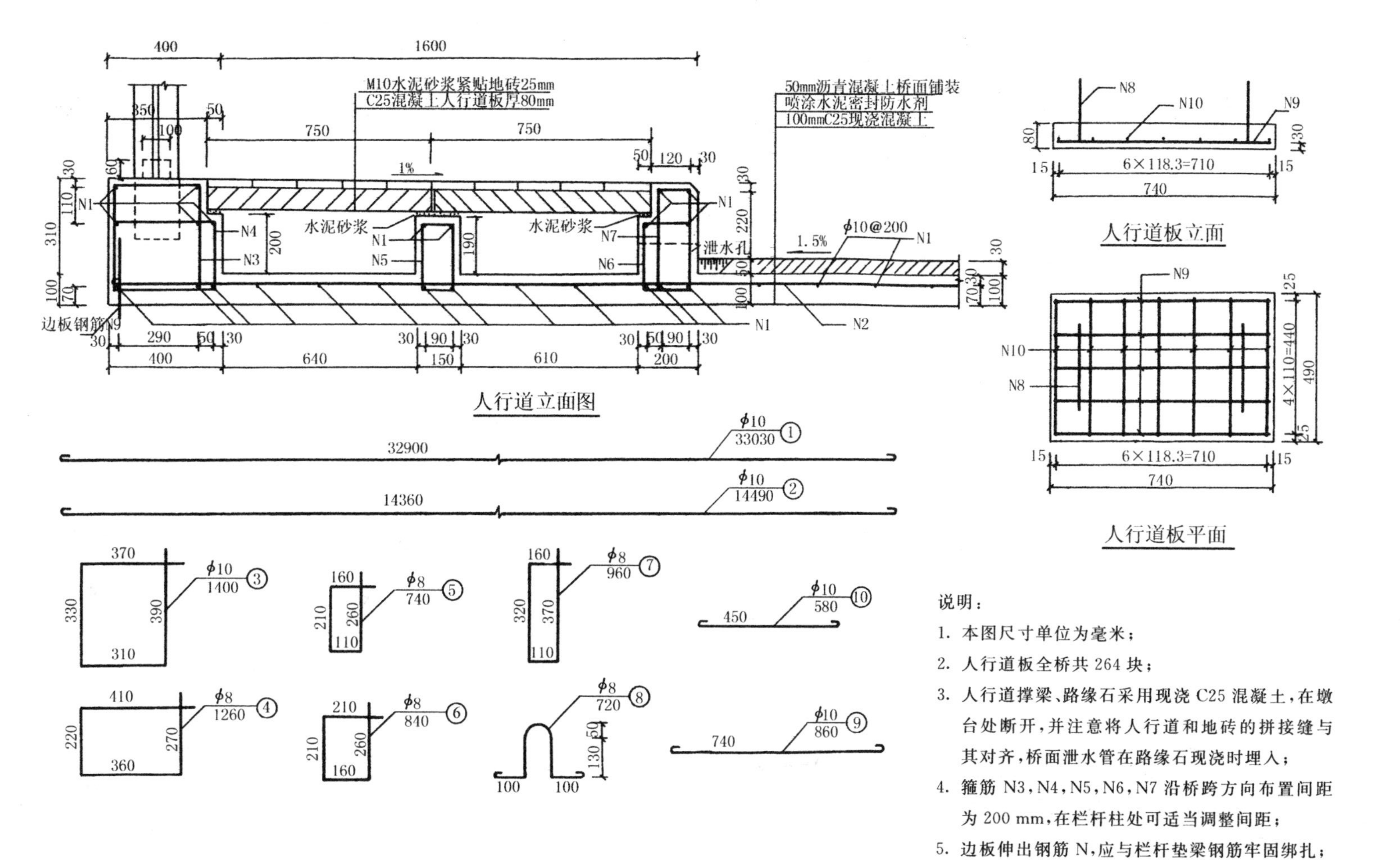

说明：

1. 本图尺寸单位为毫米；
2. 人行道板全桥共 264 块；
3. 人行道撑梁、路缘石采用现浇 C25 混凝土，在墩台处断开，并注意将人行道和地砖的拼接缝与其对齐，桥面泄水管在路缘石现浇时埋入；
4. 箍筋 N3，N4，N5，N6，N7 沿桥跨方向布置间距为 200 mm，在栏杆柱处可适当调整间距；
5. 边板伸出钢筋 N，应与栏杆垫梁钢筋牢固绑扎；
6. N8 钢筋在人行道板安装完毕后切除。

图 19—19　人行道及桥面铺装构造图

为地砖贴面。人行道板长为 740 mm，宽为 490 mm，厚为 80 mm，用 C25 混凝土预制而成，另画有人行道板的钢筋布置详图。

以上介绍了桥梁中一些主要构件的画法，实际上绘制的构件图和详图还有许多，但表示方法基本相同，故这里不再赘述。

19.3 涵洞工程图

19.3.1 概述

涵洞是宣泄路堤下水流的工程构筑物，它与桥梁的主要区别在于跨径的大小和填土的高度。根据标准中的规定，凡是单孔跨径小于 5 m，多孔跨径总长小于 8 m，以及管涵、箱涵，不论其管径或跨径大小、孔数多少均称为涵洞。涵洞的上面一般都有较厚的填土，填土不仅可以保持路面的连续性，而且分散了汽车荷载的集中压力，并减少它对涵洞的冲击力，可以起到很好的保护作用。

涵洞是由洞口、洞身和基础三部分组成的排水构筑物。涵洞按建筑材料分类有钢筋混凝土涵、混凝土涵、砖涵、石涵、木涵、金属涵等；涵洞按构造形式分有管涵、拱涵、箱涵、盖板涵等；涵洞按洞身断面形状分有圆形、卵形、拱形、梯形、矩形等；涵洞按孔数分有单孔、双孔、多孔等；涵洞按洞口形式分有一字式（端墙式）、八字式（翼墙式）、领圈式、走廊式等。图 19－20 为石拱涵洞的立体示意图，从中可以了解涵洞各部分的名称、位置和构造。

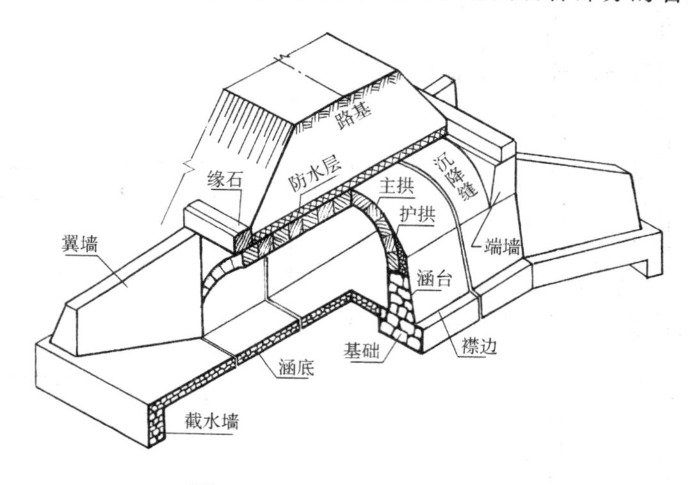

图 19－20　石拱涵洞示意图

19.3.2 涵洞的图示方法及表达内容

涵洞是窄而长的构筑物，它从路面下方横穿过道路，埋置于路基土层中。在图示表达时，一般是不考虑涵洞上方的覆土，或假想土层是透明的，这样才能进行正常的投影。尽管涵洞的种类很多，但图示方法和表达内容基本相同。涵洞工程图主要由纵剖面图、平面图、侧面图、横断面图及详图组成。

下面以图 19－21 所示的八字式单孔石拱涵为例来介绍涵洞的一般构造图。

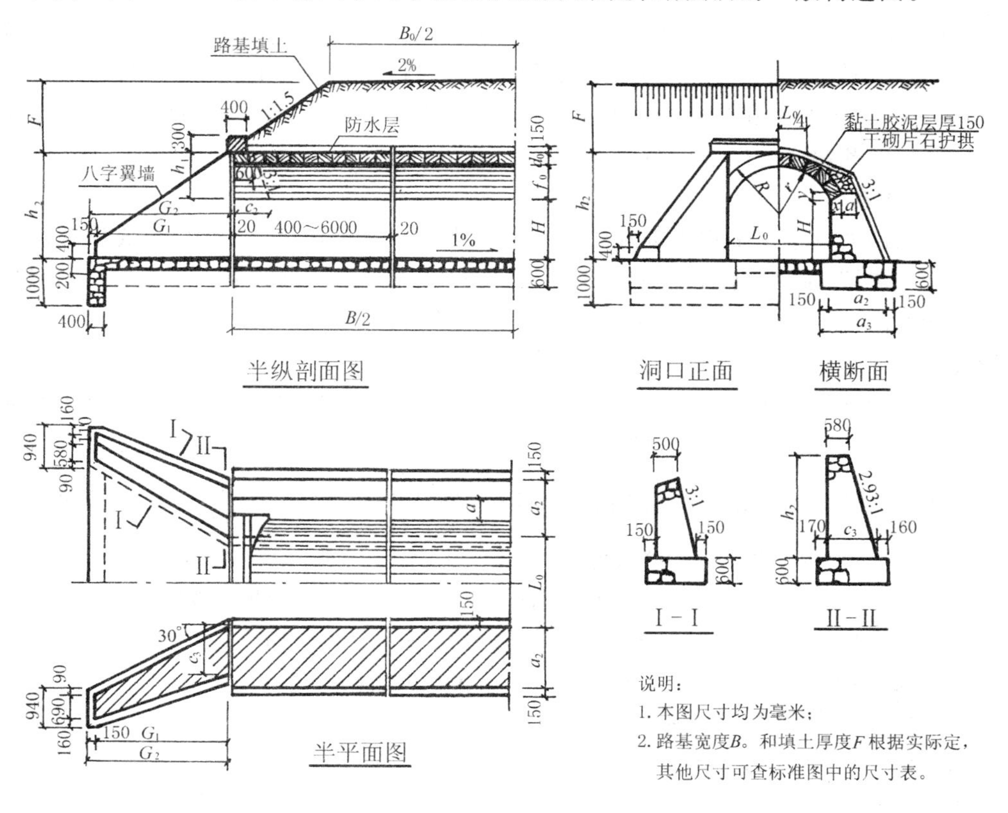

图 19－21　八字式单孔石拱涵构造图

1）纵剖面图

涵洞的纵向是指水流方向即洞身的长度方向。由于主要是表达涵洞的内部构造，所以通常用纵剖面图来代替立面图。纵剖面图是沿涵洞的中心线位置纵向剖切的，凡是剖到的各部分如截水墙、涵底、拱顶、防水层、端墙帽、路基等都应按剖开绘制，并画出相应的材料图例，另外能看到的各部分如翼墙、端墙、涵台、基础等也应画出它们的位置。如果进水洞口和出水洞口的构造和形式基本相同，整个涵洞是左右对称的，则纵剖面图可只画出一半。由于这里是标准通用图，故路基宽度 B_0 和填土厚度 F 在图中没有注出具体数值，可根据实际情况确定。翼墙的坡度一般和路基的边坡相同，均为 1∶1.5。整个涵洞较长，考虑到地基的不均匀沉降的影响，应在翼墙和洞身之间设有沉降缝，洞身部分每隔 4～6 m也应设沉降缝，沉降缝的宽度均为 20 mm。主拱圈是用条石砌成的，内表面为圆柱面，在纵剖面图中用上密下疏的水平细线表示比较形象。拱顶的上面有 150 mm 厚的黏土胶泥防水层。端墙的断面为梯形，背面不可见故用虚线画出，斜面坡度为 3∶1。端墙上面有端墙帽，又称缘石。

2）平面图

由于该涵洞是左右对称的，所以平面图也只画出左边一半，而且采用了半剖画法。后边一半为涵洞的外形投影图，是移去了顶面上的填土和防水层以及护拱等画出的，拱顶的圆柱面部分也是用一系列疏密有致的细线表示的，拱顶与端墙背面交线为椭圆曲线。前边一半是沿涵台基础的上面（襟边）作水平剖切后画出的剖面图，为了画出翼墙和涵台的基础宽度，涵底板没有画出，这样就把翼墙和涵台的位置表示得更清楚了。八字式翼墙是斜置的，与涵洞纵向成30°角。为了把翼墙的形状表达清楚，在两个位置进行了竖向垂直剖切，并画出了Ⅰ－Ⅰ和Ⅱ－Ⅱ断面图，从这两个断面图可以看出翼墙及其基础的形状构造、材料、尺寸和斜面坡度等内容。

3）侧面图

涵洞的侧面图也常采用半剖画法。左半部为洞口部分的外形投影，主要反映洞口的正面形状和翼墙、端墙、缘石、基础等的相对位置，所以习惯上称为洞口正面图。右半部为洞身横断面图，主要表达洞身的断面形状，主拱、护拱和涵台的连接关系，以及防水层的设置情况等。

以上分别介绍了表达涵洞工程的各个图样，实际上它们是紧密相关的，应该互相对照联系起来读图，才能将涵洞工程的各部分位置、构造、形状、尺寸完全搞清楚。

由于此图是石拱涵洞的通用构造图，适用于矢跨比 $\frac{f_0}{L_0}=\frac{1}{3}$ 的各种跨径（$L_0=1.0\sim5.0$ m）的涵洞，故图中一些尺寸是可变的，用字母代替，设计绘图时，可根据需要选择跨径、涵高等主要参数，然后从标准图册的尺寸表中查得相应的各部分尺寸。例如确定跨径 $L_0=3000$ mm，涵高 $H=2000$ mm 后，可查得各部分尺寸如下：

拱圈尺寸：$f_0=1000$，$d_0=400$，$r=1630$，$R=2030$，$x=370$，$y=150$。

端墙尺寸：$h_1=1250$，$c_2=1020$。

涵台尺寸：$a=730$，$a_1=1100$，$a_2=1820$，$a_3=2120$。

翼墙尺寸：$h_2=3400$，$G_1=4500$，$G_2=4650$，$c_3=1740$。

以上尺寸单位均为 mm。